气动元件与系统
从入门到提高

张利平 编著

化学工业出版社
·北京·

内容简介

本书以“介质→元件→回路→系统”的体系为线索，从功用类型、工作原理、典型结构、主要性能、产品概览（国内外知名产品）、使用要点等方面在对气源及辅件、气缸、气马达、三类普通气动阀等传统气动元件及其应用介绍的同时，对磁耦正弦气缸、数字气缸、伺服气缸、摆动气缸及摆台、直线-摆动组合气缸、气爪、气动肌肉（气动肌腱）、磁性开关、气动人工肌肉、柔触气爪、伯努利真空吸盘、气动比例阀与气动伺服阀及智能化元件（气动微流控芯片及系统、电气数字阀、智能阀岛、智能真空吸盘等）等新型气动元件及其应用进行了详细介绍；书中特别介绍了能源、冶金、机械制造、化工、工业机器人、车辆与工程机械、河海航空、公共事业等行业气动系统应用的大量工程实际案例，还对气动系统设计要点、安装调试及运转维护进行了专门介绍。全书气动元件、回路与系统原理图全部采用国标 GB/T 786.1—2009 进行绘制。

本书力求通过基础与提高相结合、传统与近代相结合、气动与电控相结合、元件与系统相结合、国内与国外相结合，对气动技术的普及提高与原始创新、集成创新及引进消化吸收再创新起到一定促进作用。

本书可供各行业气动设备与系统的一线工作人员（科研设计、加工制造、安装调试、现场操作、使用维护与设备管理）参阅，还可作为气动系统使用维护与故障诊断技术的短期培训、上岗培训教材及自学读本，也可供大专院校相关专业及方向的教师和研究生、大学生在科研开发、设计选型及教学或实训中参考，同时可供气动技术爱好者学习参阅。

图书在版编目（CIP）数据

气动元件与系统从入门到提高/张利平编著．—北京：化学工业出版社，2021.4（2023.6 重印）
ISBN 978-7-122-38465-2

Ⅰ.①气…　Ⅱ.①张…　Ⅲ.①气动元件　Ⅳ.①TH138.5

中国版本图书馆 CIP 数据核字（2021）第 020421 号

责任编辑：张兴辉　毛振威　　　装帧设计：史利平
责任校对：边　涛

出版发行：化学工业出版社（北京市东城区青年湖南街 13 号　邮政编码 100011）

印　　装：北京印刷集团有限责任公司

787mm×1092mm　1/16　印张 24¾　字数 696 千字　2023 年 6 月北京第 1 版第 2 次印刷

购书咨询：010-64518888　　　售后服务：010-64518899
网　　址：http://www.cip.com.cn
凡购买本书，如有缺损质量问题，本社销售中心负责调换。

定　　价：128.00 元

前言

气动技术以绿色无污染、结构简单、性价比高、易于控制和维护方便等优点，作为工业自动化的重要手段，被广泛应用于包括现代集成电路（芯片）生产及卫生领域防疫抗疫在内的国民经济各领域机械装备中，从业人员也与日俱增。然而现实情况是，气动技术知识的普及程度及人们对气动技术的认识、使用维护水平远不及液压技术。为了适应现代气动技术发展并满足气动技术各类读者和从业人员的工作需要，在总结多年从事液压气动技术教学、科研设计、特别是为企业解决使用维护难题的经验基础上，编写成《气动元件与系统从入门到提高》一书。

全书选材和论述以新颖实用、系统先进为目标，力求通过基础与提高相结合、传统与近代相结合、气动与电控相结合、元件与系统相结合，国内与国外相结合，对气动技术的普及提高与原始创新、集成创新及引进消化吸收再创新起到一定促进作用。

全书以“介质→元件→回路→系统”的体系为线索，从功用类型、工作原理、典型结构、主要性能、产品概览（国内外知名产品）、使用要点等方面在对气源及辅件、气缸、气马达、三类普通气动阀等传统气动元件及其应用介绍的同时，对摆动气缸及摆台、直线-摆动组合气缸、气爪、气动肌肉（气动肌腱）、磁性开关、磁耦正弦气缸、数字气缸、伺服气缸、气动摆台、气动人工肌肉、伯努利真空吸盘、柔触气爪、气动比例阀与气动伺服阀、智能化元件（气动微流控芯片及系统、电气数字阀、智能阀岛、智能真空吸盘等）和新型气动元件及其应用进行了详细介绍；书中特别介绍了能源、冶金、机械制造、化工、工业机器人、车辆与工程机械、河海航空、公共事业等行业气动系统应用的大量工程实际案例，书中还对气动系统设计要点、安装调试及运转维护进行了专门介绍。全书气动元件、回路与系统原理图全部采用国标 GB/T 786.1—2009 进行绘制。

本书由张利平编著，张秀敏、张津、山峻参与了本书的前期策划及资料搜集整理、部分文稿的录入和校对整理工作，王金业和刘鹏程在百忙中挤出时间为本书精心绘制了部分插图。参与本书相关工作的还有向其兴、窦赵明、史琳、赵丽娜等。

对本书的出版给予大力支持与帮助的黄代忠［斯凯孚传动科技（东莞）公司］、王永正［牧气精密工业（深圳）公司］、龚宇（苏州柔触机器人科技公司）、施乐芝（无锡市华通气动制造公司）、陈旭浙（派恩博自动化科技浙江公司）、杨立志（东莞嘉刚机电科技发展公司）、张黎明（台湾好手科技股份公司）及参考文献中的各位作者，在此一并致以诚挚谢意。

对于书中不当之处，欢迎流体传动与控制同行专家及广大读者不吝指正。

张利平

目录

第4章 气动执行元件 / 81

第1章 气动元件与系统概论

1.1 气动系统原理、组成及表示

1.1.1 气动系统的基本原理

一部完备的机器通常都是由提供能源的原动机、对外做功的工作机与进行动力传递转换及控制的传动机三大部分组成。根据传动件（工作介质）的不同，机器的传动机有机械传动、电气传动、流体传动和复合传动等类型。气动技术属于流体传动范畴，它是以压缩空气作为工作介质进行动力传递和实现控制的技术。

采用气动系统驱动的机械设备很多，此处通过一往复直线运动工作装置（图 1-1）作为模型来说明其气动系统的基本组成和原理。如图 1-1 所示，该系统通过气压发生装置（此处为空气压缩机 1）将原动机输出的机械能转变为空气的压力能，并通过管路 L1、过滤器 2、调压阀 3、油雾器 4、换向阀 5、流量阀 7 和管路 L2 等将压缩空气送入气缸 8 的无杆腔（有杆腔空气通过管路 L3、换向阀 5 及消声器 6 排向大气），从而使气缸 8 的活塞杆驱动工作装置 9 向右运动，即将压力能转换成机械能对外做功。操纵换向阀 5 即可通过改变气缸 8 的进排气方向实现工作装置运动方向的变换，通过调节流量阀 7 的开度，即可改变进出气缸的压缩空气流量，实现气缸调速；通过调压阀 3，即可调节或限定系统的空气压力高低，实现气缸输出推力的调节或保证系统安全。消声器 6 可降低系统的排气噪声。

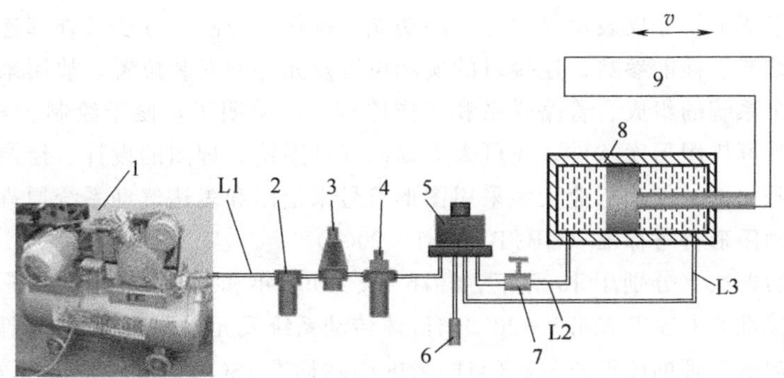

图 1-1 往复直线运动工作装置气动系统原理示意图（半结构原理图）

1—空气压缩机；2—过滤器；3—调压阀；4—油雾器；5—换向阀；6—消声器；7—单向流量阀；8—气缸；9—往复运动工作装置；L1,L2,L3—管路

1.1.2 气动系统的组成

气动技术涵盖气压传动和真空吸附两大分支，前者依靠介质正压（大于大气压）而后者依靠

负压（小于大气压）进行工作。由图 1-1 可知，气动系统一般都是由能源元件、执行元件、控制元件、辅助元件和工作介质等 5 部分组成，除去介质以外的这几部分统称为气动元件，各部分的功能作用如表 1-1 所列。

表 1-1　气动系统的组成部分及功能作用

<table>
<tr><th colspan="4">组成部分</th><th>作用</th><th>备注</th></tr>
<tr><td rowspan="7">气动元件</td><td rowspan="3">能源元件</td><td>气压传动系统</td><td>空气压缩机</td><td>将原动机(电动机或内燃机)供给的机械能转变为气压传动系统所需的气体压力能</td><td rowspan="7">1. 气动元件的基本参数有公称压力(MPa)和通径(mm，主通气口名义尺寸)
2. 气动元件一般都是标准化元件，根据使用条件直接从生产厂商产品样本或手册选用即可</td></tr>
<tr><td rowspan="2">真空吸附系统</td><td>真空泵</td><td>将原动机(电动机或内燃机)供给的机械能转变为真空吸附系统所需的负压气压能</td></tr>
<tr><td>真空发生器</td><td>将作为动力源的压缩空气转变为真空吸附系统所需的负压气压能</td></tr>
<tr><td rowspan="2">执行元件</td><td>气压传动系统</td><td>气缸、气马达和摆动气马达</td><td>将气压能转变为机械能，用以驱动工作机构的负载作功，实现往复直线运动、连续回转运动或摆动</td></tr>
<tr><td>真空吸附系统</td><td>真空吸盘、人工肌肉</td><td>将真空气压能变为机械能，用以吸附搬运夹持负载作功</td></tr>
<tr><td colspan="2">控制调节元件</td><td>各种压力、流量、方向控制阀及电-气伺服阀、电-气比例阀与气动逻辑控制元件等</td><td>控制调节气动系统中压缩气体或真空的压力、流量和方向，从而控制执行元件输出的力、速度和方向，以保证执行元件驱动的主机工作机构完成预定的运动规律</td></tr>
<tr><td colspan="2">辅助元件</td><td>分水滤气器、干燥器、消声器、管道、接头等</td><td>用来存储/净化压缩空气，为系统提供符合质量要求的工作介质</td></tr>
<tr><td>工作介质</td><td colspan="3">压缩空气或真空气体</td><td>作为系统的工作媒介，传递能量和工作及故障信号等</td><td>气动系统的工作介质为干空气；其可压缩性较液体大得多</td></tr>
</table>

1.1.3 气动系统的表示：图形符号及其含义

(1) 气动系统的表示方法

气动系统原理有两种图样表示法：一是图 1-1 所示的半结构形式表示法，其特点是表达形象、直观，元件的结构特点清楚明了，但对于复杂系统，图形绘制繁杂难辨；二是标准图形符号表示法，此法由于图形符号仅表示气动元件的功能、操作（控制）方法及外部连接口，并不表示气动元件的具体结构、性能参数、连接口的实际位置及元件的安装位置，故用来表达系统中各类元件的作用和整个系统的组成、管路联系和工作原理，简单明了，便于绘制、辨认与技术交流。利用专门开发的计算机图形库软件，还可大大提高气动系统原理图的设计、绘制效率及质量。除非采用了一些特殊元件，气动行业大多采用图形符号来绘制和表达气动系统原理图。

(2) 液压气动图形符号标准（GB/T 786.1—2009）

我国迄今先后四次（分别于 1965 年、1976 年、1993 年和 2009 年）颁布了液压与气动图形符号标准。现行标准为 GB/T 786.1—2009《流体传动系统及元件图形符号和回路图　第 1 部分：用于常规用途和数据处理的图形符号》（与同名的国际标准 ISO 1219-1:2006 等效），它建立了各种符号的基本要素（包括线、连接和管接头、流路和方向指示、机械基本要素、控制机构要素、调节要素等），并制定了液压气动元件（液压：阀、泵和马达、缸、附件。气动：阀、空压机和马达、缸、附件）和回路图表中符号的设计应用规则（含常规符号、阀、泵和马达、缸、附件），以资料性附录形式对 CAD 符号进行了介绍并给出了该标准中规定的常用液压气动图形符号（注：该标准目前正在修订中，请留意）。在气动系统设计和应用中，推荐采纳这一标准。本书附录摘录了该标准常用液压气动图形符号备查。

(3) 图形符号含义

图 1-2 所示即为按 GB/T 786.1—2009 绘制出的图 1-1 所示的气动系统原理图，图中的主要气动元件图形符号含义介绍如下。

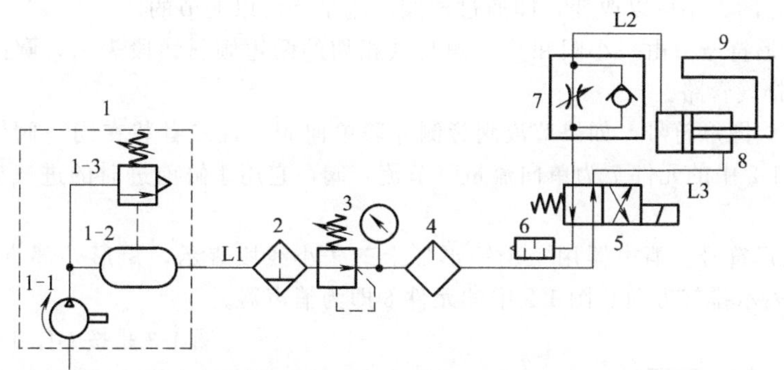

图 1-2　用图形符号绘制的往复直线运动工作装置气动系统原理图

1—空压机组件（1-1～1-3）；2—过滤器；3—调压阀（带压力表）；4—油雾器；5—换向阀；6—消声器；7—单向流量阀；8—气缸；9—往复运动工作装置；L1,L2,L3—管道

① 空气压缩机（以下简称空压机）图形符号。由一个圆加上一个空心正三角形来表示，正三角形箭头向外，表示压缩空气的方向。圆上、下两垂直线段分别表示排气和吸气管路（气口）。圆侧面的双线和弧线箭头分别表示泵传动轴和旋转运动。例如图 1-2 中的元件 1-1 即为空压机，空压机组件往往带有气罐 1-2 和限压安全溢流阀 1-3 等。

② 气罐图形符号。如图 1-2 所示，气罐 1-2 用类似平键槽的图形表示。

③ 压力阀和压力表图形符号。方格相当于阀芯，方格中的箭头表示气流的通道。两侧若为直线，则分别代表进、出气管；若一侧为直线，另一侧为向外的空心正三角形，则分别代表进、排气口；图中的虚线表示控制气路，压力阀就是利用控制气路的液压力与另一侧调节弹簧力相平衡的原理进行工作的。例如图 1-2 中的元件 1-3 为溢流阀，用于限定气罐最高压力以免过载，而元件 3 为调压阀，则用于设置系统供气压力并保持恒定。

压力表的图形符号用一个圆表示，圆内部的斜箭头表示表头指针。例如图 1-2 中的调压阀 3 自带压力表。

④ 气缸图形符号。用一个长方形加上内部的两个相互垂直的双直线段表示，双垂直线段表示活塞，活塞一侧带双水平线段表示为单活塞杆缸，活塞两侧带双水平线段表示为双活塞杆缸。图中有小长方形和箭头的表示缸带可调节缓冲器，无小长方形则表示缸不带缓冲器。例如图 1-2 中的元件 8 为不带可调缓冲器的单活塞杆气缸。

⑤ 过滤器图形符号。由等边菱形加上内部相互垂直的半虚线及实线表示。例如图 1-2 中的元件 2 为过滤器。

⑥ 调压阀图形符号。方格相当于阀芯，方格中的箭头表示气流的通道，两侧的直线代表进、出气管。图中的虚线表示控制气路，与前述溢流阀一样，调压阀也是利用控制气路的气压力与另一侧调节弹簧力相平衡的原理进行工作的。例如图 1-2 中的元件 3 为调压阀。

⑦ 换向阀图形符号。为改变气体的流动方向，换向阀的阀芯位置要变换，它一般可变动 2～3 个位置，而且阀体上的通路数也不同。根据阀芯可变动的位置数和阀体上的通路数，可组成“×位×通阀”。其图形意义为：

a. 换向阀的工作位置用方格表示，有几个方格即表示几位阀；

b. 方格内的箭头符号“↑”或“↓”表示气流的连通情况（有时与气体流动方向一致），短垂线“┬”表示气体被阀芯封闭的符号，这些符号在一个方格内与方格的交点数即表示阀的通路数；

c. 方格外的符号为操纵阀的控制符号，控制形式有手动、机动、电磁、液动和电液动等。例如图 1-2 中的元件 5 为二位二通电磁换向阀。

⑧ 节流阀图形符号。两圆弧所形成的缝隙即节流孔道，气体通过节流孔使流量减少，图中的箭头表示节流孔的大小可以改变，即通过该阀的流量是可以调节的。

⑨ 单向阀图形符号。由一小圆和其一侧与其相切的两短倾斜线段表示，圆两侧的垂线分别表示阀的进气和排气管路。

⑩ 单向节流阀图形符号。如果节流阀旁侧并联单向阀，且二者装在同一阀体内，则为单向节流阀。例如图 1-2 中的元件 7 为单向流量（节流）阀，它用于缸前进时的进气节流调速和退回排气。

⑪ 消声器图形符号。消声器用一个矩形加上三条小线段表示，矩形外部直线表示进气管，空心正三角形来表示排气方向。图 1-2 中的元件 6 即为消声器。

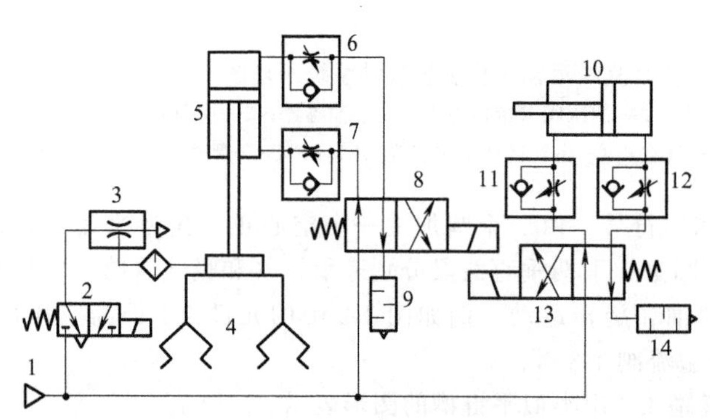

图 1-3 用图形符号绘制的电视机包装机气动真空系统原理图
1—气压源；2—二位三通电磁阀；3—真空发生器；4—真空吸盘；5,10—气缸；6,7,11,12—单向节流阀；8,13—二位四通电磁阀；9,14—消声器

图 1-3 是按 GB/T 786.1—2009 绘制的电视机包装机气动真空系统原理图（其执行元件包括气缸和真空吸盘）。元件 2、5～14 的图形符号意义同前，剩余组成元件图形符号意义如下：

① 气压源的图形符号。用一空心正三角形表示，正三角形箭头的方向表示压缩空气的方向。例如图 1-3 中的元件 1 为气压源，用于给气缸和真空吸盘供气。

② 真空发生器的图形符号。两圆弧所形成的缝隙即真空发生通道，其左右两侧的直线段和空心正三角形分别代表正压进气管和排气口，与进气管垂直的直线段代表真空排气管。例如图 1-3 中的元件 3 为真空发生器，用于将正压空气变为真空气体。

③ 真空吸盘的图形符号。由两相交折线段表示，其外侧直线段表示进气管。如图 1-3 中的元件 4 为真空吸盘，用于工件的吸附。

图 1-3 所示的电视机包装机气动真空系统原理图工作原理简述如下：气缸 5 和气缸 10 配合可实现垂直与水平两个方向的动作，气压源 1 的压缩空气经真空发生器 3 产生真空，靠两个真空吸盘 4 将电视机产品从装配生产线搬下，放上包装材料后，置于纸箱中，完成电视机的包装作业。气缸 5 和 10 的运动方向变换分别由二位四通电磁换向阀 8 和 13 控制，运动速度分别由单向节流阀 6、7、11 和 12 控制。

1.1.4 气动系统原理图的绘制与分析识读

(1) 采用图形符号绘制气动系统原理图时的一般注意事项

① 元件图形符号的大小可根据图纸幅面大小按适当比例增大或缩小绘制，以清晰美观为原则。

② 元件和回路图一般以未受激励的非工作状态（例如电磁换向阀应为断电后的工作位置）画出。

③ 在不改变标准定义的初始状态含义的前提下，元件的方向一般可视具体情况水平翻转或 90°旋转进行绘制，但油箱必须水平绘制且开口向上。

(2) 气动系统原理图的识读

首先应通过相关技术文件和现场实物全面了解主机的功能、结构、运动部件的数量及驱动形式、工作循环及对气动系统的主要要求，同时要了解气动与机械、电气、液压几个方面的相互联系，特别是系统的控制信号源及其转换和动作状态表等。

在分析气动系统的气流路线时，最好先将系统中的主要元件及各条气路分别进行编码，然后按执行元件划分气路单元，每个单元先看动作循环，再看主气路、控制回路。主气路的进气路起始点为气压源的排气口，终点为执行元件的进气口；主气路的回气路起始点为执行元件的回气口，终点一般通向大气。控制气路也应弄明来源与控制对象。要特别注意系统从一种工作状态转换到另一种工作状态时，其信号源（即发信元件）是哪些，又是使哪些控制元件动作并实现的。

对于因故没有原理图的气动系统，需结合说明书等文档资料、实物，并通过询问现场工作人员进行推断分析。

1.2 气动系统的分类（表1-2）

表1-2 气动系统的类型及特点

分类方式	类型	特点
按工作特征分类	传动系统	一般为不带反馈的开环系统，以传递动力为主，以信息传递为次，追求传动特性的完善。系统的工作特性由各组成气动元件的特性和它们的相互作用来确定，其工作质量受工作条件变化的影响较大。气压传动系统应用较为普遍。大多数工业设备气动系统属于此类
	控制系统	多为采用电-气比例阀或电-气伺服阀等元件组成的带反馈的闭环系统，以传递信息为主，以传递动力为次，追求控制特性的完善。由于加入了检测反馈，故系统可用一般元件组成精确的控制系统，其控制质量受工作条件变化的影响较小。气动控制系统在高精数控机床、冶金、航空、航天等领域应用广泛
	真空吸附系统	以真空吸盘作为主要执行元件，与气缸配合，用于具有平面的物料、工件或产品（例如玻璃、电视机等）进行吸附（吊）作业。系统工作压力为负压，以真空泵或真空发生器为真空源
按用途分类	固定设备用系统	此类液压系统多为开式循环系统，包括用于各类工业设备如机床（工件夹紧、工作台进给、换向、主轴驱动）、压力机（压制、压边、换向、工件顶出），压铸机及注塑机（合模、脱模、预塑、注射机构）甚至公共设施如医疗器械、垃圾压榨等机械设备和工作装置中的系统
	行走设备用系统	此类液压系统既有开式循环系统也有闭式循环系统，包括用于车辆行驶（行走驱动、转向、制动及其工作装置）、物料传送装卸搬运设备（传递机构、转位机构）以及航空、航天、航海工程中的各种系统

1.3 气动技术的优缺点

气动技术的优缺点如表1-3所列，与其他传动方式的综合比较见表1-4。

表1-3 气动技术的优缺点

优缺点	序号	性能	详细描述
主要优点	1	介质提取处理便利	工作压力较低（通常不超过1MPa），空气提取容易，无介质费用和供应上的困难，用后的气体排入大气，处理方便，一般不需回收管道和容器，介质清洁，不会污染环境，管道不宜阻塞，不存在介质变质及补充等问题
	2	能源可贮存	压缩空气可储存在贮气罐中，突然断电等情况时，主机及其工艺流程不致突然中断
	3	动作迅速，反应灵敏	一般只需0.02～0.3s即可达到所需压力和速度。能实现过载保护，便于自动控制
	4	阻力损失和泄漏小	压缩空气传输过程中的阻力损失一般仅为油路的千分之一，空气便于集中供应和远距离输送。外泄漏不会像液压传动那样造成压力明显降低和环境污染

续表

优缺点	序号	性　能	详细描述
主要优点	5	成本低廉	工作压力低,气动元辅件的材料易获取,制造精度低,制造容易,成本较低
	6	工作环境适应性好	气动元件可以根据不同场合,采用相应材料,使元件能够在强振动、强冲击、多尘埃、强腐蚀和强辐射等恶劣的环境下进行正常工作。不会因温度变化影响其传动控制性能
	7	维护简单,使用安全	无油的气动控制系统特别适用于无线电元器件的生产过程及食品或医药生产过程
主要缺点	1	出力小	因工作压力较低,且结构尺寸不宜过大,故气动系统出力较小,且传动效率低
	2	动作稳定性稍差	空气的压缩性远大于液压油的压缩性,因此在动作的响应能力、工作速度的平稳性方面不如液压传动。但若采用气-液复合传动装置即可取得满意效果
	3	工作频率和响应速度远不如电子装置	气压传动装置的信号传递速度限制在声速(约 340m/s)范围内,所以它的工作频率和响应速度远不如电子装置,并且信号要产生较大的失真和延滞,也不便于构成较复杂的控制回路,但这一缺点对工业生产过程不会造成困难

表 1-4　气压传动与其他传动方式的综合比较

性能	气压传动	液压传动	机械传动	电气传动
输出力(或力矩)	稍大	大	较大	不太大
速度	高	较高	低	高
重量功率比	中等	小	较小	中等
传动效率	低	中	高	高
响应性	低	高	中等	高
负载引起特性变化	很大	稍有	几乎无	几乎无
定位性	不良	稍好	良好	良好
无级调速	较好	良好	较困难	良好
远程操作	良好	良好	困难	特别好
信号变换	较困难	困难	困难	容易
调整	稍困难	容易	稍困难	容易
结构	简单	稍复杂	一般	稍微复杂
安装自由度	大	大	小	中
环保性	良	有污染,但水压传动无污染	中	良
管线配置	稍复杂	复杂	较简单	不特别复杂
环境适应性	好	较好,但易燃	一般	不太好
危险性	几乎无	注意防火	无特别问题	注意漏电
动力源失效时	有余量	可通过蓄能器完成若干动作	不能工作	不能工作
工作寿命	长	一般	一般	较短
维护要求	一般	高	简单	较高
价格	低	稍高	一般	稍高

1.4　气动技术的应用

气动技术与液压技术都和现代社会中人们的日常生活、工农业生产、科学研究活动有着日益密切的关系，已成为现代机械设备和装置中的基本技术构成、现代控制工程的基本技术要素和工业及国防自动化的重要手段，并在国民经济各行业以及几乎所有技术领域中日益广泛应用。

① 能源工业：如煤矿机械中的胶轮车、自动下料机、矿用架柱支撑手持式钻机、便携式矿

山救援裂石机、煤矿气动单轨吊、矿用连接器自动注胶机、煤矿支架搬运车电源开关操纵系统、矿山安全救援设备气动强排卫生间等；电力机械中的变压器线圈自动打磨设备、电缆剥皮机等；石油机械中的钻机及绞车、车载式重锤震源等。

② 冶金及金属材料成型领域：如冶金机械中的钢管修磨机、带材纠偏系统（气液伺服导向器）、板材配重系统、烧结矿自动打散与卸料装置、热轧带钢表面质量检测装置、连轧棒材齐头机；金属材料成型机械中的焊条包装线、冲床上下料机械手、送料器、石油钢管通径机、半自动冲孔模具、板料折弯机、水平分型覆膜砂制芯机、低压铸造机液面加压系统等。

③ 化工及橡塑工业：如化工机械中的化工药浆浇注设备、膏体产品连续灌装机、磨料造粒机、铅管封口机、桶装亚砷酸自动打包机、防爆药柱包覆机等；橡塑机械中的丁腈橡胶目标靶布料器、注塑机全自动送料机械手等。

④ 机械制造装备工业：如机床及数控加工中心中的自动换刀机构、钻床、壳体类零件铆压装配机床、微喷孔电火花机床电极进给系统、涡旋压缩机动涡盘孔自动塞堵机、矿用全气动锯床、打标机、切割平板设备、加工中心进给轴可靠性试验加载装置、零件压入装置等；工装夹具及功能部件中的数控车床真空夹具、气动肌腱驱动夹具、柴油机柱塞偶件磨斜槽自动化翻转夹具、肌腱驱动的形封闭偏心轮机构和杠杆式压板夹具、棒料可控旋弯致裂精密下料系统、智能真空吸盘装置、空气轴承（气浮轴承）等。

⑤ 汽车零部件工业：车内行李架辅助安装举升装置、汽车顶盖助力吊具、汽车滑动轴承注油圆孔自动倒角专机、汽车零部件压印装置、汽车三元催化器GBD封装设备、汽车涂装车间颜料桶振动机；汽车座椅调角器力矩耐久试验台架、汽车翻转阀气密检测设备等。

⑥ 轻工与包装行业：如轻工机械中的纸盒贴标机、胶印机全自动换版装置、网印机、卷烟卷接机组阀、烟草切丝机离合器、盘类陶瓷产品成型干燥生产线、盘类瓷器磨底机、布鞋鞋帮收口机、晴雨伞试验机、点火器自动传送系统、纸张专用冲孔机等；包装机械中的杯装奶茶装箱专用机械手、纸箱包装机、料仓自动取料装置、微型瓶标志自动印刷装置、码垛机器人多功能抓取装置、彩珠筒烟花全自动包装机、方块地毯包装机、高速小袋包装机、自动物料（药品）装瓶系统等。

⑦ 电子信息产业与机械手及机器人领域：如电子工业中的光纤插芯压接机、微型电子元器件贴片机、电机线圈绕线机恒力压线板、超大超薄柔性液晶玻璃面板测量机、铅酸蓄电池回收处理刀切分离器、笔记本电脑键盘内塑料框架埋钉热熔机、印刷电路板自动上料机等；各类机械手如自动化生产线机械零件抓运机械手、教学用气动机械手、车辆防撞梁抓取翻转机械手、医药安瓿瓶开启机械手、采用PLC和触摸屏的生产线工件搬运机械手等；各类机器人中的蠕动式气动微型管道机器人、电子气动工业机器人、连续行进式缆索维护机器人等。

⑧ 农林机械、建材建筑机械与起重工具：如农林机械中的动物饲养饲料计量和传送装置、粪便收集和清除装置、剪羊毛和屠宰设备、禽蛋自动卸托机、自动分拣鸡蛋平台、苹果分类包装搬运机械手、家具木块自动钻孔机等；建材建筑机械中的砖坯码垛机械手爪、陶瓷卫生洁具（坐便器）漏水检验装置、混凝土搅拌机、内墙智能抹灰机及系统等；起重工具中的限载式气动葫芦、智能气动平衡吊、升降电梯轿厢双开移门系统等。

⑨ 城市公交、铁道车辆与河海航空（天）领域：如城市公交中的客车内摆门、气动式管道公共交通系统等；铁道车辆中的机车整体卫生间冲洗系统、客车电控塞拉门、高速铁道动车组等；河海航空（天）设备中的船舶前进倒退的转换装置、海上救助气动抛绳器、气控式水下滑翔机、垂直起降火箭运载器着陆支架收放装置等。

⑩ 医疗康复器械与其他设施：如医疗康复器械中的气动人工肌肉驱动踝关节矫正器、反应式腹部触诊模拟装置、动物视网膜压力仪等；文体设施中的弦乐器自动演奏机器人、场地自行车起跑器、游艺机等；食品机械中的爆米花机、碾米机碾米精度智能控制、纸浆模塑餐具全自动生产线等。

应当说明的是，上述各行业和领域应用气动技术的出发点各不相同。例如煤矿机械主要应用气动技术防爆、安全可靠的优点；轻工、包装及食品等小负载机械设备主要应用气动技术绿色无污染、反应快、实现逻辑控制和便于安装维护的优点；机械手和工业机器人的末端执行机构则主要应用真空吸附技术精巧、灵活、便于抓取轻小工件的特点等。

1.5 气动技术的发展

与液压技术比较，气动技术的发展要晚些。在19世纪后期才出现了利用压缩空气输送信件的气动邮政，并将气动技术用于舞台灯光设备驱动、印刷机械、木材、石料与金属加工设备、牙医钻具和缝纫机械等。第二次世界大战后，为了解决宇航、原子能等领域中电子技术难以解决的高温、巨震、强辐射等难题，加速了气动技术的研究。自20世纪50年代末，美军Harry Diamond实验室首次公开了某些射流控制的技术内容后，气动技术作为工业自动化的廉价、有效手段受到人们的普遍重视，各国竞相研制、推广。60年代中期，法国LECO等公司首先成功研制了对气源要求低、动作灵敏可靠的第二代气动元件，继之各工业发达国家在气动元件及系统的研究、应用方面都取得了很大进展，各种结构新颖的气缸、气源处理装置等新型气动元件、辅件也不断涌现。随着工业技术的发展和生产自动化要求的提高，气动控制元件也有不少改进，气动逻辑元件和真空元件的研究和应用也取得了很大进展。气动技术的应用领域也随之得到迅猛扩展，涵盖了机械、汽车、电子、冶金、化工、轻工、食品、军事各行业。

随着当代IT工业及“互联网+”、通信技术、传感技术的不断发展，以及新技术、新产品、新工艺、新材料等在工业界的应用，作为低成本的自动化手段，为了应对电气传动与控制技术（如伺服传动、直线电机及电动缸等）的挑战，气动技术及产品作为各类自动化主机配套的重要基础件正在发生革命性变化，特别是通过与当代微电子技术、计算机信息技术、互联网技术、控制技术、材料学及机械学的集成和整合创新，技术发展很快。气动技术的主要发展趋势见表1-5。

表1-5 气动技术及产品的发展趋势

序号	趋势	举例
1	标准化	气缸和电磁阀作为气动技术的基础产品，其标准化大大影响气动产品质量和气动技术的应用发展，故新的ISO 15552标准结合过去ISO 6432标准，使得占整个气动驱动器用量80%以上的气缸都归入了ISO标准的范畴；新的ISO 15407标准，结合过去ISO 5599/1-2标准(1-6号阀的二位五通板式连接界面尺寸标准)，也使得占整个电磁阀用量55%以上的板式电磁阀归入了ISO标准的范畴
2	微型化	气动驱动器内置滚珠导轨，大拇指大小、有效截面积为0.2mm^{2}的超小型电磁阀、零壁厚片状电磁阀；作为整体发展规划的“微气动技术”，如气动硅微流控芯片、PDMS微流控芯片及PDMS微阀及系统正逐步成为气动技术领域的热点
3	模块化	气动执行元件的模块化已经逐渐成为一种趋势，设计者只需要查找产品样本中驱动器允许的推力、行程、许用径向力F、许用扭矩M等数据，分析其是否能满足实际工况要求，不必再设计带导轨的驱动机构；国内外大多采用了积木式的砌块结构，缩短了设计者在自动流水线的设计制造、调试及加工的周期
4	集成化、复合化	目前的气动元件已牵涉到各种技术的互相融合和精确的配合。常见的是气动与材料、电子、传感器、通信、日益壮大的机电一体化等其他技术的紧密结合，使得过去根本意想不到的具有综合特性的集成化气动产品(如气动手指、气动人工肌肉和气动阀岛等)不断涌现出来；将来新的集成化气动产品会更多地替代传统的气动元件
5	系统化	通过制造商提供的系统整体解决方案，用户不必再考虑如何选择气动元件，如何装配、调试，而是把需求提出来，即可得到解决并应用于系统，即插即用(插上气源、电源就可使用)

续表

序号	趋势	举　例
6	低能耗、高精度、高频响	国外电磁阀的功耗已达0.5W，还将进一步降低，以适应与微电子相结合；执行元件的定位精度提高，刚度增加，使用更方便，附带制动机构和伺服系统的气缸应用越来越普遍；各种异型截面缸筒和活塞杆的气缸甚多，这类气缸因活塞杆不回转，应用在主机上时，无须附加导向装置即可保持一定精度；向高速、高频、高响应方向发展，如气缸工作速度将提高到1～2m/s，有的要求达5m/s；电磁阀的响应时间将小于10ms，寿命将提高到5000万次以上
7	安全可靠	管接头、气源处理元件的外壳等耐压试验的压力提高到使用压力的4～5倍，耐压时间增加到5～15min，还要在高、低温度下进行试验，以满足诸如轧钢机、纺织流水线、航海轮船等设备对可靠性的较高要求，避免在工作时间内因为气动元件的质量问题而中断，造成巨大损失；普遍使用无油润滑技术，满足某些特殊要求
8	智能化、状态监测/可诊断	气动技术与电子技术、IT、传感器、通信技术密不可分，气动元件智能化水平大幅提高；用传感器代替传统流量计、压力表，以实现压缩空气流量、压力的自动控制，节能并可保证使用装置正常运行；传感器实现气动元件及系统具有故障预报和自诊断功能；阀岛技术和智能阀岛越来越趋向于成熟(可实现对阀岛的供电、供气故障进行诊断，电气部分的输入/输出模块中的工作状态控制，传感器-执行器的故障诊断等)
9	以太网和芯片技术的应用	随着芯片的大量生产、成本降低，将来以太网和微芯片在分散装置中的应用越来越普遍，以太网将成为工业自动化领域的传递载体，其一端与计算机控制器相接，另一端接到智能元件(如智能阀岛、伺服驱动装置等)上。数千里之外，完全可实现设备的遥控、诊断和调整

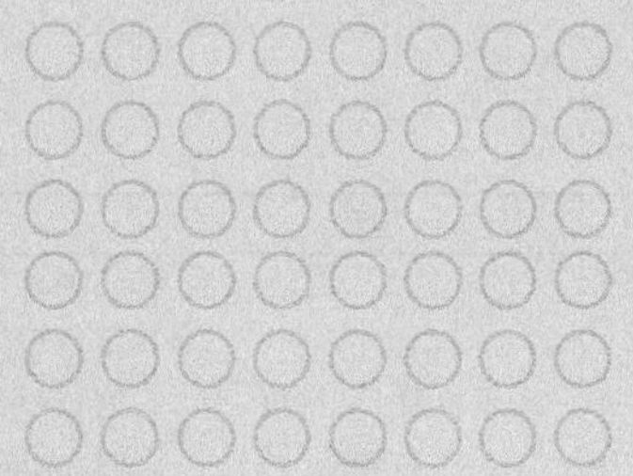

气动介质及其力学基础

2.1 气动介质的功用与性质

2.1.1 空气的功用及组成

气动系统的工作介质是压缩空气，其主要功用是传递能量和工作信号，提供和传递气动元件和系统失效的诊断信息等。一个气动系统运转品质的优劣，在很大程度上取决于所使用的工作介质。

自然空气由多种气体混合而成，其主要成分是氮（约占78%）和氧（约占21%），其次是氩和少量的二氧化碳及其他气体。但在各种作业环境中，空气的组成则更加复杂，上述比例也会完全改变。

空气可分为干空气和湿空气两种形态：含有水蒸气的空气称为湿空气，去除水分的、不含水蒸气的空气称为干空气。气压传动与控制以干空气为工作介质。

2.1.2 空气的主要物理性质

空气的物理性质有密度、黏性、湿度、可压缩性和膨胀性等。

(1) 密度

单位体积 V 内空气的质量 m，称为空气的密度，用 ρ 表示，即

$$\rho=m/V \tag{2-1}$$

干空气的密度用下式表达：

$$\rho=3.482\times10^{-3}p/(273+t)(\mathrm{kg/m^3}) \tag{2-2}$$

湿空气的密度用下式表达：

$$\rho=3.482\times10^{-3}(p-0.378\varphi p_s)/(273+t)(\mathrm{kg/m^3}) \tag{2-3}$$

式中　p——空气的绝对压力，Pa；

t——空气的温度，℃；

φ——空气的相对湿度，%；

p_s——温度为 t（℃）时饱和空气中水蒸气的分压力，Pa。

由以上公式可看出，空气密度会随压力 p 的增大而减小，随温度 t 增大而减小。干空气在20℃时的密度为 $\rho=1.2052\mathrm{kg/m^3}$。

(2) 黏性

空气运动时产生摩擦阻力的性质称为黏性，黏性大小常用运动黏度 ν 表示：

$$\nu=\mu/\rho(\mathrm{m^2/s}) \tag{2-4}$$

式中　μ——空气的绝对黏度，Pa·s；

ρ——空气的密度，kg/m^3。

空气黏度受压力变化的影响极小，通常可忽略。而空气黏度随温度升高而增大，主要是因温度升高后，空气内分子运动加剧，使分子间碰撞增多。

压力在0.1013MPa时，空气的运动黏度与温度之间的关系见表2-1。

表2-1 空气的运动黏度与温度之间的关系

t/℃	0	5	10	20	30	40	60	80	100
$\nu/10^{-6}m^2\cdot s^{-1}$	13.6	14.2	14.7	15.7	16.6	17.6	19.6	21.0	23.8

(3) 湿度

湿空气所含水分的程度用湿度和含湿量来表示，湿度有绝对湿度和相对湿度两种表示方法。

① 绝对湿度。单位体积湿空气中所含水蒸气的质量称为湿空气的绝对湿度，用χ表示：

$$\chi=\rho_s=m_s/V=p_s/(R_sT)(kg/m^3) \tag{2-5}$$

式中 m_s——湿空气中水蒸气的质量，kg；

V——为湿空气的体积，m^3；

ρ_s——湿空气中水蒸气的密度，kg/m^3；

T——绝对温度，$T=273+t$，K；

R_s——水蒸气的气体常数，$R_s=462.05J/(kg\cdot K)$。

② 饱和绝对湿度。湿空气中水蒸气的分压力达到该温度下水蒸气的饱和压力时的绝对湿度称为饱和绝对湿度，用χ_b表示：

$$\chi_b=p_b/(R_sT) \tag{2-6}$$

式中 p_b——饱和湿空气中水蒸气的分压力；

T——热力学温度，$T=273.16+t$，K；（t为湿空气温度，℃）；

R_s——水蒸气的气体常数，$R_s=462.05J/(kg\cdot K)$。

③ 相对湿度。在一定温度和压力下，绝对湿度和饱和绝对湿度之比称为该温度下的相对湿度，用φ表示：

$$\varphi=\frac{\chi}{\chi_b}\times100\%=\frac{p_s}{p_b}\times100\% \tag{2-7}$$

当空气的相对湿度$\varphi=0$时即为绝对干燥；当$\varphi=100\%$时即为饱和湿度。气动技术中，规定进入控制元件的空气相对湿度应小于95%。

④ 含湿量。单位质量的干空气中所混合的水蒸气的质量，称为质量合湿量，用d表示：

$$d=\frac{m_s}{m_g}=\frac{\rho_s}{\rho_g} \tag{2-8}$$

式中 m_g——干空气质量；

ρ_g——干空气密度，kg/m^3。

其余符号意义同前。

(4) 可压缩性和膨胀性

空气的气体分子间距较大，约为气体分子直径的9倍，其距离约为3.35×10^{-9}m，内聚力较小，从而使空气在压力和温度变化时，体积极易变化。空气随压力增大而体积减小的性质称为气体的可压缩性；空气随温度升高而体积增大的性质称为气体的膨胀性。空气的可压缩性和膨胀性比液体大得多，这是气体和液体的主要区别，故在气动技术设计和使用中应予以考虑。

2.2 压缩空气的使用管理要点

在气动系统运转中，由于压缩空气的质量对气动系统的工作可靠性和性能优劣影响很大，而压缩空气混入污染物（如灰尘、液雾、烟尘、微生物等）极易引起元件及管道锈蚀、喷嘴堵塞及密封件变形等（见表2-2），会降低气动系统及主机的工作可靠性，成为系统动作失常及故障的主要原因。故在气动元件与系统使用中，要特别注意压缩空气的污染及预防。

表2-2 压缩空气中的污染物及其影响对象

污染物	受污染影响的元件或设备	除去方法
水分	气缸 喷漆用气枪 一般气动元件	空气过滤器 除湿器、干燥器
油分	食品机械 射流元件	除油用过滤器 无油空气压缩机
粉尘	一般生产线用高速气动工具 过程控制仪表 空气轴承、微型轴承	过滤器(50～75μm) 过滤器(25μm) 过滤器(5μm)

压缩空气的污染主要来自水分、油分和粉尘等三个方面。其一般控制方法如下。

① 应防止冷凝水（冷却时析出的冷凝水）侵入压缩空气而致使元件和管道锈蚀，影响其性能。为此，应及时排除系统各排水阀中积存的冷凝水；经常注意自动排水器、干燥器的工作状态是否正常；定期清洗分水滤气器、自动排水器的内部零件等。

② 应设法清除压缩空气中的油分（使用过的、因受热而变质的润滑油），以免其随压缩空气进入系统，导致密封件变形、空气泄漏、摩擦阻力增大、阀和执行元件动作不良等。对较大的油分颗粒，可通过油水分离器和分水滤气器的分离作用与空气分开，从设备底部排污阀排除；对较小的油分颗粒，可通过活性炭的吸附作用清除。

③ 应防止粉尘（大气中的粉尘、管道内的锈粉及磨耗的密封材料碎屑等）侵入压缩空气，从而导致运动件卡死、动作失常、堵塞喷嘴等故障，加速元件磨损、降低使用寿命等。为了除去空气中浮游的微粒，使用空气净化装置为最有效的方法，几种典型空气净化装置见表2-3。同时还应经常清洗空压机前的预过滤器，定期清洗滤气器的滤芯，及时更换滤清元件等。

表2-3 典型空气净化装置

污染物种类	净化装置种类	捕集效率/%	备　注
一般灰尘和烟尘	空调用过滤器	50～70	使用玻璃纤维制成的普通过滤器，当被灰尘堵塞时可取下更换
	电集尘器	85～95	用声压电极板捕集灰尘
	室内设置式过滤器	85～99	由高性能过滤器(或电集尘器)与空气过滤器组合而成
有害气体	气体过滤器	50～90	采用活性炭过滤器
清净室中的微粒子	超高性能过滤器	99.97	这是空气过滤器、活性炭过滤器与超高性能过滤器的组合

2.3 气体力学基础

2.3.1 气体压力及其表示方法与单位

在气动元件与系统中，单位面积气体上的作用力称为压力（用 p 表示），它是气动技术中的一个重要参数。根据压力度量起点的不同，气体压力有绝对压力和相对压力之分。当压力以绝对真空为基准度量时，称为绝对压力。超过大气压力的那部分压力叫做相对压力或表压力，其值以大气压为基准进行度量。因大气中的物体受大气压的作用是自相平衡的，所以用压力表（见2.4.1节）测得的压力数值是相对压力（表压力）。在气动技术中所提到的压力，如不特别指明，一般均为相对压力。

在真空吸附技术中，将绝对压力不足于大气压力的那部分压力值，称为真空度。此时相对压力（表压力）为负值。由图 2-1 可知，以大气压为基准计算压力时，基准以上的正值是表压力，基准以下的负值就是真空度。

压力的法定计量单位是 Pa（帕，$1Pa=1N/m^2$），也可用 MPa 表示：

$$1MPa=10^6Pa=10^3kPa$$

在气动技术中，为简化常取"当地大气压" $p_a=0.1MPa=100kPa$。以此为基准，绝对压力、表压力及真空度之间的关系如图 2-1 所示。

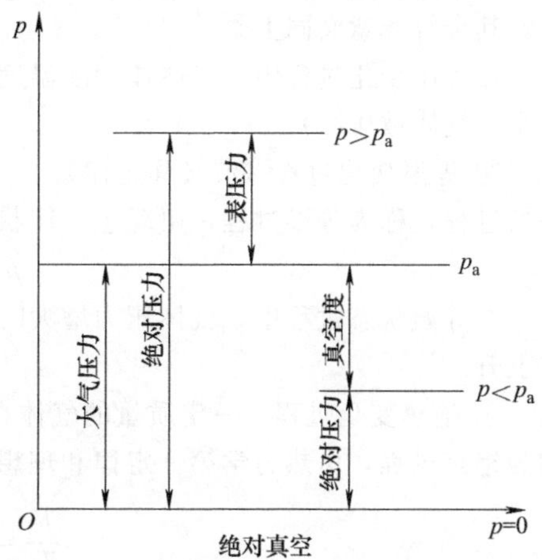

图 2-1　大气压、绝对压力、表压力和真空度之间的关系

2.3.2　气体状态及其变化

气体以某种状态存在于空间，气体的状态通常以压力、温度和体积三个参数来表示。气体由一种状态到另一种状态的变化过程称之为气体状态变化过程。气体状态变化中或变化后处于平衡时各参数的关系用气体状态方程及状态变化方程进行描述。

(1) 理想气体状态方程

不计黏性的气体即为理想气体，一定质量的理想气体在某一平衡状态时的状态方程为

$$pV=mRT \tag{2-9}$$

$$p\nu=RT \tag{2-10}$$

式中　p——气体绝对压力，Pa；

V——气体体积，m^3；

T——气体热力学温度，K；

ν——气体比容（比体积），m^3/kg；

m——气体质量，kg；

R——气体常数，J/(kg · K)，干空气为 $R_g=287J/(kg\cdot K)$，水蒸气为 $R_s=462.05J/(kg\cdot K)$。

当压力 p 在 0～10MPa，温度在 0～200℃之间变化时，$p\nu/RT$ 的比值接近 1，误差小于 4%。由于气动技术中的工作压力通常在 2MPa 以下，故此时将实际气体视为理想气体引起的误差相当小。

(2) 理想气体的状态变化过程

① 等容变化过程（查理定律）。一定质量的气体，在容积保持不变时，从某一状态变化到另一状态的过程，称为等容过程，由理想气体状态方程式（2-9）可得等容过程的方程为

$$\frac{p_1}{T_1}=\frac{p_2}{T_2}=常数 \tag{2-11}$$

式中　p_1，p_2——起始状态和终了状态的绝对压力，Pa；

T_1，T_2——起始状态和终了状态的热力学温度，K。

在等容状态过程中，压力的变化与温度的变化成正比，当压力增大时，气体温度随之增大。

② 等压变化过程（盖-吕萨克定律）。一定质量的气体，在压力保持不变时，从某一状态变化到另一状态的过程，称为等压过程，由理想气体状态方程式（2-9）可得等压过程的方程为

$$\frac{\nu_1}{T_1}=\frac{\nu_2}{T_2}=常数 \tag{2-12}$$

式中　ν_1，ν_2——起始状态和终了状态的气体比容，m^3/kg。

其余符号意义同上。

在等压变化过程中，气体体积随温度升高而增大（气体膨胀），反之气体体积随温度下降而减小（气体被压缩）。

③ 等温变化过程（波义耳定律）。一定质量的气体当温度不变时，从某一状态变化到另一状态的过程，称为等温过程，由理想气体状态方程式（2-9）可得等温过程的方程为

$$p_1\nu_1=p_2\nu_2=\text{常数} \tag{2-13}$$

在等温状态过程中，气体压力增大时，气体体积被压缩，比容下降；反之，则气体膨胀，比容上升。

④ 绝热变化过程。一定质量的气体在状态变化过程中，与外界无热量交换的状态变化过程，称为绝热过程，由热力学第一定律和理想气体状态方程式（2-9）可得绝热过程的方程为

$$\frac{T_2}{T_1}=\left(\frac{p_2}{p_1}\right)^{\frac{k-1}{k}}=\left(\frac{\nu_1}{\nu_2}\right)^{k-1} \tag{2-14}$$

式中　k——气体绝热指数，自然空气可取 $k=1.4$。

在绝热变化过程中，气体状态变化与外界无热量交换，系统靠消耗内能做功。气动技术中，快速动作如空气压缩机的活塞在气缸中的运动被认为是绝热过程。在绝热过程中，气体温度变化很大，例如空压机压缩空气时，温度可高达 250℃，而快速排气时，温度可降至－100℃。

⑤ 多变过程。不加任何限制条件的气体状态变化过程，称为多变过程。由热力学第一定律和理想气体状态方程式（2-9）可得多变过程的方程为

$$\frac{T_2}{T_1}=\left(\frac{p_2}{p_1}\right)^{\frac{n-1}{n}}=\left(\frac{\nu_1}{\nu_2}\right)^{n-1} \tag{2-15}$$

式中　n——气体多变指数，n 在 0～1.4 变化，自然空气可取 $n=1.4$。

其余符号意义同前。

在某一多变过程中，多变指数 n 保持不变；对于不同的多变过程，n 有不同的值，上述四种变化过程均可视为为多变过程的特例，工程实际中大多数变化过程为多变过程，前述四种典型过程是多变过程的特例。

2.3.3 气体的定常管流

(1) 气体流动基本概念

① 实际流体和理想流体、定常流动和非定常流动。实际流体具有黏性。理想流体是一种假想为无黏性的流体。气体流动时，全部运动参数（如压力 p、速度 u、密度 ρ）都不随时间而变化的流动称为定常流动（也称稳定流动），例如流量控制阀开度一定时管道内的流动。这些参数随时间变化的流动就称为非定常流动，例如气缸的充气放气过程及换向阀启闭过程中的流动等。

② 流线、缓变流和急变流。流线是指某瞬时流动空间中不同流体质点组成的一条光滑曲线（图 2-2），曲线上各点的切线方向即为该点的速度方向，并指向液体流动的方向。流线的形状与液体的流动状态有关：定常流动时，流线的形状不随时间变化；由于任一瞬时液体质点的方向只有一个，因此流线既不能相交又不能转折。

流线几乎是平行直线的流动称为缓变流（如等截面长管道内的流动），流线不平行或不是直线的流动称为急变流（如弯管或阀门内的流动）。

③ 层流和紊流。流体质点的运动轨迹层次分明、互不掺混的流动称为层流，流体质点运动轨迹杂乱无章的流动称为紊流。

④ 一元流动、管道通流截面、流量和平均流速。气体的运动参数仅与一个空间坐标有关的流动称为一元流动。通常认为，流速只与一个空间坐标有关便是一元流动，例如在收缩角不大的

收缩管内，各截面上的平均流速只与轴线坐标有关。

如图 2-3 所示，与直径为 d 的管道中所有流线正交的截面称为通流截面（过流断面），其截面积用 A 表示。

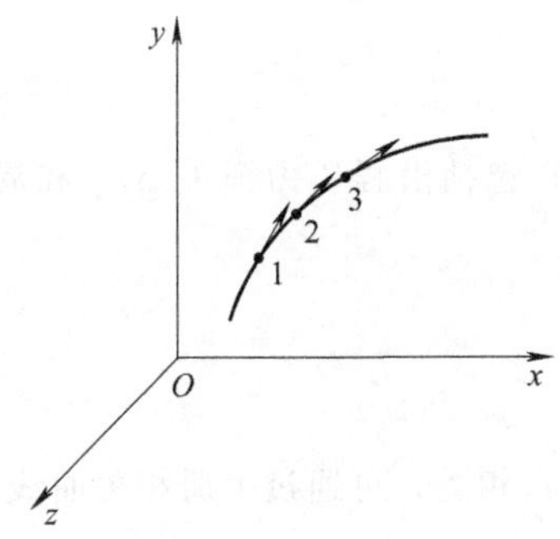

图 2-2　流线

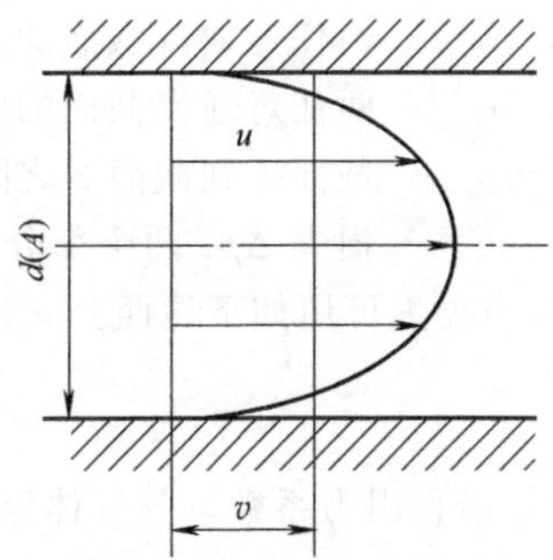

图 2-3　管道通流截面、流量和平均流速

单位时间内流过通流截面的气体量称为流量，它反映了气动元件和管道的通流能力。对于不可压缩流动的气体量常以体积度量，称为体积流量 q，其常用单位是 m^3/s 或 L/min；压缩流动的气体量常以质量度量，称为质量流量 q_m，其常用单位是 kg/s。

流体在管道内的流速 u 的分布规律很复杂（见图 2-3），故常用平均流速（假设通流截面上各点的流速均匀分布）v 来计算流量，即

体积流量
$$q=vA \tag{2-16}$$

质量流量
$$q_m=\rho vA \tag{2-17}$$

(2) 气体流动的连续性方程

连续性方程是质量守恒定律在气体力学中的应用。

一元不可压缩气体定常管流，其体积流量保持不变，管内任意两截面之间的连续性方程为

$$q_1=v_1A_1=v_2A_2=q_2 \tag{2-18}$$

此式表明，在流量不变情况下，流速与通流截面积成反比，即通流截面积 A 大处流速高，截面积小处流速低。

一元可压缩气体定常管流的连续性方程为

$$q_m=\rho_1v_1A_1=\rho_2v_2A_2=\text{常数} \tag{2-19}$$

式中　q_m——气体流经每个截面的质量流量，kg /s；

A_1，A_2——两任意通流截面的面积，m^2；

v_1，v_2——两任意通流截面的液体平均流速，m/s；

ρ_1，ρ_2——两任意通流截面的气体密度，kg/m^3。

(3) 伯努利方程

伯努利方程是能量守恒定律在气体力学中的应用。

① 一元气流伯努利方程。在气动系统中，由于气流速度一般很快，基本上来不及与周围环境进行热交换，故可忽略，认为是绝热流动。当考虑气体的可压缩性（密度 $\rho\neq$ 常数），并忽略位置势能与气体较小黏度带来的损失能量时，绝热流动下可压缩理想气体的伯努利方程为

$$\frac{k}{k-1}\times\frac{p_1}{\rho_1}+\frac{v_1^2}{2}=\frac{k}{k-1}\times\frac{p_2}{\rho_2}+\frac{v_2^2}{2} \tag{2-20}$$

在低速流动时，气体可认为是不可压缩的，则式（2-20）就变为式（2-21）所列的一元不可压缩理想气体定常管流伯努利方程：

$$p_1+\frac{\rho v_1^2}{2}=p_2+\frac{\rho v_2^2}{2} \tag{2-21}$$

此式表明管道中气体能量（压力能和动能之和守恒），即速度高处压力低，速度低处压力高。

实际气体管流的伯努利方程为

$$p_1+\frac{\rho v_1^2}{2}=p_2+\frac{\rho v_2^2}{2}+\Delta p \tag{2-22}$$

式中 p_1，p_2——两任意通流截面的压力；

v_1，v_2——两任意通流截面的液体平均流速；

Δp——截面 1 到截面 2 之间的管流压力损失，它包括沿程压力损失 Δp_λ 和局部压力损失 Δp_ζ 两个部分。

沿程压力损失可用如下达西公式计算：

$$\Delta p_\lambda=\lambda\ \frac{l}{d}\times\frac{\rho v^2}{2} \tag{2-23}$$

式中 λ——沿程阻力系数，与气体流动状态（层流和紊流）相关，可通过手册相关曲线查得；

l——管长；

d——管径。

局部压力损失 Δp_ζ 一般可用如下公式进行计算：

$$\Delta p_\zeta=\zeta\frac{\rho v^2}{2} \tag{2-24}$$

式中 ζ——局部阻力系数，其具体数值可根据局部阻力装置的类型从有关手册查得；

ρ——气体密度，$\mathrm{kg/m^3}$；

v——气体的平均流速，m/s。

② 多变过程下气体的能量方程为

$$\frac{n}{n-1}\times\frac{p_1}{\rho_1}+\frac{v_1^2}{2}=\frac{n}{n-1}\times\frac{p_2}{\rho_2}+\frac{v_2^2}{2} \tag{2-25}$$

式中 p_1，p_2——两任意通流截面的压力。

其余符号意义同前。

③ 流体机械（空压机、鼓风机等）对气体做功时的能量方程。空压机、鼓风机等流体机械在绝热流动下气体的能量方程为

$$\frac{k}{k-1}\times\frac{p_1}{\rho_1}+\frac{v_1^2}{2}+L_k=\frac{k}{k-1}\times\frac{p_2}{\rho_2}+\frac{v_2^2}{2} \tag{2-26}$$

$$L_k=\frac{k}{k-1}\times\frac{p_1}{\rho_1}\left[\left(\frac{p_2}{\rho_1}\right)^{\frac{k-1}{k}}-1\right]+\frac{1}{2}(v_2^2-v_1^2) \tag{2-27}$$

多变过程下气体的能量方程为

$$\frac{n}{n-1}\times\frac{p_1}{\rho_1}+\frac{v_1^2}{2}+L_n=\frac{n}{n-1}\times\frac{p_2}{\rho_2}+\frac{v_2^2}{2} \tag{2-28}$$

$$L_n=\frac{n}{n-1}\times\frac{p_1}{\rho_1}\left[\left(\frac{p_2}{\rho_1}\right)^{\frac{n-1}{n}}-1\right]+\frac{1}{2}(v_2^2-v_1^2) \tag{2-29}$$

式中 L_k，L_n——绝热过程、多变过程中，流体机械对单位质量气体所做的全功，J/kg。

其余符号意义同前。

④ 马赫数及气体的可压缩性。可压缩空气在气动元件或系统中高速流动时，其密度和温度会发生较大变化，其管流及计算与不可压缩流动有所不同。在可压缩管流中，经常使用马赫数 Ma［某点气流速度 v 与当地声速（声波在介质中的传播速度）a 之比，即 $Ma=v/a$］。当 $Ma<1$ 时，称之为亚声速流动；当 $Ma=1$ 时，称之为声速流动或临界流动；当 $Ma>1$ 时，称之为超亚声速流动。

马赫数是气体流动的重要参数，它反映了气流的压缩性。马赫数越大，气流密度的变化越大。当气流速度 $v=50\mathrm{m/s}$ 时，气体密度变化仅 1%，可不计气体的压缩性；当气流速度 $v=$

140m/s 时，气体密度变化达 8%，一般要考虑气体的压缩性。事实上，在气动系统中，气体速度一般较低且气体已被预先压缩过，故可认为是不可压缩流体（指流动特性）的流动。

气体在截面积变化的管道中流动，在马赫数 $Ma>1$ 和 $Ma<1$ 两种情况下，气体的运动参数如密度、压力、温度等随管道截面积变化的规律截然不同。当马赫数 $Ma=1$ 时，即气流处于声速流动时，气流将收缩于变截面管道的最小截面上以声速流动。

2.3.4 收缩喷嘴气流特性

收缩喷嘴是将气体压力能转换为动能的元件，是气动元件和系统中的常见结构，可用来实现流量调节等功能。如图 2-4 所示，左端大容器中的气体经右端的喷嘴流出，容器内流速 $v_0\approx0$，压力为 p_0，温度为 T_0；设喷嘴出口处压力为 p_e，喷嘴出口截面积为 A_e。

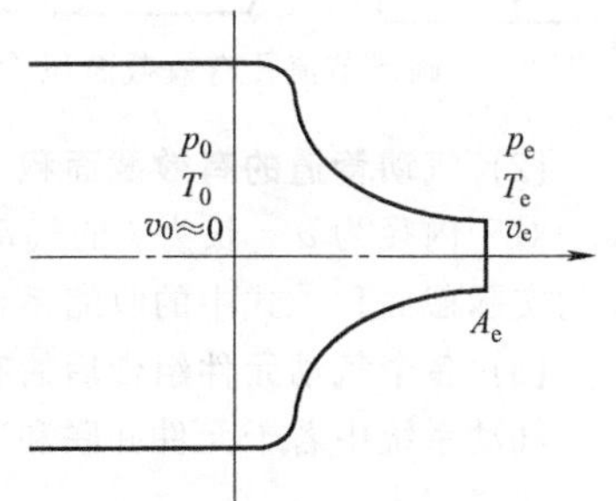

图 2-4　收缩喷嘴气体流动

p_e 改变会导致喷嘴两端的压力差改变，从而影响整个流动状态：如果 $p_e=p_0$，则喷嘴流速为零；如果 p_e 减小，则容器中的气体经喷嘴流出。在 p_e 减小到临界流动压力（$p_e>0.528p_0$）时，气流变为亚声速状态。此时通过喷嘴的质量流量 q_m(kg/s) 为

$$q_m=A_e p_0\sqrt{\frac{2k}{R(k-1)T_0}}\sqrt{\left(\frac{p_e}{p_0}\right)^{\frac{2}{k}}-\left(\frac{p_e}{p_0}\right)^{\frac{k+1}{k}}} \tag{2-30}$$

在 p_e 继续降低到临界流动压力（$p_e=0.528\ p_0$）时，喷嘴出口截面上的气流速度达到声速，此时通过喷嘴的质量流量 q_m(kg/s) 为

$$q_m=\left(\frac{2}{1+k}\right)^{\frac{1}{k-1}}A_e p_0\sqrt{\frac{2k}{R(k+1)T_0}} \tag{2-31}$$

若 p_e 继续降低，由于喷嘴截面出口已经达到声速，同样以声速传播的背压 p_e 扰动将不能影响喷嘴内部的流动状态，喷嘴出口截面的流速保持声速，压力保持为临界压力。故此时无论背压如何降低，喷嘴出口截面始终保持为声速流动，称为超临界流动状态。

上述两式在工程使用中不便，为此将质量流量转化为基准状态下的体积流量。

当 $p_0>p_e>0.528\ p_0$ 时，亚声速流动的体积流量 q(m^3/s) 为

$$q_m=3.9\times10^{-3}A_e\sqrt{\Delta p p_0}\sqrt{\frac{273}{T_0}} \tag{2-32}$$

当 $p_e<0.528p_0$ 时，喷嘴出口截面上的气流速度达到声速，此时通过喷嘴的质量流量 q(m^3/s) 为

$$q_m=3.9\times10^{-3}A_e p_0\sqrt{\frac{273}{T_0}} \tag{2-33}$$

式中　A_e——喷嘴出口截面积，m^2；

p_0——容器内的绝对压力，Pa；

Δp——喷嘴前后压降，$\Delta p=p_0-p_e$；

T_0——容器中气体热力学温度，K。

上述收缩喷嘴流量特性公式（2-30）～公式（2-33）对于气动阀口等节流小孔均适用。

2.3.5 气动元件和系统的有效截面积

气动元件和管道的对气体的通流能力除了用前述流量表示外，还常用有效截面积 A 来描述。

(1) 圆形节流孔口的有效截面积

如图 2-5 所示为常见的气体通过圆形孔口（面积为 A）流动。由于孔口边缘尖锐，而流线又不可能突然转折，气流经孔口后流束发生收缩，其最小截面积称为有效截面积，并用 A 表示。

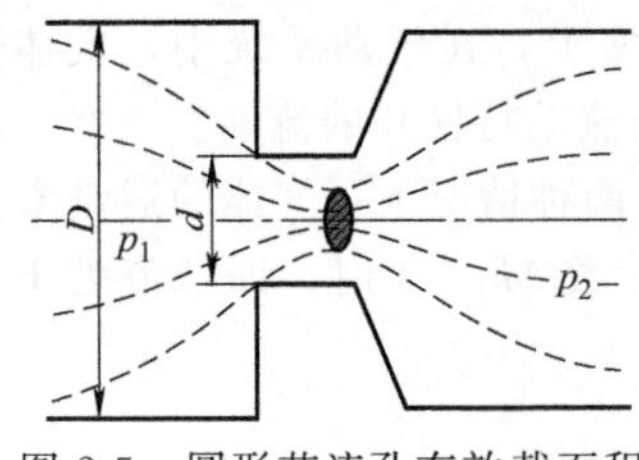

图 2-5 圆形节流孔有效截面积

有效截面积 A 与实际截面积 A_0 之比称为收缩系数，以 α 表示，即

$$\alpha = A/A_0 \tag{2-34}$$

对于图 2-5 所示的圆形节流孔口，其孔口直径为 d、面积为 $A_0 = \pi d^2/4$；节流孔上游直径为 D。令 $\beta = (d/D)^2$，根据 β 值可从图 2-6 所示曲线查得收缩系数 α 值，计算出有效截面积。

(2) 气动管道的有效截面积

对于内径为 d、长为 l 的气动管道，其有效面积仍按式（2-34）计算，此时的 A_0 为管道内孔的实际截面积，式中的收缩系数 α 由图 2-7 查取。

(3) 多个气动元件组合后的有效截面积

气动系统中若干元件并联和串联和合成的有效截面积分别由以下二式确定：

$$A = A_1 + A_2 + \cdots + A_n = \sum_{i-1}^{n} A_i \tag{2-35}$$

$$\frac{1}{A_2} = \frac{1}{A_1^2} + \frac{1}{A_2^2} + \cdots + \frac{1}{A_n^2} = \sum_{i=1}^{n} \frac{1}{A_i^2} \tag{2-36}$$

式中，$A_i (i=1, 2, \cdots, n)$ 为各组成元件的有效截面积。

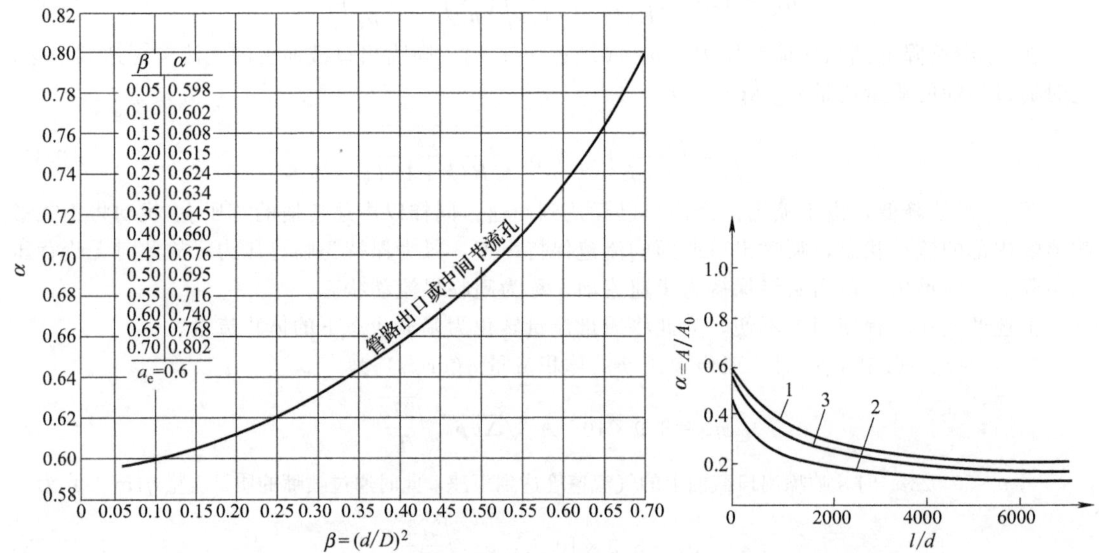

β	α
0.05	0.598
0.10	0.602
0.15	0.608
0.20	0.615
0.25	0.624
0.30	0.634
0.35	0.645
0.40	0.660
0.45	0.676
0.50	0.695
0.55	0.716
0.60	0.740
0.65	0.768
0.70	0.802

图 2-6 圆形节流孔的收缩系数 α

图 2-7 管道的收缩系数 α

1—$d=11.6\times10^{-3}$m 的具有涤纶编织物的乙烯软管；

2—$d=2.52\times10^{-3}$m 的尼龙管；

3—$d=(1/4\sim1)$in(1in=25.4mm) 的瓦斯管

2.4 气动系统压力和流量的测量

2.4.1 压力的测量（压力表及压力传感器）

气动系统的压力大小不随时间变化时称之为静态压力，反之称为动态压力，其测量分述如下。

(1) 静态压力测量

在静态压力测量中，通过垂直于来流方向的测压孔测得的压力称为静压力，速度为零处的压力或对准来流方向的测压孔测得的压力称为总压力。

测压孔的位置和形状要求为：测压孔的上下游都需要有一段等截面直管道（图 2-8）以保证测压点气流趋于稳定。测压管道内壁应光滑且管内无污染物，测孔形状与尺寸如图 2-9 所示，测压孔边缘应无毛刺。

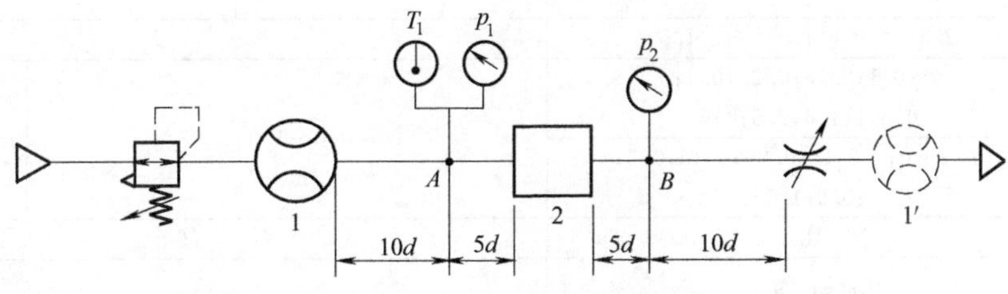

图 2-8 静压孔的位置

1（或 1′）—流量计；2—被测气动元件；d—管径；A,B—测压孔

静态压力传统上是采用弹簧管（波登管）压力表进行测量。如图 2-10 所示，弹簧管压力表一般由弹簧弯管 1 和接头 7 组成，被测压力的变化使弹簧管自由端产生位移，借助杠杆 4 带动扇形齿轮 5 端部指针旋转，在刻度盘 3 指示相应的压力数值。压力表的精度等级是指表的指示值与被测量之间可能的最大差别的百分比。例如量程为 1.6MPa 的 1.5 级压力表，则最大差别为其量程上限值的 1.5%，即 1.6×1.5%＝0.024MPa。国内市售弹簧管压力表产品概览见表 2-4。

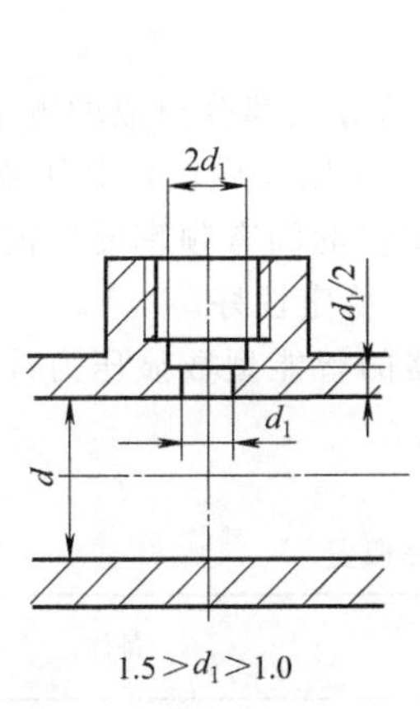

图 2-9 测孔形状与尺寸

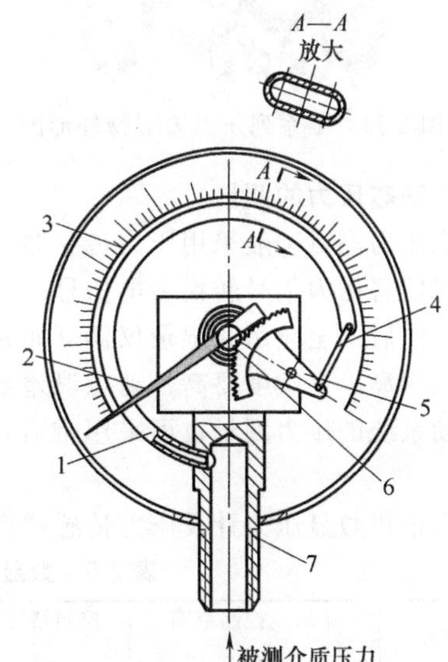

图 2-10 弹簧管压力表

1—弹簧弯管；2—指针；3—刻度盘；4—杠杆；5—扇形齿轮；6—小齿轮；7—接头

表 2-4 压力表产品概览

系列型号	Y系列压力表				G系列压力表						
	Y40/Y40Z	Y60/Y60Z/Y60ZT	Y100/Y100ZT	Y150/Y150ZT	G15	G27	G33	G36	G43	G46/GZ46	G49
公称直径/mm	ϕ40	ϕ60	ϕ100	ϕ150	15	26	30	37.5	43	42.5	44

续表

系列型号	Y系列压力表				G系列压力表						
	Y40/Y40Z	Y60/Y60Z/Y60ZT	Y100/Y100ZT	Y150/Y150ZT	G15	G27	G33	G36	G43	G46/GZ46	G49
接头螺纹/mm或in（1in=25.4mm）	M10×1	M14×1.5	M20×1.5		R1/8，M5（内螺纹）	R1/8，1/16	R1/8	R1/8，M5（内螺纹）	R1/8	R1/8，1/4，M5（内螺纹）	R1/4
精度等级	2.5		1.5								
测量范围/MPa	0～0.1；0.16；0.25；0.4；0.6；1；1.6；2.5；4；6				0～1.0					0～1.0/−100～200kPa	0～1.0
	−0.1～0；−0.1～0.06；0.15；0.3；0.5；0.9；1.5；2.4										
生产厂	①				②						
产品实物外形	见图2-11				见图2-12						

①上海仪表集团公司；②SMC（中国）有限公司。

注：1. GZ46为真空压力表。

2. 产品技术参数、外形连接尺寸及使用条件等以生产厂产品样本为准。

图2-11 Y系列压力表实物外形图

G46-10-02-SR A,B

GZ46

图2-12 G系列压力表实物外形图

（2）动态压力的测量

动态压力测量一般采用压力传感器、电子放大器和记录仪器等三部分组成的测量系统进行。压力传感器将压力信号转换为电信号，并用电子放大器（如动态电阻应变仪）对其微弱电信号进行放大，然后送至显示和记录仪器（如光线示波器）。压力传感器的固有频率要比被测压力的最高脉动频率高、灵敏度要高、动态误差要小，抗干扰能力要强，稳定性好。

气动系统的压力测量也可采用带有压力传感器及微处理器的智能型数显压力计（表）进行测量。

国内市售数显压力计及压力传感器产品概览见表2-5。

表2-5 数显压力计及压力传感器产品概览

系列型号	显示或控制范围/MPa	控制精确度/%	生产厂	实物外形图	备注
YXS-4系列数显压力计	0～0.25；0～0.4；0～1；0～1.6；0～2.5等	0.1、0.25、0.5	①	见图2-13	固态压力传感器及电子线路，将被测压力以相应的数字显示。附加输出信号：模拟量DC0～5V数字量BCD码串行输出
SP系列数显气压表	−101.3～101.3kPa；−101～1.0MPa		②	见图2-14	具有经济型、标准型和通信型及高防护型等形式。三色双画面显示，设置方便；响应速度达1ms；可设定多种压力显示单位，如kPa，MPa，kgf/cm^2，bar，psi，inHg，mmHg等；具有单线通信复制功能，可快速完成批量设置；基于RS485的MODBUS协议支持，最多可支持32个压力表进行通信

续表

系列型号	显示或控制范围/MPa	控制精确度/%	生产厂	实物外形图	备注
CY1-17E型电位计式小型压力传感器	0～0.6;0～1;0～1.5;0～2等	重复性误差1.5	①	见图2-15	结构原理:在被测压力作用时,传感器内的膜片产生弹性位移;经传动机构传递放大,使电刷在电位计上相应滑行,从而将压力转换为电阻信号输出,该输出信号经与XMY-10A压力数字显示仪配套使用,能实现集中检测。具有体积小、重量轻、输出信号大等优点
GS40系列数字式压力传感器	最高使用压力0.98MPa	±3;±5	③	见图2-16	压力表和压力开关一体化,内置半导体传感器和微型计算机(微处理器),属智能型压力传感器;可减少安装空间及工时。气路压力用数字显示,压力设定通过按钮微调电容器实现,LCD显示,带有报警功能。占用安装空间小,安装及使用维护简便

①上海仪表集团公司；②深圳市山孟科技有限公司；③SMC（中国）有限公司。

注：产品技术参数、外形、连接尺寸等以生产厂产品样本为准。

图 2-13　YXS-4 系列数显压力计实物外形图

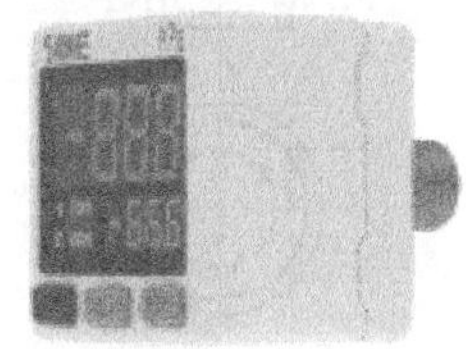

图 2-14　SP 系列数显气压表实物外形图

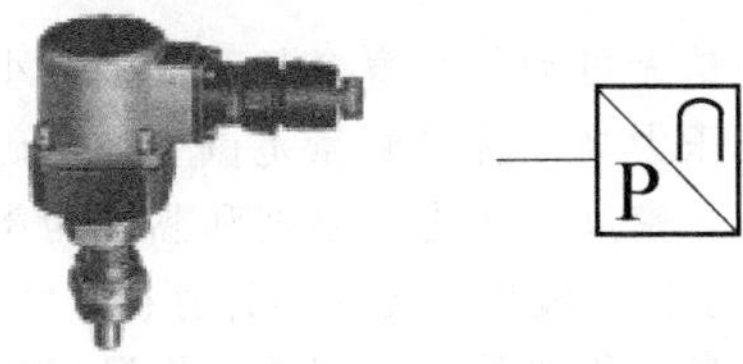

图 2-15　CY1-17E 型电位计式小型压力传感器实物外形图及图形符号

图 2-16　GS40 系列数字式压力传感器实物外形图

2.4.2　流量的测量（流量计及流量传感器）

气动系统的流量常用浮子流量计或涡街流量计进行测量。

(1) 浮子流量计（转子流量计）

如图 2-17 所示，浮子流量计的流量检测元件是由一根自下向上扩大的垂直锥形管 1 和一个沿着锥形管轴上下移动的浮子 2 所组成，锥管的大端在上，流量分度直接刻在锥管外壁上。其工作原理为：当被测介质从下向上经过锥形管 1 和浮子 2 形成的环隙 3 时，浮子上下端产生差压形成浮子上升的力，当浮子所受上升力大于浸在流体中浮子重量时，浮子便上升，环隙面积随之增大，环隙处流体流速立即下降，浮子上下端差压降低，作用于浮子的上升力亦随着减小，直到上升力等于浸在流体中浮子重量时，浮子便稳定在某一高度。流量不同，浮子上升高度便不同。浮子在锥管中高度和通过的流量有对应关系。根据浮子位置，便可在锥形管的刻度上读出流量。

浮子流量计应垂直安装，锥管小端在下，被测介质由下端进、上端出；被测介质应清洁；在使用时，应缓慢开启调节阀，以防浮子上冲而损坏锥管。浮子的读数位置应是浮子顶部。

国内市售浮子流量计产品概览见表2-6。

(2) 涡街流量计（旋涡流量计）

如图2-18所示，涡街流量计由涡街流量传感器（含表体、旋涡发生体和转换放大器）和显示仪表（界面）组成。旋涡发生体置于传感器表体内并与被测介质流向垂直。其工作原理为：当流体流过该旋涡发生体时，在一定雷诺数范围内，在发生体下游交替产生两列旋涡（卡曼涡街）；旋涡脱离的频率与流速成正比，对特定通径管道而言，却与流量成正比。检测出旋涡的脱离频率，便可测出流量。在新型涡街流量计的显示仪表（界面）上除了显示流量，还可显示温度和压力并可通过菜单进行参数设置。

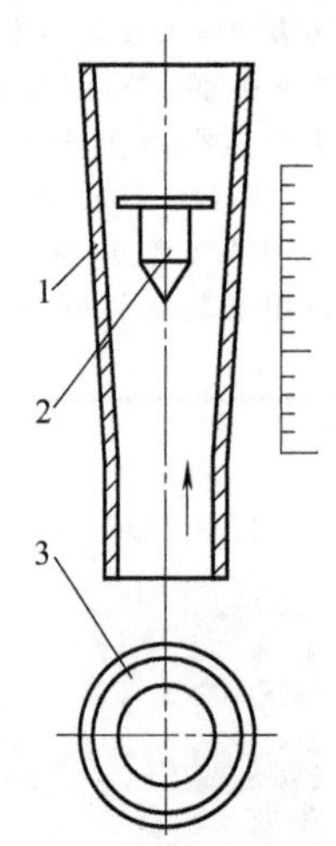

图2-17 浮子流量计原理图

1—锥形管；2—浮子；3—流通环形缝隙

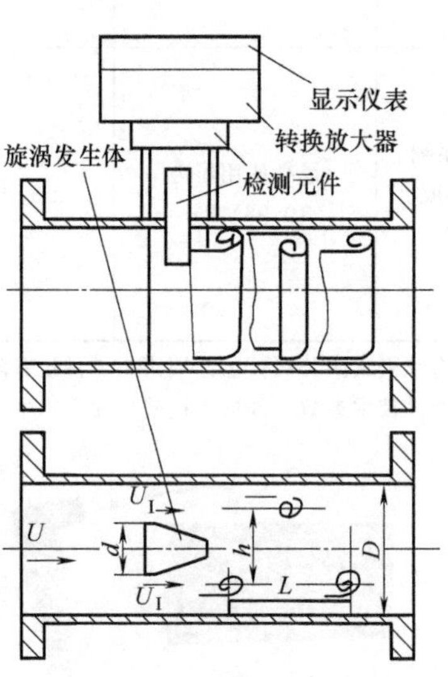

图2-18 涡街流量计原理图

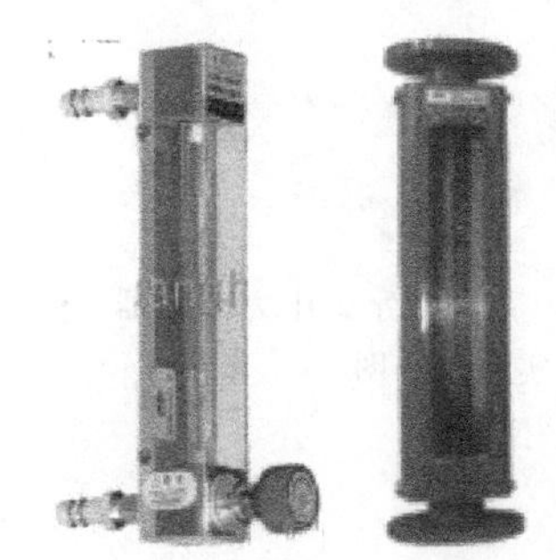

图2-19 LZB系列玻璃管浮子流量计实物外形图

涡街流量计的优点是无可动件、寿命长、维护量小；测量介质的工况范围宽，介质压力高；流量测量范围宽，精确度高；测量体积流量时，几乎不受密度、压力、温度和黏度的影响，既可模拟信号输出，也可数字信号输出，便于与计算机系统配套使用。其缺点是不能测量小流量，价格较高。国内市售涡街流量计产品概览见表2-6。

涡街流量计的安装方向不限，流向应与流量计壳体上的箭头标志一致；流量计上游侧直管段一般需（10～40）d，下游侧直管段需$5d$；尽量避免安装在温度高、温差大、含腐蚀性气体的环境中；尽可能安装在振动和冲击小的场所，以防干扰对测量读数精度的影响；流量计周围应留出进行安装维修的充裕空间。

表2-6 浮子流量计、涡街流量计及流量传感器产品概览

系列型号	测量范围/$m^3\cdot h^{-1}$	通径/mm	压力/MPa	精确度/%	生产厂	实物外形图	备注
LZB系列玻璃管浮子流量计	0.25～1000	4～100	0.6～1	1.5，2.5	①	见图2-19	锥形玻璃管（长度100～500mm）为光管（为使浮子上下移动稳定，浮子带有导杆，称内导向）
	250～60000 $L\cdot h^{-1}$	15～40	0.6		②		通用互换，同口径同规格产品玻璃管和浮子可互换

续表

系列型号	测量范围 $/m^3 \cdot h^{-1}$	通径/mm	压力/MPa	精确度/%	生产厂	实物外形图	备注
LZ系列金属管浮子流量计	0.7～4000	15～150	1.6	1.5～2.5	②	见图2-20	结构简单，工作可靠，防爆安全。数字显示，输出电信号：二线制、三线制、四线制（最大20mA，9V），传输距离1km。电源电压DC24V
LUGB系列涡街流量计	8.8～170000	25～300	4	1～2.5	①	见图2-21	该流量计将涡街流量传感器、压力变送器和温度传感器集成于一体，测量信号采用单片机技术进行数据处理，可以内置锂电池供电或者DC24V供电；液晶表头显示瞬时流量、累积流量。优点是压电晶体内置在旋涡发生体内，避免外置式引起流体扰动，无零点漂移，可靠性高。具有RS485接口、HART协议、ModBus协议的可选通信功能，有着稳定的零点和精度
YF100型旋涡流量计		15～300	－0.1～法兰额定值	1～1.5	②	见图2-22	YF100型旋涡流量计通过测量流通管中实物旋涡发声体所产生的旋涡的速率来对流体流量测量。有流量计与转换器成一体的组合型及转换器远离流量计的分离型两种类型，这两种类型的转换器均可输出与流量成正比的脉冲信号或420mA的DC信号。后一种主要用于检测传感器不能接近的场合或用于测量高温气体流量
PFMV5系列流量传感器	－3～3 $L \cdot min^{-1}$		－100～400kPa	5	③	见图2-23	主要用于真空吸附系统的流量测量，可通过与监控器配套，设定和显示流量。电源电压DC12～24V，输出电压1～5V，输出电阻约1kΩ

①南京悦迪仪表科技有限公司；②上海仪表集团公司；③SMC（中国）有限公司。

注：产品技术参数、外形连接尺寸等以生产厂产品样本为准。

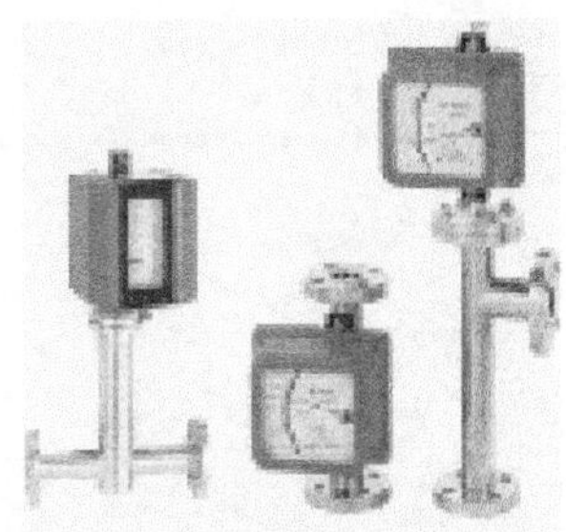

图2-20　LZ系列金属管浮子流量计实物外形图

图2-21　LUGB系列涡街流量计实物外形图

图 2-22 YF100 型旋涡流量计实物外形图

图 2-23 PFMV5 系列流量传感器实物外形图

2.5 气动系统中的充气与放气过程

气罐、气缸、气马达以及气动控制元件的控制腔均可视为气压容器，气动系统的工作过程就是这些容器的充气与放气过程。容器的充气与放气计算主要包括充、放气过程中的温度和时间计算等。

2.5.1 充气温度与时间

气罐充气装置原理见图 2-24。图中二位二通电磁控制阀通电切换至上位时，气源向气罐充气，控制阀复至图示下位时停止充气。设气罐容积为 V、气源压力为 p_s、温度为 T_s。充气后，气罐内压力从 p_1 升高到 p_2，气罐内温度由原来的室温 T_1 升高到 T_2。因充气过程进行较快，热量来不及通过气罐与外界交换，可按绝热过程考虑。据能量守恒规律，充气后的温度为

$$T_2=\frac{k}{1+\frac{p_1}{p_2}\left(k\frac{T_s}{T_1}-1\right)}T_s \tag{2-37}$$

当 $T_2=T_1$，即气源与被充气罐均为室温时

$$T_2=\frac{k}{1+\frac{p_1}{p_2}(k-1)}T_1 \tag{2-38}$$

充气结束后，因气罐壁散热，使罐内气体温度下降至室温，压力也随之下降，降低后的压力值为

$$p=p_2\frac{T_1}{T_2} \tag{2-39}$$

气罐充气到气源压力时所需时间为

$$t=\left(1.285-\frac{p_1}{p_s}\right)\tau \tag{2-40}$$

$$\tau=5.217\times10^{-3}\times\frac{V}{kA}\sqrt{\frac{273.16}{T_s}} \tag{2-41}$$

式中 T_s——气源热力学温度，K；

k——绝热指数；

p_s——气源绝对压力，MPa；

τ——充气与放气的时间常数，s；

V——气罐容积，L；

A——充气控制阀有效截面积，mm^2。

由图 2-25 所示充气压力-时间特性曲线可见，充气过程分为两个时间段，即 $t_1=0\sim0.528\tau$；$t_2>0.528\tau$。t_1 时间段称为声速充气区，气罐内部压力随时间线性增大；t_2 时间段称为亚声速充气区，气罐内部压力随时间呈非线性变化，直至与供气压力 p_s 相等。

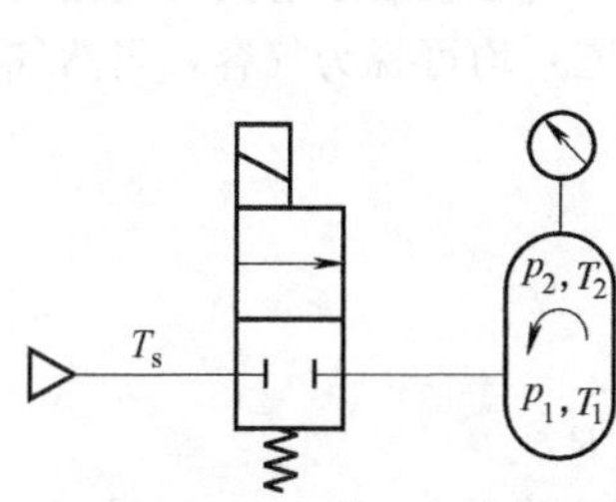

图 2-24　充气装置原理图

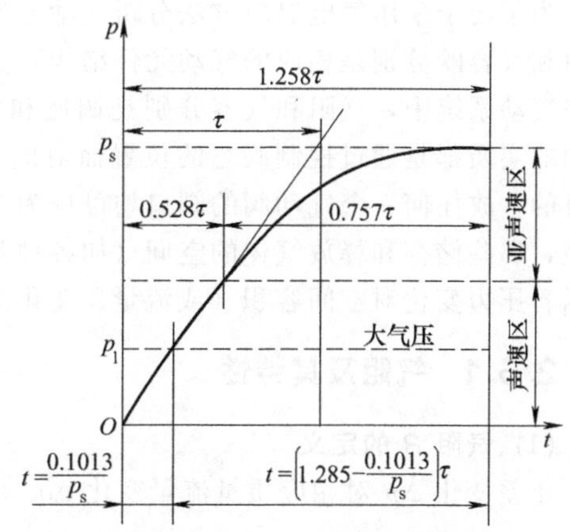

图 2-25　充气压力-时间特性曲线

2.5.2 排气温度与时间

图 2-26 所示为气罐的排气装置原理图。当二位二通电磁控制阀通电在图示上位时，气罐排气。排气时，气罐内压力从 p_1 降低到 p_2，气罐内温度由原来的室温 T_1 降低到 T_2。因排气过程进行较快，可视为绝热过程。排气后的温度为

$$T_2=T_1\left(\frac{p_2}{p_1}\right)^{\frac{k-1}{k}} \tag{2-42}$$

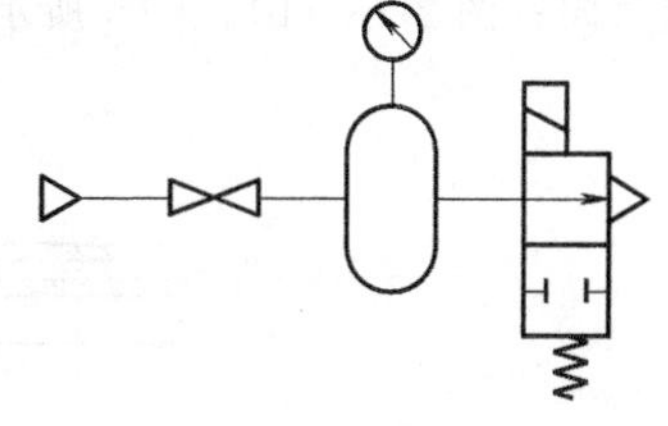

图 2-26　排气装置原理图

若排气至 p_2 时，立即关闭控制阀，停止排气，则气罐内温度上升到室温，此时气罐内压力将回升，压力 p 为

$$p=p_2\frac{T_1}{T_2} \tag{2-43}$$

气罐排气终了所需时间为

$$t=\left\{\frac{2k}{k-1}\left[\left(\frac{p_1}{p_{cr}}\right)^{\frac{k-1}{2k}}-1\right]+0.945\left(\frac{p_1}{0.1013}\right)^{\frac{k-1}{k}}\right\}\tau \tag{2-44}$$

式中　p——关闭控制阀后气罐内气体达到稳定状态时的绝对压力，MPa；

p_2——刚关闭控制阀时气罐内的绝对压力，MPa；

p_1——气罐初始绝对压力，MPa；

p_{cr}——临界压力，一般取 $p_{cr}=0.192$MPa。

其余符号意义同前。

图 2-27 为排气压力-时间特性曲线，排气过程分也分声速排气区 t_1 和亚声速充气区 t_2。当 $p>p_{cr}$ 时为 t_1 区，当 $p<p_{cr}$ 时为 t_2 区。

$$t_1=\frac{2k}{k-1}\left[\left(\frac{p_1}{p_{cr}}\right)^{\frac{k-1}{2k}}-1\right]\tau \tag{2-45}$$

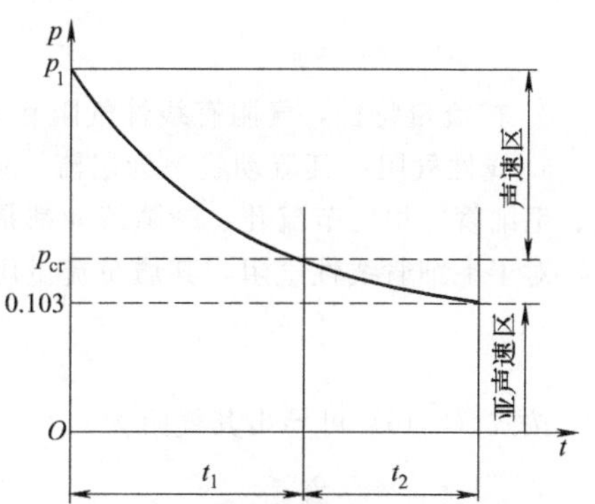

图 2-27　排气压力-时间特性曲线

2.6 气阻和气容及其特性

为了便于采用气电对应方法分析气动元件和回路，经常要用到气阻和气容的概念。事实上，气阻和气容既分别是相应的气动元件结构，又分别代表相应的参数，即二者均具有双重含义。因为在气动系统中，气阻和气容分别是调速和延时等元件不可缺少的基础结构。例如各类气动控制阀的实质都是通过控制阀芯的位置而对阀口的气流阻力进行控制，从而达到调节压力或流量的目的，故任何一个气动阀的阀口均可视为一个气阻，同时，气阻也表示着其对气流的阻力；类似地，那些储存和释放气体的空间（如各种腔室、容器和管道）均可视为气容，当然气容同时也表示着压力变化对空间容积（或流量）变化的影响。

2.6.1 气阻及其特性

(1) 气阻 R 的定义

压差变化 Δp 对相应质量流量变化 Δq_m 的比值称为气阻 R：

$$R=\Delta p/\Delta q_m \quad [\mathrm{N\cdot s/(m^2\cdot kg)}] \tag{2-46}$$

在已知流量-压力特性方程情况下，利用式（2-46），可以求出其气阻。

(2) 气阻的结构类型及特性

① 按工作特征，气阻分为恒定气阻、可变气阻和可调气阻三种结构类型。图 2-28（a）、（c）所示的毛细管（细长孔）、薄壁孔为恒定气阻；图 2-28（e）、（f）所示的球阀、喷嘴-挡板阀为可变气阻；图 2-28（b）、（d）所示的两种圆锥-圆锥形、圆锥-圆柱形锥阀为可调气阻。

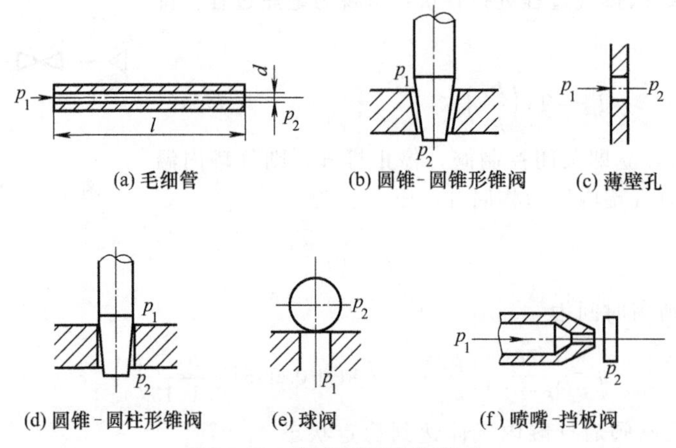

图 2-28 常用气阻结构形式

② 按流量特性，气阻有线性气阻和非线性气阻之分。

a. 线性气阻。其流动状态为层流，通过气动元件的流量与其两端压降成正比关系。圆管层流、毛细管、恒定节流孔、缝隙流动都是线性气阻，其气阻 $R=\Delta p/\Delta q_m$ 为常数。

对于毛细管线性气阻，其质量流量用如下哈根-泊肃叶（Hagen-Poiseulle）公式表示

$$q_m=\rho\frac{\pi d^4}{128\mu l}\Delta p$$

按式（2-46）可导出其气阻为

$$R=\frac{128\mu l}{\rho\pi d^4} \tag{2-47}$$

式中 q_m——质量流量，kg/s；

ρ——气体密度，kg/m³；

d，l——圆管直径、长度，m；

μ——气体动力黏度，Pa・s。

Δp——压降，Pa。

如果管长较短，要考虑扰动影响，故采用式（2-47）计算气阻，应乘以修正系数 ε（其取值见表 2-7），即

$$R=\varepsilon\frac{128\mu l}{\rho\pi d^4} \tag{2-48}$$

表 2-7　毛细管气阻修正系数 ε

长径比 L/d	∞	500	400	300	200	100	80	60	40	30	20	15	10
修正系数 ε	1	1.03	1.05	1.06	1.09	1.16	1.25	1.31	1.47	1.59	1.86	2.13	2.73

b. 非线性气阻。其流动状态为紊流，流量与压力降的关系为非线性的。长径比 l/d 很小的薄壁节流孔即为非线性气阻，其质量流量为

$$q_m=C_dA\sqrt{2\rho\Delta p}$$

按式（2-46）可导出其气阻为

$$R=\frac{v}{2C_dA} \tag{2-49}$$

式中　q_m——质量流量，kg/s；

C_d——流量系数，由试验决定，一般取值 $C_d=0.6$；

A——薄壁孔通流面积，m^2；

ρ——气体密度，kg/m^3；

v——薄壁孔气流平均速度，m/s；

Δp——气流经过薄壁孔的压降，Pa。

2.6.2　气容及其特性

由于气体可压缩，在一定容积腔室中所容的气体量将因压力不同而异。故在气动元件和系统中，凡是能储存和释放气体的空间（如各种腔室、容器和管道）有气容性质。

(1) 气容 C 的定义

一气室单位压力变化所引起的气体质量变化称为气容 C：

$$C=\frac{dM}{dp}=V\frac{d\rho}{dp}\quad (s^2\cdot m) \tag{2-50}$$

(2) 气容的形式及特性

气容有定积气容和可调气容之分，而可调气容在调定后的工作过程中，其容积也是不变的。工作过程中容积不变的多变过程气容为

$$C=\frac{V}{nRT}\quad (s^2\cdot m) \tag{2-51}$$

式中　M——气体质量，kg；

p——气体绝对压力，Pa；

V——气体容积，m^3；

ρ——气体密度，kg/m^3；

n——多变指数，与压力变化快慢有关，其取值范围 $n=1.0\sim1.4$，压力变化较慢取小值，否则取大值。

气源及辅件

气源是气动机械和系统正常工作所需的压缩空气动力源，是气动系统的核心部分。气动辅助元件（简称辅件）是除气源、执行元件和控制调节元件之外的所有元件或装置的总称，是对压缩空气进行储存及净化处理，保证气动系统正常工作必不可少的重要组成部分。

3.1 气源

3.1.1 气源的组成

产生、处理和储存压缩空气的设备称为气源，如图 3-1 所示，气源一般包括气压发生器与气源处理系统两大部分。

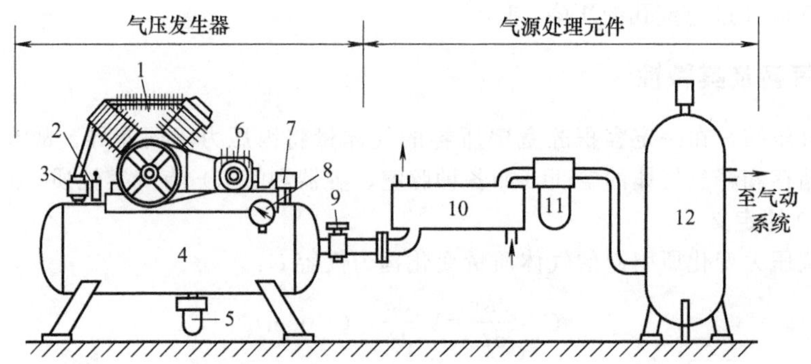

图 3-1　气源的组成

1—空压机；2—安全阀；3—单向阀；4—小气罐；5—自动排水器；6—原动机；7—压力开关；8—压力表；9—截止阀；10—后冷却器；11—油水分离器；12—气罐

气压发生器因输出压力不同而异，排气压力为正压的气压发生器称为空气压缩机（空压机），它将原动机输出的机械能转化为气体的压力能，给以气缸、气马达为执行元件的气压传动系统提供能源；空压机也经常用作以真空发生器作为真空发生装置的真空吸附系统中的动力源。在吸入口形成负压（真空），排气口直接和大气相通的气流输送机械称为真空泵，它是真空吸附系统中的一种动力源。

气源处理元件是在气压发生器后端近旁附设的对压缩空气进行处理的元器件，如图 3-1 所示，以空压机为气压发生器时，其气源处理系统包括后冷却器、油水分离器、储气罐、主管道过滤器、干燥器等气动元件，用于压缩空气的冷却、过滤、储存和干燥处理等，为系统提供符合质量要求的洁净干燥压缩空气，以保证系统工作的可靠性，避免气动系统出现故障。

3.1.2 空压机

(1) 功用类型

空压机是压缩空气气源装置的核心，作为气压发生器，其功用是将原动机（电动机或内燃机）输出的机械能转化为气体的压力能，为系统工作提供压缩空气。空压机有多种类型，如图 3-2 所示。

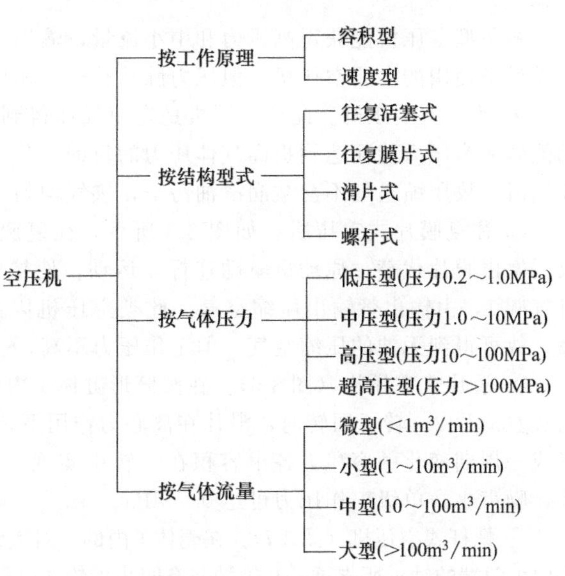

图 3-2　空压机的分类

(2) 原理特点

① 活塞式空压机。在图 3-2 所列空压机类型中，容积型空压机的构成及工作原理基本上与液压泵相同，气体压力的提高通过改变气体容积，增大气体密度的方法获得，即以工作容积的变化进行吸气和排气。在结构上应具备定子、转子和挤子；若干个可变的密闭工作容积（工作腔）；要有配气机构（因结构不同而异）；在配气机构作用下，工作容积增大时吸气，工作容积减小时排气。例如图 3-3（a）所示为单级往复活塞式空压机，当其工作时，原动机带动曲柄 8、连杆 7、滑块 5、活塞杆 4 及活塞 3 运动。当活塞 3 向右移动时，气缸 2 的工作腔（活塞左腔）压力低于大气压，吸气阀 9 被打开，空气吸入工作腔内。当活塞向左运动时，缸的工作腔容积减小，吸气阀关闭，气体受到压缩，压力增大，排气阀 1 打开，压缩空气经输气管排出空压机。曲柄旋转一周，空压机吸气一次，排气一次。多个滑块和多个活塞缸由一个曲柄轴驱动，即组成多腔空压机，可增大其气体排量及连续性。

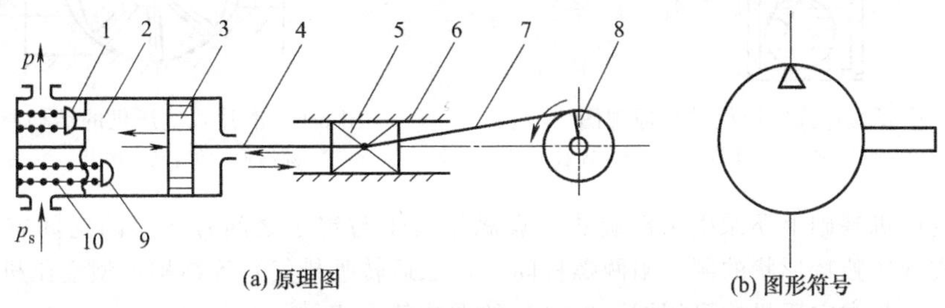

图 3-3　往复活塞式空压机的工作原理及图形符号

1—排气阀；2—气缸；3—活塞；4—活塞杆；5—滑块；6—滑道；7—连杆；8—曲柄；9—吸气阀；10—弹簧

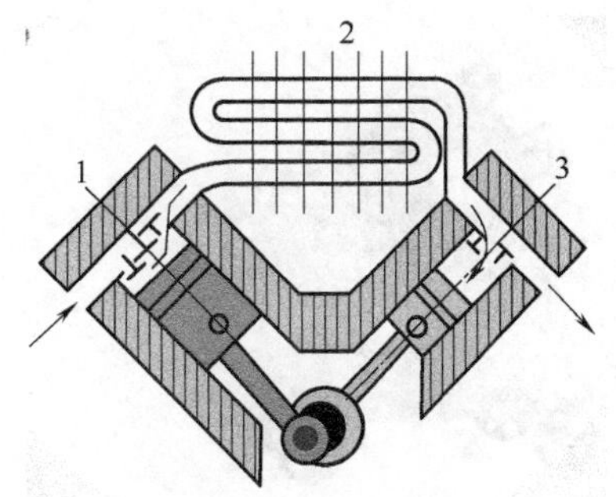

图 3-4　两级活塞式空压机

1—一级活塞；2—冷凝器；3—二级活塞

在活塞式空压机中，若空气压力超过 0.6MPa，产生的过热将大大地降低压缩机的效率，各项性能指标将急剧下降。单级活塞式空压机通常用于需要 0.3～0.7MPa 压力范围的系统。因此当输出压力较高时，应采取分级压缩。分级压缩可降低排气温度，节省压缩功，提高容积效率，增加压缩气体排量。为了提高效率，降低空气温度，还需要进行中间冷却。工业中使用的活塞式空压机通常是两级的(图 3-4)，每一级的工作原理与单级活塞式空压机原理相似。工作时由两级三个阶段将吸入的空气压缩到最终的压力。

容积型空压机能获得高压力和中小流量，输出压力范围较大，效率高，品种规格多，是气动机械设备使用的主要空压机。但压力脉动较大，输出气体不连续。

② 速度型空压机。此类空压机是先使气体得到一个高速度而具有较大动能，然后将气体的动能转换为压力能而达到提高气体压力的目的。其特点是输出压力不高，但流量大，机体内不需要润滑，故压缩空气不会被润滑油污染，供气均匀，压力较稳定，但效率低，使用较少。

③ 往复膜片式空压机。如图 3-5 所示，往复膜片式空压机与活塞式压缩机原理基本相同，仅活塞由膜片代替。原动机驱动连杆 4 运动，使橡胶膜片 3 上下往复运动，先后打开吸气阀 2、排气阀 1，由输出管输出压缩空气。此类空压机因由膜片代替活塞运动，消除了金属表面的摩擦，故可得到无油的压缩空气。但工作压力不高，一般小于 0.3MPa。

④ 滑片式空压机（图 3-6）。在圆筒形缸体 1 内偏心地配置转子 3，转子上开有若干切槽，其内放置滑片 2。转子回转时，滑片在离心力作用下端部紧顶在气缸表面上，缸、转子和滑片三者形成一周期变化的容积。各小容积在一转中实现一次吸气、压气工作循环。此类空压机工作平稳，噪声小，单级工作压力可达 0.7MPa。

⑤ 螺杆式空压机（图 3-7）。在壳体 1 内的一对大螺旋齿的阴、阳螺杆 2 与 6 啮合，两螺杆装在外壳内由两端的轴承所支承。其轴端装有同步齿轮 3 以保证两螺杆之间形成封闭的微小间隙。当螺杆由原动机带动时，该微小间隙发生变化，完成吸、压气循环。如果轴承和转子（螺杆）腔间用油封 4、轴封 5 隔开，可以得到无油的压缩空气。此类空压机工作平稳，效率高。单级压力可达 0.4MPa，二级可达 0.9MPa，三级可达 3.0MPa，多级压缩可得到更高压力，但加工工艺要求较高。

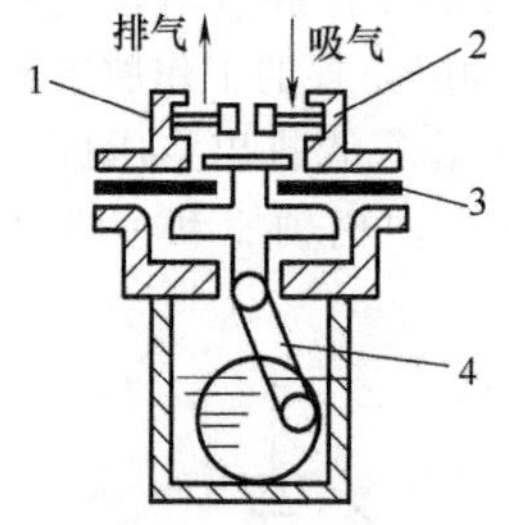

图 3-5 往复膜片式空压机结构原理图

1—排气阀；2—吸气阀；3—橡胶膜片；4—连杆

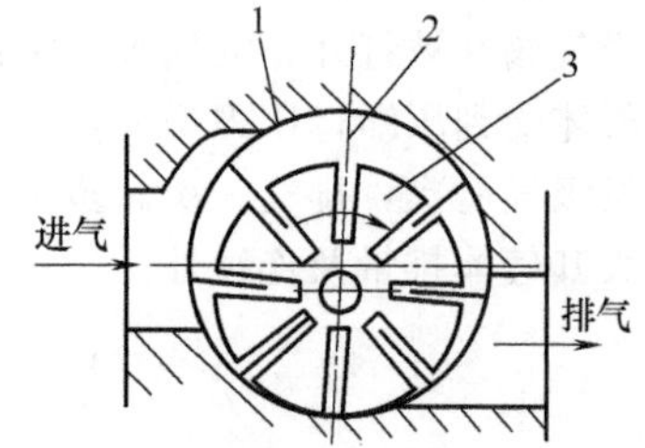

图 3-6 滑片式空压机的结构原理图

1—圆筒形缸体；2—滑片；3—转子

在上述空压机基础上还派生出涡旋式（靠涡轮转子与定子之间月牙形的空间容积变化吸排气）和旋齿式（靠独特形状的阴、阳两螺杆间无接触运转吸排气）等结构类型空压机，限于篇幅此处不再赘述。各类空压机均可用图 3-3（b）的图形符号表示。

空压机产品经常制成附带原动机、气罐、单向阀、安全阀、压力开关、压力表和排水阀等附件的组合型便携式、移动式结构或柜式等结构（参见图 3-1 左半部、图 3-8 和图 3-9），称为空压机组，用作各种气动机械及系统的气压源。

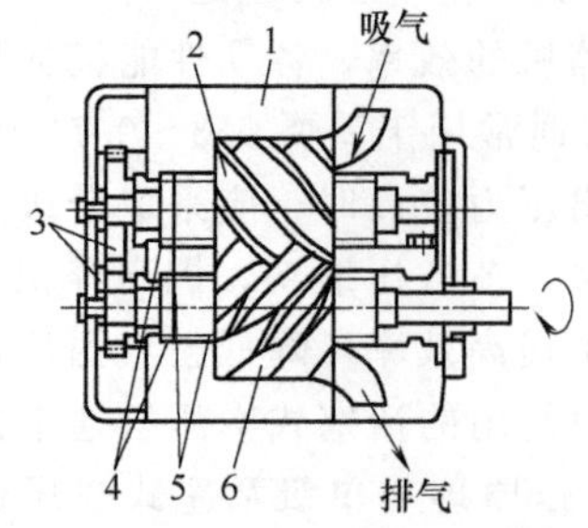

图 3-7 螺杆式空压机结构原理图

1—壳体；2,6—螺杆；3—同步齿轮；4—油封；5—轴封

图 3-8 空压机组产品实物外形图

(a) 萨震压缩机公司产品

(b) 广东云昌空压机有限公司产品

图 3-9 柜式空压机组产品实物外形图

(3) 主要性能

空压机的主要性能参数是压力、流量，它们取决于负载（气动执行元件）要求的压力和流量。

空压机的工作压力（输出压力）p_s 为

$$p_s = p + \sum \Delta p \tag{3-1}$$

式中 p——气动执行元件的最高负载压力，MPa；

$\sum \Delta p$——气动系统的管路阻力、阀口等局部阻力产生的压力损失之和，MPa；一般取$\sum \Delta p =$ 0.15～0.2MPa。

空压机的输出流量 q_s 按下式确定

$$q_s = k_1 k_2 k_3 q \tag{3-2}$$

式中 q——系统工作时，同一时间内需求的最大耗气量，m^3/s；

k_1——泄漏系数，k_1=1.15～1.5；

k_2——备用系数，k_2=1.3～1.6，根据可能增加的执行元件数目确定；

k_3——利用系数，通常取 k_3=1。

(4) 产品概览

空压机常用产品见表 3-1。

表 3-1 空压机常用产品概览

产品类型	排气量 $/m^3 \cdot min^{-1}$	排气压力 /MPa	驱动电机功率/kW	噪声 /dB(A)	总质量 /kg	生产厂	特点说明
V 型空压机	0.1～3	0.7～1.5	1.1～4.0		93～1038	①②③④⑤⑥⑦⑧	
TFPJ 系列储气罐搭载型无油往复式活塞空压机	(20～1200)×10^{-3}	0.4～1.0	0.2～11	(61～79)±3	20～310	⑨	提供高品质的无油压缩空气；采用日制压缩机本体；采用独创的合成树脂活塞，耐热性及耐磨性高；采用符合中国压力容器标准的储气罐；采用高效两级压缩方式
H P 型滑片式风冷空压机	0.15～1.0	0.7	1.50～7.5	70～76	32～161	⑦	
活塞式(Z 型、W 型)无油空压机	0.015～3	0.5～0.8	0.18～22		50～820	①②⑤	

续表

产品类型	排气量/$m^3 \cdot min^{-1}$	排气压力/MPa	驱动电机功率/kW	噪声/dB(A)	总质量/kg	生产厂	特点说明
TFPJ 系列储气罐搭载型无油往复式活塞空压机	$(20 \sim 1200) \times 10^{-3}$	0.4～1.0	0.2～11	(61～79)±3	20～310	⑨	提供高品质的无油压缩空气；采用日制压缩机本体；采用独创的合成树脂活塞，耐热性及耐磨性高；采用符合中国压力容器标准的储气罐；采用高效两级压缩方式
艾高 BG 系列两级压缩螺杆空压机	2.9～68	0.70～0.80	15～315		600～9300	⑩	
	2.4～60	1.0～1.30					
艾高 BPM 系列两级压缩永磁变频螺杆空压机	2.9～50.8	0.70～0.80	15～250		600～7500	⑩	两级压缩主机，采用高效节能永磁电机驱动，彩色触摸屏微电脑控制系统、高效离心风机冷却系统，附带油过滤器、油气分离器、进气阀、空气过滤器和高效冷却器
	2.4～44.5	1.0～1.30					
SVC 系列永磁变频螺杆空压机	0.22～25.7	0.75～1.25	7.5～132	65～75	260～2750	⑪	采用永磁电机驱动智能控制变频运转的节能空压机
FRL 系列无油旋齿式空压机	3.7、5.6	0.7	22、37	65、68	1200、1350	⑨	先进的齿型压缩机本体，效率高；独特形状的齿形压缩机由阴、阳两螺杆组成，因运转时螺杆间互不接触，故无磨耗，寿命长；无需冷却液(润滑油、水等)，完全空冷，无需其他辅助设备，维修方便；两级压缩构造，压缩效率高，性能稳定；空压机内标准配备了油烟回收装置；先进的压缩机诊断系统(S.P.M)；标准配备有操作性优越的触摸式液晶显示屏，显示器带有维修显示、故障显示，配有远程控制外部输出端子，还标准配备了瞬间停电再启动功能

①长春空气压缩机有限责任公司；②沈阳空气压缩机制造厂；③佳木斯通用机械厂；④天津市第二空气压缩机厂；⑤北京小型压缩机厂；⑥上海第二压缩机厂；⑦南京第二压缩机厂；⑧杭州空气压缩机厂；⑨杭州阿耐斯特岩田友佳空压机有限公司；⑩广东云昌空压机有限公司；⑪萨震压缩机（上海）有限公司。

注：1. 产品规格型号、具体结构及安装连接尺寸见生产厂产品样本。

2. 表中艾高 BPM 系列两级压缩永磁变频螺杆空压机［实物外形见图 3-9（b）］的彩色触摸屏微电脑控制系统可以实现艾高空压机的联控：a. 每台空压机配有一台 HMI 和 PLC 编程卡进行 RS422 通信，实时读取变频器运行状态、电流/功率、压力/温度等显示参数，可作为在单级模式下的独立控制；b. 一台 PLC 作为主站，可分别与三台空压机变频器的 PLC 编程卡进行 RS485 通信，站号任意标定，实现启动、停止、压力/温度、空压机轮换等控制功能；c. PC 机可安装组态软件与 PLC 通信，用作后台监控，实现数据读取和发送，来控制系统的运行。

(5) 选型要点

① 空压机选型，首先根据使用对象及工况特点从产品样本或液压气动设计手册中选择空压

机的结构类型，然后根据计算确定的压力 p_s 和流量 q_s，选取空压机型号规格。

② 压缩空气站（下简称空压站）中空气压缩机的型号、台数和不同空气品质、压力的供气系统，应根据供气要求、压缩空气载荷，经技术经济方案比较后确定。空压站内，空压机的台数宜为 3～6 台；对同一品质、压力的供气系统，空气压缩机的型号不宜超过两种。

③ 空压站的备用容量，根据负荷及系统情况，应符合下列要求：当最大机组检修时，其余机组的排气量，除通过调配措施可允许减少供气外，应保证全厂（矿）生产所需气量；当经调配仍不能保证生产所需气量而需设备用机组时，不多于 5 台空气压缩机组的供气系统，可增加一台作为备用；对于具有联通管网的分散空压站，其备用容量，应统一设置；两个压力的供气系统，宜用较高压力系统的机组作为低压系统的备用机组；对有油、无油两种机型的站房，宜采用无油空气压缩机组作为备用。

(6) 使用维护

① 安装。空压机的安置需要考虑吸入空气的质量和噪声两个方面。从吸入空气的质量考虑，应尽量放置在粉尘少、空气清洁、湿度小的地方。从抑制噪声方面考虑，则可采用隔音室和隔音箱。空压机的安装地基应坚固并有防振设施。

② 润滑。必须使用在空压机工作温度（一般 120～180℃，冷却不好可能高达 200℃）下不易氧化和变质的润滑油对其进行润滑。对于有油润滑的活塞式和滴油回转式空压机中的轻载空压机可使用 GB/T 12691 中的 L-DAA 空气压缩机油（其牌号为 L-DAA32、L-DAA46、L-DAA 68、L-DAA 100、L-DAA 150)、中载空压机可使用 L-DAB 空气压缩机油（其牌号为 L-DAB32、L-DAB46、L-DAB68、L-DAB100、L-DAB150）；对于排气温度低于 100℃、有效工作压力低于 800kPa 的轻载喷油回转式空压机，可使用 GB/T 5904 中的空气压缩机油（其牌号为 N15、N22、N32、N46、N68、N100)，也可使用制造厂指定的压缩机油，并且在使用中要采取定期更换等管理措施。注：上述各润滑油牌号中的阿拉伯数字表示 40℃ 时运动黏度的平均值 (mm^2/s)。

③ 操作维护。每种压缩机都有特殊的结构和性能，故应根据机器使用说明书的要求进行操作：在启动压缩机前，应先检查有无润滑油和冷却水；各仪表的指示值是否正常；应注意倾听机器的运转声。在机器运转 1～2min 后，注意观察工作有无异常。现已有些压缩机本身装备有故障自动诊断和显示装置，能自动监测排气压力、流量、温度、电源电压及频率等运行参数。每日一次将积存在气罐内的水放出，应注意积水量会随季节而变化。应进行定期保养检修，以保证在任何条件下能可靠运转和正常工作。

(7) 故障诊断（表 3-2）

表 3-2　空压机常见故障及其诊断排除方法

故障现象	故障原因	诊断排除方法
气路无气压	气动回路中的开关阀、速度控制阀等未打开	打开
	换向阀未换向	查明原因后排除
	管路扭曲、压扁	纠正或更换管路
	滤芯堵塞或冻结	更换滤芯
	介质或环境温度太低，致使管路冻结	及时清除冷凝水，增设除水设备
供气不足	耗气量太大，空压机输出流量不足	选用输出流量更大的空压机
	空压机活塞环磨损	更换零件。在适当部位装单向阀，维持执行元件内压力，以保证安全
	漏气严重	更换损坏的密封件或软管。紧固管接头及螺钉
	减压阀输出压力低	调节减压阀至使用压力
	速度控制阀开度太小	将速度控制阀打开到合适开度
	管路细长或管接头选用不当，压力损失大	重新设计管路，加粗管径，选用流通能力大的管接头及气阀
	各支路流量匹配不合理	改善各支路流量匹配性能。采用环形管道供气

续表

故障现象	故障原因	诊断排除方法
异常高压	因外部振动冲击产生了冲击压力	在适当部位安装安全阀或压力继电器
	减压阀破坏	更换
油泥过多	压缩机油选用不当	选用高温下不易氧化的润滑油
	压缩机的给油量不当	给油量过多,在排出阀上滞留时间长,助长炭化;给油量过少,造成活塞烧伤等。应注意给油量适当
	空压机连续运行时间过长	温度高,机油易炭化。应选用大流量空压机,实现不连续运转。气路中加油雾分离器,清除油泥
	空压机运动件动作不良	当排出阀动作不良时,温度上升,机油易炭化。气路中加油雾分离

3.1.3 真空泵

(1) 功用类型

真空泵是真空吸附系统中产生真空的动力源，它将原动机的机械能转变为负压气压能，其结构原理与空压机类似，不同之处在于真空泵的进口是负压，排气口是大气压。

按真空获得方法不同，真空泵有图 3-10 所示的多种类型。它们都是通过对容器抽气来获得真空的；各类真空泵均可用图 3-11 所示的图形符号表示。

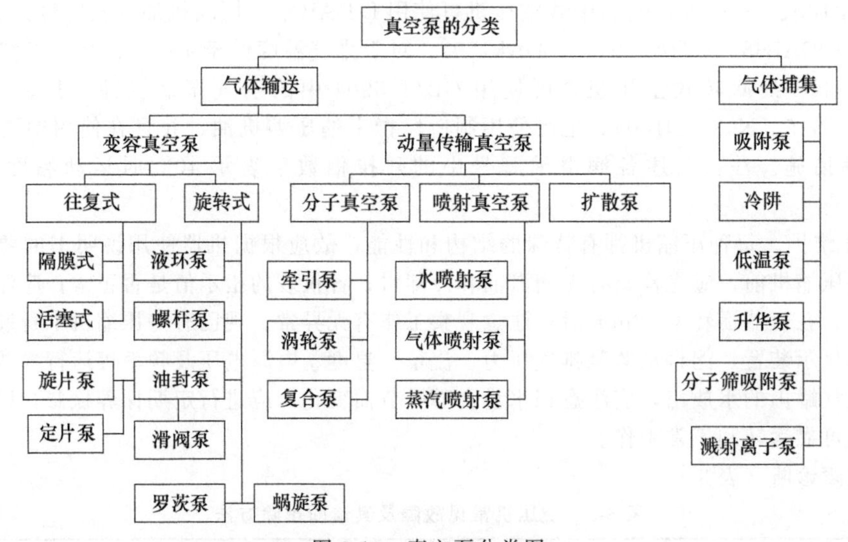

图 3-10 真空泵分类图

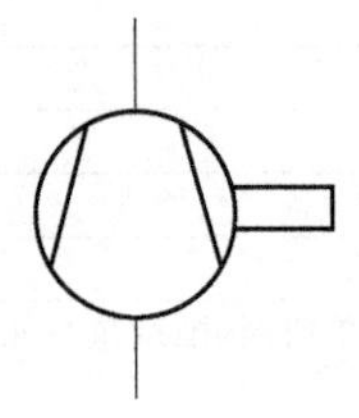

图 3-11 真空泵的图形符号

(2) 结构原理

由于真空吸附系统一般对真空度要求不高，属低真空范围，故机械式真空泵应用较多（如旋片式、水环式和往复式等），其结构基本与同名的空压机类似。此处仅对旋片式和水环式真空泵的结构原理简要说明如下。

① 旋片式真空泵。旋片泵是最基本的真空获得设备之一。属油封机械式低真空泵。它可以单独使用，也可以作为其他真空泵或超高真空泵的前级泵。旋片泵多为中小型泵。旋片泵有单级和双级两种。双级是指在结构上将两个单级泵串联起来。一般多做成双级的，以获得较高的真空度。

如图 3-12 所示，旋片泵主要由泵体（定子）、转子、旋片、端盖（图中未示出）、弹簧等组成。转子与定子偏心（图中 e）安装，转子外圆与泵腔内表面相切（二者有很小的间隙），转子槽内所装弹簧的张力使旋片顶端与泵腔的内壁保持接触，转子旋转带动旋片沿泵腔内壁滑动。两个旋片把转子、泵腔和两个端盖所围成的月牙形空间分隔成 A、B、C 三部分。原动机通过泵轴带动转子按箭头方向旋转时，与吸气口相通的空间 A 的容积逐渐增大，完成吸气过程；而与排气口相通的空间 C 的容积逐渐缩小，完成排气过程。居中的空间 B 的容积也是逐渐减少的，处于压缩过程。由于空间 A 的容积是逐渐增大（即膨胀），气体压力降低，泵的入口处外部气体压力大于空间 A 内的压力，故将气体吸入。当空间 A 与吸气口隔绝时，即转至空间 B 的位置，气体开始被压缩，容积逐渐缩小，最后与排气口相通。当被压缩气体超过排气压力时，排气阀被压缩气体推开，气体穿过油箱（图中未示）内的油层排至大气中。泵连续运转，即可连续抽气。如果排出的气体通过气道而转入另一级（低真空级），由低真空级抽走，再经低真空级压缩后排至大气中，即为双级泵。这时总的压缩比由两级来负担，因而提高了真空度（也即降低了绝对压力）。图 3-13 所示为一种旋片式真空泵的实物外形图。

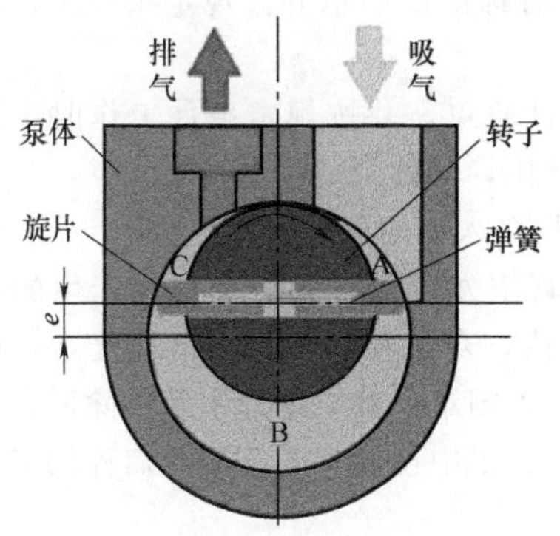

图 3-12　旋片式真空泵结构原理图

图 3-13　旋片式真空泵实物外形图
（山东飞耐泵业有限公司产品）

② 水（液）环式真空泵。它是一种粗真空泵，所能获得的极限真空为 2～4kPa，串联大气喷射器可达 270～670Pa。

如图 3-14 所示，水环泵主要由泵体（定子）、带有叶片的叶轮（转子）等组成。转子与定子偏心（图中 e）安装。在泵腔中装有适量的水工作液。当叶轮顺时针旋转时，水被叶轮抛向四周，由于离心力的作用，水形成了一个取决于泵腔形状的近似于等厚度的封闭圆环。水环的上部分内表面恰好与叶轮轮毂相切，水环的下部内表面刚好与叶片顶端接触（实际上叶片在水环内有一定的插入深度）。此时叶轮轮毂与水环之间形成一个月牙形空间，而这一空间又被叶轮分成叶片数目相等的若干个小腔。以叶轮的上部 0°为起点，则叶轮在旋转前 180°时小腔的容积由小变大，且与端面上的吸气口相通，此时气体被吸入，当吸气终了时小腔则与吸气口隔绝；当叶轮继续旋转时，小腔由大变小，使气体被压缩；当小腔与排气口相通时，气体便被排出泵外。综上所述，水环式真空泵是靠泵腔容积的变化来实现吸气、压缩和排气的，故属于变容式真空泵。和其他机械真空泵相比，水环泵具有以下优点：结构简单，制造精度要求不高，容易加工；结构紧凑占地面积小，泵的转速较高，它一般可与电动机直连，无须减速装置。故用小的结构尺寸，可以获得大的排气量。压缩气体基本上是等温的，即压缩气体过程温度变化很小。

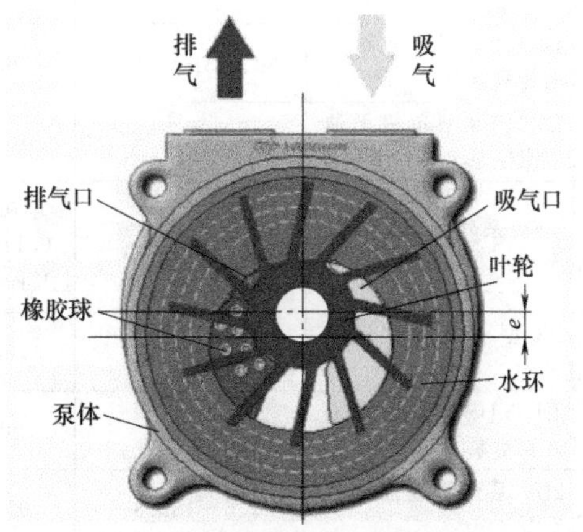

图 3-14　水（液）环式真空泵结构原理图

图 3-15 水环式真空泵实物外形图
（山东飞耐泵业有限公司产品）

由于泵腔内没有金属摩擦表面，无须对泵内进行润滑，而且磨损很小。转动件和固定件之间的密封可直接由水封来完成。吸气均匀，工作平稳可靠，操作简单，维修方便。水环式真空泵的缺点：效率低，一般在30%左右。由于结构限制及工作液饱和蒸气压的限制，其可获真空度较低，用水作工作液，极限压力只能达到2000～4000Pa；用油作工作液，只达130Pa。图3-15为一种水环式真空泵的实物外形图。

(3) 性能特点

① 主要性能。真空泵的主要性能参数如下。

a. 极限压力（又称极限真空）。它是指泵在入口处装有标准试验罩并按规定条件工作，在不引入气体正常工作的情况下，趋向稳定的最低压力。

b. 抽气速率。真空泵的抽气速率，是指泵装有标准试验罩，并按规定条件工作时，从试验罩流过的气体流量与在试验罩指定位置测得的平衡压力之比，简称泵的抽速。

c. 抽吸流量。真空泵的抽吸流量（m^3/s或L/s）是指泵入口的气体流量。

② 主要特点。作为真空吸附系统的动力源之一，与真空发生器相比，真空泵产生的真空度可达100kPa，吸入流量可很大，且二者能同时获得最大值，寿命较长；但其结构复杂，体积和重量大，功耗大，安装维护不便，与配套件复合集成化较为困难，真空的产生及解除慢，真空压力存在脉动，需设真空罐，故主要适用于连续大流量工作、集中使用且不宜频繁启停的场合。

(4) 典型产品（表3-3）

表 3-3 真空泵典型产品

产品类型	抽气速率 /$L\cdot s^{-1}$	极限压力 /Pa	驱动电机功率 /kW	转速 /$r\cdot min^{-1}$	进(排)气管直径 (1in=25.4mm)	生产厂
W系列往复式真空泵	50～200	≤2600	5.5～22	200～364	2～5in	①
DLT系列单级油式旋片真空泵	20～300$m^3\cdot h^{-1}$	30～50	0.75～7.5	1450、1500、2850	G1/4～G2in	②
DLT.2V系列双级油式旋片真空泵	80、275$m^3\cdot h^{-1}$	0.5	2.2、7.5	1450		②
DLT.V8型单级无油旋片真空泵	8$m^3\cdot h^{-1}$	10000	0.26	1450	G3/8in	②
VSV系列单级旋片真空泵	20～300$m^3\cdot h^{-1}$	≤(0.08～0.1)mbar (1bar=10^5Pa)	0.75～5.5	1440、1720、3000、3600	G1/2、G3/4、G1、G2in	③
2X型双级旋片式真空泵	2～70	6×10^{-2}	0.37～5.5	420～590	18～80mm	④
DLT.HS70/100型水环式真空泵	70、100	5000	3、4	2900	*DN*50mm	②
2BV系列直连液环式真空泵	7.5～138.83	97000	0.81～15	970～2880	1～1½in	⑤
ISP系列无油涡旋真空泵	50～1000、60	1～20	0.1～1.5		吸气口：20、40 排气口：16、25、40mm	⑥

①江苏海门化工机泵厂；②东莞大路通真空设备制造有限公司；③浙江飞跃机电有限公司；④上海科尔达制泵有限公司；⑤山东飞耐泵业有限公司；⑥杭州阿耐斯特岩田友佳空压机有限公司。

注：产品规格型号、具体结构及安装连接尺寸见生产厂产品样本。

(5) 选型要点

选择真空泵的主要依据是真空吸附系统所需的真空度和抽吸流量。

① 根据系统对真空度的要求，选择真空泵的类型。考虑系统所有被真空驱动的装置，借助某些公式或特性曲线，计算出系统所需的真空度，并预留10%的余量来选择合适的真空泵。各类真空泵的使用范围如图3-16所示。

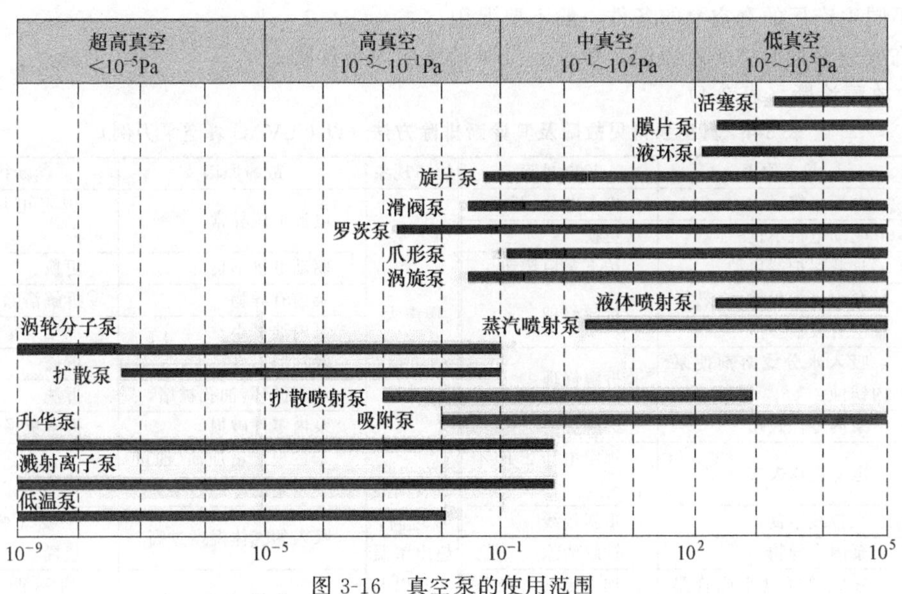

图3-16 真空泵的使用范围

② 根据系统所需抽吸流量确定真空泵的规格大小。抽吸流量的大小决定了系统的动作速度。极限真空相同的真空泵，无论抽吸流量大小，均可达到同一真空度。抽吸流量大者，所需时间短些，反之，则所需时间长些。通常每种泵的抽吸流量都会随真空度的升高而下降，都存在最佳抽吸真空范围。系统的真空度应保证选在泵的最佳抽吸真空范围内。而最佳抽吸范围可从真空泵生产厂家的产品样本中给出的特性曲线查得。

系统工作装置与系统管道中需要抽出的自由空气体积量与工作频率的乘积即为系统所需的抽吸流量。

③ 选取真空泵的型号。

(6) 使用维护

① 当真空度在非标准状态下（如高海拔地区）使用时，真空泵的极限真空度需按当地环境条件重新标定，标定公式为

$$H_b = H_0(p_b/p_0) \tag{3-3}$$

式中 H_b——极限真空的标定值，Pa；

H_0——真空泵铭牌上的极限真空值（标准状态，即标准大气压和15℃下的极限真空值），Pa；

p_b——当地大气压，Pa；

p_0——标准大气压，Pa。

② 为了减小工作温度对真空泵的性能及使用寿命的影响，对于高真空下连续工作的真空泵，应采用专门的冷却系统进行散热；而对于短时间工作在高真空下的泵，则可在工作循环之间进行冷却，不需专门的冷却系统。如果工作环境温度过高或过低，也应加以考虑，但泵工作在4～35℃环境下一般均属正常。

③ 定期更换润滑油并检查如下内容：润滑油液位高低、轴封漏油状况、吸气口滤网灰尘、固定螺栓有无松动、联轴器完好性等，如有异常要及时予以处理。

④ 维修注意事项。

a. 拆解的零件要用推荐的清洗剂（否则有可能造成锈蚀）清洗后再进行检查和修理；安装前要保证零件清洁。

b. 拆解下来的橡胶密封件要仔细检查，变形或破损者要换新。

c. 不同生产厂的真空泵的备件一般不要混用。

d. 在安装泵的壳体、端盖时，螺栓要按对角顺序均匀拧紧。

(7) 故障诊断（表 3-4）

表 3-4 真空泵常见故障及其诊断排除方法（以 ULVAC 真空泵为例）

故障现象	故障原因	诊断排除	故障现象	故障原因	诊断排除
泵不运转	电源未接通	检查电源、开关	噪声大	电源电压异常	规定电压±10%以内
	驱动电机不良	更换		驱动电机不良	更换
	过载保护器启动	按下重启按钮		泵内有异物	拆解清除
	泵内进入异物,在转子轴上有咬痕	拆解修理		泵内油量小	加至规定量
	吸入水分或溶剂使泵内锈蚀	拆解修理		联轴器不良	拆修
				油不循环,油孔被堵	拆洗
	泵内零件破损	拆解更换		泵内零件破损	拆解更换
泵运转不规则	电源电压失常	规定电压±10%以内	泵表面温度过高,超出室温50℃以上	未按规定量加油(油量减少),泵的冷却效果差	注入规定量的油
	泵接线不良	重新接线		吸入的气体温度过高	在吸气侧安装冷却装置
	泵内有异物	拆解清除			
压力降不下来	吸气管径过小或管路太长	加大吸气管径并缩短管路长度		油不循环,油孔被堵	油不循环,油孔被堵
	吸气口金属丝网堵塞	拆洗	排气口喷出的油过多	泵内油超过规定量	放油以达标准
	泵内油量小	加至规定量		吸入高压气体后连续运转	在排气口安装油雾过滤器
	油质劣化	换油			
	连接管路泄漏	查找泄漏部位并止漏或更换新管	油漏到泵外	泵壳密封件劣化损坏	检查更换
	油不循环,油孔被堵	拆洗		泵长期在高压下工作	改用耐热密封件

3.1.4 真空发生器

(1) 功用类型

真空发生器是利用压缩空气产生真空的元件。使用真空发生器的真空吸附系统，气动装置外不必再设置真空气源。真空发生器的分类见表 3-5。

表 3-5 真空发生器的分类

分类方式	类型		备注
按结构组合形式分类	普通型(标准型)		由本体及内芯组成
	带附加功能型		带有气动喷射脉冲开关或带有电磁开关阀和气动喷射脉冲等
	组合型	连续耗气组合型	由真空发生器、消声器、过滤器和电磁阀等组成
		断续耗气组合型	由真空发生器、消声器、过滤器和一组产生和破坏真空的电磁阀及真空压力开关等组成
按外形不同分类	盒式		一般在排气口带有消声器
	管式		无消声器
按性能不同分类	标准型		前者最大真空度可达 88kPa,但最大吸入流量较小
	大流量型		最大真空度仅达 48kPa,但最大吸入流量比标准型大,可用于吸吊有透气性的瓦楞硬纸之类的物体

(2) 结构原理

真空发生器本身无运动件，利用气体的喷射原理来产生真空。

① 普通型真空发生器。真空发生器的基本结构如图 3-17 所示，在工作时，压缩空气从供气口 P 流入真空发生器，经喷嘴（拉伐尔喷嘴）1，气流的速度增大。在喇叭形的扩压室（又称负压室）2 前，因气流速度的增大而带走了扩压室前的气体，一起从排气口 O 排入大气。位于扩压室前的真空进气口 A 由于气体被引射而压力降低，不断从真空进气口吸入气体。真空进气口通常与真空吸盘等执行元件相连接，真空吸盘与被吸工件接触后形成密闭空间，其中的气体被真空发生器中扩压室前的高速气流引射排出，真空度逐渐增大到最大值。当供气口无压缩空气输入时，抽吸过程则停止。

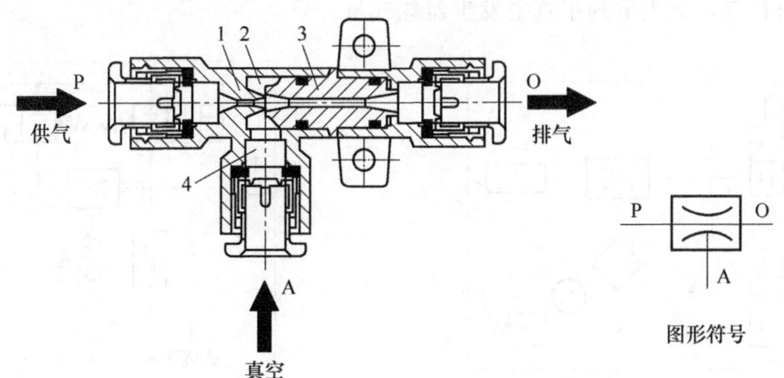

图 3-17　喷射式真空发生器的基本结构原理

1—喷嘴；2—扩压室；3—扩散器；4—真空进气口

② 带附加功能的真空发生器。真空发生器除了单一型结构外，还常有带附加功能、将电磁阀、过滤器等集成为一体的集成型结构。如图 3-18 所示真空发生器（Festo 产品），它将电磁开关阀 1、气室 2、气动喷射脉冲阀（其原理与快速排气阀类同）3、消声器 4 及内芯 5 集成为一体，具有真空产生和解除功能。当阀 1 通电切换至上位工作时，真空发生器内芯 5 进行抽吸，排气经消声器 4 排向大气，同时压缩空气经通道 A 充满气室 2，同时压缩空气将气动喷射脉冲阀的阀芯压在阀座上将排气通道 B 关闭，真空口为负压，与之相连的真空吸盘（图中未示）上的工件被吸附；当阀 1 断电复至图示下位时，抽吸过程停止，因通道 A 无压缩空气输入，贮存在气室 2 内的压缩空气将阀 3 的阀芯推离阀座，气室内的压缩空气经通道 B 从真空口快速排出，从而使与真空口由负压迅速变为正压，相应地与之相连的真空吸盘上的工件快速脱开。

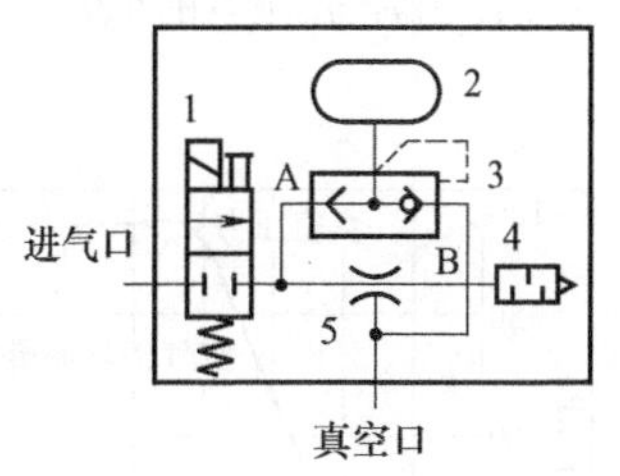

图 3-18　带附加功能的集成式真空发生器（Festo 产品）

1—电磁开关阀；2—气室；3—气动喷射脉冲阀；4—消声器；5—真空发生器内芯

③ 组合型真空发生器。图 3-19 所示为一种连续耗气的组合型真空发生器，它由电磁阀 1 和 2、真空发生器内芯 3、消声器 4、真空过滤器 5、真空压力表 6、真空开关 7 和节流阀 8 等组合而成。从 A 口进入的压缩空气由内置电磁阀控制。电磁阀 1 和 2 分别为真空发生阀和真空破坏阀。当阀 1 通电切换至上位时，压缩空气从进气口 A 流向消声器 4（排气口），真空发生器在真空口 B 产生真空。当阀 2 通电（阀 1 断电）时，压缩空气从 A 口流向 B 口，真空口的真空消失，吸入的空气通过内置真空过滤器 5 和压缩空气一起从排气口排出。内置消声器可减小噪声。真空压力表 6 和真空开关 7 用于监控真空度大小。

图 3-20 所示为一种断续耗气的组合型真空发生器。从 A 口进入的压缩空气由内置电磁阀控制。当阀 1 通电切换至右位时，压缩空气从进气口 A 流向消声器 4（排气口），真空发生器在真空口 B 产生真空。待真空压力低于所期望的调定的真空上限时，真空开关 8 使阀 1 断电复至图示左位，关闭阀 1。待真空压力低于所期望的调定的真空下限时，阀 1 再次通电接通，于是又产生

了真空。阀2是真空破坏阀（电磁阀），当阀2通电（阀1断电）时，压缩空气从A口流向B口，真空口的真空消失，吸入的空气通过内置过滤器5和压缩空气一起从排气口排出，与B口相连的真空吸盘上的工件立即脱开。内置消声器可减小噪声。单向阀6的功用是当在阀1真空上限时被关闭后，使真空发生器不再耗气，处于省气状态。吸盘吸住物体后，与喷嘴发生器的喷射口排气区域之间的通道被单向阀封堵，保证吸盘内的真空压力免遭外界破坏。一旦吸盘在吸取物体过程中，由于吸附表面不平等原因使其真空压力消失过快时，只要降至设定真空下限时，阀1的电磁铁将立即通电，瞬时便可产生能满足上限值时的真空压力。这一过程使这种组合式真空发生器实现断续瞬时耗气，大大节约了真空发生器耗气量。

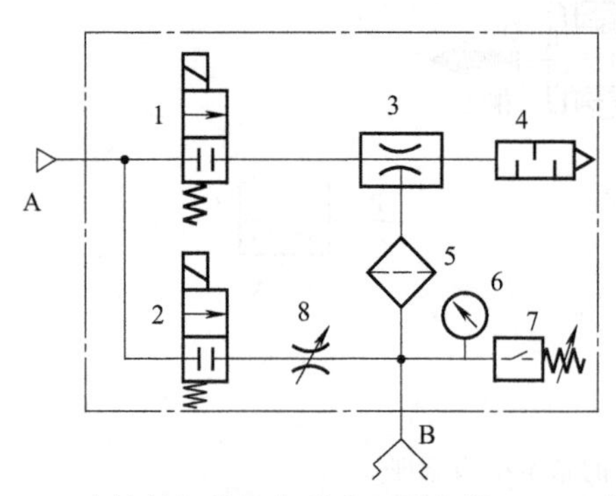

图 3-19　连续耗气的组合型真空发生器（SMC 产品）

1，2—电磁阀；3—真空发生器内芯；4—消声器；5—真空过滤器；6—真空压力表；7—真空开关；8—节流阀

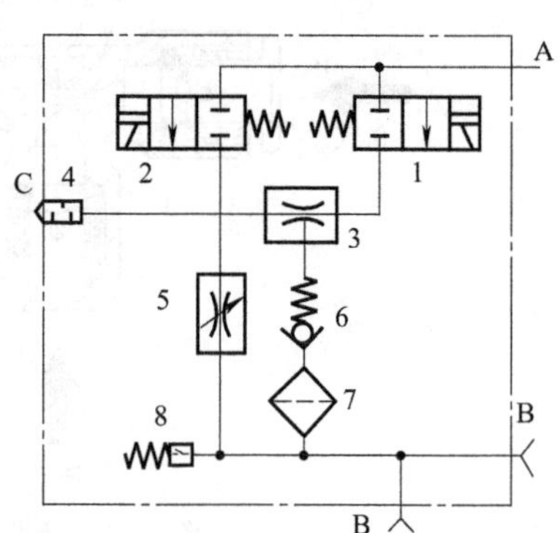

图 3-20　断续耗气的组合型真空发生器

1，2—电磁阀；3—真空发生器内芯；4—消声器；5—节流阀；6—单向阀；7—真空过滤器；8—真空压力开关

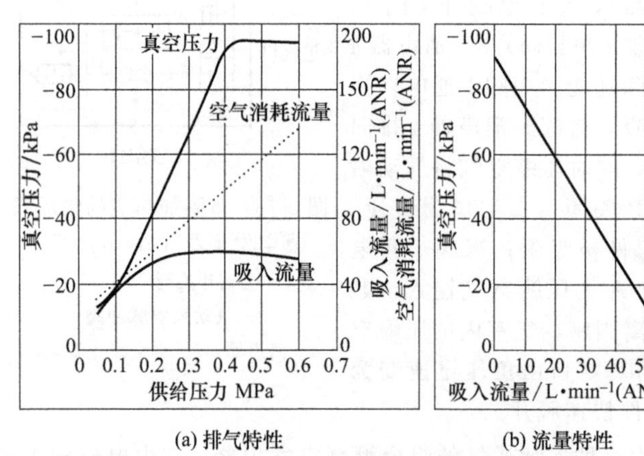

图 3-21　真空发生器的排气特性和流量特性曲线

(3) 性能特点

① 主要特性。真空发生器的主要特性有排气特性和流量特性。描述这些特性的主要参数有喷嘴直径、输入压力、最大真空度（用表压力表示）、抽吸流量和耗气量及接口尺寸等。真空发生器的排气特性［图 3-21 (a)］是指最大真空度（用表压力表示）、耗气量（空气消耗量）和最大抽吸流量之间的关系；流量特性是指在供气压力为 0.45MPa 条件下，真空口处于变化的非封闭状态下，真空发生器的抽吸流量与真空度之间的关系［图 3-21 (b)］。

真空发生器的规格一般用喷嘴直径表示，喷嘴直径的范围一般为 0.5～3mm。

真空发生器的输入压力是指其供气口的压力，通常都小于 1MPa；最大真空度是指真空口被完全封闭时，真空口内的真空度；当超过最大真空度时，即便增大工作压力，真空度不但没有增大反而会减小［见图 3-21 (a)］。真空发生器产生的最大真空度可达 88kPa。实际使用真空发生器时，其供气压力和最大真空度的选取推荐值分别为 0.5MPa 和 70kPa。

最大抽吸流量是指真空口向大气敞开时，从真空口吸入的流量；耗气量（空气消耗量）是由工作喷嘴直径决定的，对同一喷嘴直径的真空发生器，其耗气量随供气（工作）压力的增加而增加［见图 3-21 (a)］。

由图 3-21 (b) 所示流量特性曲线可知，吸入流量变化则真空压力也变化。说明如下：堵住真空发生器的真空口A，则吸入流量为0，真空压力达最大；逐渐开启真空口使空气流动产生泄漏，吸入流量增加，但真空压力下降；真空口全开，吸入流量最大，真空压力几乎为零（大气压力）。因此真空口不泄漏，真空压力达最高。泄漏量增加，真空压力下降。泄漏量等于最大吸入流量，则真空压力几乎为零。为了获得较大的真空度或较大的抽吸流量，真空发生器的供给压力应处于0.25～0.6MPa范围内（最佳使用范围为0.4～0.45MPa）。

②主要特点。真空发生器作为真空吸附系统的能源之一，其产生的最大真空度可达88kPa，抽吸流量较小，且二者不能同时获得最大值；与真空泵相比，真空发生器的结构简单、体积和重量小、无可动件寿命长、功率消耗较大或很小、价格低、安装维护简便、容易与电磁阀及传感器等配套件复合化（集成的元件数量因应用场合不同而异）、产生和解除真空快、工作时不发热，真空压力无脉动不需真空罐。使用真空发生器的真空吸附系统，气动装置外不必再设置真空泵，但需提供压缩空气，适宜流量不大、间歇工作的气动装置和分散使用。

(4) 典型产品（图3-22～图3-27，表3-6）

图3-22 ZHF-Ⅱ系列真空发生器实物外形图
（广东肇庆方大气动有限公司产品）

图3-23 ZKF系列真空发生器实物外形图
（烟台未来自动装备有限公司产品）

图3-24 ZH系列真空发生器实物外形图
［SMC（中国）有限公司产品］

图3-25 VN系列真空发生器实物外形图
［费斯托（中国）有限公司产品］

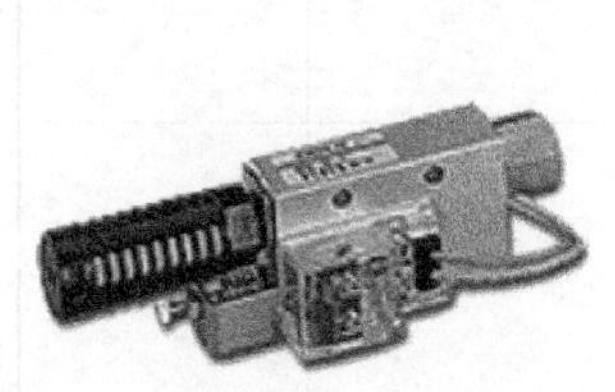

图3-26 EV系列真空发生器实物外形图
［台湾气力可股份有限公司产品］

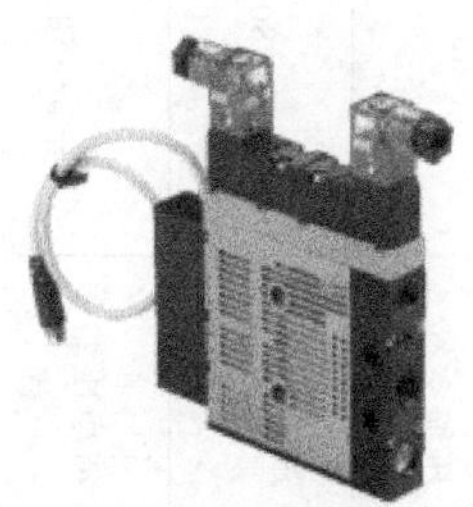

图3-27 ZAM系列集成式真空发生器实物外形图
［牧气精密工业（深圳）有限公司产品］

(5) 选型要点

与真空泵的选型一样，选择依据是真空吸附系统要求的真空度和抽吸流量。

① 根据系统对真空度和抽吸流量的要求，确定真空发生器的型号及尺寸规格。

② 由于高真空型和大流量型真空发生器的流量特性互不相同，特别是吸附有泄漏流量的工件时，泄漏流量与真空压力有关，故应在注意真空压力的基础上选定真空发生器。

表 3-6 真空发生器典型产品

产品类型	喷嘴直径 /mm	工作介质	环境、介质温度 /℃	输入压力 /MPa	最大真空压力 /kPa	耗气量 /L・min^{-1}	最大抽吸流量 /L・min^{-1}	实物外形	生产厂	备注
ZHF-Ⅱ系列真空发生器	0.5、0.7、1.0、1.3	洁净、干燥压缩空气	5～60	0.25～0.63	−75	10～68	5～40	图 3-22	①	利用气流抽吸原理产生真空，与气阀、真空过滤器、真空开关、真空吸盘等可组成真空吸附系统
ZKF 系列真空发生器	0.8、1.1、1.5；接收嘴直径：2.1、2.8、3.9	过滤压缩空气	−20～80	0.2～0.8[2]	−75	26～100	17～68	图 3-23	②	采用气流喷射器原理产生真空，利用吸盘吸附工件
ZH 系列真空发生器	0.5、0.7、1.0、1.3、1.5、1.8、2.0	洁净压缩空气	−5～50	0.1～0.6	−48～−90	13～196	5～90	图 3-24	③	体积小，重量轻；4 种安装方法：直接安装、标准支架安装、L 形支架安装、DIN 导轨安装
VN 系列真空发生器	标准型：0.45、0.7、0.95、1.4、2.0、3.0	非润滑压缩空气	0～60	0.37～0.5	88%～93%		6.2～186	图 3-25	④	有标准型和管式两种；安装空间小，低成本；无耗材；抽空时间极短；可选附加功能：真空开关、集成喷射脉冲、真空电控 ON/OFF、喷射脉冲和控制组合
EV 系列真空发生器	0.5、1.0、1.5、2.0、2.5、3.0	空气	0～60	0.1～1.6	−91.8	13～385	225	图 3-26	⑤	真空保持结构设计，可减少空气消耗 80%；模组化结构，可依不同需求变化；接头型设计使配管方便；通过数字显示传感器，压力监控可视化；附带真空产生/破坏电磁阀、真空过滤器和消声器多功能；可直立或侧边，构造简单，易于安装及拆卸
ZAM 系列集成式真空发生器	0.5、1.0、1.5、2.0	洁净压缩空气	−10～50	0.4～0.6	−85	32～122	48～132	图 3-27	⑥	集真空控制、破坏控制、破坏调节、过滤、消声于一体；多级喷嘴可高效利用压缩空气；结构轻薄、安装方便，有多种组合形式可选

①广东肇庆方大气动有限公司；②烟台未来自动装备有限公司；③SMC（中国）有限公司；④费斯托（中国）有限公司；⑤台湾气力可股份有限公司；⑥ 牧气精密工业（深圳）有限公司。

注：1. 表中耗气量为输入压力 0.4MPa 时的数值。

2. 产品规格型号、具体结构及安装连接尺寸见生产厂产品样本。

③ 按应用场合选择适当的集成形式并根据排气情况合理选定消声器配置形式。对于真空发生器集成式同时动作位数较多的单独排气的情况[图 3-28 (a)]，应选择消声器内置型或通口排气型；对于真空发生器集成式位数较多集中排气的情况［图 3-28 (b)]，应在两侧安装消声器，配管向室外等排气的情况，应选择不会因配管形成的背压而对真空发生器影响的大口径配管。

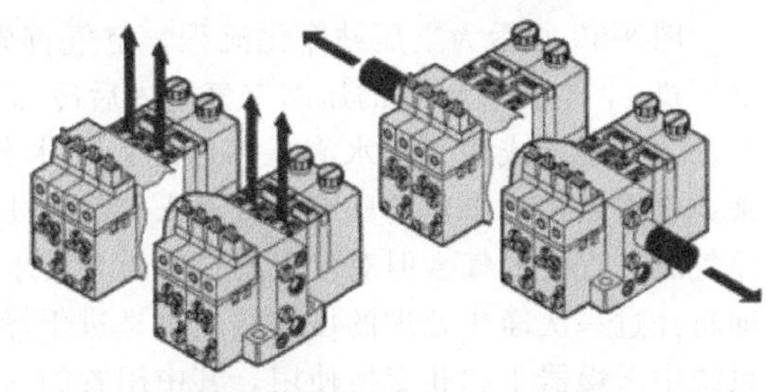
(a) 单独排气情况　(b) 集中排气情况

图 3-28 真空发生器集成形式的排气情况

(6) 使用维护

① 为了避免真空发生器的喷嘴被磨损，压缩空气的净化程度应达到一般小型气动元件的使用要求。应注意真空发生器一般不得给油工作。

② 必须保证真空发生器在额定供气压力下工作，以免供气压力过小或过大，导致真空度下降，或不但不能增大真空度，反而增大噪声及耗气量。为了获得较大的真空度或较大的抽吸流量，真空发生器的供给压力应处于 0.25～0.6MPa 范围内（最佳使用范围为 0.4～0.45MPa)。

真空发生器在某固定的供给压力下工作时，可能会排气产生异常间歇声，使得真空压力变得不稳定。在此状态下继续使用，真空发生器的功能也不会有问题。如果担心间歇声或者考虑到对真空压力开关的动作产生不良影响，则可将真空发生器的供给压力稍许下调或上升，使其在供给压力范围内但不发出间歇声。

③ 对于多个真空发生器同时工作的真空吸附系统，应保证气源能够同时提供足够的压缩空气量，以免造成真空度下降。

④ 真空发生器的使用温度范围一般为 5～60℃；真空发生器产生的真空度一般不受海拔高度与环境温度变化的影响。

⑤ 如真空发生器喷嘴磨损而影响使用，可酌情更换真空发生器内芯（图 3-29)。

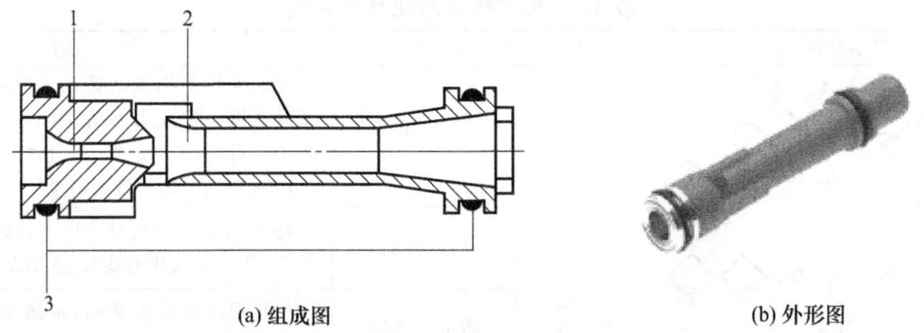

(a) 组成图　(b) 外形图

图 3-29 真空发生器内芯［费斯托（中国）有限公司产品］

1—拉法尔喷嘴（精制铝合金）；2—接收嘴（聚甲醛）；3—密封圈（NBR）

3.2 气源处理元件

3.2.1 空压站及其配置

在气动技术中，通常当气源排气量小于 $6m^3/min$ 时，可将空压机直接安装在主机旁；当气源排气量在 $6\sim12m^3/min$ 时，应设置独立的压缩空气站（空压站)。气动系统所使用的压缩空气必须经过干燥和净化处理才能使用，以免压缩空气中的水分、油污和灰尘等杂质混合而成的液体渣质进入管路和元件，影响系统及主机的正常工作和性能，甚至造成事故。对于一般的空压站，除了空压机外，还需设置过滤器、后冷却器、油水分离器和储气罐等净化元件。

图 3-30 所示为空压站净化流程，空气首先经过一次过滤器过滤掉部分灰尘、杂质后，进入空压机 1，空压机输出的压缩空气进入后冷却器 2 进行冷却，当温度降低到 40～50℃时，使油雾与水蒸气凝结成油滴和水滴，然后进入油水分离器 3，使大部分油、水和杂质从气体中分离出来；将得到初步净化的压缩空气送入储气罐 4 中（一次净化）。对于要求不高的气动系统即可从储气罐 4 直接供气。但对仪表用气和质量要求高的工业用气，则必须进行二次和多次净化处理，即将经过一次净化处理的压缩空气再送进干燥器 5，进一步除去气体中的残留水分和油。在净化系统中干燥器Ⅰ和Ⅱ交换使用，其中闲置的一个利用加热器 8 吹入的热空气进行再生，以备接替使用。四通阀 9 用于转换两个干燥器的工作状态，过滤器 6 的作用是进一步消除压缩空气中的颗粒和油气。经过处理的气体进入储气罐 7，可供给气动装置和仪表使用。

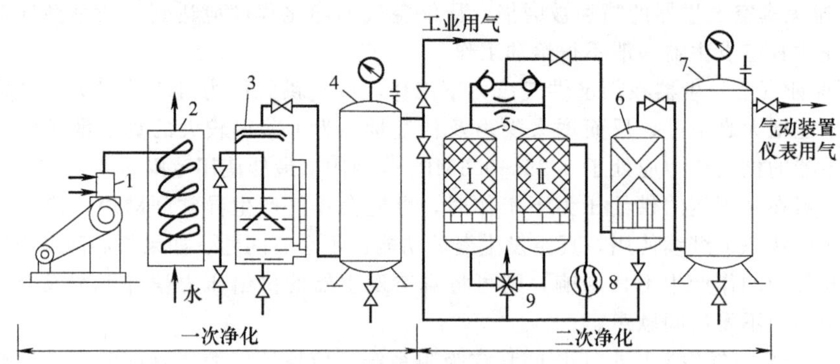

图 3-30 空压站净化流程示意图

1—空压机；2—后冷却器；3—油水分离器；4,7—储气罐；5—干燥器；6—过滤器；8—加热器；9—四通阀

典型气源净化处理系统见表 3-7，可按应用对象的要求选用其中的一种组合配置形式。

表 3-7 典型气源净化处理系统

示意图	序号	元件名称	作用
	1	空压机	将原动机的机械能转换为气体压力能，向系统提供一定压力和流量的压缩空气，其吸气口装有空气过滤器（预过滤器），以减少进入压缩空气内的污染杂质量
	2	后冷却器	将压缩空气温度从 140～170℃降至 40～50℃，使高温汽化的油分、水分凝结出来
	3	油水分离器	使降温冷凝出的油滴、水滴杂质等从压缩空气中分离出来，并从排污口除去
	4	储气罐	贮存压缩空气以平衡空压机流量和设备用气量，并稳定压缩空气压力，同时还可除去压缩空气中的部分水分和油分
	5	主管道过滤器	进一步过滤除去压缩空气中的灰尘颗粒杂质
	6	自动排水器	自动排水
	7	分水过滤器	分离水分和过滤杂质
	8	油雾分离器	将水滴、油滴等杂质与压缩空气分离
	9,12	冷冻式干燥器	吸收排除压缩空气中的水分、油分等，使之变成干燥空气
	10	微雾分离器	将微小水滴、油滴等杂质与压缩空气分离
	11	除臭器	清除压缩空气中的臭味粒子

3.2.2 后冷却器

(1) 功用类型

后冷却器安装在空压机输出管路上，将空压机输出压缩空气的温度（可达120℃以上，在此温度下空气中的水分完全呈气态）冷却至40℃以下，并通过冷凝使压缩空气中的大部分水蒸气和变质油雾变成液态水滴和油滴，以便经油水分离器析出。

后冷却器有风冷式和水冷式两种形式。风冷式冷却器不需冷却水设备，无需担心断水或水冻结；其结构紧凑，重量轻，占地面积小，运转成本低，易于维护，但仅适用于入口空气温度低于100℃，且处理空气量较少的场合。水冷式冷却器一般为间接式水冷换热器，其散热面积是风冷式的25倍，热交换均匀，分水效率高，故适用于入口空气温度低于200℃，且处理空气量较大、湿度大、粉尘多的场合；水冷式按其结构形式不同又有蛇管式、列管式和套管式等几类。

(2) 结构原理

① 风冷式后冷却器。如图3-31（a）所示，风冷式后冷却器是靠电机驱动风扇产生的冷空气吹向带散热片的热气管道来降低压缩空气温度，图3-31（b）、（c）所示分别为风冷式后冷却器的图形符号和实物外形图。

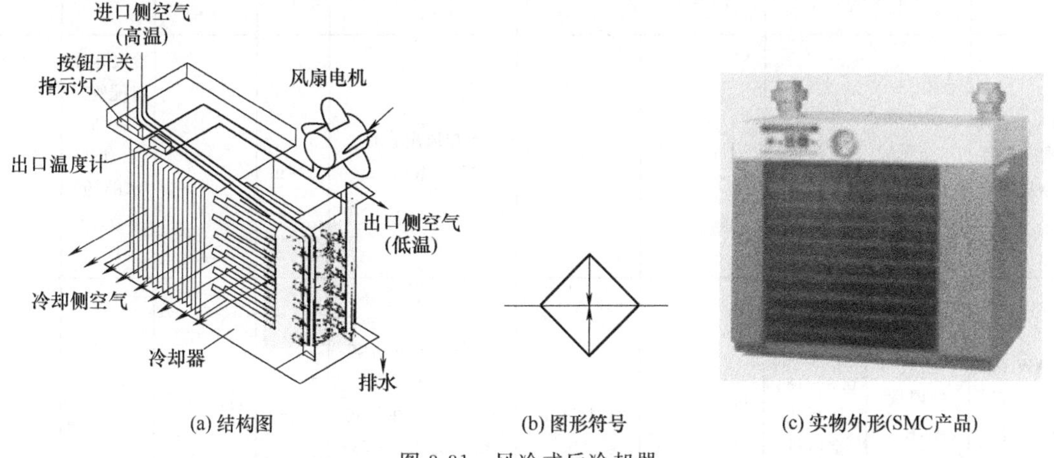

(a) 结构图　(b) 图形符号　(c) 实物外形(SMC产品)

图3-31　风冷式后冷却器

② 水冷式后冷却器。图3-32所示为蛇管式水冷却器，高温压缩空气从蛇形管上方进入，从下方出口排出；强迫输入的冷却水在热气管外水套中反向流动，通过蛇形管表面带走热量，从而降低管中空气的温度。此类冷却器结构简单，使用维护方便，适于流量较小的任何压力范围，应用最为广泛。

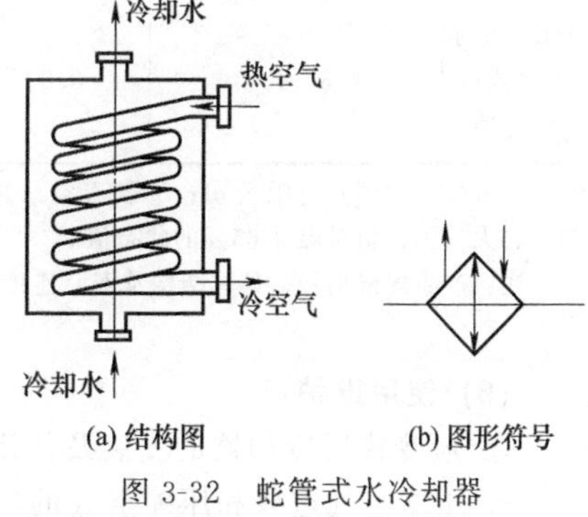

(a) 结构图　(b) 图形符号

图3-32　蛇管式水冷却器

图3-33所示为列管式水冷却器，高温压缩空气在管间流动，冷却水在管内流动。管内冷却水可以是单程或双程流动，通过隔板的配置，管外的压缩空气以垂直于管束的流向曲折流动。除图示立式结构外，还有卧式结构（图3-34），卧式结构可兼作配管的一部分，安装空间紧凑，应用较多。

图3-35所示为套管式水冷却器，高温压缩空气在内管中流动，冷却水在内外套管间流动。因流动面积小，有利于热交换。但结构笨重，适用于空气压力较高、流量不大且热交换面积较小的场合使用。

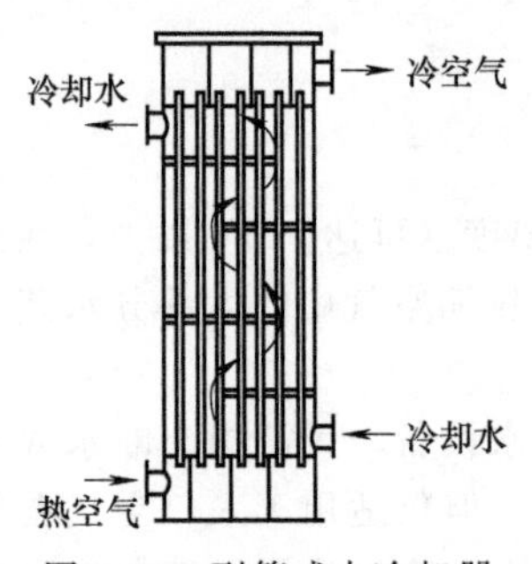

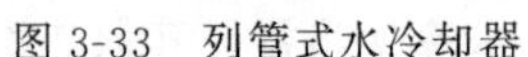
图 3-33 列管式水冷却器

图 3-34 卧式水冷却器实物外形图

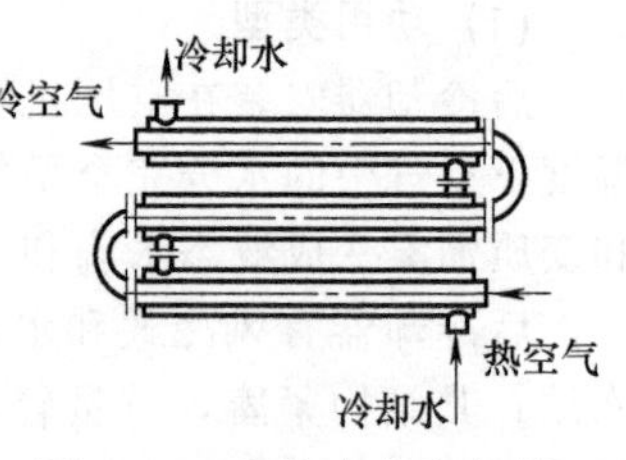

图 3-35 套管式水冷却器

(3) 性能参数

后冷却器的性能参数有热交换面积 $A(m^2)$、冷却水消耗量 $G(kg/s)$、工作压力、额定流量、空气处理量及公称直径等。

(4) 典型产品（表 3-8）

表 3-8 后冷却器典型产品

<table>
<tr><th rowspan="2">系列型号</th><th rowspan="2" colspan="2">额定流量
/m³·min⁻¹</th><th rowspan="2">额定工作压力
/MPa</th><th rowspan="2">冷却水耗量</th><th rowspan="2">备注</th><th colspan="3">管口尺寸</th><th rowspan="2">生产厂</th></tr>
<tr><th>进、出气</th><th>进、出水
/in</th><th>排污
/in</th></tr>
<tr><td>HAA 系列风冷式后冷却器③</td><td colspan="2">空气处理量
1～5.7(ANR)④</td><td>0.7</td><td>—</td><td>冷却风扇直径
255～400mm</td><td>3/4～
1½in</td><td>—</td><td>冷凝水出口配管口径(带自动排水的场)
R3/8～1/2</td><td>①</td></tr>
<tr><td>HAW 系列水冷式后冷却器③</td><td>空气处理量
(ANR)④</td><td>螺杆式空压机
0.3～18；
往复式空压机
0.3～11</td><td>0.05～1.0</td><td>5～
45L/min</td><td>适合空压机功率(kW)：螺杆式空压机 2.2～110；往复式空压机 2.2～75</td><td>1/2～
2in</td><td>1/2～1¼</td><td>冷凝水
1/2～1</td><td>①</td></tr>
<tr><td>HLF 系列水冷式后冷却器</td><td colspan="2">3～40</td><td>0.8</td><td>1.27～7.2t/h</td><td>公称直径
400～600mm</td><td>100～
200mm</td><td>G1¼～
G1½</td><td>G3/4～
G1¾</td><td>②</td></tr>
</table>

①SMC（中国）有限公司；②长春空气压缩机有限责任公司；③内置冷凝水分离器并可安装防尘网；④ANR 为 20℃、大气压、相对湿度 65%的状态值。

注：产品规格型号、具体结构及安装连接尺寸见生产厂产品样本。

(5) 使用维护

① 风冷式后冷却器的安装及使用维护注意事项如下。

a. 压缩空气进口和压缩空气的出口连接不能弄错。空气进、出口管道在进行紧固时，产品的进、出口喷嘴部分先用扳手夹住。

b. 压缩空气冷却会产生冷凝水，要配置冷凝水配管。冷凝水配管内径要达到 10mm 以上，长度要在 5m 以内。

c. 后冷却器的通风进口和出口无障碍物。距离墙壁或其他设备应不小于 20cm。

d. 冷却器要安置在容易维护点检和振动少的场所。因后冷却器的排热而引起周围温度上升，需用换气扇等换气。若安装后冷却器处环境温度超过 50℃则不能使用，只能选用水冷式后冷却器；当空气进口温度超过 100℃以上时，也只能选用水冷式后冷却器。

e. 由于风冷式冷却器的散热片易沾灰尘，故在有黏着性灰尘（静电涂装粉尘、油气粉尘等）的场合不要使用。

f. 冷却器点检周期一般为 1 周，以防阻塞；根据产生的冷凝水量定期地排放冷凝水。

② 水冷式后冷却器的安装及使用维护注意事项如下。

a. 配管时以水平方式安装。

b. 压缩空气进、出口和冷却水进、出口的连接不能弄错。

c. 为了使冷却水配管可在维护管理时取下，应使用管接头。压缩空气冷却后会产生大量的冷凝水，故建议使用冷凝水配管。冷凝水配管内径应不小于 10mm，长度要在 5m 以内。

d. 冷却水断水的场合会发生异常高温的危险，故必须有防止断水的安全措施。

e. 冷却水量应在额定水量范围内，否则可能会损伤传热管道。

f. 冷却水应选择使用说明书规定的合格水质。一般可用自来水或者工业用水，但不能使用海水。如冷却水的水质不好，会导致传热管的损坏和性能降低，特别是冷却水在冷却塔中冷却时，容易产生水垢，故必须进行定期的水质检查及循环水的更换。

g. 在冬季，冷却水有可能冻结，为了防止冷却器冻结损坏，必须将冷却水排出。长期不使用的场合，必须将冷却水排放掉。

h. 当冷却性能降低时，应对冷却水管内部进行清洗。

i. 冷却水和压缩空气配管的尺寸应选用配管口径以上的尺寸。

3.2.3　主管道油水分离器

(1) 功用类型

油水分离器又称液气分离器，置于后冷却器下游的气源主管道上，它是压缩空气产生后的首道过滤装置。油水分离器可用于分离与去除压缩空气中凝聚的水分和油分等杂质，使压缩空气得到初步净化。特别是采用有油润滑的空压机，在压缩过程中需有一定量的润滑油，空气被压缩后产生高温、焦油碳分子以及颗粒物，为了减少对其下游的干燥器、过滤器等元件的污染，经后冷却器之后的压缩空气，必须在进入干燥器之前进行一次过滤。油水分离器的结构形式有撞击挡板式、旋转离心式和水浴分离式以及以上形式的组合等。

(2) 结构原理

① 撞击挡板式油水分离器。如图 3-36 所示，撞击挡板式油水分离器输入的气流以一定的速度进入分离器内，受挡板阻挡被撞击折向下方，然后产生环形回转并以一定速度上升。油滴、水滴等杂质因惯性力和离心力的作用析出，沉降于壳体底部，由排污阀定期排除。为了达到满意的油水分离效果，气流回转后上升的速度应缓慢，一般要求低压空气流速 $v \leqslant 1\text{m/s}$，中压空气 $v \leqslant 0.5\text{m/s}$，高压空气 $v \leqslant 0.3\text{m/s}$。

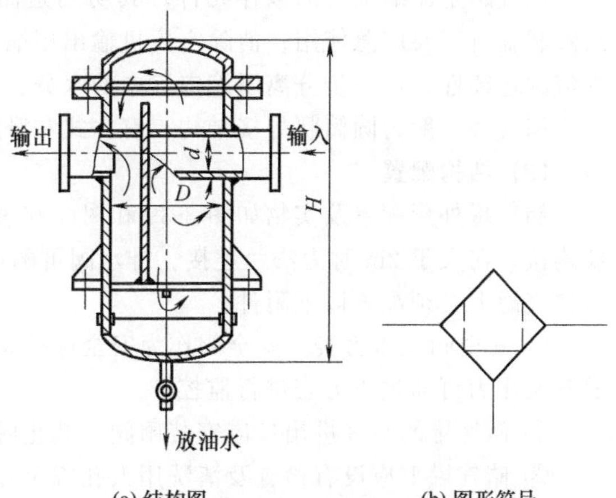

图 3-36　撞击挡板式油水分离器

② 水浴并旋转离心串联式油水分离器。如图 3-37 所示，压缩空气先通过左侧安装于装有水的水浴式分离器底部位置的管道，用水浴清洗，过滤掉压缩空气中较难除掉的油、水、杂

质等，再沿切向进入右侧旋转离心式分离器中，气流沿容器圆周做强烈旋转，油滴、油污、水等杂质在离心惯性力的作用下，被甩至壁面上，并随壁面沉落分离器底部，气体沿中部空心管输出。此种分离器油水分离效果好。

油水分离器的实物外形见图 3-38。

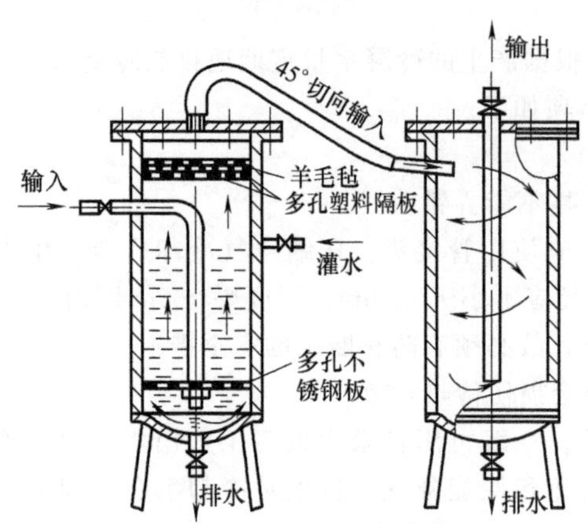

图 3-37　水浴并旋转离心串联式油水分离器

图 3-38　油水分离器实物外形图

(3) 性能参数

油水分离器的性能参数有空气处理量、进气压力、进气温度、接口管径等。

(4) 典型产品（表 3-9）

表 3-9　油水分离器典型产品

系列型号	空气处理量 /m^3·min^{-1}	进气压力 /MPa	进气温度 /℃	过滤孔径 /μm	降水率 /%	出口气体含油量	接口管径 /in	生产厂
XS 系列油水分离器	0.3～200	0.2～1.0	5～65	5	≥99	≤10ppm	G1/2～G1½	①

①杭州翔盛气体设备有限公司。

注：产品规格型号、具体结构及安装连接尺寸见生产厂产品样本。

3.2.4 储气罐

(1) 功用类型

储气罐是压缩空气的储存元件，其功用是储存一定量的压缩空气，调节用气量或以备发生故障和临时需要应急使用；消除空压机输出压缩空气的波动，稳定气源管道中的压力，保证输出气流的连续性；进一步分离压缩空气中的水分、油分、杂质并降低空气温度等。

储气罐一般为圆筒状焊接结构，有立式和卧式两种，立式使用居多。

(2) 结构配置

储气罐外形配置及实物如图 3-39 和图 3-40 所示。空气进出口管道直径小于 1½in 时采用螺纹连接，在大于 2in 时为法兰连接。排水阀可酌情改为自动排水器。储气罐属于承压容器，在每台储气罐上必须配置以下附件：

① 安全阀及压力表。安全阀作为安全保护装置，可调整其最高压力比正常工作压力高 10%；储气罐压力可通过压力表进行监控。

② 储气罐的空气进出口应安装闸阀（截止阀）。

③ 储气罐上应设有检查及清洗用人孔或手孔。

④ 储气罐底端应设置排放油、水等污物的接管和阀门。

此外，有些储气罐还与增压阀连用［图 3-40（b）］，以提高工厂或气动机械中的局部气压

（增压比达 2～4 倍）。

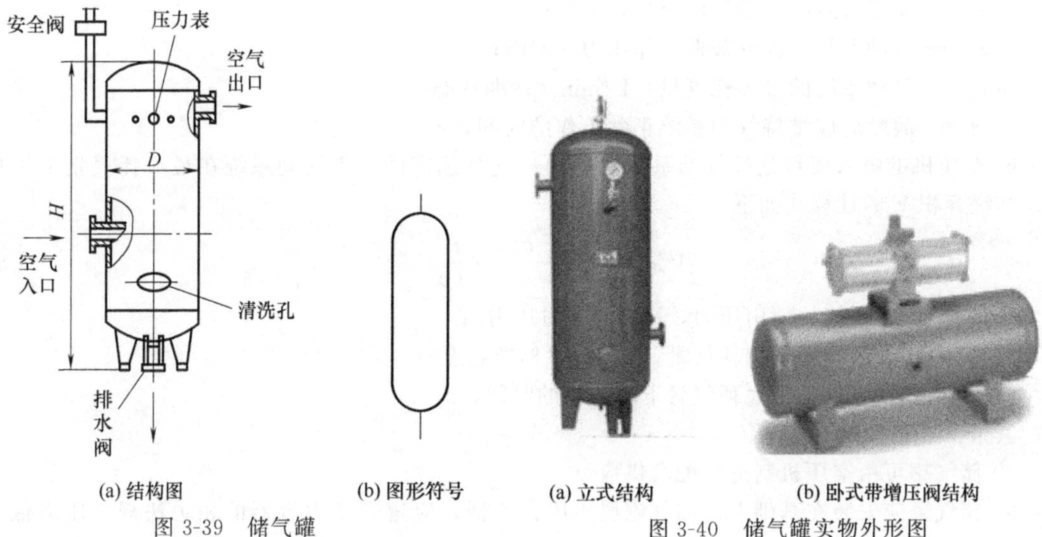

(a) 结构图 (b) 图形符号

图 3-39 储气罐

(a) 立式结构 (b) 卧式带增压阀结构

图 3-40 储气罐实物外形图

(3) 性能参数

储气罐的性能参数有压力 p、容积 V、内径 D、空气进出口通径等。

(4) 典型产品（表 3-10）

表 3-10 储气罐典型产品

系列型号	容积/m³	压力/MPa	容器直径/mm	容器高度/mm	进口径/mm 或 in	出口径/mm 或 in	生产厂
CG 系列储气罐	0.3～20	0.8～1.3	内径 600～2000	1662～6015	65～200	40～200	①
WN 系列储气罐	1～100	0.6～1.6	内径 800～3600	1600～8600	100～250		②
VMA 系列气罐	(5～38)×10^{-3}	1.0,2.0	外径 156～256	349～835（卧式长度）	3/8,1/2	3/8,1/2,3/4	③
AT 系列储气罐	(100～3000)×10^{-3}	0.97(耐压 1.46)	外径 408.4～1216	1268～3288	Rc1/2～Rc1½,2B～4B 法兰[⑥]		④
VBAT 系列储气罐[⑦]	(5～38)×10^{-3}	1.0～2.0	外径 156～256	349～835（卧式长度）	3/8,1/2	3/8,1/2,3/4	④
CRVZS 系列储气罐	(0.1～20)×10^{-3}	−0.095～1.6	外径 40～194	132～740（卧式长度）	G1/8～G1		⑤
VZS 系列储气罐	20×10^{-3}	−0.095～1.6	外径 206	696	G1		⑤

①无锡汉英机器制造有限公司；②无锡杨市压力容器有限公司；③牧气精密工业（深圳）有限公司；④SMC（中国）有限公司；⑤费斯托（中国）有限公司；⑥ 兰形式及尺寸详见产品样本；⑦可与增压阀紧凑连接，也可作为气罐单体使用。

注：产品规格型号、具体结构、安装连接尺寸及使用条件见生产厂产品样本。

(5) 使用维护

① 使用时，数台空压机可共用一个储气罐，也可以每台单独使用。

② 选型要点。压力 p、容积 V 和高度 H 是选用立式储气罐的主要依据，储气罐的高度 H 根据 V 进行计算（可为其内径 D 的 2～3 倍），气罐的容积 V 的计算方法则因使用目的不同而异。

a. 储气罐作为应急气压源（即当空压机或外部管网因故突然停止供气，仅靠气罐中储存的压缩空气维持气动系统工作一段时间），气罐容积 V 的计算式如下

$$V \geqslant \frac{p_a q_{max} t}{60(p_1 - p_2)} \quad (\mathrm{L}) \tag{3-4}$$

式中　p_a——大气压力，$p_a=0.1\text{MPa}$。

p_1——突然故障时气罐内的压力，MPa；

p_2——气动系统允许的最低工作压力，MPa；

q_{max}——气动系统的最大耗气量，L/min（标准状态）；

t——故障后应维持气动系统正常工作的时间，s。

b. 空压机的吸入流量是按气动系统的平均耗气量选定的，当气动系统在最大耗气量下工作时，气罐容积 V 的计算式如下

$$V \geqslant \frac{p_a(q_{max}-q_{sa})}{p} \times \frac{t'}{60} \quad (\text{L}) \tag{3-5}$$

式中　p——气动系统的使用压力，MPa（绝对压力）；

q_{sa}——气动系统的平均耗气量，L/min（标准状态）；

t'——气动系统在最大耗气量下的工作的时间，s。

其余符号意义同上。

③ 储气罐可由空压机制造厂配套供应。

④ 储气罐应安装在基础上。储气罐属于压力容器，应遵守压力容器的相关法规。压力低于 0.1MPa、真空度低于 2kPa 或公称容积小于 450L 的容器可不按压力容器处理。

3.2.5 主管道过滤器

(1) 功用类型

主管道过滤器又称一次过滤器，它安装在主管道（空压机及冷冻干燥器的前级）中，用于清除压缩空气中的油污、水分和粉尘，以提高下游干燥器的工作效率，延长精密过滤器的使用寿命。

按连接方式不同，主管道过滤器有螺纹连接式（管式）和法兰连接式两种形式。

(2) 结构原理

图 3-41（a)、(b）所示为主管路过滤器结构原理图。通过过滤组件 2 将分离出来的油、水和

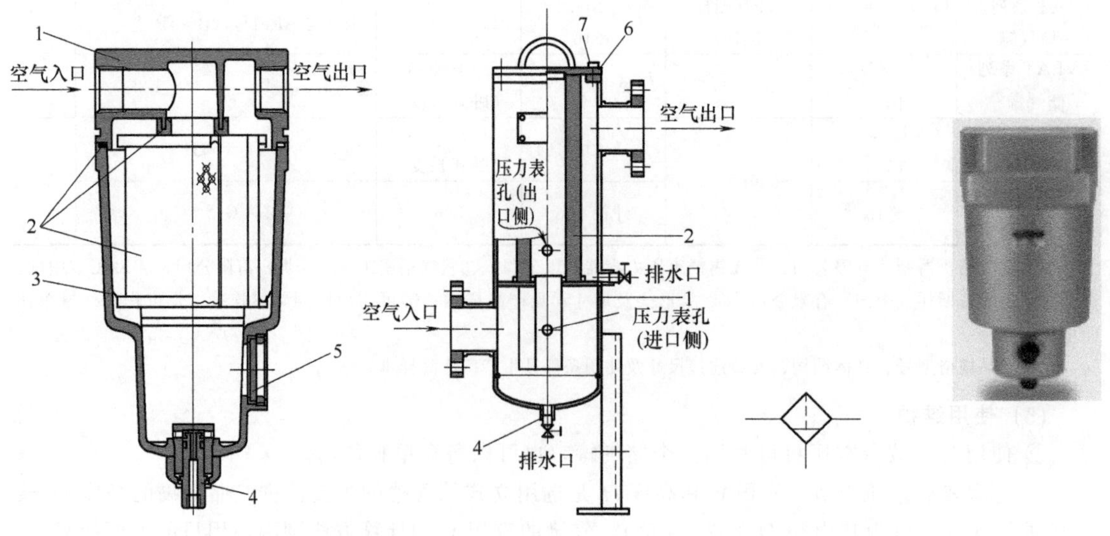

(a) 螺纹连接式　(c) 法兰连接式　(c) 图形符号　(d) 实物外形

图 3-41　主管道过滤器

1—主体；2—过滤组件；3—外罩；4—手动或自动排水器；5—观察窗；6—上盖；7—密封垫

粉尘等，流入过滤器下部，经手动或自动排水器4排出。过滤组件中的滤芯的过滤面积比普通过滤器大10倍，配管口径2in以下的过滤组件还带有金属骨架，故此类过滤器使用寿命较长。法兰连接式过滤器的上盖6可直接固定滤芯，故更换滤芯较为方便。

(3) 性能参数

主管道过滤器的主要性能参数有耐压压力、额定流量、环境温度以及使用流体温度、过滤精度、接口管径、使用寿命等。该类过滤器进出口阻力不大于500Pa，过滤器容量为1mg/m³。

(4) 典型产品（表3-11）

表3-11 主管道过滤器典型产品

系列型号	额定流量 /L·min^{-1}	耐压压力 /MPa	过滤精度 /μm	环境及使用流体温度/℃	接口管径 /in	质量 /kg	滤芯寿命	生产厂
AFF系列主管道过滤器	300～45000⑤	1.5	3(捕捉效率99%)	5～60	1/8～2	0.38～87	2年	①
HF系列空气过滤器	(0.2～300)×10^3	最大工作压力1.0～1.6	有C、T、A、H等四种不同过滤精度等级的滤芯，对应过滤精度分别为3、1、0.01、0.01	滤芯最高工作温度66～88	G1/2～G2；*DN*(50～250)mm	1.2～420		②
DMF系列主管路过滤器	1600～10000	0.5～1.0	3	5～60	1/4～1	0.84～4.3		③④

①SMC（中国）有限公司；②广东云昌空压机有限公司；③台湾气立可股份有限公司；④深圳气立可气动设备有限公司；⑤压力0.7MPa时的最大处理流量；根据使用压力，最大处理流量不同。

注：产品规格型号、具体结构及安装连接尺寸见生产厂产品样本。

(5) 使用维护

① 通常主管道过滤器的空气质量仅作一般工业供气使用，如需用于气动机械设备、气动自动化控制系统，还需在冷冻式干燥器后面添置所需精度等级的过滤器。但对于过滤精度较高的管道过滤器产品（如SMC的目前AFF系列主管道过滤器过滤精度就达3μm），其空气质量就无需再在冷冻式干燥器后面添置高精度等级的过滤器，但在主管道采用高等级过滤器并不符合经济性原则。

② 使用主管道过滤器时，应根据主管路进口压力和最大处理流量选择过滤器的规格型号，并检查其他技术参数，也应满足使用要求。利用制造商给出的最大处理流量曲线图来对主管路过滤器进行选型较为快捷，例如图3-42所示为SMC给出的最大处理流量曲线图，对进口侧压力0.6MPa、最大处理流量5m³/min（ANR）的系统选择其主管道过滤器：首先利用最大处理流量曲线图，求进口压力和最大处理流量的交点*A*；然后按最大处理流量线在交点*A*之上来选定型号，本例应选AFF37B（注：求得的交点必须在最大处理流量线以上来选型。若最大处理流量线在交点之下来选定型号，则规格不能满足要求，会成为不匹配的原因）。

③ 对于小型空压机，主管道过滤器可直接安装在空压机吸气管道上；对于大中型空压机，可安装在室外空压机的进气管上，但与空压机主机距离应不超过10m，进气的周围环境应保持清洁、干燥、通风良好。

④ 可参考图3-43对主管道过滤器进行安装配管。工作时，关闭阀门1、2、4，打开阀门3、5、7；清洗滤芯时，关闭阀门3、5、7，关闭阀门2、4，然后打开阀门1，将气压控制在0.5MPa左右实现反吹，将附着在过滤组件表面的污物及油、水等一起排放出去，实现过滤组件再生，以提高过滤效率，延长滤管使用寿命。

⑤ 应定期进行手动排污或检查自动排污装置的工作是否正常。

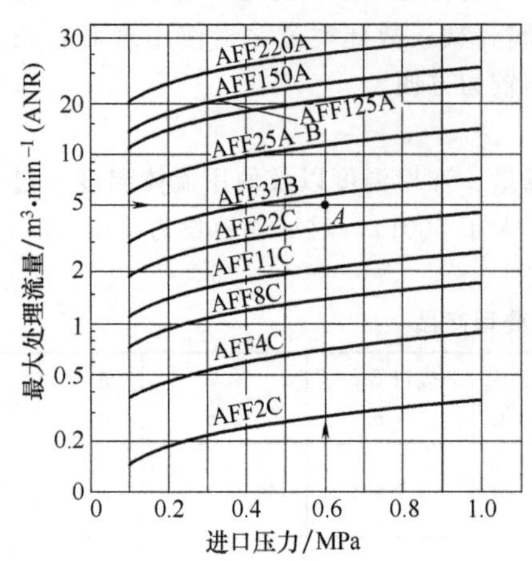

图 3-42　主管道过滤器最大处理流量曲线图

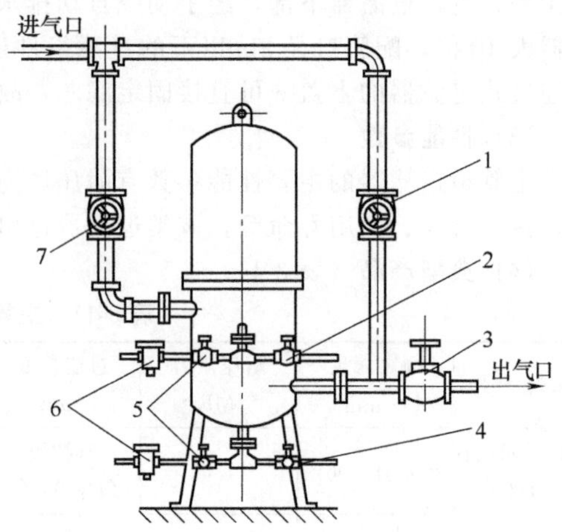

图 3-43　主管道过滤器的安装配管示意图

1—反吹进气阀；2,4—手动排水阀；3—出气阀；5—截止阀；6—自动排水器；7—进气阀

3.2.6 干燥器

(1) 功用类型

干燥器又称干燥机，其功用是对经后冷却器、油水分离器、气罐、主管路过滤器得到净化后的压缩空气，进一步吸收和排除其中所含有的水蒸气（含量多少与空气的温度、压力和湿度相关），使之变为干燥空气，以保证有高质量压缩空气要求的气动系统的正常工作。常用的干燥器有吸附式、冷冻式以及将二者优点结合而成的组合式等形式。

(2) 结构原理

① 吸附式干燥器。如图 3-44（a）所示，压缩空气从吸附式干燥器的进气口 1 进入，经过上吸附层（吸附剂，通常为硅胶干燥剂）、滤网 5、上栅板 6、下吸附层 9 之后，压缩空气中的水分被吸收成为干空气。干空气通过滤网、栅板、毛毡层 12 进一步滤掉机械杂质和粉尘后经排气口 14 排出。干燥器经过一段时间的使用，吸附层将饱和失效。故饱和的吸附剂必须干燥再生才能恢复其性能。吸附剂再生原理是：封闭进气口 1 和排气口 14，由再生进气口 10 输入温度为 180℃以上的干燥热空气。干燥热空气经过吸附层后将吸附剂中的水分蒸发并从排气口 4 和 7 排向大气中。

吸附式干燥器具有体积小、重量轻、易维护的优点，但处理流量小，主要适用于干燥程度要求高、处理空气量小的场合。

② 冷冻式干燥器。如图 3-45 所示，冷冻式干燥器主要由热交换器和制冷机及自动排水器等部分组成。湿热压缩空气进入热交换器的外侧被预冷，再被内有循环冷媒的制冷机冷却到压力露点（2～5℃）。在此过程中，水蒸气被冷凝成水滴，经自动排水器排出。分离了水分的空气再次通过热交换器内侧进行加热，变成干燥的空气，使其温度恢复到周围环境的温度以免输出口结霜，供给出口侧。

冷冻式干燥器具有结构紧凑、占用空间较小、噪声低、使用维护简便及使用维护费用低的优点，主要适用于空气处理量大、压力露点温度 2～10℃的场合。

③ 组合式干燥器。此类干燥器结合了吸附式和冷冻式干燥机的优点，通过合理的管道连接及容量搭配，最大限度地发挥两者的优点，以达到最佳运行点并得到高品质、低露点的成品气体。

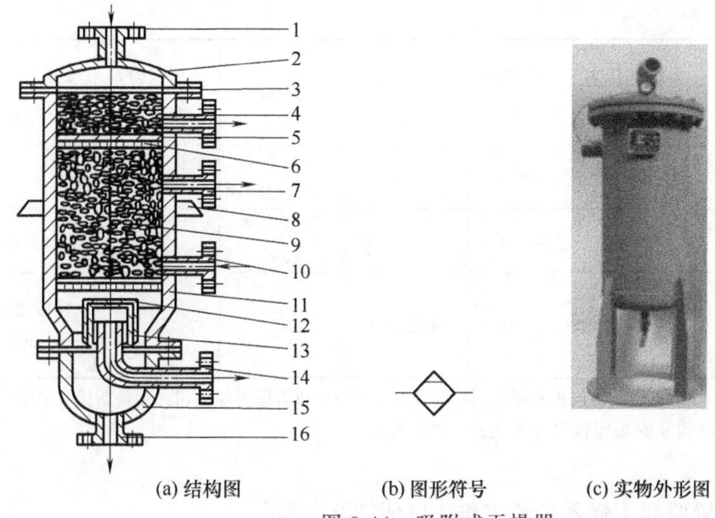

(a) 结构图　　(b) 图形符号　　(c) 实物外形图

图 3-44　吸附式干燥器

1—湿空气进气口；2—上封头；3—密封；4,7—再生空气排气口；5—钢丝滤网；6—上栅板；8—支撑架；9—下吸附层；10—再生空气进气口；11—主体；12—毛毡层；13—钢丝滤网；14—干空气排气口；15—下封头；16—排水口

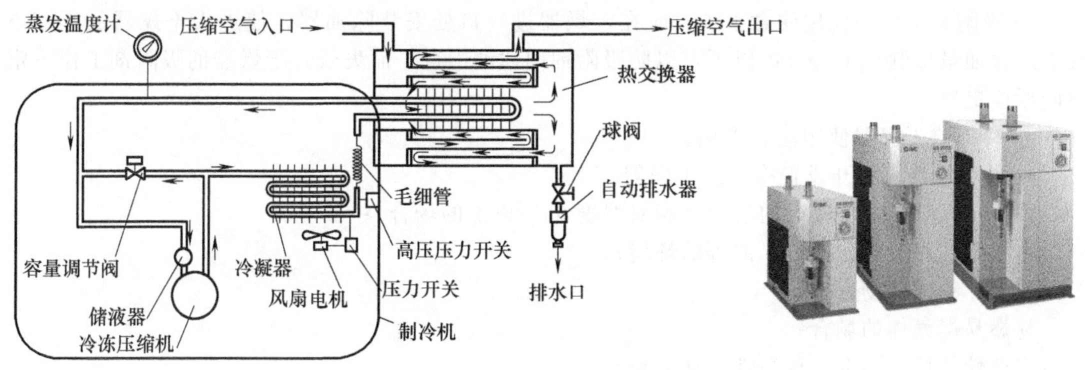

(a) 结构图　　(b) 实物外形图

图 3-45　冷冻式干燥器

(3) 性能参数

干燥器的主要性能参数有进气压力和额定处理空气量等。

(4) 典型产品（表 3-12）

表 3-12　干燥器（机）典型产品

系列信号	额定处理空气量 /$m^3 \cdot min^{-1}$	进气压力 /MPa	进气温度 /℃	成品气压力露点温度 /℃	其他	使用吸附剂或冷媒	安装方式、地点	生产厂
GW系列无热再生吸附式干燥器	0.3～200	0.4～1.0	≤40	−20～−70	成品气体含尘粒径≤1ppm	硅胶，氧化铝胶，分子筛	整体式、室内不结冰处安装	①
DE系列无热再生吸附式干燥机	0.8～200	0.6～1.0	0～45	−20～−70		活性氧化铝胶或分子筛	室内无基础	②
ECD系列冷冻式干燥机	0.8～28.5	0.6～1.3	<80	2～10	制冷功率(0.25～6)×745W	R22	无需专门地基，环境温度5～45℃	

续表

系列信号	额定处理空气量 /$m^3 \cdot min^{-1}$	进气压力 /MPa	进气温度 /℃	成品气压力露点温度 /℃	其他	使用吸附剂或冷媒	安装方式、地点	生产厂
IDFA 系列冷冻式干燥器	204～1018$m^3 \cdot h^{-1}$	0.15～1.0	5～65	3～10	消耗功率 820～2220W	冷媒 R410A (HFC)	见本节之(5)	③
DC 系列组合式干燥机	3.8～200	0.6～1.0	0～45	－20～－70	制冷功率 40W	活性氧化铝胶或分子筛	室内无基础	②
MS-LDM 系列膜片式空气干燥器	59～471	0.3～1.25	2～50	降低 20K			环境温度 2～50℃	④

①SMC（中国）有限公司；②广东云昌空压机有限公司；③长春空气压缩机有限责任公司；④费斯托（中国）有限公司。
注：产品规格型号、具体结构及安装连接尺寸见生产厂产品样本。

(5) 使用维护

① 大型空压站需配置两套干燥器轮流工作，以便连续工作。

② 应在干燥器输出口处安装精密过滤器，以除去输出空气中可能含有的吸附剂粉尘；干燥器的输入口与输出口之间的压力差应保持在规定范围内；经常检查输出空气的露点温度。

③ 吸附式干燥器使用注意事项：应在干燥器进气口处安装除油器，使进入干燥器的压缩空气中的含油量控制在 1mg/m^3 以下，以防吸附剂因“油中毒”而失效；干燥器的吸附剂工作一定时间后应更换。

④ 冷冻式干燥器使用注意事项。

a. 以下场合应避开设置冷冻式干燥器：

雨淋、风吹、湿度较大的场合（相对湿度 85%以上的场合）；

含有水、水蒸气、盐分、油等的环境；

灰尘、粉末的场合；

易燃易爆气体的场合；

腐蚀性气体、溶剂、可燃性气体的场合；

阳光直射和有放射热的场合；

环境温度超过以下范围的场合：运行时 2～45℃，保管时 0～50℃（但是配管内部没有冷凝水）；

温度急剧变化的场合；

强电磁噪声的场合；

静电发生的场合；

强高频波发生的场合；

可能遭受雷击的场合；

车辆及船舶等输送设备；

海拔超过 2000m 的场合；

受到强振动、冲击的情况；

受到使主体变形的力、重量的情况；

无法确保维护所需足够空间的情况；

产品的通风口被阻塞的场合；

可能吸入空压机或其他干燥机的排出空气（热风）的场合；

发生急剧压力变动或流速变化的气动回路及系统。

b. 安装管线注意事项：

勿将压缩空气进出口接错；

配管时，为避免灰尘、密封带、液体状密封垫等进入配管内，请充分吹洗后连接，以免这些异物导致冷却不良或冷凝水排出不良；

压缩空气进出口应通过接头进行连接，以便拆卸；

为了不停止空压机也可进行维护检查，建议设置旁路配管；

在主体上安装气动配管接头时，请使用扳手等拧紧主体的气动配管；

配管需对使用压力、温度有完全的耐受力，连接部需牢固安装，以免泄漏；

配管重量请勿直接施加在空气干燥器上；

在压缩空气出口、进口接头上安装空气过滤器等零件的场合，请勿对本产品施加多余的力，通过支架等支撑零件；

不要使空压机的振动产生影响；

空气进出口配管上尽量不使用金属柔性管子，以免配管内产生异常噪声；

压缩空气的进口温度超过65℃的场合，应在空压机后方设置后冷却器，或者使空压机的设置场所的温度下降到65℃以下；

气源压力变动大的场合，应采用气罐；

发生急剧压力变动或流量变动的场合，为了防止冷凝水飞溅，干燥器的出口侧应设置过滤器；

根据使用条件，为了防止出口配管表面可能出现结露，应在配管部分包裹隔热材料；

请避免排水管向上竖立、弯折、损伤和阻力过大，用户自备排水管时，请使排水管在外径12mm、内径8mm以上，长度5m以内。

c. 应避免防尘过滤网被灰尘、尘埃堵塞而导致冷却性能下降。

d. 为了不使防尘过滤网变形或损坏，可使用毛长的刷子或气枪，每月清洗1次。

e. 干燥器运行中停机后再次启动，应至少间隔3min以上。若在3min之内再次启动运行，可能会导致保护回路动作、灯灭、不能运行。

(6) 故障诊断

干燥器常见故障及其诊断排除方法见表3-13。

表3-13 干燥器（冷冻式）常见故障及其诊断排除方法

故障现象	故障原因	诊断排除方法
干燥器不启动	电源断电或熔断丝断开	检查电源有无短路，更换熔丝
	控制开关失效	检查、更换
	电源电压低	检查原因排除电源故障
	风扇电动机烧毁	检查更换电动机
	压缩机卡住或电动机烧毁	检查、修复或更换压缩机
干燥器运转，但不制冷	制冷剂严重不足或过量	检查制冷剂有无泄漏，测高、低压压力，按规定充灌制冷剂，如制冷剂过多，应放出
	蒸发器冻结	检查低压压力，若低于0.2MPa会结冰
	蒸发器、冷凝器积灰太多	清除积灰
	风扇轴或传动带打滑	更换轴或传动带
	风冷却器积灰太多	清除积灰
干燥器运转，制冷不足，干燥效果不好	电源电压不足	检查电源
	制冷剂不足、泄漏	补足制冷剂
	蒸发器冻结、制冷系统内混入其他气体	检查低压压力，重充制冷剂
	剂干燥器空气流量不匹配，进气温度过高，放置位置不当	正确选择干燥器实际流量，降低进气温度，合理选址
压缩机不运转，风扇运转	电源电压太低	排除电源故障
	压缩机本身故障	做机械和电气检查，修复或调换压缩机
	电容器失效	调换电容器
	过载保护继电器动作	修复或更换
	控制开关失效	修复或更换
噪声大	机件安装不紧或风扇松脱	紧固

3.2.7 自动排水器

(1) 功用类型

自动排水器有时称水分离器或排水阀，用于自动排放气动系统中管道、气罐、过滤器、滤杯等处的积水（冷凝水）。它可免去人工定时排水的麻烦，尤其应用在人员不便接近的某些设备上。

根据结构原理的不同，自动排水器有浮子式、压差式和电动式等。

(2) 结构原理

① 浮子式自动排水器。图 3-46（a）所示为应用最普遍的浮子式自动排水器结构原理图，当排水器内积水增高到一定高度时，浮子 3 上升并开启喷嘴 2，压缩空气经喷嘴进入后作用在活塞 6 左侧，推动活塞右移，排水口开启排水。排水后，浮子复位关闭喷嘴。活塞左侧气体经手动操纵杆 8 上的溢流孔 7 排出后，在弹簧力作用下活塞左移，自动关闭排水口。此种排水器排水量较小，适宜安装在管道低处、拐角处过滤器的底部。图 3-47 所示为排水器实物外形图。

浮子式自动排水器无需人力和电源，排水可靠，不会浪费压缩空气，易于安装维护。

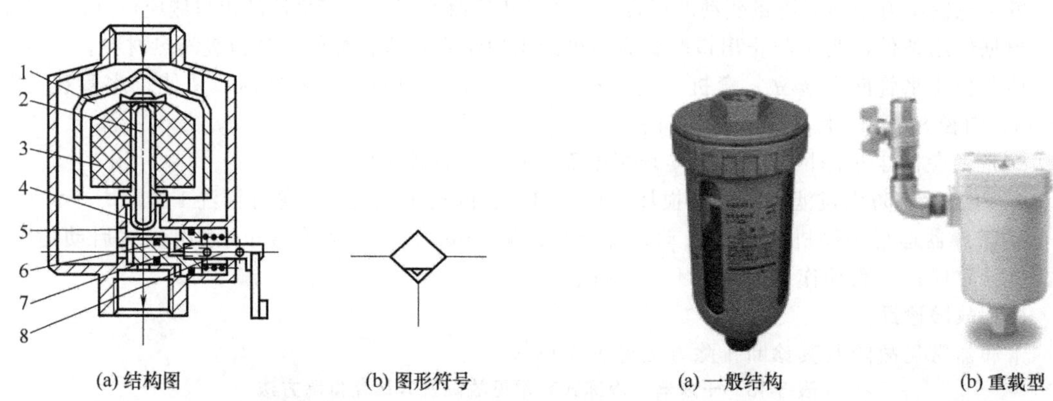

(a) 结构图　(b) 图形符号　(a) 一般结构　(b) 重载型

图 3-46　浮子式自动排水器

1—盖板；2—喷嘴；3—浮子；4—滤芯；5—阀座；6—活塞；7—溢流孔；8—手动操纵杆

图 3-47　浮子式自动排水器实物外形图

② 电动式自动排水器。如图 3-48 所示，此类排水器的进口与空压机输气管相连，由内置电动机驱动凸轮机构旋转，冷凝水从排水口排出。动作频率和排水时间与空压机匹配。具有诸多优点：阀的启闭可靠，能切实地排出高黏度液体及灰尘；排污能力大，一次动作可排出大量冷凝水；在气罐及配管内部因无残留的冷凝水，故可防止生锈及冷凝水干燥后产生的异物对下游元件带来的恶劣影响；功耗较低（4W）；排出口可装长配管，可直接装在空压机上。

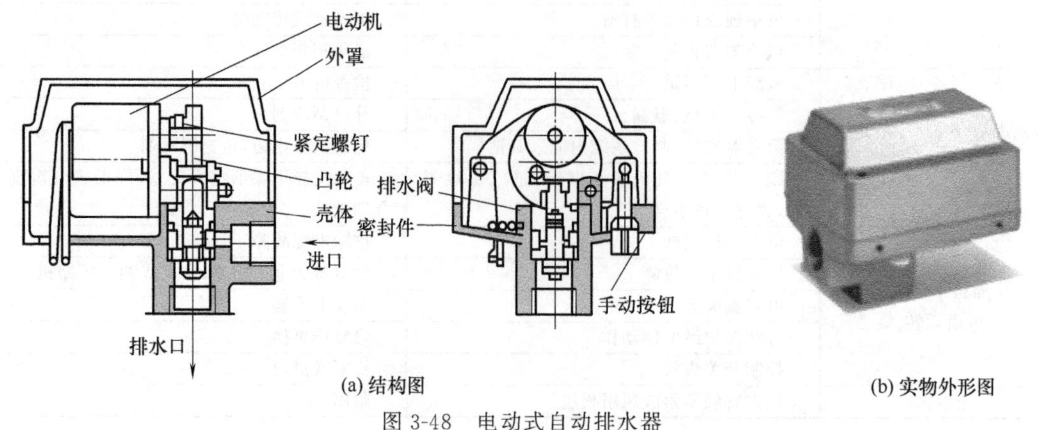

(a) 结构图　(b) 实物外形图

图 3-48　电动式自动排水器

(3) 性能参数

自动排水器的性能参数有排水量、工作压力、工作温度、连接口径等。

(4) 典型产品（表 3-14）

表 3-14　自动排水器典型产品

系列名称	排水量 /mL·min^{-1}	工作压力范围 /MPa	工作温度 /℃	连接口径 /in	排水口径 /in	质量 /g	生产厂
ZPSA 系列立式自动排水器	5000	0.15～1.0	1～60	10～15mm			①
AD402、600 型浮子式自动排水器		0.1～1.0	−5～60	1/4、3/8、1/2、3/4、1	3/8、3/4、1	620、2100	
ADH4000 重载型浮子式自动排水器	400	0.05～1.6	5～60	1/2		1200	②
ADM200 电动式自动排水器	动作周期：1 次/min；1 次/2s	最高 1.0(电源：AC100V、200V)	−5～60	3/8、1/2	3/8	550（功耗 4W）	
AD 系列浮子式自动排水器	400	0.15～1.0	5～60	1/4、3/8、1/2	1/8	0.62	③
MS-LWS 系列水分离器	冷凝水最大容积 /mL：220、400	0.8～1.6	5～60	有内螺纹、连接板和模块式几种连接方式，见产品样本；标准额定流量 12000～25000mL·min^{-1}		2000～7000	④

①广东肇庆方大气动有限公司；②SMC（中国）有限公司；③深圳市恒拓高工业技术股份有限公司；④费斯托（中国）有限公司。

注：产品规格型号、具体结构及安装连接尺寸见生产厂产品样本。

(5) 使用维护

① 压缩空气的温度及设置排水器场合的环境温度应在允许的范围内，否则会产生故障和事故。设置在空压机附近的场合，要防止振动的影响。

② 压缩空气中及周围环境中不得含腐蚀性气体、可燃性气体及有机溶剂。

③ 浮子式自动排水器配管内径一般应不小于 10mm，长度在 5m 以内。

对于重载型浮子式自动排水器，其冷凝水进口配管口径应在 1/2in 以上；配管内径应不小于 8mm，管长在 10m 以内。

对于电动式自动排水器，冷凝水排出配管内径应不小于 5mm，长度在 5m 以内，同样应避免垂直向上的配管。

④ 冷凝水出口垂直向下安装，与垂直方向的偏差应在 5°以内，不得以其他方向安装使用。因冷凝水排出速度快，故出口配管必须牢固地固定；在安装自动排水器时，上方应留出 200mm 以上的空间，以便维护；在冷凝水进口必须安装一个截止球阀，以便于维护，阀的通径应在 15mm 以上，以保证适当的冷凝水流入；在安装电动排水器时，应事先把气罐等处的冷凝水排出之后再进行安装，以免造成动作不良。

自动排水器安装示例如图 3-49 所示。

⑤ 空气压力应在排水器产品规定的工作压力范围内运转，若压力超出最高值，则可能导致事故和故障；若低于最小值且空压机输出流量小于规定值时，空气会从冷凝水排出口排放。

⑥ 排水器上有灰尘阻塞时，对于电动排水器可通过压手动按钮冲洗，以免造成动作不良。

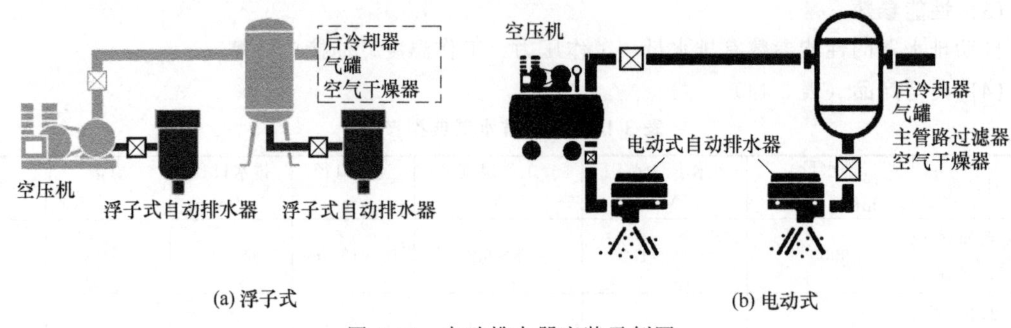

图 3-49　自动排水器安装示例图

3.3 其他辅件

3.3.1 空气过滤器（滤气器）

(1) 功用类型

与前述主管道过滤器不同，此处所介绍的主要为分支管道上使用的空气过滤器，又简称滤气器。空气滤气器的功用是滤除固体粉尘、固态杂质、水分、油分和臭味等。空气滤气器既可单独使用，也可与减压阀和油雾器组成气动系统中的三联件。

空气滤气器的类型很多，按过滤滤芯精度分为普通过滤器和高效过滤器，普通空气过滤器的滤芯过滤精度常有 5～10μm、10～25μm、25～50μm、50～75μm 四种规格，也有 0～5μm 的精过滤滤芯；高效过滤器为滤芯孔径很小的精密分水滤气器，有的过滤精度高达 0.01μm，故有时称为洁净型气体过滤器或超精细过滤器，常用于气动传感器和检测装置等，装在二次过滤器之后作为第三级过滤，其滤灰效率达到 99%以上。按净化对象分为除水过滤器（水滴分离器）、除油过滤器（油雾分离器）和除臭过滤器等。此外，在真空系统中，需要用到真空过滤器，其内部装有滤片（芯），用于抽吸过程中阻止外界杂质进入真空源。

上述各种空气过滤器的外形没有多大差别。

(2) 结构原理

① 普通除水滤灰过滤器。此类过滤器主要用于除去空气中的固态杂质、水滴和油雾，但不能清除气态油和水。按排水方式有手动排水和自动排水两种方式。

除水滤灰过滤器的典型结构原理如图 3-50（a）所示，从其输入口进入的压缩空气被旋风叶片 1 导向，使气流沿存水杯 3 的圆周产生强烈旋转，空气中夹杂的水滴、油污物等在离心力的作用下与存水杯内壁碰撞，从空气中分离出来到杯底。当气流通过滤芯 2 时，由于滤芯的过滤作用，气流中的灰尘及雾状水分被滤除，洁净的气体从输出口输出。挡水板 4 可以防止气流的旋涡卷起存水杯中的积水。为保证分水滤气器正常工作，需及时打开手动放水阀 5 放掉存水杯中的污水。滤芯可用多种材料制成，多用铜颗粒烧结成型，也有陶瓷滤芯。

图 3-50（b）、(c）所示分别为空气过滤器的图形符号和实物外形。

② 除油过滤器。它又称油雾分离器，主要用于分离除去油雾（焦油粒子）和 0.3μm 以上的锈末、碳类固态粒子等。其典型结构原理如图 3-51 所示，从入口流入滤芯内侧的压缩空气，再流向外侧。进入纤维层的油粒子，由于相互碰撞或粒子与多层纤维碰撞，被纤维吸附。更小的粒子因布朗运动引起碰撞，使粒子逐渐变大，凝聚在特殊泡沫塑料层表面，在重力作用下沉降到杯子底部再被清除。

③ 除臭过滤器。其主要作用是通过活性炭纤维类滤芯，除去压缩空气中的异味及有害气体，用于不能有异味的洁净室等之类的场合。其典型结构原理如图 3-52 所示，由入口输入的空气进入

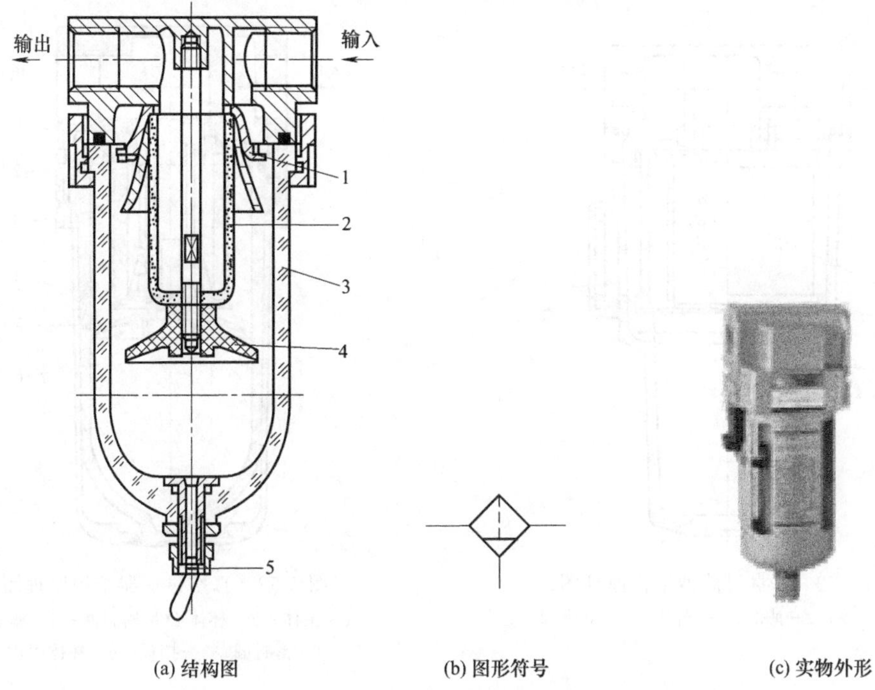

(a) 结构图 (b) 图形符号 (c) 实物外形

图 3-50 除水滤灰过滤器

1—旋风叶片；2—滤芯；3—存水杯；4—挡水板；5—手动放水阀

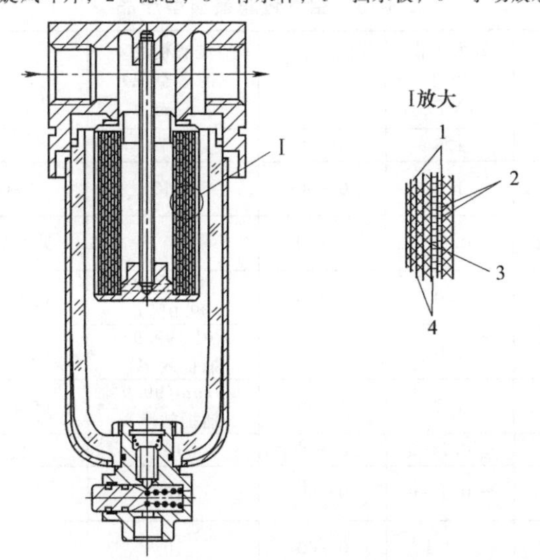

图 3-51 除油过滤器结构原理图

1—多孔金属筒；2—纤维层；3—泡沫塑料；4—过滤纸

过滤器滤芯内侧容腔，在通过滤芯输出时，其中含有的臭气粒子（0.002μm 左右）被填充在超细纤维层内的活性炭所吸附。

④ 真空过滤器。此类过滤器主要用于除去固体杂质和水分，以保护真空发生器及真空吸附系统其他元件，延长其使用寿命。真空发生器主要有大流量式和和除水式两种形式。真空过滤器的典型结构原理如图 3-53 所示，对于大流量式过滤器，从入口进入的空气经过挡板后通过滤芯除去异物；对于除水式过滤器可通过挡板上固定角度的扇叶叶面旋转产生的离心力，将进入的水滴分离。

(3) 性能参数

空气过滤器的性能参数有通径、压力、过滤精度和流量等。

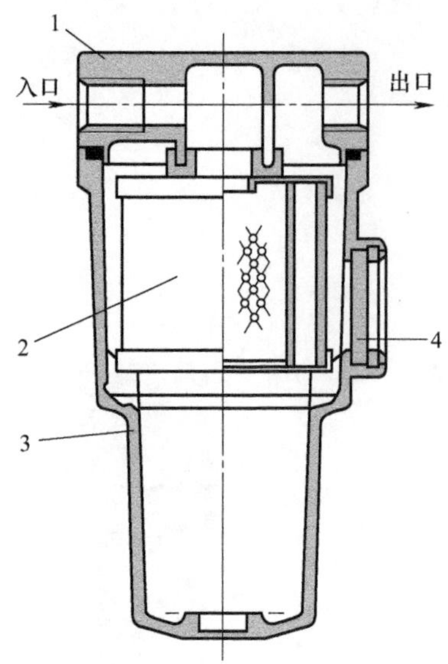

图 3-52 除臭过滤器结构原理图

1—壳体；2—滤芯；3—外罩；4—观察窗

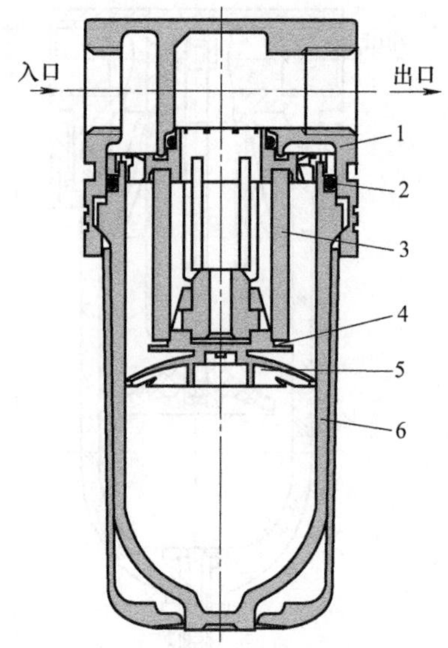

图 3-53 真空过滤器结构原理图

1—主体；2—杯体 O 形密封圈；3—滤芯；4—密封圈；5—挡板；6—杯体组件

(4) 典型产品（表 3-15）

表 3-15 空气过滤器典型产品

系列型号	公称通径 /in	最大工作压力 /MPa	工作温度 /℃	过滤精度（滤芯空隙） /μm	流量 /$m^3 \cdot h^{-1}$	生产厂
394 系列分水滤气器	6～20mm	1.6	0～50	5～75	26～660	①②
QF 系列空气过滤器	接管螺纹：1/8～1	1.0	0～60	5、40	(0.5～7.0)×60	③
NF 系列空气调理过滤器	Rc1/8～1	0.95	5～60	5	见产品样本流量特性曲线	④⑤
AM 系列油雾分离器	接口口径 1/8～2	1.0	5～60	0.3(捕捉效率 99.9%)	$(300～12000)\times 6\times 10^{-2}$	⑥
AMD 系列微雾分离器	接口口径 1/8～2	1.0	5～60	0.01 (99.9%捕捉效率)	$(200～12000)\times 6\times 10^{-2}$	
AMF 系列除臭过滤器	接口口径 1/8～2	1.0	5～60	0.01μm(99.9%捕捉效率)	$(200～12000)\times 6\times 10^{-2}$	
ZPC 系列真空过滤器	4～8mm	−0.1～0	0～60	10	$(10～50)\times 6\times 10^{-2}$	③
ZQR 系列大流量真空过滤器	6～16mm	−0.1～0	0～60	10		
C50-VFD 系列真空过滤器	4～12mm	−0.1	0～60	10		④⑤
AFJ 系列真空过滤器	接口口径 1/8～1/2	−0.1～0	−5～60	5、40、80	大流量式：$(100～660)\times 6\times 10^{-2}$ 除水式：$(80～500)\times 6\times 10^{-2}$	⑥
ZHL-L3 型真空过滤器		真空	5～60	50		⑦
LFMB 系列精细纤维过滤器	接口 G1/2～G1	0～1.6		1	$(1600～5200)\times 6\times 10^{-2}$	⑧
LFMA 系列超精细纤维过滤器				0.01	$(1100～3400)\times 6\times 10^{-2}$	

①无锡市华通气动制造有限公司；②重庆嘉陵气动元件厂；③牧气精密工业（深圳）有限公司；④台湾气立可股份有限公司；⑤深圳气立可气动设备有限公司；⑥SMC（中国）有限公司；⑦广东肇庆方大气动有限公司；⑧费斯托（中国）有限公司。

注：产品规格型号、具体结构及安装连接尺寸见生产厂产品样本。

(5) **使用维护**

普通过滤器的使用要点如下。

① 要根据气动设备要求的过滤精度和自由空气流量来选用。

② 空气过滤器一般装在减压阀之前，也可单独使用。

③ 要按壳体（主体）上的箭头方向正确连接其进、出口，不可将进、出口接反，也不可将存水杯朝上倒装。

④ 确认实际使用时空气的压力、流量、温度等参数是否在过滤器的允许范围之内，上述参数在使用过程中是否有较大的变化。

⑤ 确认过滤器底部排污器工作情况是否正常。在低温的冬季，由于污水中含有一定量的油分，黏度很大，容易黏附在排污器的运动部件上，造成动作失灵，影响其正常工作。如发生上述情况，可将排污器拆下放入中性的洗涤剂中，经清洗后再装上使用。

⑥ 随时注意滤芯的工作情况（如有无破损、泄漏、滤材粉末或纤维丝混入空气造成二次污染等）。如有意外情况应立即更换滤芯。

⑦ 分支管道用空气过滤器的下壳体一般采用透明的有机玻璃（聚碳酸酯）制成，有足够的耐压强度。但应注意周围环境有无腐蚀性气体对其造成损害。必要时，可采用金属壳体替代之。

⑧ 过滤器在使用中必须经常放水，存水杯中的积水不得超过挡水板，否则水分仍会被气流带出，失去了过滤的作用。

(6) **故障诊断**（表 3-16）

表 3-16　空气过滤器常见故障及其诊断排除方法

故障现象	故障原因	诊断排除方法
漏气	密封不良	更换密封件
	排水阀、自动排水器失灵	修理或更换
压降过大	通过流量太大	选更大规格过滤器
	滤芯堵塞	更换或清洗
	滤芯过滤精度过高	选合适过滤器
水杯破裂	在有机溶剂中使用	选用金属杯
	空压机输出某种焦油	更换空压机润滑油，使用金属杯
从输出端流出冷凝水	未及时排放冷凝水	每天排水或安装自动排水器
	自动排水器有故障	修理或更换
	超过使用流量范围	在允许的流量范围内使用
输出端出现异物	滤芯破损	更换滤芯
	滤芯密封不严	更换滤芯密封垫
	错用有机溶剂清洗滤芯	改用清洁热水或煤油清洗

3.3.2 油雾器

(1) **功用类型**

油雾器又称给油器，它是一种特殊的注油装置，它可使润滑油液雾化为 2～3μm 的微粒，并随压缩气流进入元件中，达到润滑的目的。此种注油方法，具有润滑均匀、稳定、耗油量少和不需要大的储油设备等特点。

按雾化粒径大小油雾器分为微雾型（雾化粒径 2～3μm）和普通型（雾化粒径 20μm）；按雾化原理分为固定节流式、可调节流式和增压式；按补油方式分为固定容积式和自动补油式等。

(2) **结构原理**

图 3-54 (a) 所示为油雾器（普通型油雾器）的典型结构。压缩空气从输入口进入后，其大部分直接由出口排出，小部分经孔 a、截止阀 2 进入油杯 3 的上方 c 腔中，油液因气压作用沿吸

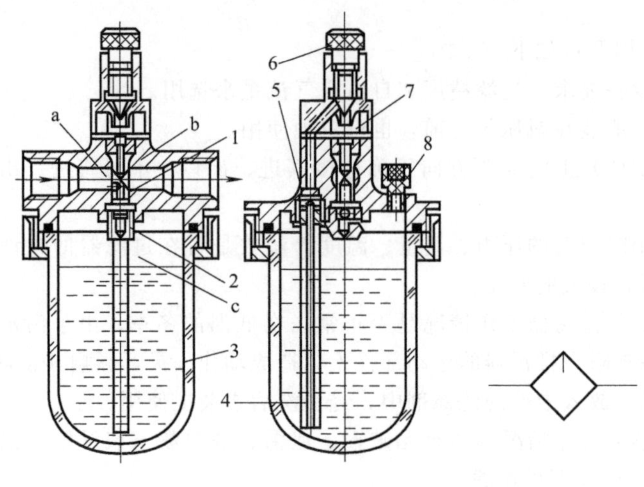

(a) 结构图　　(b) 图形符号

图 3-54　普通油雾器

1—立杆；2—截止阀；3—油杯；4—吸油管；5—单向阀；6—节流针阀；7—视油器；8—油塞

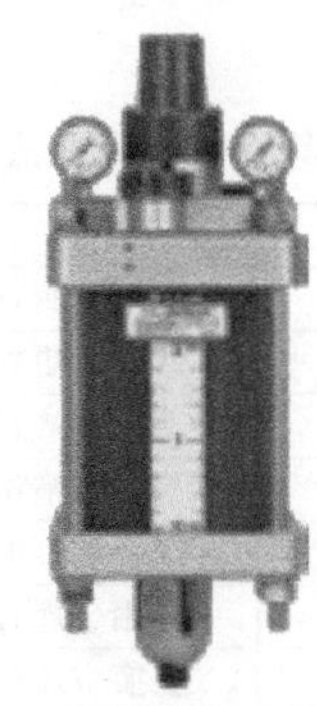

(a) 普通型　　(b) 增压式

图 3-55　油雾器实物外形图

油管 4、单向阀 5 和节流针阀 6 滴入透明的视油器（观察窗）7 内，进而滴入主管内。油滴在主管内高速气流作用下被撕裂成微粒溶入气流中。因此，油雾器出口气流中已具有润滑油成分。节流针阀 6 可控制出口气流中的含油量。从视油器可看到滴油量，通常调节在 1～4 滴/s。润滑油在油雾器中雾化后，一般输送距离可达 5m，适用于一般气动元件的润滑。图 3-55 所示为两种油雾器实物外形图。

(3) 性能参数

油雾器的性能参数有公称通径、油杯容积、工作压力、最小滴液流量等。

(4) 典型产品（表 3-17）

表 3-17　油雾器（给油器）典型产品

系列型号	公称通径 /in	油杯容积 /mL	最大工作压力 /MPa	最小滴液流量 /$m^3 \cdot min^{-1}$	使用油液	生产厂	说明
396 系列油雾器	6～20mm	40～300	1.6			①②③	
QL 系列油雾器	接管螺纹 Rc1/8～1	储油量 20～140	1.0	0.015～0.19（设定压力 0.5MPa 时，每分钟 5 滴）	一级涡轮机油	④	
NL 系列给油器	接口口径 Rc1/8～1	9～100	0.95		一级润滑油 R-32	⑤⑥	
AL 系列大容量油雾器	接管口径 1¼、1½、2	380	1.0	$(460\sim1800)\times10^{-3}$（进口压力 0.5MPa 时，每分钟 5 滴）	透平油 1 种（无添加）ISO VG32	⑦	

续表

系列型号	公称通径 /in	油杯容积 /mL	最大工作压力 /MPa	最小滴液流量 /$m^3 \cdot min^{-1}$	使用油液	生产厂	说明
ALF系列自动补油型油雾器	接管口径 1/4～2	5000,9000	0.70	(65～1800)$\times 10^{-3}$(进口压力0.5MPa时，每分钟5滴)	透平油1种(无添加) ISO VG32	⑦	带自动补油功能。可根据油杯内油量自动对油杯供油和停供
ALD系列压差型油雾器	接管口径 3/4～2	2000,5000	0.1～1.0	使用压差 0.03～0.1MPa			多点润滑的集中管理；润滑油消耗量少；仅调整压差就能简单地设定给油量；仅开闭给油塞在不停气的情况也能补油；从给油孔便能确认微雾的发生状况
MS-LOE系列直控式比例油雾器	G1/8～G2	30～1500	1.6	流量(2200～22000)$\times 10^{-3}$	黏度范围符合ISO 3448,ISO等级 VG 32,40℃下,$32m^2/s$	⑧	气流通过文丘里喷嘴,形成压降,从而将油从油罐输送至注油孔。油在注入气管之前,先经过比例阀,并且在比例阀中被雾化,油雾的含量与压缩气体的流量成正比

①无锡市华通气动制造有限公司；②重庆嘉陵气动元件厂；③广东肇庆方大气动有限公司；④牧气精密工业（深圳）有限公司；⑤台湾气立可股份有限公司；⑥深圳气立可气动设备有限公司；⑦SMC（中国）有限公司；⑧费斯托（中国）有限公司。

注：产品规格型号、具体结构及安装连接尺寸等见生产厂产品样本。

(5) 使用维护

在使用油雾器时的注意事项如下。

① 油雾器一般安装在减压阀之后，尽量靠近主换向阀。

② 油雾器进出口不能接反，储油杯不可倒置。

③ 油雾器使润滑油雾化的优劣与油的性质（黏度、成分）、环境温度以及空气流量有关。若油的黏度大，则雾化困难；油的黏度过低，虽易于雾化，但易沉积于管道内壁，很难达到终端元件。另外，要求润滑油对于气动元件中橡胶、塑料等零件无恶劣影响（即相容性），故润滑油需按推荐使用：国际标准规定为VG32～38透平油，相当于日本的90～140号透平油和国产20～22号汽轮机油。

④ 油雾器的给油量应根据需要调节，一般$10m^3$的自由空气供给1mL的油量。

⑤ 在油雾器正常使用过程中如发生不滴油现象时，应检查进口空气流量是否低于其流量，是否漏气，油量调节针阀或油路是否堵塞。

⑥ 使用时应及时排除油杯底部沉积的水分，以保证润滑油的纯度。一般可通过油雾器底部的排水旋钮排水，排水完毕后应迅速拧紧旋钮。

⑦ 油杯内油面低至油位下限位置时，应及时加油（自动补油式油雾器除外）。油面不得超过油位上限位置。

⑧ 油杯一般是用聚碳酸酯制成的透明容器，应避免接触有机溶剂、合成油等，并避免在有这些化学物质的环境中使用。

⑨ 发现密封圈损坏时应及时更换。新的密封圈应涂上润滑脂再安装，并避免尖角损伤密封圈。

(6) 故障诊断（表 3-18）

表 3-18 油雾器常见故障及其诊断排除方法

故障现象	故障原因	排除方法
不滴油或滴油量太少	油雾器装反了	改正
	油道堵塞,节流阀未开启或开度不够	修理或更换。调节节流阀开度
	通过油量小,压差不足以形成油滴	更换合适规格的油雾器
	油黏度太大	换油
	气流短时间间隙流动,来不及滴油	使用强制给油方式
耗油过多	节流阀开度太大	调至合理开度
	节流阀失效	更换
油杯破损	在有机溶剂的环境中使用	选用金属杯
	空压机输出某种焦油	换空压机润滑油,使用金属杯
漏气	油杯或观察窗破损	更换
	密封不良	更换

3.3.3 消声器（消音器）

(1) 功用类型

气动系统噪声可达 100～120dB（A），频率高。噪声随工作压力、流量的增加而增加。消除气动系统噪声的措施有吸声、隔声、隔振以及消声等，而消声器是一种简单方便的消声元件。按消声原理不同，消声器有阻性、抗性、阻抗性和多孔扩散等形式；按用途又有空压机输出端消声器、阀用消声器和真空发生器用消声器；按消声排气芯材质不同有黄铜、树脂、聚乙烯、塑料和聚苯乙烯或钢珠烧结消声器；按消声排气芯形状有扩散型（凸头型或宝塔型）、平头型和圆柱型消声器；按结构有带通用消声器和排气节流消声器等。

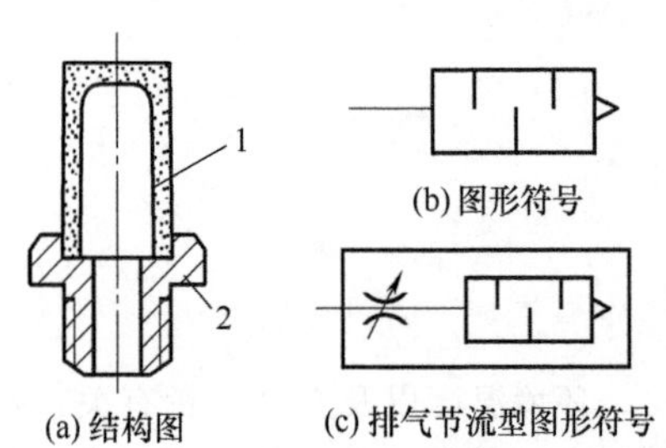

图 3-56 多孔扩散式消声器

1—消声排气芯；2—螺纹接头

(2) 结构原理

图 3-56（a）为阀用多孔扩散式消声器，螺纹接头 2 与气动控制阀的排气口连接，消声排气芯（消声套）1 由聚苯乙烯颗粒或钢珠烧结而成，排出的气体通过排气芯排出，气流受到阻力，声波被吸收，一部分转化为热能，从而降低了噪声。此类消声器用于消除中、高频噪声，可降噪约 20dB（A），在气动系统中应用最广。消声器的一般图形符号如图 3-56（b）所示，排气节流型消声器图形符号如图 3-56（c）所示。图 3-57 所示为几种消声器的实物外形图。

(a) 扩散型

(b) 平头型

(c) 树脂型

(d) 排气节流型

(e) 空压机输出用

图 3-57 几种消声器实物外形图

(3) 性能参数

消声器的性能参数有工作压力（范围）、公称通径、公称流量或有效截面积、消声效果等。

(4) 典型产品（表 3-19）

表 3-19 消声器典型产品

系列型号	工作介质	接管口径/in（公称通径/mm）	工作压力范围/MPa	公称流量/$L \cdot min^{-1}$	消声效果/dB(A)	环境及气体温度/℃	生产厂
QXS 系列消声器	干燥空气	3～50	0～0.8	有效截面积/mm^2：10～650	≥20		①②③④
SU 系列凸头型消声器	压缩空气	R1/8～1	0～0.8	200～14400	≥20	−10～250	⑤
CSL 系列（扩散或平头型）消声器	压缩空气	M3×0.5，M5×0.8，G1/8～3/4	0～1.0		≥20	−5～60	⑥
ST 系列平头型消声器	压缩空气	R1/8～1	0～0.8	200～14400	≥20	−10～250	⑤
SV 系列树脂型消声器	压缩空气	R1/8～1	0～0.6	1450～8640	≥30	5～80	⑤
SR 系列排气节流消声器	压缩空气	R1/8～1/2	0～1.0	650～3950	≥20	−10～250	⑤
MS 系列真空发生器专用消声器	空气	G1/8～3/4	0～0.6		≥20	0～60	⑥
MSP 系列高分子量聚乙烯消声器	压缩空气	1/8～1/2	0～1.0		降低后噪声为65～80	−10～70	⑦
AN 系列小型树脂型外螺纹型消声器	压缩空气	M5×0.8，1/8～1/2	最高 1.0	$(0.4 \sim 8.0) \times 10^3$	≥30	5～60	⑧
AN 系列小型树脂型快速接头型消声器	压缩空气	ϕ6～12，1/4～3/8	最高 1.0	$(0.8 \sim 5.0) \times 10^3$	≥30	5～60	
AN 系列 BC 烧结体消声器	压缩空气	R1/8，M3，M5	最高 1.0	有效截面积/mm^2：1～35	16～21	5～150	
AN 系列高消声消声器	压缩空气	1/4～1/2	最高 1.0	$(3 \sim 8) \times 10^3$	≥35	5～60	
AMTE 系列加长型消声器	压缩空气	M3，M5，G1/8～G1	0～1.0	95～17235	降低后噪声为55～88	环境 −40～80	⑨
UO 系列真空发生器用特殊消声器	压缩空气	M7，G1/8、G1/4	0～0.8			−10～60	

①重庆嘉陵气动元件厂；②阜新市通用气动元件厂；③济南华能气动元器件公司；④上海气动元件厂；⑤深圳市恒拓高工业技术股份有限公司；⑥浙江乐清西克迪气动有限公司；⑦牧气精密工业（深圳）有限公司；⑧SMC（中国）有限公司；⑨费斯托（中国）有限公司。

注：产品规格型号、具体结构及安装连接尺寸等见生产厂产品样本。

(5) 使用维护

目前，消声器多作为气动控制阀或真空发生器的附件，生产厂一般会随阀配套供货，只要正确安装维护即可。

(6) 故障诊断

除了损坏及堵塞，消声器在使用中一般不会出现故障，但当消声器有冷凝水、灰尘或油雾排出时，则可能意味着气动系统有某种潜在故障，此时可按表 3-20 的方法进行处理。

表 3-20 消声器和排气口有冷凝水、灰尘或油雾排出的诊断排除方法

故障现象	故障原因	排除方法
消声器和排气口有冷凝水排出	忘记排放各处的冷凝水	坚持每天排放各处冷凝水，确认自动排水器能正常工作
	后冷却器能力不足	加大冷却水量。重新选型，提高后冷却器的冷却能力
	空压机进气口处于潮湿处或淋入雨水	将空压机安置在低温、温度小的地方，避免雨水淋入
	缺少除水设备	气路中增设必要的除水设备(如后冷却器、干燥铝，过滤器)
	除水设备靠近空压机	为保证大量水分呈液态，以便清除，除水设备应远离空压机
	压缩机油不当	使用了低黏度油，则冷凝水多。应选用合适的压缩机油
消声器和排气口有灰尘排出	从空压机入口和排气口混入灰尘	在空压机吸气口装过滤器。在排气口装消声器或排气洁净器。灰尘多的环境中元件应加保护罩
	系统内部产生锈屑、金属末和密封材料粉末	元件及配管应使用不生锈、耐腐蚀的材料。保证良好的润滑条件
	安装维修时混入灰尘等	安装维修时应防止混入铁屑、灰尘和密封材料碎片等。安装完应用压缩空气充分吹洗干净
消声器和排气口有油雾喷出	油雾器距气缸太远，油雾达不到气缸，待阀换向油雾便排出	油雾器尽量靠近需润滑的元件。提高油雾器的安装位置。选用微雾型油雾器
	油雾器的规格、品种选用不当，油雾送不到气缸	选用与气量相适应的油雾器规格
	一个油雾器供应两个以上气缸，由于缸径大小、配管长短不一，油雾很难均等输入各气缸，待阀换向，多出油雾便排出	改用一个油雾器只供应一个气缸。使用油箱加压的遥控式油雾器供油雾

3.3.4 气-电转换器和电-气转换器

(1) 气-电转换器（AE 转换器）

① 功用类型。气-电转换器多称压力开关，又称压力继电器，是把输入的气压信号转换成输出电信号的元件，即利用输入气信号的变化引起可动部件（如膜片、顶杆或压力传感器等）的位移来接通或断开电路，以输出电信号，通常用于需要压力控制和保护的场合。

根据压力敏感元件的不同，气-电转换器有膜片式、波纹管式、活塞式、半导体式等形式，膜片式应用较为普遍，而膜片式按输入气信号压力的大小可分为高压（＞0.1MPa）、中压（0.01～0.1MPa）和低压（＜0.01MPa）等三种。电触点形式不同，有触点式、机械式和电子式（数字式）等。其中新一代数字式压力开关实现了工作状况、设备状态可视化，可通过通信进行远程监视和远程控制；根据需要可以边观测压力值边进行设定，可通过 LED 对多种度量单位（如 MPa，kPa，kgf/cm^2，bar，psi，inHg，mmHg）进行显示和切换，具有总线及自由编程功能，故是一类智能化压力开关。

② 结构原理。图 3-58（a）所示为高压气-电转换器的结构原理，它由压力位移转换机构（膜片 4、顶杆 3 及弹簧 5）和微动开关 1 两部分构成。输入的气压信号使膜片 4 受压变形去推动顶杆 3 启动微动开关 1，输出电信号。输入气信号消失，膜片 4 复位，顶杆在弹簧 5 作用下下移，脱离微动开关。调节螺母 2 可以改变接受气信号的压力值。此类气-电转换器结构简单，制造容易，应用广泛。

在气-电转换器中还有一类检测真空压力的元件——真空压力开关。当真空压力未达到设定值时，开关处于断开状态。当真空压力达到设定值时，开关处于接通状态，发出电信号，使真空吸附机构动作。当真空系统存在泄漏、吸盘破损或气源压力变动等原因而影响到真空压力大小时，装上真空压力开关便可保证真空系统安全可靠工作。真空压力开关按功能分，有通用型和小孔口吸着确认型（内装压力传感器基于气桥原理工作）；按电触点的形式分，有无触点式（电子式）和有触点式（磁性舌簧开关式等）。一般使用压力开关，主要用于确认设定压力，真空压力开关确认设定压力的工作频率高，故真空压力开关应具有较高的开关频率，即响应速度要快。

图3-59所示为几种气-电转换器（压力开关）的实物外形图。

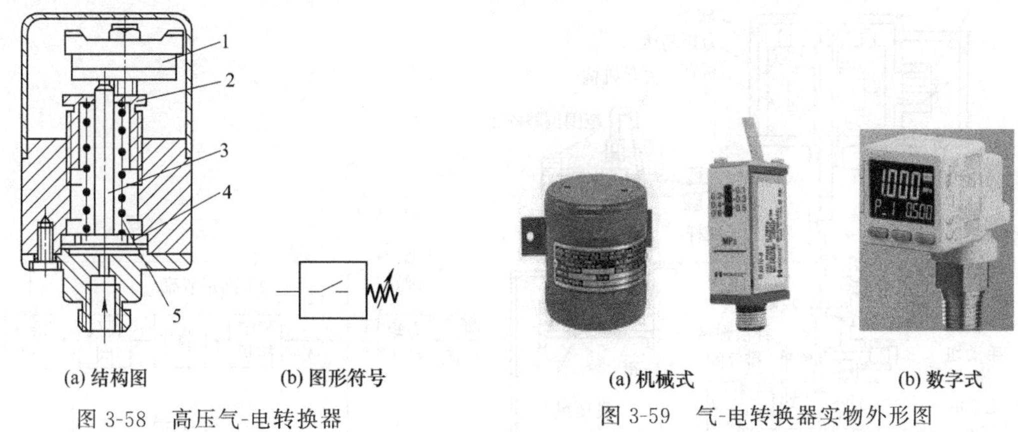

(a) 结构图　(b) 图形符号

图3-58　高压气-电转换器

1—微动开关；2—螺母；3—顶杆；4—膜片；5—弹簧

(a) 机械式　(b) 数字式

图3-59　气-电转换器实物外形图

③ 性能参数。气-电转换器的性能参数有压力调节范围、频率、电源电压及电流等。

④ 典型产品见表3-21。

⑤ 使用维护。在使用气-电转换器时，应避免将其安装在振动较大的地方，且不应倾斜和倒置，以免产生误动作，造成事故。

表3-21　气-电转换器（压力开关）典型产品

系列型号	工作介质	压力调节范围/MPa	工作频率	电源电压与电流	接管螺纹/mm或in	生产厂
TK-10型压力继电器	空气、油	0.4～1.0	≥2Hz	0.5A	M12×1.25	①
KS系列机械式压力开关	空气及惰性气体	0.1～0.4，0.1～0.6		低于DC24V，50mA	G1/8	②
KP系列电子压力开关（电子压力表）	非腐蚀性气体	－0.1～1.0；0.1～0；－0.1～0.1	可选反应时间：2.5～5000ms	DC24V,27mA；12V45mA		
GPX系列数显式压力开关	空气及惰性气体	－0.1～1.0		DC12～24V		③
SDE5型压力开关（传感器）	压缩空气	－0.1～1.0		DC15～30V	M4、M6、1/4	④
PE系列气-电压力转换器	过滤压缩空气	0～0.8		DC12～13V；AC12～14V	G1/8	
VPE系列真空开关	真空	0～－0.095				
ZSE20/ISE系列3画面高精度数字式压力传感器	空气、非腐蚀性气体、不燃性气体	0.0～－0.1(真空压)；－0.1～0.1(混合压)；－0.1～1.0(正压)		DC12～24V；消耗电流25mA以下	M5×0.8；R1/8;NPT1/8	⑤⑥

①无锡汉英机器制造有限公司；②牧气精密工业（深圳）有限公司；③苏州吉尼尔机械科技有限公司；④费斯托（中国）有限公司；⑤SMC（中国）有限公司；⑥深圳市恒拓高工业技术股份有限公司。

注：产品规格型号、具体结构及安装连接尺寸等见生产厂产品样本。

(2) 电-气转换器

① 功用分类。电-气转换器是将电信号转换成气信号输出的装置，与气-电转换器作用刚好相反。按输出气信号的压力也分为高压（>0.1MPa）、中压（0.01～0.1MPa）和低压（<0.01MPa）三种，常用的电磁阀及电-气比例减压阀均为电-气转换器。

② 结构原理。图 3-60（a）、（b）所示分别为一种喷嘴挡板式电-气转换器（SMC 产品）结构原理图和原理方块图，它由力矩马达、喷嘴挡板、先导阀及受压风箱和杠杆（反馈机构）等部分组成。

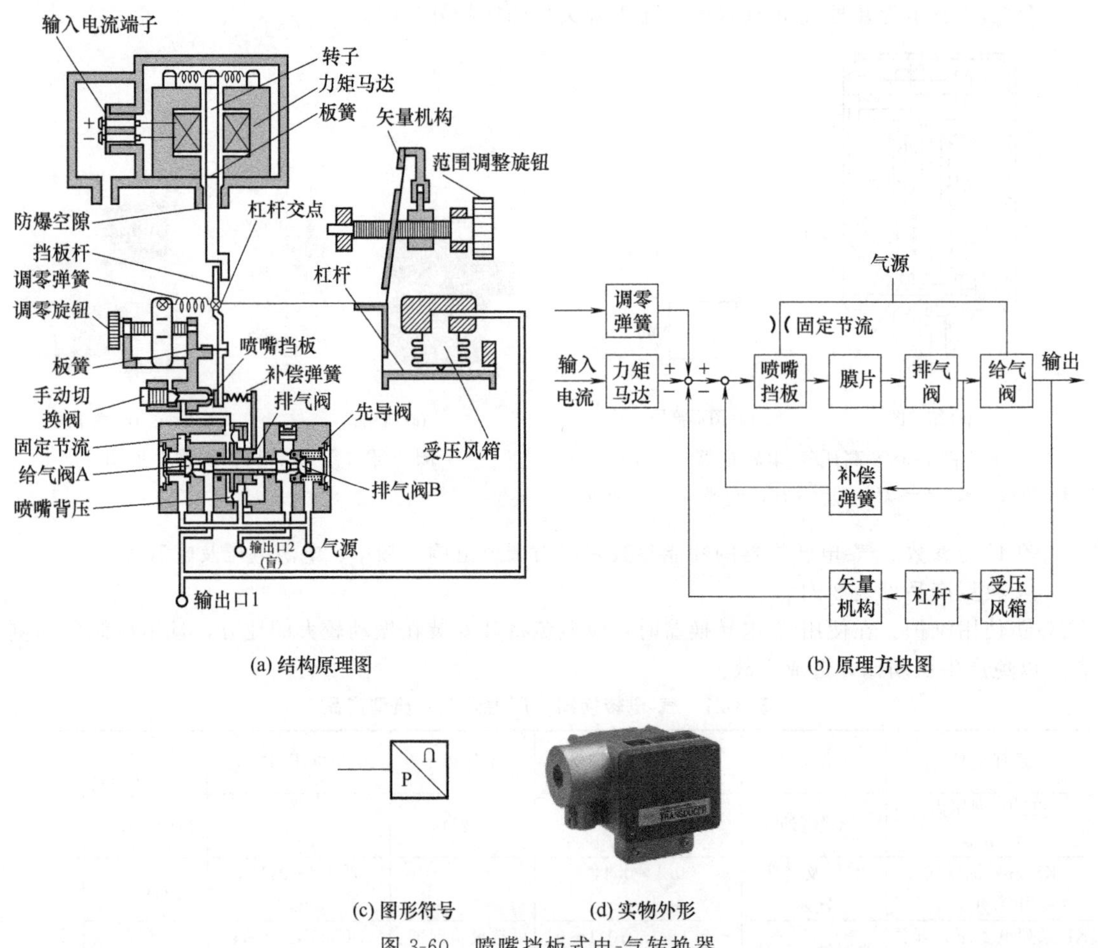

(a) 结构原理图　(b) 原理方块图

(c) 图形符号　(d) 实物外形

图 3-60　喷嘴挡板式电-气转换器

当输入电流增大时，力矩马达的转子受到顺时针方向回转的力矩，将挡板向左方推压，喷嘴舌片因此而分开，喷嘴背压下降。于是，先导阀的排气阀向左方移动，输出口 1 的输出压力上升。该压力经由内部通道进入受压风箱，力在此处发生变换。该力通过杠杆作用于矢量机构，在杠杆交点处生成的力与输入电流所产生的力相平衡，并得到了与输入信号成比例的空气压力。补偿弹簧将排气阀的运动立刻反馈给挡板杆，故闭环的稳定性提高。零点调整通过改变调零弹簧的张力进行，范围调整通过改变矢量机构的角度进行。

该电-气转换器是一闭环控制元件，可输出与输入电流信号成比例的空气压力，输出范围广（0.02～0.6MPa），可通过范围调整自由设定最大压力；可作为有关气动元件的输入压力信号使用；先导阀容量大，故可得到较大流量；当直接操作驱动部分或对有大容量气罐的内压进行加压控制时，响应性优异；耐压防爆，即使在易发生爆炸、火灾的场所，也可将主体外壳卸下进行范围调整、零点调整及点检整备；范围调整机构采用矢量机构，可实现平滑的范围调整。

③ 性能参数。电-气转换器的性能参数有输入电流（电压）、输入气压、输出气压、耗气量、线性度（直线性）、重复性等。

④ 典型产品（表3-22）。

表3-22 电-气转换器典型产品

系列型号	输入电流/mA	供给空气压力/MPa	输出空气压力/MPa	直线性/%	重复性/%	耗气量/L·min^{-1}	空气接管内螺纹	生产厂
IT系列电-气转换器	DC4～20	0.14～0.24	0.02～1.0	±1	0.5	7	Rc1/4	①
		0.24～0.7	0.04～0.6			22		
QZD系列电-气转换器	DC4～20	0.14	0.02～0.1		±1	1000×60^{-1}	M10×1	②
	DC0～10							

①SMC（中国）有限公司；②无锡油研流体科技有限公司

注：产品规格型号、具体结构及安装连接尺寸等见生产厂产品样本。

3.3.5 气液转换器

(1) 功用类型

气液转换器的功用是将空气压力转换为相同液体压力，常常用于以气液阻尼缸或液压缸作执行元件的气动系统中，以消除空气压缩性的影响。采用气液转换器的气动系统，和液压装置类似，在启动和负载变动时，也能恒速驱动；能够消除低速运动的爬行现象，从而获得平稳的速度。适用于执行机构精密恒速进给、中间停止、点动进给和摆动机构的缓速驱动。

按照气液是否隔离，气液转换器有两种形式：一种是气液接触式，即在一筒式容器内，压缩空气直接作用在液面（多为液压油）上；另一种则是气液非接触式，即通过活塞、隔膜作用在液面上，推压液体以同样的压力输出至系统（液压缸等）。通过配置控制阀组（阀单元），还可构成气液转换装置。

(2) 结构原理

图3-61（a）所示为气液接触式转换器的结构原理图。压缩空气由穿过上盖1的进气管输入转换器管，经缓冲装置3后作用在液压油面上，故液压油即以压缩空气相同的压力从壳体4侧壁上的排油孔5输出。缓冲装置用以避免气流直接冲到液面上引起飞溅。壳体上可开设透明视窗用于观察液位高低。图3-62所示为气液转换器和气液转换装置的实物外形。

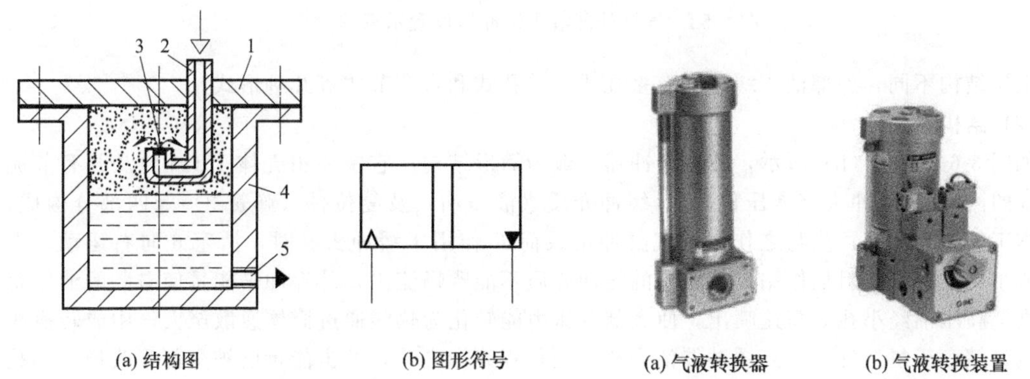

(a) 结构图 (b) 图形符号

图3-61 气液转换器

1—上盖；2—进气管；3—缓冲装置；4—壳体；5—排油孔

(a) 气液转换器 (b) 气液转换装置

图3-62 气液转换器和气液转换装置实物外形图

(3) 性能参数

气液转换器的性能参数有压力调节范围和有效容积（筒体内径）等。

(4) 典型产品（表 3-23）

表 3-23 气液转换器典型产品

<table>
<tr><th colspan="2">系列型号</th><th>压力范围/MPa</th><th>耐压/MPa</th><th colspan="3">有效容积及其他</th><th>生产厂</th></tr>
<tr><td colspan="2">QY 系列气液转换器</td><td>0.3～0.7</td><td>0.9</td><td colspan="3">0.04～9L</td><td>①</td></tr>
<tr><td colspan="2">SZH 系列气液转换器</td><td></td><td></td><td colspan="3">缸径 ϕ32～125mm</td><td>②</td></tr>
<tr><td rowspan="4">CCT 系列气液转换器</td><td>转换器</td><td rowspan="2">0～0.7</td><td rowspan="2">1.05</td><td colspan="3" rowspan="2">(50～1640)×10^{-3}L
（筒体内径 ϕ60～160mm）</td><td rowspan="4">③</td></tr>
<tr><td>CC 系列气液转换装置</td></tr>
<tr><td rowspan="2">CCV 系列阀单元</td><td rowspan="2">复合阀：0～0.7
节流阀：0～0.7
流量阀：0.3～0.7</td><td rowspan="2">1.05</td><td>流体类型</td><td>流体温度</td><td>最小控制流量</td></tr>
<tr><td>40～100cSt
透平油
(1cSt=1mm^2/s)</td><td>5～50℃</td><td>0.06L/min</td></tr>
</table>

①济南华能气动元器件公司；②无锡油研流体科技有限公司；③SMC（中国）有限公司。

注：产品规格型号、具体结构及安装连接尺寸等见生产厂产品样本。

(5) 使用维护

使用转换器时，其储油量应不小于液压缸最大有效容积的 1.5 倍。

3.3.6 外部液压缓冲器

(1) 功用类型

外部液压缓冲器是设置在气缸外部的一种液压元件，如图 3-63 所示，它用于吸收快速运动气缸在行程末端产生的过大冲击能量，降低机械撞击噪声，以弥补气缸内部缓冲能力的不足，适应现代气动机械设备高速化的要求。

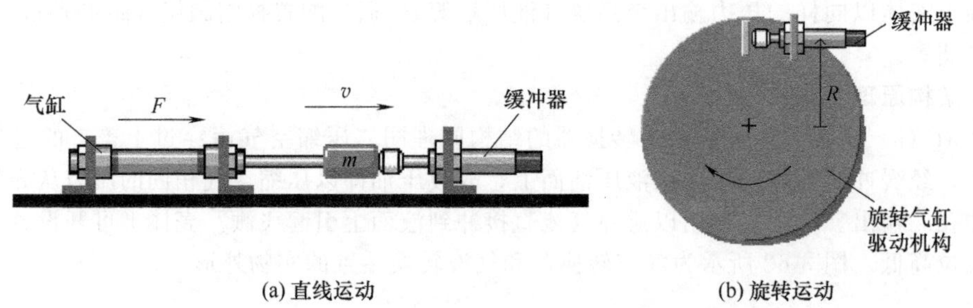

(a) 直线运动　(b) 旋转运动

图 3-63 气缸外部液压缓冲器设置示意图

根据结构不同，外部油压缓冲器有多孔式、单孔式和自调节式等几种形式。

(2) 结构原理

如图 3-64 (a)、(b) 所示，液压缓冲器一般为筒形结构。它主要由壳体 1（外筒及开有节流小孔 5 的内筒）、缓冲头（承压件）9、缓冲介质（液压油）及复位件（弹簧 3）等四部分构成，其基本工作原理如下：当与之作用的气缸冲击载荷 F 作用于缓冲头 9 时，活塞 6 向右运动。由于节流小孔 5 的节流阻尼作用，右腔中的缓冲介质不能顺畅流出，外界冲击能量使右腔的油压急剧增高。高压油经小孔 5 高速喷出，使大部分压力能转化为热能通过筒体逸散至大气中或转换成弹性能量储存于复位件中。当缓冲器活塞移行至行程终端之前，冲击能量已被全部吸收掉。小孔流出的油液返回至活塞左腔。在活塞右移过程中，储油元件（泡沫橡胶 2）被油液压缩，以储存由于活塞两腔容积差而多余的油液。待气缸冲击载荷移去时，缓冲器在油压力和复位件的弹性能（恢复能）作用下使活塞杆伸出的同时，活塞右腔产生负压，其左腔及储油元件中的油液就返回至右腔，使活塞及缓冲头恢复至冲击前的初始位置。通常要求在无反冲击情况下，复位时间尽量短，为此，活塞上设有单向阀 7，以提高缓冲器复位速度。外部液压缓冲器的图形符号，尚无统一标准，一般由生产厂自行规定，如图 3-64（c）所示为费斯托（中国）有限公司的 DYSC 型液压缓冲器的图形符号。

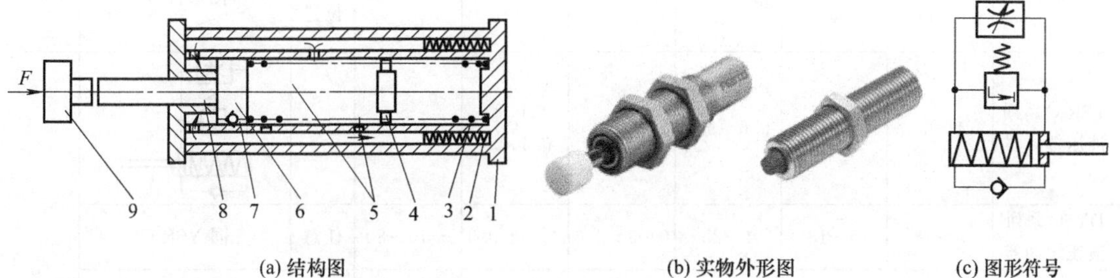

(a) 结构图　(b) 实物外形图　(c) 图形符号

图 3-64　外部液压缓冲器

1—壳体；2—储油元件（泡沫橡胶）；3—复位弹簧；4—弹簧导向环；5—节流小孔；6—活塞；7—单向阀；8—活塞杆；9—缓冲头（冲击承压件）

(3) 性能参数

外部液压缓冲器的性能参数有行程、缓冲长度、每次最大吸收能量、冲击速度、复位时间、环境温度等。

(4) 典型产品（表 3-24）

表 3-24　外部液压缓冲器典型产品

系列型号	行程 /mm	缓冲长度 /mm	每次吸收最大能量 /J	冲击速度 $/m \cdot s^{-1}$	复位时间 /s	环境温度 /℃	安装位置	图形符号	生产厂
YAC 系列自动补偿式油压缓冲器	4～60		1.8～250	2.0～4.0					
YAS 系列自动补偿式-超短式油压缓冲器	6～25		3～147	2.5～5.0		−10～85			①
YAD 系列可调式油压缓冲器	10～150		20～36000	1.6～4.8					
ESAC 系列自动补偿油压缓冲器	6～60		3～400	2.0～5.5		−38～80			②③
ESAC 系列可调油压缓冲器	10～75		20～1050	4.0					
YSR 系列可调液压缓冲器	8～60	8～60	4～380	0.1～3.0	0.4、1.0	−10～80	任意		④
DYEF 系列可调液压缓冲器	1.7～4.8	1.7～4.8	0.005～0.25	0.8(最大)		0～80	任意		

续表

系列型号	行程/mm	缓冲长度/mm	每次吸收最大能量/J	冲击速度/m·s^{-1}	复位时间/s	环境温度/℃	安装位置	图形符号	生产厂
YSR-C 系列液压缓冲器	4～60	4～60	0.6～380	0.05～3.0	≤0.2、0.4、0.5	−10～80	任意		④
DYSC 系列液压缓冲器	5～18	5～18	1～25	0.05～3.0	≤0.2、0.3	−10～80	任意	同 YSR-C	
YSRW 系列自调节式液压缓冲器	8～34	8～34	1.3～70	0.1～3.0	≤0.2、0.3	−10～80	任意		
DYSW 自调节式液压缓冲器	6～20	6～20	0.8～12	0.1～3.0	≤0.2、0.3	−10～80	任意	同 YSRW	
RJ 系列柔和型液压缓冲器	4～25	最大允许推力：150～2942N	0.5～70	0.05～2.0	最大使用频率：10～80 次/min	−10～60			⑤
RB 系列柔和型液压缓冲器	4～25	最大允许推力：150～2942N	0.5～147	0.3～5.0	最大使用频率：10～80 次/min	−10～80			

①牧气精密工业（深圳）有限公司；②浙江亿日气动科技有限公司；③广东佛山市亿日气动器材有限公司；④费斯托（中国）有限公司；⑤SMC（中国）有限公司。

注：产品规格型号、具体结构及安装连接尺寸等见生产厂产品样本。

(5) 使用维护

① 选型方法。当确定要使用外部液压缓冲器时，其选型有图表法和软件法两种。其中图表法选型步骤如下。

a. 确认冲击负载的形式：气缸驱动负载水平直线运动或倾斜直线运动［参见图 3-65（a）］、气缸驱动负载垂直上升或下降及自由下降冲击［图 3-65（b）］、旋转运动冲击［图 3-65（c）、（d）的摆动物体、摆杆］等。

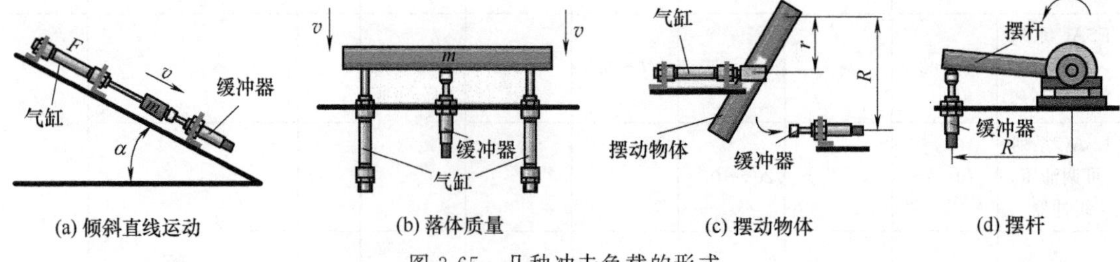

(a) 倾斜直线运动　(b) 落体质量　(c) 摆动物体　(d) 摆杆

图 3-65　几种冲击负载的形式

b. 确定使用工况条件：包括冲击物质量、冲击速度或角速度、下落高度、气缸缸径及使用压力、转矩、使用频率、环境温度等。

c. 确认规格及注意事项，确认使用条件是否在液压缓冲器产品的规格范围内。

d. 根据冲击的形式，计算冲击动能 $E_1=mv^2/2$；预选一个缓冲器型号，并计算推力能 $E_2=FS$；二者之和 $E=E_1+E_2$ 即为缓冲器吸收能量。

e. 根据吸收能量计算当量质量 $M_e=2E/v^2$，由该当量质量和冲击速度 v 即可通过生产厂产品样本给出的有关选型图表（例如图 3-66）选定缓冲器产品型号。

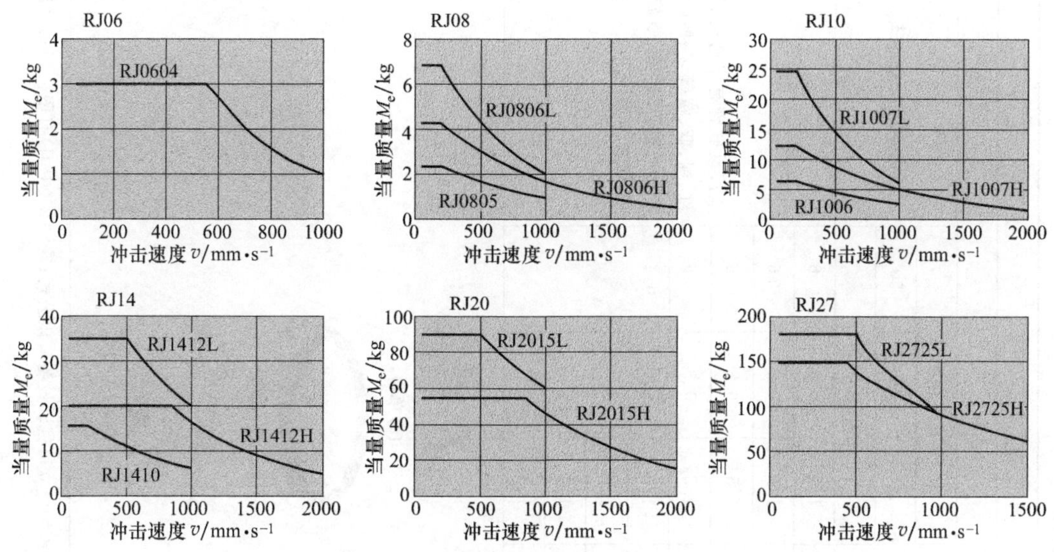

图 3-66　液压缓冲器的选型图表［SMC（中国）有限公司］

软件法是借助生产厂提供的选型软件（例如图 3-67），通过人机对话进行液压缓冲器的选型。其主要步骤为：选择使用工况→选择冲击负载形式→输入给定的工况参数→完成缓冲器选型。

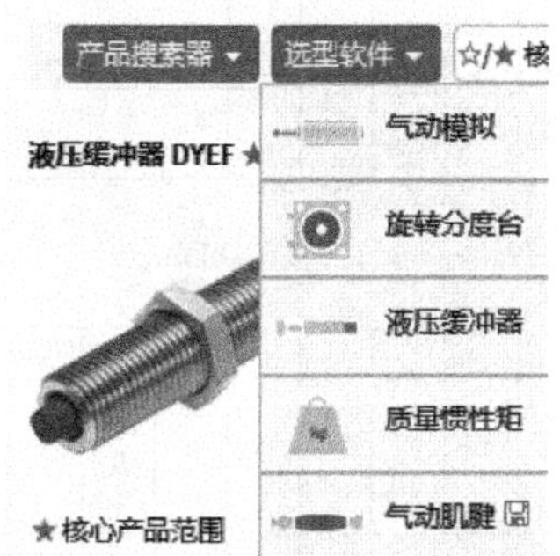

图 3-67　采用选型软件对液压缓冲器选型
［费斯托（中国）有限公司］

② 使用注意事项如下。

a. 应由系统的设计者或决定规格的人员来判断所采用的液压缓冲器产品是否适合使用工况。

b. 应由有充分知识和经验的人员进行机械装置的组装、操作、维护等。

c. 在使用机械装置或工具拆装缓冲器时，要确认安全才可进行。

3.3.7　管件及管道布置

(1) 功用类型

管道及管接头统称为管件。管件是气动系统的动脉，用于连接各气动元件并通过它向各气动装置和控制点输送压缩空气。气动系统的管道有软管（尼龙管、塑料管和橡胶管）和硬管（钢管、铜管和铝合金管等）两大类。管接头用于管道之间以及管道与其他元件的可拆卸连接。

管道种类、性能参数及选择要点见表 3-25；管接头类型及应用见表 3-26，典型管接头实物外形见图 3-68。

表 3-25 气动系统常用管道种类、性能参数及选择要点

项目	性能参数
管道种类	一、软管主要有聚氨酯管(PU)、半硬尼龙管(PA)、PVC 编织增强管、聚醚软管、聚酯螺旋管、编织橡胶管等

管道种类	外径/mm	内径/mm	最小弯曲半径/mm	工作温度/℃ −15～30	31～50	51～70
				工作压力/MPa		
聚氨酯管(PU)	4	2.5	10	1.0	0.65	0.5
	6	4	15	1.0	0.65	0.5
	8	5.5	20	0.9	0.6	0.45
	10	6.5	25	0.9	0.6	0.45
	12	8	35	0.8	0.8	0.4
半尼龙管(PA)	4	2	25	1.8	1.8	1.8
	6	4	35	1.8	1.5	1.1
	8	6	55	1.4	1.1	0.8
	10	7.5	75	1.4	1.1	0.8
	12	9	75	1.4	1.1	0.8
	14	11	120	1.4	0.9	0.7
	16	13	140	1.1	0.85	0.65

管道种类	外径/mm	内径/mm	壁厚/mm	温度范围/℃	管材长度/m	螺旋管内径/mm
聚酯伸缩管(PCU)	6	4	1.0	−20～70	3～9	32
	8	5	1.5		6～15	45
	10	6.5	1.75		6～15	50
	12	8	2.0		6～15	60

管道种类	内径/mm	壁厚/mm	外径/mm	工作温度/℃ 20	40	50	颜色及产品形式
				工作压力/MPa			
PVC编织增强管	6	2	10	1.5	0.8	0.6	气动软管有半透明、黑、红、绿、蓝、黄等多种颜色；产品有单管、排管、螺旋等形式(见本表图 1)
	8	2	12	1.5	0.8	0.6	
	10	2.5	15	1.5	0.8	0.6	
	13	2.5	18	1.5	0.8	0.6	
	16	3	22	1.0	0.55	0.4	
	19	3	25	1.0			
	25	3.5	32	1.0			
	32	4.5	41	1.0			

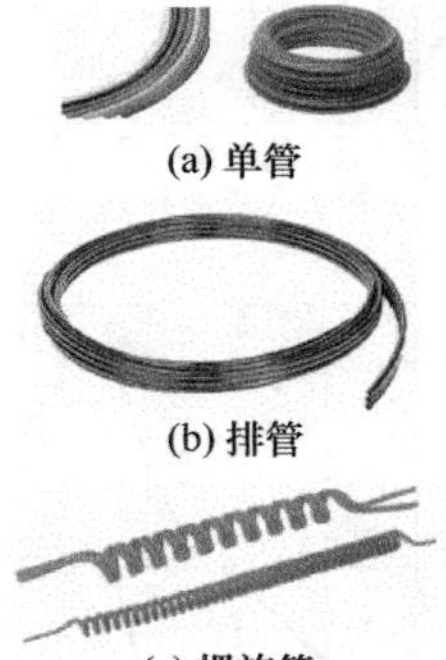

(a) 单管

(b) 排管

(c) 螺旋管

图 1

软管生产厂：①牧气精密工业(深圳)有限公司；②浙江亿日气动科技有限公司；③台湾气立可股份有限公司；④深圳气立可气动设备有限公司；⑤SMC(中国)有限公司；⑥费斯托(中国)有限公司等

续表

项目			性能参数											
管道种类	二、硬管有无缝钢管、镀锌钢管、不锈钢管、黄铜管、紫铜管、聚氯乙烯硬塑料管等													
	紫铜管	外径/mm	4	6	8		10		12		14	18	22	28
		内径/mm	0.5	0.75	1		1		1		1	1.5	2	2
	镀锌钢管	公称内径/mm	6	8	10	15	20	25	32	40	50	63	80	100
		外径/mm	10	13.5	17	21.5	26.8	33.5	42.3	48	60	75.5	88.5	114
		普通壁厚/mm	2	2.25	2.25	2.75	2.75	3.25	3.25	3.5	3.5	3.75	4	4
		加厚壁厚/mm	2.5	2.75	2.75	3.25	3.5	4	4	4.25	4.5	4.5	4.75	5

管道选择 — 种类选择

1. 从空压机的排气口至冷却器、油水分离器、储气罐、空气干燥器的压缩空气管道构成了空压站管道；压缩空气从空压站输出，接至厂区各车间，这部分管道构成了厂区内的压缩空气输送管道；从车间到气动设备的压缩空气输送管道，这三种管道需选择硬管中的无缝钢管作输送管道

2. 硬管适用于高温、高压和固定的场合。在车间范围内，质量可靠的镀锌焊接管也能使用，但必须经耐压试验；紫铜管价高，抗振能力较弱，但容易弯曲、布管和安装，仅选作气动装置的固定部分系统的管道

3. 软管用于工作压力不太高，温度低于 70℃ 的场合。软管安装拆卸方便，密封性好，但易老化，寿命较短，适用于气动系统元件之间用快速接头连接。气动工具操作位置变化大，可使用 PU 软螺旋管

4. 钢管使用前可发黑处理或镀锌。对于直径超过 80mm 的管子采用焊接法兰连接形式

管道选择 — 选择计算

当工厂各气动设备对压缩空气的工作压力有多种要求时，气源系统的管道壁厚必须保证最高压力的要求。为避免压缩空气管道内流动时的损失过大，必须对管内气流速度进行限制。管内气流速度或最大流量决定了管道内径 d 的大小

$$d=\sqrt{4q/\pi v}\qquad (\mathrm{m})$$

式中 q——管道内压缩空气流量，m^3/s

v——管道内压缩空气流速，m/s，一般压缩空气在厂区管道的流速为 8～10m/s，用气车间内的流速可达 10～15m/s。为避免过大的压力损失，限定压缩空气管内流速在 25m/s 以下

用上述公式算得管径后，还应验算空气通过该段管道的压力损失是否在允许范围内。根据经验，在厂区范围内，较大型空压站，从管道起点到终点，压缩空气的压降不能超过 0.1MPa 或初始压力的 8%；在车间范围内，不能超过 0.05MPa 或供气压力的 5%。如果超过上述数值，则必须增大管径

表 3-26 管接头类型及应用

类型	结构示意图	工作原理、特点及适用场合
卡箍式管接头	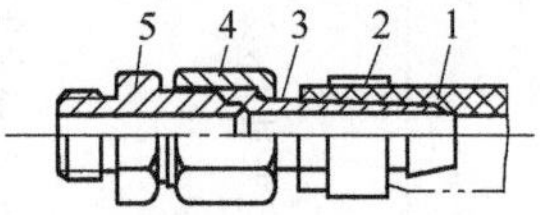 5 4 3 2 1	用金属卡箍 2 将棉线编制胶管 1 卡在接头芯子 3 上，并用螺母 4 将 3 连接在接头体 5 上，靠插入胶管后的胀紧作用、卡箍的卡紧力和 3 与 5 的两锥面相互压紧力而连接和密封 工艺性较好，密封可靠，但拆装较费力 主要用于工作压力 0～1MPa 的气体管路、棉线编织胶管的连接
卡套式管接头	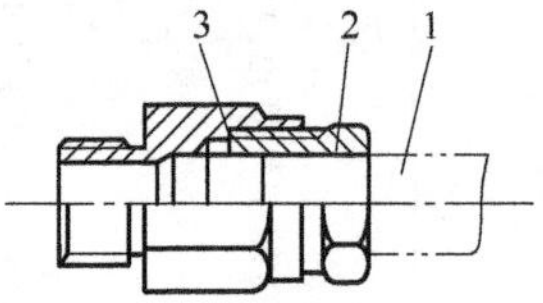 3 2 1	利用拧紧卡套式接头螺母 2，使卡套 3 与管子 1 同时变形而连接和密封 结构简单，密封可靠 主要用于工作压力 0～1MPa 的气体管路、有色金属管的连接
	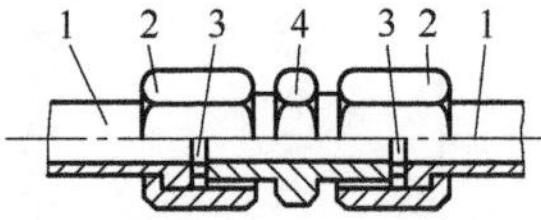 1 2 3 4 3 2 1	拧紧螺母 2 使杆体 1 与接头 4 的端面互相压紧，靠 O 形密封圈 3 的变形面密封。所连接的管子要与杆体用卡套式管接头连接或焊接 对管子的尺寸精度要求不高，密封可靠 主要用于工作压力 0～1MPa 的气体管路、有色金属管的连接
插入式	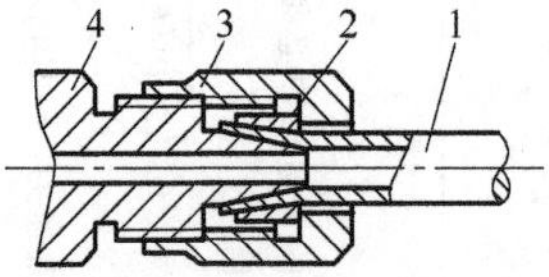 4 3 2 1	将塑料管 1 从螺母 3 的孔内插到接头 4 的锥面上，然后拧紧螺母 3，靠压紧圈 2 与接头的锥面将塑料管压紧。拆卸时，拧紧螺母即可即可拔出塑料管，安装方便密封可靠 主要用于气体介质工作压力 0～1MPa 的塑料管连接
	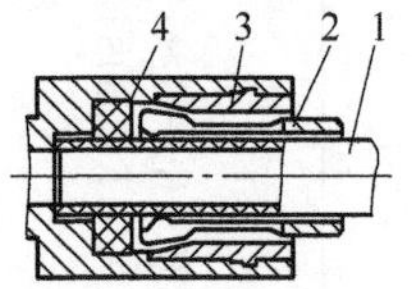 4 3 2 1	塑料管 1 插入弹性卡头 2，顶住端部后，向外拉塑料管，使 2 和卡头套 3 在斜面处压紧，从而使 2 的刃尖卡入管子外表面，并与 O 形密封圈 4 一起，达到连接和密封。拆卸时，向左推弹性卡头，使卡头和卡头套斜面离开，即可将管子抽出，拆卸迅速，密封可靠 适用于气体介质工作压力 0～1MPa，公称通径≤10mm 的塑料管、尼龙管的连接
	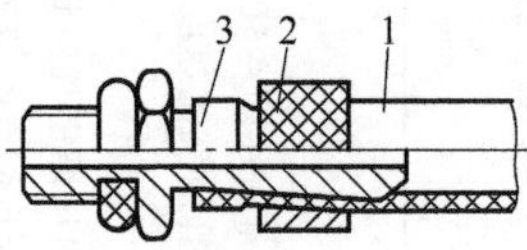 3 2 1	先将卡套 2 套在接头体 3 上，再套上塑料管 1，然后向右拉卡套，靠卡套和接头体锥面上的压紧力将塑料管压紧、密封。拆卸时，向卡套向左推，塑料管即可抽出 拆装迅速，密封可靠，造价低廉 适用于气体介质工作压力小于 0.8MPa，公称通径≤8mm 的塑料管连接
快换式	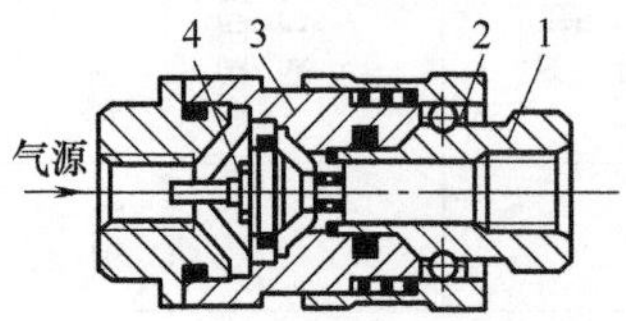 4 3 2 1 气源	拆卸时把卡套 2 向左推到底，可向右抽出插头 1。同时在弹簧 4 作用下将单向阀推向右端，紧贴插头体 3 锥面实现密封，气源不会外泄。连接时，把插头 1 插入到插头体内，并向左推动单向阀，接通气源，钢球也卡入槽内，即可实现快速连接作用 适用于工作压力 0～1MPa 的气体管路连接

续表

类型	结构示意图	工作原理、特点及适用场合
组合式		由一个组合式三通 1 连接几种不同的管接头(卡箍式 2,卡套式 3,插入式 4),实现对不同材质及不同通径管子的连接 使用方便迅速,互换性强,密封可靠 适用于气体介质工作压力 1MPa 的棉线编织管、有色金属管、塑料管及尼龙管等的连接
调速式	控制流量的有效截面积。控制方式有入口节流式(A 型)和出口节流式(B 型)两种,可根据安装螺纹和气管的尺寸进行选择。容易在低流量区域进行微调,使气缸达到理想的速度。安装在气缸两端	

注:1. 常见管接头生产厂:牧气精密工业(深圳)有限公司;台湾气立可股份有限公司;深圳气立可气动设备有限公司;SMC(中国)有限公司;广东肇庆方大气动有限公司;费斯托(中国)有限公司;西克迪气动有限公司;宁波英特灵气动科技有限公司;深圳市伙伴气动精密机械有限公司;温州金业气动科技有限公司;浙江亿日气动科技有限公司等。

2. 管接头产品规格型号、具体结构及安装连接尺寸请见生产厂产品样本。

(a) 卡套式管接头　(b) 插入式管接头　(c) 金属快换接头　(d) 快换接头

(e) 回转式快换接头　(f) 自封式快换接头　(g) 组合式快换接头　(h) 弹性体密封回转接头

图 3-68　典型管接头实物外形图

(2) 气动系统管路布置的一般原则

对于单机气动设备的管路,其布置较为简单,满足基本要求即可。对于集中供气的大中型工厂和车间的气动管网,则应合理规划与布置,其一般原则如下。

① 根据现场统一协调布置。

② 在主干管道和支管终点设置集水罐(图 3-69)或排水器。

③ 支管在主管上部采用大角度拐弯后再向下引出,并接入一个配气器。

④ 管道涂防锈漆,并标记规定颜色。

⑤ 采用多种供气网络:单树枝、双树枝、环状(表 3-27)。

⑥ 在较长管道的用气点附近安装储气罐。

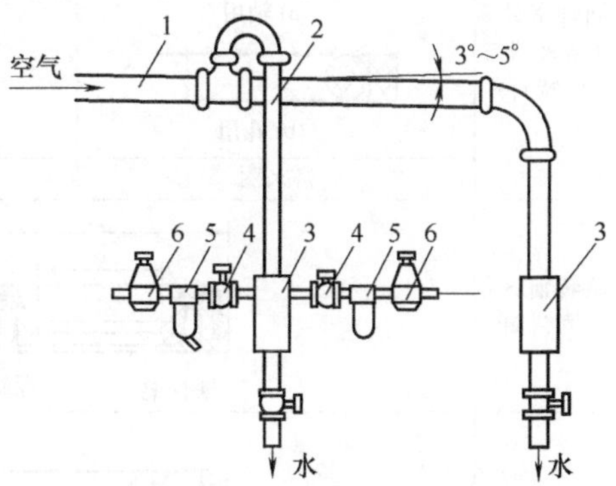

图 3-69　车间内气动系统管道布置示意图

1—主管;2—支管;3—集水罐;4—阀门;5—过滤器;6—调压阀

表 3-27 常用管网布置形式及特点

管网形式	结构示意图	特点	注意事项
单树枝状管网	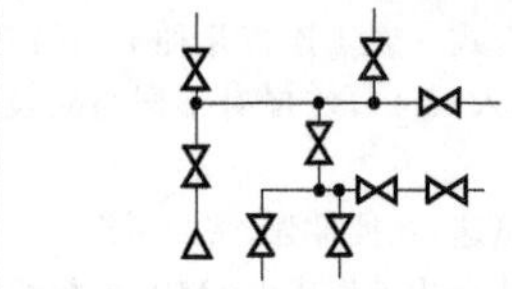	气源由一根主管输出，根据需要再进行二级或三级分支 结构简单、经济。但是当某阀门出现故障时会影响全局	对于水平管道应沿气流方向按 1∶100～2∶100 的斜度安装，并且在最低处安装排水器。水平管道上的分支管路应从上面引出
环状管网	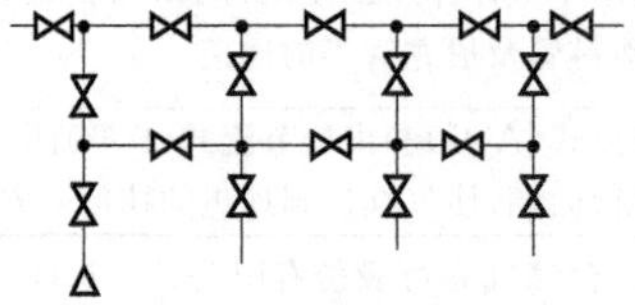	适于连续工作的气源，便于阀门的维护，供气可靠性好，但成本较高	
双树枝状管网	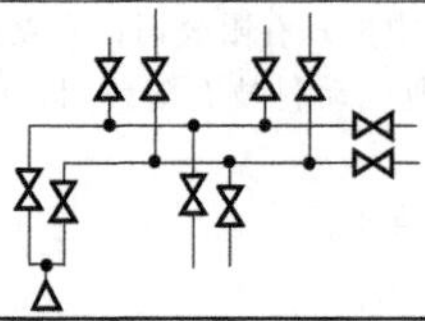	此管网实际上是两套单树枝状管网同时工作，增强了供气可靠性。适用于不能间断的绝对可靠的应用场合 显然此种布置形式成本最高	

⑦ 根据最大耗气量或流量来确定管道的通径（表 3-25），根据最高压力和管材确定管道壁厚。

3.3.8 密封件

气动工作介质的黏度较小，容易产生泄漏，故密封显得更为重要。气动密封件通常采用皮革或橡胶合成材料制成，也可以使用液压密封件。常用橡胶密封标准目录见表 3-28，其尺寸系列及沟槽尺寸等可由标准及相关手册查得。非金属密封件常见故障及其诊断排除方法见表 3-29。

表 3-28 常用橡胶密封件标准目录

类别	结构简图	标准名称	标准号
O 形橡胶密封圈	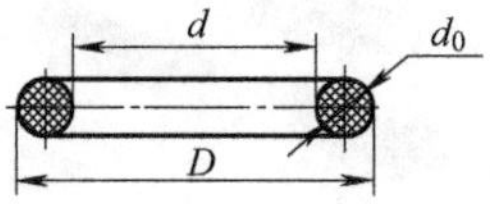 d　d_0　D	液压、气动用 O 形橡胶密封圈尺寸及公差	GB/T 3452.1
		活塞密封沟槽尺寸	GB/T 3452.3
		活塞杆密封沟槽尺寸	
		轴向密封沟槽尺寸	
		沟槽各表面的表面粗糙度	
		沟槽尺寸公差	
同轴密封圈（格来圈与斯特封）	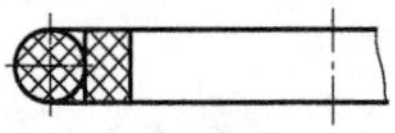 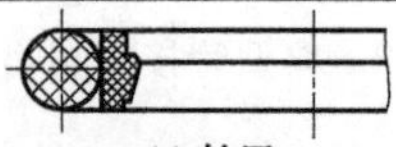 格来圈：(a) 轴用 　(b) 孔用；斯特封：(a) 轴用 　(b) 孔用	液压缸活塞和活塞杆动密封装置用同轴密封件尺寸系列	GB/T 15242.1
		液压缸活塞和活塞杆动密封装置用同轴密封件安装沟槽尺寸系列和公差	GB/T 15242.3
旋转轴唇形密封圈	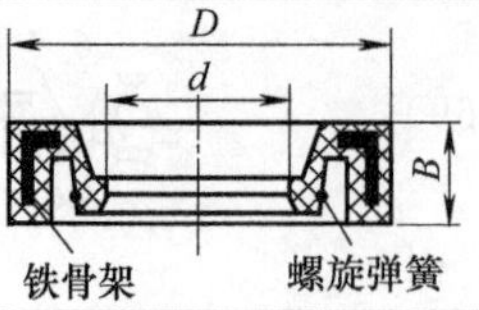 D　d　B　铁骨架　螺旋弹簧	旋转轴唇形密封圈	GB 13871
单向密封橡胶圈	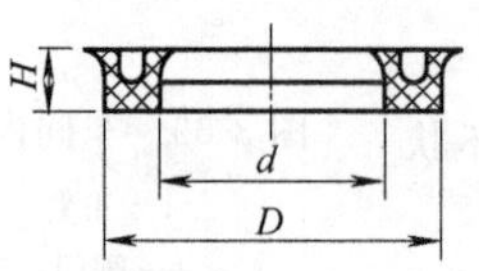 H　d　D	活塞杆用高低唇 Y 形橡胶密封圈和蕾形夹织物橡胶密封圈	GB/T 3452.3
		活塞杆用高低唇 Y 形橡胶密封圈和蕾形夹织物橡胶密封圈	

续表

类别	结构简图	标准名称	标准号
单向密封橡胶圈	压环 密封环 支承环	活塞杆用V形夹织物橡胶组合密封圈 活塞用V形夹织物橡胶组合密封圈	GB/T 3452.3
双向密封橡胶密封圈	D_1 S_1 h 标记部位 S_2 鼓形圈和山形圈 D_0 h_1 S_0 h_2 h_3 塑料支承环	双向密封橡胶密封圈	GB/T 10708.2
往复运动橡胶防尘密封圈	D d L_1 d_1 h_1 S_1 标记部位 D_1 A型密封结构形式及A型防尘圈	A型液压缸活塞杆用防尘圈	GB/T 10708.3
	D d L_2 d_1 h_2 S_2 标记部位 D_2 B型密封结构形式及B型防尘圈	B型液压缸活塞杆用防尘圈	
	D d L_3 D_3 d_1 标记部位 h_3 S_3 d_2 C型密封结构形式及C型防尘圈	C型液压缸活塞杆用防尘圈	

续表

类别	结构简图	标准名称	标准号
Yx形橡胶密封圈	孔用　轴用	孔用Yx形橡胶密封圈	JB/ZQ 4264
		轴用Yx形橡胶密封圈	JB/ZQ 4265

表 3-29　非金属密封件常见故障及其诊断排除方法

故障现象	故障原因	排除方法
挤出	压力过高	避免高压
	间隙过大	重新设计
	沟槽不合适	重新设计
	放入的状态不良	重新装配
老化	温度过高	更换密封圈材质
	低温硬化	更换密封圈材质
	自然老化	更换
扭曲	有横向载荷	消除横向载荷
表面损伤	摩擦损耗	查空气质量、密封圈质量、表面加工精度
	润滑不良	查明原因,改善润滑条件
膨胀	与润滑油不相容	更换润滑油或更换密封圈材质
损坏、黏着、变形	压力过高	检查使用条件、安装尺寸和安装方法、密封圈材质
	润滑不良	
	安装不良	

第4章 气动执行元件

4.1 功用类型

气动执行元件又称气驱动器，是将气压能转换为机械能并对外做功的一大类元件，包括气缸、摆动气缸及摆台、气爪、气马达、真空吸盘、柔触气爪、气动人工肌肉等种类。其中，气缸将气压能转换为机械能，驱动工作机构实现直线往复运动；摆动气缸及摆台将气压能转换为机械能，驱动工作机构实现往复摆动；气马达将气压能转换为机械能，驱动工作机构实现连续回转运动；柔触气爪（气动柔性手指和柔喙）由柔性材料制成，由气压驱动，运用正负压的切换和仿生学原理，实现末端夹持部分的开合动作，模仿章鱼触手包裹动作，对物件进行包覆式抓取；真空吸盘吸附表面光滑且平整的工件并予以保持；气动人工肌肉又称气动肌腱，由压缩空气驱动做推拉动作，其过程就像人体的肌肉运动，目前主要应用于机械手和机器人技术中。在这些气动执行元件中应用量大面广的是气缸和真空吸盘。此外，这些执行元件还可通过自身结构的一些变化，或通过与齿轮齿条、曲柄连杆、摇杆、凸轮、楔块、框架等机械结构的灵活配置，构成除气动气爪及夹钳外的气动夹具，或滑台、机械手、机器人等气动自动化工具和装备，以满足不同用途。

与液压执行元件相比，气动执行元件工作压力低，运动速度高，适用于低输出力场合。但因气体的压缩性，使气动执行元件在速度控制、抗负载影响等方面的性能劣于液压执行元件。当需要较精确地控制运动速度、减小负载变化对运动的影响时，常需要借助气-液复合装置等实现。

本章着重从类型原理、性能参数、一般组成、典型结构、产品概览、使用维护、故障诊断诸方面介绍上述气动执行元件，最后对实现执行元件位置检测控制中使用量大面广的磁性开关进行简介。

4.2 气缸

4.2.1 类型原理

气缸将气动系统的气压能转换为机械能，驱动工作机构实现直线往复运动，因此气缸是直线运动气缸的简称。气缸的类型及分类方法繁多，按结构特征分为活塞式、膜片式、组合式和无杆式；按作用方式分为单作用气缸和双作用气缸；按功能分为普通气缸和特殊气缸。各类气缸的原理、特点及适用场合如表4-1所列，气缸的图形符号按GB/T 786.1—2009（参见附录）的规定。在所有气缸中，活塞式普通气缸应用最为广泛，多用于无特殊要求的场合。

表 4-1 气缸的类型、原理、特点及适用场合

类型名称		简　图	原理、特点及适用场合
单作用液压缸	柱塞式气缸	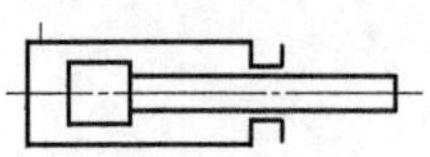	压缩空气驱动柱塞单向运动，反向复位需借助外力或重力等来完成；仅一端进排气，结构简单，耗气量小，可获得较大行程；但部分压缩空气能量用于克服复位外力，故减小了输出力；适用于无导杆、长行程、稳定性差的提升机和压力机等设备上
	活塞式气缸	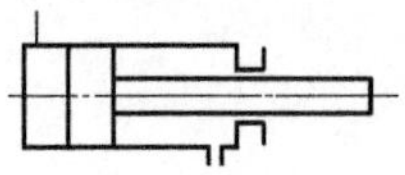	压缩空气驱动活塞单向运动，反向复位需借助外力或重力等来完成；特点同上，但其行程一般较柱塞式气缸短。多用于推力及运动速度要求不高的场合，如气吊、定位和夹紧装置上
		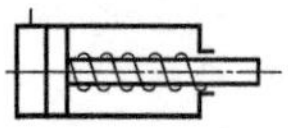	压缩空气使活塞向一个方向运动，借助弹簧力复位；结构简单，弹簧力起背压作用，输出力随行程变化，用于行程较小的场合
	膜片式气缸	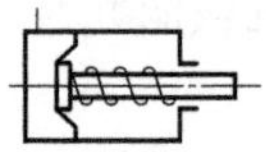	以膜片代替活塞。单向作用，借助弹簧力复位。行程短，结构简单，缸体内壁不须加工；须按行程比例增大直径。若无弹簧，用压缩空气复位，即为双向作用薄膜式气缸。行程较长的薄膜式气缸膜片受到滚压，常称滚压（风箱）式气缸。常用于棘轮机构等以实现微动进给
双作用液压缸	普通气缸（单活塞杆气缸）	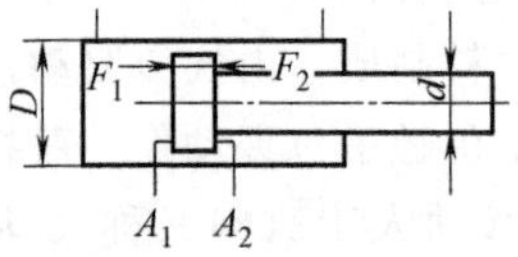 D　F_1　F_2　d　A_1　A_2	利用压缩空气使活塞双向运动，活塞行程可根据实际需要选定，双向输出的力和速度不同。应用最为广泛
	双活塞杆气缸	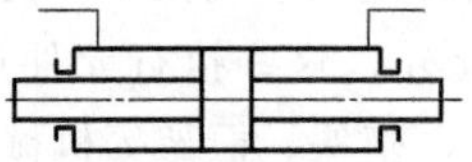	利用压缩空气使活塞双向运动，且双向输出的力、速度和行程相同。适用于长行程
	不可调缓冲气缸	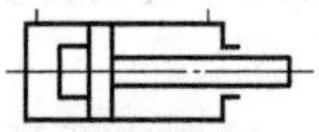 (a) 一侧缓冲 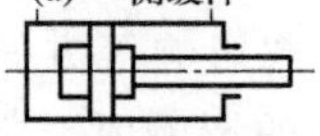 (b) 两侧缓冲	设有缓冲装置以使活塞临近行程终点时减速，防止冲击，缓冲效果不可调整。用于减速值不须调整而要求行程端点运动平稳的场合
	可调缓冲气缸	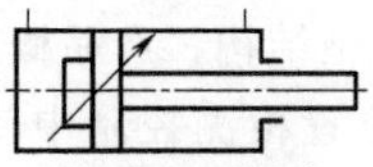 (a) 一侧可调缓冲 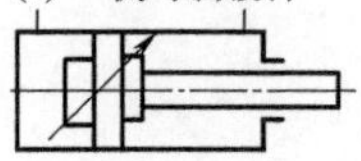 (b) 两侧可调缓冲	缓冲装置的减速和缓冲效果可根据需要调整
特殊气缸	差动气缸	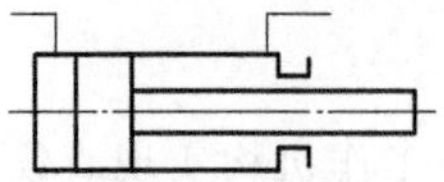	气缸活塞两侧有效面积差较大，利用压力差原理使活塞往复运动，工作时活塞杆侧始终通以压缩空气
	双活塞气缸	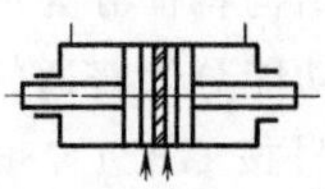	两个活塞同时向相反方向运动

续表

类型名称		简图	原理、特点及适用场合
特殊气缸	多位气缸	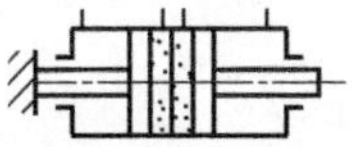	活塞杆沿行程长度方向可在多个位置停留，图示结构有四个位置
	串联气缸	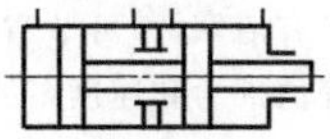	在一根活塞杆上串联多个活塞，可获得与各活塞有效面积总和成正比的输出力
	冲击气缸	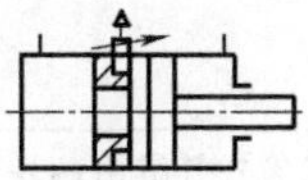	利用突然大量供气和快速排气相结合的方法得到活塞杆的快速冲击运动。用于切断、冲孔、打入工件等
	数字气缸		将若干个活塞沿轴向依次装在一起，每个活塞的行程由小到大，按几何级数增加。用于机床定位等场合
	回转气缸	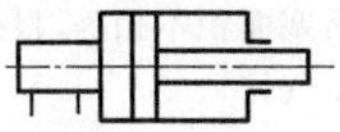	进排气导管和导气头固定面气缸本体可相对转动。用于机床夹具和线材卷曲装置上
	伺服气缸	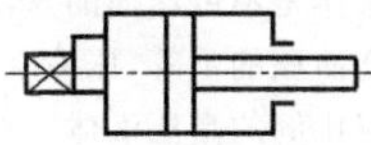	将输入的气压信号成比例地转换为活塞杆的机械位移。用于自动调节系统中
	挠性气缸		缸筒由挠性材料制成，由夹住缸筒的滚子代替活塞。用于输出力小、占地空间小、行程较长的场合，缸筒可适当弯曲
	伸缩气缸	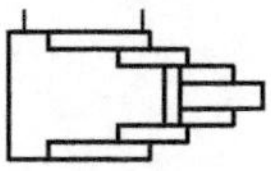	活塞杆为多段短套筒形状组成的气缸，可获得很长的行程，推力和速度随行程面变化，成本高。适用于翻斗车等场合
	伸出行程可调气缸	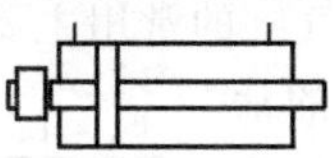	活塞杆的行程可根据实际使用情况进行适当调节
	缩回位置可调气缸	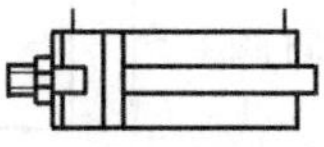 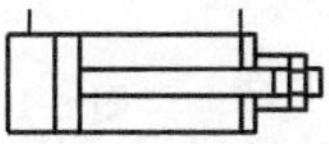	
	带阀气缸	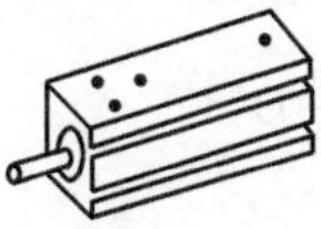	气缸和控制阀组合。气缸部分和普通气缸基本相同，通过装配在气缸上的阀，可控制气缸的换向和调速。使用此类气缸可简化系统结构，节省安装空间
	平板气缸	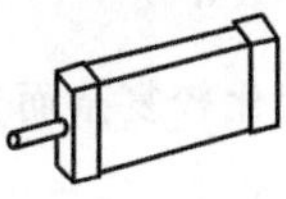	活塞为椭圆形，外形扁平。用于对缸的安装空间有一定限制的场合
	多面安装气缸		缸身可多面（通常为五面）直接安装固定，因此增加了安装强度及稳定性，节省安装空间
	钢索式气缸	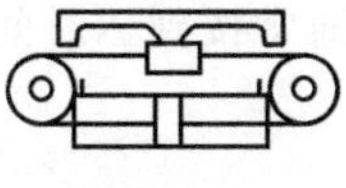	以钢丝绳代替刚性活塞杆的一种气缸，用于小直径、特长行程的场合

续表

类型名称		简图	原理、特点及适用场合
特殊气缸	无杆气缸	机械耦合式 磁耦式	没有活塞杆，可节省直线安装空间，重量轻；可输出双向等值推力和速度，工作时导向性和稳定性好
特殊气缸	气囊式气缸		气囊式气缸由两块金属板加上一个网纹气囊组成，无任何密封件，也无任何移动机械元件，故气缸结构简单。该气缸为单作用气缸，但无需弹簧力复位，而是通过外力复位。结构坚固，负载和行程范围广，安装高度小，适用于恶劣、充满粉尘的环境及水下作业
组合气缸	增压气缸（增压阀，增压器）		活塞面积不相等，根据力平衡原理，可由小活塞腔输出高压气体
组合气缸	气-液增压缸		液体是不可压缩的，根据力的平衡原理，利用两两相连活塞面积的不等，压缩空气驱动大活塞，小活塞便可输出相应比例的高压液体
组合气缸	气-液阻尼缸		利用液体不可压缩的性能及液体流量易于控制的优点，获得活塞杆的稳速运动

4.2.2 性能参数

输出力和效率、速度、使用压力范围、耗气量是气缸的常用主要性能参数。现以图 4-1 所示单杆双作用活塞气缸简图为例来说明这些参数，气缸的活塞和活塞杆直径分别为 D 和 d，无杆腔和有杆腔的有效作用面积分别为 A_1 和 A_2，缸筒两侧分别设有可通过换向阀切换的进、排气口。

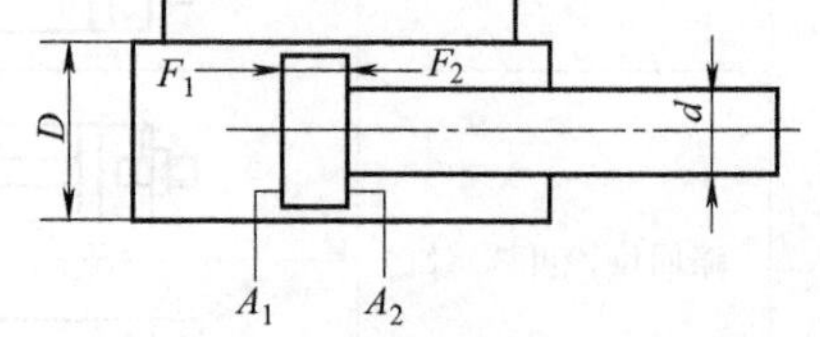

图 4-1 单杆双作用活塞气缸简图

(1) 输出力和效率

输出力是气缸的使用压力 p 作用在活塞有效面积上产生的推力 F_1 或拉力 F_2，其理论值分别按如下二式计算：

$$F_1 = pA_1 = p\frac{\pi}{4}D^2 \tag{4-1}$$

$$F_2 = pA_2 = p\frac{\pi}{4}(D^2 - d^2) \tag{4-2}$$

在气缸工作时，活塞输出力的变化因两腔的压力变化较复杂而复杂。气缸的效率 η 随缸径及工作压力的增大而增大，通常 $\eta = 0.8 \sim 0.9$。

(2) 速度

由于气体的可压缩性，欲使气缸保持准确的运动速度比较困难，故通常气缸速度都是指其平均速度，它是气缸运动行程除以气缸的动作时间（通常按到达时间计算）。气缸的使用平均运动速度 v 可按下式计算

$$v = q/A \tag{4-3}$$

式中　q——压缩空气的体积流量；

A——气缸工作腔有效作用面积。

在一般工作条件下，标准气缸的使用速度范围大多是50～500mm/s，说明如下。

① 若速度小于50mm/s，由于气缸摩擦阻力的影响增大，加上气体的可压缩性，不能保证活塞做平稳移动，会出现时走时停的爬行现象。

② 若速度大于1000mm/s，气缸密封件的摩擦生热加剧，加速密封件磨损，造成漏气，寿命缩短，还会加大行程末端的冲击力，影响气缸乃至整个主机的寿命。

③ 欲使气缸在很低速度下工作，可采用低速气缸。但缸径越小，低速性能越难保证，这是因为摩擦阻力相对气压推力影响较大的缘故，通常缸径为32mm的气缸可在低速5mm/s无爬行运行。

④ 如需更低的速度或在变载的情况下，要求气缸平稳运动，则可使用气液阻尼缸或通过气液转换器，利用液压缸进行低速控制。欲使气缸在更高速度下工作，需加长缸筒长度、提高缸筒的加工精度，改善密封件材质以减小摩擦阻力，改善缓冲性能等，同时要注意气缸在高速运动终点时，确保缓冲来减小冲击。

(3) 使用压力范围

它是指气缸的最低使用压力至最高使用压力的范围。最低使用压力是指保证气缸正常工作（气缸能平稳运动且泄漏量在允许指标范围内）的最低供给压力。双作用气缸的最低工作压力一般为0.05～0.1MPa，而单作用气缸一般为0.15～0.25MPa。在确定最低工作压力时，应考虑换向阀的最低工作压力特性，一般换向阀工作压力范围为0.15～0.8MPa或0.25～1MPa（也有硬配阀为0～1MPa）。最高使用压力是指气缸长时间在此压力作用下能正常工作而不损坏的压力。

(4) 耗气量

气缸在每秒内的压缩空气消耗量称为理论耗气量，用q_t表示：

$$q_t = ALN \quad (\mathrm{m^3/s}) \tag{4-4}$$

式中　A——气缸的有效作用面积，$\mathrm{m^2}$；

L——气缸的有效行程，m；

N——气缸每秒往复运动次数。

例如图4-1的单杆双作用活塞气缸，活塞杆伸出和退回行程的耗气量分别为

$$q_1 = A_1 L = \frac{\pi}{4} D^2 L \quad (\mathrm{m^3/s}) \tag{4-5}$$

$$q_2 = A_2 L = \frac{\pi(D^2 - d^2)}{4} L \quad (\mathrm{m^3/s}) \tag{4-6}$$

所以，气缸活塞杆往复运动一次的耗气量为

$$q = q_1 + q_2 = \frac{\pi}{4}(2D^2 - d^2)L \tag{4-7}$$

若活塞每秒往返运动N次，则每秒活塞杆运动的理论耗气量为

$$q_t = qN \tag{4-8}$$

考虑泄漏等因素，实际耗气量应为

$$q_s = (1.2 \sim 1.5) q_t \tag{4-9}$$

为了便于选用空压机，需按下式将压缩空气实际耗气量q_s换算为自由空气消耗量q_z：

$$q_z = q_s \frac{p + 0.1013}{0.1013} \quad (\mathrm{m^3/s}) \tag{4-10}$$

式中　p——气缸工作压力，MPa。

4.2.3 一般组成

以活塞式气缸（图4-2）为例，气缸一般由缸筒缸盖组件（缸筒8和前缸盖11、后缸盖1）、

活塞活塞杆组件（活塞5和活塞杆7）、密封装置（密封圈2、缓冲密封圈3、活塞密封圈4、防尘密封圈12）与缓冲装置（缓冲柱塞6和缓冲节流阀9）等部分组成。缓冲装置视具体应用场合而定，其他装置则是必不可少的。

为了满足不同用户不同应用场合的各种需求，各生产商提供的产品外形及安装形式多种多样（例如图4-3所示），例如有标准型圆形/方形气缸、拉杆气缸、紧凑型气缸、带导杆气缸、带锁气缸、销钉气缸、止动气缸、带阀气缸等。尽管这些气缸的外形有所不同，但其一般组成和内部构造都大同小异。

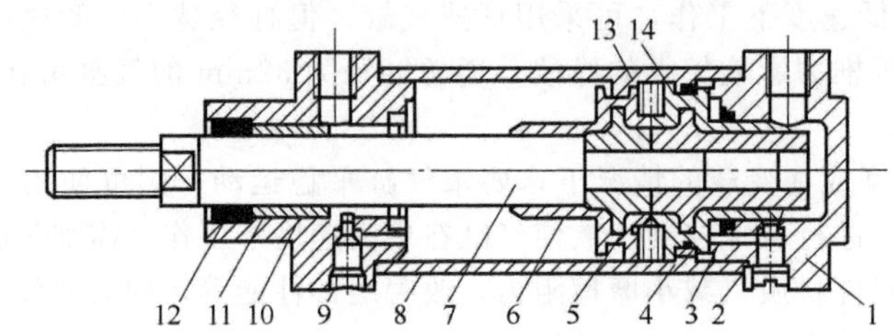

图4-2 普通单杆双作用活塞式气缸

1—后缸盖；2—密封圈；3—缓冲密封圈；4—活塞密封圈；5—活塞；6—缓冲柱塞；7—活塞杆；8—缸筒；9—缓冲节流阀；10—导向套；11—前缸盖；12—防尘密封圈；13—磁铁；14—导向环

(a) 圆形 (b) 拉杆式 (c) 多安装位式

图4-3 几种普通单杆双作用气缸实物外形图

［费斯托（中国）有限公司产品］

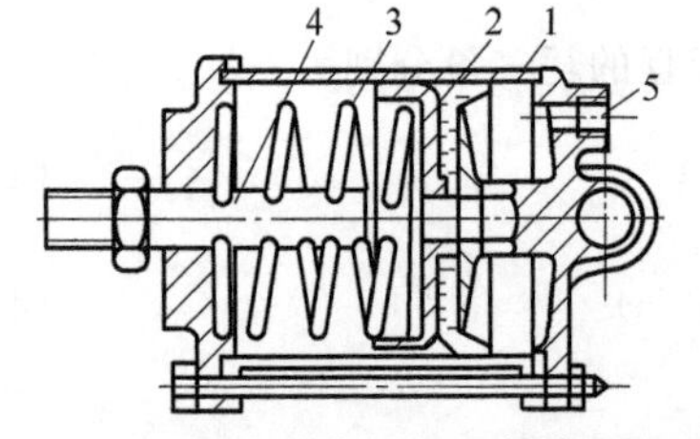

图4-4 活塞式单作用气缸结构原理图

1—缸筒；2—活塞；3—弹簧；4—活塞杆；5—气口

4.2.4 典型结构

(1) 普通气缸

① 单作用气缸。图4-4为活塞式单作用气缸，活塞2的一侧设有使活塞杆4、复位的弹簧3，另一端的缸盖上开有气口5。此类气缸结构简单，耗气量小，有效行程较小，常用于小型气缸。例如SMC（中国）有限公司生产的CJP系列和CJ2系列产品就属于此类气缸，其实物外形如图4-5所示。

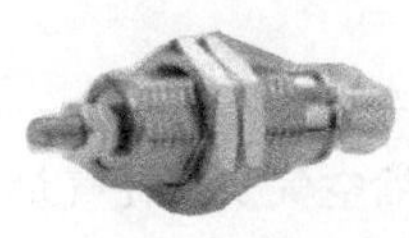

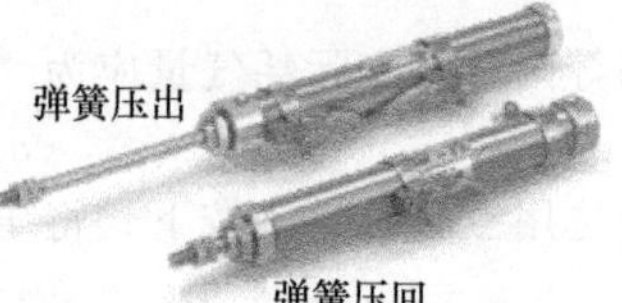

(a) 针形CJP系列埋入安装 (b) 针形CJP系列面板安装 (c) CJ2系列杆不回转型

图4-5 活塞式单作用气缸实物外形图

［SMC（中国）有限公司］

图4-6（a）为单作用单杆膜片式气缸的基本结构形式。膜片3在无杆腔压力气体作用下克服

弹簧 4 的复位力及负载向右运动。当压力气体释放后，在弹簧力作用下复位。因膜片材料是由夹织材料与橡胶压制而成，伸缩量受到限制。通常碟形膜片式气缸的行程为膜片直径的 0.25 倍，而平板膜片式气缸行程仅为膜片直径的 0.1 倍。无锡气动技术研究所生产的 QGBM 系列产品就属于此类气缸，其实物外形如图 4-6（b）所示。

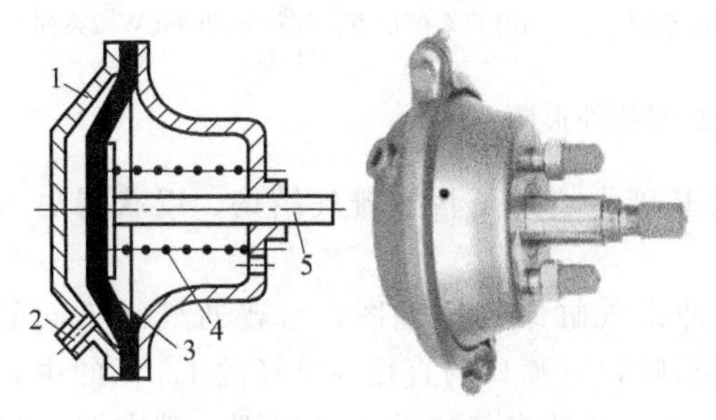

图 4-6　膜片式气缸
（无锡气动技术研究所有限公司产品）
1—缸盖；2—气口；3—膜片；4—弹簧；5—活塞杆

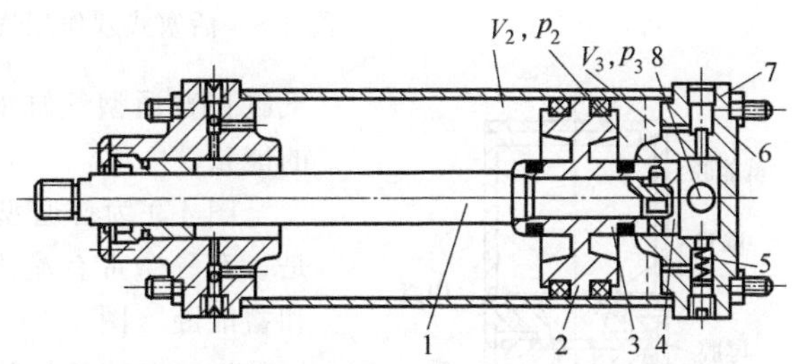

图 4-7　单杆双作用缓冲式气缸结构原理图
1—活塞杆；2—活塞；3—缓冲柱塞；4—柱塞孔；5—单向阀；6—节流阀；7—缸盖；8—气孔

膜片式气缸密封性好、不易漏气；结构简单、紧凑，体积小，重量轻；无磨损件、维护方便，适于短行程场合使用。

② 双作用气缸。它是使用最为广泛的普通气缸，其结构有单活塞杆式、双活塞杆式、缓冲式与非缓冲式等。

图 4-7 的单杆双作用气缸，在气缸两端设有缓冲结构，以便使活塞在行程末端运动平稳，不产生冲击现象。其缓冲原理为：当活塞在压缩空气推动下向右运动时，缸右腔的气体经柱塞孔 4 及缸盖上的气孔 8 排出。在活塞运动接近行程末端时，活塞右侧的缓冲柱塞 3 将柱塞孔 4 堵死，活塞继续向右运动时，封在气缸右腔内的剩余气体被压缩，缓慢地通过节流阀 6 及气孔 8 排出，被压缩的气体所产生的压力能如果与活塞运动所具有的全部能量相平衡，即会取得缓冲效果，使活塞在行程末端运动平稳，不产生冲击。调节节流阀 6 阀口开度大小，即可控制排气量的多少，从而决定了被压缩容积（称为缓冲室）内压力的大小，以调节缓冲效果。若令活塞反向运动时，从气孔 8 输入压缩空气，可直接顶开单向阀 5，推动活塞向左运动。如节流阀 6 阀口开度固定，不可调节，即称为不可调缓冲气缸。气缸所设缓冲装置种类很多，上述只是其中之一。

单活塞杆式双作用气缸因两腔有效面积互不相等，故当输入压力、流量相同时，其往返运动输出力及速度互不相等。

双活塞杆气缸因两端活塞杆直径相等，故活塞两侧受力面积相等。当输入压力、流量相同时，其往返运动输出力及速度均相等。与液压缸一样，双活塞杆式气缸也有缸筒固定和杆固定两种，缸体固定时，其所带载荷（如工作台）与气缸两活塞杆连成一体，活塞杆带动工作台左右运动，工作台运动范围等于其有效行程的 3 倍。安装所占空间大，一般用于小型设备上。活塞杆固定时，为管路连接方便，活塞杆做成空心，缸体与载荷（工作台）连成一体，压缩空气从空心活塞杆的左端或右端进入气缸两腔，使缸体带动工作台向左或向右运动，工作台的运动范围为其有效行程的 2 倍，适用于中、大型设备。

SMC 公司 10-CJ2 洁净系列与 CJ2W 系列产品及广东肇庆方大气动公司 QGEW-2 系列产品就属于此类气缸，其实物外形如图 4-8 所示。

(2) 特殊气缸

① 冲击气缸。冲击气缸是把气压能转换成为活塞高速运动（最大速度可达 10m/s 以上）的冲击动能的一种特殊气缸，有普通型和快排型两种，其工作原理基本相同，差别只是快排型冲击

(a) SMC(中国)公司10-CJ2洁净系列单杆缸

(b) SMC(中国)公司CJ2W系列双杆缸

(c) 广东肇庆方大气动公司QGEW-2系列双杆缸

图 4-8 活塞式双作用气缸实物外形图

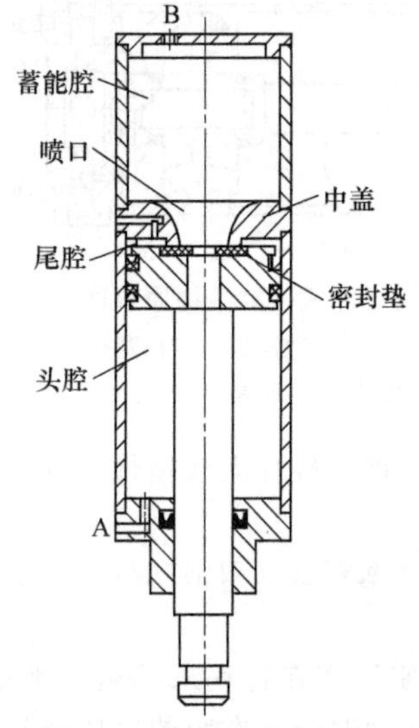

图 4-9 普通型冲击气缸结构原理图

气缸在普通型气缸的基础上增加了快速排气结构，以获得更大的能量。

图 4-9 为普通型冲击气缸结构原理图，与普通气缸不同的是，有一个带有流线形喷口（喷口的直径为缸径的 1/3）的中盖和蓄能腔。图 4-10 为普通型冲击气缸的工作原理，其中图 4-10（a）为气缸的初始状态，活塞在工作压力作用下处于上限位置，封住喷口。图 4-10（b）为蓄能状态，换向阀换向，工作气压向蓄能腔充气，头腔（有杆腔）排气。由于喷口的面积为缸径面积的 1/9，只有当蓄能腔压力为头腔压力的 8 倍时，活塞才开始移动。图 4-10（c）为气缸的冲击状态，活塞开始移动瞬间，蓄能腔内的气压可认为已达到工作压力，尾腔（无杆腔）通过排气口与大气相通。一旦活塞离开喷口，则蓄能腔内的压缩空气经喷口以声速向尾腔充气，且气压作用在活塞上的面积突然增大 8 倍，于是活塞快速向下冲击做功。济南杰菲特气动液压有限公司 QGCH 系列产品就属于此类气缸，其实物外形如图 4-11 所示。

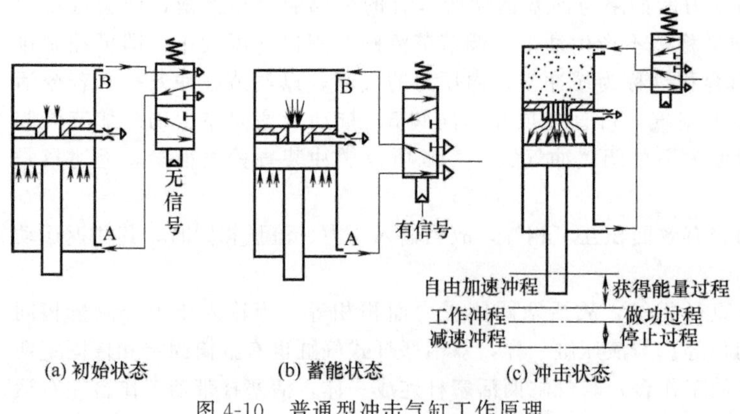

图 4-10 普通型冲击气缸工作原理

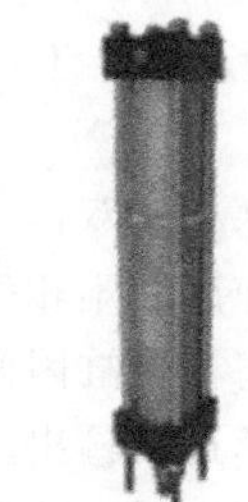

图 4-11 冲击气缸实物外形图（济南杰菲特气动液压有限公司 QGCH 系列产品）

② 数字气缸。数字气缸又称多位气缸。如图 4-12 所示，数字气缸的活塞 1 右端有 T 字头，活塞的左端有凹形孔，后面活塞的 T 字头装入前面活塞的凹形孔内，由于缸筒的限制，T 字头只能在凹形孔内沿缸的轴向运动，而两者不能脱开。若干活塞如此顺序串联置于缸体内，T 字头在凹形孔中左右可移动的范围就是此活塞的行程量。不同的进气孔 A_1～A_i（可能是 A_1，或是 A_1 和 A_2，或是 A_1、A_2 和 A_3，还可能是 A_1 和 A_3，或 A_2 和 A_3 等）输入压缩空气（0.4～0.8MPa）时，相应的活塞就会向右移动，每个活塞的向右移动都可推动活塞杆 3 向右移动，故

活塞杆 3 每次向右移动的总距离等于各个活塞行程量的总和。

这里 B 孔始终与低压气源相通（0.05～0.1MPa），当 A_1～A_i 孔排气时，在低压气的作用下，活塞会自动退回原位。各活塞的行程大小，可根据需要的总行程 S 按几何级数由小到大排列选取。设 S=35mm，采用 3 个活塞，则各活塞的行程分别取 a_1=5mm，a_2=10mm，a_3=20mm。

如 S=31.5mm，可用 6 个活塞，则 a_1、a_2、a_3、…、a_6 分别设计为 0.5mm、1mm、2mm、4mm、8mm、16mm，由这些数值组合起来，就可在 0.5～31.5mm 范围内得到 0.5mm 整数倍的任意输出位移量。而这里的 a_1、a_2、a_3、…、a_i 可根据需要设计成各种不同数列，就可以得到各种所需数值的行程量。

图 4-13 所示为费斯托（中国）有限公司的 ADNM 系列多位气缸实物外形图及功能符号，它将 2～5 个同缸径、但不同行程的本类气缸串接后，可获得最多 6 个输出位置。

③ 回转气缸。如图 4-14（a）所示，回转气缸主要由导气头、缸体、活塞、活塞杆组成。缸筒 3 连同缸盖 6 及导气头芯 10 可被其他动力（如车床主轴）携带回转，活塞 4 及活塞杆 1 只能

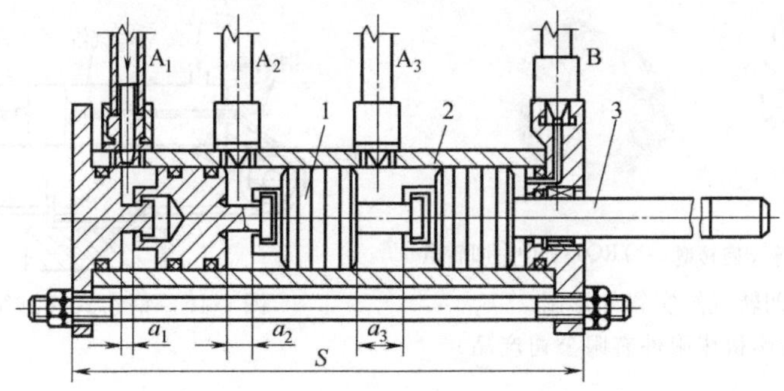

图 4-12　数字气缸结构原理图

1—活塞；2—缸筒；3—活塞杆

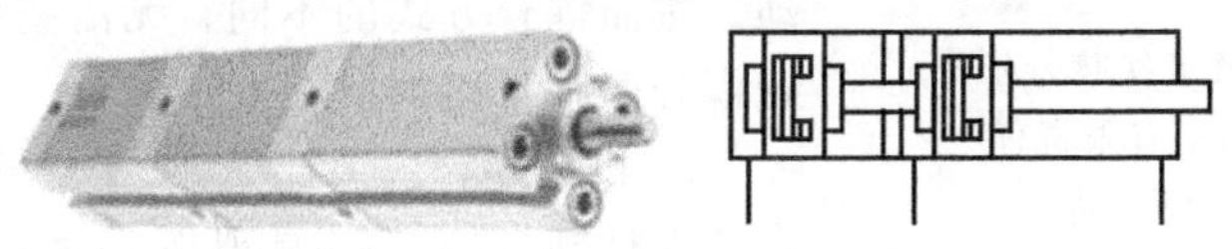

(a) 外形图　　(b) 功能符号

图 4-13　多位气缸实物外形图及图形符号

［费斯托（中国）有限公司 ADNM 系列产品］

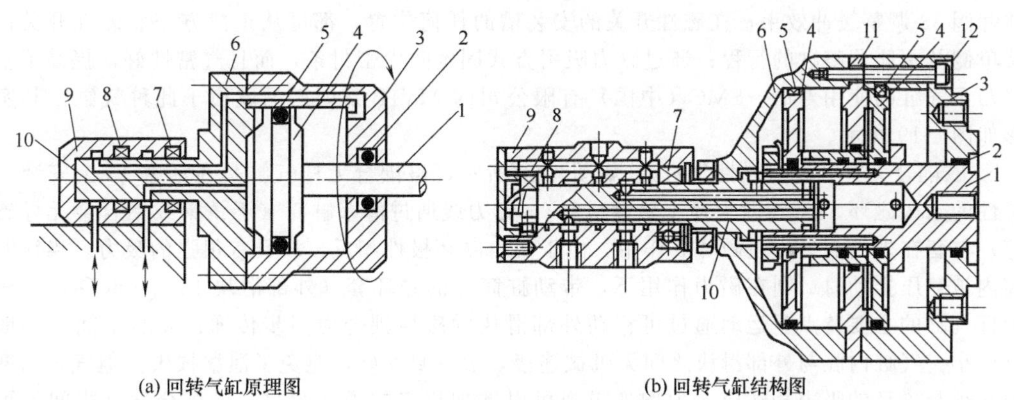

(a) 回转气缸原理图　　(b) 回转气缸结构图

图 4-14　回转气缸原理及结构

1—活塞杆；2,5—密封圈；3—缸筒；4—活塞；6—缸盖；7,8—轴承；9—导气头体；10—导气头芯；11—中盖；12—螺栓

作往复直线运动，导气头体9外接管路，固定不动。图4-14（b）为缸的结构原理图，为增大其输出力，将两个活塞串联在一根活塞杆上，从而使输出力比单活塞也增加约一倍，且可减小气缸尺寸，导气头体与导气头芯因需相对转动，装有滚动轴承7、8，并以研配间隙密封，应设油杯润滑以减少摩擦，避免烧损或卡死。回转气缸主要用于机床夹具和线材卷曲等装置上。为了便于加工长轴类零件，这种气缸除了中实结构，还可做成贯穿气缸的大通孔结构。常州市科普特佳顺机床附件有限公司生产的RA-B系列中实缸和RQ系列中空缸产品属于此类气缸，其实物外形如图4-15所示。

④ 钢索式气缸。钢索式气缸（图4-16）以柔软的、弯曲性大的钢丝绳（缆绳）代替刚性活塞杆。气缸的活塞与钢丝绳连在一起，活塞在压缩空气推动下往复运动，钢丝绳带动载荷运动，安装两个滑轮，可使活塞与载荷的运动方向相反。这种气缸的可制成行程很长的缸，例如制成直径为25mm、行程为6m左右的气缸也不困难。但钢索与导向套间易产生泄漏。烟台未来自动化有限责任公司QGL系列产品就属于此类气缸，其实物外形如图4-17所示。

(a) RA-B系列中实双活塞型回转型

(b) RQ系列中空回转型

图4-15 回转气缸实物外形图
（常州市科普特佳顺机床附件有限公司产品）

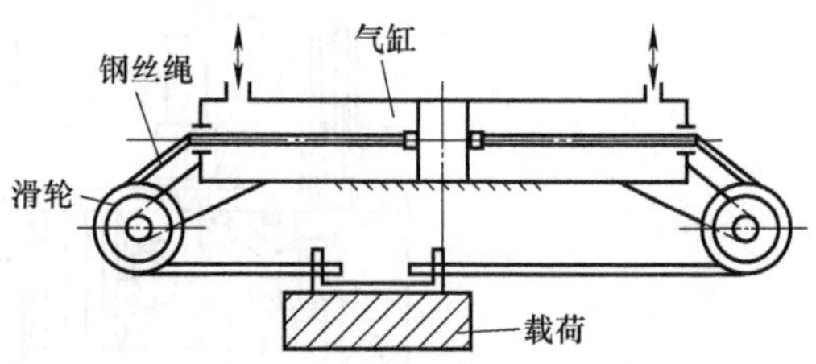

图4-16 钢索式气缸结构原理图

图4-17 钢索式气缸实物外形图
（烟台未来自动化有限责任公司QGL系列产品）

⑤ 无活塞杆气缸。无活塞杆气缸去掉了活塞杆，气压作用于活塞上，通过活塞驱动与之相连的工作部件运动。按照耦合方式的不同，无活塞杆气缸有机械耦合和磁耦合两种常用类型。

a. 机械耦合式无杆气缸。图4-18所示为一种机械耦合式无杆气缸的结构原理图，活塞17固定于活塞架12左右两侧；顶盖29之上可用于安装工作部件（图中未画出）。气缸工作时，在气压作用下，通过机械方式连接为一体的活塞、活塞架和顶盖驱动工作部件往复运动做功。气缸两端装有缓冲环6，当活塞运动到端部时，锥形缓冲头插入活塞缓冲腔实现缓冲，减缓了端点冲击。此种气缸比传统有杆气缸可减重达17%以上；缸盖的配管可从4个方向进行，提高了配管的自由度；通过缓冲针阀33调整缓冲效果；在磁性开关的安装槽的任何位置，都可从正前方安装磁性开关；可以从单侧及两侧调整缸的行程；通过磁力吸引方式固定防尘密封条，而且气密性好，提高了整个密封乃至气缸的使用寿命。SMC（中国）有限公司的MY1B系列产品就属于此种气缸，其实物外形如图4-19所示。

b. 磁耦合无杆气缸（磁性气缸）。如图4-20所示，磁耦合无杆气缸是在活塞15上安装一组强磁性的永久磁环11（一般为稀土磁性材料）。磁力线通过薄壁缸筒（不锈钢或铝合金无导磁材料等）与套在外面的另一组磁环9作用，由于两组磁环极性相反，故具有很强的吸力。当活塞在缸筒内被气压推动时．则在磁力作用下，带动缸筒外的磁环套（外部滑块13）一起移动。磁耦式无杆气缸的主要特点是运动通过可移动外部滑块的磁性耦合力同步传递；安装空间比一般的气缸要小。气缸内腔与外部滑块之间无机械连接，故密封性好，避免了泄漏损失。但气缸活塞的推力必须与磁环的吸力相适应，为增加吸力可以增加相应的磁环数目，磁耦合气缸中间不可能增加支撑点，当缸径≥25mm时，最大行程只能≤2m。SMC（中国）有限公司CY3B系列与费斯托（中国）有限公司DGO系列产品就属于此类气缸，其实物外形如图4-21所示。

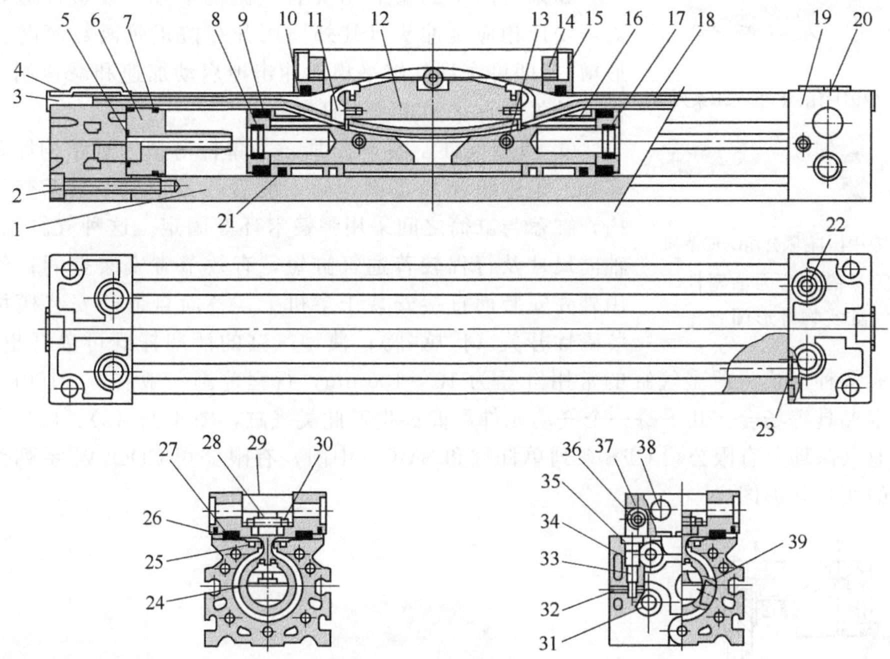

图 4-18　机械耦合式无活塞杆气缸结构原理图

1—缸筒；2—内六角螺钉；3—密封带压板；4—顶板；5—缓冲环静密封圈；6—缓冲环；7—缸筒静密封圈；8—缓冲密封；9—活塞密封圈；10—刮尘圈；11—密封带分离器；12—活塞架；13—平行销；14—两圆轴平键；15—端盖；16—密封带压板；17—活塞；18—防尘密封圈；19—缸盖；20—扁头螺钉；21—给油器；22—内六角锥螺塞；24—密封带；25—密封磁石；26—侧向防尘圈；27—轴承；28—导轮；29—顶盖；30—平行销；31—内六角锥螺塞；32—钢球；33—缓冲针阀；34—O 形圈；35—CR 型弹性挡圈；36—内六角圆柱头螺钉；37—隔板；38—限位器；39—磁环

图 4-19　机械耦合式无活塞杆气缸实物外形图
[SMC（中国）有限公司 MY1B 系列产品]

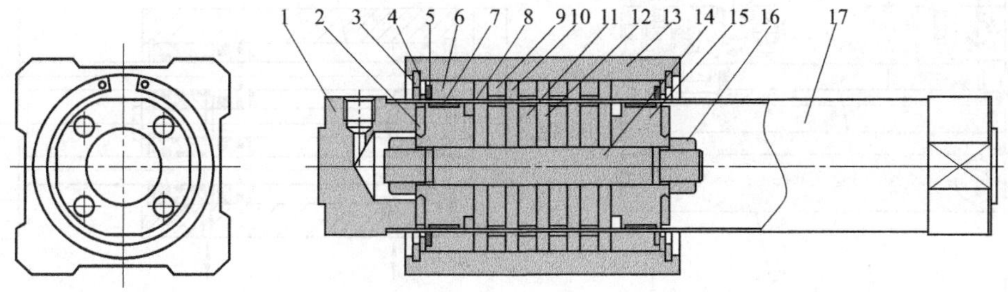

图 4-20　磁耦合无活塞杆气缸结构原理图

1—缸盖；2—缓冲垫；3—弹性挡圈；4—隔板；5—防尘圈；6—耐磨环 B；7—耐磨环 A；8—活塞密封；9—外磁环；10—外部滑动架（外隔圈）；11—内磁环；12—活塞架（内隔圈）；13—外部滑块；14—轴；15—活塞；16—活塞螺母；17—缸筒

(a) SMC(中国)有限公司CY3B系列

(b) 费斯托(中国)有限公司DGO系列

图 4-21 磁耦合无活塞杆气缸实物外形图

如果将图 4-20 磁耦合无杆气缸的活塞开设缓冲腔，缸的端盖再安设相应缓冲头（其外周面开有按正弦函数深度变化的 U 形槽），即可实现气缸平稳无冲击地启动加速和减速制动。因此将这种气缸称之为正弦无杆气缸。

⑥ 薄型气缸。图 4-22 所示为单杆薄型气缸结构原理图。活塞 6 上采用组合 O 形圈密封，前后缸盖 1 和 4 上无空气缓冲机构，缸盖与缸筒之间采用弹簧卡环 5 固定。这种气缸结构紧凑，轴向尺寸及行程较普通气缸短，有效节省安装空间；气缸可利用外壳安装面直接安装于主机上；各面自带的安装槽可用于安装磁性开关（传感器）；薄型气缸的活塞杆既可单杆也可双杆，杆端可制成多种形式。薄型气缸的常用缸径为 10～100mm，行程范围一般在 5～100mm 之间，常用于固定夹具等场合。几乎每一个气动元件厂商都生产此类气缸，图 4-23（a）、（b）分别是牧气精密工业（深圳）有限公司 CFB 系列单杆缸和 SMC（中国）有限公司 CDQ2W 系列双杆带磁性开关缸的实物外形图。

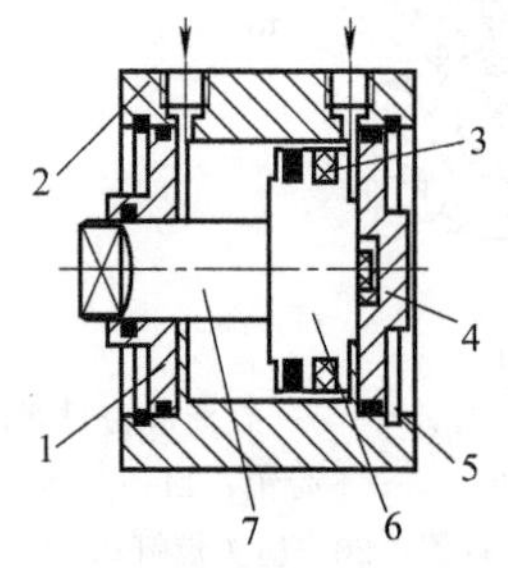

图 4-22 单杆薄型气缸结构原理图

1—前缸盖；2—缸筒 3—磁环；4—后缸盖；5—弹性卡环；6—活塞；7—活塞杆

(a) 牧气精密工业(深圳)有限公司CFB系列单杆缸

(b) SMC(中国)有限公司CDQ2W系列双杆带磁性开关缸

图 4-23 薄型气缸实物外形图

⑦ 滑台气缸。图 4-24（a）为单轴滑台气缸结构原理图，气压通过活塞 13 和活塞杆 3 带动滑台 6 及负载沿导轨 12 往复运动。它可从 3 个方向配管；由于采用了刚度好的直线导轨，其允许力矩最多提高了 2 倍；高刚度直线导轨和活塞部可使质量减小达 20%左右。

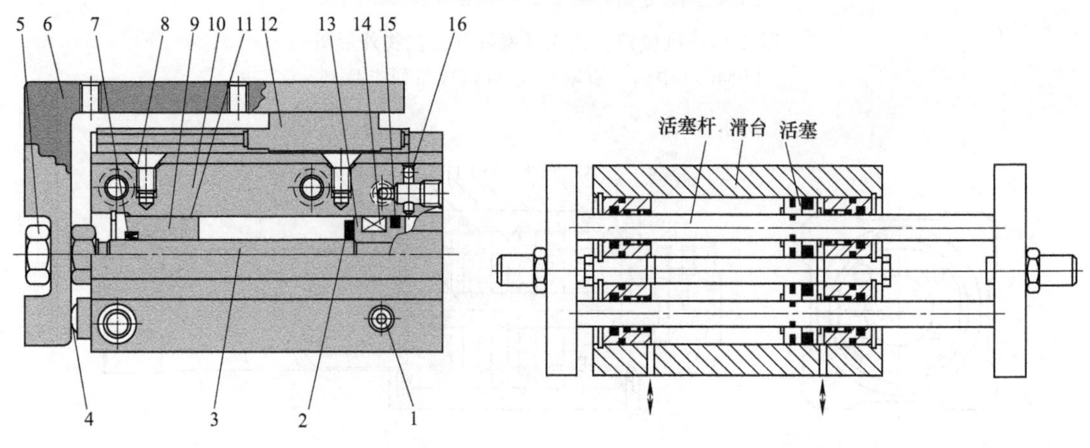

(a) 单杆双作用滑台气缸

(b) 双杆双作用滑台气缸

图 4-24 滑台气缸结构原理图

1—接头；2—保险片；3—活塞杆；4—防撞器；5—螺母；6—滑台；7—活塞杆密封件；8—紧定螺钉；9—端盖；10—缸筒；11—垫片；12—导轨；13—活塞；14—磁环；15—活塞密封；16—钢球堵头

图 4-24（b）为双轴滑台气缸结构原理图，它由两个双杆双作用气缸并联构成，动作原理与普通气缸相同；两个气缸腔室之间通过中间缸壁上的导气孔相通，以保证两个气缸同步动作。双杆滑台气缸的特点是缸的输出力增加一倍，抗弯曲抗扭转能力强；承载能力强；外形轻巧，节省安装空间。安装方式有滑台固定型（滑台面固定）和边座固定型（滑台面移动）两种方式。回转精度为±0.1°，适用于气动机械手臂等自动化机械设备。

SMC（中国）有限公司 MXH 系列单轴双作用滑台气缸和无锡市华通气动制造有限公司 STM 系列双轴滑台气缸就属于上述类型气缸，其实物外形如图 4-25 所示。

(a) SMC(中国)有限公司MXH系列单轴双作用滑台气缸

b) 无锡市华通气动制造有限公司STM 系列双轴滑台气缸

图 4-25　滑台气缸实物外形图

⑧ 带阀气缸。图 4-26 为带阀气缸结构原理图和实物外形图，它是一种省略了阀和缸之间的接管，将两者制成一体的气缸。它由圆形、方形、薄型等气缸，带排气节流阀的中间连接板、阀和连接管道组合而成。阀一般用电磁阀，也可用气控阀，气缸的工作形式可分为通电伸出型和通电退回型两种。图 4-27 给出了济南杰菲特气动液压有限公司 GPM 系列方形带阀气缸和 SMC（中国）有限公司 CVQ 系列薄型带阀气缸的实物外形图。

带阀气缸可节省管道材料和接管人工，但它无法将阀集中安装，必须逐个安装在气缸上，维修不太方便。

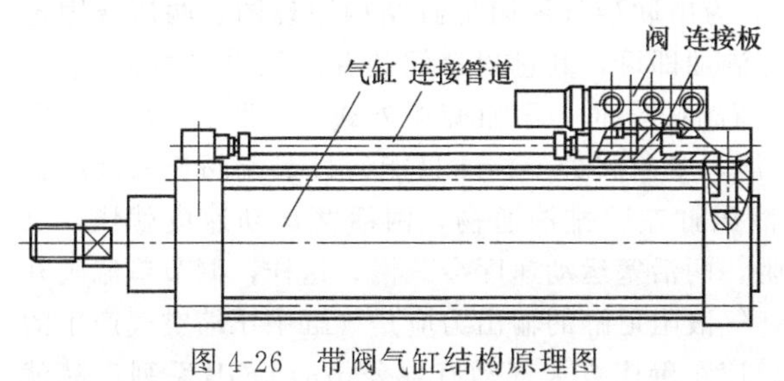

图 4-26　带阀气缸结构原理图

(a) 济南杰菲特气动液压有限公司GPM系列方形带阀气缸

(b) SMC(中国)有限公司CVQ系列薄型带阀气缸

图 4-27　带阀气缸实物外形图

⑨ 气囊式气缸。如图 4-28 所示，气囊式气缸由两块金属板（顶板 1 和底板 3）加上一个或两个波纹气囊 2 组成。该气缸为单作用无杆气缸，但无需弹簧力复位，而是通过外力复位。由于无任何密封件，也无任何移动机械元件，故气缸结构简单，结构坚固，负载和行程范围广，安装高度小，适用于恶劣、充满粉尘（如卷烟薄片制造业）的环境及水下作业。费斯托（中国）有限公司 EB 系列产品就是这种气缸，其实物外形如图 4-29 所示。

⑩ 组合气缸。组合气缸一般指气缸与液压缸复合而成的气液阻尼缸、气液增压器等。此类元件将气缸动作快、液压缸速度易于控制、一般不会产生“爬行”和“自走”现象的优点巧妙组合起来，取长补短，即成为气动系统中普遍采用的气液阻尼缸。这种缸克服了气缸由于工作介质的压缩性使速度不易控制，当载荷变化较大时容易产生“爬行”或“自走”现象，以及液压缸的工作介质不可压缩，动作不如气缸快的缺点。

按气缸与液压缸的连接形式，气液阻尼缸可分为串联型与并联型两种。串联型缸筒较长，加

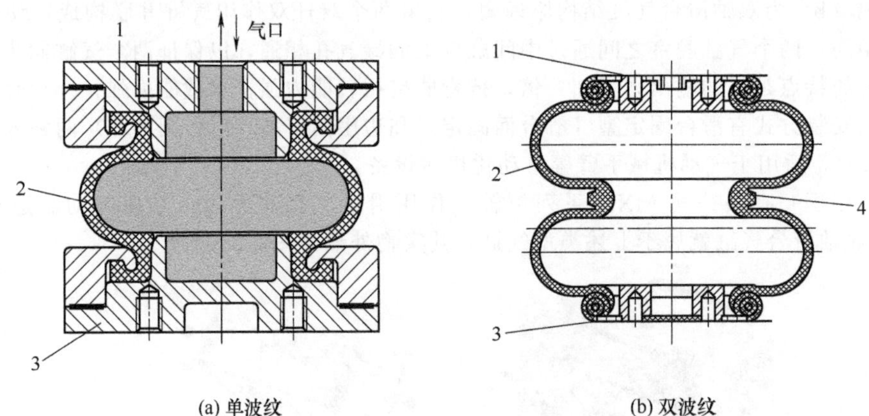

图 4-28 气囊式气缸结构原理图

1—顶板；2—波纹气囊；3—底板；4—带环

(a) 单波纹 (b) 双波纹

图 4-29 气囊式气缸实物外形图

［费斯托（中国）有限公司 EB系列产品］

工与安装时对同轴度要求较高，有时两缸间会产生窜气窜油现象。并联型缸体较短、结构紧凑，气、液缸分置，不会产生窜气窜油现象；因液压缸工作压力可以相当高，故液压缸可制成相当小的直径（不必与气缸等直径），但因气、液两缸安装在不同轴线上，会产生附加力矩，会增加导轨装置磨损，也可能产生“爬行”现象。图 4-30 为串联型气液阻尼缸结构原理图。两活塞固定在同一活塞杆上。液压缸 4 不用泵供油，只要充满油即可，其进出口间装有液压单向阀 3、节流阀 1 及补油杯 2（可以立置或卧置）。当气缸 5 的右端供气时，气缸克服外载荷 6 带动液压缸活塞向左运动（气缸左端排气），此时液压缸左端排油，单向阀关阻，油只能通过节流阀流入液压缸右腔及油杯内，这时若将节流阀阀口开大，则液压缸左腔排油通畅，两活塞运动速度就快，反之，若将节流阀阀口关小，液压缸左腔排油受阻，两活塞运动速度会减慢。这样，调节节流阀开口大小，就能控制活塞的运动速度。可以看出，气液阻尼缸的输出力应是气缸中压缩空气产生的力（推力或拉力）与液压缸中油的阻尼力之差。广东肇庆方大气动有限公司的 QGB 系列产品就属此类气缸，其实物外形如图 4-31 所示。

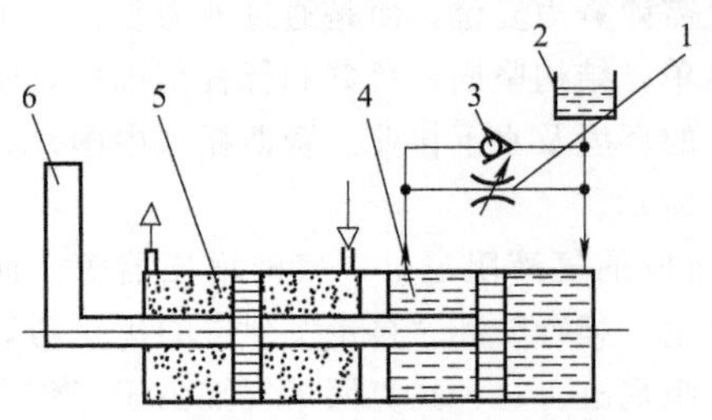

图 4-30 串联型气液阻尼缸结构原理图

1—节流阀；2—补油杯；3—单向阀；4—液压缸；5—气缸；6—外载荷

图 4-31 串联型气液阻尼缸实物外形图

（广东肇庆方大气动有限公司 QGB 系列产品）

气液增压器则是以气压为动力，利用直径较大的气缸和直径较小的液压缸的面积比将气体低压增大为液体高压而输出的一种元件，其性能用增压比表示。常用于印字、折弯、冲压、铆合等场合。按加压方式，气液增压器可分为直压式和预压式两类，前者用于短距离移动等全程均需要高压及大输出力的场合；后者适于用另外的执行液压缸等将工件移送至所定位置后，再行加压的场合，故需配用气液转换器（见第 3 章），由于该气液增压器是在行程最后阶段才增压，故较相同输出力的气缸而言，用气量可大大减少，具有明显的节能效果，因此又称节能型增压器。济南杰菲特气动液压有限公司生产的 ZYG 系列、SMC（中国）有限公司 CQ2L 系列及广东肇庆方大气动有限公司生产的 QGQY 系列气液增压器的实物外形如图 4-32 所示。

(a) 济南杰菲特气动液压有限公司 ZYG系列气液增压器

(b) SMC(中国)有限公司 CQ2L系列气液增压器

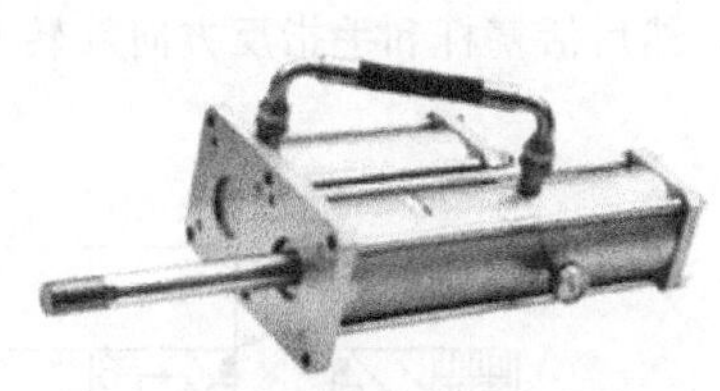
(c) 广东肇庆方大气动有限公司 QGQY系列节能型气液增压器

图 4-32 气液增压器实物外形图

⑪ 伺服气缸。图 4-33 为采用喷嘴挡板（膜片）式气动伺服阀构成的一种伺服气缸结构原理图。它是根据力平衡原理工作的。当控制压力 p_c 流入输入室 6 后，膜片 8 受到力的作用向左位移。喷嘴 9 与膜片 8 的间隙变小，背压随阻力增大而升高。在背压作用下，膜片 5 的作用力大于膜片 4 的作用力，阀芯 3 左移，压力为 p_s 供气经 A 口流入气缸左腔；同时，气缸有杆腔经 B 口排气，气缸活塞杆 11 向右移动伸出，该运动通过连接杆 10 传至反馈弹簧 7。气缸活塞杆不断运动直至弹簧与膜片 8 的作用力相平衡，最终得到与输入信号成比例的位移。

一旦控制压力 p_c 降低，在此瞬间由弹簧产生的力就大于作用在膜片 4 上的气压力，阀芯向右移动，A 口关小，B 口打开，活塞杆向左退回，直到弹簧力再次与作用在膜片 4 上的气压力相平衡为止。SMC（中国）有限公司 CPA2/CPS1 系列产品即为这种气缸，其实物外形如图 4-34 所示，该缸的气压参数见后述表 4-4，其他参数：线性度为±2%（全行程）；迟滞 1%；重复精度

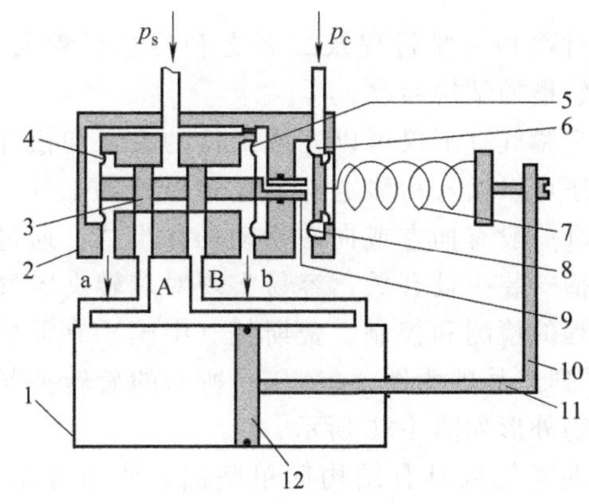

图 4-33 伺服气缸结构原理图

1—气缸体；2—伺服阀阀体；3—阀芯；4，5，8—膜片；6—输入室；7—反馈弹簧；9—喷嘴；10—连接杆；11—气缸活塞杆；12—气缸活塞

图 4-34 伺服气缸实物外形图

［SMC（中国）有限公司 CPA2/CPS1 系列带定位器的气缸（伺服气缸）］

为±1%（全行程）；灵敏度为±0.5%（全行程）；行程范围25～300mm。

伺服气缸主要应用于印刷（张力控制）、半导体（点焊机、芯片研磨）、自动化控制及机器人等领域。

⑫ 旋转夹紧气缸。旋转夹紧气缸主要用于各种类型的夹紧动作。如图4-35所示，旋转夹紧气缸由缸筒3、轴承端盖2及6、活塞杆1、活塞5和导向件4［图4-35（a）的螺钉或图4-35（b）的销］等组成，活塞杆端部可装上夹紧手指（横臂）［图4-35（b）］。由于在活塞或活塞杆上开有导轨槽，所以气缸在气压作用下工作时，导向件在导轨槽内，迫使活塞（杆）带动夹紧手指完成摆动和直线组合动作及工件的夹紧和松开动作。例如先完成旋转行程（一般为90°），然后再完成下压夹紧工件行程；当交换进排气方向时，与上述过程相反，即活塞杆和夹紧手指先将工件松开，然后活塞杆和手指反方向旋转90°，以便装拆工件。

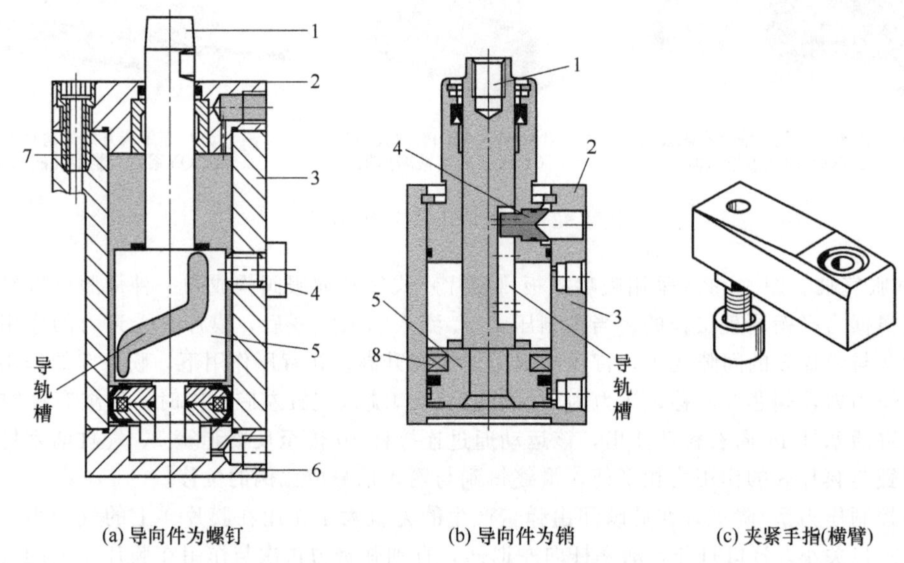

图4-35　旋转夹紧气缸结构原理图

1—活塞杆；2，6—轴承端盖；3—缸筒；4—导向件（螺钉或销）；5—活塞；7—法兰螺钉；8—磁环

图4-36　旋转夹紧气缸实物外形图
［费斯托（中国）有限公司CLR系列产品］

旋转行程和夹紧行程及二者之和的总行程大小，取决于导轨槽的结构参数。

旋转夹紧气缸不仅可以完成工件的夹紧和松开动作，甚至还可以插入和移走夹紧范围以外的工件。旋转夹紧气缸一般有向左或向右摆动两种形式。通过缸筒外部沟槽安装磁性开关，容易实现对旋转夹紧气缸的动作行程的检测和控制。费斯托（中国）有限公司的CLR系列产品即为图4-35（a）所示的旋转夹紧气缸，其实物外形如图4-36所示。

旋转夹紧气缸具有结构简单坚固、使用寿命长、安装维护费用低、摆动方向及角度便于调控等特点，适合各种自动化装备使用。

⑬ 止挡气缸。止挡气缸也称阻挡气缸，主要用于运输线上无需停机条件下，实现传送带上工件或物料的停止或分离（挡住），气缸缩回时则可继续运送工件或物料，具有平稳、安静和安全停止等特点。

止挡气缸通常由活塞式双作用气缸和止挡机构两部分组成。按气缸杆端及止挡机构不同，止挡气缸分为柱销式、滚轮式和滚轮杠杆式等多种形式。其中滚轮杠杆式的结构较为复杂，但功能和性能最好。滚轮杠杆式止挡气缸的结构如图 4-37 所示，带弹簧双作用气缸由缸筒 1、活塞 2、缸盖 3、活塞杆 4 及弹簧 9 组成，活塞上内置磁环（图中未画出）以通过磁性开关进行控制，活塞杆内可设液压缓冲器（图中未画出）；止挡机构由托架 5、杠杆 7 及销轴 8 等组成。费斯托（中国）有限公司的 DFST-G2 系列和济南杰菲特气动液压有限公司 GAA 系列等产品即为此类气缸，其实物外形如图 4-38 所示。滚轮杠杆式止挡气缸的工作顺序如表 4-2 所列。

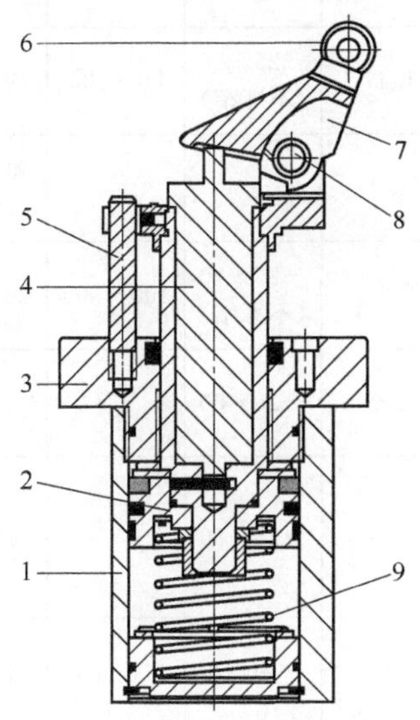

图 4-37　止挡气缸结构原理图

1—缸筒；2—活塞；3—缸盖；4—活塞杆；5—托架；6—滚轮；7—杠杆；8—销轴；9—弹簧

图 4-38　滚轮杠杆式止挡气缸实物外形图

［费斯托（中国）有限公司 DFST-G2 系列产品］

表 4-2　止挡气缸的工作顺序

步骤	1	2	3	4	5
示意图					
动作描述	活塞杆伸出，通过杆中的液压缓冲器柔和地阻挡负载	杠杆到达后终端位置。可选杠杆锁定机构：液压缓冲器的弹簧力不会推回负载	通过压缩空气放行负载，同时杠杆解锁	通过弹簧力或压缩空气延伸活塞。杠杆尖收回，防止负载被抬起	杠杆通过弹簧力抬起，准备好阻挡下一个工件托盘

4.2.5 产品概览（表4-3、表4-4）

表4-3 普通气缸产品概览

系列型号		缸径/mm	缓冲形式及缓冲行程/mm	最高使用压力/MPa	最低使用压力/MPa	耐压试验压力/MPa	环境(使用)温度/℃	使用速度/$mm\cdot s^{-1}$	最大行程/mm	生产厂
普通单活塞杆气缸	QCJ2系列微型气缸	6～16	橡胶垫	0.7	约0.06	1	5～70	50～750		①
	QGX系列小型气缸	12～40		0.8	0.15	1.2	5～60	50～500		②
	LG系列气缸	32～125	20～25	0.98	0.049	1.47	−25～80(不冻结)	50～700	约1000	③
	QGS系列气缸	32～320		1.0	0.1	1.2	5～60		缸径的10倍	④
	JB系列气缸	80～400		0.8	0.15		−25～80(不冻结)	100～500	约2000	①②③⑤
	QGBM系列膜片式单作用气缸	150、164		0.63	0.1	1.0	−25～80		41.25、55	⑥
	QGV(D)系列膜片式单作用气缸	140、160		0.63	0.1	0.954	−25～80		45、50	⑤
	CJ1B微型双作用气缸	4	无	0.7	0.2	1.05	−10～70	50～500	5～20	⑦
	CJ2系列双作用气缸	10、16	垫缓冲/气缓冲	0.7	0.06	1.0	−10～70	50～1000	15～200	
	DSBC系列标准气缸	32～125	缓冲垫/气缓冲	工作压力：0.06～1.2			−40～80		1～2800	⑧
普通双活塞杆气缸	QGEW-1系列气缸	20～40	缓冲垫	1.0	0.1	1.5	−25～80(不冻结)	50～700	约600	⑤
	LGL系列气缸	32～125	20～25	0.98	0.049	1.47	−25～80(不冻结)	50～700	约1000	③
	QGBQS系列气缸	50～250	两侧可调缓冲	1.0	0.1	1.2	5～60	50～700	～2000	④
	QGSG系列气缸	32～320		1.0	0.1	1.2	5～60		缸径的10倍	④
	QGEW-3系列气缸	20～25		1.0	0.1		−10～70	50～700	～2000	②
	CJ2W系列气缸	10、16	垫缓冲/气缓冲	0.7	0.1	1.0	−10～70	50～1000	15～200	⑦

①上海全伟自动化元件有限公司；②济南杰菲特气动液压有限公司；③烟台未来自动化有限责任公司；④无锡市华通气动制造有限公司；⑤广东肇庆方大气动有限公司；⑥无锡气动技术研究所有限公司；⑦SMC（中国）有限公司；⑧费斯托（中国）有限公司。

注：表中产品的具体技术参数、外形连接尺寸、订购方法及使用注意事项请见生产厂产品样本。

表 4-4 特殊气缸产品概览

系列型号		缸径/mm	缓冲形式及缓冲行程/mm	最高使用压力/MPa	最低使用压力/MPa	耐压试验压力/MPa	环境(使用)温度/℃	使用速度/mm·s^{-1}	最大行程/mm	生产厂
冲击气缸	QGCH 系列冲击气缸	50～100		1.0			5～80	冲击频率(次/min) 40～70	冲程 110～200	①
	QGJ 系列冲击气缸	50～125		1.0	0.1		−10～60	冲击频率(次/min)20	冲程 90～140	②
多位气缸	ADNM 系列多位气缸	25～100		1.0	0.08		−20～120		300、1000	③
回转气缸	RA-B 系列中实双活塞型回转气缸	130～250		0.8			转速:3000～4000r/min		12～35	④
	RQ 系列中空回转气缸	130～170		0.8			转速:4500～5000r/min		15	
钢索式气缸	QGL 系列钢索式气缸	50～170		工作压力:0.2～0.63			−25～80	理论输出拉力/N:464～1675	2000～3000	⑤
	QGL 系列无给油润滑缆索式气缸	50、63、80	两侧可调缓冲	工作压力:0.2～0.8			−10～70	理论输出拉力/N:580～1090	≤3500	⑥
无杆气缸	MY1B 系列机械耦合式无杆气缸	25、32、40	气缓冲	使用压力范围:0.1～0.8		1.2	5～60	100～1500	100～2000	⑦
	DLGF-KF 系列机械耦合式带循环滚珠轴承导轨的无杆气缸	20、25、32、40	两端带自调节气动缓冲	使用压力范围:0.15～0.8			0～60	70～1500	100～1000	③
	QGCW 系列磁性无活塞杆气缸	20～40	两侧缓冲垫片	0.63	0.15	0.945	−10～80(不冻结)	200～700	约 2000	⑥
	CY3B 系列磁耦合式无杆气缸	6～63	两端橡胶缓冲	0.7	见样本	1.05	−10～60	50～500	50～1000	⑦
	REA 系列磁耦合式正弦无杆	25～63		0.7	0.18	1.05	−10～60	50～300	200～1000	⑦
	DGO 磁耦合式无杆气缸	12～40	垫缓冲/可调缓冲	0.7	0.02		−20～60		100～4000	④
薄型气缸	QGD 系列薄型气缸	16～100	不可调缓冲	0.99		1.5	−10～70		约 80	①
	CDQ2W 系列标准型双杆双作用带磁性开关薄型气缸	12～100	有缓冲/无缓冲	1.0	0.05	1.5	−10～70	50～500	5～100	⑦
	CFB 系列薄型气缸	12～100	垫缓冲	使用压力范围:0.15～1.0		1.5	−20～70	30～500	5～120	⑧
滑台气缸	MXH 系列单轴双作用滑台气缸	6～20	垫缓冲	0.7	0.15	1.05	−10～70	50～500	5～60	⑦
	STM 系列双轴滑台气缸	12～25	垫缓冲/油压缓冲	1.0	0.1	1.5	−20～70	30～500	25～250	⑨
带阀气缸	CVQ 系列薄型带阀气缸	32、40		0.7	0.15	1.0	−10～50	50～500	5～853	⑦
气囊式气缸	EB 系列气囊式气缸 单波纹	80～385		0.8	0		−40～70		20～115	④
	EB 系列气囊式气缸 双波纹								45～230	
气液阻尼缸	QGB 系列气液阻尼缸	40～200		0.8	0.25	1.2	−25～80	1～40		①

续表

系列型号		缸径/mm	缓冲形式及缓冲行程/mm	最高使用压力/MPa	最低使用压力/MPa	耐压试验压力/MPa	环境(使用)温度/℃	使用速度/mm·s^{-1}	最大行程/mm	生产厂
气液增压器	QGZY 系列直压式气液增压缸		输出压力油量 100cm^3	0.8	0.2	增压比 1∶6.25～1∶25				⑥
	QGQY 系列节能型气液增压器	80～200		0.7	0.15	增压比 1∶15			200～400 增力行程:10mm	⑥
	ZYG 系列气液增压器	63、80、100		0.8	0.15	增压比 1∶15	5～60	50～700	100	①
	CQ2L 系列气液增压器	100～160	输出油压：3.5～14MPa	1.0	0.4	增压比 1∶7～1∶32.6	5～60		输出压力油：17～101cm^3；	⑦
伺服气缸	CPA2/CPS1 系列带定位器的气缸(伺服气缸)	CPA2:50～100 CPS1:125～300		供给压力：0.3～0.7MPa	输入压力：0.02～0.1		−5～60		25～300	⑦
旋转夹紧气缸	QGCJJ 系列旋转夹紧气缸	25～63	橡胶缓冲 回转角度 90°±10°	1.0	0.1	0.5MPa 时的夹紧力/N：40～1400	−10～70	50～200mm	回转行程：7.5～19mm；夹紧行程：10～50mm	①
	QGHJ 系列回转夹紧气缸	25～63	回转角度 90°±10°	1.0	0.1	0.5MPa 时的夹紧力/N：185～1370	−25～80		回转行程：9.5～20mm；夹紧行程：10～50mm	⑥
	CQA 系列旋转夹紧气缸	20～40	防撞垫缓冲 回转角度 90°±2°	1.0	0.15		−20～70		回转行程：0mm(平面回转)；夹紧行程：5mm	⑧
	MK 系列回转夹紧气缸	12～63	回转角度 90°±10°	1.0	0.1	1.5；0.5MPa 时的夹紧力/N：40～1400	−10～70	50～200	回转行程：7.5～19mm；夹紧行程：10～50mm	⑦
	CLR 系列直线/回转式夹紧气缸	12～63	垫缓冲 回转角度 90°±1°	1.0	0.2	0.6MPa 时的夹紧力/N：34～1386	−10～80		夹紧行程：10～50mm；总行程：19～73mm；	③
止挡气缸	GAA 系列滚轮杠杆式阻挡气缸	50、60、80	橡胶缓冲	1.0		活塞杆内置缓冲器	−10～60		30、40	①
	DFST-G2 系列滚轮杠杆式阻挡气缸	50、63、80	垫缓冲/液压缓冲	1.0	0.2		5～60		30、40	③
	RSQ 系列止动气缸	16～50	垫缓冲	1.0		1.05	−10～70	50～500	10～30	⑦

①济南杰菲特气动液压有限公司；②无锡气动技术研究所有限公司；③费斯托（中国）有限公司；④常州市科普特佳顺机床附件有限公司；⑤烟台未来自动化有限责任公司；⑥广东肇庆方大气动有限公司；⑦SMC（中国）有限公司；⑧牧气精密工业（深圳）有限公司；⑨无锡市华通气动制造有限公司。

注：表中产品的具体技术参数、外形连接尺寸、订购方法及使用注意事项请见生产厂产品样本。

4.3 摆动气缸及摆台

4.3.1 类型原理

(1) 类型符号

摆动气缸又称摆动气马达，是输出轴作往复摆动的一种气动执行元件。摆动气缸的结构较连续旋转的气马达结构简单，但摆动气马达对冲击的耐力小，故常需采用缓冲机构或安装制动器以吸收载荷突然停止等产生的冲击载荷。

按结构不同，摆动气缸可分为叶片式和活塞式两类。工作时，前者靠压缩空气驱动叶片带动传动轴（输出轴）往复摆动；后者靠压缩空气驱动活塞直线运动带动传动轴（输出轴）摆动；摆动气缸的摆动角度可根据需要进行选择，可以在 360°以内，也可大于 360°，常用摆动气缸的最大摆动角度有 90°、180°、270°等三种规格。

摆动气马达的图形符号见表 4-5。

表 4-5 摆动气马达的图形符号

类别	双作用摆动马达(限制摆动角度)	单作用摆动马达	双向摆动马达
图形符号	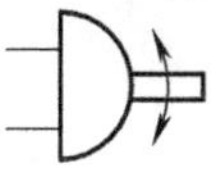	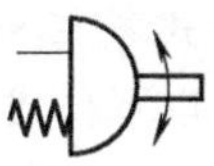	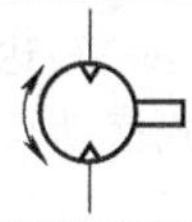

(2) 组成原理

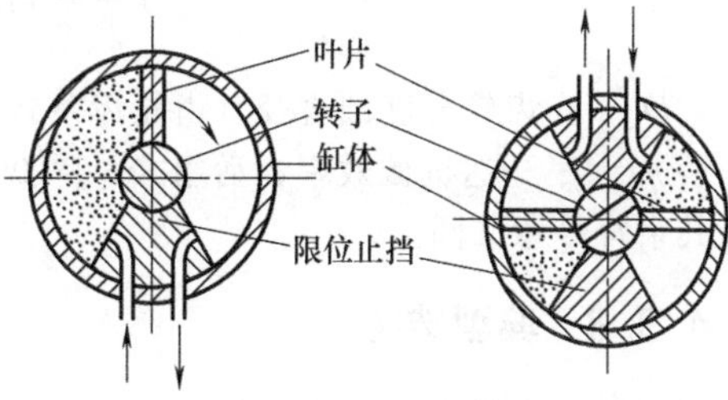

① 叶片式摆动气缸。按叶片数量不同，叶片式摆动气缸（图 4-39）有单叶片和双叶片两类。它们都是由缸体、叶片、转子（输出轴）、限位止挡及两侧端盖组成。叶片与转子（输出轴）固定在一起，压缩空气作用在叶片上，在缸体内绕中心摆动，带动输出轴摆动，输出一定角度内的回转运动。

叶片
转子
缸体
限位止挡

(a) 单叶片式　(b) 双叶片式

图 4-39 叶片式摆动气马达原理图

单叶片式摆动气缸的摆动角度小于 360°，一般在 240°～280°左右；双叶片式摆动气缸的摆动角度小于 180°，一般在 150°左右。在结构尺寸相同时，双叶片式的输出转矩应是单叶片式摆动气缸输出转矩的 2 倍。这种气缸由于叶片与缸体内壁接触线较长，需要较长的密封，密封件的阻力损失较大。

② 活塞式摆动气缸。活塞式摆动气缸有齿轮齿条式、螺杆式及曲柄式等多类。其基本原理是利用某些机构（如齿轮齿条、螺杆、曲柄等）将活塞的直线往复运动转变成一定角度内的往复回转运动输出。

图 4-40 (a) 所示为齿轮齿条式摆动气缸，活塞带动齿条从而推动与齿条啮合的齿轮转动，齿轮轴输出一定角度内的回转运动；图 4-40 (b) 所示为螺杆式摆动气缸，活塞内孔与一螺杆啮合，当活塞往复运动时，螺杆就输出回转运动（一定角度内的摆动）。齿轮齿条式摆动气缸密封性较好，机械损失也较小；螺杆式的密封性可做到较好，但加工难度稍大，机械损失也较大。

4.3.2 性能参数

摆动气缸及摆台的主要性能参数有缸径（规格）、工作压力、摆动角度、输出扭矩、摆动频率、容许动能、摆动时间调整范围与环境及流体温度等。其中叶片式摆动马达的输出转矩用以下公式进行计算：

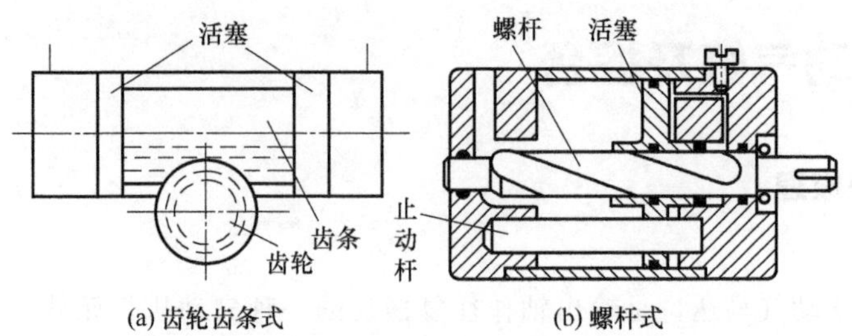

图 4-40　活塞式摆动气缸原理图

$$T=\frac{1}{8}(p_1-p_2)Z(D^2-d^2)b\eta_m \tag{4-11}$$

式中　p_1——供气压力，Pa；

p_2——排气背压，Pa；

Z——叶片数；

D——缸体内径，m；

d——叶片安装轴外径，m；

b——叶片轴向宽度，m；

η_m——马达机械效率，叶片式 $\eta_m \leqslant 80\%$。

活塞式摆动马达的输出转矩由以下公式进行计算：

$$T=\frac{1}{8}\pi D_g D^2(p_1-p_2)\eta_m \tag{4-12}$$

式中　D_g——齿轮分度圆直径（齿轮齿条式），m；

η_m——马达机械效率，活塞式 $\eta_m \leqslant 95\%$。

其余符号意义同上。

4.3.3 典型结构

(1) 叶片式摆动气缸及摆台

① 叶片式摆动气缸。图 4-41 所示为叶片式摆动气缸的结构图，缸体内两端用滚珠轴承 6 支承的输出轴 1 上装有叶片 5，当气压作用时，输出轴驱动通过键 2 连接的工作机构（图中未画出）做旋转摆动（止动杠杆随之旋转），并由两个终端止挡 7、8 限位，气缸摆角可通过刻度盘精确地调节，故缸内无金属固定止挡；气缸终端位置可由位置传感器无接触感测。费斯托（中国）

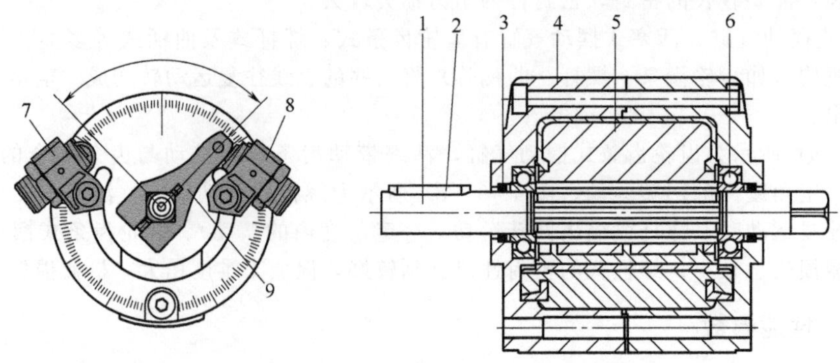

图 4-41　叶片式摆动气缸结构图

1—输出轴；2—键；3—轴密封件；4—缸体；5—叶片；6—滚珠轴承；7,8—终端止挡；9—摆动挡块有限公司生产的DRVS系列/DSM系列双作用摆动气缸即为此种结构，其实物外形如图4-42所示。

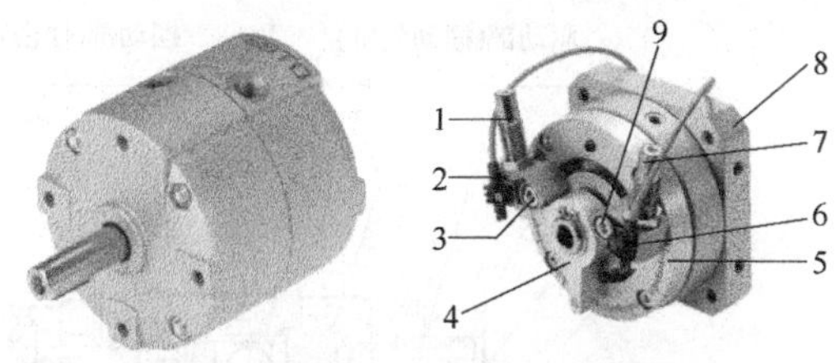

图 4-42　DRVS系列/DSM系列双作用摆动气缸实物外形图［费斯托（中国）有限公司产品］

1,7—缓冲器；2,6—位置传感器；3,9—终端止挡；4—止动杠杆；5—角度刻度盘；8—气缸主体

内部带有金属固定止挡的摆动气缸，其摆角不易调节，其止挡个数及结构与气缸叶片数量及摆动角度有关，单叶片摆动气缸与双叶片摆动气缸中的限位止挡结构及叶片状态分别如图4-43和图4-44所示，大多数叶片式摆动气缸均为这种终端止挡。例如SMC（中国）有限公司生产的CRB2系列双叶片双伸轴摆动气缸和CRBU2系列自由安装型带磁性开关摆动气缸即属此类产品，其实物外形如图4-45所示。

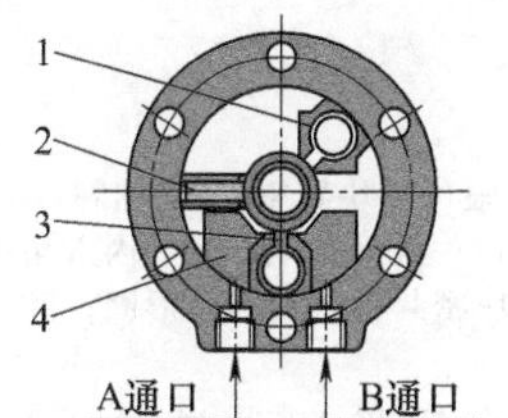

(a) 摆角90°，B口进入压缩空气

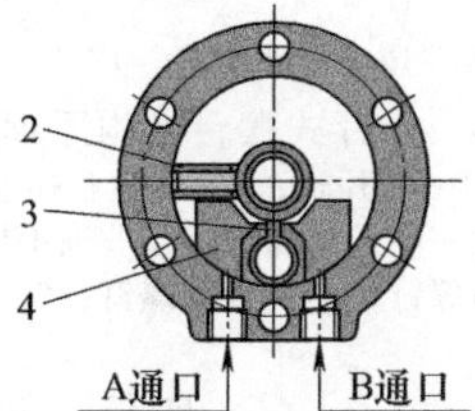

(b) 摆角180°，B口进入压缩空气

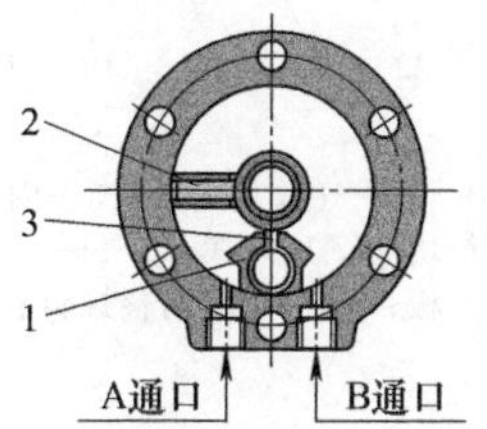

(c) 摆角270°，摆动途中位置

图 4-43　单叶片摆动气缸限位止挡结构及叶片工作状态结构图（从输出轴侧看）

1—限位止挡；2—叶片；3—限位止挡密封件；4—限位止挡

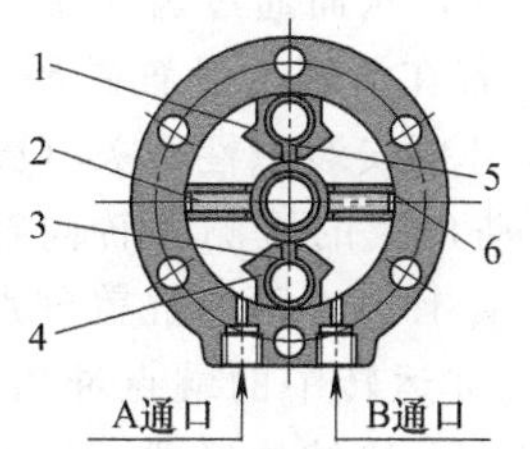

(a) 摆角90°，从传动轴侧看

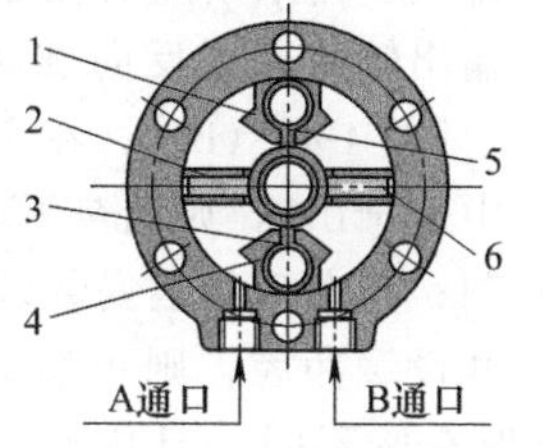

(b) 摆角100°，双伸轴式从长轴侧看

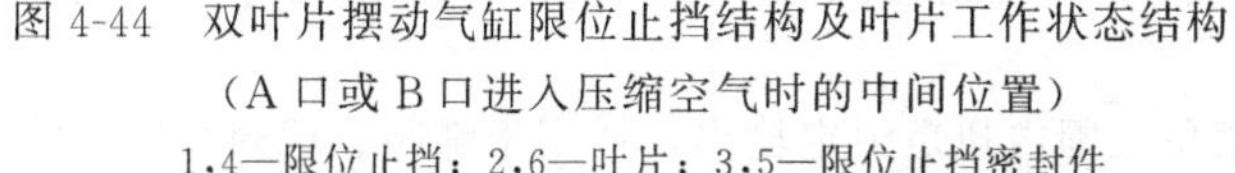

图 4-44　双叶片摆动气缸限位止挡结构及叶片工作状态结构图（A口或B口进入压缩空气时的中间位置）

1,4—限位止挡；2,6—叶片；3,5—限位止挡密封件

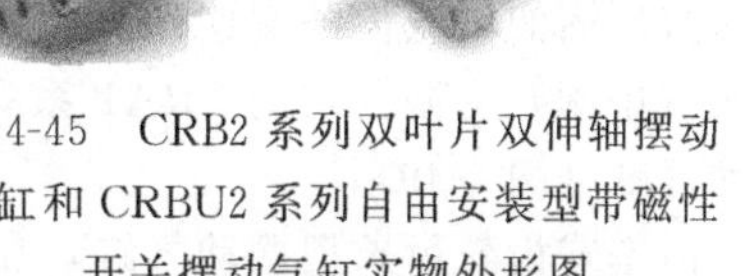

图 4-45　CRB2系列双叶片双伸轴摆动气缸和CRBU2系列自由安装型带磁性开关摆动气缸实物外形图［SMC（中国）有限公司产品］

② 叶片式摆台。带摆动工作台、分度台的气缸简称摆台，用于自动化生产线上工业机器人或机械手对工件的搬运、抓取及筛选等负载的精确摆动控制。

如图4-46所示，叶片式摆台由驱动部（叶片式摆动马达）和摆台部二大部分组成，二者相互独立，便于用户根据需要进行组合与分解。摆台10由滚动轴承14支承，并通过二部之间的板架类组件实现与驱动部右端输出轴的机械连接。当驱动部旋转时则摆台随之摆动旋转。摆台10右端面开有螺纹孔用于安装负载，在端面上可把磁性开关固定在适合的位置上，以实现摆台的位置检测和换向控制。SMC（中国）有限公司的高精度MSU系列和广东诺能泰自动化技术有限公司的高精度NMSUB系列产品即属此类结构的叶片式摆台，其实物外形如图4-47所示。

气动摆台具有将气缸与工作台集成为一体，免去了用户自行设计制造此类装备的周期和成本，摆动角度可调节，摆台振摆精度高，磁性开关安装位置可任意移动等显著优点。

(2) 活塞式摆动气缸及摆台

① 活塞式摆动气缸。活塞式摆动气缸最常见的结构是齿轮齿条型，其基本结构如图4-48

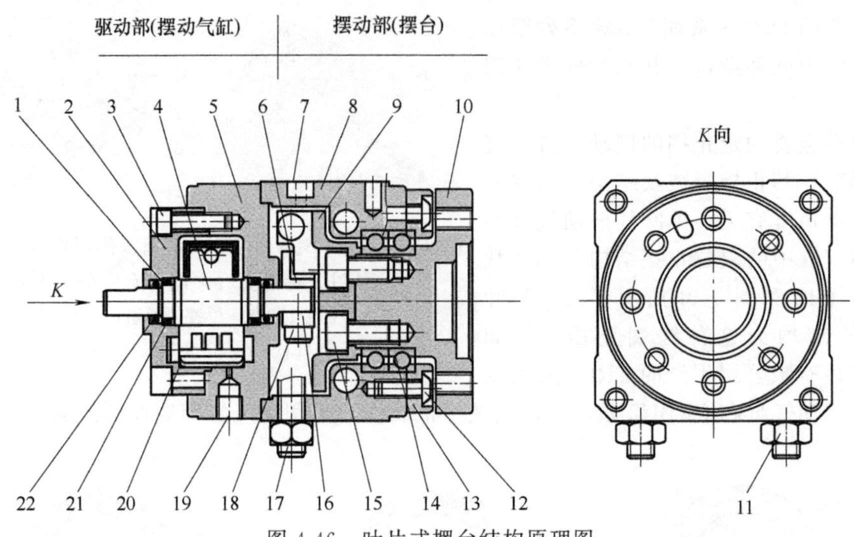

图 4-46　叶片式摆台结构原理图

1—支撑环；2—气缸左端盖；3—内六角螺钉；4—叶片轴；5—气缸右端盖；6—限位挡块导座；7—铭牌；8—壳体；9—限位块架；10—摆台；11—六角螺母；12—半圆头螺钉；13—轴承压盖；14—滚动轴承；15—内六角螺钉；16—架压板；17—角度调整螺钉；18—内六角螺钉；19—紧定螺钉；20—限位块密封件；21—O形圈；22—轴承

(a) 未安装磁性开关

(b) 安装带磁性开关

图 4-47　MSU 系列叶片式摆台实物外形图［SMC（中国）有限公司产品］

(a) 所示，左右两个活塞 10 通过螺钉 11 与齿条 2 连接为一体，与齿条啮合的齿轮 22 装在由滚动轴承 14 支承的输出轴 12 上。左右活塞腔交替进排气，齿条则左右往复移动，从而通过齿轮带动输出轴实现正反向旋转。若在活塞上设置磁环 7［见图 4-48（b）］、在主体外侧安装磁性开关（图中未画出），则可实现摆动角度的检测和转向控制；若在活塞上安装缓冲套 19，在两侧缸盖分别开设缓冲腔，则可缓和气缸运转中的端点冲击。大多数厂商的齿轮齿条型摆动气缸，尽管其外形有所不同，但基本上均为上述结构形式，例如 SMC（中国）有限公司的 CRA1 系列、济南杰菲特气动液压有限公司的 QGCB 系列等均属此类摆动气缸（图 4-49）。

活塞式齿轮齿条型摆动气缸，在整个摆角范围内扭矩恒定输出，适用于蝶阀、球阀和风门的自动化工作，还适用于水处理/污水处理、饮料、制药和过程自动化。

② 活塞式齿轮齿条型气动摆台。如图 4-50 所示，活塞式气动摆台也由驱动部（双活塞摆动气缸）和摆台部两大部分构成。驱动部的齿条式双活塞 7 与齿轮 22 相互啮合；摆台 19 通过键 21 和内六角螺钉 23 与齿轮 22 连接；齿轮轴及摆台由球轴承（或滚针轴承）20 及 24（高精度转台则改用锥面球轴承 31）支承。当压缩空气以推挽式交替进入双活塞的工作腔时，活塞的往复直线运动转变为齿轮驱动摆台旋转的摆动。活塞的端点冲击有的是通过内置的缓冲吸盘 6 吸收（由调整螺钉 1 调整），有的则是通过外置的液压缓冲器 30 吸收。摆台 19 上端面的法兰孔用于安装负载，在端面上还可把磁性开关固定在适合的位置上，以实现摆台的位置检测和换向控制。活塞式摆台与齿轮齿条型摆动气缸实现了一体化，便于摆动角度调节，换向端点冲击小，特别适用于搬运和装配机械自动化作业。

SMC（中国）有限公司的 MSQ 系列和费斯托（中国）有限公司的 DRRD 系列产品即属此类结构的活塞式摆台，其实物外形如图 4-51 所示。由图可看出，活塞式气动摆台除了法兰孔和法兰轴型外，尚有驱动轴、位置感测、外部位置感测（传感器安装）、外部缓冲和终端位置锁止等多种派生类型。

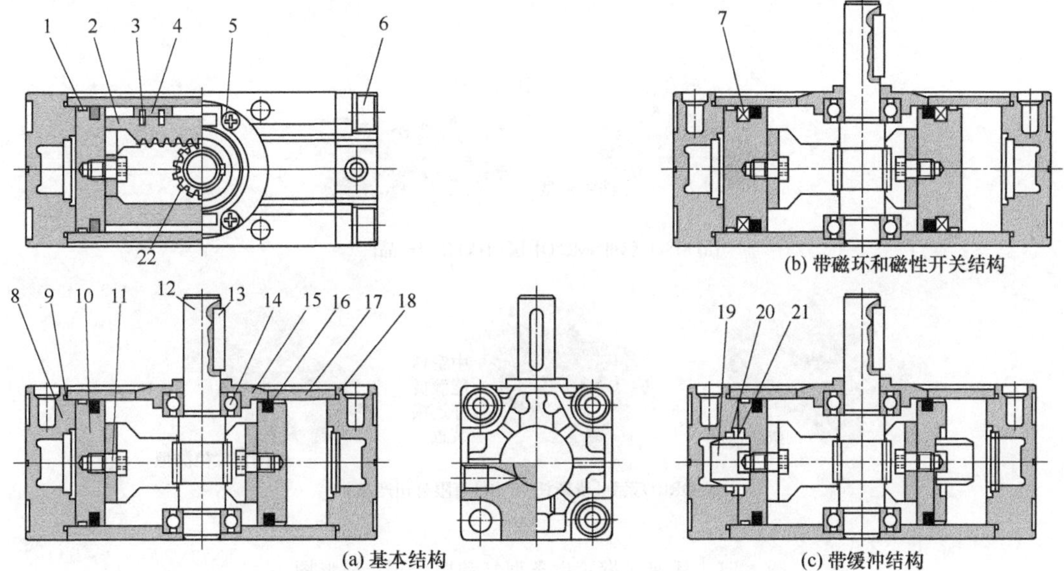

图 4-48　活塞式摆动气缸之齿轮齿条式摆动气缸结构原理图

1—耐磨环；2—齿条；3—弹簧销；4—滑块；5—内十字螺钉；6—带垫内六角螺钉；7—磁环；8—左缸盖；9—缸筒静密封圈；10—活塞；11—连接螺钉；12—输出轴；13—键；14—滚动轴承；15—轴承座；16—活塞密封圈；17—主体；18—右缸盖；19—缓冲套；20—缓冲密封圈；21—密封件护圈；22—齿轮

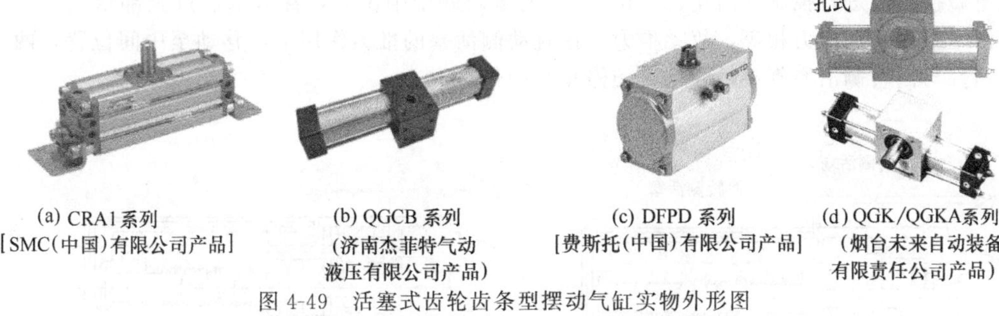

图 4-49　活塞式齿轮齿条型摆动气缸实物外形图

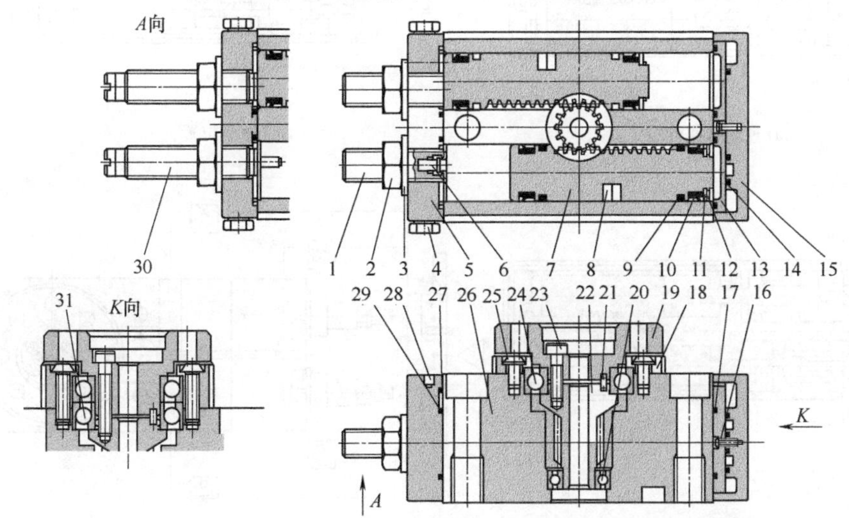

图 4-50　活塞式气动摆台：齿轮齿条式摆动气缸结构原理图

1—调整螺钉；2—锁紧螺母；3—密封垫圈；4—螺堵；5—左端盖；6—缓冲吸盘；7—齿条式活塞；8—磁环；9，17—耐磨环；10—活塞密封圈；11—密封圈挡圈；12—压铆螺母或弹性挡圈；13—端板；14—密封圈；15—盖；16—十字头小螺钉；18—轴承压盖；19—摆台；20，24—球轴承（或滚针轴承）21—平行销（或键）；22—齿轮；23—内六角螺钉；25—薄头内六角螺钉；26—本体；27—O形密封圈；28—钢球；29—静密封圈；30—液压缓冲器；31—锥面球轴承

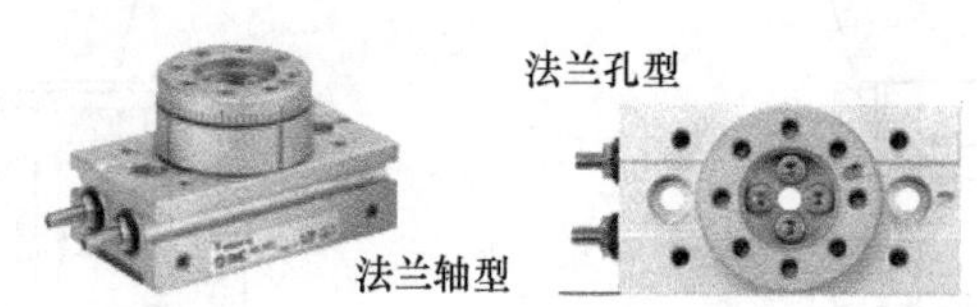

(a) MSQ系列[SMC (中国) 有限公司产品]

(b) DRRD系列[费斯托(中国)有限公司产品]

图 4-51 活塞式齿轮齿条型气动摆台实物外形图

在上述摆台基础上，有的气动元件厂商还开发生产了三位置摆台。如图 4-52（a）所示，三位置摆台是在原摆台双活塞（回转侧活塞）基础上，增设直动侧双活塞而成，并采用 3 位 5 通中压式电磁换向阀进行控制［图 4-52（b）］。当电磁阀处于中位时，各活塞通口全部给气，由于回转侧活塞左右两端压力相等，故无推力，在直动侧活塞的推力作用下，移动至中间位置，两个直动侧活塞与回转侧活塞都接触时摆台便停止在中位。

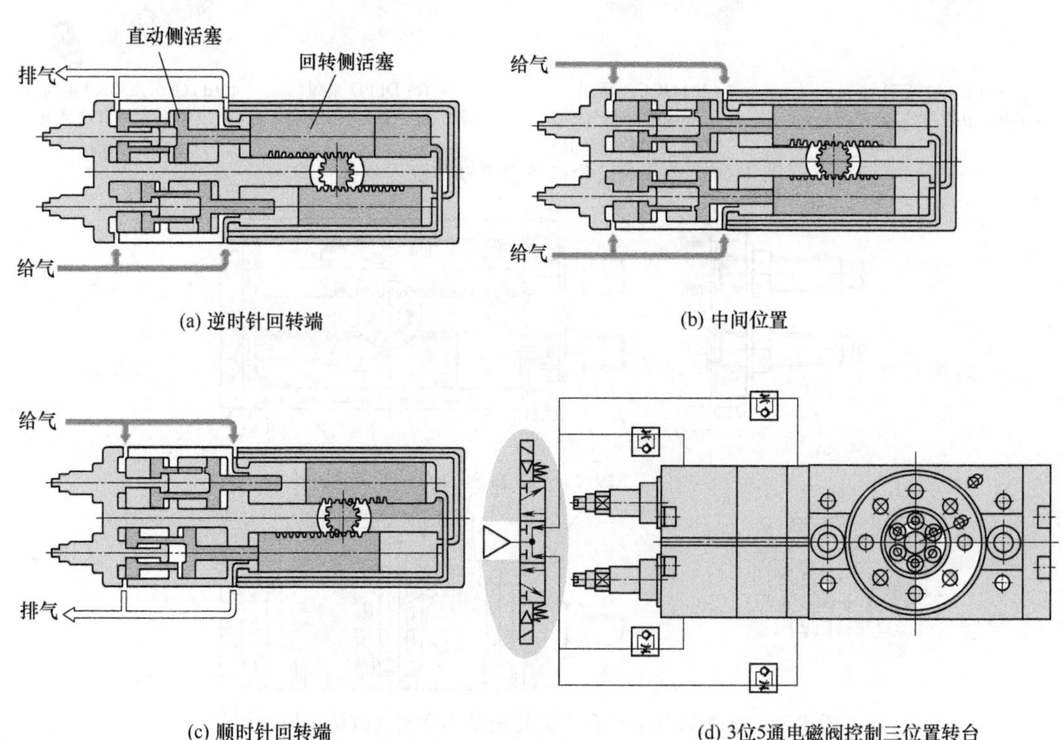

(a) 逆时针回转端　(b) 中间位置

(c) 顺时针回转端　(d) 3位5通电磁阀控制三位置转台

图 4-52 活塞式齿轮齿条型三位置气动摆台示意图

4.3.4 产品概览（表 4-6）

表 4-6 摆动气缸及摆台产品概览

类别	系列型号	缸径/mm	工作压力范围/MPa	环境及流体温度/℃	润滑及缓冲	摆动角度/(°)	容许动能/J	理论扭矩/N·m	摆动时间调整范围/(s/90°)	生产厂
叶片式摆动气缸	C-CR2B 系列单叶片/双叶片摆动气缸	10～40	0.15～1.0	5～60	不给油	240/90	0.00015～0.04/0.0003～0.04		0.03～0.5	①
	NCRB2 系列单叶片摆动气缸	10～40	0.10～1.0	5～60	不给油	90、180、270	0.00015～0.04		0.03～0.5	②
	DRVS 系列双作用叶片式摆动气缸	6～40	0.2～0.8	0～60	垫缓冲	90、180、270		0.15～20	重复精度：1°	③
	DSM 系列叶片式摆动气缸	6、8、10	0.35～0.8	0～60	垫缓冲	90、180 或 240	最大摆动频率：3Hz	0.15～85		
	CRB2 系列单叶片摆动气缸	10～40	0.15～1.0	5～60	不给油	90、180、270	0.00015～0.04		0.03～0.5	④
	CRBU2 系列双叶片摆动气缸		0.2～1.0			90、100	0.003～0.04			
叶片式气动摆台（带摆台气缸）	NMSUB 高精度单叶片气动摆台（气缸）	规格：1、3、7、20	0.15～1.0	5～60	不给油	90±10；180±10	振摆精度：0.03mm 以内		0.07～0.3（0.5MPa 时）	②
	MSUA 系列高精度单叶片气动摆台	规格：1、3、7、20	0.15～1.0	5～60	不给油	90±10；180±10	振摆精度：0.03mm 以内	0.3～2.9	0.07～0.3（0.5MPa 时）	④
	MSUB 系列高精度单叶片/双叶片气动摆台					单叶片：90±10；180±10；双叶片：90±5			0.07～0.3（0.5MPa 时）	
活塞式摆动气缸	CRA1 系列 齿条齿轮型	30～100	0.10～1.0	0～60	不给油：无/气缓冲	90、100、180、190；摆动角度允差：0～4	0.01～2.9	0.38～149	0.2～5	④
	C-CRA1 系列 齿条齿轮型							1.9～74		①
	QGCB 系列齿条齿轮型	63～160	0.40～0.8	5～60		90、180、360		50～400		⑤
	QGK 系列（孔式） 齿条齿轮型	63～125	0.15～1.0	－25～80		90、180、360		56～344		⑥
	QGKA 系列（轴式） 齿条齿轮型	32～50						4.7～9.9		
	DFPD 系列齿轮齿条型双作用	10～2300	0.20～0.8	－20～80	无缓冲	90、120、135、180		3.7～3748.4		③
活塞式气动摆台（带摆台气缸）	CMSQ/MSQ/QGQB 系列齿轮齿条型摆台	15～40；规格：10～200	0.1～1.0	0～60	不给油：垫缓冲/液压缓冲	190；动能吸收能力不下降的最小摆动角度：40～60	带调整螺钉：0.07～0.56；带内部缓冲器：0.039～2.9		0.2～2.5	①④⑤
	DRRD 齿轮齿条型摆台（双活塞摆动气缸）	规格：8～12	0.2～1.0	－10～60	可润滑：垫缓冲/液压缓冲	180、90±10		0.2～0.8（0.6MPa 时）		③
		规格：16～63						1.6～112（0.6MPa 时）		
	CRB 系列齿轮齿条型摆台（回转气缸）	15～25；规格：10～50	0.1～1.0	0～60	橡胶缓冲/油压缓冲器	190；保证旋转力的最小角度：40～60	附调整螺钉：0.07～0.081；附油压缓冲器：0.039～0.294		0.2～1.0	⑦
	MSZ 系列三位置摆台	规格：10～50	0.2～1.0	0～60	无缓冲	190；中间位置调整范围：±10	0.007～0.81		0.2～1.0	④

①浙江西克迪气动有限公司（乐清）；②广东诺能泰自动化技术有限公司（东莞）；③费斯托（中国）有限公司；④SMC（中国）有限公司；⑤济南杰菲特气动液压有限公司；⑥烟台未来自动装备有限责任公司；⑦牧气精密工业（深圳）有限公司。

注：表中产品的具体技术参数、外形连接尺寸、订购方法及使用注意事项请见生产厂产品样本。

4.4 直线-摆动组合气缸

直线-摆动组合气缸也称伸摆气缸，它由直进部和摆动部两大部分组成（参见图 4-53 和图 4-54），前者通常是完成往复伸缩运动的直线气缸，后者则是用于完成往复摆动的摆动气缸。这类气缸可在前进端、后退端做摆动运动或在直进行程中做摆动运动等。直线-摆动气缸的图形符号如图 4-55 所示。

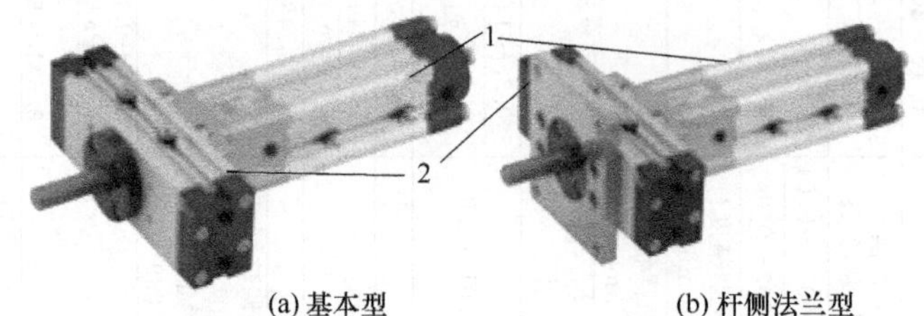

(a) 基本型　　(b) 杆侧法兰型

图 4-53　活塞式齿轮齿条型伸摆气缸［SMC（中国）有限公司产品］

1—普通双作用气缸；2—活塞式齿轮齿条型摆动气缸

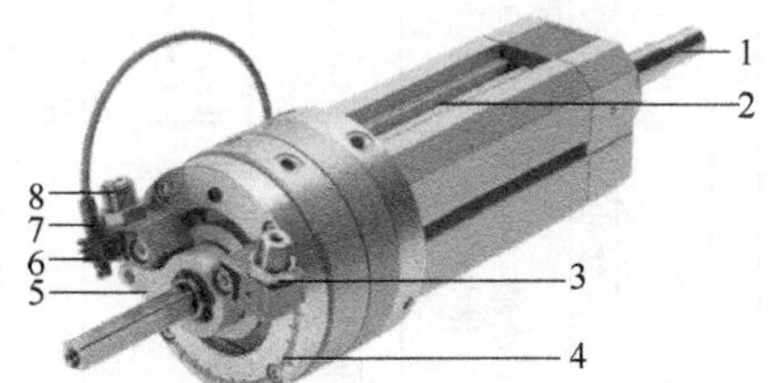

图 4-54　叶片式摆动-直线气缸［费斯托（中国）有限公司产品］

1—活塞杆；2—传感器安装槽；3—终端位置调节机构；4—刻度盘；5—止挡杠杆；6—位置传感器；7—传感器安装支架；8—缓冲器

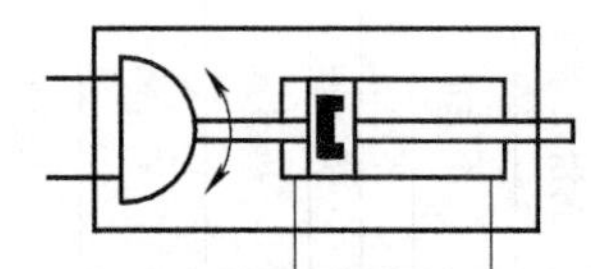

图 4-55　直线-摆动组合气缸图形符号［费斯托（中国）有限公司］

直线-摆动组合气缸的主要优点是，将普通双作用气缸与摆动气缸一体化，直线和摆动功能组合起来，在结构上二者相互独立，可独立配管，便于用户使用维护；直进运动、摆动运动的计时可任意设定；可选择气缓冲，运动平稳；通过摆动部调整旋转角度；内置磁环，可在外部两侧设置磁性开关。特别适合配置及带动气爪在自动化生产线上对工件进行抓取或变向（图 4-56）等作业。其缺点是价格较高。

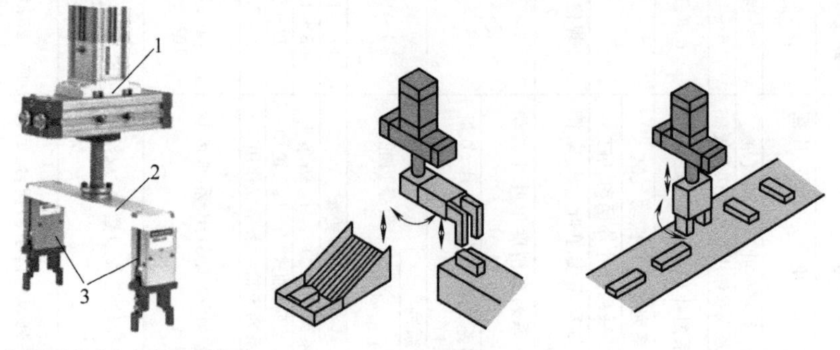

(a) 直线-摆动组合气缸的典型配置　　(b) 工件抓取　　(c) 工件变向

图 4-56　直线-摆动组合气缸典型应用

1—直线-摆动组合气缸；2—连接架；3—气爪

直线-摆动组合气缸的主要性能参数有工作压力、环境及流体温度，直进部的规格、活塞速度、行程，摆动部的摆动角度、扭矩、容许动能和摆动时间调整范围等，各生产厂商的产品参数不尽相同。

直线-摆动组合气缸的产品概览如表 4-7 所列。

表 4-7　直线-摆动组合气缸产品概览

系列型号	工作压力范围/MPa	环境及流体温度/℃	直进部					摆动部				生产厂
			规格/mm	活塞速度/mm·s^{-1}	行程/mm	缓冲	缓冲	摆动角度/(°)	容许动能/J	理论扭矩/N·m	摆动时间调整范围/(s/90°)	
MRQ 系列伸摆气缸	0.15～0.7	0～60	32、40	50～500	5～100	无/有气缓冲	无	80～190	0.23、0.28	1、1.9 (0.5MPa)	0.2～1	①
DSL-B 系列摆动/直线气缸	0.25～0.8	－10～60	16～40	最大 500	10～200	有	有	240～270；摆动重复精度：0.1～1	0.1～1	1.25～20 (0.6MPa)	摆动频率：0.7～2	②

①SMC（中国）有限公司；②费斯托（中国）有限公司。

注：表中产品的具体技术参数、外形连接尺寸、订购方法及使用注意事项请见生产厂产品样本。

4.5　气缸的使用维护

4.5.1　使用要点

① 一般气缸的正常工作条件为环境温度为－35～80℃，工作压力为 0.4～0.6MPa。

② 应按生产厂提供的使用维护说明书及有关技术资料的要求，正确安装气缸。

③ 气缸的安装连接方式应根据缸拖动的工作机构结构要求及安装位置等按表 4-8 来选择。通常应采用固定式连接。在需要随工作机构连续回转时（如金属切削机床等加工机械），应选用回转气缸。在要求活塞杆除直线运动外，还需做圆弧摆动时，则选择轴销式连接，等等。

④ 无论采用何种安装连接方式，均应尽量使活塞杆承受拉力载荷，承受推力载荷应尽可能使载荷作用在活塞杆轴线上，活塞杆不允许承受偏心或横向载荷。在安装过程中，应特别注意防止污物侵入气缸。应正确连接进出气管，不能连错。

⑤ 安装前，应在 1.5 倍工作压力条件下进行试验，不应漏气。

⑥ 装配时，所有密封元件的相对运动工作表面应涂以润滑脂。在更换密封件时，要注意避免划伤密封件唇口，建议使用安装专用工具。

⑦ 气源进口处必须设置气源调节装置（三联件）：过滤器-减压阀-油雾器。

⑧ 载荷在行程中有变化时，应使用输出力足够的气缸，并附设缓冲装置。

⑨ 尽量不使用满行程。

⑩ 当气缸出现故障需要拆卸时，应在拆卸前将活塞杆退回到末端位置，然后切断气源，松进排气口接头，使气体压力降为零。

表 4-8　气缸的常用安装连接方式

分类			简图	说明
固定式气缸	支座式	轴向支座 MS1 式		轴向支座，支座上承受力矩，气缸直径越大，力矩越大
		切向支座式		

续表

分类			简图	说明
固定式气缸	法兰式	前法兰 MF1 式	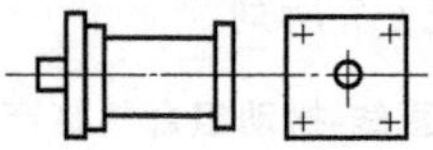	前法兰紧固,安装螺钉受拉力较大
		后法兰 MF2 式	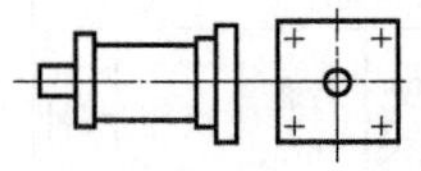	后法兰紧固,安装螺钉受拉力较小
		自配法兰式	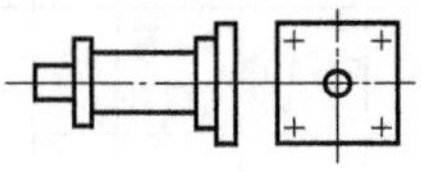	法兰由使用单位视安装条件现配
轴销式气缸	尾部轴销式	单耳轴销 MP4 式	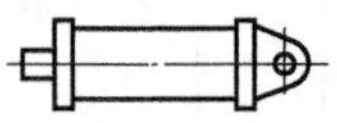	气缸可绕尾轴摆动
		双耳轴销 MP2 式		
	头部轴销式		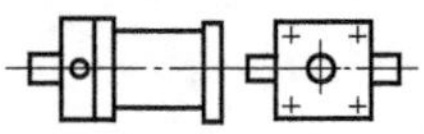	气缸可绕头部轴摆动
	中间轴销 MT4 式		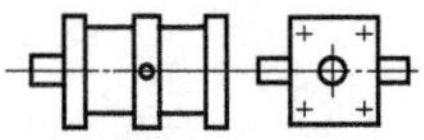	气缸可绕中间轴摆动

4.5.2 故障诊断(表 4-9)

表 4-9 气缸常见故障及其诊断排除方法

故障现象			故障原因	排除方法
①漏气	外泄漏	活塞杆处	导向套、杆密封圈磨损,活塞杆偏磨	更换,改善润滑状况。使用导轨
			活塞杆有伤痕、腐蚀	更换。及时清除冷凝水
			活塞杆与导向套间有杂质	除去杂质。安装防尘圈
		缸体与缸盖处	密封圈损坏	更换密封圈
			固定螺钉松动	紧固螺钉
		缓冲阀处	密封圈损坏	更换密封圈
	内泄漏(即活塞两侧窜气)		活塞密封圈损坏	更换密封圈
			活塞配合面有缺陷	更换
			杂质挤入密封面	除去杂质
			活塞被卡住	重新安装,消除活塞杆的偏载
②气缸不动作			漏气严重	见本表之①
			没有气压或供压不足	提高压力
			外负载太大	提高使用压力,加大缸径
			有横向负载	使用导轨消除
			安装不同轴	保证导向装置的滑动面与气缸轴线平行
			活塞杆或缸筒锈蚀、损伤而卡住	更换并检查排污装置及润滑状况
			混入冷凝水、灰尘、油泥,使运动阻力增大	检查气源处理系统是否符合要求
			润滑不良	检查给油量、油雾器规格和安装位置
③气缸偶尔不动作			混入灰尘造成气缸卡住	注意防尘
			电磁换向阀未换向	见第 5 章换向阀部分

续表

故障现象		故障原因	排除方法
④气缸动作不平稳		外负载变动大	提高使用压力或增大缸径
		气压不足	提高压力
		空气中含有杂质	检查环境是否符合要求
		润滑不良	检查油雾器是否正常工作
⑤气缸爬行		使用最低使用压力	提高使用压力
		气缸内泄漏大	见本表之①
		回路中耗气量变化大	增设气罐
		负载太大	增大缸径
⑥气缸走走停停		限位开关失控	更换限位开关
		继电器节点寿命已到	更换继电器
		接线不良	检查并拧紧接线螺钉
		电插头接触不良	插紧或更换电插头
		电磁阀换向动作不良	更换电磁阀
		气液缸的油中混入空气	除去油中空气
⑦气缸动作速度过快		没有速度控制阀	增设速度控制阀
		速度控制阀规格不当	速度控制阀有一定流量控制范围,用大通径阀调节微小流量较困难
		回路设计不合适	对低速控制,应使用气液阻尼缸或利用气液转换器来控制油缸做低速运动
⑧气缸动作速度过慢		气压不足	提高压力
		负载过大	提高使用压力或增大缸径
		速度控制阀开度太小	调整速度控制阀的开度
		供气量不足	查明气源至气缸之间哪个元件节流过大,将其换成更大通径的元件或使快排阀让气缸迅速排气
		气缸摩擦力增大	改善润滑条件
		缸筒或活塞密封圈损伤	更换
⑨气缸不能实现低速运动		速度控制阀的节流阀不良	阀芯与阀座不吻合,不能将流量调至很小,更换
		速度控制阀的通径太大	通径大的速度控制阀调节小流量困难,更换通径小的阀
		缸径太小	更换较大缸径的气缸
⑩气缸行程终端存在冲击现象		无缓冲措施	增设合适的缓冲措施
		缓冲密封圈密封性能差	更换密封圈
		缓冲节流阀松动	调整好后锁定
		缓冲节流阀损伤	更换节流阀
		缓冲能力不足	重新设计缓冲机构
		活塞密封圈损伤,形不成很高背压	更换活塞密封圈
⑪缸体拉伤或端盖损伤		缸内混入异物	调换修复缸体
		气缸缓冲能力不足	采用油压缓冲器或缓冲回路
⑫活塞杆损坏	折断	活塞杆受到冲击载荷	应避免
		缸速太快	设缓冲装置
		负载大,摆动速度快	重新安装和设计
	弯曲	受偏心载荷	改善气缸受力情况,不受偏心载荷
	拉伤	缸内存在异物	调换
⑬每天首次启动或长期停止工作后,气动装置动作失常		因密封圈始动摩擦力大于动摩擦力,造成回路中部分气阀、气缸及负载滑动部分的动作不正常	注意气源净化,及时排除油污及水分,改善润滑条件

续表

故障现象	故障原因	排除方法
⑭气缸处于中止状态仍有缓动	气缸存在内漏或外漏	更换密封圈或气缸，使用中止式三位阀
	由于负载过大，使用中止式三位阀仍不行	改用气液联用缸或锁紧气缸
	气液联用缸的油中混入了空气	除去油中空气
⑮气液联用缸内产生气泡	气液转换器、气液联用缸及油路存在漏油，造成气液转换器内油量不足	解决漏油，补足漏油
	气液转换器中的油面移动速度太快，油从电磁气阀溢出	合理选择气液转换器的容量
	开始加油时气泡未彻底排出	使气液联用缸走慢行程以彻底排出气泡
	油路中节流最大处出现气蚀	防止节流过大
	油中未加消泡剂	加消泡剂
⑯气液联用缸速度调节不灵	换向阀动作失灵	见第5章换向阀部分
	漏油	检查油路并修理
	气液联用缸内有气泡	见本表之⑮
⑰摆动气缸轴损坏或齿轮损坏	惯性能量过大	减小摆动速度，减轻负载，设外部缓冲，加大缸径
	轴上承受异常的负载力	设外部轴承
	外部缓冲机构安装位置不合适	安装在摆动起点和终点的范围内
⑱摆动气缸动作终了回跳	负载过大	设外部缓冲
	压力不足	增大压力
	摆动速度过快	设外部缓冲，调节调速阀
⑲摆动气缸振动（带呼吸的动作）	超出摆动时间范围	调整摆动时间
	运动部位的异常摩擦	修理更换
	内泄增加	更换密封件
	使用压力不足	增大使用压力

4.6 气爪（气动手指）

4.6.1 特点类型

(1) 特点

气爪（气动手指）又称气动抓手，其功用是以压缩空气作为动力，实现工件的夹取或抓取。气爪源于日本，由于其结构尺寸小、重量轻、动作快，可有效地提高生产效率及工作的安全性，现已在世界各国电子信息、印刷包装、轻工业、机械制造业、汽车零部件业、机械手及机器人等各类自动化装备中被广泛采用。

(2) 类型

气爪类型及分类方式繁多。按运动形式不同分为平行、摆动和回转三大类型；按夹指或爪体结构不同分为平型夹指、Y型夹指、阔型夹指、薄型夹指、楔形夹指和圆柱形爪体等多种类型；按手指数量不同又分为二爪、三爪和四爪等类型。

4.6.2 组成原理

尽管气爪类型繁多，但无论哪种类型，基本上都是由气缸、手指（夹指）及中间连接件三大部分组成，并通过中间连接件将气缸的动作转换为夹指的张开（打开）和合拢（关闭），从而实现工件的夹取或抓取。

4.6.3 性能参数

气爪的主要技术参数有缸径（规格）、使用压力、行程（开闭角度）、重复精度、夹持力（矩）、操作频率和环境及流体温度等，各生产厂商的产品参数不尽相同。

4.6.4 图形符号

气爪的图形符号在我国的GB/T 786.1—2009中未作规定，但国内各生产厂商有的根据功能结构自行规定，有的则直接借用相关国家例如德国DIN或日本JIS标准规定的图形符号。

4.6.5 典型结构

(1) 平行气爪

① 平型夹指平行气爪。如图4-57所示，平型夹指的气爪，主要由本体8、活塞杆7、摇臂16及手指12等组成。活塞杆通过摇臂等中间连接件带动手指作平行开合运动，以夹取或抓取工件，可外径或内径抓取。几乎所有生产气爪的厂商均可提供此类气爪，图4-58所示为SMC（中国）有限公司MHQG2系列平型夹指气爪实物外形图及图形符号。

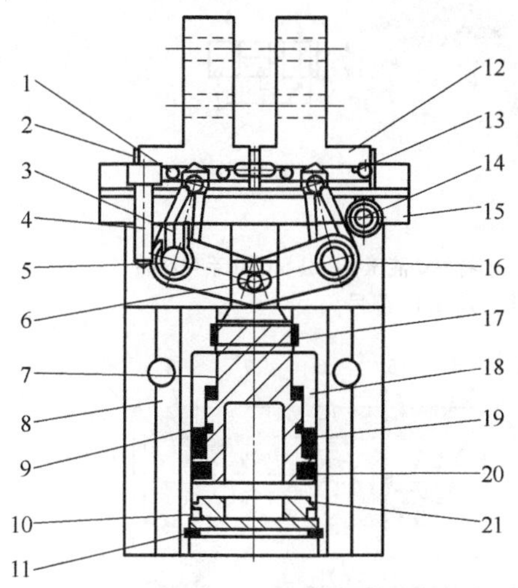

图4-57 平型夹指平行气爪结构原理图

1—钢球；2—挡板；3—止付螺钉；4—内六角螺钉；5—摇臂定位销；6—活塞杆插销；7—活塞杆；8—本体；9—轴心扣环；10—O形圈；11—C形扣环；12—手指（夹爪）；13—挡板平头螺钉；14—定位销；15—滑座；16—L形摇臂；17—U形环；18—塑料垫片；19—磁铁；20—活塞U形环；21—后盖

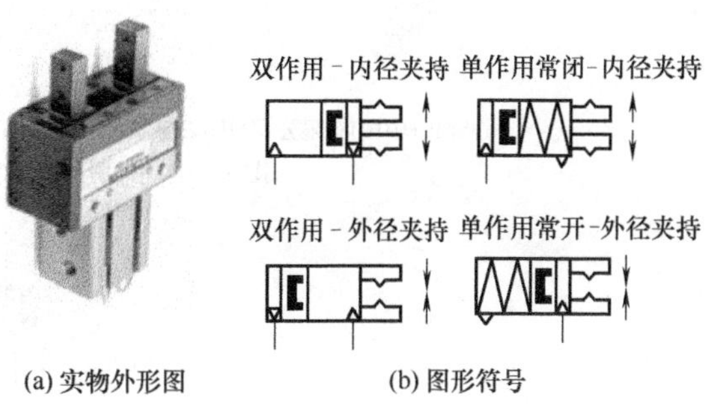

图4-58 平型夹指气爪实物外形图及图形符号
［SMC（中国）有限公司MHQG2系列产品］

② 阔型平行气爪。阔型气爪又称宽型气爪。如图4-59所示，在阔型气爪的主体15内装有左右两个独立的活塞24，活塞杆2和18分别与外部的手指1相连，故每个活塞杆的运动则表示单个手指的运动。齿条式导杆5通过齿轮13可实现两侧手指的同步运动。由于采用双活塞结构，故夹持力较大。SMC（中国）有限公司的MHL2系列产品和济南杰菲特气动液压有限公司的QHL系列产品即属此类气爪，其实物外形及图形符号如图4-60所示。

③ 薄型（滑轨型）平行气爪。薄型气爪的结构原理如图4-61所示。在主体7内装有前后两个独立的气缸，各气缸内的齿条14两端的活塞3通过螺钉固结为一体。两个齿条的运动通过齿轮联系。左右两侧手指通过连接件21分别与前后两齿条连接。工作时，气压通过活塞齿条驱动两手指沿直线导轨20做开闭运动，从而实现工件的夹取或抓取。牧气精密工业（深圳）有限公

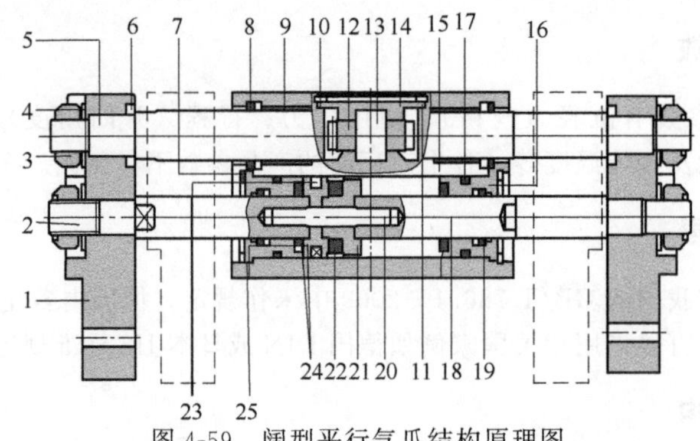

图 4-59 阔型平行气爪结构原理图

1—手指；2—左端活塞杆；3—防松螺母；4—垫圈；5—齿条式导杆；6—平垫圈；7—扣环；8—防尘圈；9—DU 轴承；10—C 形扣环；11，17—O 形环；12—齿轮轴；13—齿轮；14—齿轮盖；15—主体；16—前盖；18—右端活塞杆；19，23—活塞密封圈；20—连接螺钉；21—磁铁座；22—磁铁；24—活塞；25—防撞垫

(a) SMC(中国)有限公司MHL2 系列产品　　(b) 济南杰菲特气动液压有限公司QHL系列产品

图 4-60 阔型气爪实物外形图及图形符号

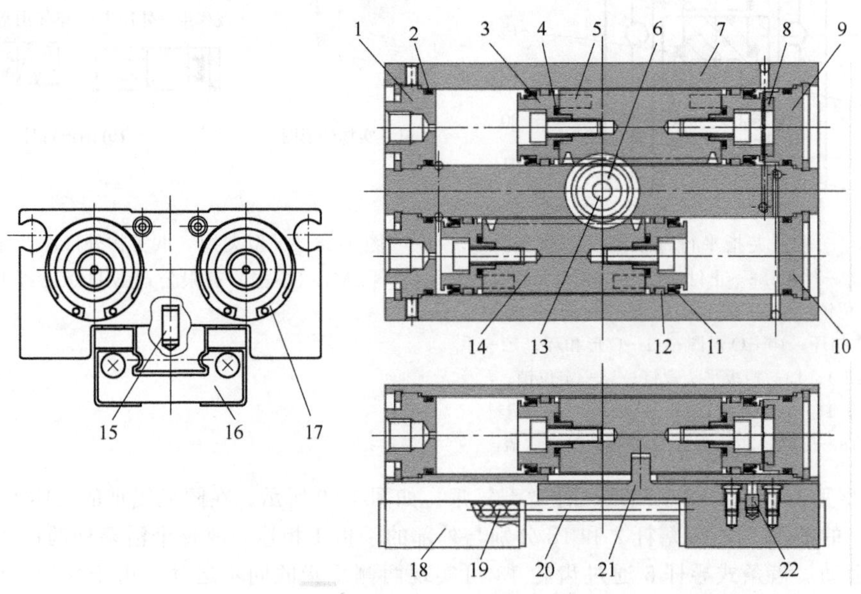

图 4-61 薄型平行气爪结构原理图

1—左端盖；2，4—静密封圈；3—活塞；5—磁环；6—齿轮；7—主体；8—缓冲垫；9—右端盖 a；10—右端盖 b；11—活塞密封圈；12—耐磨环；13—滚针；14—齿条；15—平行销；16—止挡；17—弹性挡圈；18—手指；19—钢球；20—直线导轨；21—连接件；22—滚子（销）

司生产的 CGB 系列产品及 SMC（中国）有限公司生产的 MHF2 系列产品就属于此类气爪，其实物外形及图形符号如图 4-62 所示。

这种气爪安装时无需托架，安装高度小，节省安装空间；双缸构造，故紧凑且夹持力大；工作时产生的弯矩小；直线导轨提高了刚度和精度；可从两个方向配管及在前后侧安装磁性开关。

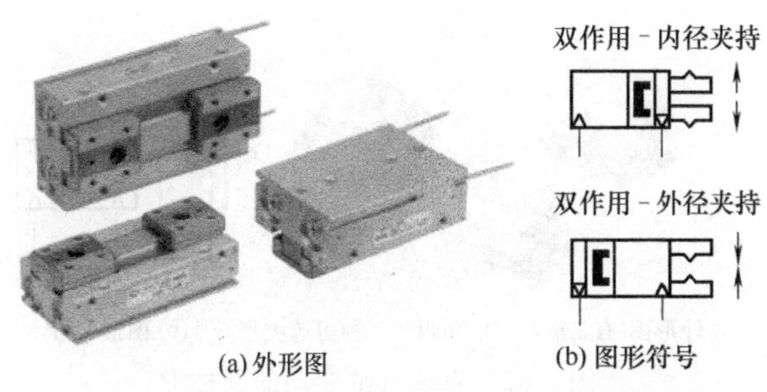

图 4-62　薄型平行气爪实物外形图及图形符号［SMC（中国）有限公司 MHF2 系列产品］

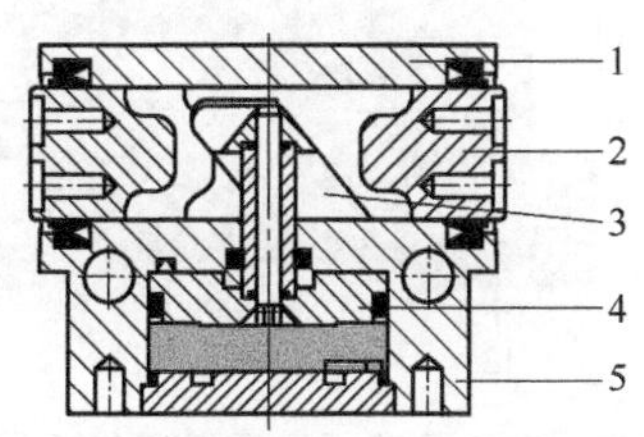

图 4-63　楔形密封型平行气爪结构原理图

1—保护盖；2—手指；3—楔形机构；4—带磁体活塞；5—主体

④ 楔形密封型平行气爪。图 4-63 所示为楔形密封型平行气爪的结构原理图。在主体 5 内装有气缸，缸的活塞 4 带磁体，带力导向的楔形驱动机构 3 将气缸活塞杆的直线运动产生的力转变成手指 2 的开、闭运动（图 4-64），从而实现工件的夹取或抓取。费斯托（中国）有限公司生产的 HGPD 系列产品即属这种气爪，其实物外形及图形符号如图 4-65 所示。

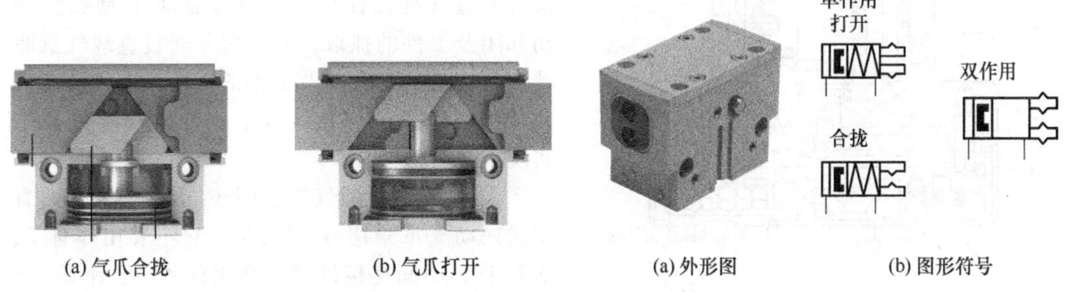

图 4-64　楔形密封型平行气爪开闭示意图

图 4-65　楔形密封型平行气爪实物外形图及图形符号［费斯托（中国）有限公司 HGPD 系列产品］

楔形密封型平行气爪的气爪运动机构完全密封，故适用于非常恶劣的环境条件下，向外和向内的工件抓取。抗扭矩力大且使用寿命长，楔形机构确保了两个手指的同步运动，不会产生回转间隙。通过在主体外沟槽装设位置传感器容易实现位置感测，通过设置比例压力阀还可实现夹紧力的无级调节。

⑤ 圆柱形平行气爪。此类平行气爪的主体为圆柱形，常作为机床等设备的附件，用于工件加工时的夹紧。图 4-66 所示是一种采用直线驱动圆柱形平行气爪，直线气缸的活塞 14 下端活塞杆 11 带有楔形块，楔形块表面与夹指 12 紧密接触。因此，当压缩空气进入工作腔，活塞 14 与活塞杆上下移动时，夹指 12 会受到楔形块产生的水平推力作用产生平行移动，打开或合拢，从而实现了工件的夹紧或松开。牧气精密工业（深圳）有限公司生产的 CGM 系列产品即为此种气爪，其实物外形及图形符号如图 4-67 所示。

图 4-68 所示是一种回转驱动圆柱形平行气爪。凸轮 6 通过连接螺钉 5 与摆动叶片气缸的叶片轴 3 连为一体。当叶片轴在气压作用下摆动时，凸轮随之转动，通过销钉 7、滚筒 8 带动夹指组件 9 沿导轨 11 平行移动，实现了气爪的张开和合拢。SMC（中国）有限公司生产的 MHR3/MDHR3 系列三爪产品即为此种气爪，其实物外形及图形符号如图 4-69 所示。此类气缸内置磁环，可以外置磁性开关实现端点检测控制。

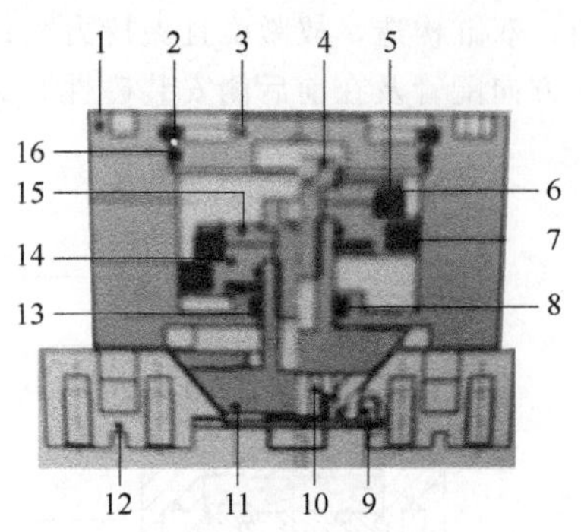

图 4-66 直线驱动圆柱形平行气爪结构原理图
1—主体；2—扣环；3—后盖；4—内六角沉头螺钉；5—磁铁；6—磁铁垫片；7—活塞密封圈；8—轴心密封圈；9—十字埋头螺钉；10—盖板；11—活塞杆；12—夹指；13—防撞垫；14—活塞；15—磁铁座；16—O 形环

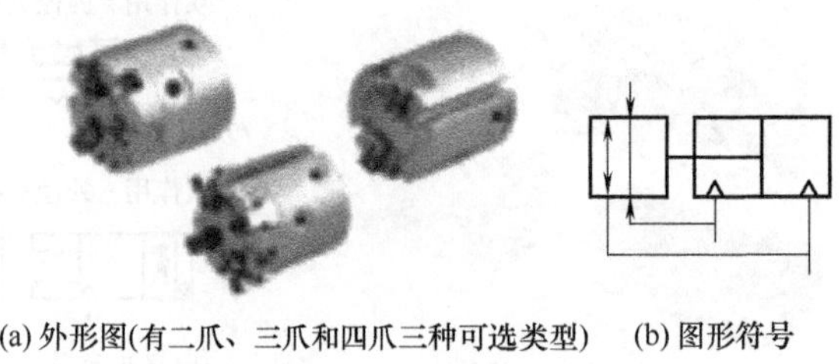

(a) 外形图(有二爪、三爪和四爪三种可选类型) (b) 图形符号

图 4-67 直线气缸驱动的圆柱形平行气爪实物外形图及图形符号
［牧气精密工业（深圳）有限公司 CGD 系列产品］

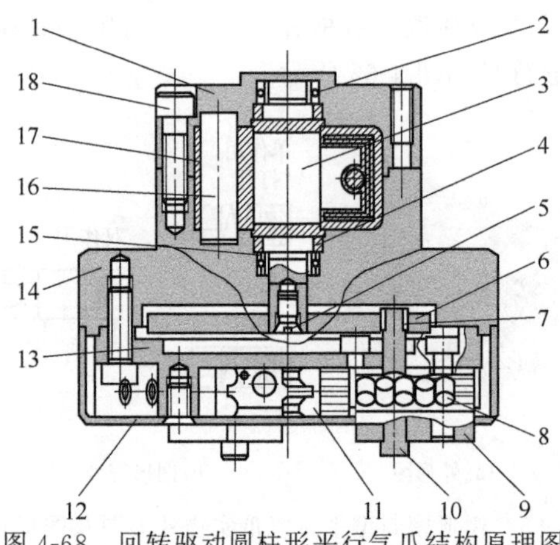

图 4-68 回转驱动圆柱形平行气爪结构原理图
1—主体；2—轴承；3—叶片轴；4— O 形圈；5—连接螺钉；6—凸轮；7，10—销钉；8—滚筒；9—夹指组件；11—导轨；12—端盖；13—导轨保持座；14—连接件主体；15—支承密封圈；16—止动挡块；17—止动环密封件；18—内六角螺钉

(2) 摆动气爪

摆动气爪通过摆动实现工件的夹取或抓取。按夹指摆动的实现方式有直驱式和间驱式两类，前者通过气缸及杠杆结构直接驱动 Y 型夹指摆动开闭及工件的抓取；后者则是通过直线气缸驱动夹指实现平行开闭及工件的抓取，夹指及工件的摆动则是通过与直线气缸相连的摆动气缸来实现。

① 直驱式摆动气爪。图 4-70 所示结构的直驱式摆动气爪采用 Y 型夹指，它主要由本体 3、活塞 16、中间连接件（活塞组件 4、滚针 5、侧轮 6、中心销 8 等）和手指 9 等组成。通过活塞组件及中间连接件带动手指作摆动（Y 型开闭运动），即可夹取或抓取工件。SMC（中国）有限公司的 MHC2 系列产品即属于此类气爪，其实物外形及图形符号如图 4-71 所示。由于它采用了双活塞，结构紧凑且夹持力矩大；内置节流阀，便于调节开闭速度；可安装带指示灯的无触点磁性开关与橡胶磁环一起实现气爪摆动开闭角度的检测及控制。

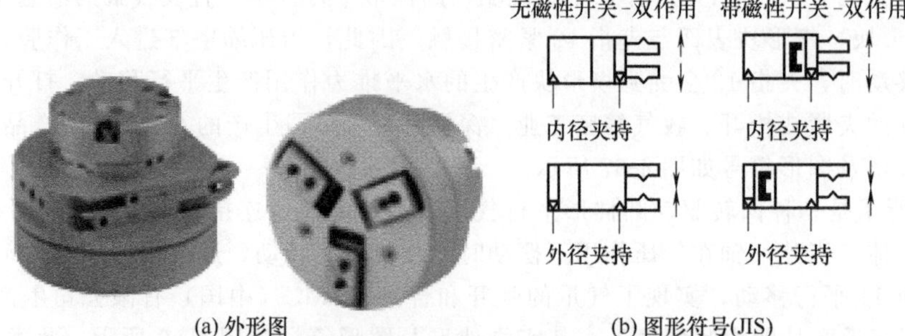

(a) 外形图 (b) 图形符号(JIS)

图 4-69 回转驱动圆柱形平行气爪实物外形图及图形符号
［SMC（中国）有限公司 MHR3/MDHR3 系列产品］

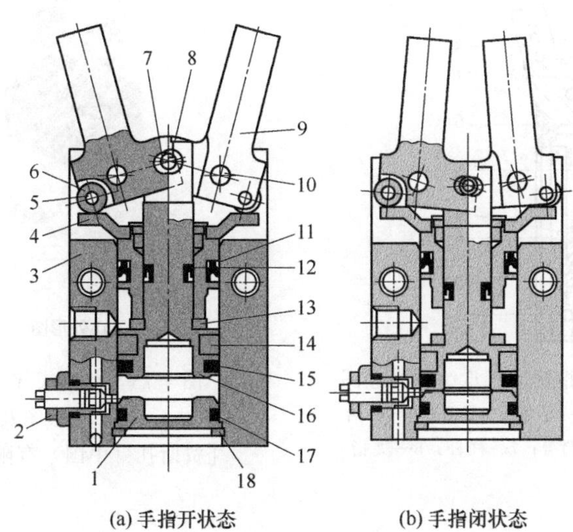

图 4-70　直驱式 Y 型夹指摆动气爪结构原理图

1—端盖；2—针阀组件；3—主体；4—活塞组件；5—滚针；6—侧轮；7—中轮；8—中心销；9—手指；10—杠杆轴；11，12，15—活塞密封圈；13—缓冲垫；14—橡胶磁环；16—活塞；17—垫圈；18—弹性挡圈

直驱式摆动气爪的另一结构如图 4-72 所示。该气爪主要由缸筒 1、带磁环 4 的活塞 3、活塞杆 5、中间连接件（杠杆 7）和夹指 8 等组成。当压缩空气作用于活塞上时，通过活塞杆及杠杆直接带动夹指作摆动（Y 型开闭运动），即可夹取或抓取工件。费斯托（中国）有限公司 DHWS系列产品即属于此类气爪，其实物外形及图形符号如图 4-73 所示。

该结构的气爪具有以下优点：气爪采用沟槽导向系统，重复精度高；抓取力保持性好；内部固定节流；外部安装选项多样；外部可设置易调节的位置传感器等，适用于向内和向外抓取。

双作用-外径夹持

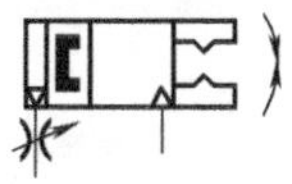

单作用常开-外径夹持

(a) 外形图　　(b) 图形符号(JIS)

图 4-71　直驱式 Y 型手指摆动气爪实物外形图及图形符号

［SMC（中国）有限公司 MHC2 系列产品］

② 间驱式摆动气爪。此类元件主要由夹指部（平型夹指）与摆动部（叶片式摆动气缸）两大部分构成。如图 4-74 所示，主体部分中的平行销 9、止动杠杆 10、内六角螺钉 11 及 14、杠杆压件 15、限位导轨 16 等零部件将夹指部抓取功能与摆动部的摆动功能有机结合为一体。即夹指部的开闭用于工件的抓取，摆动部带动夹指部实现整体摆动。在摆动时夹指部整体上通过上下两个滚动轴承 7 支承；摆动角度可通过螺钉 13 进行调整；在开关安装架 3 及元件尾部可安装磁性开关，以进行气爪开闭及摆动端部的位置检测。SMC（中国）有限公司的 MRHQ 系列产品和台湾气立可股份有限公司 RMZ 系列产品即属此类气爪，其实物外形如图 4-75 所示。

此类摆动气爪将气爪机构与摆动功能紧凑地一体化，1 只气爪即可完成搬运线的工件夹持与反转，便于通过更换手指实现内径、外径夹持（参见图 4-76）；结构较各分立元件单体的组合品（摆台＋附件＋气爪）更为紧凑，免去了分立元件所需的管线配置作业；便于摆动范围及角度调整，并可通过磁环及磁性开关方便实现位置检测及控制。

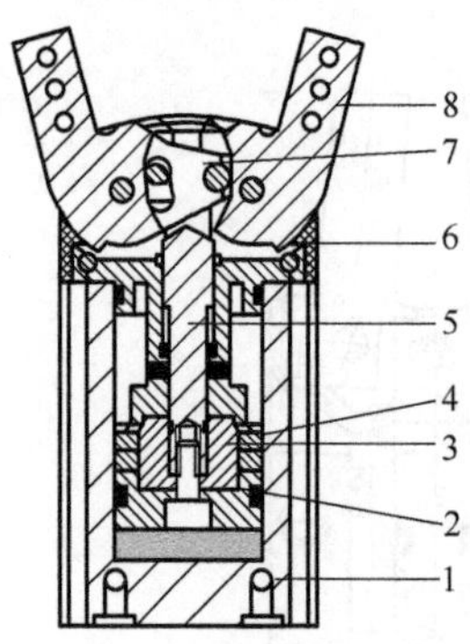

图 4-72 直驱式 Y 型夹指摆动气爪结构原理图
1—缸筒；2—活塞密封；3—活塞；4—磁环；5—活塞杆（开槽导向板）；6—端盖；7—杠杆；8—夹指

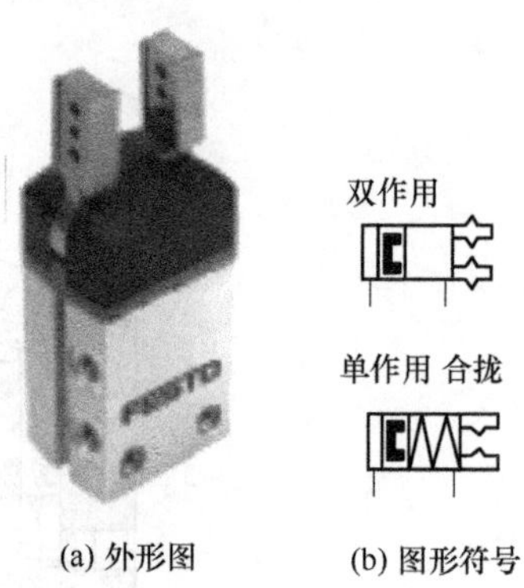

图 4-73 直驱式 Y 型手指摆动气爪实物外形图及图形符号
［费斯托（中国）有限公司 DHWS 系列产品］

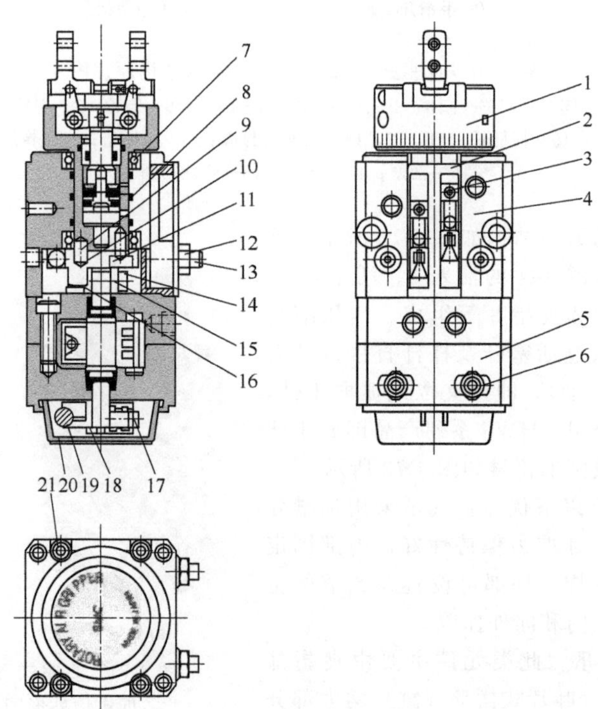

图 4-74 间驱式摆动气爪结构原理图
1—夹指部；2—开关安装导轨；3—开关安装架；4—主体；5—摆动部；6—开关外壳及架；7—轴承；8—O 形圈；9—平行销；10—止动杠杆；11，14，21—内六角螺钉；12—螺母；13—调整螺钉；15—杠杆压件；16—限位导轨；17—内六角止动螺钉；18—磁石杆；19—磁石；20—外壳

(3) 回转气爪

回转气爪的典型结构如图 4-77 所示。活塞 3 导杆 6 通过螺钉 5 连为一体，当气压作用于活塞使导杆上下运动时，驱动两个凸轮 8 绕销轴 7 转动，从而实现了两个夹指 9 在 180°内的回转开闭动作。内置磁环 4 与气爪主体外沟槽安装的磁性开关（图中未画出），可实现位置检测和控制。浙江西克迪气动有限公司的 C-MHY2 系列产品及费斯托（中国）有限公司的 DHRS 系列产品均系此类气爪，其实物外形及图形符号分别如图 4-78 和图 4-79 所示。

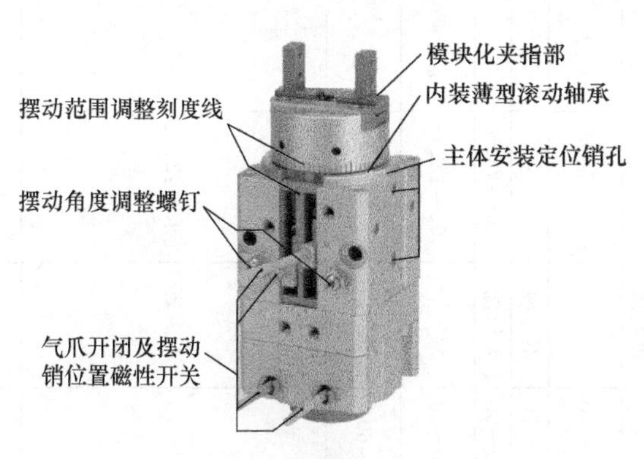

(a) MRHQ系列
[SMC(中国)有限公司产品]

(b) RMZ 系列
(台湾气立可气动设备有限公司产品)

图 4-75　间驱式摆动气爪实物外形图

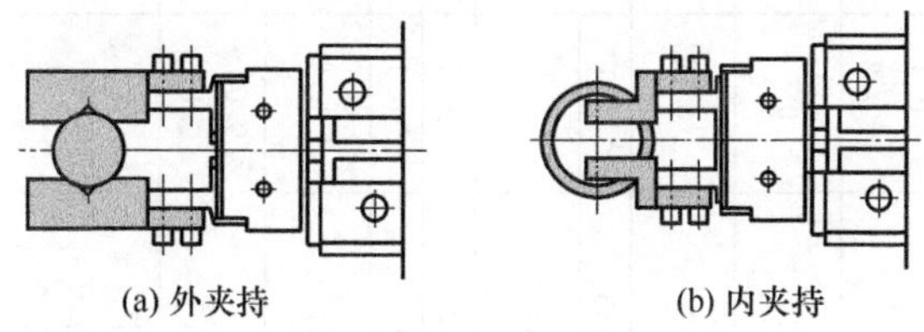

(a) 外夹持　(b) 内夹持

图 4-76　直驱式摆动气爪的两种夹持状态

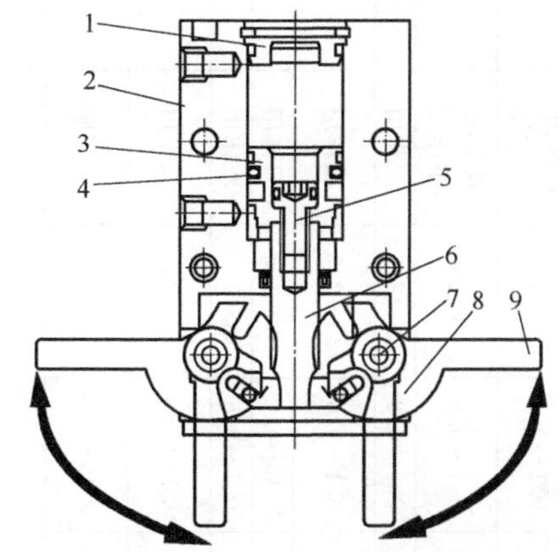

图 4-77　凸轮式回转气爪结构原理示意图

1—端盖；2—主体；3—活塞；4—磁环；5—连接螺钉；6—导杆（活塞杆）；7—销轴；8—凸轮；9—夹指

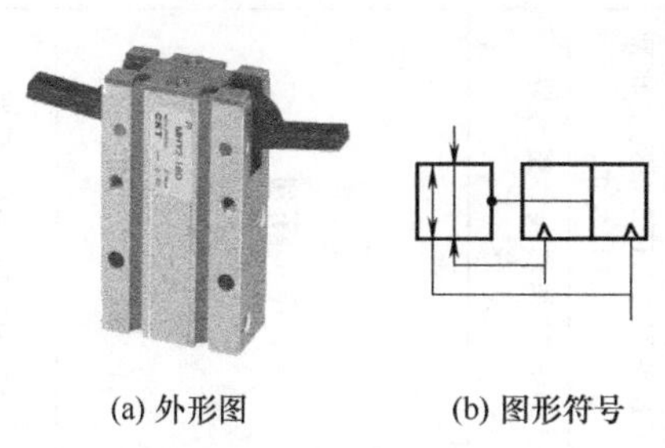

(a) 外形图　(b) 图形符号

图 4-78　C-MHY2 系列回转气爪实物外形及图形符号
（浙江西克迪气动有限公司产品）

(a) 外形图　(b) 图形符号

图 4-79　DHRS 系列回转气爪实物外形及图形符号
［费斯托（中国）有限公司产品］

4.6.6 产品概览（表 4-10）

表 4-10 气爪产品概览

类别	系列型号	缸径/mm	使用压力/MPa	行程/mm	作用方式	单个夹指的夹持力/N(压力 0.5MPa 时)	重复精度/mm	最高操作频率/(次/min)	环境和流体温度/℃	润滑	质量/g	生产厂
平行基本型气爪	MHY2 系列平行气爪	10～25	0.1～0.6	4～30	双作用	夹持力矩/N·m：0.16～2.28	±0.2	60	−10～60	不需要	70～560	①
	CGA 系列平行开闭气爪	6～40	0.1～0.7	4～22	双作用/单作用	3.3～318	±0.1 ±0.2	180	−10～60	不需要		②
	MHQG2 系列带防尘罩平行开闭型气爪	10～25	0.1～0.6	4～14	双作用/单作用	11～49	±0.01	180	−10～60	不给油	90～643	③
	MHQG2 系列高刚性平行开闭型气爪	32、40	0.1～0.6	20、28	双作用/单作用	69～247	±0.02	60	−10～60	不给油	1100～1960	
	DHPS 系列平行气爪	6～35	0.2～0.8	2～12.5	双作用	13.5～483	≤0.02	4Hz	5～60	可润滑		④
平行阔型、薄型及楔形气爪	MHL2 系列阔型气爪 QHL 系列阔型气爪	10～40	0.1～0.6	20～200	双作用	14～396	±0.1	20～60	−10～60		280～7905	①⑥
	CGB 系列宽型气爪	10～32	0.15～0.7	20～150	双作用	14～228	±0.1	20～40	−20～70	不需要		②
	MHL2 系列宽型气爪	10～40	0.1～0.6	20～200	双作用	14～396	±0.1	20～60	−10～60	无给油	280～7825	③
	CGB 系列/MHF2 系列滑轨型(薄型)气爪	8～20	0.10～0.7	8～80	双作用	19～141	±0.05	60、120	−10～60		65～1225	②③
	HGPD 系列楔形密封型平行气爪	16～80	0.30～0.8	3～20	双作用	47～1961	≤0.03～0.05	≤2～3Hz	5～60	润滑		④
平行圆柱形气爪	CGD 系列圆柱楔形气爪	16～63	0.15～0.7	两侧开闭：4～16	双作用	二个夹指： 23～537(张开) 21～502(闭合) 三个夹指： 16～359(张开) 14～335(闭合) 四个夹指： 16～268(张开) 10～251(闭合)	±0.1	60～120	−20～70	不需要	气爪数:2、3、4	②
	MHR3/MDHR3 系列回转驱动型气爪	10、15	0.15～0.6	6、8	双作用	三个夹指： 7、13(外夹持力) 6.5、12(内夹持力)	0.01	180	0～60	不给油	120、230	③

续表

系列型号		缸径/mm	使用压力/MPa	行程/mm	作用方式	单个夹指的夹持力/N(压力 0.5MPa 时)	重复精度/mm	最高操作频率/(次/min)	环境和流体温度/℃	润滑	质量/g	生产厂
摆动气爪	MHC2/NMHC2 系列支点开闭 Y 型夹指气爪	10～25	0.1～0.6	两侧开闭角度 −10°～30°	双作用/单作用	夹持力矩/N·m：0.1～1.36	±0.01	180	−10～60	不给油	39～316	③⑤
	DHWS 系列 Y 型夹指摆动气爪	10～40	0.2～0.8	每个夹爪的打开角度 20°	双作用	最大许用力/N：10～40；最大许用扭矩/N·m：0.6～13	0.04	4Hz	5～60	润滑	40～790	④
	QHT 系列支点开闭 Y 型夹指气爪	32～63	0.1～0.6	手指开闭角度 −2°～23°	双作用	夹持力矩/N·m：12.4～106			5～60	不需要	800～2008	⑥
	C-MHC2 系列支点开闭 Y 型夹指气爪	6、7、10、16、20、25	0.1～0.6	两侧开闭角度 −10°～30°	双作用/单作用	夹持力矩/N·m：0.1～1.36(双作用)；0.017～1.08(单作用)	±0.01 ±0.02	180	−10～60	不需要	39～316	⑦
	MRHQ 系列摆动气爪	10～25	夹爪部：0.2～1.0 摆动部：0.25～0.7	开闭行程 4～14；摆动角度：90°±10°、180°±10°	双作用/单作用	允许动能/J：0.0046～0.074	±0.01	180	5～60		306～1560	③
	RMZ 系列摆动气爪（回转机械夹）	10～25	夹爪部：0.2～1.0 回转部：0.25～0.7	回转角度：90°、180°	双作用	夹持力矩/N·m：0.27～2.8(双作用)；允许动能/J：0.004～0.07			5～60			⑧
回转气爪	DHRS 系列旋转气爪	10～40	0.2～0.8	回转角度 180°	双作用/单作用	抓取力矩/N·cm：21～725(打开)；15～660(合拢)；	≤0.01	4Hz	5～60	润滑	44～844	④
	HGRT 重载旋转气爪	16～50	0.3～0.8		双作用	抓取力矩/N·cm：188～8424(打开)；158～7754(合拢)；	0.02	≤3Hz			130～3500	
	C-MHY2 系列凸轮式回转气爪	10～25	0.1～0.6	回转角度 180°	双作用	夹持力矩/N·m：0.16～2.28(双作用)；	±0.2	60	−10～60	不需要		⑦

①浙江乐清天启工业自动化有限公司；②牧气精密工业（深圳）有限公司；③SMC（中国）有限公司；④费斯托（中国）有限公司；⑤广东诺能泰自动化技术有限公司（东莞）；⑥济南杰菲特气动液压有限公司；⑦浙江西克迪气动有限公司（乐清）；⑧台湾气立可气动设备有限公司。

注：表中产品的具体技术参数、外形连接尺寸、订购方法及使用注意事项请见生产厂产品样本。

4.6.7 使用维护（表 4-11）

表 4-11 气爪选型及使用维护要点

项目	序号	要点	说明
选型	1	根据工件尺寸及质量大小合理选择气爪尺寸	①特别是对较长及较重的工件，应选尺寸较大的气爪或使用多个气爪。②根据工件质量，选择夹持力有一定余量的型号。一旦型号选定失误，将会造成工件脱落。在型号选定时，应根据各系列的有效夹持力及工件质量参照选定型号。③气爪夹取工件，所选择型号要有一定开闭宽度余量，以免开闭宽度误差或工件大小误差，造成夹持不稳定；或因磁性开关迟滞，造成不能检出
	2	要确认气爪的规格	工作介质（压缩空气）的压力和温度不能超出拟选产品的规格范围，以免导致动作不良和破坏
	3	安装防护罩	有运动的工件碰到人身或气爪夹住现场人员手指等危险之处，要安装防护罩
	4	停电或气源故障的应对	为避免停电或气源出现故障，引起回路压力下降，造成气爪夹持力减小，使工件脱落，应有防止落下的措施，以免损伤人体或设备
	5	要在限制范围内使用夹持点	若超过限制范围（右中的 H 和 L），夹指滑动部位会受到过大的力矩作用，缩短气爪寿命 H L 夹持点
	6	合理设计附件	①尽可能使附件轻且短，以免因附件过长过重，气爪开闭惯性力过大，造成夹指松动或影响气爪寿命；②对极细、极薄的工件，在附件上应设置退让空间，以免夹持不稳、位置偏移或夹持不良
	7	组装使用磁性开关时，请参照磁性开关使用注意事项	
	8	气爪作为标准件，用户购回后不得进行拆解、改造，以免造成损伤和事故	
安装、配管及润滑	1	说明书的使用	安装前首先应认真阅读并正确理解气爪使用说明书，然后再进行安装和使用
	2	确保维护空间	要确保维护检查所需的空间
	3	保护及紧固	①在安装过程中，气爪不得跌落或碰撞，以免造成机件伤痕或损坏，导致精度下降或动作不良；②在安装气爪及附件时，应按推荐力矩紧固螺纹，以免力矩过大造成动作不良或力矩不足造成位置偏离或掉落
	4	在夹指上安装附件时，勿使夹指产生过大的扭曲应力，以免导致松动和精度变差	
	5	应在气爪手指不受外力作用情况下进行调整	在气爪移动的行程末端，要预留有适当间隙，以免工件和附件碰上其他物体，使往返动作的手指受到横向负载或冲击负载的作用，造成手指松动或损毁

续表

项目	序号	要点		说明		
安装、配管及润滑	5	应在气爪手指不受外力作用情况下进行调整	①气爪开启的行程端部间隙预留	正 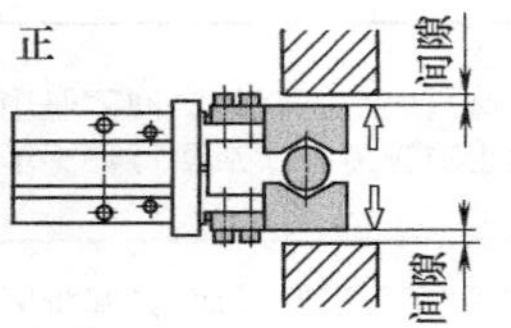 间隙 间隙	误 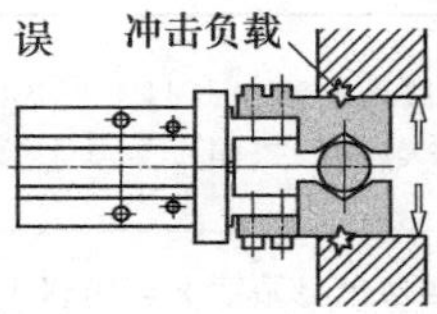 冲击负载	
			②气爪移动的行程端部间隙预留	正 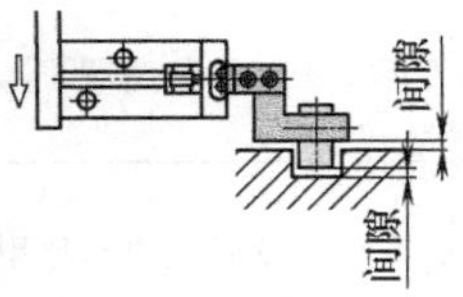 间隙 间隙	误 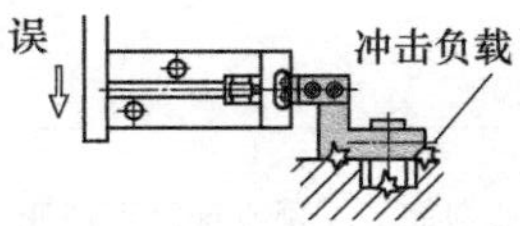 冲击负载	
			③反转动作时的间隙预留	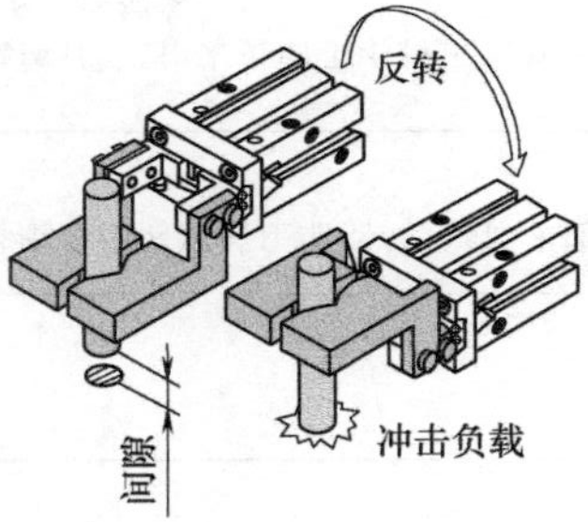 反转 间隙 冲击负载		
	6	在进行工件插入等动作时，要对准中心，以免气爪手指上受到不该受的力		在试运转时，可用手动或在低压作用下让气爪低速运动，确认安全、确保无冲击等		
				正	误 冲击负载	
	7	合理调整气爪手指开闭速度		手指开闭速度不能太快，否则手指会受到过大的冲击力，降低夹持工件的重复精度并影响寿命。为此可采用节流阀等流量控制元件合理调整气爪手指的开闭速度		
	8	配管前的处置		配管前，应充分吹净或洗净管内的切屑、切削油、灰尘等		
	9	密封带卷绕		①螺纹连接的配管和管接头，不允许将配管螺纹的切屑和密封带碎片混入配管内部；②使用密封带时，螺纹头部应空出 1.5～2 个螺距不卷绕密封带		
	10	管件（管子和管接头）的使用要点请参见第 3 章有关内容				
	11	润滑及给油		①不给油型气爪因有初期润滑，可不给油使用；②需润滑和给油型气爪，总是需要润滑工作，即必须连续给油，否则会因初期润滑脂消失，造成动作不良		

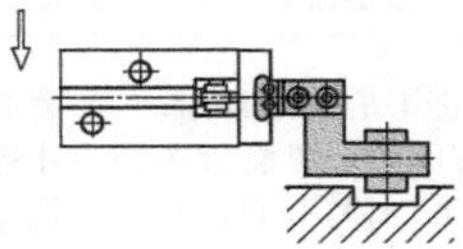

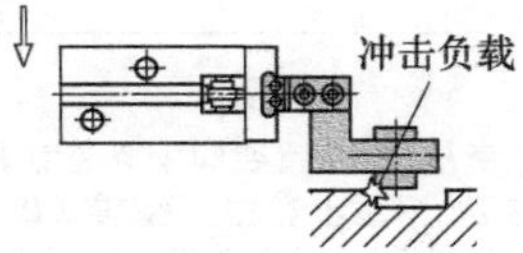

续表

项目	序号	要点	说明
气源	1	压缩空气	气爪工作介质为压缩空气，无论采用集中空压站或单台空压机所提供的压缩空气，其中均不应含有化学品、有机溶剂的合成油、盐分、腐蚀性气体等有害物质，以免其破坏气爪，导致动作不良
	2	空气过滤	应按元件和系统对压缩空气的清洁度要求，选用和安装适当过滤精度的空气过滤器
	3	冷凝水及其排放	①在冷凝水多的场合，气源系统应设置后冷却器、空气干燥器和冷凝水收集器等，以免动引起元件动作不良；②应定期排放空气过滤器的冷凝水或使用带自动排水的过滤器
	4	温度	①环境温度和使用流体温度应在规格的范围内；②系统应设有防止水分冻结的措施，以免温度低于规定值时，系统中水分冻结，造成密封件损伤，引起气动元件动作不良
使用环境	1	腐蚀及尘埃	①气爪通常不能用于有腐蚀性气体、化学品、海水、水、水蒸气的环境或带有上述物质的场所以及尘埃多、会碰到水滴及油滴的场合，但对于使用说明书中已标明具备一定的耐腐蚀等级或能力的元件，其外部可视元件具备基本的涂层表面，直接与工业环境或与冷却液、润滑剂等介质接触；②应按时更换防尘罩，以免粉尘或切削油等导致本体动作不良
	2	热源及日照	①气爪不宜在周围有热源、受到辐射热的场所使用；②应避免日光直射
	3	冲击振动	不能用于具有振动或冲击的场合
维护检查	1	应按使用说明书要求的步骤进行维护检查	
	2	维护作业	应由对气动元件有充分知识和使用维护经验的专业人员进行维护作业，否则会导致人身、气动元器件乃至主机设备损伤
	3	定期排放冷凝水	空气过滤器等的冷凝水要定期排放
	4	元件拆卸及压缩空气的供排	①在确认被驱动物体已进行了防止落下措施和防止暴走措施等，切断气源和设备的电源，排空系统内部的压缩空气之后，才能进行元件的拆卸；②应在确认已进行了防止飞出措施后才能进行再启动
	5	安全	为了避免造成人身伤害或事故应注意：①在气爪的运行路线上，人员不得进入或放置其他物体；②工作人员的手不得进入气爪的手指或附件之间；③拆卸气爪时，要确认其未夹持工件并释放掉压缩空气，以免在夹持工件的情况下工件掉落

4.7 气马达

4.7.1 类型特点

气马达（又称风动马达），它是将气压能转换为连续回转运动机械能的一种气动执行元件。其用量及类型远不及气缸，最常用的容积式气马达是叶片式和活塞式，其分类及性能见表 4-12，特点见表 4-13。

表 4-12 容积式气马达的分类及性能

性能	类型						
	叶片式气马达			活塞式气马达			
				径向活塞式马达			轴向活塞式马达
	单作用单向回转马达	单作用双向回转马达	双作用双向回转马达	连杆式马达	无连杆式马达	滑杆式马达	
转速范围/$r \cdot min^{-1}$	500～50000			200～4500（最大 6000）			＜3000
转矩	小			大			大
耗气量/$m^3 \cdot min^{-1}$	大型低速马达：1.0；小型高速马达 1.3～1.7			大型低速马达：0.7～1；小型高速马达 1.4～1.7			0.8 左右
效率	较低			较高			高
输出功率/kW	0.1～20			0.2～20			
功率密度	大			小			较小
特点	结构简单，易于维修；但启动及低速运转特性不好			零件多，结构复杂，价高			结构紧凑但复杂

表 4-13 容积式气马达的特点

序号	特点	说明
1	环境适应性好，工作安全	适用于恶劣的工作环境，在易燃、高温、振动、潮湿、粉尘等不利条件下都能正常工作
2	具有过载保护作用	不会因过载而发生故障。过载时气马达只会降低转速或停车，当过载解除后即能重新正常运转，并不产生故障
3	可以无级调速	只要控制进气阀或排气阀的启闭程序，控制压缩空气流量，就能调节气马达的输出转速和功率
4	可实现瞬时换向	操纵气阀改变进排气方向，即能实现气马达输出轴的正反转，且可瞬时换向，几乎瞬时升到全速，如叶片式气马达可在 1.5 转的时间内升到全速；活塞式气马达可以在不到 1s 的时间内升至全速。这是气马达的突出优点。由于气马达的转动部分的惯性矩只相当于同功率输出电机的几十分之一，且空气本身重量轻、惯性小，因此，即使回转中负载急剧增加，也不会对各部分产生太大的作用力，能安全地停下来。在正反转换向时，冲击也很小
5	具有较高的启动转矩	可带负载启动。启动、停止迅速
6	功率范围及转速范围较宽	功率小到几百瓦，大到几万瓦；转速可以从 0 到 25000r/min 或更高
7	温升低	长时间满载连续运转，温升较小
8	操纵方便，维修简便	一般使用 0.4～0.8MPa 的低压空气，故使用输气管路要求较低，价廉

4.7.2 结构原理

(1) 叶片式气马达

叶片式气马达主要由定子 1、转子 2、叶片 3 及 4 等构件组成［图 4-80（a）］。转子与定子偏心安装（偏心距为 e）。定子上有进、排气用的配气槽或孔，转子上所加工的长槽内有可以伸缩运动的叶片。定子两端有密封盖上有弧形槽与进、排气孔 A、B 及叶片底部相通。转子的外表面、叶片（两叶片之间）、定子的内表面及两密封端盖形成了若干个密闭工作容积。

当压缩空气由A孔输入时，分为两路：一路经定子两端密封盖的弧形槽进入叶片底部，将叶片推出。叶片靠此气压推力及转子转动时的离心力的综合作用，保证运转过程中较紧密地抵在定子内壁上。另一路经A孔进入相应的密封工作容积。压缩空气作用在叶片3和4上，各产生相反方向的转矩。但由于叶片3比叶片4伸出的要长，作用面积大，产生的转矩大于叶片4产生的转矩，故转子在相应叶片上产生的转矩差作用下逆时针方向旋转，做功后的气体由定子孔C排出，剩余残气经孔B排出。改变压缩空气的输入方向（如由B孔输入），则可改变转子的转向。

可双向回转的叶片式气马达，有正反转性能不同和性能相同两类。图4-80（b）为正反转性能相同的叶片式马达特性曲线。这一特性曲线是在一定工作压力（例如0.5MPa）下作出的，在工作压力不变时，其转速、转矩及功率均依外加载荷的变化而变化。当空载时，转速达最大值 n_{max}，马达输出功率为零。当外加载荷转矩等于气马达最大转矩 T_{max} 时，气马达停转，转速为零，输出功率也为零。当外加载荷转矩等于气马达最大转矩的一半（$T_{max}/2$）时，其转速为最大转速的一半（$n_{max}/2$），此时马达输出功率达最大值 P_{max}。一般而言，此即为气马达的额定功率。由于特性曲线的各值随工作压力变化有较大的变化，故说明叶片式气马达的特性较软。

叶片式气马达主要用于中小容量及高速回转的场合，如食品药物包装、卷扬机、粉碎机、卷绕装置、矿山机械与气动工具及自动化生产线等。图4-81所示为两种叶片式气马达的实物外形图。

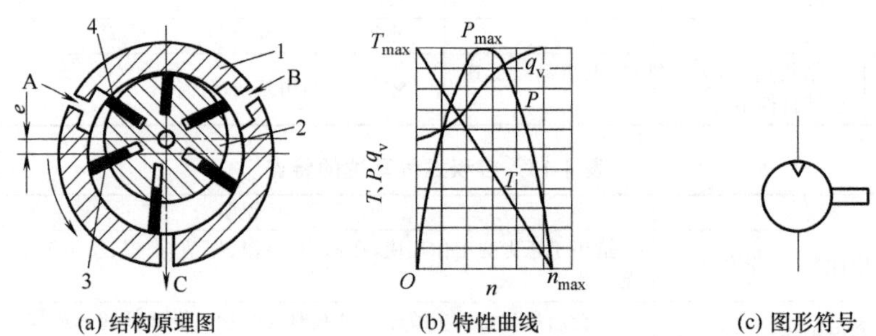

(a) 结构原理图　(b) 特性曲线　(c) 图形符号

图4-80　叶片式气马达（图形符号对其他气马达也适用）

1—定子；2—转子；3，4—叶片

(a) QMY系列
(浙江省瑞安市欧旭机械有限公司产品)

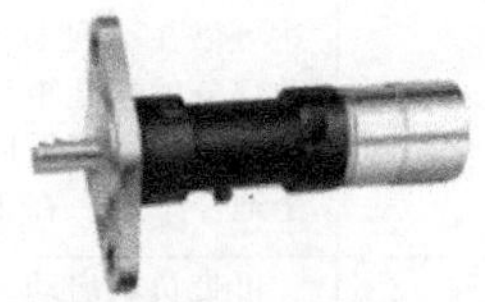

(b) M00※系列
[英格索兰(中国)有限公司产品]

图4-81　叶片式气马达实物外形图

(2) 活塞式气马达

活塞式气马达是依靠作用于气缸底部的气压推动气缸动作实现气马达功能的。活塞式气马达中的气缸数目一般为4～6个，气缸可以径向和轴向配置。常用活塞式气马达大多为径向连杆式的（图4-82）。压缩空气由进气口（图中未画出）进入配气阀套1及配气阀2，经配气阀及配气阀套上的孔进入气缸（图示进入气缸Ⅰ和Ⅱ），推动活塞4及连杆组件5运动。通过活塞连杆

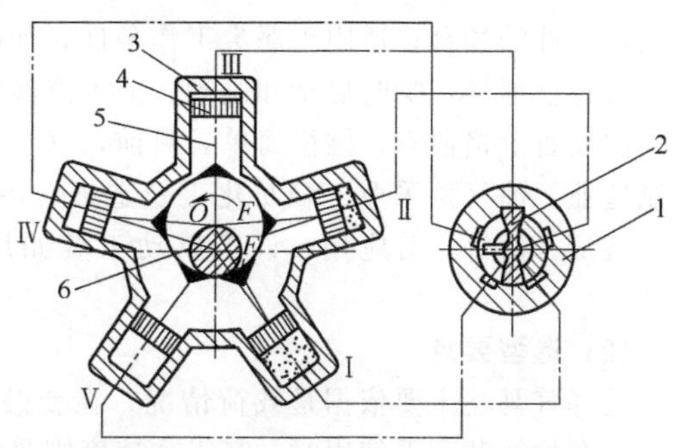

图 4-82　活塞式气马达结构原理图

1—配气阀套；2—配气阀；3—气缸体；4—活塞；5—连杆组件；6—曲轴

带动曲轴 6 旋转，从而带动负载运动。曲轴旋转的同时，带动与曲轴固定在一起的配气阀 2 同步转动，使压缩空气随着配气阀角度位置的改变进入不同的缸内（图示顺序为Ⅰ、Ⅱ、Ⅲ、Ⅳ、Ⅴ），依次推动各个活塞运动，各活塞及连杆带动曲轴连续运转。与此同时，与进气缸相对应的气缸分别处于排气状态。图 4-83 为两种活塞式气马达的实物外形图。

活塞式气马达和叶片式气马达类似，也具有软特性的特点，适用于低速、大转矩场合，如矿山机械及带传动等。

(a) QMH系列
(浙江省瑞安市欧旭机械有限公司产品)

(b) 带齿轮驱动EE系列
[英格索兰(中国)有限公司产品]

图 4-83　活塞式气马达实物外形图

4.7.3　性能参数

气马达的主要性能参数有工作压力、耗气量、额定转速、额定扭矩和输出功率等，不同生产厂的气马达产品参数不尽相同。

4.7.4　产品概览（表 4-14）

表 4-14　气马达产品概览

类别	系列型号	工作压力 /MPa	耗气量	转速/$r\cdot min^{-1}$	额定扭矩 /$N\cdot m$	功率/kW	质量/kg	生产厂
叶片式气马达	V 系列	0.70	$34\sim200m^3\cdot h^{-1}$	3000～8000	0.31～10.0	0.33～3.0	1.0～7.50	①
	QMY 系列	0.6	$63\sim4500L\cdot min^{-1}$	2000～3000	0.18～518.4	0.0367～2.646	1.0～8.50	②
	TJ 系列			2500～4500		0.662～14.71		③
	YQ 系列			2400～3200		8.84～14.71		④
	YP 系列			625～7000		0.662～14.71		⑤
	M00※系列（双向）	0.62	$0.27\sim0.28m^3\cdot min^{-1}$	10000～11500	19.3～274	0.15～0.52	0.46～3.4	⑥
活塞式气马达	TMH 系列		$210\sim460L\cdot min^{-1}$	720～1000	0.96～4.8	0.112～0.375	2.3～5.5	①
	QMH 系列	0.6	$125\sim545L\cdot min^{-1}$	400～1100	0.64～18	0.0735～0.735	1.9～12	②
	TJH 系列			700～2800		2.06～7.35		⑤
	HS 系列			500～1500		3.677～18.4		
	带齿轮驱动 EE 系列（双向）	0.62	$4.4\sim6.2m^3\cdot min^{-1}$	920～305	237～814	3.73～7.85	90.7～104	⑥

①浙江省宁海联翔气动机械厂；②浙江省瑞安市欧旭机械有限公司；③黄石市黄风机械有限公司；④南昌通用机械有限责任公司；⑤太原矿山机器集团有限公司；⑥英格索兰（中国）有限公司。

注：各型号气马达产品的具体技术参数以生产厂产品样本为准，其外形连接尺寸请见生产厂产品样本。

4.7.5　使用维护

(1) 适用场合

气马达适用于要求安全、无级调速，经常改变旋转方向，启动频繁以及防爆、负载启动，有过载可能性的场合；适用于恶劣工作条件，如高温、潮湿以及不便于人工直接操作的地方。当要求多种速度运转，瞬时启动和制动，或可能经常发生失联和过负载的情况时，采用气马达要比别的类似设备价格便宜，维修简单。目前，气马达在矿山机械中应用较多；在专业性成批生产的机械制造业、油气探采业、轻纺化工及造纸、冶金电力等行业均有较多使用，工程建筑、公路建设、隧道开凿等均有应用，许多风动工具如风钻、风扳手、风砂轮及风动铲刮机等均装有气马达。

(2) 选型要点

选择气马达主要依据是载荷情况。在变载荷的场合使用时，速度范围及力矩均应满足工作需要。在均衡载荷下使用时，其工作速度则是最重要的因素。在实际应用中，齿轮式气马达应用较少；叶片式气马达常用于变速、小转矩场合，而活塞式气马达则常用于低速、大转矩场合。

(3) 使用维护要点

① 润滑是气马达正常工作不可缺少的重要环节。气马达必须得到良好的润滑后才可正常运转，良好润滑可保证马达在检修期内长时间运转无误。一般在整个气动系统回路中，在气马达操纵阀前面均设置油雾器，使油雾与压缩空气混合再进入气马达，从而达到充分润滑。注意保证油雾器内正常油位，及时添加新油。润滑油流量为80～100滴/min。气马达长期存放后，应先在有润滑条件下空转0.5～1min。然后再带负荷启动。

② 压缩空气必须经过过滤，保证清洁和干燥。

③ 气马达正常使用3～6个月后，应拆开检查，清洗一次。在清洗过程中，如发现有零件磨损需及时更换。

4.7.6 故障诊断（表4-15）

表4-15 气马达常见故障及其诊断排除（以叶片式气马达为例）

故障现象	故障原因	诊断排除方法
叶片严重磨损	①断油或供油不足 ②空气不净 ③长期使用	①检查供油器润滑 ②净化空气 ③更换叶片
前后气盖磨损严重	①轴承磨损，转子轴向窜动 ②衬套选择不当	①更换轴承 ②调整衬套
定子内孔纵向波浪槽	①泥砂进入定子 ②长期使用	更换修复定子
叶片折断	转子叶片槽喇叭口太大	更换转子
叶片卡阻	叶片槽间隙不当或变形	更换叶片

4.8 真空吸盘

4.8.1 结构原理

真空吸盘是真空吸附系统中的执行元件，它利用吸盘内表面与被吸物（工件）表面之间空间形成负压（真空），在大气压力作用下将被吸物提起。真空吸盘常用于机械手的抓取机构，其吸力范围为1～10000N，适用于抓取薄片状或重量轻的工件［如塑料片、半导体芯片、移动电话壳体、显示器屏、硅钢片、纸张（盒）及易碎的玻璃器皿等］，一般要求工件表面光滑平整、无孔、无油污。

真空吸盘由橡胶材料和金属骨架压制而成，通常靠吸盘上的螺纹直接与真空泵或真空发生器的管路连接。

4.8.2　类型特点

真空吸盘通常分为普通型和特殊型两大类。普通型吸盘的橡胶部分多为碗状，此外尚有矩形、圆弧形等异形形状。特殊型是为了满足某些特殊使用场合（如带孔工件、轻薄工件及表面不平工件的吸附）而专门设计制造的。真空吸盘的详细分类及特点见表 4-16。制造吸盘所使用的橡胶材料及其性能见表 4-17。

表 4-16　真空吸盘类型及特点

分类		简图	特点
普通型吸盘		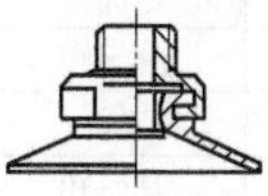	结构简单，适用于吸附抓取表面平整或微曲的工件
特殊型吸盘	短波纹管型吸盘	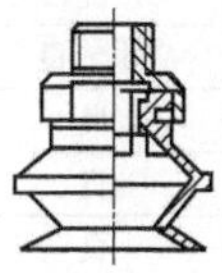	适用于需水平调整的场合。一套吸附装置可由几个短波纹管型吸盘组成，用以抓取具有高差及形状变化的物料。波纹管还可做小行程移动，用来分离细小工件，但它很少用于垂直举升中
	长波纹管型吸盘	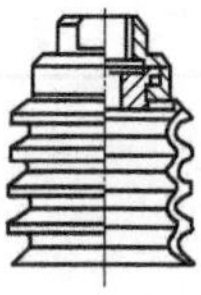	与短波纹管型吸盘适用场合相同。但它能适应水平方向更大高差，并可做较长距离运送动作。但此型吸盘不宜在较大真空度下使用。可采用尼龙加强环加固以提高其稳定性
	带挡板平面吸盘	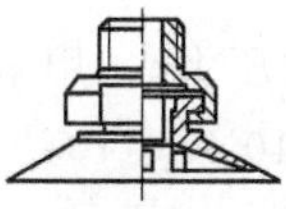	适用于平面物料如纸板、金属板或带孔物料的吸附运送。挡板可防止物料吸入吸盘而产生变形。具有较好的稳定性及较小动程
特殊型吸盘	带阀平面吸盘	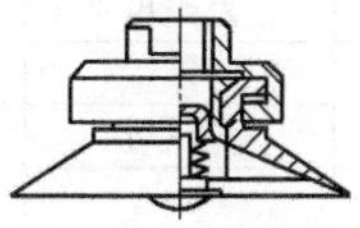	吸盘上装一个阀，阀仅在吸盘吸附物料时才开启，从而提高了安全可靠性并减少了耗气量。用于几个吸盘连在一起的系统中，可避免因一个吸盘泄漏或吸附物体跌落导致系统失效
	带蜂窝橡胶密封的吸盘	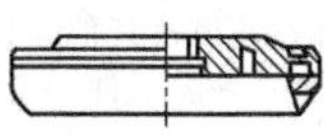	适用于非规则及具有粗糙表面的物料吸附，如石块、混凝土及水沟盖板。此型吸盘可按工件形状制成圆、椭圆、矩形、长的及窄的等异形
	最小动程吸盘	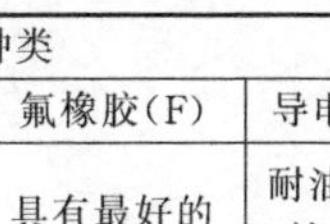	特别适于薄型物料如纸张和塑料胶片的吸送。内密封吸盘具有可调支承，可使被吸送物调得很平而无变形。最小动程可使吸盘用于某些需精确定位的场合

表 4-17　真空吸盘常用橡胶材料性能特点及适用场合

性能特点及应用场合		橡胶种类					
		丁腈橡胶(NBR)	硅橡胶(S)	聚氨酯橡胶(U)	氟橡胶(F)	导电性 NBR	导电性硅橡胶
主要特点		耐油性、耐磨性、耐老化性出色	耐寒性与耐热性突出	机械强度优秀	具有最好的耐热性与耐化学性	耐油性、耐磨性、耐老化性出色，具有导电性	具有较高的耐热性，具有导电性
颜色		黑	白	茶	黑	黑	黑
硬度		A60/S					
物理性质	比重	1.00～1.20	0.95～0.98	1.00～1.30	1.80～1.82	1.00～1.20	0.95～0.98
	使用温度范围/℃	0～120	−30～200	0～60	0～250	0～100	−10～200
	回弹性	良	优	优	可	良	优

续表

性能特点及应用场合		橡胶种类					
		丁腈橡胶 NBR	硅橡胶(S)	聚氨酯橡胶(U)	氟橡胶(F)	导电性 NBR	导电性硅橡胶
物理性质	耐磨性	优	差～可	优	优	优	差～可
	抗断裂性	良	差～可	优	良	良	差～可
	耐弯曲龟裂性	良	差～可	优	良	良	差～可
	热老化性	良	优	可	优	良	优
	耐候性	良	优	优	优	良	优
	耐臭氧性	可	优	优	优	可	优
	耐气体透过性	良	差～可	差～可	差～可	良	差～可
耐油性及耐溶剂性	汽油、轻油	优	差～可	优	优	优	差～可
	苯、甲苯	差～可	差	差～可	优	差～可	差
	乙醇	优	优	可	可～优	优	优
	乙醚	差～可	差～可	差	差～可	差～可	差～可
	酮(MEK)	差	良	差	差	差	良
	醋酸乙基	差～可	可	差～可	差	差～可	可
耐碱及耐酸性	水	优	良	可	优	优	良
	高浓度有机酸	可～良	可	差	优	可～良	可
	低浓度有机酸	良	良	可	优	良	良
	强碱	良	优	差	良	良	优
	弱碱	良	优	差	良	良	优
适用场合		瓦楞纸板、硬壳纸、胶合板、铁板及其他一般工件	半导体元件、模具成品的取出、薄型工件、金属成型制品、食品相关类	瓦楞纸板、硬壳纸、胶合板、铁板及其他一般工件	药品类、化学性工件	半导体类一般工件（静电对策）	半导体类（静电对策）

4.8.3 性能参数

真空吸盘有如下主要技术参数：

① 公称直径，指真空吸盘的外径。

② 有效直径，指吸持工件被抽空的直径亦即吸盘的内径，通常所说的吸盘直径均指有效直径，用 D 表示，单位为 m。

③ 真空工作压力，指真空吸盘内的工作压力（亦即低于大气压的压力），用 p_v 表示，单位为 Pa 或 kPa 或 MPa，其换算关系为 $1\text{MPa}=10^6\text{Pa}=10^3\text{kPa}$ 或 $1\text{kPa}=10^3\text{Pa}=10^{-3}\text{MPa}$。

若以大气压为基准时，称为表压力，表示为－MPa，若以真空度表示（不足一个大气压的差额部分），真空度等于负表压；若以绝对压力为基准时，表示为 MPa。

④ 理论吸附力 F，指吸盘内的真空度 p_v 与吸盘有效吸附面积 $A(\text{m}^2)$ 的乘积，即

$$F=Ap_v=\frac{\pi}{4}D^2p_v \quad (\text{N}) \tag{4-13}$$

4.8.4 典型结构

(1) 真空吸盘的常见结构

真空吸盘通常都带有连接件。如图 4-84 所示，此类吸盘一般由吸盘 1、连接件 2 和垫片 3 等组成。连接件也称接口或接管，有与外螺纹和与内螺纹两种类型，均可直接或通过变径接头实现与其他管件的连接。如图 4-85 所示，大多数吸盘为圆形，根据用途不同又可制成扁平型、薄型、带沟扁平型、钟型、波纹型（风琴型或多层型）等多种形式；椭圆形主要用于长方形的工件和物

料的吸附。这些吸盘的真空取出口多为纵向，此外还有横向（侧向）真空取出口。在 GB/T 786.1—2009 中，对真空吸盘的图形符号进行了规定（图 4-86）。

(2) 薄型真空吸盘

薄型真空吸盘主要用于薄片类工件或物料的吸附作业，具有结构尺寸小，节省安装空间，保护工件表面不变形、不损坏的特点。

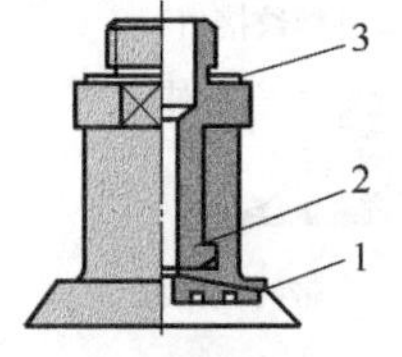

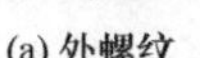
(a) 外螺纹

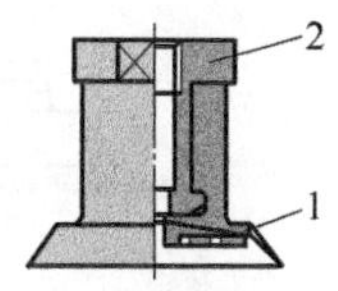

(b) 内螺纹

图 4-84 常见真空吸盘结构图

1—吸盘；2—连接件；3—垫片

(a) 外螺纹扁平型

(b) 外螺纹钟型

(c) 外螺纹带缓冲器型

(d) 横向取出口双层型

(e) 内螺纹扁平型

(f) 内螺纹钟型

(g) 内螺纹波纹型

(h) 内螺纹椭圆扁平型

(i) 内螺纹椭圆钟型

(j) 内螺纹椭圆波纹型

图 4-85 常见真空吸盘实物外形图

产品系列归属：(a) 广东肇庆方大气动有限公司 ZHP 系列；(b)、(c) SMC（中国）有限公司 ZP3P 系列；(d) 台湾气立可股份有限公司；(e)～(j) 费斯托（中国）有限公司 OGVM 系列

① 吸附面带沟薄型吸盘。其典型结构如图 4-87 所示，其吸附面带有沟槽，主要用于薄片、乙烯薄膜等物料的吸附；吸附时可抑制工件平面的变形。SMC（中国）有限公司的 ZP2 系列产品即为此类吸盘，其吸盘单体的实物外形如图 4-88 所示。

② 伯努利式吸盘。伯努利式吸盘是利用流体动力学伯努利原理工作的一种真空元件，又称伯努利抓手。如图 4-89 所示，它主要由本体 1 和中心插件 4 构成，本体下端面装有环形垫片 6、7 和凸柄 5、8、9。环形垫片和凸柄的材料可以都是 POM（聚甲醛工程塑料），或者环形垫片为 POM 而凸柄为 NBR（丁腈橡胶）。吸盘有两种气源接口可选：一个位于顶部，另外一个备选接口位于侧面。可用堵头封堵吸盘闲置的接口。

图 4-86 真空吸盘的图形符号

工作时，输入的压缩空气在吸盘内径向转向，在工件和吸盘表面之间形成回流。气流通过吸盘本体和中心插件之间非常窄小的缝隙 a 流动，这样大大提高了气流速度，根据流体动力学的伯努利原理可知，此时气流压力（绝对压力）大大降低，高速外流的气流在吸盘和工件间产生真空。吸盘的垫片使得吸盘和工件之间保持一定的距离，确保气流能够顺畅地流出。这种采用伯努利原理的真空发生能轻柔抓取各种工件且几乎不发生接触，特别适合搬运接触面较小、厚度薄且极其精密和脆弱的工件。费斯托（中国）有限公司的 OGGB 系列产品即为此类真空吸盘，其实物外形和图形符号如图 3-90 所示。

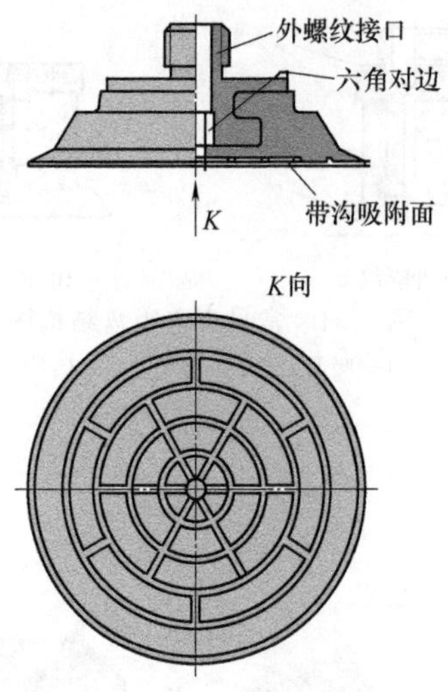

图 4-87　薄型真空吸盘结构图

图 4-88　ZP2 系列薄型真空吸盘实物外形图
［SMC（中国）有限公司产品］

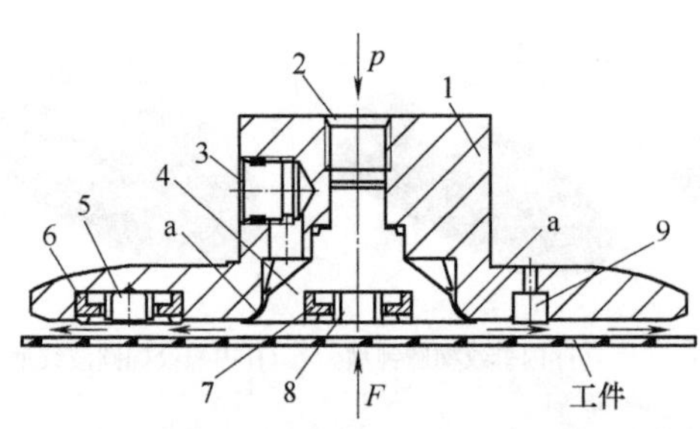

图 4-89　伯努利式薄型真空吸盘结构原理图
1—本体；2—纵向气源接口；3—横向气源接口；
4—中心插件；5,8,9—凸柄；6,7—环形垫片

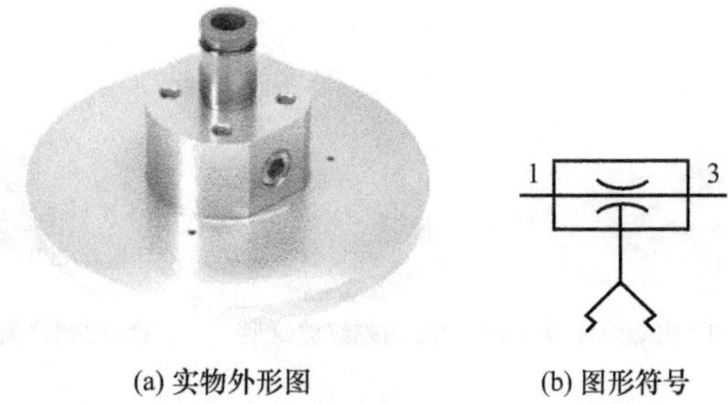

(a) 实物外形图　　(b) 图形符号

图 4-90　OGGB 系列伯努利式真空吸盘
实物外形图及图形符号
［费斯托（中国）有限公司产品］

③ 无吸附痕迹的吸盘。在上述各种结构的吸盘中，可通过在吸附表面采用 NBR、镀氟树脂或树脂等材料，再加上特殊处理，即可有效地抑制橡胶成分向工件的溢出，达到抑制吸盘因橡胶而对工件造成吸附痕迹的目的。此类吸盘多为圆形风琴（双层）结构，例如 SMC（中国）有限公司的 ZP2-CL 系列吸着痕迹对策吸盘、台湾气立可股份有限公司的 PAO 系列无痕迹型防滑真空吸盘、牧气（深圳）精密工业有限公司的 ZMW 无痕真空吸盘等均属此类产品。

④ 其他结构吸盘。除上述一些结构形式的吸盘外，尚有一些其他品种吸盘。

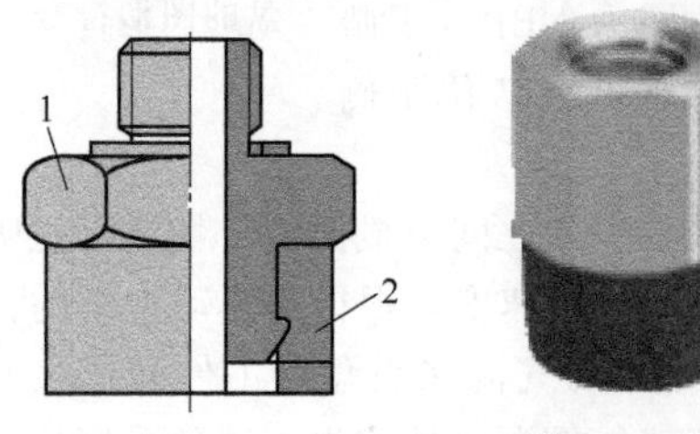

(a) 外螺纹型结构图　　(b) 内螺纹型实物外形图

图 4-91　海绵型吸盘结构及实物外形图
［SMC（中国）有限公司 ZP2-S 系列产品］
1—连接件；2—吸盘

a. 海绵型吸盘。如图 4-91 所示，此类吸盘通常由连接件 1 和环形圆柱形吸盘 2 组成，结构较为简单。连接件有外螺纹或内螺纹两种形式，吸盘材料为导电性硅橡胶或导电性 CR（氯丁橡胶）。海绵型吸盘主要用于吸附有凹凸表面的工件。

b. 重载吸盘。重载吸盘类型较多，适用于重型、大型工件或物料的吸附及搬运。重载平型、薄型吸盘为带肋吸盘［图 4-92（a）］，故强度提高，可用于重型以及大型工件的吸附搬运，并可防止吸盘的变形；重载风琴型吸盘［图 4-92（b）］用于重型、大型工件的

吸附搬运；重载椭圆形吸盘［图 4-92（c）］用于长方形重型、大型工件的吸附搬运；重载带肋平型头可摆动重载吸盘［图 4-92（d）］，带有球头结构缓冲器，工作时球头可自由转动，故用于吸附倾斜的大型工件［图 4-92（e）］；重载头可摆动风琴型吸盘［图 4-92（f）］用于吸着面倾斜、弯（圆）曲的工件［图 4-92（g）］。

图 4-92　重载吸盘结构及实物外形图
［SMC（中国）有限公司 ZP2-H 系列产品］

有的重载吸盘还可用于显像管、汽车主体等体积较大或较重工件的吸附和搬运，如 SMC（中国）有限公司的 ZPT/ZPX 系列大型重载吸盘。

c. 特殊形状的吸盘。特殊形状的吸盘，如图 4-93 所示，用于数字家电、CD、DVD 等圆盘类工件的吸附及玻璃基板的架台（如 LCD 面板）等的多级固定。吸盘本体上设置的风琴机构可缓和对工件的冲击并能贴合工件的弯曲。

图 4-93　特殊形状的吸盘实物外形图
［SMC（中国）有限公司 ZP2-Z 系列产品］

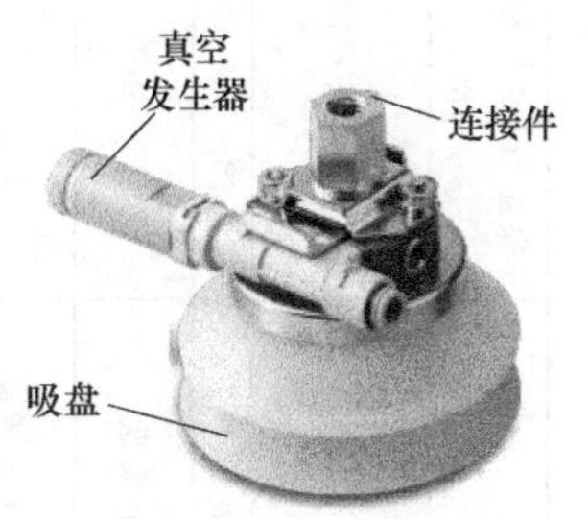

图 4-94　带真空发生器的吸盘实物外形图
［SMC（中国）有限公司 ZPP 系列产品］

d. 带真空发生器的吸盘（图 4-94）。此类吸盘将真空发生器与吸盘一体化，减小了安装空间，节省了配管及更换吸盘的作业工时。

4.8.5 产品概览（表 4-18）

表 4-18 真空吸盘产品概览

<table>
<tr><th>系列型号</th><th>吸盘直径(规格)/mm</th><th>真空工作压力/MPa</th><th colspan="2">理论吸附力/N</th><th>吸盘材料及颜色</th><th>结构形式</th><th>质量/g</th><th>生产厂</th></tr>
<tr><td>ZHP 系列真空吸盘</td><td>10～50(共 8 种)</td><td>−0.08～−0.04</td><td colspan="2">提升质量/kg:0.32～16。提升搬运重物的速度/mm·s^{−1}:<400</td><td>丁腈橡胶</td><td>带连接件圆形平直型</td><td></td><td>①</td></tr>
<tr><td>XP 系列真空吸盘</td><td>8～100</td><td rowspan="2">−0.07～−0.01</td><td colspan="2">1.9～397(−0.07MPa 时)</td><td></td><td></td><td></td><td rowspan="2">②</td></tr>
<tr><td>XPⅠ系列真空小吸盘</td><td>10～40</td><td colspan="2">6～88</td><td>N、S、F</td><td>纵向/纵向缓冲/横向/横向缓冲</td><td></td></tr>
<tr><td>ZP3 系列带连接件小型吸盘</td><td>1.5～16</td><td>−80～−40kPa</td><td colspan="2"></td><td>NBR、S、U、F、导电 NBR、导电 S</td><td>U 平型;UM 带沟平型;B 风琴型</td><td>吸盘单体:0.1～1.1</td><td rowspan="2">③</td></tr>
<tr><td>ZP3P 系列带连接件真空吸盘</td><td>20～50</td><td>−80～−40kPa</td><td colspan="2"></td><td>S</td><td>纵向外螺纹/内螺纹/纵向带缓冲器</td><td>吸盘单体:1.8～12.4</td></tr>
<tr><td rowspan="8">OGVM 系列带接口真空吸盘</td><td rowspan="2">30～125</td><td rowspan="8">−0.095～0。保持力和横向力按额定工作压力:−0.06MPa 确定</td><td>保持力</td><td>横向力</td><td rowspan="3">NBR,黑色</td><td rowspan="2">圆形扁平型</td><td rowspan="2">8～151</td><td rowspan="8">④</td></tr>
<tr><td>36～606</td><td>35～429</td></tr>
<tr><td>20～80</td><td>18～220</td><td>28～241</td><td>圆形钟型</td><td>6～51</td></tr>
<tr><td>20～125</td><td>15～587</td><td>15～426</td><td>NBR,黑色;HNBR,灰色</td><td>圆形波纹型带 1.5 圈褶</td><td>12～188</td></tr>
<tr><td rowspan="2">16×55×70×145</td><td>保持力</td><td>垂直横向力</td><td rowspan="2">NBR,黑色</td><td rowspan="2">椭圆形扁平型</td><td rowspan="2">29～124</td></tr>
<tr><td>36～636</td><td>15～426</td></tr>
<tr><td>20×60～40×90</td><td>81～311</td><td>103～201</td><td>NBR,黑色</td><td>椭圆形钟型</td><td>16～40</td></tr>
<tr><td>30×65～70×145</td><td>66～446</td><td>75～592</td><td>NBR,黑色;HNBR,灰色</td><td>椭圆形波纹型带 1.5 圈褶</td><td>48～156</td></tr>
<tr><td>ZP2 系列薄型吸盘</td><td>5～20</td><td>−80～−40kPa</td><td colspan="2"></td><td>NBR、S、U、F、导电 NBR、导电 S</td><td>带连接器、扁平型</td><td></td><td>③</td></tr>
<tr><td>OGGB 系列伯努利式吸盘</td><td>60、100、140</td><td>0.6～1.0</td><td colspan="2">吸附力:6～10
侧向力:1～12</td><td>垫片 POM 及 NBR</td><td>圆形</td><td>119～348</td><td>④</td></tr>
<tr><td>PAG 系列薄型吸盘</td><td>10～50</td><td>见产品样本图线</td><td colspan="2">见产品样本图线
行程:4～15mm</td><td>S,蓝色</td><td>圆形,直立/侧向及直立弹簧/侧向弹簧</td><td></td><td>⑤</td></tr>
<tr><td>ZP2-CL 系列吸着痕迹对策吸盘</td><td>4～50/40～125/6～32</td><td>−80～−40kPa</td><td colspan="2"></td><td>吸附痕迹对策 NBR/吸附痕迹对策 NBR;NBR+镀氟树脂,氟橡胶+镀氟树脂</td><td>U 型/H 重负载型</td><td></td><td>③</td></tr>
</table>

续表

系列型号	吸盘直径(规格)/mm	真空工作压力/MPa	理论吸附力/N	吸盘材料及颜色	结构形式	质量/g	生产厂
PAO系列无痕迹型防滑真空吸盘	10～50	见产品样本图线	见产品样本图线 行程:4～15mm	NBR	圆形,直立/侧向及直立弹簧/侧向弹簧		⑤
ZMW系列无痕吸盘	8～50	详询生产厂	详询生产厂	N、S、NE、SE	双层		⑥
C-ZP2系列海绵吸盘	4～15	详询生产厂	详询生产厂	海绵			
ZP2-S系列海绵吸盘	4～15	－80～－40kPa		GS、CR	海绵型		③
ZP2-H系列重载吸盘	32～340/32、150/30×50/40～125/40～125	－80～－40kPa		NBR、S、F、CR/NBR、S、F、CR/、NBR、S、F、CR/NBR、S、F、CR、U	带肋平型、薄型/风琴型/椭圆形/头可摆动带肋平型/头可摆动风琴型		
ZPT/ZPX系列大型重载吸盘	40～125	－80～－40kPa		NBR,黑色;S,白色;U,苯色;F,黑色;EPR,黑色	外螺纹、内螺纹、缓冲本体。用于显像管、汽车主体等体积较大或较重工件的吸附		
C-ZPT/ZPR/ZPY系列	2～50	详询生产厂		NBR、S、U、F	垂直和水平真空口、带和不带缓冲/水平真空口、带和不带缓冲		⑦
C-ZP系列重载吸盘	40～125	详询生产厂		NBR、S	重载型、重载风琴型		
C-ZP2-T/X系列重载吸盘	32～125	详询生产厂		NBR、S	摇摆型带缓冲		

①广东肇庆方大气动有限公司；②烟台未来自动装备有限公司；③SMC（中国）有限公司；④费斯托（中国）有限公司；⑤台湾气立可股份有限公司；⑥牧气（深圳）精密工业有限公司；⑦浙江西克迪气动有限公司（乐清）。

注：1. 吸盘材料代号及使用温度范围见表4-17。

2. 各型真空吸盘产品的具体技术参数以生产厂产品样本为准，其外形连接尺寸请见生产厂产品样本。

4.8.6 使用维护

(1) 真空吸附技术的优势及不足

结构及功能实现简单，是真空吸附技术所具有的显著优势，换言之，只要工件具有可吸附的表面即可对其进行吸附搬运（包括柔软易变形、倾斜及弯曲的工件以及工件周边没有空间的场合）。

气动吸附技术的不足之处主要表现为：在工件吸附搬运中，由于多种因素的影响可能会致其落下；在吸附工件的同时，可能会将工件周围的液体以及其他异物吸入；为了获得较大的吸附力及夹持力，需要较大的吸附面积；真空吸盘（橡胶材料）的劣化会影响工作的可靠性；真空吸附中准确定位较为困难。

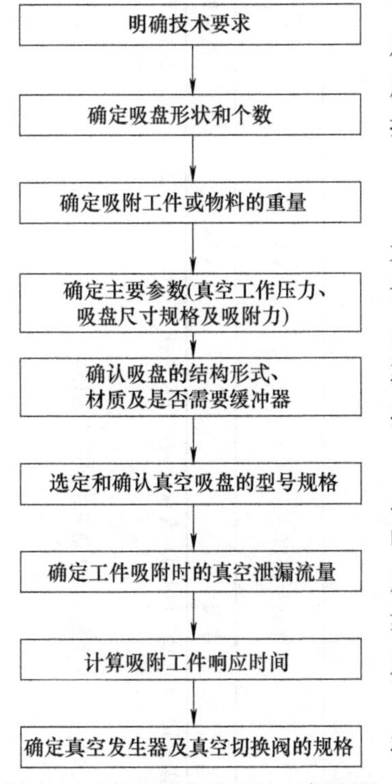

图 4-95 真空吸盘选型的一般流程

当决定采用真空吸附技术时，应充分了解上述优势和不足，用其所长，避其所短。并采取必要的对策和措施，以避免因考虑不周或失误带来人力、物力、财力的浪费，甚至人身、设备损伤。

(2) 真空吸盘的选型及相关真空元件的选配

真空吸盘是气动系统中借助真空气体进行工作的重要执行元件，其选型与气缸、气马达等执行元件一样也是整个系统设计中的重要一环。真空吸盘选型的一般流程如图 4-95 所示。但由于各类气动设备对系统应用场合、使用要求的不同及用户经验的多寡，其中有些内容与步骤可以省略和从简，或将其中某些内容与步骤合并交叉进行。

① 明确技术要求。技术要求是真空吸盘选型的依据和出发点。开始选型前应通过讨论并辅以调查研究，明确真空吸盘拟吸附工件的大小、表面形状、材质和吸附部位、使用环境（温度、尘埃、腐蚀、振动、冲击等）情况、限制条件及对安全可靠性的要求；明确经济性要求，如投资额度、吸盘的货源、保用期和保用条件、运行能耗和维护保养费用等。

② 根据技术要求，对照产品样本或设计手册确定吸盘的形状（圆形或椭圆形）和个数。

③ 确定吸附工件或物料的重量 W。工件重量 W 一般可以根据工件形状和材料，通过简单计算得到；对于重要的应用场合，有时还需辅以必要的吸附试验来确定。在确定 W 时，应注意下述事项。

a. 对于上方吸附（水平吸附）的情况［图 4-96（a）］，不仅要考虑工件或物料的重量，还要考虑工件移动（升降、停止、回转）时的加速度产生的惯性力、风压作用以及冲击力的作用［图 4-97（a）］给予充分的裕量；要考虑到吸盘个数及安装位置情况［由于吸盘的抗力矩性很弱，故应尽量调整工件的重心位置，使真空吸盘不受力矩的作用，见图 4-97（b）］；对于水平吸附的情况，横向移动时会因加速度以及吸盘与工件间摩擦系数的大小，而使工件偏移［图 4-97（c）］，所以要适当控制平移加速度。

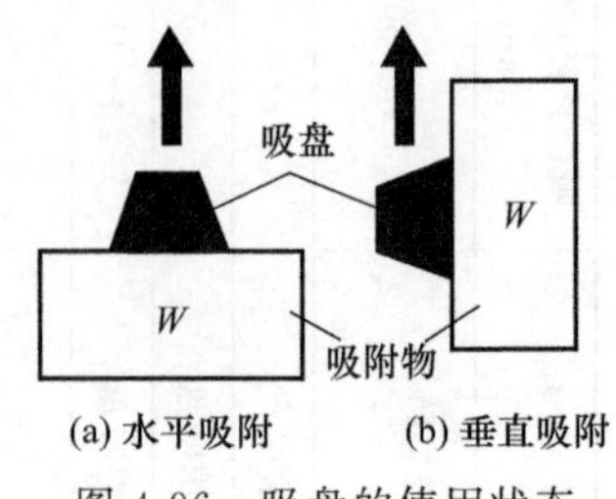

图 4-96 吸盘的使用状态

b. 应尽量避免垂直吸附［图 4-96（b）］，以确保安全。

c. 要考虑吸盘和工件的平衡以及吸盘吸附方式对负载的影响。为了避免因真空泄漏而影响吸附效果，应保证吸盘的吸附面积不要超出工件表面［图 4-98（a）］；大面积板状工件一般使用多个吸盘进行吸附搬运，对此应合理分配吸盘位置，保持平衡。特别是周边部分，要适当配置以

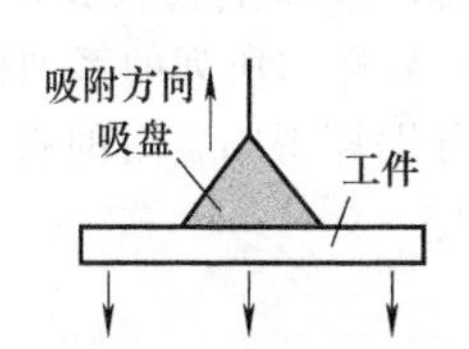

(a) 因加速度、风压作用面加重

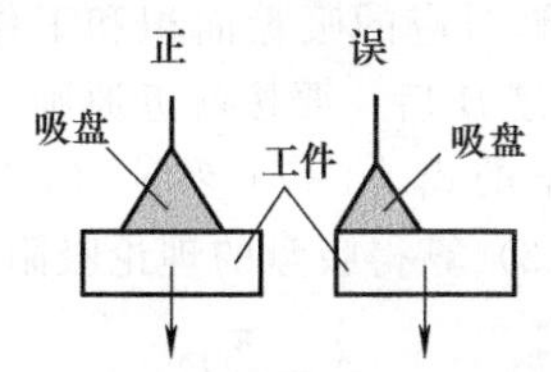

(b) 安装位置不当引起力矩

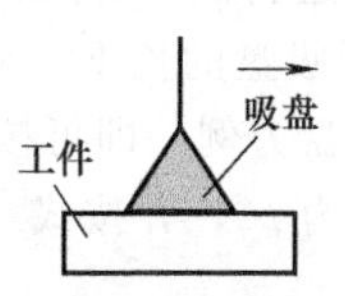

(c) 横向移动加速度使工件偏移

图 4-97 确定工件重量时要考虑的一些因素

免边缘脱离工件［图 4-98（b）］。此外，若有必要尚需设置防止工件落下的导轨等辅助工具；还需注意，由于吸附平衡，某些地方的负载可能会增加。

吸盘的基本吸附方式为水平吸附，故应尽量避免倾斜吸附、垂直吸附、固定用吸附（吸盘会受到工件负载）等，否则必须使用导轨［图 4-98（c）］以确保安全；对于从下方吸附工件、用其他元件进行定位再用吸盘固定的场合，应进行吸附试验，以确认是否可以使用。

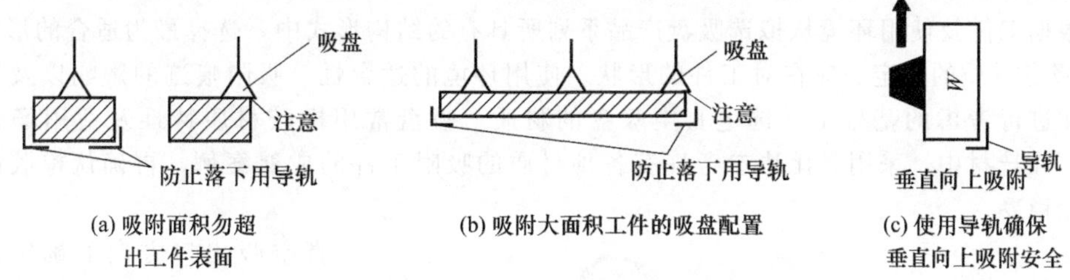

(a) 吸附面积勿超出工件表面　(b) 吸附大面积工件的吸盘配置　(c) 使用导轨确保垂直向上吸附安全

图 4-98 吸盘与工件的平衡及吸附方式的影响

④ 确定主要参数。

a. 预选吸盘的真空工作压力（表压力）p。使用真空发生器作为气源时，预选吸盘的真空压力 p 大约在 -60kPa 左右。

b. 计算和确定吸盘的面积 A 和尺寸（圆形吸盘的直径 D，椭圆形吸盘的长度 L 和宽度 B）。计算公式如下：

吸盘吸附面积
$$A=\frac{Wt}{np_v}(\mathrm{m^2}) \tag{4-14}$$

圆形吸盘直径
$$D=\sqrt{\frac{4A}{\pi}}(\mathrm{m}) \tag{4-15}$$

椭圆吸盘的长×宽
$$L\times B=A(\mathrm{m^2}) \tag{4-16}$$

式中 W——吸附物重量，N；

t——安全系数（考虑确保安全，给予足够余量的系数），根据使用状态（图 4-96）选定：水平吸附，$t\geqslant4$，垂直吸附，$t\geqslant8$；

n——同一直径的吸盘数量；

p_v——真空工作压力（表压力），Pa。

由式（4-14）～式（4-16）容易看出，真空工作压力 p_v 的取值对直接影响吸盘的结构尺寸大小。p_v 越大，吸盘的尺寸越小，结构越紧凑。由式（4-13）可知，当真空压力 p_v 增大 2 倍时，理论吸附力 F 也相应增大 2 倍；若吸盘直径增大 2 倍，则理论吸附力则增大 4 倍。

但实际应用中也不是 p_v 越高越好，因为若真空压力过高反而会发生意外情况：当真空压力在所需值以上时，吸盘的磨耗量会增加，容易引起龟裂，使吸盘寿命变短；当真空工作压力（设定压力）设定过高时，不但响应时间会变长，发生真空所必要的能量也会增大。因此要根据拟选产品给出的真空工作压力范围，从中合理预选吸盘的真空工作压力。

c. 对计算值进行圆整并反向推算对应的吸盘面积和工作压力。按以上公式算得的圆形吸盘直径 D 或椭圆形吸盘的长度 L 和宽度 B 后，要按就近原则对照产品样本所列的系列值进行圆整。至此，以圆形吸盘为例，即可按如下的式（4-17）和式（4-18）分别算得圆整后的吸盘面积 A 和实际真空工作压力 p_v，并按式（4-13）算得吸盘的理论吸附力 F。

$$A=\frac{\pi}{4}D^2 \tag{4-17}$$

$$p_v=\frac{Wt}{nA} \tag{4-18}$$

算得的理论吸附力只要大于工件重量，即 $F>W$，即可保证工件吸附的安全可靠性。

⑤ 由使用动作场合以及工件的形状、材质等属性，确定吸盘的结构形式（平型、钟型、波纹型）、材质、真空吸出口方向，确定吸盘是否带缓冲支架（高度补偿器）。

a. 吸盘结构形式的确定。不同结构形式的吸盘使用对象不同，例如，扁平型吸盘适用于表面平整不变形的工件吸附；带沟平型吸盘适用于想进行工件彻底脱离的场合；波纹型（风琴型）适用于无安装缓冲的空间、工件吸附表面倾斜的场合；椭圆形吸盘则适用于长方形工件的吸附。用户应根据工件及使用环境从拟选吸盘产品系列所具有的结构形式中，选择最为适合的形式。

b. 吸盘材质的选定。应在对工件的形状、使用环境的适合性、吸附痕迹的影响以及导电性等诸方面进行考虑的基础上，选定真空吸盘的材质。吸盘常用橡胶材质特性及适用场合参见表 4-17。在选材中，采用类比法参考现有各种材质的吸附工件的成熟案例，再确认橡胶的特性较为便捷稳妥。

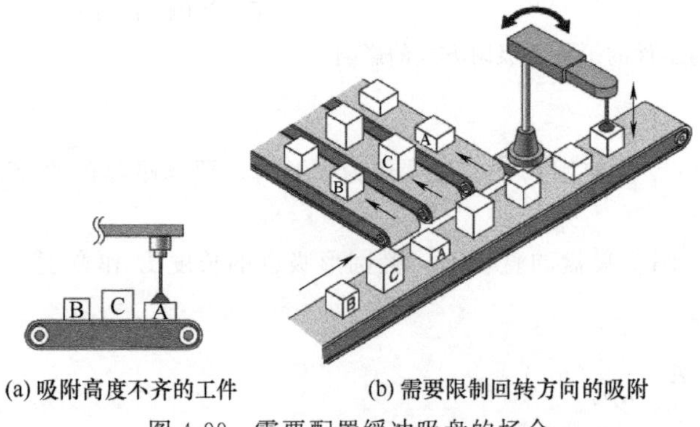

图 4-99　需要配置缓冲吸盘的场合

c. 真空吸出口方向的确定。可以根据工件吸附方式及管件配置情况选定纵向或横向。

d. 缓冲的确定。对于高低不一的工件、耐冲击性差的工件以及需要缓和对吸盘冲击的场合，吸盘应带缓冲；对于高度不齐的工件以及吸盘和工件的间距不确定的场合［图 4-99（a）］，可采用内置弹簧的带缓冲器吸盘。对于需要限制回转方位的场合［图 4-99（b）］，可选择带防回转的缓冲支架。

⑥ 从产品样本最终选定和确认真空吸盘的型号规格等。在上述流程完成后，即可从产品样本中选定和确认真空吸盘的型号规格。

⑦ 吸盘相关真空元件的选择配置及其注意事项。

a. 真空发生器与真空切换阀的选择。选择分三步进行：一是根据被吸附工件的属性及表面形状，确定吸盘吸附工件时是否存在泄漏。如存在泄漏，则应确定其泄漏流量；二是确定吸附工件响应时间；三是确定真空发生器和真空切换阀的规格尺寸。

ⅰ. 确定工件被吸附时的真空泄漏流量。如图 4-100 所示，吸盘在吸附透气性或表面粗糙的工件时会吸入大气（或真空流量泄漏），引起吸盘内真空压力变化，使吸盘内部达不到吸附工件时所需真空压力。吸附此类工件时，要计算和确定工件的真空泄漏流量，从而选定真空发生器、真空切换阀的规格尺寸。当然，工件吸附无泄漏的工况，则该项流量为零。

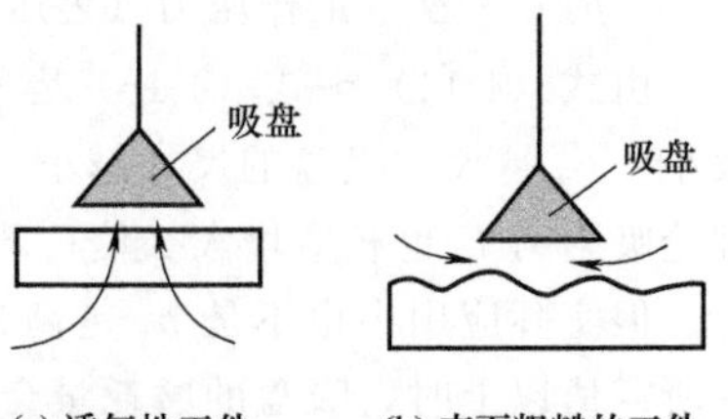

图 4-100　漏气的工件

计算方法确定真空泄漏量。已知工件流导，真空泄漏流

量 q_L（ANR，标准状态下的流量）的计算公式为

$$q_L = 55.5 \times C_j \quad (\text{L/min})(\text{ANR}) \tag{4-19}$$

式中，C_j——工件和吸盘之间的间隙或工件开口处的流导，$dm^3/(s \cdot bar)$（$1bar = 10^5 Pa$）。

实验方法确定真空泄漏流量。试验回路（图 4-101）由真空气源（如真空发生器）、吸盘、工件和真空流量计（或真空压力表）组成，工件的真空泄漏流量 q_L 可通过真空流量计的读数直接获得，或通过真空压力表的读数并从所采用的真空发生器的流量特性图线（图 4-102）中查得（压力表对应的吸入流量即为泄漏流量）。例如，供给压力 0.45MPa 时，采用某型真空发生器（其排气和流量特性如图 4-102 所示）作为气源的吸附存在有泄漏流量工件，采用真空压力表进行试验的读数为 $p_v = -53kPa$，从图 4-102 所示的流量特性查得此时的吸入流量（也即泄漏流量 q_L）为 5L/min（ANR）（Ⓐ→Ⓑ→Ⓒ）。

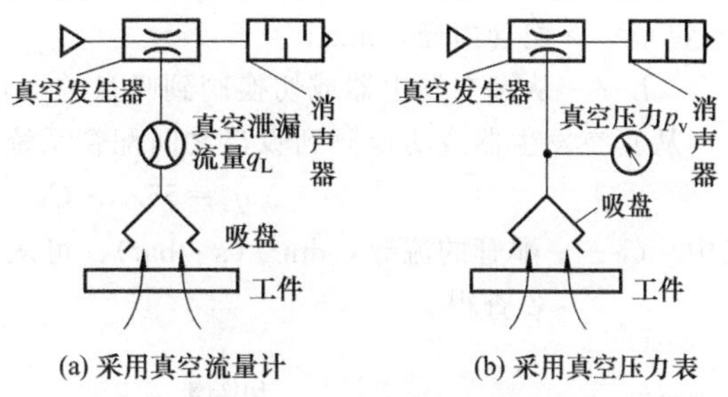

图 4-101 真空泄漏流量试验回路

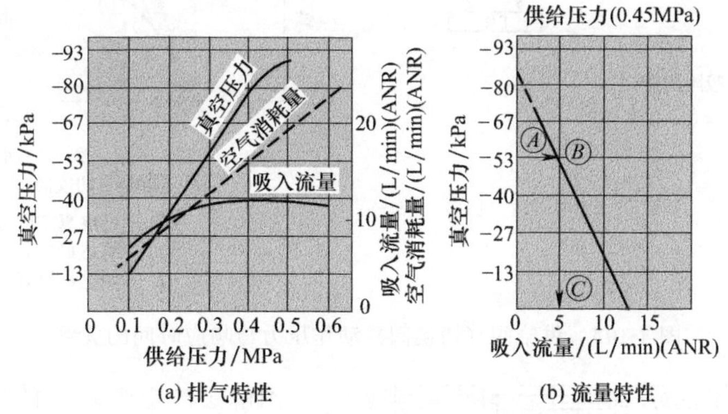

图 4-102 真空发生器的排气和流量特性图线

ⅱ. 确定吸附工件响应时间。用真空吸盘吸附工件搬运的场合，从供给阀或真空切换阀动作后到吸盘内的真空压力达到吸附所必需的真空压力的时间称为吸附响应时间（它是一个大致值）。吸附响应时间通过计算或图解方法求得。

计算法确定吸附工件响应时间 T_1、T_2。其计算公式如下：

$$T_1 = \frac{V \times 60}{q_Z} = \frac{\pi}{4} \times d^2 \times L \times \frac{1}{(q+q_L)} \times \frac{1}{1000} \times 60 = \frac{3.14 \times d^2 \times L \times 60}{4000 \times (q+q_L)}$$

$$T_2 = 3 \times T_1 \tag{4-20}$$

式中 T_1——到达最终真空压力 p_v 的 63%的时间（图 4-103），s；

T_2——到达最终真空压力 p_v 的 95%的时间（图 4-103），s；

q_Z——总流量，L/min（ANR）；

q——平均吸入流量 q_1 和配管系统最大流量 q_2 中的小流量，L/min（ANR）；

q_1——平均吸入流量，L/min（ANR），需视真空源而定：

以真空发生器作为真空源的场合

$$q_1 = (1/3 \sim 1/2) \times q_{max} \quad (\text{L/min})(\text{ANR}) \tag{4-21}$$

以真空泵作为真空源的场合

$$q_1 = (1/3 \sim 1/2) \times 55.5 \times C_v \quad (\text{L/min})(\text{ANR}) \tag{4-22}$$

q_{max}——真空发生器的最大吸入流量，L/min；

C_v——切换阀的流导，$dm^3/(s \cdot bar)$；

q_L——泄漏流量（无泄漏时为0），L/min（ANR）；

V——配管容积，L；

d——配管内径，mm；

L——从真空发生器或切换阀到吸盘的配管长度，m。

从真空发生器或切换阀到吸盘之间配管系统的最大流量

$$q_2 = 55.5 \times C_1 \quad (L/min)(ANR) \tag{4-23}$$

式中 C_1——配管的流导，$dm^3/(s \cdot bar)$，可从配管流导图线（图4-104）中根据管长 L 和管径 ϕ 查得。

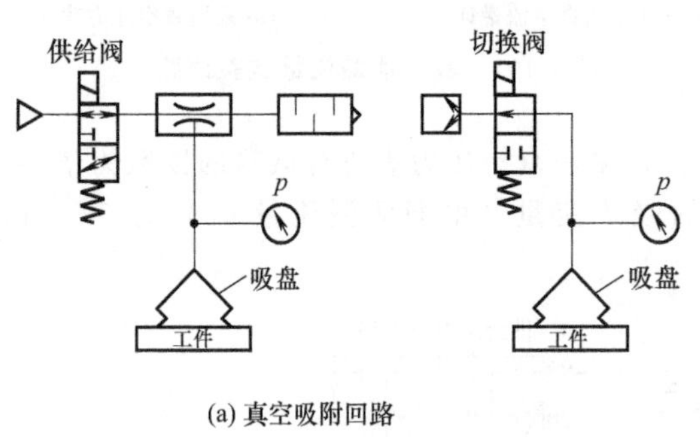

(a) 真空吸附回路

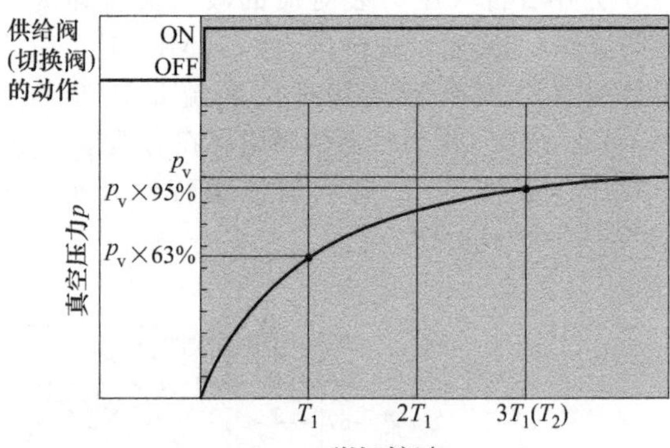

(b) 供给阀(切换阀)的真空压力和响应时间

p_V—最终真空压力；
T_1—到达最终真空压力p_V的63%的时间；
T_2—到达最终真空压力p_V的95%的时间

图4-103 供给阀（切换阀）动作压力与响应时间的关系

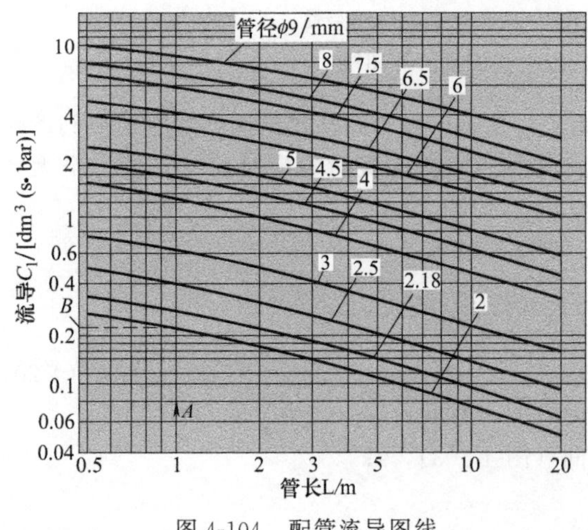

图4-104 配管流导图线

图解法确定吸附工件响应时间 T_1、T_2。确定配管容积（真空发生器或真空泵侧切换阀到吸盘之间的配管容积），然后通过所使用的真空发生器的图线（图4-102）确定吸附工件响应时间 T_1、T_2。通过二例具体说明如下。

示例1：某真空发生器的最大流量为12L/min（ANR），使用的配管容积为0.02L，查响应时间图线（图4-105）可从这2个参数的交点，按Ⓐ→Ⓑ的顺序，可求得到达最终真空压力的63%排气场合时的吸附响应时间 $T_1 = 0.3s$。

示例2：使用流导为 $3.6dm^3/(s \cdot bar)$ 的阀，容积为5L的气罐，通过响应图线（图4-105）可查到此两参数的交点，可按Ⓒ→Ⓓ的顺序可求出到达最终真空压力的95%时的排气响应时间 $T_2 = 12s$。

ⅲ．确定真空发生器和真空切换阀的规格尺寸。

真空发生器与真空切换阀的规格尺寸应根据最大真空吸入流量确定。

真空发生器的最大真空吸入流量为

$$q_{max} = (2 \sim 3)q + q_L \quad (L/min)(ANR) \tag{4-24}$$

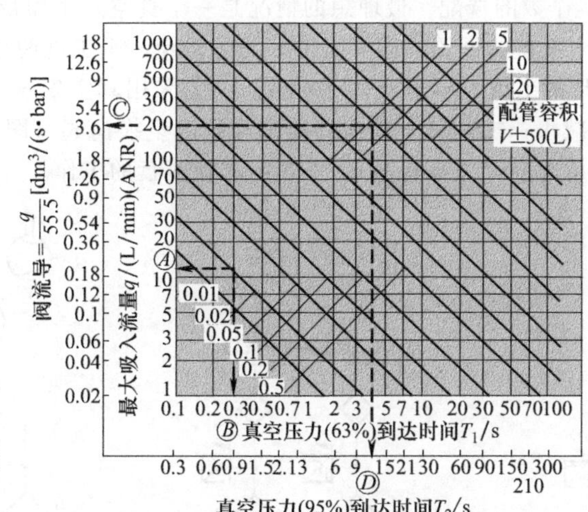

注：根据吸附响应时间，也能反映真空发生器或真空泵系统的切换阀的规格尺寸

图 4-105　响应时间曲线

应选择最大真空吸入流量$>q_{\max}$的真空发生器。

真空切换阀的有效面积 $A=\frac{\pi}{4}D$，应选择有效截面积$>A$的真空切换阀。

b. 吸盘相关其他真空元件选择。在选择吸盘相关其他真空元件时，特别应考虑到安全可靠性问题，即针对可能出现的停电、气源停供引起真空压力降低导致工件下落的危险，要有相应对对策。

ⅰ. 真空供给阀、破坏阀及真空压力开关的选配。如图 4-106 所示真空吸附回路，考虑到停电问题，真空供给阀 1 应选择常闭式或带自保持功能的电磁阀；真空破坏阀 2 应选用低真空规格的二通或三通电磁阀，为了调节破坏流量，应使用节流阀 3；工件的吸附和搬运，由真空压力开关 4 确认；吸附重物及危险品应使用真空压力表 5 进行确认；在恶劣环境下工作时，压力开关前应加装真空过滤器 6。

ⅱ. 真空换向阀的选配。如图 4-107 所示真空吸附回路，使用真空换向阀 1，吸盘和真空发生器之间的总有效截面积不能过小。为保护换向阀，应使用真空过滤器 2，以免过滤芯堵塞。

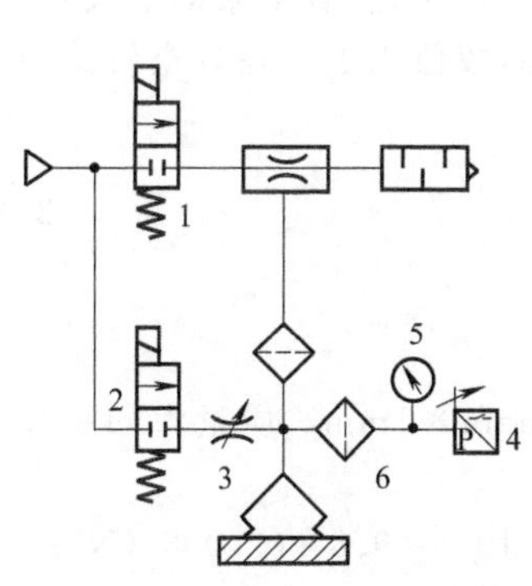

图 4-106　真空吸附回路-供给阀、破坏阀及压力开关的选配

1—真空供给阀；2—真空破坏阀；3—节流阀；4—真空压力开关；5—真空压力表；6—真空过滤器

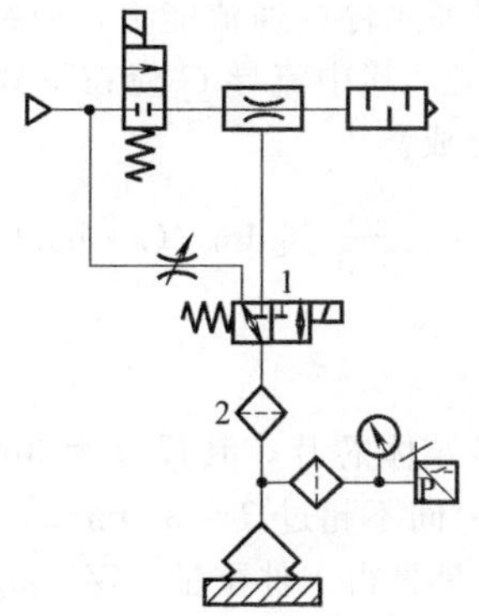

图 4-107　真空吸附回路-换向阀的选配

1—真空换向阀；2—真空过滤器

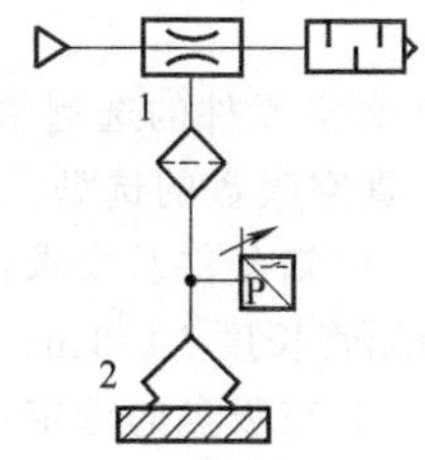

图 4-108　一个真空发生器带一个吸盘的真空吸附回路

1—真空发生器；2—真空吸盘

ⅲ. 真空发生器和吸盘个数的选配。最理想的情况是一个真空发生器带一个吸盘（图 4-108）；对于一个真空发生器带多个吸盘的回路（图 4-109），为了避免一个工件脱落，导致真空压力降低而使其他工件随之脱落情形的出现，可采取如下对策：一是采用真空安全阀或节流阀 2，使吸附和未吸附的真空压力变化减小；二是每个吸盘气路都配置真空换向阀（图中未画出），吸附失效时换向阀切换（真空压力由真空开关 5 检测），不影响其他吸盘的工作。

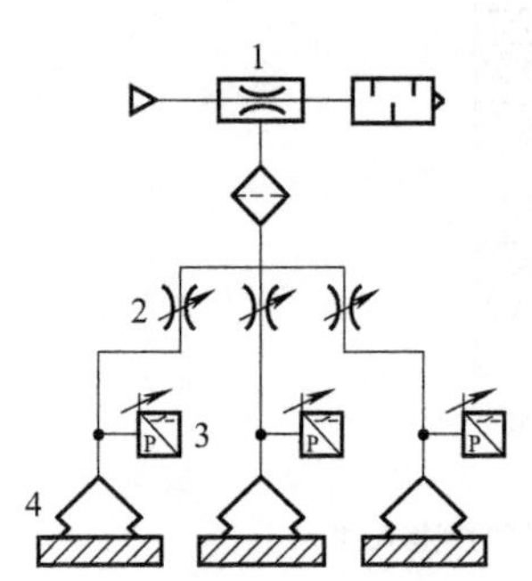

图 4-109　一个真空发生器带多个吸盘的真空吸附回路

1—真空发生器；2—节流阀；3—真空压力开关；4—真空吸盘

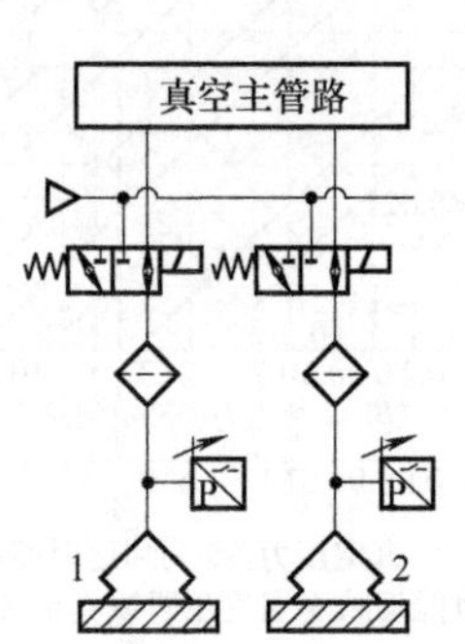

图 4-110　一个真空管路带一个吸盘的真空吸附回路

1，2—真空吸盘

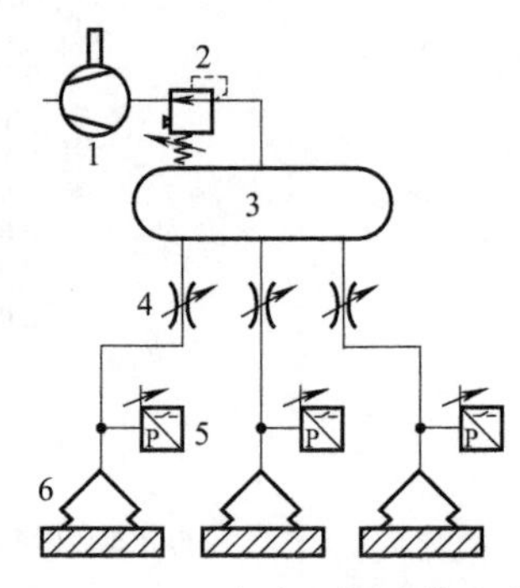

图 4-111　一个真空管路带多个吸盘的真空吸附回路

1—真空泵；2—真空调压阀；3—真空罐；4—节流阀；5—真空开关；6—真空吸盘

ⅳ. 真空泵和吸盘个数的选配。最理想的情况是一个真空管路带一个吸盘（图 4-110）；对于一个真空管路带多个吸盘的回路（图 4-111），其对策如下：一是采用真空安全阀或节流阀 4，使吸附和未吸附的真空压力变化减小；二是利用真空罐 3 及真空调压阀 2 来稳定气源压力；三是每个吸盘气路都配置真空换向阀（图中未画出），吸附失效时换向阀切换（真空压力由真空开关 5 检测），不影响其他吸盘的工作。

ⅴ. 真空过滤器的设置。真空元件在吸附工件的同时，其周围的灰尘、油分等污物也会吸入元件内部，故防止灰尘的侵入比其他气动元件更需要。尽管有些真空元件已带有过滤器，但在大量灰尘污物等工作场合，尚需另外追加过滤器；在真空侧回路，为了保护切换阀及防止真空发生器的孔口阻塞，建议使用真空过滤器；在灰尘多的环境中使用，建议使用厂家推荐的组合过滤器。

ⅵ. 真空过滤器的容量、切换阀等元件的通流能力，应结合真空发生器/真空泵的最大吸入流量 q_{max} [L/min (ANR)] 加以确定，其中流导 C 应在下式求得的数值以上。在真空管路中，若多个元件串接，则应进行流导的合成。

$$C=\frac{q_{max}}{55.5}\quad [dm^3/(s\cdot bar)] \tag{4-25}$$

⑧ 真空元件的选型举例。

a. 真空吸盘的选型。

ⅰ. 已知条件及要求：工件为半导体芯片，其尺寸为 8mm×8mm×1mm，质量为 $m=1g$；真空侧配管长度 $L=1m$；吸附响应时间不超过 $T=300ms$。

ⅱ. 真空吸盘的选定。由工件质量算得工件重量　$W=mg=1\times10^{-3}\times9.8=0.0098$ (N)；

由工件的尺寸，选择直径为 $D=4mm$ 真空吸盘 1 个，其有效工作面积 $A=\frac{\pi}{4}D^2=0.785\times(0.4)^2=0.13$ (cm^2)；

设水平吸附工件，则安全系数 $t=4$，由式（4-18）反算得真空工作压力

$$p_v=\frac{Wt}{nA}=\frac{0.0098\times4}{1\times0.13}=3.0\times10^3(Pa)=3.0(kPa)$$

由计算结果可知，若真空压力在－3.0kPa以上，则可吸附工件。

ⅲ. 真空吸盘结构形式的选择。

根据工件种类及形状，选择吸盘形式为平型，吸盘材质为硅橡胶。

ⅳ. 吸盘规格型号的确定。

由上述结果，参考产品样本［SMC（中国）有限公司］选定ZPT系列无缓冲平型硅橡胶真空吸盘，其型号为ZP304US-□□（其中，□□为真空引出口代号，由吸盘的安装形态决定）。

b. 真空发生器的选定。

ⅰ. 求真空侧配管容积。假定管子内径为2mm，则配管容积为

$$V=\frac{\pi}{4}\times d^2\times L\times\frac{1}{1000}=\frac{3.14}{4}\times 2^2\times 1\times\frac{1}{1000}=0.00031(\mathrm{L})$$

ⅱ. 若吸附时无泄漏（$q_L=0$），由式（4-20）求达到吸附响应时间的平均流量

$$q=\frac{V\times 60}{T_1}-q_L=\frac{0.00031\times 60}{0.3}-0=0.62\quad[\mathrm{L/min(ANR)}]$$

由式（4-24）可算得真空发生器的最大真空吸入流量为

$$q_{max}=(2\sim3)q+q_L=(2\sim3)\times0.62+0=1.24\sim1.86\quad[\mathrm{L/min(ANR)}]$$

根据这一计算结果，选用ZX系列真空发生器，其表型号可选定ZX105□（配合使用条件，即可决定使用的真空发生器的完整型号），该真空发生器产品的最大吸入流量为5L/min＞1.24～1.86L/min，其喷嘴直径0.5mm，适合直径2～13mm的吸盘，满足使用要求。

c. 吸附响应时间的核算确认。

由已选定的真空发生器的特性，对响应时间进行核算确认。

ⅰ. 前已述及，所选ZX105□真空发生器的最大吸入流量为5L/min，由式（4-21）可算得平均吸入流量

$$q_1=(1/3\sim1/2)\times q_{max}=(1/3\sim1/2)\times5=(2.5\sim1.7)\quad[\mathrm{L/min(ANR)}]$$

ⅱ. 按配管求最大流量q_2。由图4-104（$A\rightarrow B$）查得配管的流导$C_1=0.22$，故由式（4-25）算得配管最大流量

$$q_2=55.5\times C_1=55.5\times0.2=12.21\quad[\mathrm{L/min(ANR)}]$$

ⅲ. 比较q_1和q_2，因$q_1<q_2$，故选取$q=q_1$. 因此，按吸附响应时间由式（4-20）算得

$$T=\frac{V\times60}{q_Z}=\frac{V\times60}{q}=\frac{0.0031\times60}{1.7}=0.109(\mathrm{s})=109(\mathrm{ms})$$

满足所要求的响应时间要求。

(3) 使用维护要点

① 真空元件的防污染。真空吸盘等元件在完成吸附工件的同时，会将其周围的灰尘、油分等随之吸入元件内部，并有可能在元件内部发生积聚而产生问题。例如一旦过滤器的孔口阻塞，会导致吸附部分和真空发生器部分形成压力差，使吸附状态和效果变差。因此，防止污染比其他气动元件更为需要。真空元件内不能进入灰尘，这是基本的考虑和要求。除了设置过滤器，尚需注意以下事项。

a. 为了不吸入灰尘等污物，应尽量保持环境及工件附近处于清洁状态。

b. 实际使用前，要充分了解工作环境及其灰尘等污物种类和量。在相应的配管中要设置必要的过滤器等。特别是以吸尘为目的的洁净器的使用场合，需使用专用过滤器。

c. 使用前进行试验，按使用条件确认，可清除污染后再使用。

d. 按污染情况对过滤器进行维护。

② 吸盘冲击的防止。当吸盘与工件接触时，要避免过大用力及冲击，以免引起变形、龟裂和磨损，缩短吸盘的使用寿命。为此，吸盘压紧在工件上的工况，吸盘的按压要在其侧缘的变形范围内，肋部要轻轻碰上工件。对于小吸盘，定位要正确（图4-112）。

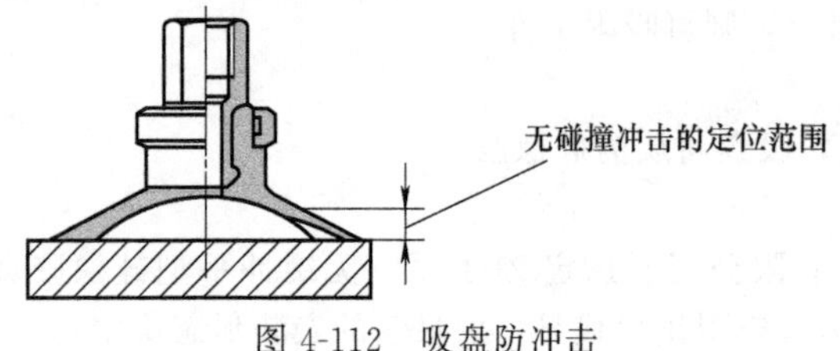

图 4-112　吸盘防冲击

③ 吸盘和工件的平衡。对于工件上升的工况，除了工件或物料的自重外，还应考虑工件移动加速度产生的惯性力和风阻［参见图 4-97（a）］；应考虑到吸盘个数及安装位置情况导致工件的重心位置不当，致使真空吸盘受到力矩作用［参见图 4-97（b）］；对于水平吸附的工况，要适当控制平移加速度，以免横向移动时因加速度大小、吸盘与工件间摩擦系数大小的不同，而使工件偏移［参见图 4-97（c）］。

吸盘的吸附面积不能比工件的表面大，以免发生泄漏而使吸附不稳［参见图 4-98（a）］；对于大面积板状工件使用多个吸盘进行吸附搬运的工况，在吸盘配置时要保证良好的平衡。特别要注意，其周边部分吸盘的定位不要发生偏离［参见图 4-98（b）］。

④ 高度不一致工件的吸附。吸附高度不一致工件时，吸盘和工件不能定位的工况，应采用带弹簧缓冲的吸盘［参见图 4-99（a）］；方位有要求的场合，应使用不可回转型的缓冲支架［参见图 4-99（b）］。

⑤ 透气工件和带孔工件的吸附。吸附多孔材质和纸张等透气性工件［图 4-113（a）］时，因工件被吸附而鼓起，要选用规格足够小的吸盘。此外，空气泄漏量大的工况，因吸附力小，应采取提高真空发生器或真空泵的吸入流量，并增大配管的有效截面积等措施。

⑥ 平板工件和柔软工件的吸附。在吸附面积较大的玻璃板、基板等板材时［图 4-113（b）］，加大了风阻，由于冲击会出现波浪形，故要考虑吸盘的大小与合理配置及布局。在吸附塑料、纸张和薄板等柔软性工件时［图 4-113（c）］，由于负压，工件会产生变形和褶皱，故应采用小型吸盘和带肋吸盘，而且需要适当降低真空度。

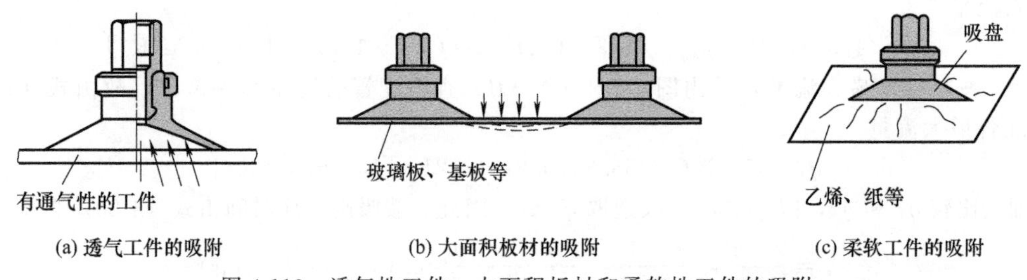

图 4-113　透气性工件、大面积板材和柔软性工件的吸附

⑦ 产生真空的时间。吸盘产生真空有两种方式，一是真空吸盘下降接触到工件后产生真空，二是从真空吸盘下降开始阶段就真空吸气，靠近后吸附工件。

前者存在一些问题，例如产生真空的时间尚需加上阀的开、闭时间；此外，由于真空吸盘的下降检测用开关的动作时间可能有偏差，故产生真空的时间有延迟的可能性。因此，不推荐此种产生真空的方式，而推荐采用后者，但若吸附极轻工件，会有定位偏差，应加以确认。

⑧ 吸附的确认。工件吸附后，真空吸盘上升的场合，应尽可能使用真空压力开关检测，拾取出吸附确认信号后，令真空吸盘上升（特别是重物危险的场合，要与压力表并用，进行目视加以确认）。

采用延时继电器等按时间控制真空吸盘的上升动作时，工件会产生脱离落下的风险。

对于一般的吸附搬运，在工作时，由于真空吸盘和工件位置的变化，吸附所需的时间也会发生微妙变化。故关于吸附后的动作，推荐采用真空压力开关等控制元件进行吸附完成的确认，再开始下一个动作。

⑨ 真空压力开关的设定压力。真空压力开关的压力设定值，应在算出吸附工件时所需的真空压力后，再设定适合的值。

此外，真空压力开关的设定值，还应充分考虑工件移动时的加速度和振动。在工件确实能吸附的范围内，推荐设定为尽可能低的值，以缩短工件吸附上升时间。此外，检测是否吸附工件，判别这点的压力非常重要。

⑩ 真空吸盘的更换。真空吸盘是易耗品，要定期进行更换。随着真空吸盘的使用，吸附面会被磨耗，外形部分会慢慢变小。尽管吸附力随吸盘直径变小，但有时仍可吸附。由于受表面粗糙度、使用环境（温度、湿度、臭氧、溶剂等）、使用条件（真空度、工件重量、真空吸盘对工件的压紧力、缓冲的有无等）等多种因素的影响，故很难推测并准确给出真空吸盘的更换周期。用户只能依据初次使用的状况自行判断其更换时间。此外，应根据使用条件、使用环境以及螺钉有无松动等因素，定期进行检查维护。

4.8.7 故障诊断（表 4-19）

表 4-19 真空吸盘常见故障及其诊断排除方法

故障现象	原因分析	排除办法
调试时没有问题，正式运转后吸附不稳	①真空开关的设定不当。由于供给压力不稳定。使真空压力未达到设定值 ②工件和真空吸盘间有泄漏	①工件吸附时将真空元件的压力（真空源为真空发生器的场合为供给压力）设定在所需的真空压力；且真空开关的设定压力，也设定在吸附所需的真空压力 ②在调试时就有泄漏，但还未至引起故障的程度。对真空发生器、真空吸盘形状、直径、吸附材质等须重新评估，对真空吸盘整体重新评估
更换吸盘后，吸附变得不稳定	①初期的设定条件被变更（真空压力、真空开关的设定值、吸盘高度方向的位置等），在使用环境下，吸盘上产生磨耗、失效等，需进行设定变更 ②吸盘更换时，从螺纹连接部及吸盘与连接件的连接部产生泄漏	①对使用条件（真空压力、真空开关的设定压力，吸盘的高度方向设定位置等）要进行重新检查审核 ②对连接部进行重新检查审核
相同工件用相同吸盘吸附，存在不能被吸附的地方	①工件和真空吸盘间有泄漏 ②对气动回路、气缸、电磁阀等，与真空发生器的供给回路是同一系统，同时使用时供给压力降低（真空压力达不到） ③从螺纹连接部及吸盘与连接件的连接部产生泄漏	①重新评估吸盘形状、直径、材质，真空发生器（吸入流量） ②重新评估气动回路 ③对连接部进行检查和重新评估
工件和吸盘不能脱离，波纹（风琴）型吸盘存在橡胶黏附现象	①橡胶一般具有黏附性，且会随使用环境和吸盘的磨耗等而增大 ②使用所需以上的真空压力，在吸盘（橡胶）部会有由真空压力产生的按压力	①重新评估真空吸盘的形状、材质、数量等 ②降低真空压力。由于真空压力下降，吸附力不足，工件搬运时产生故障的情况，可增加吸盘数量，加大吸盘直径等
若用螺母安装，缓冲的动作不平顺，无滑动现象产生	①安装缓冲器时，螺母紧固力矩大 ②滑动部有灰尘的附着或产生伤痕；活塞杆上加有横向负载，产生偏摩擦	①用推荐紧固力矩进行组装 ②根据使用条件、使用环境，有松动螺母的场合，要进行定期维护

4.9 柔触气爪

4.9.1 功用特点

柔触气爪（又称气动柔性手指）是柔触气动手爪的简称，是一种柔性夹具。它运用仿生学原理，模仿章鱼触手包裹被抓对象的动作对工件或物料进行包覆式抓取。本节以国产柔触手爪［苏州柔触机器人有限公司（张家港市）］产品为主线，对这一气动元件进行简介。

与传统夹具、机械气爪和气动吸盘不同的是，柔触气爪由柔性材料（纳米材料）制成，故具有安全性高、通用性好、安装简单方便等诸多特点（表 4-20），其应用也涵盖了汽车零部件、3C电子、食品、医疗、服装、日化等多种行业，装配、分拣、搬运等多种工业场合以及自动售卖机等新零售行业，弥补了机械气爪与真空吸盘在某些场合无法适用的空缺。特别成为机器人末端，介于机械气爪和气动吸盘之间的一种优异气动执行元件，极大地拓宽了工业机器人的应用领域。

表 4-20 柔触气爪的优点及应用

<table>
<tr><th colspan="2">项目</th><th colspan="6">说明</th></tr>
<tr><td rowspan="9">优点</td><td rowspan="4">柔软快捷</td><td colspan="6">自适应能力强。采用仿生学结构设计，包覆式夹取，使得柔触气爪对抓取对象的形状具有厘米级的自适应能力</td></tr>
<tr><td colspan="6">应对工厂中小批量、多批次的柔性生产线，可有效节约生产线切换时间</td></tr>
<tr><td colspan="6">柔触气爪承载能力大（最大可达 9kg），工作速度快（最快开合速度可达 300 次/min），精度高（最高重复定位精度达 0.08mm），使用寿命长（使用寿命可达百万次级别）</td></tr>
<tr><td colspan="6">环境适应能力强（阻燃、耐酸碱，耐油，耐温最高可达 280℃），可适应大部分工业场合</td></tr>
<tr><td rowspan="2">安全可靠</td><td colspan="6">有利于保护工件和操作者。柔触气爪采用纯柔软材料制成，无刚性骨骼，夹持力度可调，应对易伤易碎的产品，不会夹伤夹坏的同时还能避免表面产生划痕，对操作人员的安全也更有保证</td></tr>
<tr><td colspan="6">柔触材料通过美国 FDA 食品级标准检测，可以直接与食物接触，适用于食品生鲜行业</td></tr>
<tr><td rowspan="3">方便简单</td><td colspan="6">标准化手指模块，使搭建柔触手爪像积木祥简单方便，节省设计讨间</td></tr>
<tr><td colspan="6">柔触驱动器配置了标准通信接口，与各类机械臂及 PLC 无缝匹配，U 盘式使用体验</td></tr>
<tr><td colspan="6">控制器具备天线遥控功能和内置气源（ACU 配置），安装调试方便，在无气源的移动工作环境下也可使用</td></tr>
<tr><td rowspan="4">应用举例</td><td>领域</td><td colspan="2">示意图</td><td>描述</td><td>领域</td><td>示意图</td><td>描述</td></tr>
<tr><td>汽车零部件</td><td colspan="2"></td><td>用于汽车异形零件、车灯、外观件的分拣、搬运、上下料作业，尤其适用于小批量、多批次的柔性生产需求</td><td>3C 电子</td><td></td><td>用于精密电子仪器的高精度插拔，移动电话（手机）等通信产品相关配件、电路板、半导体芯片、镀膜玻璃光学镜片等工件的组装、分拣、测试、包装等工序</td></tr>
<tr><td>食品生鲜</td><td colspan="2"></td><td>尤其适用于果蔬、不规则真空包装食品、奶制品、面团糕点等食品的分拣包装</td><td>服装面料</td><td></td><td>适用于针织、梭织面料的分层抓取或多层同时抓取，分层抓取时，仅抓取堆叠材料的顶层，也可用于堆叠裁片的整叠搬运</td></tr>
<tr><td>智能抓取</td><td colspan="2"></td><td>基于人工智能技术的智能抓取，可用于无序堆叠、复杂场合下的来料分选与物流包装作业</td><td>医疗用品</td><td></td><td>用于输液管、试管、安瓿瓶等医疗耗材的抓取以及瓶装袋装试剂、医疗器械的生产、消毒等工序等</td></tr>
</table>

4.9.2 原理组成

(1) 动作原理

柔触气爪采用气压驱动技术，通过柔触驱动控制器控制正压和负压的切换，使得具有特殊气囊结构的柔性手指/柔喙自适应物体外表体征，实现张开与闭合动作，从而完成柔性抓取或外撑的动作。通过调节气压大小可控制手爪的夹紧力度或开合角度，实现对不同工件或物料的柔性抓取，同时避免工件或物料被夹伤。如图 4-114 所示，当输入气流为真空时，手指/柔喙则张开/抓合，释放/抓取物件；当输入常压气流时，手指/柔喙则放松；当输入正压气流时，手指/柔喙则抓合/张开。

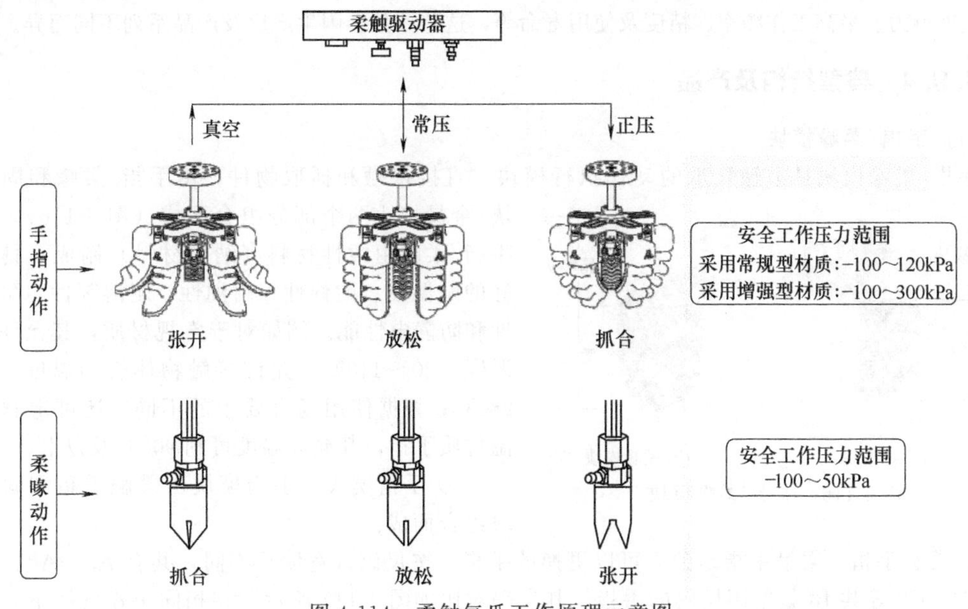

图 4-114　柔触气爪工作原理示意图

(2) 结构组成

柔触气爪通常由手指模块/柔喙模块、连接模块、控制单元及其他配件（包括连接件、型材、T 型螺母及支架等）等几部分组成，并按图 4-115 所示顺序连接装配成标准夹爪或非标准夹爪。

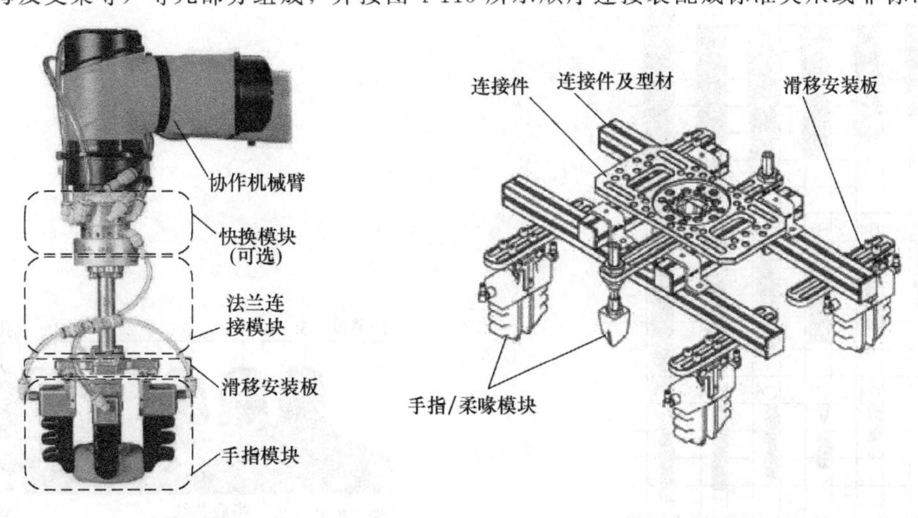

图 4-115　夹爪的组合结构组成

上述各组成部分及组合都有自己的编码方式，以便用户根据应用领域和使用要求进行选型及组合安装。

当抓取对象变化时，可根据夹取对象的形状、体积、重量、材质更换手指模块或滑移安装板，以达到最佳的抓取效果；当夹爪组合（不含机械臂）与非标准夹爪组合，采用铝合金型材组合连接，适用于体积较大或不规则形状工件或产品的抓取，标准夹爪组合或手指模块可自由安装在支架的任意位置，也可根据工况不同，加装气缸、吸盘或传感器等元件。

4.9.3 性能参数

柔触气爪的主要性能参数有最大负载、工作气压、手指行程（包括正压和负压行程）或柔喙开口距离、夹持力、最高工作频率、精度及使用寿命等，这些参数会因生产厂及产品系列不同而异。

4.9.4 典型结构及产品

(1) 手指/柔喙模块

手指/柔喙模块是柔触气爪的动作执行模块，直接接触和抓取物件，由手指/柔喙和固定模块/金具接头两个部分组合而成（图 4-116）。其中手指/柔喙由柔性材料（纳米材料）制成，具有良好的耐温性、耐候性、耐油性、耐溶剂性、耐酸碱性和防静电性能。例如对于常规材质，其允许环境温度－20～110℃，允许接触物体表面温度－30～280℃；根据使用场合要求的不同，还可定制耐高温材质手指，其允许温度可到 900℃及以上。

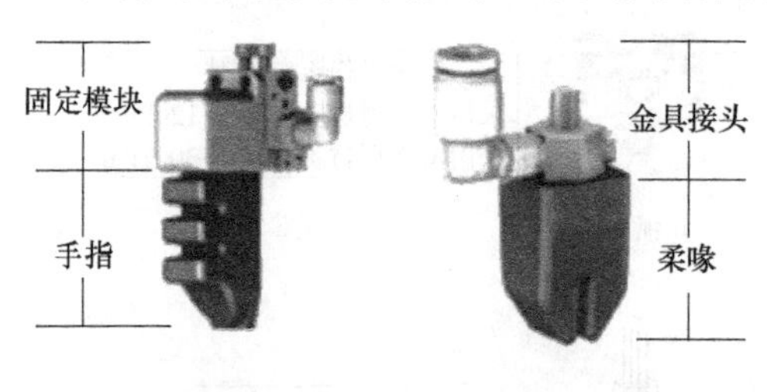

图 4-116　手指/柔喙模块

① 手指模块。手指模块由柔触手指和固定模块组合而成。

a. 柔触手指。柔触手指是独立可以更换的手指。按尺码（宽度）不同，共有 A3～A8、B3～B8、C3～C8 等共 18 款常用尺码的手指，其尺码对比如图 4-117 所示。在相同工作气压下，更宽的手指拥有更大的夹持力。

指底花纹及指尖形状（图 4-118）会影响柔触气爪对工件的包覆效果以及摩擦力，表 4-21 给出了常用指底花纹及指尖组合及特性。

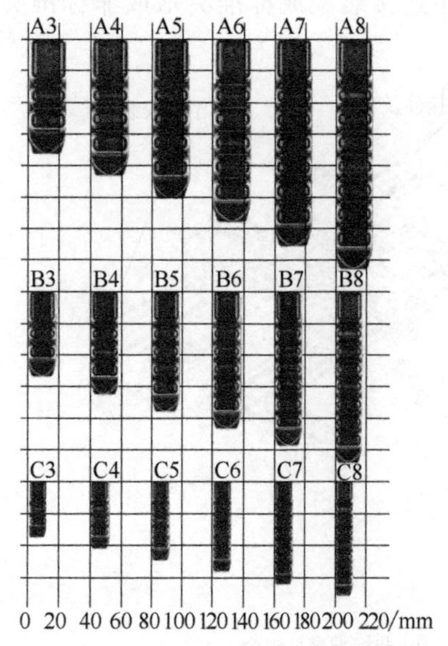

图 4-117　手指的尺码对比

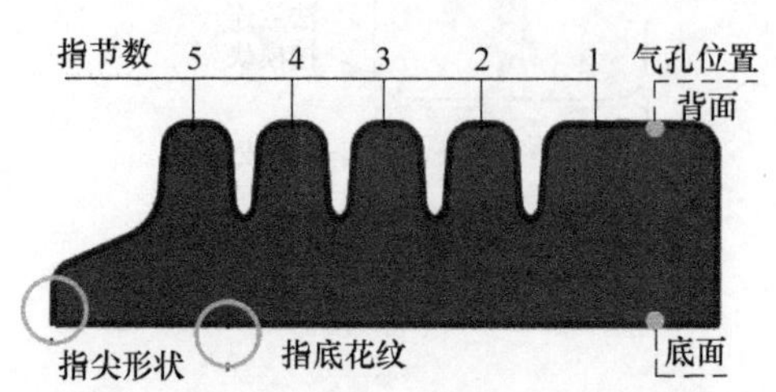

图 4-118　手指指底花纹及指尖形状

表 4-21　常用指尖及指底组合及特点

序号	指尖指底组合	形状示意图	特点及适用场合
1	平头横纹		通用性好，耐磨性好。适用于食品、金属、塑胶件等粗糙表面工件
2	平头平底		在有油或有水等液体的表面会打滑，只用于干燥光滑工件、柔软食品
3	尖头横纹		耐磨性好，适用于圆柱形、球形工件，适用于粗糙表面
4	眉头波纹		适用于面料类产品
5	平头齿纹		倒齿结构底纹，用于钣金件、平板玻璃、PCB 板及车灯等产品

手指材质可选择常规型、增强型以及防静电型，其中增强型材质拥有更高的工作压力范围，夹持力最高可达常规材质的 300%；防静电型材质不沾尘，适用于电子行业和洁净车间。

柔触手指外形结构及运动参数如表 4-22 所列。

表 4-22　柔触手指外形结构及运动参数　　mm

结构尺寸图

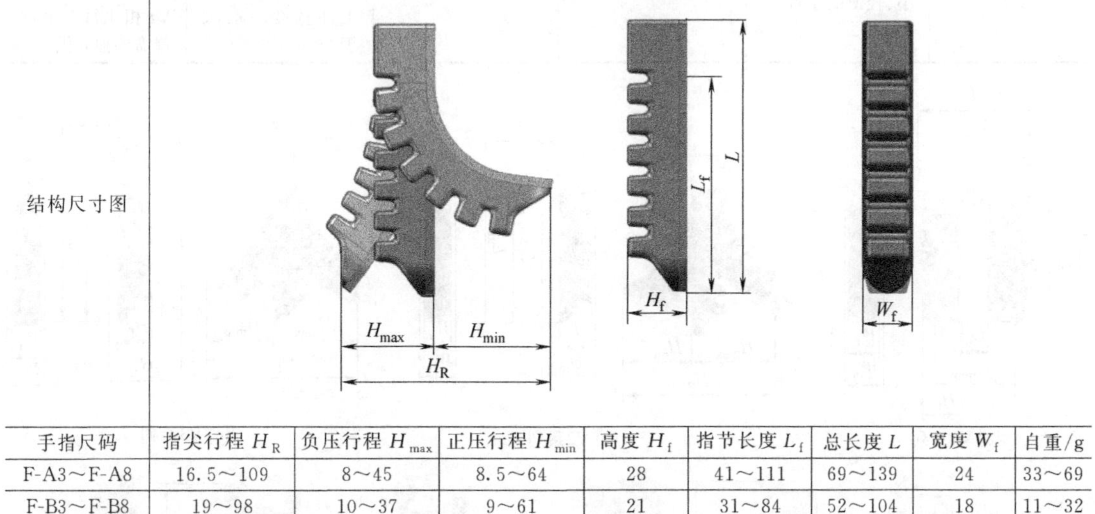

手指尺码	指尖行程 H_R	负压行程 H_{max}	正压行程 H_{min}	高度 H_f	指节长度 L_f	总长度 L	宽度 W_f	自重/g
F-A3～F-A8	16.5～109	8～45	8.5～64	28	41～111	69～139	24	33～69
F-B3～F-B8	19～98	10～37	9～61	21	31～84	52～104	18	11～32
F-C3～F-C8	10.5～80	5～38	5.5～42	14	21～56	34～69	12	4～8

注：1. 苏州柔触机器人有限公司产品。

2. 表中负压行程 H_{max} 和正压行程 H_{min} 为常规材质手指分别为在真空压力－80kPa 和正压 100kPa 时的数值。

b. 固定模块。根据手指的安装形式、结构特点和适用场合的不同，手指的固定模块分为 V1～V5 共 5 个系列，其结构特点及适用场合如表 4-23 所列。

c. 柔触手指模块及其结构性能参数。由上述 V1～V5 等 5 个系列的固定模块分别与 A3～A8、B3～B8、C3～C8 等共 18 款常用尺码的柔触手指可组合为 90 个手指模块，其结构参数及运动行程如图 4-119 和表 4-24 所示。

表 4-23 固定模块结构特点及适用场合

系列代号	V1	V2	V3	V4	V5
模块名称	紧凑双指模块	单指模块	单指模块	可串联单指模块	可串联单指模块
固定模块单体外形图					
手指模块实物外形图					
结构特点	①双指模块组合方式，结构紧凑，占用空间小 ②指间距及安装角度不可调节 ③可外接传感器模块	①独立安装，可配合滑移安装板安装 ②指间距及安装角度可调节 ③可外接传感器模块	①独立安装，可配合滑移安装板安装 ②指间距及安装角度可调节 ③可外接传感器模块	①可串联使用并简化气管布置，夹持力较大 ②与滑移安装板配合安装时，可调节前后、左右及旋转 3 个自由度	①模块更轻薄，安装模块最小间距仅有 10mm ②与消移安装板配合安装时，可调节前后、左右及旋转 3 个自由度
固定方式	可从三个方向固定(可选)	可从四个方向固定(可选)	可从三个方向固定(可选)	采用滑槽螺母固定	采用滑槽螺母固定
进气方式	可从三个方向安装进气接头(可选)	可从三个方向安装进气接头(可选)	只可从一个方向固定(手指背面)	进气接头安装于模块左侧或右侧(可选)	只可从一个方向安装进气接头(手指外侧)
适用场合	适用于夹取微小、轻薄的工件			多用于多条手指同时工作且工件间紧凑的场合，工件宽度一般大于 50mm	适合夹取微小、轻薄的工件，也可串联使用，但与 V4 相比每个手指都需要独立供气

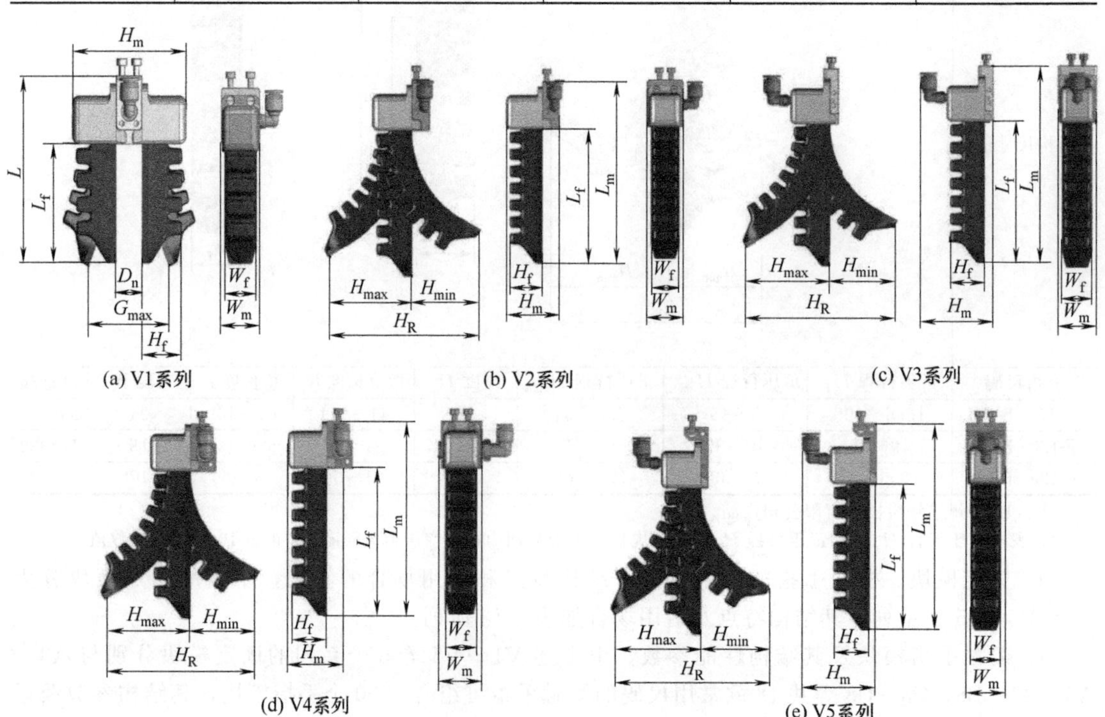

(a) V1系列 (b) V2系列 (c) V3系列 (d) V4系列 (e) V5系列

图 4-119 柔触手指模块结构参数及运动行程

表 4-24 手指模块结构参数及运动行程

mm

固定模块系列	手指尺码	手指模块系列代号	结构尺寸图	常压指尖距 D_n 或指尖行程 H_R	负压指尖距 G_{max} 或负压行程 H_{max}	正压行程 H_{min}	模块高度 H_m	手指高度 H_f	模块长度 L_m	手指长度 L_f	模块宽度 W_m	手指宽度 W_f	自重/g
V1	A3～A8	FM-A3V1～FM-A8V1	图 4-119(a)	18	34～108		80	28	81～151	41～111	29	24	153～224
	B3～B8	FM-B3V1～FM-B8V1		18	38～92		65	21	64～116.5	31～83.5	23	28	77～118
	C3～C8	FM-C3V1～FM-C8V1		15	25～91		47	14	46～81	21～56	21.5	12	42～50
V2	A3～A8	FM-A3V2～FM-A8V2	图 4-119(b)	16.5～109	8～45	8.5～64	45	28	82～152	41～111	31	24	92～127
	B3～B8	FM-B3V2～FM-B8V2		19～98	10～37	9～61	37.5	21	65～118	31～83.5	25	18	52～72
	C3～C8	FM-C3V2～FM-C8V2		10.5～80	5～38	5.5～43	30	14	44～79	21～56	18	12	27～31
V3	A3～A8	FM-A3V3～FM-A8V3	图 4-119(c)	16.5～109	8～45	8.5～64	60	28	85.5～155.5	41～111	31	24	77～112
	B3～B8	FM-B3V3～FM-B8V3		19～98	10～37	9～61	53	21	68.5～121.5	31～83.5	25	18	43～63
	C3～C8	FM-C3V3～FM-C8V3		10.5～80	5～38	5.5～42	46	14	51～86	21～56	18	12	24～28
V4	A3～A8	FM-A3V4～FM-A8V4	图 4-119(d)	16.5～109	8～45	8.5～64	51	28	78～148	41～111	31	24	97～133
	B3～B8	FM-B3V4～FM-B8V4		19～98	10～37	9～61	45	21	61～114	31～83.5	25	18	61～81
	C3～C8	FM-C3V4～FM-C8V4		10.5～80	5～38	5.5～42	35	14	50～85	21～56	18	12	35～39
V5	A3～A8	FM-A3V5～FM-A8V5	图 4-119(e)	16.5～109	8～45	8.5～64	58	28	88～168	41～111	31	24	76～111
	B3～B8	FM-B3V5～FM-B8V5		19～98	10～37	9～61	51	21	71～124	31～83.5	25	18	44～64
	C3～C8	FM-C3V5～FM-C8V5		10.5～80	5～38	5.5～42	44	14	53～88	21～56	18	12	28～32

注：1. 苏州柔触机器人有限公司产品。

2. 表中负压行程 H_{max} 和正压行程 H_{min} 为常规材质手指分别为在真空压力－80kPa 和正压 100kPa 时的数值。

各个柔触手指模块的夹持力，由手指款型、工作气压以及安装位置决定。夹持力的参考数值可按手指款型通过计算弹性形变量从产品的夹持力特性曲线（图 4-120）中查得。

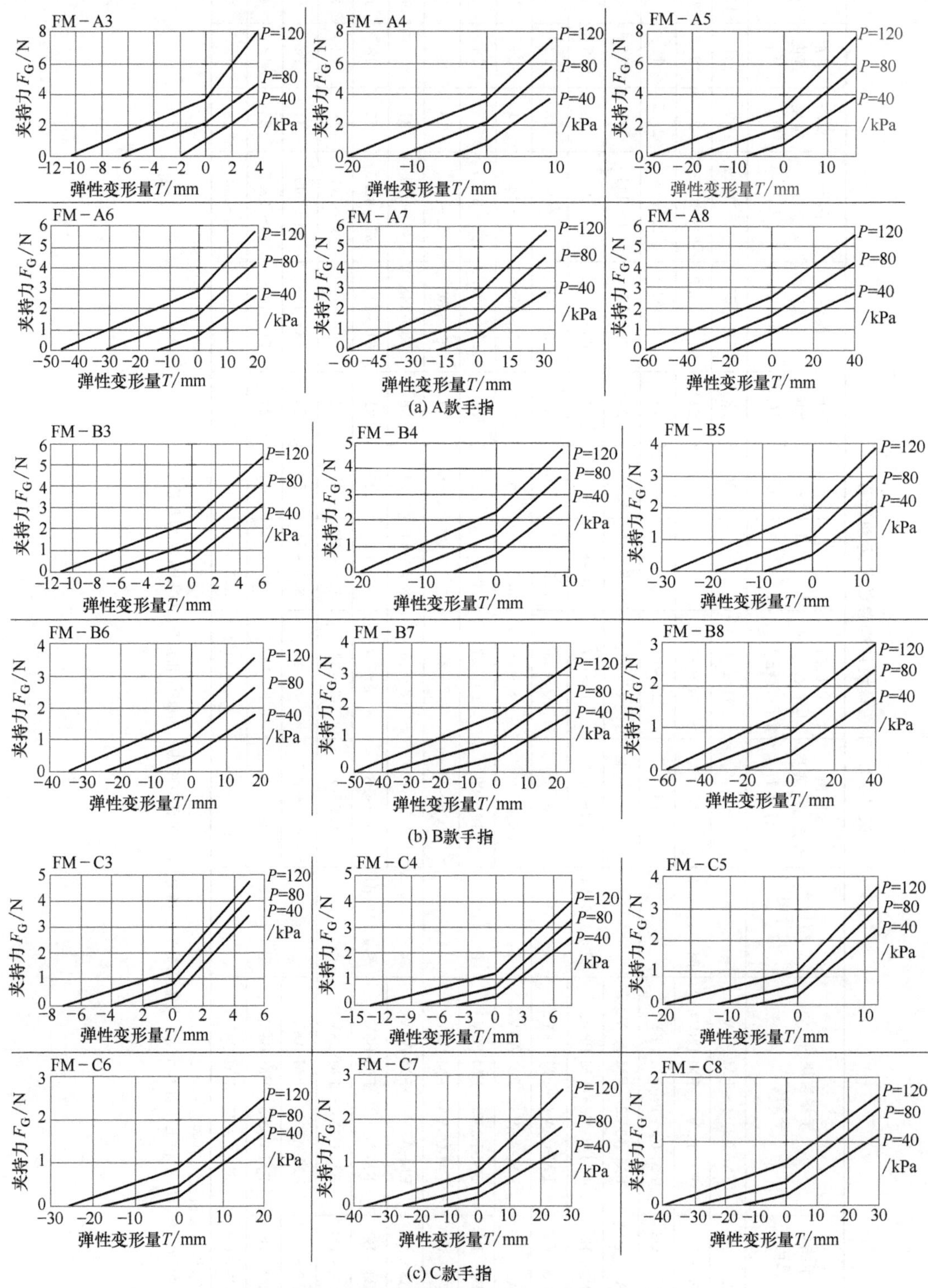

(a) A款手指

(b) B款手指

(c) C款手指

图 4-120　柔触手指夹持力特性曲线

曲线使用条件：1. 常规材质；2. 平头底纹手指；3. 方形工件；4. 仅指尖与工件接触；5. 指尖包覆长度 L_G：A 款手指 L_G=20mm，B 款手指 L_G=15mm，C 款手指 L_G=10mm

手指模块充气时，向内弯曲，接触工件时产生的水平夹持力 F_G 与工件形状、手指款型、手指工件接触面积、安装指尖距 D_n 以及工作气压 p 相关。以 FM-A5 款手指模块（常规材质）在不同工况下夹取方形工件（工件宽度 $W=80\text{mm}$，指尖包履长度 $L_G=20\text{mm}$）的 2 种工况为例，说明确定其夹持力的要点如下。

对于工况 1，其安装指尖距 $D_n=80\text{mm}$，工作气压 $p=80\text{kPa}$。由已知条件算得弹性变形量 $T=(W-D_n)/2=(80-80)/2=0$（mm），故由图 4-121（a）查得该手指模块在工况 1 下的夹持力为 $F_G=1.85\text{N}$（$A\rightarrow B\rightarrow C$）。

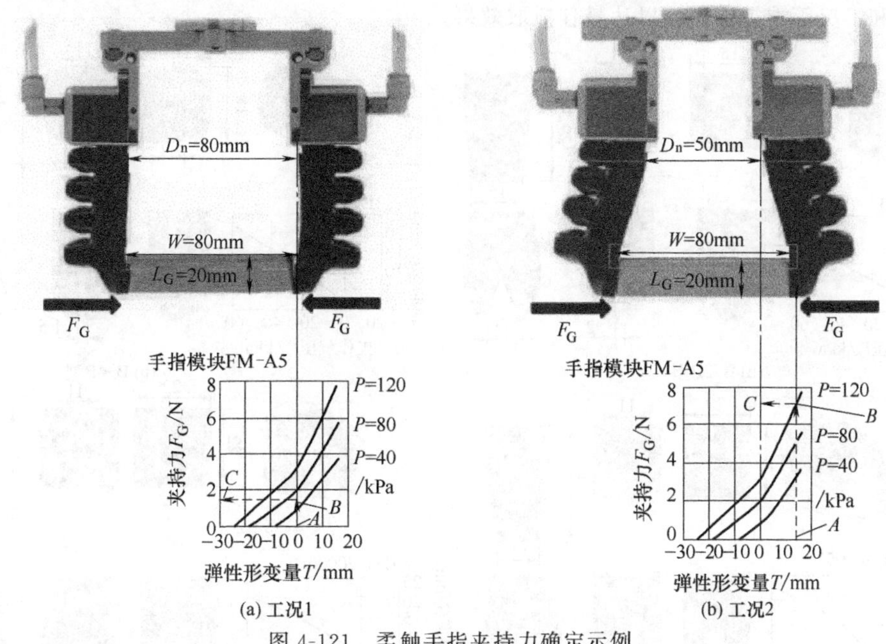

图 4-121　柔触手指夹持力确定示例

对于工况 2，其安装指尖距 $D_n=50\text{mm}$，工作气压 $p=120\text{kPa}$。由已知条件算得弹性变形量 $T=(W-D_n)/2=(80-50)/2=15\text{mm}$，故由图 4-121（b）查得该手指模块在工况 2 下的夹持力为 $F_G=7.3\text{N}$（$A\rightarrow B\rightarrow C$）。

应当说明的是：一是在通常情况下，可以通过提高工作气压 p 或调节常压指间距 D_n 的方式，以提高柔触手指的夹持力 F_G，但应注意，工作气压超出安全气压，柔触手指会造成不可逆的损伤，而过小安装指间距 D_n 会加快手指底部的磨损；二是增强型材质手指可以承受较高的工作气压 p 拥有比常规材质手指更强的夹持力；三是增加手指数（串联安装），也可提高柔触气爪的整体夹持力；四是柔触气爪的综合搬运负载，除和夹持力 F_G 相关外，还与工件的形状、摩擦系数、手指指底花纹、包覆性、机械臂的运动速度等因素相关，应视综合工况而定。

② 柔喙模块。如图 4-122 所示，柔喙

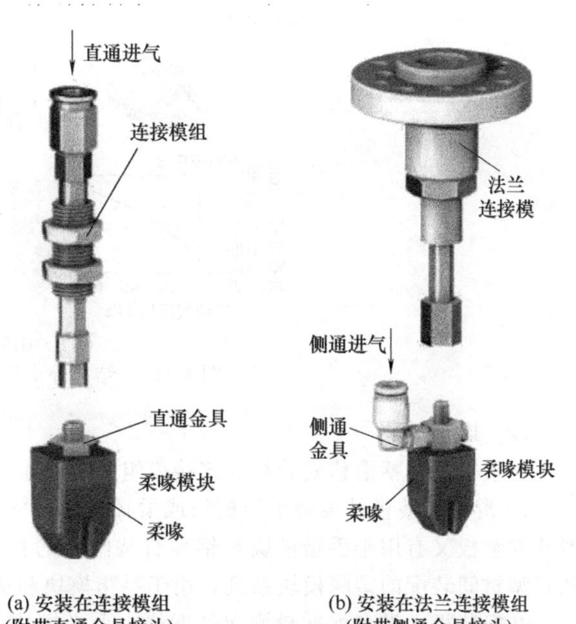

图 4-122　柔喙模块的组成与安装

模块由柔喙和配套的金具接头组成；柔喙模块可安装在连接模组或法兰连接模组上；模块中附带直通型或侧通型金具接头。

a. 柔喙的特点。柔喙可以替换；配合柔触驱动器使用，正压状态，指尖打开，负压状态，指尖夹紧；既可内夹，也可外撑。

b. 常用柔喙及其技术参数。根据功用不同，柔喙有薄片纵向插拔（B-2B）、柱状工件纵向插拔（B-4B）、薄片平行夹取（B-20005V）、杆件横向抓取（B-20006）、内孔外撑（B-3B18）等多种类型，其结构外形尺寸及技术参数如图 4-123 和表 4-25 所示。用户应根据夹取对象的形状、体积、材质和工况等选择柔喙，以达最佳抓取效果。

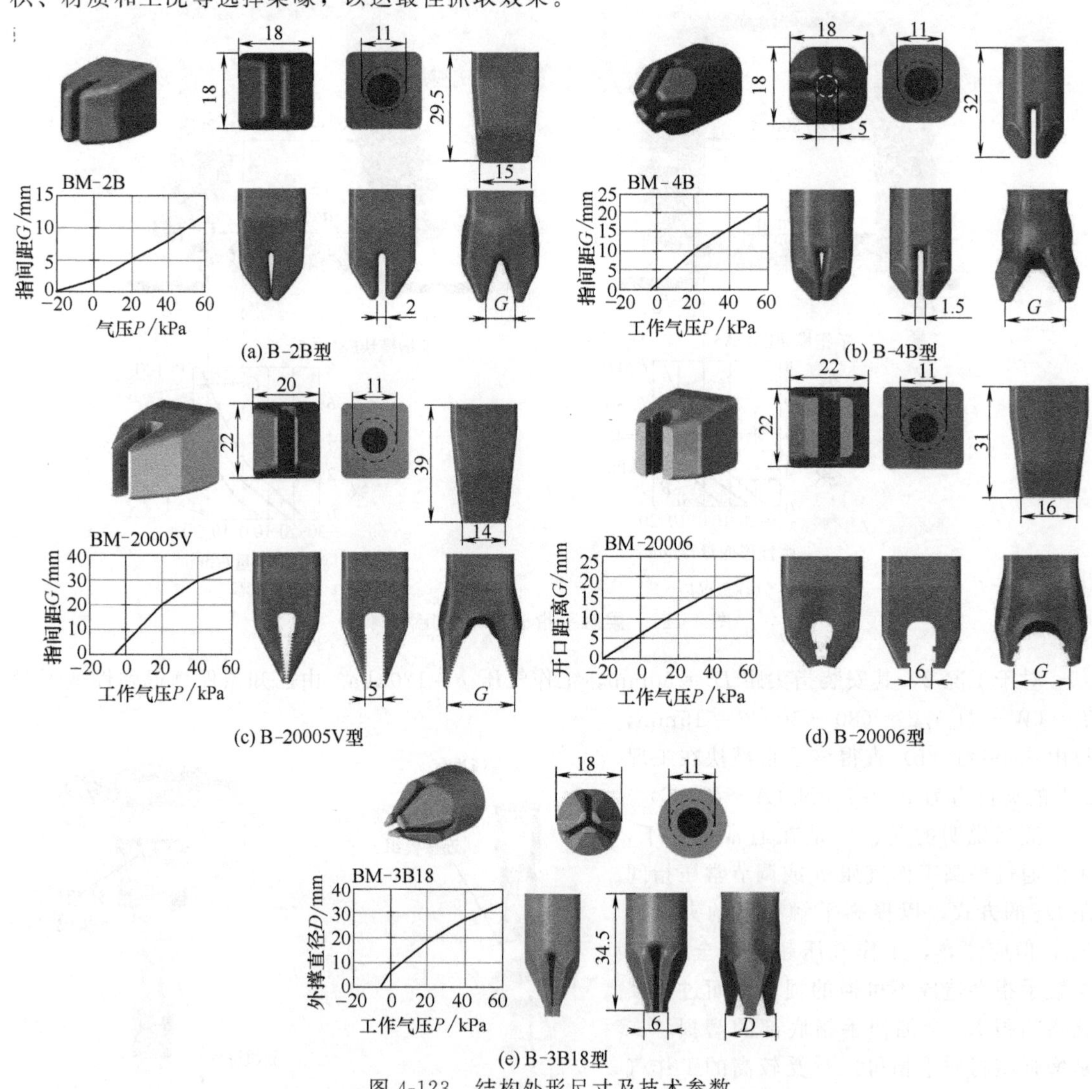

图 4-123 结构外形尺寸及技术参数

(2) 连接模块

连接模块包括滑移安装板、连接模组、法兰连接模块和快换模块等几个部分。

① 滑移安装板是柔触手指模块或柔喙模块的标准搭载支架。如图 4-124 所示，按功能不同，滑移安装板又有用于手指模块和铝型材装配间的独立手指模块系列；用于柔喙模块、连接模组和铝型材间装配的柔喙模块系列；用于手指模块和法兰连接模块间装配的多向系列等。

在安装板上设有标准滑槽和刻度线，手指模块和柔喙模块在滑槽中的安装位置和姿态角度可以自由调节。

表 4-25 常用柔喙技术参数

系列型号	结构尺寸及工作特性图	安全工作压力/kPa	最高工作频率/次·min^{-1}	精度/mm	使用寿命/万次	安装金具直径/mm	最大负载/g	自重/g
B-2B	图 4-123(a)	−100～60	300	0.05	80	11	15	6.1
B-4B	图 4-123(b)	−100～60			50～100		30	6.4
B-20005V	图 4-123(c)	−100～50			50～100		20	10
B-20006	图 4-123(d)	−100～−45			50～100		30	9.8
B-3B18	图 4-123(e)	−100～50			50～100		15	6.4

注：1. 苏州柔触机器人有限公司产品。

2. 工作场合的使用气压及抓取对象的表面粗糙度，可能会对使用寿命造成不同程度影响；建议采用柔触标准驱动器，工作气压请勿超过安全工作压力范围。

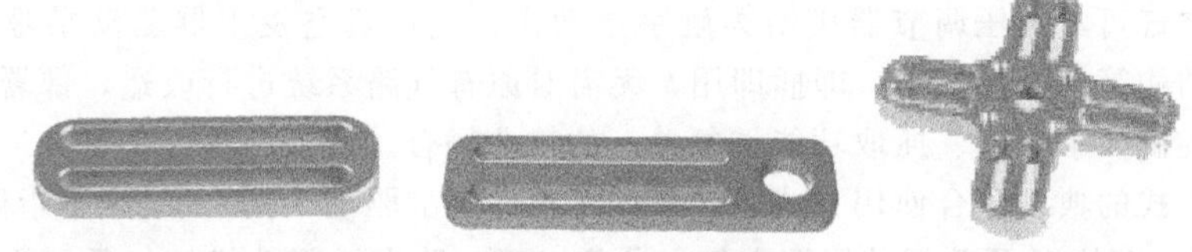

(a) 独立手指模块系列滑移安装板 (b) 柔喙模块系列滑移安装板 (c) 多向系列滑移安装板

图 4-124 滑移安装板

② 连接模组（柔喙用弹性连按模块系列）。如图 4-125 所示，其末端（下端）可安装全系列柔喙模块；可安装在柔喙模块系列滑移安装板上；带有弹性缓冲结构，尤其适用于多层弹性柔软面料类产品分层抓取。

③ 法兰连接模块是协作机械臂末端和滑移安装板之间的连接件，配合快换模块使用，有弹簧杆式和固定杆式（轻型）两种形式（图 4-126）。

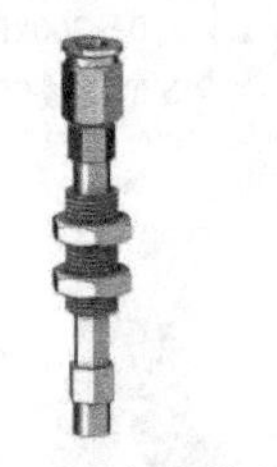

图 4-125 连接模组

(a) 弹簧杆式

(b) 固定杆式

图 4-126 法兰连接模块

弹簧杆式符合国标 GB/T 14468.1—2006，适配于市售大多数机器人法兰；用于安装柔喙或轻型手爪（建议最大负载 500g）；可以提高夹爪在竖直方向的自适应性，适合尺寸差异较大工件的抓取；重复定位精度较低，对定位精度要求高的场合，可改用轻型法兰连接模块。

固定杆式符合国标 GB/T 14468.1—2006，适配于市售大多数机器人法兰；自重轻，适用于轻量型多关节机器人（建议最大负载 5kg）；可用于高精度搬运、装配等场合。有的固定杆式法兰连接模块与非标准组合可承载达 20kg。

④ 快换模块（选配模块），用于自动更换备用夹爪。如图 4-127 所示，按安装位置不同，快换模块有机械臂端（安装于机械臂末端）和夹爪端（安装于夹爪端）两类；按锁紧控制方式不同，又有轻型手动和轻型气动两种。轻型手动和轻型气动快换模块，均符合国标 GB/T 14468.1—2006，建议负载 5kg，但前者手动锁紧，垂直拉力；后者采用气动控制（与气缸类似，由开关阀控制），具有断气自锁保护功能。

(3) 控制单元

柔触夹持系统，可依照工作场合与功能，搭建为基础控制方式、标准控制方式和移动式等三

(a) 手动-安装于机械臂端

(b) 手动-安装于夹爪端

(c) 气动-安装于机械臂端

(d) 气动-安装于夹爪端

图 4-127 快换模块

种模式，每种控制模式需要选型不同的控制单元。

① 基础控制方式。这种控制方式一般构成原理如图 4-128 所示，由压缩空气驱动，经电磁开关阀的压缩空气可经气压调节器供给柔触手指动作，还可真空发生器驱动柔喙动作，具备单向抓取功能；结构简单、体积小、即插即用，无需对原有气路系统进行改造，部署成本低；适用于对部署成本控制要求较高、抓取功能重复单一的工业场合。

基础控制方式的典型组合使用方式是“机械气爪（气缸驱动手指)＋柔触手指模块”，其构成如图 4-129 所示。经电磁开关阀的压缩空气一分为二，一路直接驱动机械气爪（平行气爪、Y 型摆动气爪或 180°回转气爪）的动作，另一路经气压调节器驱动柔触手指动作。这种组合方式兼具传统机械气爪大夹持力和柔性手指柔软自适应的优点；夹持力最大可达 70N；独立电磁开关阀控制，结构简单，体积小，部署成本低，抓取范围更广；可与各个品牌的机械气爪组合使用。

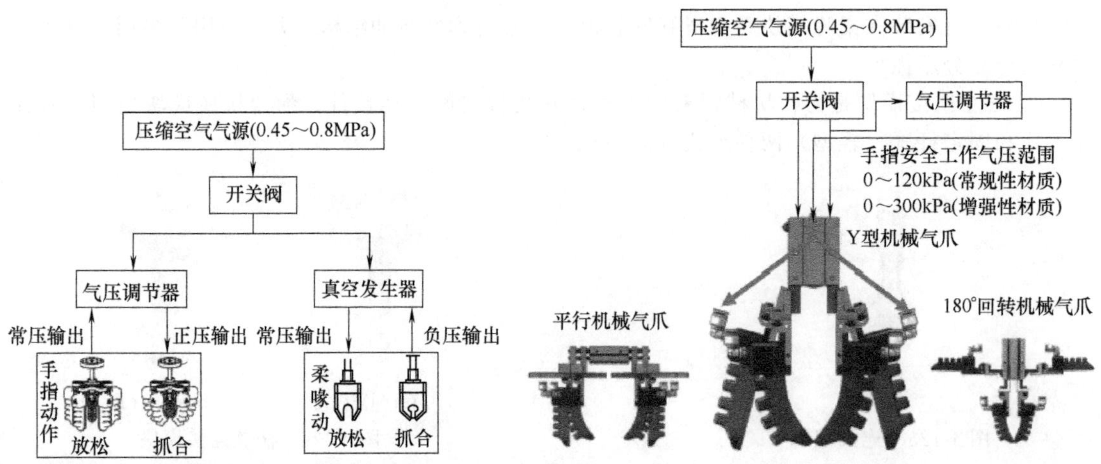

图 4-128 基础控制方式一般构成原理框图

图 4-129 机械气爪（气缸驱动手指）＋柔触手指模块

② 标准控制方式。标准控制方式的一般构成原理如图 4-130 所示。它由压缩空气驱动，具备抓取与张开的双向功能；具有工作节拍快、力度及速度均可调节，并配备反馈信号与泄漏报警功能；标准通信接口，可与机械臂、PLC 或工控微机实时通信控制。适用于对抓取功能要求全面、柔性化、智能化程度高的智能工厂等场合。

标准控制方式的驱动器有无源和集成无源两类，其中 PCU 系列标准型（高速型）柔触无源驱动器的实物外形及接口功能如图 4-131 所示，该驱动器为压缩空气驱动柔触气爪工作的专用控制器，结构紧凑（外形尺寸 330mm×230mm×120mm)，重量轻（净重 5.8kg)，使用寿命可达 2000 万次；功耗低（额定电压 DC24V，额定功率 36W)；输入气压为 0.45～1.0MPa，输入流量＞200L/min，输出气压为－70～120kPa，可通过遥控器（315MHz 射频）控制，使用面板调节夹持力度和速度；可与工业机械臂或 PLC 通信，即插即用。该系列驱动器防护等级高、流量大（正压流量高达 200L/min，负压流量达 40L/min）且响应速度快，适应各种环境严苛工作场合下高速搬运工况使用。

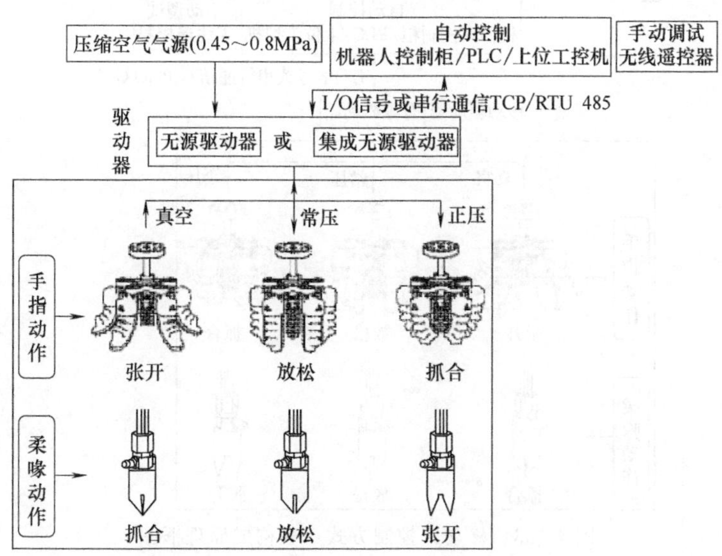

图 4-130 标准控制方式一般构成原理框图

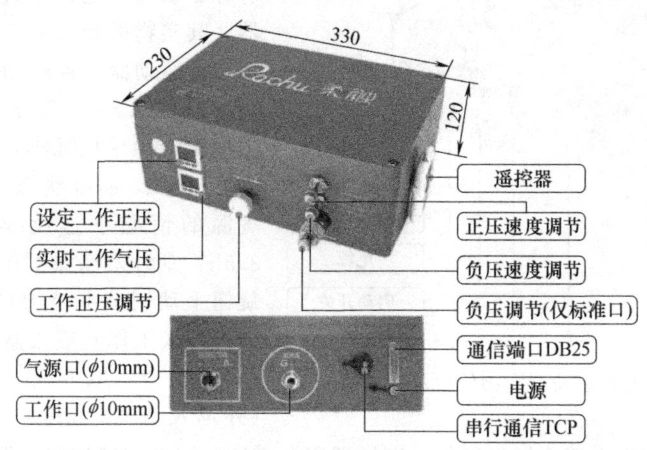

图 4-131 无源驱动器的实物外形及接口功能

集成无源驱动器又有标准型、紧凑型和轻量型等三种，不仅具有无源驱动器的功能和优点外，而且因去掉了外壳，故减轻了重量；采用一体式阀岛或阀组结构，故提高了驱动效率，适用于高速搬运工况。图 4-132 所示为紧凑型集成无源驱动器的实物外形及接口功能。其他形式此处不再赘述。

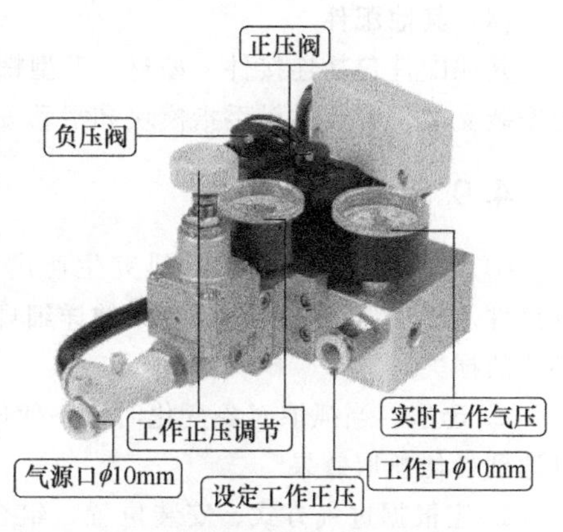

图 4-132 集成无源驱动器（紧凑型）的实物外形及接口功能

③ 移动式控制方式。此种控制方式的一般构成原理如图 4-133 所示，它采用有源驱动器，故无需连接压缩空气管路，插电即用，一键启动，轻巧便携；具备抓取与张开的双向功能，力度可调；带有标准通信接口，可与机械臂、PLC 或上位工控机实时通信控制。适用于如移动式机械臂、AGV（自动导引车，一类轮式移动机器人）、商业、学校、家用等场合。

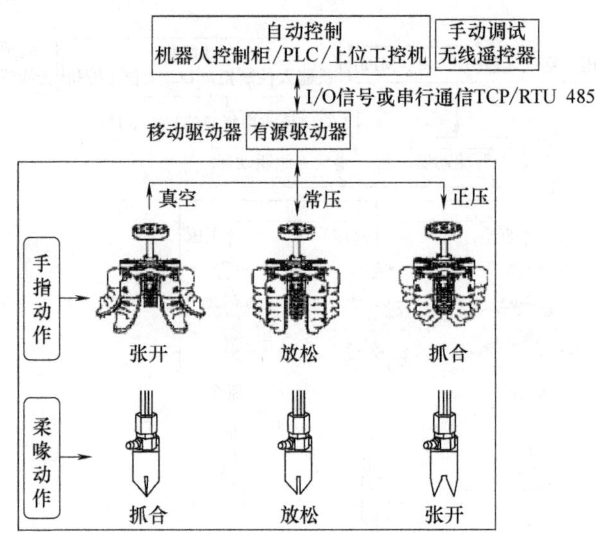

图 4-133 移动式控制方式一般构成原理框图

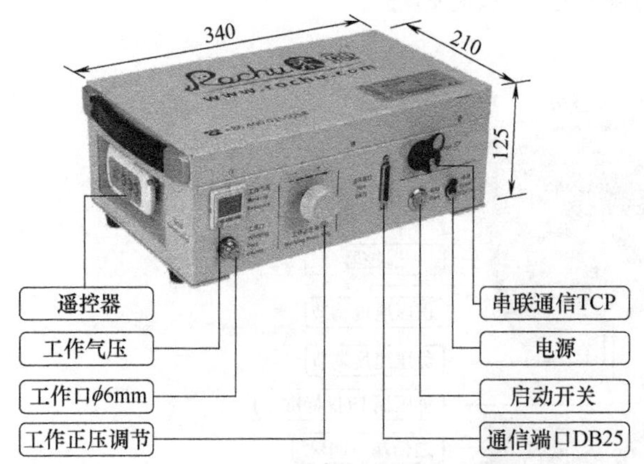

图 4-134 移动式有源驱动器实物外形及接口功能

移动式控制方式的驱动器（ACU）为有源驱动器，是移动式柔触气爪专用控制器，其实物外形及接口功能如图 4-134 所示。该驱动器内置驱动气源及电源（可充电电池，DC25.2V，额定功率 120W），输出气压－70～120kPa，正压和负压流量均为 8L/min，满电状态下可在无外接电源、气源的情况下连续驱动柔触气爪工作 3.5h，专为无气源工作现场设计；可通过旋钮手动调节夹持力度；可用于 AGV 移动机器人工作站或柔触气爪调试准备的工作现场。该 ACU 系列驱动器结构紧凑（外形尺寸 340mm×210mm×125mm）、重量轻（7.7kg），携带方便、操作简单、即插即用，可缩短现场调试烦琐的管线，缩短调试准备时间，提高工作效率，使用寿命长（达 1000h）。

（4）其他配件

其他配件包括连接件、型材、T 型螺母和支架等，分别用于安装手指模块或铝型材、交叉固定安装支架、安装柔触手指模块和滑移安装板、安装驱动器等，详见产品样本。

4.9.5 使用维护

① 订货及咨询。应认真研究生产厂对柔触气爪产品（手指、柔喙、固定模块、金具接头、连接件及驱动器等）的编码方式的详细规定，并严格按其进行订货及服务咨询，以免失误造成不必要的损失。

② 选型。当抓取对象变化时，一般应根据夹取对象的形状、体积、重量和材质等进行选型，以达到最佳抓取效果。

a. 应根据进气方式、安装位置、组合方式，选择合适的手指固定模块系列，并依据夹取工件的重量及尺寸、所需夹持力大小，选择合适的手指款型。夹持力由手指款型、工作气压及安装位置决定。

b. 根据夹取对象的形状、体积、材质、工况等选择柔喙。

③ 使用。柔触气爪产品的使用气压必须严格控制在安全工作压力范围内，过载使用可能对产品造成不可逆转的损害；建议使用生产厂配套的驱动器，以保证产品使用的稳定性和寿命。

④ 使用场合中的工作气压及抓取工件的表面粗糙度，会对柔触手指或柔喙的使用寿命造成不同程度的影响，建议使用配套的驱动器，工作气压务必不要超过安全工作压力范围。

⑤ 柔触夹持系统出现故障，应在使系统复位排气后，查找原因寻求解决方案，以免伤及现场人员及设备。

4.10　气动肌肉（气动肌腱）

4.10.1　原理特性

(1) 基本原理

气动肌肉又称气动肌腱，它是一种模仿生物肌肉的拉伸执行器。其基本原理是将弹性材料制成两端带连接器（通常为压装适配接头）的可收缩弹性管状体（亦称为收缩膜），在封闭并固定一端时，由另一端输入压缩空气，管状体在气压的作用下膨胀，径向的扩张引起纵向的收缩（图 4-135），从而产生牵引力（在收缩一开始就达到可用拉伸力的最大值，然后随着行程减小），带动负载单向运动；当工作气压释放后，管状体靠材料收缩性（弹性）回复到原态。

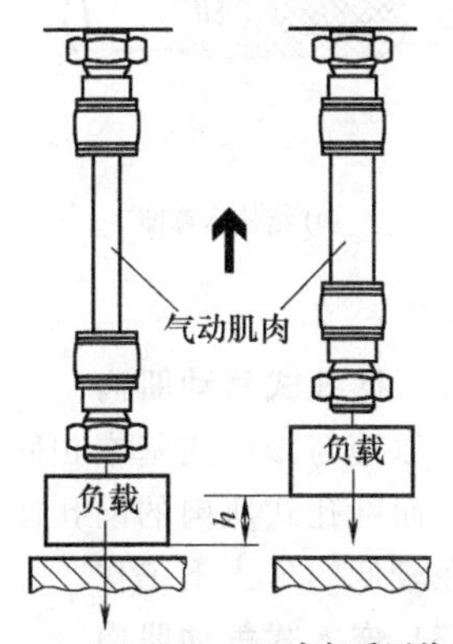

图 4-135　气动肌肉的轴向收缩

由上述可知，气动肌肉由压缩空气驱动作推拉动作，其过程就像人体的肌肉运动，力与位移之间几乎为线性关系。作为最具有代表性的新型气动元件之一，气动肌肉在夹紧技术、机器人、医学康复、物料传输、自动上下料、仿生仿真技术、振动平台、板材线材卷取张力调节等领域获得了成功应用。

该原理设想由苏联发明家 S. Garasiev 于 1930 年最早提出，随后出现了四类类似构想：①液压和气压驱动的；②正压和负压驱动的；③编织式/网孔式和内含式（嵌入式）的；④张紧膜和重排膜式的。有些生产厂商将这种产品称为流体肌肉（fluidic muscle）。

(2) 主要特性

① 单作用动作，结构和工作简单、体积小、重量轻。拉伸力是同直径普通单作用气缸 10 倍，而重量仅为普通单作用气缸的几分之一；功率/重量比高达 400∶1。

② 耗气量小。与能产生等值力的气缸相比，其耗气量仅为普通气缸的 40%。

③ 环境适应性好。抗污垢、抗尘埃、抗沙能力强。

④ 携带、安装及操纵方便。是一种唯一能被卷折起来随身携带且便于操纵的气动执行器。

⑤ 组合灵活。能根据用户要求，随时度量其长度，用剪刀制作为所需执行器；多个人工肌肉可以互相交合在一起工作，不需要整齐的排列。

⑥ 柔顺性好、动作平滑、响应快速。低速运动无爬行和黏滞现象，工作行程临近终点时，无蠕动现象；当收缩到位时，肌肉速度降到零，不需要专门制动；可承受较大惯性负载，也无猛冲不稳定现象；动作频率可达 150Hz，且振幅和频率可独立调整。

⑦ 可根据输入气压大小，用于精度要求不高场合的定位。相当于气压弹簧，弹性力可调。

⑧ 无运动部件，无摩擦损耗，无泄漏和污染，清洁优势突出。

4.10.2 类型特点

气动型人工肌肉主要有编织网式、网孔式（疏编织网式）和嵌入式等三类，特点不同。

(1) 编织式气动肌肉

它主要由气密弹性管和套在外面的编织套组成（图4-136），其内层为橡胶管，外面用纤维编织层（网）套住，两端再用金属挟箍（连接器）密封。编织纤维（芳纶纤维）以一定的螺旋角缠绕在气密弹性管上，纤维丝与管轴线所夹的锐角 θ 称为编织角。其一端通气源，另一端连接负载。当通过接头向其内部输入压缩空气时，随着内部压力上升，橡胶管沿径向膨胀，再通过纤维的传力作用，变径向膨胀力为沿轴向的收缩力。该力大小取决于肌肉的直径、纤维的编织角和充气压力的大小。由于此种肌肉是由气密弹性管推压编织套来工作的，因此，这种肌肉不能在负压下工作。这种气动肌肉是目前商业化生产的最主要类型（常见产品为英国 Shadow Robot 公司和德国 Festo 公司的），平常人们提及的气动肌肉，大多指此种类型，

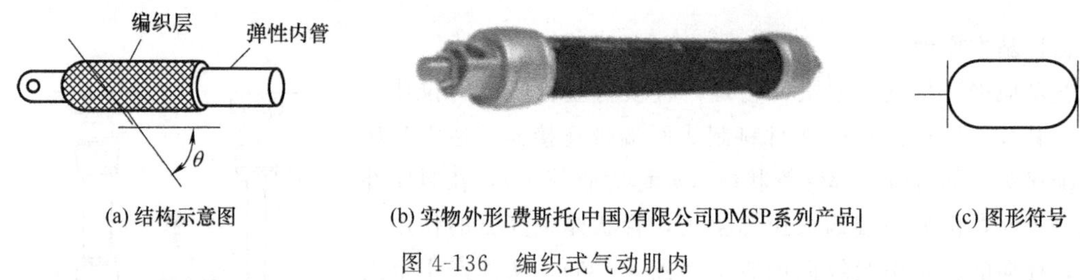

(a) 结构示意图　(b) 实物外形[费斯托(中国)有限公司DMSP系列产品]　(c) 图形符号

图 4-136　编织式气动肌肉

(2) 网孔式气动肌肉

其原理与编织式基本相同，主要区别在于编织套的疏密程度不同，编织式肌肉的编织套比较密，而网孔式肌肉的网孔比较大（图4-137），纤维比较稀疏，网是系结而成，故这种肌肉一般只能在较低的压力下工作。

(3) 嵌入式气动肌肉

其承受负载的构件（丝、纤维）是嵌入到弹性薄膜里的。例如图4-138是一种嵌入式气动肌肉，除弹性管和两端连接附件外，又在外面加了一个壳体，工作时是从壳体下端进气口充气，弹性管内的空气由上端连接附件上的气口排出，弹性管径向缩小，导杆外伸，驱动负载。在嵌入式气动肌肉中，还有一种负压工作的人工肌肉（UPAM），它由负压驱动，其结构与图4-138所示肌肉相似。工作时，弹性管内的空气从气孔吸出，管内产生负压，在大气压的作用下弹性管径向收缩，从而引起轴向收缩。最大负压值为－100kPa，故驱动力不大。

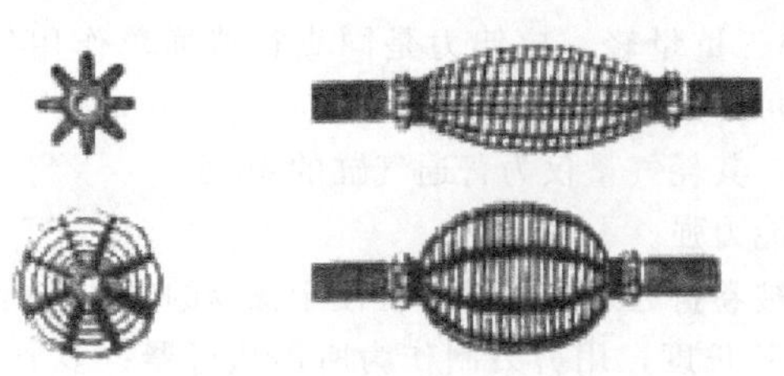

图 4-137　一种网孔式气动肌肉

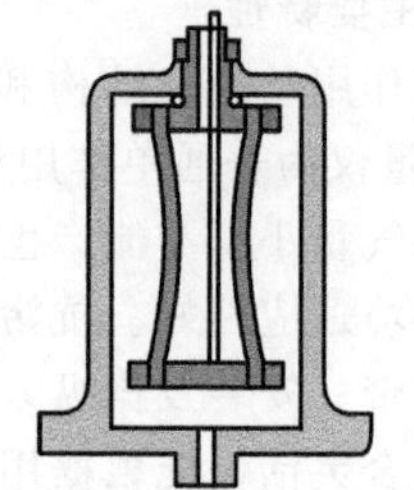

图 4-138　一种嵌入式气动肌肉

4.10.3 技术参数

气动肌肉的主要技术参数有工作压力、温度范围、内径、额定长度、拉伸力、拉伸率、收缩率、重复精度等，其具体参数因生产厂商及其产品系列不同而异。

4.10.4 产品概览（表 4-26）

表 4-26　气动肌肉产品概览

系列	DMSP 系列(压入型)				MAS 系列(螺纹调节型)		
规格:内径/mm	5	10	20	40	10	20	40
结构图	图 4-139				图 4-140		
外形图	图 4-136(b)						
气接口螺纹	M3(mm)	G1/8(")	G1/4(")	G3/8(")	G1/8(")	G1/4(")	G3/8(")
工作方式	单作用、拉伸				单作用、拉伸		
收缩膜材质	氯丁橡胶 AR/芳纶 CR				氯丁橡胶 AR/芳纶 CR		
工作压力/MPa	0～0.6	0～0.8	0～0.6	0～0.6	0～0.8	0～0.6	
温度范围/℃	−5～60				−5～60		
额定长度/mm	30～1000	40～9000	60～9000	120～9000	40～9000	60～9000	120～9000
最高压力时的拉伸力/N	140	630	1500	6000	630	1500	6000
行程/mm	0～200	0～2250	0～2250	0～2250			
自由悬吊状态最大附加载荷/kg	5	30	80	250	30	80	250
最大允许拉伸率	1%额定长度	3%额定长度	4%额定长度	5%额定长度	3%额定长度	4%额定长度	5%额定长度
最大允许收缩率	20%额定长度	25%额定长度			重复精度:1%额定长度		
最大形位误差/mm	角度误差<1.0° 两个连接头的平行度误差:±0.5(400mm 以下额定长度);≤2(400mm 以上额定长度)				角度误差<1.0° 两个连接头的平行度误差:±0.5(额定长度 400mm 以下);≤2(额定长度 400mm 以上)		
工作介质	压缩空气(若润滑,则以后要一直润滑)				压缩空气(若润滑,则以后要一直润滑)		
正常泄漏量/$L \cdot h^{-1}$	<1				<1		
空气湿度/%	60				60		
存放时的环境温度/℃	最高 30				最高 30		
存放、运行的环境条件	防止紫外线辐射、冷却液腐蚀、臭氧腐蚀(例如电机、焊接设备、复印机附近),由于环境或工作温度升高而产生的热应力,油、油脂和溶脂蒸气、燃烧的碎屑或火花				防止紫外线辐射、冷却液腐蚀、臭氧腐蚀(例如电机、焊接设备、复印机附近),由于环境或工作温度升高而产生的热应力,油、油脂和溶脂蒸气、燃烧的碎屑或火花		
自重/g	7～14	58～83	169～222	675～827	58～83	169～222	675～827

注：1. 费斯托（中国）有限公司产品。

2. 各系列气动肌肉产品的具体技术参数以生产厂产品样本为准，其外形连接尺寸请见生产厂产品样本。

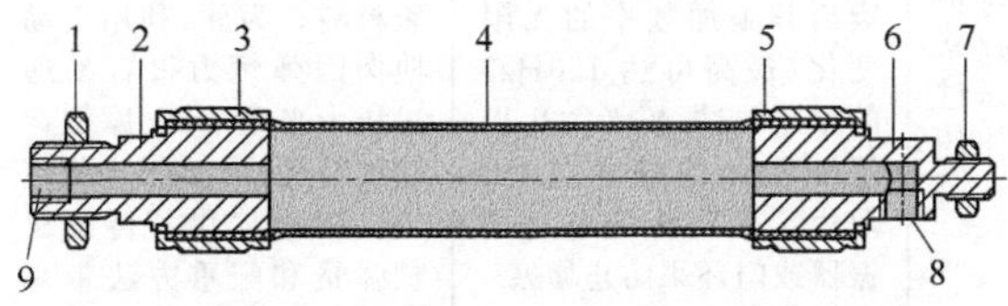

图 4-139　DMSP 系列气动肌肉结构示意图

［费斯托（中国）有限公司产品］

1,7—螺母；2,6—法兰；3,5—套筒；4—弹性管状体（收缩膜）；8—径向气接口；9—轴向气接口

4.10.5 应用选型

(1) 应用实例

为便于读者举一反三，开拓应用领域和思路，在表 4-27 中列举了气动肌肉获得成功应用的一些领域和实例，供参考。

表 4-27 气动技术应用实例

实例	①工件夹紧	②金属板材夹紧	③要连接部件的夹紧	④支座振动涂覆
示意图	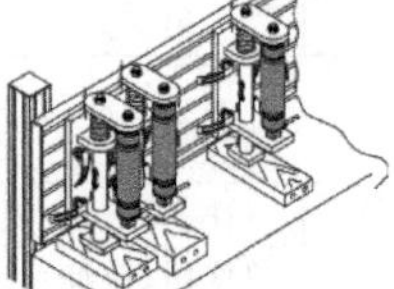	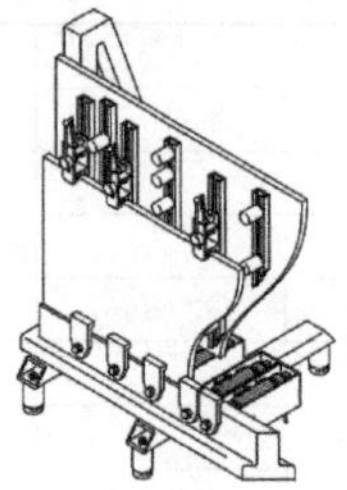	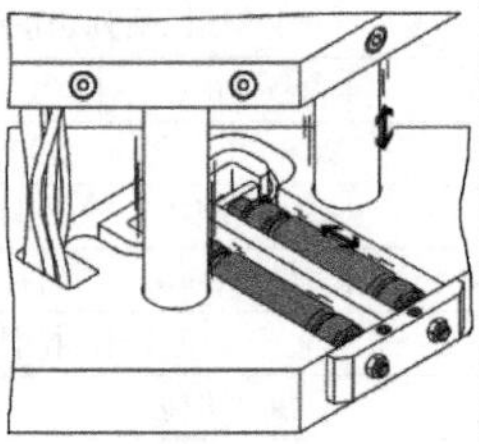	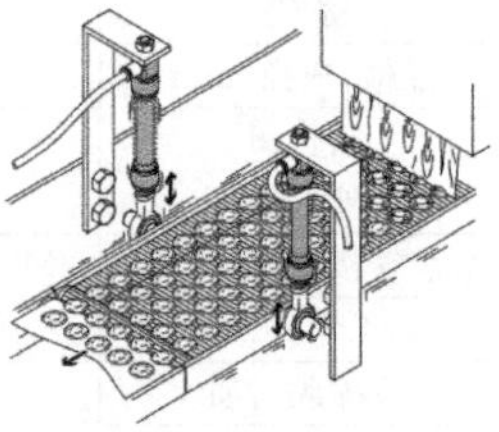
说明	采用小直径人工肌肉可将夹具集成在最小的空间并获得大的夹紧力，夹紧工件的力是传统气缸的10倍	利用气动肌肉，很容易实现对板、壁和侧盖等大型、笨重工件的夹紧和车、钻和铣削等加工。充分表明气动肌肉的突出特点：大的力量与小直径相结合，无摩擦，无颠簸运动，不敏感的污垢（切屑，磨损的颗粒）和密封设计	当连接部件时，例如可将要焊接的部件由气动肌肉固定在适当的位置，也表明气动肌肉也因其输出力大和直径小而出众	当将黏稠的涂覆剂涂在固定载体物质上时，为确保表面涂覆剂均匀分布其支座需振动，此时可使用气动肌肉可以频率高达150Hz、振幅小于1mm完成振动涂覆
实例	⑤零件振动输送和调整	⑥料斗和筒仓振动下料	⑦气动弹簧吸收应力	⑧滚轮接触压力调节
示意图	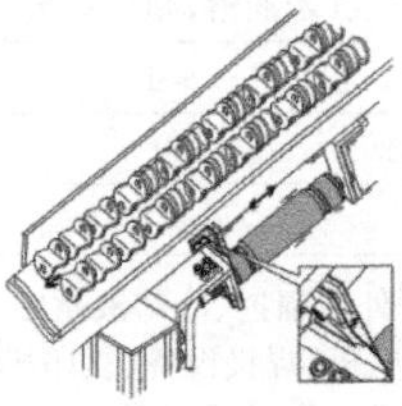	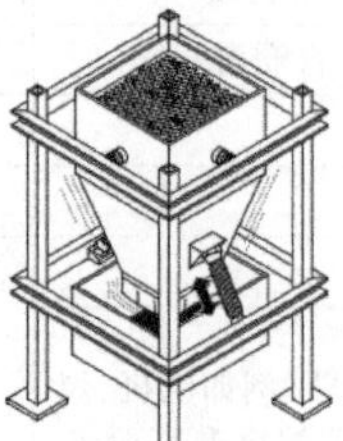		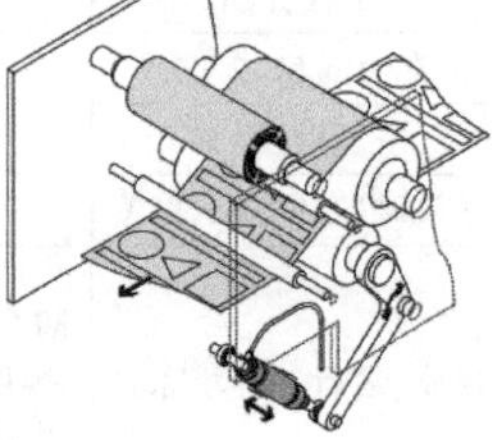
说明	气动肌肉特别适合于零件输送或调整。振幅和频率可简单相互独立调整，使得在任何输送过程中都可以设置最佳的输送速度	为了解决料斗和筒仓在加料过程中产生的“卡拱”问题，可采用气动肌肉给其施加频率的无限变化（最高可达150Hz）的振动（与振幅无关），以保证连续的输送过程。取代了采用传统电动激振器或门环来防止堵塞	在使用辊子对线材、薄膜、纸张或磁带等输送或缠绕和打开作业中，高应力（峰值应力）可能会撕裂材料。为此，利用气动肌肉因弹簧力很容易通过压力来调节，无摩擦运动的特性，可吸收这些应力。从而替代了传统机械弹簧和配重方法带来的烦琐	气动肌肉特别适合滚轮的张紧。接触压力可根据工作压力变化，这种特性意味着组件不会卡住，故无峰值力。由于气动肌肉是密封的，在断开所供压缩空气时，仍将继续发挥其功能
实例	⑨张力调节制动器	⑩辅助举升	⑪穿（冲）孔	⑫紧急停车
示意图	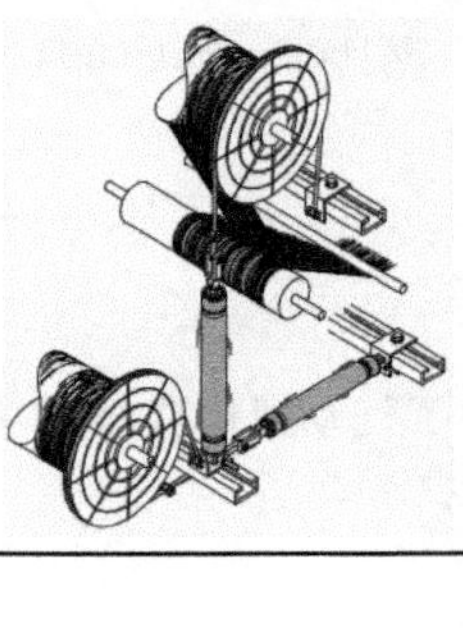	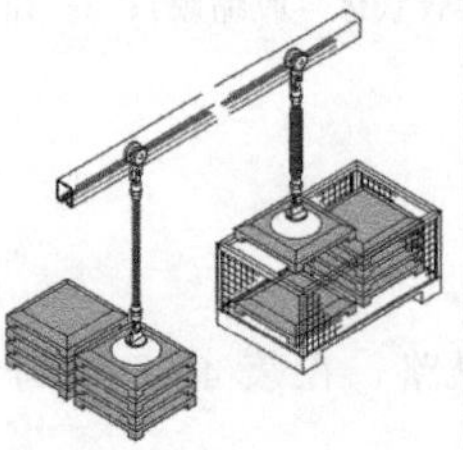	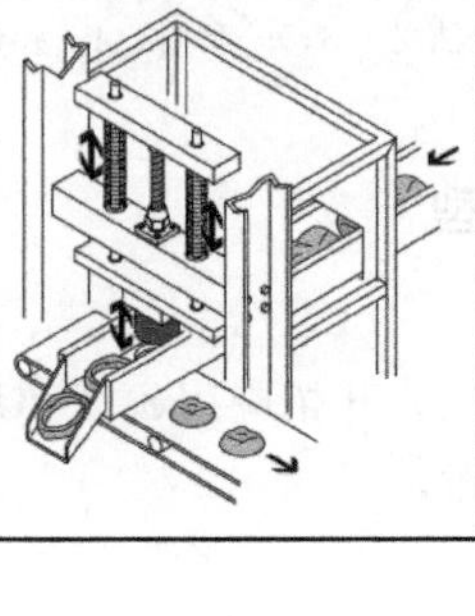	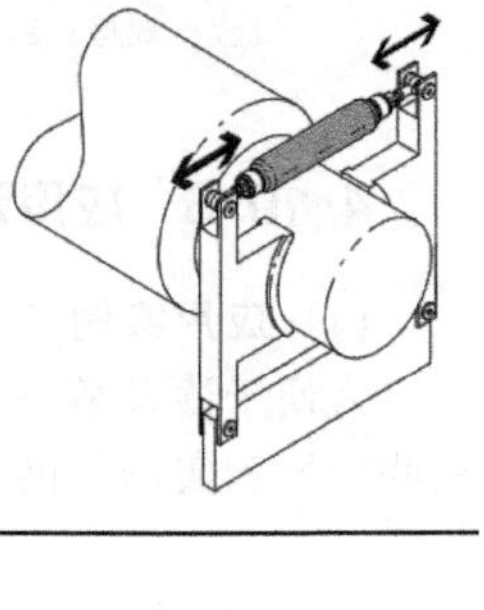

续表

说明	气动肌肉的弹簧特性使其特别适合调节缠绕时的纺线张力。它能确保纺线的张力始终与所需的张力等值，并且始终提供最佳的纺线张力，这样可以保护螺纹件，防止有关零件的磨损	中间平衡位置很容易通过压力调节获得；根据需要，通过手动阀对气动肌肉充压或排气，以升高或降低工件的高度。气动肌肉长度可达 9m，可适应不同的工况使用	因气动肌肉重量轻且无额外的活动部件(如气缸的活塞)，故可以很高的循环率工作。使用两个弹簧和一个预紧气动肌肉可代替一个使用气缸的复杂肘杆夹紧系统	在需要快速响应的应用中，气动肌肉技术可设定滚轮的紧急停车要求速度和高的初始力，以防操作者在发生故障时面临的风险

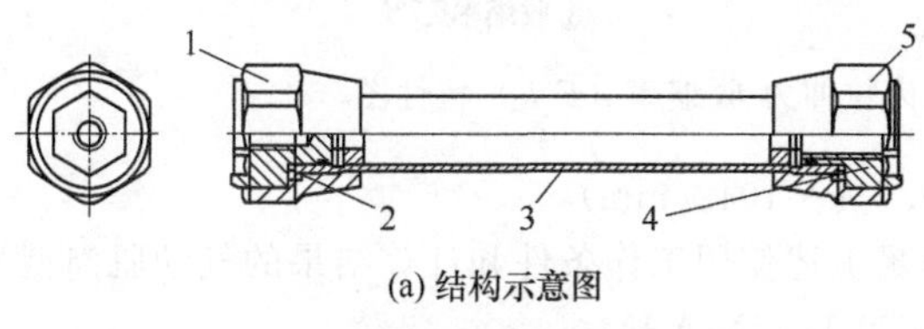

(a) 结构示意图

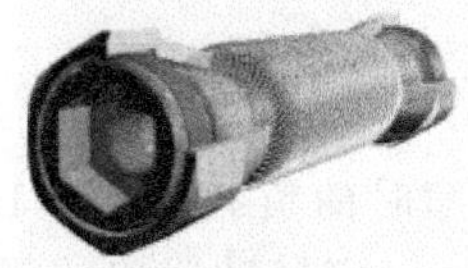
(b) 实物外形图

图 4-140　MAS 系列气动肌肉结构示意及外形图
［费斯托（中国）有限公司产品］
1，5—外套；2，4—张力调节接头；3—弹性织物管

(2) 选型示例

我国关于气动肌肉的研究及应用较晚，现仍处于起步及零星应用阶段。此外，与气缸、吸盘及气动控制阀等气动元件相比，国外气动肌肉的系列化和商品化产品也较少，需要时可从《机械设计手册》查取或从生产厂商提供的产品样本进行选型。兹举两例如下。

① 恒载提升用气动肌肉选型。

已知条件：气动肌肉在非运转状态的负载力为 0N，运转时要将支承表面上质量为 $m=80\text{kg}$ 的恒定负载（自由悬浮负载，负载力 $F=mg\approx800\text{N}$），提升行程 $S=100\text{mm}$，使用压力为 $p=0.6\text{MPa}$，试从费斯托公司产品中，确定气动肌肉的尺寸规格。

选型步骤：

第 1 步：确定所需的内径（根据工作条件及要求从拉伸力合乎要求的产品中确定尺寸）。查费斯托公司产品样本或由表 4-26 可知，内径 20mm 或 40mm 的气动肌肉可满足使用要求。

第 2 步：确定负载点 1。利用费斯托公司产品样本 DMSP/MAS20 型气动肌肉的拉伸力-收缩率（F-h）特性图（图 4-141）求出负载点 1（图中负载＝0N、使用压力 $p=0$ 的点①）。

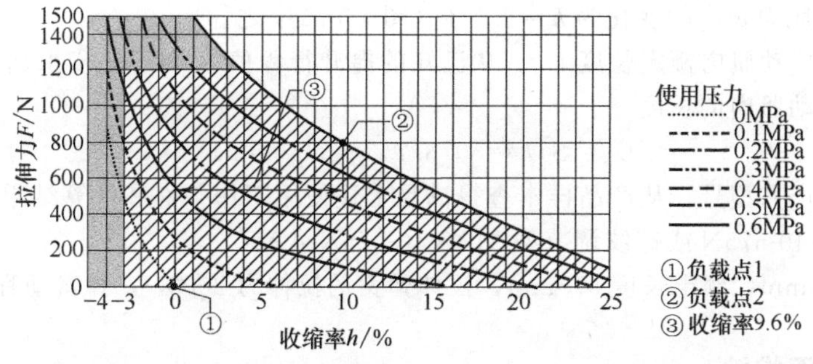

图 4-141　规格 20mm 的气动肌肉拉伸力-收缩率（F-h）特性图

第 3 步：确定负载点 2。在拉伸力-收缩率（F-h）特性图（图 4-141）中求出负载点 2（图中负载 $F=800\text{N}$、使用压力 $p=0.6\text{MPa}$ 的点②）。

第 4 步：确定收缩率（工作行程）。由负载点 1 和负载点 2 对应的收缩率之差求出收缩率。负荷点 1 对应的收缩率 $h=0\%$，负荷点 2 对应的 $h=9.6\%$，由此得收缩率为 $h=9.6\%$（图 4-141 中之③）。

第 5 步：求气动肌肉额定长度 L_N。从已知的提升行程值 S 和第 4 步求出的收缩率确定额定长度。计算得气动肌肉的长度

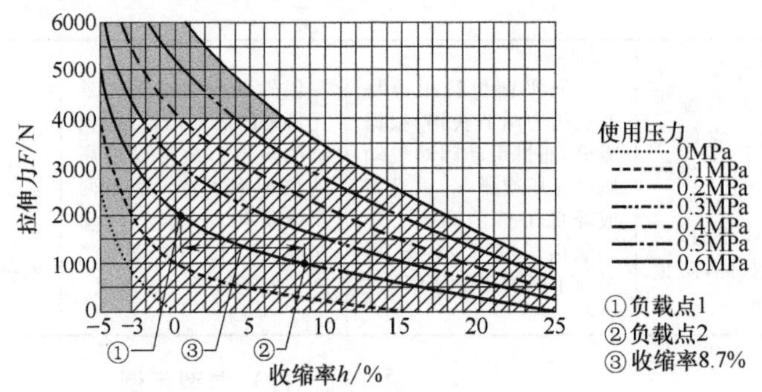

图 4-142 规格 40mm 的气动肌肉拉伸力-收缩率（F-h）特性图

$$L_N = S/h = 100/9.6\% \approx 1042(\text{mm})$$

第 6 步：确定产品型号。从产品样本查得满足上述使用工作条件和计算结果的气动肌肉型号为：压入型 DMSP-20-1042N 或螺纹调节型 MAS-20-1042N-AA。

产品的内径 20mm，额定长度 1042mm，拉伸力 800N，行程为 100mm。

② 拉伸弹簧用气动肌肉选型。

已知条件：气动肌肉在拉伸时的负载力为 2000N，收缩时的负载力 $F=1000$N，行程 $S=50$mm，使用压力为 $p=0.2$MPa，试从费斯托公司产品中，确定气动肌肉的规格（直径和额定长度）。

选型步骤：

第 1 步：确定所需的气动肌肉所需的内径。根据所需的负载力确定最合适的气动肌肉直径。根据所需负载力 2000N，查费斯托公司产品样本或由表 4-26，选定 DMSP-40 型气动肌肉。

第 2 步：确定负载点 1。利用费斯托公司产品样本 DMSP/MAS40 型气动肌肉的拉伸力-收缩率（F-h）特性图（图 4-142）求出负载点 1（图中负载合＝2000N、使用压力 $p=0.2$Ma 的点①）。

第 3 步：确定负载点 2。在拉伸力-收缩率（F-h）特性图（图 4-142）中求出负载点 2（图中负载 $F=1000$N、使用压力 $p=0.2$MPa 的点②）。

第 4 步：读出长度的变化。在特性图的横轴上载荷点 1 和 2 之间对应的收缩率（$h=0\%$，$h=8.7\%$）可读出肌肉长度的变化为 $h=8.7\%$（图 4-142 中之③）。

第 5 步：计算气动肌肉额定长度 L_N。从已知的提升行程值 S 和第 4 步求出的收缩率确定额定长度。计算得气动肌肉的长度

$$L_N = S/h = 50/8.7\% \approx 575(\text{mm})$$

第 6 步：确定产品型号。从产品样本查得满足上述使用工作条件和计算结果的气动肌肉型号为：压入型 DMSP-40-575N 或螺纹调节型 MAS-40-575N-AA。

产品的内径 40mm，额定长度 575mm，拉伸弹簧的拉伸力 2000N，弹簧动程为 50mm。

4.10.6 使用维护

(1) 专业技术人员操作

气动肌肉产品的安装、调试和维护及拆卸需由气动元件与系统专业技术人员进行。

(2) 安全注意事项

① 气动肌肉新品不得擅自进行改动或再加工。

② 要在技术状态完好的情况下使用产品。

③ 请注意产品上的各种标识、环境条件。遵守负载极限、技术参数和特性曲线。

④ 在产品上作业前，应关断电源并做好防重启保护。

(3) 遵循使用规定

① 气动肌肉应安装在机械设备或自动化系统中。

② 气动肌肉可用作气动执行器或弹簧元件。

③ 向产品施加纵向拉力的前提条件：接口偏移量（角度公差和平行度公差）、产品初始张力、允许的最大作用力值和附加负载值等不超过产品说明书的规定。

(4) 安装注意事项

① 气动肌肉产品由收缩膜和用于固定的连接件组成。膜片以气密的方式密封住工作介质。在施加压缩空气时，气动肌肉的收缩膜会径向膨胀。不要将直径膨胀用于夹紧场合及工况，以免相对运动导致收缩膜磨损，安装时要确保有足够的侧向间隙。

② 连接元件。将气动肌肉用作双侧固定拉伸型执行元件时，连接元件可用于保护收缩膜，以保持平行度和角度公差：双耳环用于补偿安装点的轴向偏移；关节轴承用于补偿安装点的球面偏移；连接件用于补偿安装点的径向偏移。连接元件应固定在正面螺纹上。

③ 固定方式及运动的传递。气动肌肉作为模仿生物肌肉的单作用拉伸型执行元件。加压时，产品在拉力 F 的作用下收缩，收缩膜沿周向膨胀。在收缩一开始就达到可用拉伸力的最大值，然后随着行程减小。

在采用双侧固定时，运动通过固定点传递至工作负载（图 4-143）；采用单侧固定时，运动通过第二个连接件传递至工作负载。

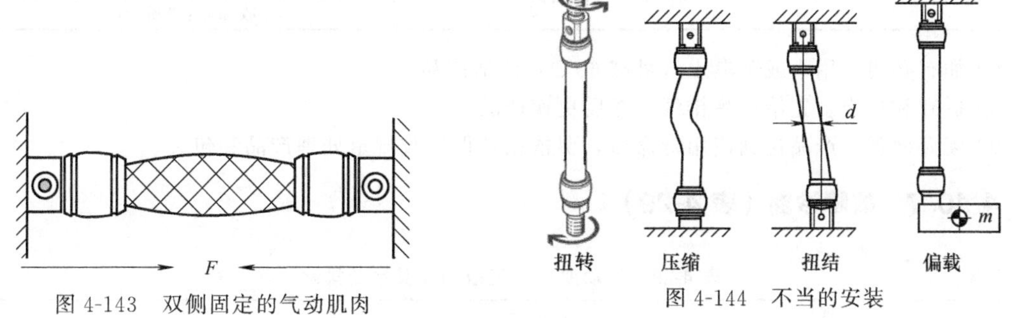

图 4-143 双侧固定的气动肌肉

图 4-144 不当的安装

④ 为了避免增加收缩膜的磨损和安装不当引起的机械负载缩短收缩膜的使用寿命，在安装气动肌肉时，如图 4-144 所示，不得使其扭转、压缩、扭结。因此应无扭力地固定气动肌肉；遵守角度和平行度公差；确保无压力状态下充足的初始张力；即使在带有固定负载时也不得超过最大初始张力。

⑤ 配套的连接件螺母、螺纹及连接法兰的通孔等应符合产品规定，拧紧扭矩不得超出规定值。

⑥ 两侧固定的产品，要正确固定，使连接件的中心轴对齐；要注意收缩时的直径膨胀，故要保持足够的侧面间距；单侧固定的产品，要注意负载的重心，不应偏载（参见图 4-144）；可用螺纹紧固剂固定螺栓连接。

⑦ 正确连接气动管路，根据型号的不同，将螺纹接头拧入径向接口或轴向接口中（参见图 4-139）。

(5) 调试注意事项

① 在调试时，为了防止意外伤害，应清除运动范围内的异物并防止现场人员的肢体进入产品运动范围内。

② 扭转、压缩和扭结等会增加气动肌肉中收缩膜的磨损，机械负载会缩短收缩膜的使用寿命，应遵循本节（4）项之④。

③ 遵守工作压力范围，以免初始张力过大加快收缩膜磨损或损坏。避免收缩膜受到破坏性

环境影响，例如暴露于紫外线或臭氧。

④ 调试步骤：

a. 建立气动供应，给产品缓慢加压；

b. 检查产品功能；

c. 对于所有应用：没有出现泄漏；收缩膜的初始张力和工作温度在公差范围内；用作拉伸型执行元件时，达到拉伸力 F；

d. 中断气动供应，给产品缓慢排气。

(6) 检查及维护保养

① 定期对气动肌肉进行点检和定检，根据使用场合和工况合理确定检查周期。

② 收缩膜负载较大时，例如存在紫外线、臭氧和高温环境时，要缩短检查间隔，以免收缩膜磨损增加。

③ 定期检查产品工作是否正常。根据工作压力、收缩程度和频率、运动过程的均匀性，制定合适的定检周期。定检及维护作业内容见表 4-28。

表 4-28 气动肌肉定检及维护作业内容

检查方式	症状	维护作业
目测	收缩膜应力裂纹及其他损伤	更换产品
	收缩膜纤维裸露或损坏	
声检	可听到空气泄漏声	气接口：检查密封
		收缩膜：更换产品

④ 如有必要，用水或肥皂水（最高 60℃）清洁产品。

⑤ 拆卸和更换。先给产品排气，然后更换产品。

⑥ 废弃处理。产品达到使用寿命后，要依据环保回收规定处理产品和包装。

4.10.7 故障诊断（表 4-29）

表 4-29 气动肌肉常见故障及其诊断排除

序号	故障现象	原因分析	排除方法
1	收缩膜过早磨损	工作温度过高	①气接口：使用正确规格的接口或更换带有第二个气接口的产品型号 ②气接口：循环交换压缩空气
2	听到压缩空气泄漏声	泄漏	①气接口：拧紧接口或更换螺纹接头 ②收缩膜：更换产品
3	单侧固定，无法提升工作负载 m	工作压力不足	提高工作压力
4	双侧固定，无法达到拉伸力 F	所用规格最大可达的拉伸力小于所需作用力	使用其他规格
5	无法达到所需速度	工作压力不足	①产品：使用其他规格的产品 ②气接口：检查压力供应。使用较短的连接管路
		压缩空气供应不足	气接口：使用正确规格的阀

4.11 磁性开关

4.11.1 功用类型

磁性开关也称磁控开关（感应开关、感应器、接近开关等）。与霍尔式位置传感器类似，磁性开关是利用磁感应原理来控制电气线路开关启闭的器件，主要用于流体传控元件与系统中（如气动执行元件中的各类气缸及气爪）的运动位置检测和控制（图 4-145），故在国内外诸多气动元件厂商的产品样本或型录中，常将磁性开关列为气缸的附件。按工作原理不同，磁性开关可分为触点型（有触点磁簧式）和无触点型（无触点电晶体式）两大类，其中每一类又可按安装方式和导线引出方式的不同将其细分为若干类型（图 4-146）。

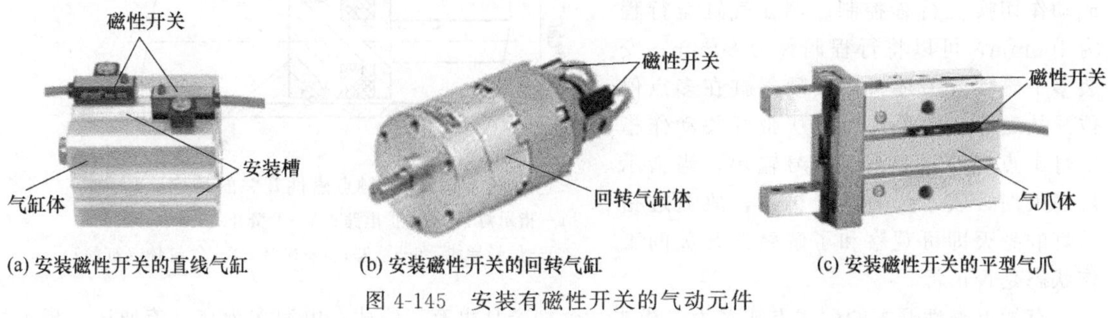

图 4-145　安装有磁性开关的气动元件

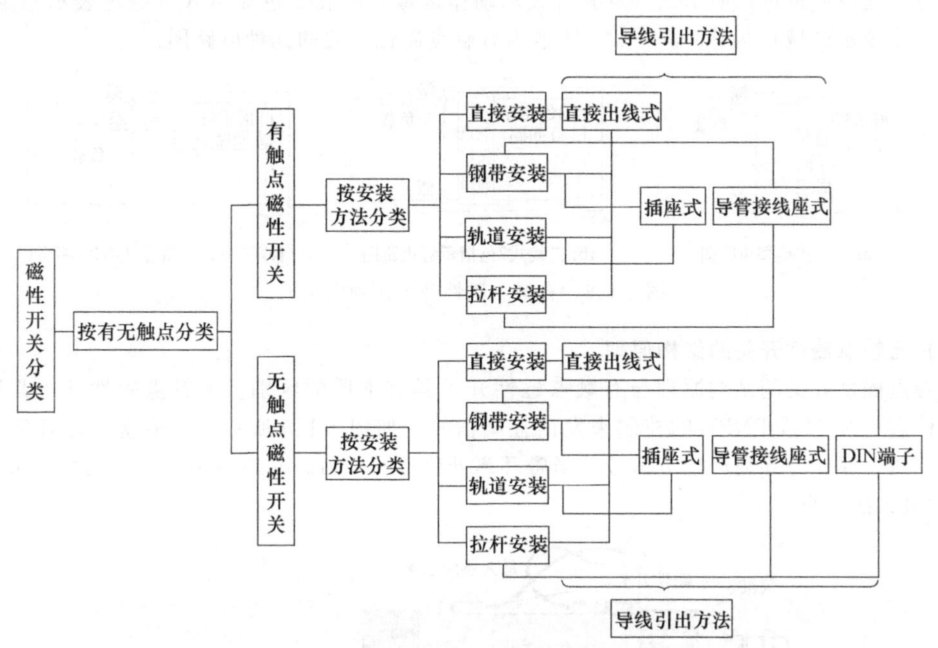

图 4-146　磁性开关的一般分类

4.11.2　结构原理

(1) 有触点舌簧式磁性开关的结构原理

常用的有触点磁性开关是舌簧式磁性开关，如图 4-147 所示，其内装舌簧开关（两个金属舌簧片）3、保护电路 2、开关动作的指示灯（LED 灯）1 和信号导线 5 等，用树脂塑封在一个壳体 4 内。整个磁性开关通常直接装在气缸体 8 的外侧（槽或端面）上，气缸可以是各种型号的气缸，但缸体（筒）必须是导磁性弱、隔磁性强的材料（如硬铝、不锈钢、黄铜等）；非磁性体的活塞 6 需带有磁性，为此，通常是在活塞 6 上安装永磁体（橡胶磁、永磁铁氧体、烧结钕铁硼等类型之一）的磁环 7。当带有磁环的活塞移动到磁性开关所在位置时，磁性开关内的舌簧开关 3 的两个金属磁簧片在磁环磁场的作用下被感应而相互吸引，触点闭合，发出信号；当活塞移开感应开关区域时，舌簧开关簧片离开磁场而失去感应的磁性，簧片因本身的弹性而分开，触点自动断开，信号切断。触点闭合或断开时发出的电信号（或使电信号消失），带动其负载（可以是信号灯、继电器线圈或可编程控制器PLC的数字输入模块等其他元件）工作，最终即可控制相应电磁阀乃至气缸完成动作切换及行程控制。例如气缸全行程为100mm，可以将行程调整为80mm；安装多个磁性开关还可以实现气缸在多点停位。从磁性开关外部看到所带开关动作指示灯1点亮时，表示有信号输出；当指示灯熄灭时，表示没有信号输出，故通过指示灯的亮灭即可观察和了解磁性开关的工作状态是否正常。

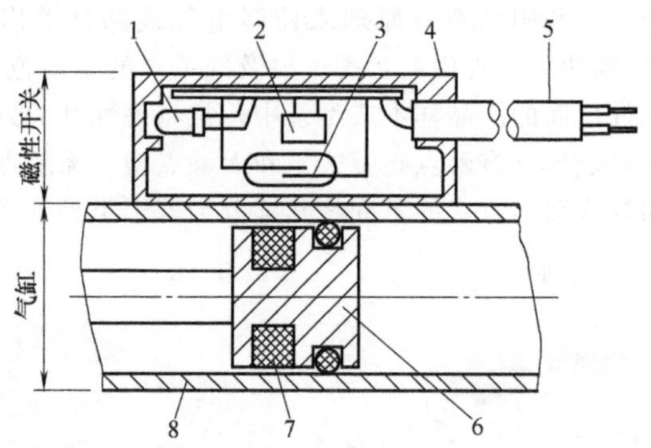

图 4-147　有触点磁性开关的结构原理

1—指示灯；2—保护电路；3—舌簧开关；4—开关壳体；5—信号导线；6—活塞；7—磁环；8—气缸体（缸筒）

有触点磁性开关的配线方式多为二线式，个别产品也有三线式；电源多为交直流通用；指示灯有1色（红色或黄色）显示式（点亮时表示动作区域）的和2色显示式（绿色表示稳定区域、红色表示非稳定区域）两种。图4-148所示为有触点磁性开关的几种电路图。

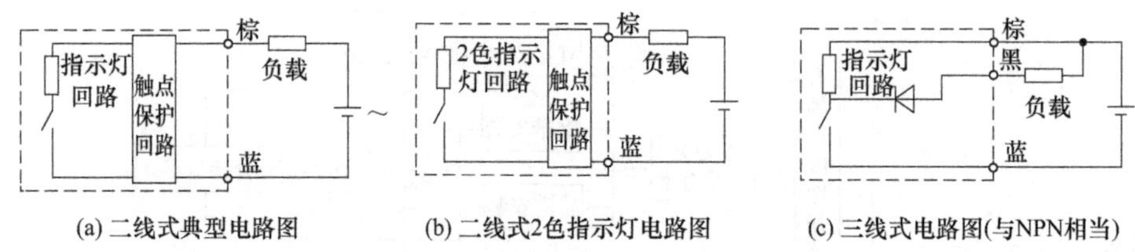

图 4-148　有触点磁性开关几种电路图

(2) 无触点磁性开关的结构原理

无触点磁性开关的结构原理与有触点磁性开关具有本质的区别。无触点磁性开关是通过对内部晶体管（NPN或PNP）的控制来发出控制信号。如图4-149所示，当活塞及磁环运动靠近磁性开关时，晶体管导通产生电信号；当磁环离开磁性开关后，晶体管关断，电信号消失。图中“●”为最大感应点。

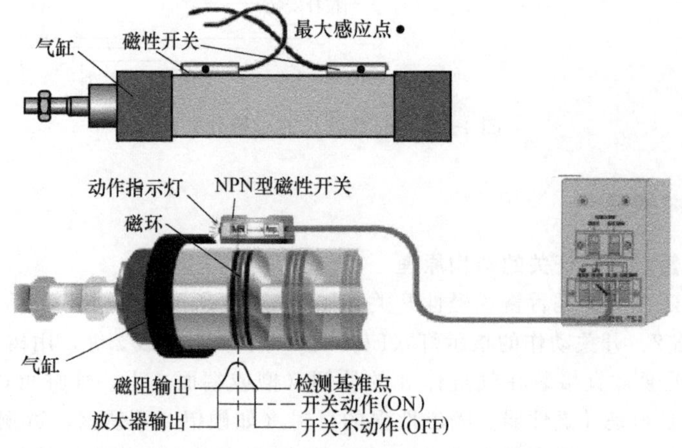

图 4-149　无触点电晶体式磁性开关原理示意图

无触点磁性开关的配线方式多为三线式，个别产品有二线式。这种开关只能使用直流电源。图4-150所示是无触点磁性开关的几种典型电路图。

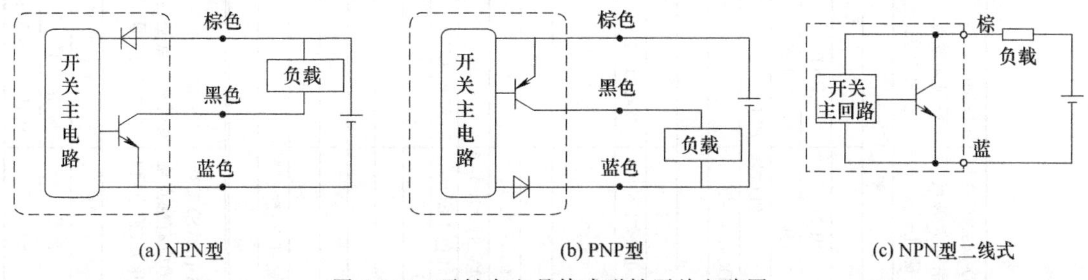

图 4-150 无触点电晶体式磁性开关电路图

前已述及，磁性开关的配线有二线式和三线式的区别，三线式又又有 NPN 型和 PNP 型，它们的接线互不相同，如表 4-30 所列。

表 4-30 配线颜色、名称及一般接法

序号	颜色	英文缩写	名称	接线
1	棕色	bn(brown)	电源线	接电源正极
2	蓝色	bu(blue)	电源线	接电源负极
3	黑色	bk(black)	输出线	输出为常开
4	白色	wh(white)	输出线	输出为常闭
5			NPN	黑色一端接负载，负载另外一端接电源正极
6			PNP	黑色一端接负载，负载另外一端接电源负极
说明	①二线式磁性开关的接线比较简单，一般磁性开关与负载串联后接到电源 ②三线式磁性开关的接线：棕(红)线接电源正端；蓝线接电源 0V 端；黑(黄)线为输出信号，应接负载。而负载的另一端接法：对于 NPN 型磁性开关，应接到电源正端；对于 PNP 型接近开关，则应接到电源 0V 端			

4.11.3 性能特点

采用磁性开关检测气缸行程的位置，不需要行程两端设置机控阀或行程开关及其安装架，也不需要在活塞杆端部设置撞块，也避免了高压流体直接作用于磁性开关，故使用方便、结构紧凑，可靠性高，稳定性好，寿命长、成本低、开关反应时间快（通常约 1ms），因而在气动元件位置检测和控制中得到了广泛应用。

触点型（有触点磁簧管型）与无触点型（无触点电晶体型）的其特点比较如表 4-31 所列。

表 4-31 触点型与无触点型磁性开关的特点

特点比较	有触点型	无触点型
电气寿命	寿命标称值达 500 万次，但根据所带负载情况的不同，其寿命值有的也会与无触点磁性开关持平	因内部由于无机械式触点，故寿命是半永久的(注意：半永久并非指无寿命限制)
振荡现象	舌簧触点在开闭时产生的弹动，会造成输出信号有振荡的现象	由于使用三极管进行 ON/OFF 动作，故输出信号不会产生振荡
开关电流	由于对能流过舌簧触点的电流有限制，故不能进行大容量的开闭	尽管基于三极管的热损失也有一定的限制，但是比有触点磁性开关的上限容量大。另外，对于瞬时间的变动(如突入电流等)有一定的余量保证空间

4.11.4 规格性能

磁性开关的技术规格和性能参数主要有配线方式、输出方式、适合负载、电源电压、开关电流、消耗电流、负载电压、负载电流、内部电压降、漏电流、指示灯、灵敏度、重复性、抗冲击性及抗振性等，这些性能因生产厂及其产品系列型号不同而异。在使用磁性开关时，务必不能超出所选系列型号对应的规格范围，以免造成损毁和动作不良。

4.11.5 产品概览（表 4-32）

表 4-32 磁性开关产品概览

系列型号	CK-J7 系列抗干扰型无触点磁性开关	DK-J6 系列无触点磁性开关	DK-J6-N/DK-J6-P 系列磁性开关	DX-50R 系列有触点磁性开关	DX-50N/DX-50P 系列无触点磁性开关	DA-93(V) 系列有触点磁性开关	D-M9N(V) 系列无触点磁性开关	D-M9B(V) 系列无触点磁性开关
图例	图 4-151	图 4-152		图 4-153		图 4-154	图 4-155	
开关逻辑	常开	常开		常开	常开			
输出方式	电晶体	电晶体		干簧管	NPN/PNP	有触点	NPN	PNP
配线方式	二线式	二线式	NPN/PNP	二线式	三线式	直接出线式	三线式	二线式
适合负载	交流磁场环境					继电器、PLC	继电器、PLC	
电源电压/V	DC10～30	DC18～28	DC5～30	DC/AC5～240	DC5～28		DC4.5～28	
最大开关电流/mA	100	50	200	100	200			
消耗电流/mA		12μA	15	无	20		<10	
负载电压/V						DC24/AC100	DC<28	DC10～28
负载电流/mA	抗强磁电流：AC17000A					5～40/5～20	40	2.5～40
开关容量/W	3	1.4	6	10	6			
内部电压降/V	4.8(max)	2.65(max)	0.5(max)	2.5	1.5	2.4～3/2.7	0.8～2.0	<4
漏电流/mA	0.6	20μA	0.01		0.01		DC24V 时，100μA	<0.8
指示灯	2 色 LED	红色 LED		红色 LED	红色/黄色 LED	红色 LED	红色 LED	红色 LED
灵敏度/G($1G=10^{-4}T$)	30～40	25～700	45～55					
最大切换频率/Hz	8	1000		200	1000			
抗冲击性/$m \cdot s^{-2}$	500	500		30g	50			
抗振性/$m \cdot s^{-2}$	90	90		9g				
适用温度范围/℃	−10～70	−10～70		−10～70				
安装方法	固定座直接安装	螺钉直接安装		直接安装		紧定螺钉直接安装		
生产厂	①			②		③		
系列型号	D-C73 型有触点磁性开关/钢带安装	D-P79WSE 型耐强磁场 2 色显示式有触点磁性开关	D-G39C 型 无触点磁性开关/拉杆安装	D-K39C 型	SMEO-8E-K24-S6 型耐高温舌簧式接近开关	SMTSO-8E 型抗焊场磁阻式接近开关	CS-100(S)系列高感应有触点磁性开关(感应器)	CS-100N(P)系列有触点磁性开关(感应器)
图例	图 4-156	图 4-157	图 4-158		图 4-159	图 4-160	图 4-161	图 4-162
开关逻辑	常开	常开			常开触点	常开触点	常开	常开式
输出方式	有触点	有触点	NPN 型		舌簧接触式	PNP/NPN 型	触点	PNP/NPN 型

续表

系列型号	D-C73 型有触点磁性开关/钢带安装	D-P79WSE 耐强磁场 2 色显示式有触点磁性开关	D-G39C 型	D-K39C 型	SMEO-8E-K24-S6 型耐高温舌簧式接近开关	SMTSO-8E 抗焊场磁阻式接近开关	CS-100(S)系列高感应有触点磁性开关(感应器)	CS-100N(P)系列有触点磁性开关(感应器)
			无触点磁性开关/拉杆安装					
配线方式	二线式	二线式	三线式	二线式	二芯	三针插头	二线式	三线式
适合负载	继电器、PLC	PLC	IC 回路、继电器、PLC	继电器、PLC			PLC	PLC
电源电压[⑦]/V			DC4.5～28		0～30 DC/AC	10～30		
最大开关电流/mA					500	100	100	200
消耗电流/mA			<10					7～15
负载电压/V	DC24/AC100	DC24	<28 DC	DC10～28			DC5～40 AC5～240	DC5～30
负载电流/mA	5～40/5～20	8～20	<40	5～40			10	
开关容量/W					10	3	10	
内部电压降/V	<2.4	<6	<1.5	<4	0.5	1.8	3.5	1.5
漏电流/mA	无	<0.8	<100μA	<0.8				
指示灯	红色发光二极管灯	红色、绿色发光二极管灯	红色发光二极管灯	红色发光二极管灯		黄色 LED	绿色指示灯	NPN 红色指示灯；PBP:绿色
灵敏度/G(1G=10^{-4}T)					可重复性±0.1	可重复性±0.1		
最大切换频率/Hz	动作时间 1.2ms		动作时间<1ms		500		500(<2ms)	1000(<1ms)
抗冲击性/m·s^{-2}	300		1000					
抗振性/m·s^{-2}								
适用温度范围/℃	−10～60				−40～120		−10～70	
安装方法	钢带安装	螺钉直接安装；导线连接：导线前置插头	拉杆安装、导管接线座式		夹紧于 T 形槽，通过附件安装，侧向连接	夹紧于 T 形槽，通过附件安装，侧向连接，		
生产厂	④	④	④		⑤		⑥	

①济南杰菲特气动元件有限公司；②无锡市华通气动制造有限公司；③浙江西克迪气动有限公司（乐清）；④SMC（中国）有限公司；⑤费斯托（中国）有限公司；⑥台湾气立可股份有限公司；⑦二线式电源电压与负载电压同义。

注：1. 各系列型号磁性开关产品的具体技术参数以生产厂产品样本为准，其外形连接尺寸请见生产厂产品样本。

2. 磁性开关生产厂商及其系列类型繁多，本表仅摘列了很少部分，读者和用户可根据需要去参阅有关生产厂的产品样本。

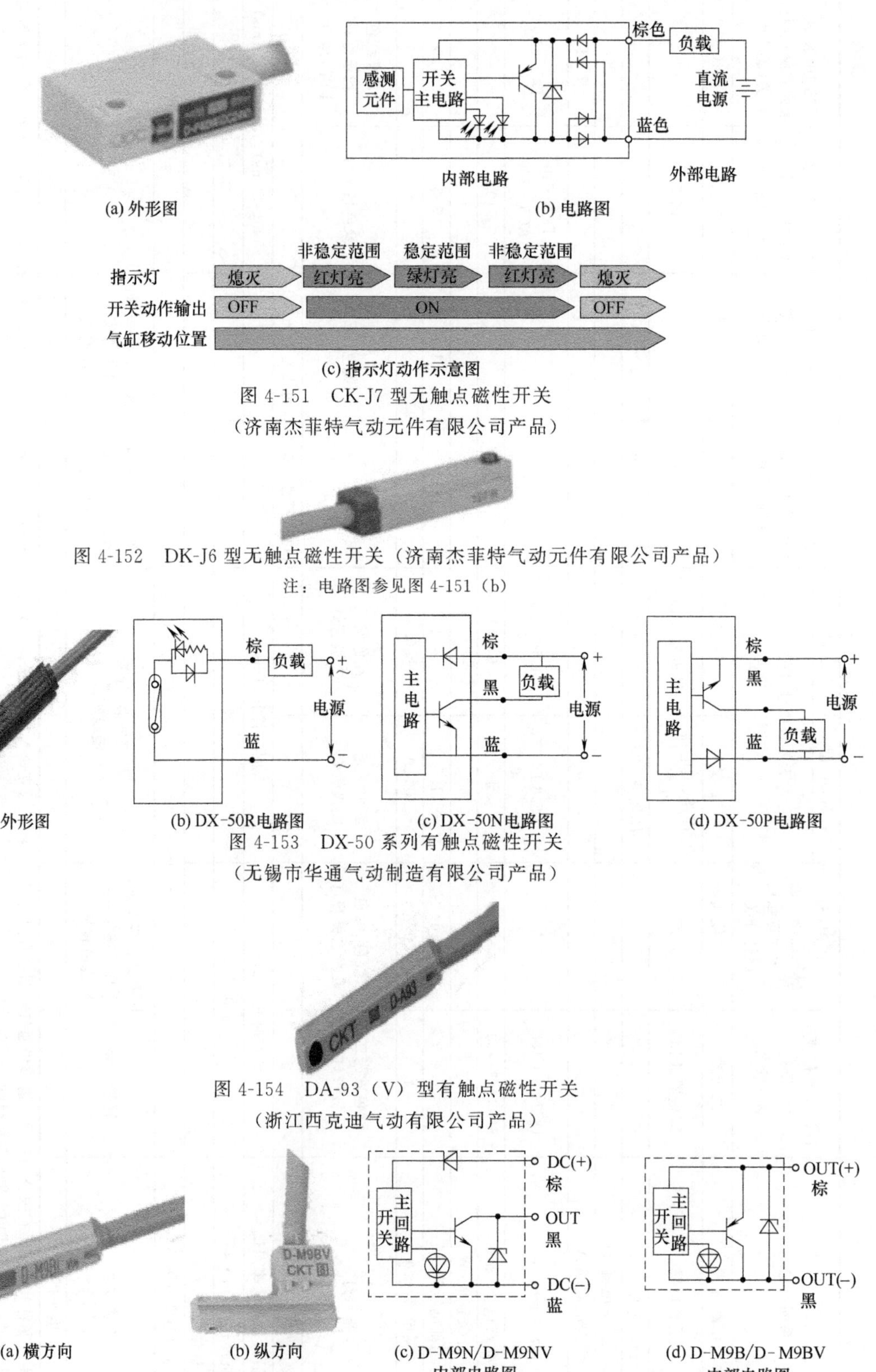

(a) 外形图

(b) 电路图

(c) 指示灯动作示意图

图 4-151 CK-J7 型无触点磁性开关

（济南杰菲特气动元件有限公司产品）

图 4-152 DK-J6 型无触点磁性开关（济南杰菲特气动元件有限公司产品）

注：电路图参见图 4-151（b）

(a) 外形图

(b) DX-50R电路图

(c) DX-50N电路图

(d) DX-50P电路图

图 4-153 DX-50 系列有触点磁性开关

（无锡市华通气动制造有限公司产品）

图 4-154 DA-93（V）型有触点磁性开关

（浙江西克迪气动有限公司产品）

(a) 横方向

(b) 纵方向

(c) D-M9N/D-M9NV 内部电路图

(d) D-M9B/D-M9BV 内部电路图

图 4-155 D-M9 系列无触点磁性开关（浙江西克迪气动有限公司产品）

注：NV 型和 BV 型为纵方向安装，其余横方向安装

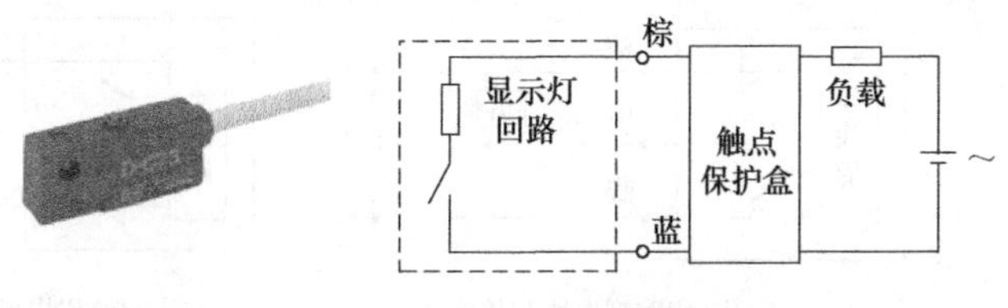

图 4-156　D-C73 型有触点磁性开关［SMC（中国）有限公司产品］

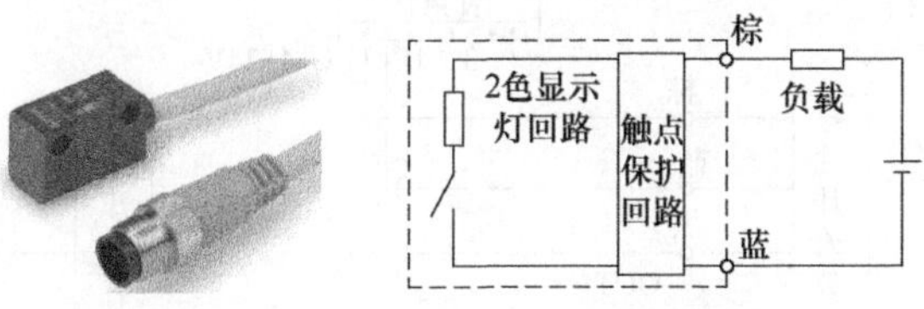

图 4-157　D-P79WSE 型耐强磁场 2 色显示式有触点磁性开关［SMC（中国）有限公司产品］

图 4-158　D-G39C、D-K39C 无触点磁性开关实物外形图［SMC（中国）有限公司产品］

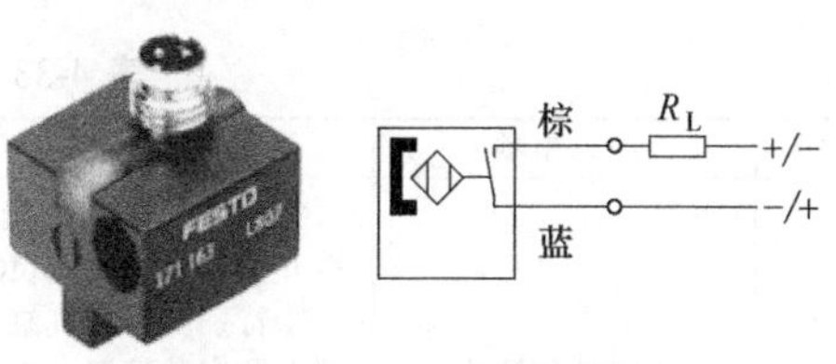

图 4-159　SMEO-8E-K24-S6 型耐高温舌簧式接近开关［费斯托（中国）有限公司产品］

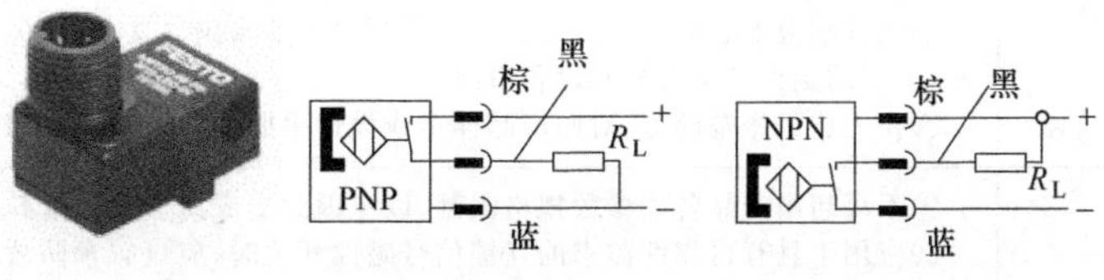

图 4-160　SMTSO-8E 型抗焊场磁阻式接近开关［费斯托（中国）有限公司产品］

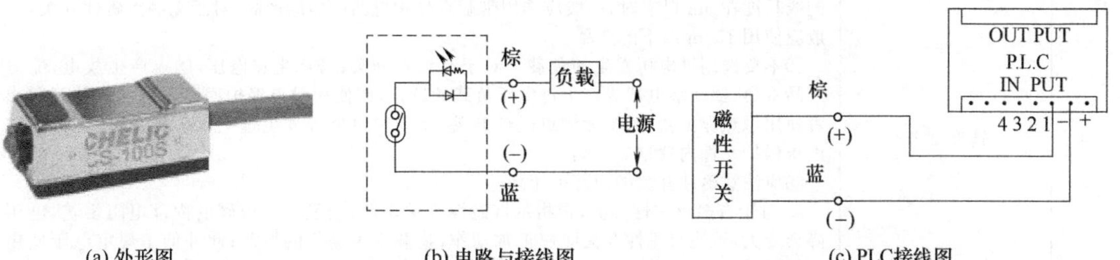

图 4-161　CS-100（S）系列高感应有触点磁性开关（感应器）（台湾气立股份有限公司产品）

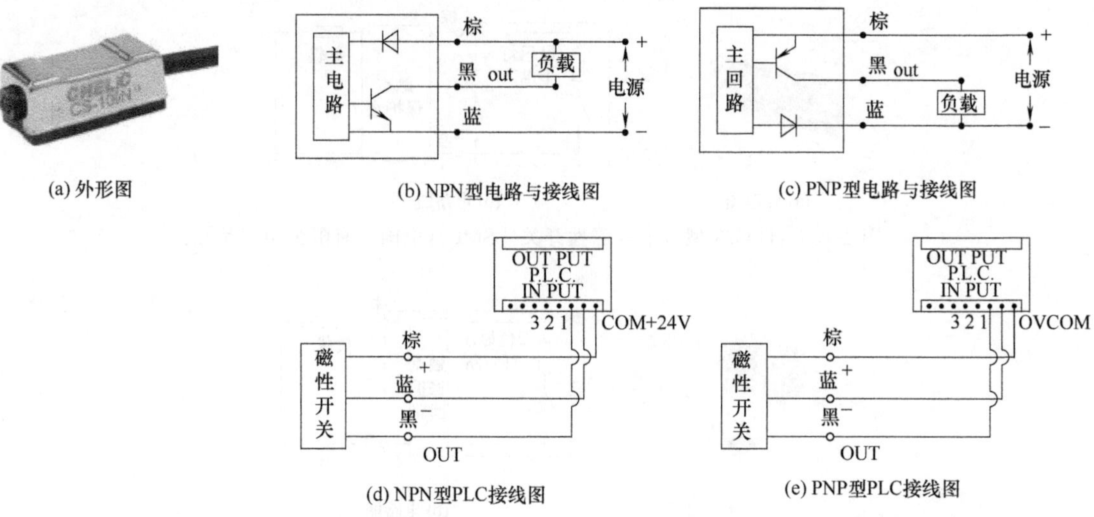

(a) 外形图　(b) NPN型电路与接线图　(c) PNP型电路与接线图

(d) NPN型PLC接线图　(e) PNP型PLC接线图

图 4-162　CS-100N（P）系列有触点磁性开关（感应器）（台湾气立股份有限公司产品）

4.11.6　应用选型（表 4-33）

表 4-33　磁性开关的应用选型

序号	注意事项	说明
1	明确使用要求	①通过调研，准确了解和把握应用磁性开关的目的、场合、工况特点及各项要求，明确磁性开关的负载类型(IC 回路、继电器、PLC) ②特别要明确气缸及其他气动执行元件的结构形式、规格参数、出力、位置及速度、外形特点及安装情况 ③了解工作场合的尘埃、振动冲击、温度条件 ④明确现场对磁性开关的安全性、安装调试、使用维护、经济性(性价比)等方面的要求 ⑤向拟选产品生产厂商索取最新产品样本并搜集相关设计资料
2	了解产品概况	①按上述使用要求，全面了解拟选磁性开关生产厂(供货商)及其可供产品的类型用途、性能规格范围、适用气动执行元件类型、适用环境条件、安装及配线要求、尺寸和重量、购置费用、维修方便性、适应性、货源及产品史与声誉等 ②认真细致地研究产品的系列型号编制规则及编码含义，以免失误造成人力、财力的浪费、生产的延误乃至人身和设备事故 ③在上述工作基础上，对照产品样本或设计手册，对磁性开关做出正确合理选型
3	安全注意事项	①不可超出产品各项参数规格限制，以免因此造成损毁和动作不良乃至人身设备事故 ②应用于具有可靠性需求的互锁信号磁性开关时，应设置预防故障的机械式保护功能，或者与除磁性开关之外的开关(传感器)并用等进行双重互锁，并应进行定期检查，以确认其动作是否正常 ③不能对原装磁性开关本体进行拆解、改造(二次加工，含 PCB 板更换)和修理，以免导致人体伤害或事故
4	选型细节	①应尽量缩短配线长度，以免噪声或电流增大，降低产品寿命。对于有触点磁性开关，配线长度在 5m 以上时，一般应选用带触点保护电路(盒)的产品；对于无触点磁性开关，一般应使用 100m 以下的产品 ②不要选用过电压发生的负载。对于有触点开关，若产生过电压，触点产生放电，缩短产品寿命，驱动继电器等产生过电压负载的场合，请使用触点保护回路内置的磁性开关或者使用触点保护盒；对于无触点磁性开关，驱动继电器等发生过电压的负载时，应选用过电压保护元件内置型的产品 ③应注意磁性开关的内部电压降 a. 对于有触点磁性开关，带指示灯磁性开关串联，受发光二极管的内部电阻影响，电压降会变大，致使有磁性开关即使正常动作，负载也不动作的情况；此外低于规定电压使用时，同样可能出现磁性开关即使正常动作，负载也不动作的情况。因此应在确认负载的最低动作电压的基础上，满足下述公式要求：

续表

序号	注意事项	说明
4	选型细节	电源电压－磁性开关内部电压降＞负载的最低动作电压 b. 对于无触点磁性开关,应注意其内部电压降一般比有触点磁性开关大。故磁性开关串联时,可能有磁性开关正常动作,但负载不动作的情况 ④对于无触点磁性开关,应请注意漏电流。二线式磁性开关在关闭状态下,使磁性开关内部回路动作的电流(漏电流)流过负载。应满足的条件为:负载动作电流(通过控制器输入关闭电流)＞漏电流 若不满足以上条件,会复位不良(保持打开状态)。若不满足规格要求,可使用三线式磁性开关
5	位置间隔等注意事项	①在行程中间位置,请注意磁性开关的输出动作时间(或动作频率)。对于活塞速度快的场合,可选用具有延迟功能(约 200ms)内置的磁性开关。活塞接近磁性开关时的速度 v 不得大于磁性开关能检测的最大速度 v_{max}. 该最大速度与磁性开关的最小动作范围 l_{min}、磁性开关锁带负载的动作时间 t_c 之间的关系为: $v(mm/s)=l_{min}(mm)/t_c(s)$ 否则因活塞通过速度过快，会导致行程中间位置的磁性开关动作时间变短，致使负载不能充分动作 ②合理确定相邻气缸及其他气动执行元件的间隔。为避免相邻执行元件的磁场干涉，导致磁性开关的误动作，对于带磁性开关的气动执行元件 2 个以上并行靠近使用的场合，通常应将执行元件外壁（缸筒）的间隔设置在 40mm 以上。当然，采用磁性屏蔽板或市售磁性屏蔽带也可以减轻磁场的干扰 ③要为维修保养作业留出所需的空间 ④带磁性开关的气动执行元件，请勿安装在可能被脚踏的场所，以免因错踏、脚踢施加过大的负载，导致产品损毁 ⑤发生断线或者为了确认动作而强制动作时，应做防止逆流电流流入的设计。以免发生逆流电流造成开关误动作或者损坏 ⑥需要使用和安装多个磁性开关时，多个磁性开关的检测间隔由其安装结构及壳体尺寸决定，并不一定能按照希望的间隔和设定位置安装 ⑦可检测位置的限制。对于磁性开关的设定位置，为了使气缸及其他执行元件的安装件（耳轴、增强环等）互不干涉，应充分确认后再进行选择

4.11.7 使用维护（表 4-34）

表 4-34 磁性开关的使用维护

项目	说明
安装及调整	①在对磁性开关进行安装与操作时,不能掉落和敲打,以免因过大冲击(有触点磁性开关 300m/s^2 以上、无触点磁性开关 1000m/s^2 以上)造成磁性开关的损毁及误动作
	②磁性开关安装带在结构上很薄,安装时要充分注意
	③要严格按产品紧固力矩大小安装磁性开关,以免紧固力矩过大造成磁性开关安装螺钉、安装件以及本体等损毁或因紧固力矩不足导致磁性开关的安装位置产生错位
	④不要手持磁性开关的导线搬运气缸和其他执行元件,以免导致断线、内部元件损毁
	⑤应使用安装磁性开关本体用定位螺钉对其进行固定安装,以免磁性开关损毁
	⑥应将磁性开关设定在动作范围的中央位置。因磁性开关一般是安装在活塞停动位置,故既可安装在行程末端,也可以安装在行程中间的任意位置上。对于 2 色显示的场合,应设定在绿色显示范围的中央[请参见图 4-151(c)] a. 对于要将磁性开关安装在行程中间的情况(例如要使活塞在行程中途的某一位置停止),磁性开关的安装位置可按如下方法确定:在活塞应停止位置使活塞固定,在活塞的上方左右移动磁性开关,找出开关开始吸合时的位置,则左右吸合位置的中间位置便是开关的最高灵敏度位置。磁性开关应固定在这个最高灵敏度位置 b. 对于要将开关安装在行程末端的情况,为保证开关安装在最高灵敏度位置,对不同气缸,在样本上都已经标出离两侧端盖的距离 A 和 B,测量并找到相应位置固定即可。例如按图 4-163 所示进行固定 在某些使用环境下,有输出动作不稳的情况 需要说明的是:在 2 色显示的场合,即使将磁性开关固定在合适的动作范围内(绿色表示的区域),也有可能会因设置环境和外界的影响(如磁体、外部磁场、内置磁环气缸及执行元件的近距离设置、温度变化、其他运转中的磁场变动等因素)而使动作不稳定
	⑦应根据实际的动作状态调整和确认磁性开关的安装位置。在某些设置环境下,气缸和执行元件会产生在合适的安装位置上不动作的情况。行程途中设定的场合,也应同样对动作状态进行确认调整

续表

项目	说　明
配线	①检查和确认配线的绝缘性。在配线中，应避免绝缘不良（与其他回路混接、接地、端子间绝缘不良等）使过电流流入磁性开关，造成磁性开关损毁
	②应避免磁性开关与动力线、高压线并列配线或使用相同配线路径。以免感应产生突入电流，噪声引起误动作
	③为了避免断线，不要反复弯曲或拽拉导线，也不应对导线与磁性开关本体的连接部位施加应力或拉力。特别是与磁性开关本体的连接部位以及附近，不要使其活动
	④请务必在确认负载状态（连接、电流值）后再接入电源 a. 二线式务必要串接负载方可使用[参见图 4-161(c)]，否则（负载短路）时接通电源，会有过电流流过磁性开关，使磁性开关瞬间损毁。二线式棕色导线（+、输出）直接连接治具、夹具等的（+）电源端子时，也会发生同样的情况；在使用直流电源时，棕色线要接在正电位（+），蓝色线接在负电位（−），否则指示灯不会亮，但开关仍可正常动作。此时，只要将两线对调，指示灯即可正常指示 b. 对于三线式无触点磁性开关，参见图 4-162(b)、(c)，务必使用直流电源（DC），并注意接线方式：棕色线要接在高电位（+），蓝色线接在低电位（−）；黑色线一定要接在串联负载后方可使用，黑色线若错接到电源，可能会损毁磁性开关
	⑤电感性负载保护。在负载为继电器、电磁阀等电感性负载时，可在负载端并接保护单元，以延长磁性开关寿命： a. 若连接到直流（DC）电感性负载，请在负载上并接一个二极管[注意极性如图 4-164(a)]，且二极管反向崩溃电压需大于电源电压 b. 若连接到交流（AC）电感性负载，请在负载上并接一个 R-C 回路[图 4-164(b)]
	⑥在使用负载为电容性负载时，或导线长度超过 10m 时，请在靠近开关处串接一个电感[图 4-164(c)]，以延长磁性开关的寿命
	⑦配线作业应在切断电源后再实施，以免通电作业造成触电、误动作、磁性开关的损毁等
	⑧对于有触点磁性开关，应避免负载短路，以免在负载短路的状态下打开，产生过电流，使磁性开关瞬间损毁
	⑨避免错误配线损毁磁性开关
	⑩剥掉导线外皮时，应注意剥线方向，以免绝缘体开裂、损伤的情况
	⑪拟切断某段电缆时，应参阅产品样本的有关规定后进行，以免磁性开关动作失常
使用环境	①不要在有爆炸性气体的环境中使用，以免引起爆炸。请不要在产生磁场的场所使用
	②不要在产生磁场的场合使用，以免造成磁性开关误动作或气缸及其他执行元件内部的磁石消磁
	③不要在水中或经常有水飞溅的环境中使用，以免导致绝缘不良和误动作
	④不要在有油、化学品的环境中使用，以免绝缘不良、封装树脂溶胀导致的误动作和导线硬化等
	⑤请勿在温度循环波动的环境下使用，以免在通常温度变化以外的温度循环变化的场合，使磁性开关内部受到恶劣影响
	⑥应尽量避免在带磁性开关的气缸或执行元件周围的铁粉的堆积或与磁性体的密切接触，导致气缸及执行元件磁力的削弱，使磁性开关无法正常动作
	⑦应避免磁性开关受到阳光直射；不要在周围有热源或受辐射热的场所使用
	⑧不要在发生过大冲击的环境下使用有触点磁性开关，以免过大的冲击（300m/s^2 以上），导致触点误动作乃至损毁
	⑨不要在有过电压发生源的场和使用无触点磁性开关，以免在带无触点磁性开关气缸、执行元件的周围，因较大过电压及电磁波的发生装置（电磁式升降机、高频感应炉、电机、无线设备等），导致磁性开关内部回路元件损毁
维护检查	①元件的拆卸及压缩空气的供、排气。在拆卸元件前，应先对已被驱动物体应采取防落和防失控止对策，然后再切断供气与设备的电源，排放系统内的压缩空气后再进行拆卸 重新启动时，应采取防止飞出的措施后再谨慎进行 通电中，切勿触摸端子，否则可能会造成触电、误动作、磁性开关损毁
	②清洁磁性开关时，不要使用汽油、香蕉水、酒精等，以免使表面出现伤痕或使显示消失。污垢程度严重的情况下，先将布浸过用水稀释过的中性洗涤剂，拧干后再擦除污垢，然后再用干布擦拭
	③因磁性开关意外动作时可能无法确认安全，所以请按下述内容定期进行维护点检： a. 拧紧磁性开关安装螺钉。若有安装螺钉松弛或安装位置错位的情况，请重新调整安装位置并拧紧 b. 检查导线完好情况。发现导线损伤时，要更换磁性开关或修复导线 c. 检测设定位置的确认：

续表

项目	说　明
维护检查	·1色显示式磁性开关的红色亮灯。要确认设定的位置停止在动作范围(红色表示区域)的中央 ·2色显示式磁性开关的绿色亮灯以及位置的确认。要确认设定的位置停止在动作范围(绿色表示区域)的中央。红色LED亮灯、停止的场合,有可能因为设备环境外界的影响使动作不稳,因此 应在合适动作范围的中央位置重新设定安装位置
	④可用磁性开关对其损毁与否进行检测。如图4-165所示,将检测仪连接好,用一磁铁沿图示方向左右移动,如果检测仪指示灯变亮并发出声音,则说明磁性开关可用;如果无该现象,就将检测仪的拨码开关扳至另一挡,如果仍然无上述现象,则表明磁性开关已坏,应进行更换 切勿使用干电池直接测试,以免造成短路

图4-163　气缸端部安装磁性开关

R:2.7kΩ。C:0.1μF/600V

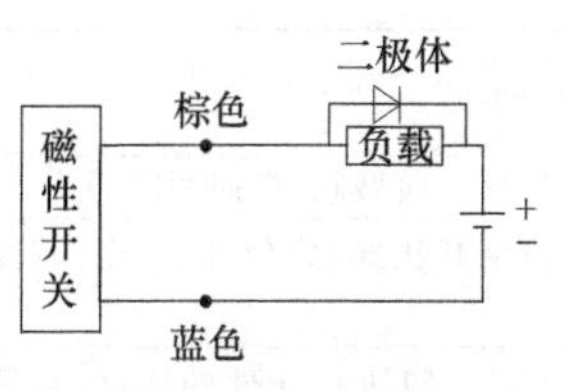

(a) 使用于(DC)直流电感性负载

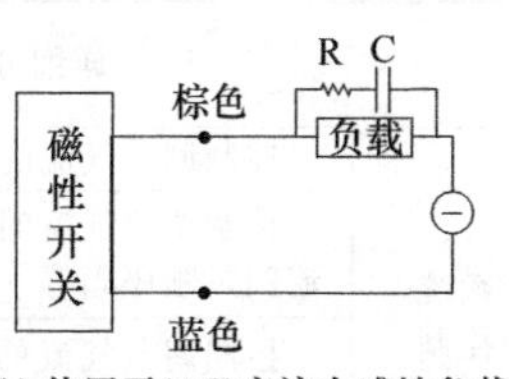

(b) 使用于(AC)交流电感性负载

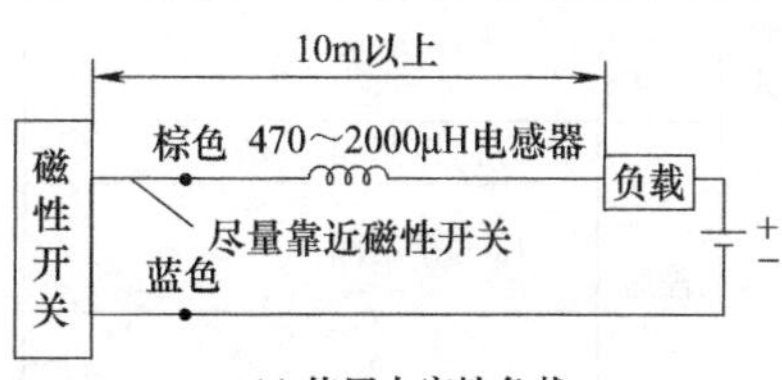

(c) 使用电容性负载

图4-164　电感性负载和电容性负载的保护

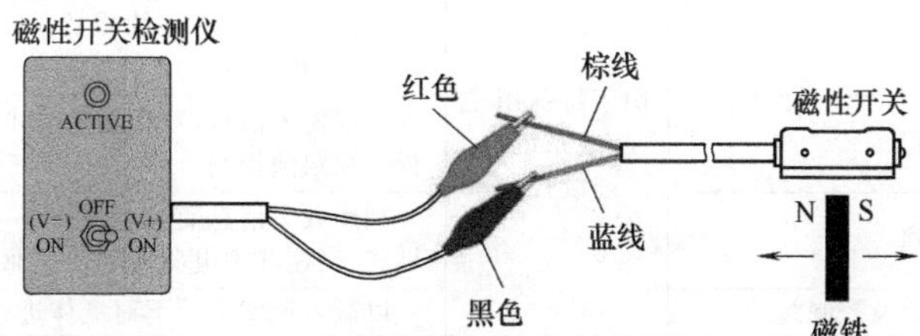

图4-165　用磁性开关检测仪对其进行可用性检测

气动控制元件及其应用回路

5.1 功用类型

气动控制元件主要指各种气动控制阀（简称气动阀），其功用是控制调节压缩空气的流向、压力和流量，使执行元件及其驱动的工作机构获得所需的运动方向、推力及运动速度等。

气动控制阀种类繁多（表5-1），但基本上都是由阀芯、阀体和驱动阀芯相对于阀体运动的装置所组成。

表5-1　气动控制阀的分类

<table>
<tr><th>分类方式</th><th colspan="2">种类</th><th colspan="2">详细分类及说明</th></tr>
<tr><td rowspan="16">根据功能及使用要求分类</td><td rowspan="3">普通阀</td><td>方向控制阀</td><td rowspan="3">用于系统程序控制</td><td>控制调节气流的流向，包括单向型阀、换向型阀等</td></tr>
<tr><td>压力控制阀</td><td>控制调节气流的压力，包括减压阀、定值器、安全阀（溢流阀）、顺序阀等</td></tr>
<tr><td>流量控制阀（速度控制阀）</td><td>控制调节气流的流量达到控制执行元件的速度，包括节流阀、单向节流阀（速度控制阀）、排气节流阀及延时阀等</td></tr>
<tr><td rowspan="5">特殊阀</td><td>特殊环境用控制阀</td><td rowspan="5">用于特殊用途或系统连续控制</td><td>用于高低温或高粉尘等特殊环境下的气动系统控制</td></tr>
<tr><td>比例控制阀</td><td>根据输入信号，连续成比例地控制气动系统中气流压力、流量和方向</td></tr>
<tr><td>伺服控制阀</td><td>根据输入信号，对气动系统中气流压力、流量和方向进行连续跟随控制</td></tr>
<tr><td>数字控制阀</td><td>利用数字信息直接控制的一类气动控制阀，有步进电机式、高速开关电磁式和压电驱动器式等</td></tr>
<tr><td>微流控芯片及控制阀</td><td>以微米尺度空间下对流体进行操控的气动阀</td></tr>
<tr><td colspan="2">逻辑控制阀</td><td>用于系统逻辑控制</td><td>实现一定的逻辑功能按逻辑功能，包括元件内部无可动部件的射流元件和有可动部件的气动逻辑元件（如是门、或门、与门、非门、禁门、双稳态等）。气动逻辑元件的结构原理上基本与方向控制阀相同，仅是体积和通径较小，一般用来实现信号的逻辑运算功能。随着近年来气动元件的小型化及可编程控制器（PLC）在气动技术中的大量应用，气动逻辑元件的应用范围在逐渐减小</td></tr>
<tr><td rowspan="4">真空控制阀</td><td>真空切换阀（真空供给破坏阀）</td><td rowspan="4">用于系统真空控制</td><td>真空的供给和破坏控制</td></tr>
<tr><td>真空调压阀</td><td>设定真空系统的真空压力并保持恒定</td></tr>
<tr><td>真空辅助阀（安全阀）</td><td>阀安装于真空发生器和吸盘之间，用于多吸盘系统中存在无工件或未吸附工件吸盘时，有工件吸盘真空的自动保持和无工件吸盘真空的断开</td></tr>
<tr><td>真空、吹气两用阀</td><td>一件二用，通过供给压缩空气，可进行大流量吹气或产生真空</td></tr>
</table>

续表

<table>
<tr><th>分类方式</th><th>种类</th><th colspan="2">详细分类及说明</th></tr>
<tr><td rowspan="3">按结构</td><td>截止式阀</td><td colspan="2">此类阀的阀芯沿着阀座的轴向移动，控制进、排气</td></tr>
<tr><td>滑阀式阀</td><td colspan="2">此类阀的阀芯为圆柱形或平板(圆柱滑阀、平板滑阀)，通过阀芯相对于阀体孔的滑动实现气流的通断或开度大小的改变</td></tr>
<tr><td>膜片式阀</td><td colspan="2">此类阀的阀芯为圆柱形或平板(圆柱滑阀、平板滑阀)，通过阀芯相对于阀体孔的滑动实现气流的通断或开度大小的改变</td></tr>
<tr><td rowspan="4">按操纵方式</td><td>人力控制阀</td><td colspan="2">通过旋钮、手把及手轮、踏板等控制，适合手动或半自动、小型或不常调节的气动系统使用</td></tr>
<tr><td>机械控制阀</td><td>借助挡块、滚轮及碰块、弹簧等控制</td><td rowspan="3">适合自动化程度要求高或控制性能有特殊要求的气动系统使用</td></tr>
<tr><td>气压操纵阀</td><td>利用气体压力所产生的力进行控制</td></tr>
<tr><td>电气控制阀</td><td>用普通电磁铁、比例电磁铁、力马达等电-机械转换器控制</td></tr>
<tr><td rowspan="4">按安装连接方式</td><td>管式控制阀</td><td colspan="2">通过螺纹实现阀件间及阀件与管件之间的安装连接
气动控制阀中的配管接口螺纹除了公制 M 外，还有 G 和 Rc、NPT、NPTF 等几种英寸制螺纹，G 是非密封圆柱管螺纹；Rc 为圆锥内螺纹，是四种密封管螺纹 R 中的一种(这四种分别是圆柱内螺纹 Rp，与圆柱内螺纹配合的圆锥外螺纹 R1、Rc，与圆锥内螺纹配合的圆锥外螺纹 R2)；G 和 Rc 螺纹的牙型角都是 55°。NPT 和 NPTF 都是牙型角 60°的密封圆锥管螺纹(美国 ANSI 标准)，代号多 F 的，表示"干密封"，比 NPT 螺纹连接更紧密。圆柱螺纹的螺纹锥度是 0，圆锥螺纹的锥度都是 1∶16</td></tr>
<tr><td>法兰式控制阀</td><td colspan="2">采用法兰连接，用于规格较大的控制阀</td></tr>
<tr><td>板式控制阀</td><td colspan="2">通过阀板实现阀件间之间的安装连接，占用空间小，外形整齐美观，节省配管配线，便于集中管理和检修</td></tr>
<tr><td>集装式连接</td><td colspan="2">多个阀并联连接一并安装于专用导轨或集装板之上，两侧用端块组件封堵，位数可增减，占用空间小，简化配管配线，节省费用</td></tr>
</table>

5.2 参数特点

公称通径（mm）和公称压力（MPa）是气动阀的两个基本性能参数，前者是指阀的主气口的名义尺寸，它代表了阀的规格和通流能力大小；后者的高低代表了阀的承载能力大小。

气动阀与液压阀在使用能源、使用特点、压力范围及对泄漏和润滑的要求等很多方面不同（表 5-2），这是在使用时需特别注意的。

表 5-2　气动阀与液压阀的比较

项目	气动阀	液压阀
使用能源不同	气动控制元件和装置可采用空压站集中供气的方法，根据使用要求和控制点的不同来调节各自减压阀的工作压力。气动控制阀可通过排气口直接把压缩空气排放至大气中	液压阀都设有回油管路，便于油箱收集用过的液压油
使用特点不同	一般气动阀比液压阀结构紧凑、重量轻，易于集成安装，阀的工作频率高、使用寿命长，但噪声较大。气动阀正向低功率、小型化方向发展，已出现功率只有 1W 甚至 0.5W 的低功率电磁阀。可与微机和 PLC 直接连接，也可与电子器件一起安装在印刷线路板上，通过标准板接通气电回路，省却了大量配线，适用于气动工业机械手、复杂的生产制造装配线等场合	一般液压阀噪声较小，但结构硕大、体积和重量大，需设计专门的油路以实现集成

续表

项目	气动阀	液压阀
压力范围不同	气动阀的工作压力范围比液压阀低,工业设备气动系统的工作压力一般低于1MPa。气动阀一般要求具有能承受比工作压力高的耐压强度,而对其冲击强度的要求比耐压强度更高。若气动阀在超过最高容许压力下使用,往往会发生严重事故	液压阀的工作压力及其范围较高,例如常用的液压机,其工作压力高达30MPa甚至更高
对泄漏要求不同	气动控制阀除间隙密封的阀外,原则上不允许内部泄漏。气动阀的内部泄漏有导致事故的危险。对气动管道来说,允许有少许泄漏;在气动系统中要避免泄漏造成的压力下降,除防止泄漏外,别无其他方法	液压阀对向外的泄漏要求严格,对元件内部的少量泄漏却是允许的。在液压系统中,可设置压力补偿回路;液压管道的泄漏将造成系统压力下降和对环境的污染
对润滑要求不同	气动系统的工作介质为空气,空气无润滑性,故许多气动阀需要油雾润滑,阀的零件应选择不易受水腐蚀的材料,或者采取必要的防锈措施	液压系统的工作介质为液压油,液压阀不存在对润滑的要求

5.3 方向阀及其应用回路

5.3.1 功用种类

气动方向控制阀（简称方向阀）的功用是控制压缩空气的流动方向和气流通断，以满足执行元件启动、停止及运动方向的变换等工作要求。

在各类气动控制元件中，方向阀种类最多（表5-3）。不同类型的方向阀主要体现在功能、结构、操纵方式、作用特点及密封形式上。

表5-3　气动方向阀的类型及特点

分类方式		特点
按功能	单向型	单向型方向阀只允许气流一个方向流动,包括单向阀、梭阀、双压阀、快速排气阀(简称快排阀)等
	换向型	可以改变气流流动方向,有多种类型,如人控阀、机控阀、气控阀、电磁阀等
按阀芯结构	截止式	截止式方向阀的启、闭是用大于管道直径的圆盘形阀芯从端面控制的[参见本表软质密封图(b)]。截止式换向阀的特点如下: ①用很小的移动量就可以使阀完全开启,阀的流通能力强,便于设计成结构紧凑的大通径阀 ②截止阀多采用软质材料(如橡胶等)密封,当阀门关闭后始终存在背压,故密封性好、泄漏量小、不借助弹簧也能关闭 ③比滑阀式换向阀阻力损失小,过滤精度要求不高 ④因背压的存在,故换向操纵力及冲击力较大,也影响其换向频率的提高
	滑阀式	滑阀式换向阀是利用带有环形槽的圆柱阀芯,在阀套(体)内作轴向运动来改变气流通路进行控制的[参见本表软质密封图(a)]。滑阀式方向阀的特点如下: ①阀芯行程比截止阀长,即阀门达到完全开启所需的时间长。可动部分重量及惯性大,因而需将承受冲击的部件设计成抗冲击的结构,一般大通径的阀不宜用滑阀式的结构 ②切换时,不承受背压阻力,故换向力小、动作灵敏 ③由于结构的对称性,静止时用气压保持轴向力平衡,容易实现记忆功能 ④通用性强,易设计成多位多通阀。如二位式阀和三位式阀的基本件可以通用,又如对三位滑阀,只要将阀芯台肩稍加改动可实现多种机能 ⑤滑阀的阀芯对介质比较敏感,对系统的过滤、润滑、维护要求较高
	转阀式	转阀式换向阀的阀芯为圆柱形,阀体上开有进出气口,阀芯上开有沟槽。通过阀芯在阀套(体)内作旋转运动实现阀口的通断,以实现气体方向的控制 转阀式换向阀具有结构简单、操控简便的优点,但存在阀芯的径向力不平衡问题。多用于手动控制阀

续表

<table>
<tr><th colspan="2">分类方式</th><th colspan="2">特点</th></tr>
<tr><td rowspan="5">按操纵控制方式</td><td colspan="3">方向阀输出状态的改变,可以用人力、机械力、气压力和电磁力操纵(控制)来实现</td></tr>
<tr><td>人力控制</td><td colspan="2">人力控制方向阀是利用人力来操纵阀换向的。人力控制分为手动及脚踏两种方式。人力控制方向阀使用频率较低,动作速度慢;操作力小,故阀的通径小;操纵灵活,可按人的意志随时改变控制对象的状态,可实现远距离控制;在手动系统中,一般直接操纵气动执行元件;在半自动和自动系统中多作为信号阀使用</td></tr>
<tr><td>机械控制</td><td colspan="2">机控换向阀是利用执行机构或者其他机构的机械运动(如借助凸轮、滚轮、杠杆和撞块等)操纵阀杆使阀换向的。根据阀芯头部结构形式有直动圆头式、杠杆滚轮式和可通过式等类型</td></tr>
<tr><td>气压控制</td><td colspan="2">气压控制方向阀的切换是利用气压信号作为操纵力使阀换向,来改变输出状态的。根据气压信号的控制方式不同有加压控制、卸压控制、差压控制和延时控制 4 种方式:加压控制是指所加的控制信号压力是逐渐上升的,当气压增加到阀芯的动作压力时,阀芯便沿着加压方向移动,从而实现换向;卸压控制是指所加的气控信号压力是减小的,当减小到某一压力值时,阀芯换向;差压控制是使阀芯在两端压力差的作用下换向;延时控制是利用气流向阻容环节充气,经一定时间后,当气容内压力升至一定值时,阀芯在差压作用下迅速移动换向。气压控制方向阀用于高温易燃、易爆、潮湿、粉尘大、强磁场等恶劣工作环境下,比电磁操纵安全可靠性高</td></tr>
<tr><td>电磁控制</td><td colspan="2">电磁控制换向阀是利用电磁力使阀换向的,动作方式有直动式和先导式两种
直动式电磁阀是利用电磁力直接推动阀杆(阀芯)换向,具有结构简单紧凑、切换频率高的特点
先导式电磁阀是利用电磁先导阀输出气压来控制主阀换向的。一般而言,通径大的电磁阀都采用先导式结构。电磁控制换向阀易于实现电-气联合控制,能实现远距离操纵,故应用相当广泛</td></tr>
<tr><td colspan="2">按阀的切换位数</td><td colspan="2">换向阀的切换状态数(阀芯在阀体内可停留的位置数目)称为阀的位数。有几个切换状态就称为几位阀(如二位阀、三位阀)。阀的静止位置(即未加控制信号时的状态)称为零位。电磁阀的零位是指断电时的状态</td></tr>
<tr><td colspan="2">按阀的通路数</td><td colspan="2">换向阀的主阀口数称为阀的通路数,但不包括阀的控制口。常用的换向阀有二通、三通、四通和五通阀。二通、三通阀有常通和常断之分。常通型是指阀的控制口未加控制(即零位)时,阀有输出;反之,常断型阀在零位时,阀无输出</td></tr>
<tr><td rowspan="2">按驱动控制数分类</td><td>单电控式</td><td colspan="2">单电控阀(单头驱动)是指阀的一个工作位置由控制信号获得,另一个工作位置是当控制信号消失后,靠其他外力(如弹簧力)来获得(称为复位方式)</td></tr>
<tr><td>双电控式</td><td colspan="2">双电控阀(双头驱动)是指阀有两个控制信号。对于二位双控式阀,当一个控制信号消失,另一个控制信号未加入时,能保持原有阀位不变,称阀具有记忆功能,相当于“自锁”。利用双电控阀这种特性,在设计机电控制回路或编制 PLC 程序时,以让电磁阀线圈动作 1～2s 即可,以实现保护电磁阀线圈不容易损坏</td></tr>
<tr><td rowspan="2">按密封形式</td><td>硬质密封(间隙密封)</td><td>硬质密封又称间隙密封,是依靠阀芯和阀套之间很小的间隙来保证密封的(见右图)。硬质密封的特点为:
①结构简单,但制造精度要求高(阀芯与阀套配合间隙一般为 3～5μm),制造困难
②换向力小,换向时冲击较大,为防止冲击,阀内常加定位装置
③因存在间隙泄漏量较大
④对介质中的灰尘很敏感,故过滤精度要求较高,一般不低于 5μm。</td><td>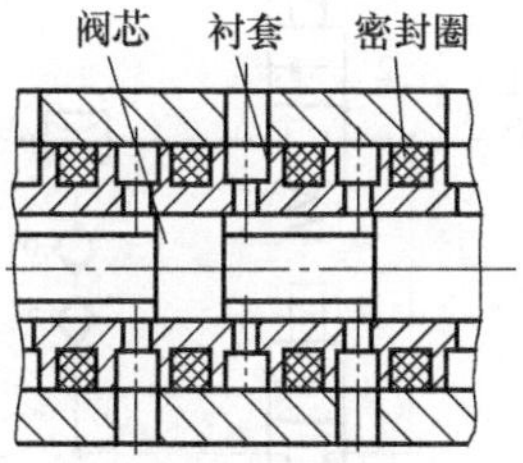
</td></tr>
<tr><td>软质密封</td><td>软质密封又称弹性密封,是在各工作腔之间加合成橡胶材料制成的各种密封圈来保证密封的(右图)。软质密封的特点为:
①制造精度比硬质密封低
②泄漏量小
③对工作介质的过滤精度要求低,一般过滤精度为 40～60μm。这种密封形式多用于气压操纵滑阀</td><td>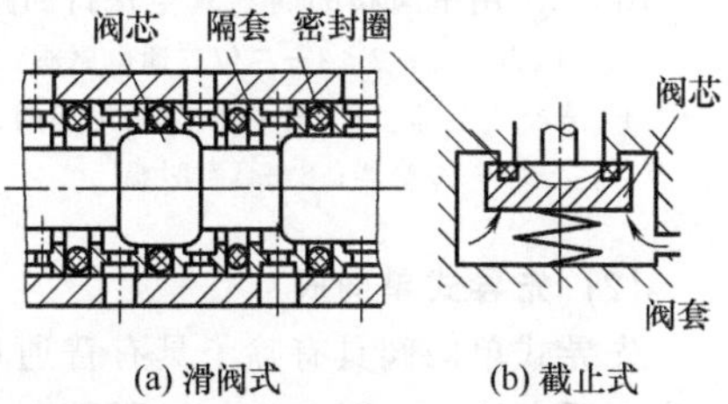

(a) 滑阀式　(b) 截止式</td></tr>
</table>

5.3.2 单向型方向阀及其应用回路

单向型方向阀只允许气流一个方向流动，包括普通单向阀、导控单向阀、梭阀、双压阀和快速排气阀等。

(1) 单向阀

图 5-1（a）所示为内螺纹的管式单向阀结构原理图。当正向进气时，进、排气口 P、A 接通，当进气压力降低时，阀起截止作用，使介质不能逆向返回，保持系统压力，故又称止回阀；反向进气时，P、A 截止，靠阀芯 2 与阀座 5 间的密封胶垫 4 实现密封。国内外大多数单向阀产品均为此类结构，只是外形结构及连接方式有所不同而已，图 5-2（a）、（b）、（c）分别为内螺纹式、外螺纹式和端部带有快换接头的管式单向阀实物外形图。

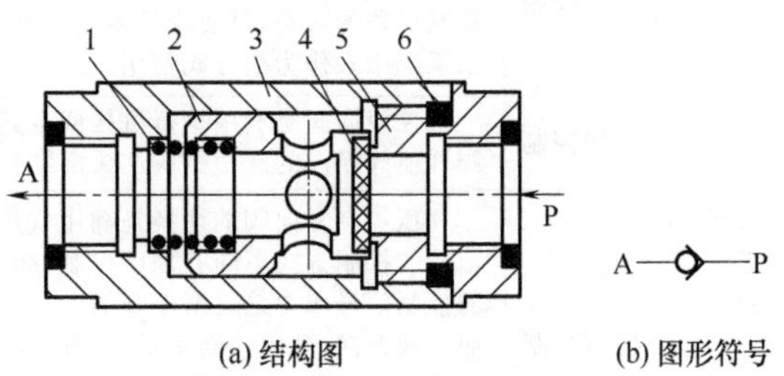

图 5-1　单向阀结构原理及图形符号

1—弹簧；2—阀芯；3—阀体；4—密封胶垫；5—阀座；6—密封圈

(a) 无锡市华通气动制造有限公司KA系列产品

(b) SMC(中国)有限公司AKH.AKB系列产品

(c)费斯托(中国)有限公司H系列产品

图 5-2　单向阀实物外形

单向阀在防止介质逆流和防止重物下落中被广泛采用，例如图 5-3 所示为简易真空保持回路，单向阀 6 可用于防止吸盘 8 的介质向真空发生器 4 逆流；图 5-4 所示为防止气罐内的压力逆流回路，单向阀 2～4 分别用于阻止气罐 5～7 的压力逆流；图 5-5 所示为防止重物下落回路，在气缸 7 拖动重物等待期间，单向节流阀 5、6 封堵了气缸工作腔气体，重物被短时保持。

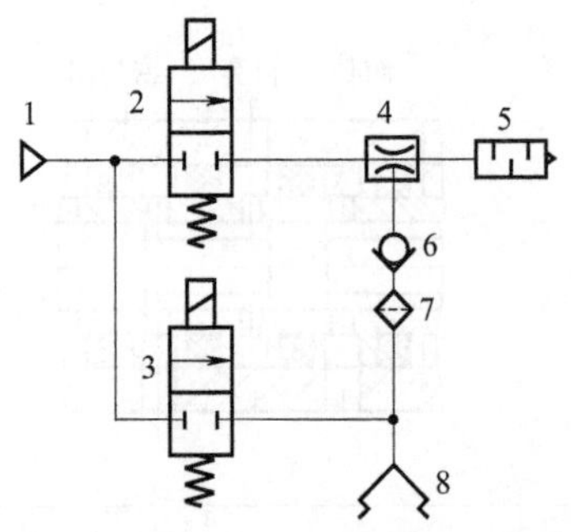

图 5-3　用单向阀的简易真空保持回路

1—压力气源；2，3—二位二通电磁阀；4—真空发生器；5—消声器；6—单向阀；7—过滤器；8—真空吸盘

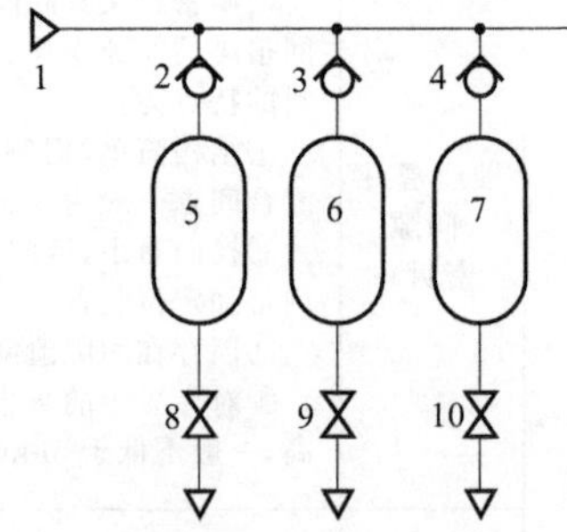

图 5-4　用单向阀的防止气罐内压力逆流回路

1—压力气源；2～4—单向阀；5～7—气罐；8～10—截止阀

(2) 先导式单向阀

先导式单向阀具有除了具有普通单向阀的正向流通反向截止功能外，通过外部气压控制还可实现反向流通。图 5-6（a）所示为一种先导式单向阀的结构原理，阀上的三个气口 P、A、K

分别为进气口、排气口和先导控制气口。在先导气口 K 无信号供给条件下，正向进气时，P→A 接通；反向进气时，阀芯 8 的端面与阀座接触将阀口关闭。当先导气口 K 有信号供给时，控制活塞 1 克服弹簧 2 的弹力，向下推动阀芯 8，导通 P、A，压缩空气便会流入气缸或从气缸流出。如果不存在先导信号，阀就会切断气缸的排气通道，气缸就会停止运动。SMC（中国）有限公司 AS-X785 系列先导式单向阀即为这种结构，其实物外形如图 5-7 所示。

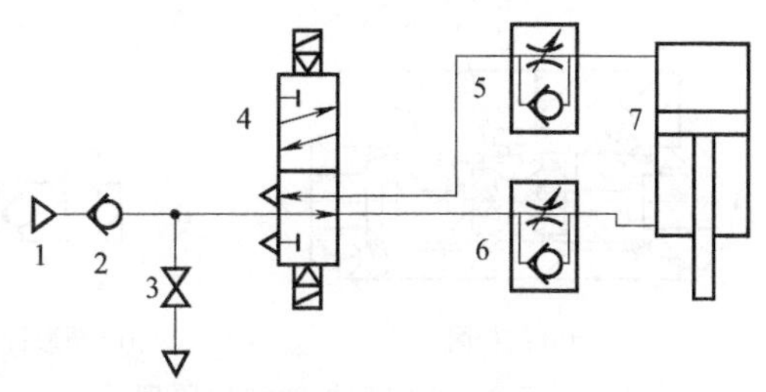

图 5-5　用单向阀的防止重物下落回路

1—压力气源；2—单向阀；3—截止阀；4—二位五通电磁阀；5，6—单向节流阀；7—气缸

先导式单向阀适用于气缸短时间的定位和制动场合，例如图 5-8 所示回路，当二位五通电磁阀 2 通电切换至上位时，压缩空气经阀 2 和 5 进入气缸无杆腔，同时反向导通阀 4，气缸下腔经节流阀 3 和阀 2 排气，负载下行。当二位五通电磁阀 2 断电处于图示下位状态时，先导式单向阀 4 的控制口 K 无信号，该阀反向关闭，故气缸 6 有杆腔气体被封闭，负载停位。

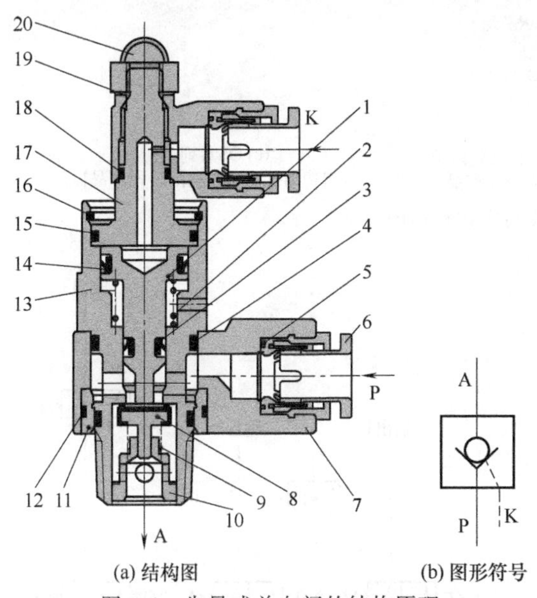

图 5-6　先导式单向阀的结构原理

1—控制活塞；2，9—弹簧；3—密封圈；4，12，15，18—O 形圈；5—密封件；6—快换接头；7—接头体；8—阀芯；10—弹簧座；11—密封件；13—导控体；14—密封件；16—环；17—盖；19—垫圈；20—堵头

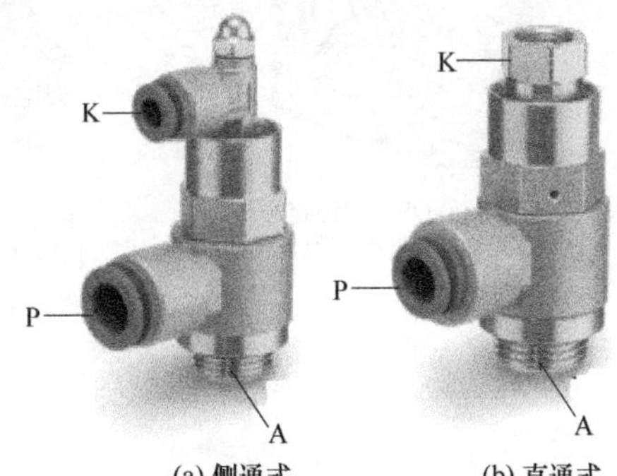

图 5-7　先导式单向阀实物外形图

［SMC（中国）有限公司 AS-X785 系列产品］

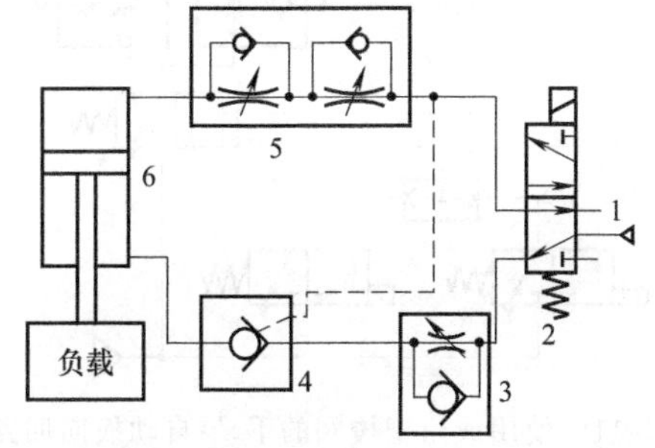

图 5-8　利用先导式单向阀防止气缸自行下降回路

1—气源；2—二位五通电磁阀；3—单向节流阀；4—先导式单向阀；5—双单向节流阀；6—气缸

(3) 或门型梭阀

或门型梭阀相当于反向串接的两个单向阀（共用一个双作用阀芯），故具有两个入口及一个出口，工作时具有逻辑“或”的功能。图 5-9（a）所示为或门型梭阀的结构原理图，当 A 口或 B 口有压力气体作用时，C 口有压力气体输出。图示状态，阀芯 2 在 A 口压力气体作用下左移，使 B 口关闭，A 口开启，气流由 C 口排出。同样，当 B 口有压力气体作用时，阀芯右移，使 B 口开启，A 口关闭，气体由 C 口排出。当 A、B 口同时有压力气体作用时，压力高者工作。通常 A、B 口只允许一个口有压力气体作用，另一口连通大气。广东肇庆方大气动有限公司 QS 系列梭

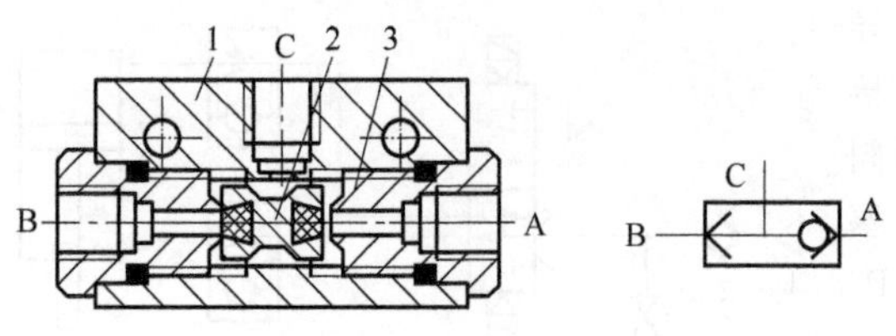

(a) 结构图 (b) 图形符号

图 5-9 或门型梭阀结构原理

1—阀体；2—阀芯；3—阀座

阀、SMC（中国）有限公司 VR1210、1220 系列梭阀及费斯托（中国）有限公司产品 OS 系列或门即为此类结构，图 5-10 所示是其实物外形图。

或门型梭阀在逻辑回路和程序控制回路中被广泛采用，例如图 5-11 所示手动-自动换向回路，操作手动阀 1 或电磁阀 2 都可以通过梭阀 3 使气控阀 4 换向，从而使气缸 7 换向，故这种回路又称为或回路；单向节流阀 5 和 6 用于气缸 7 的正反向调速。图 5-12 所示为使用或门型梭阀的互锁回路，当手动阀 1 或 2 切换至左位时梭阀 4 动作，则气控阀 5 切换至左位，此时若阀 3 也切换至左位，则回路无输出 3；若阀 1 和 2 都处于如实右位，则只要操纵阀 3，回路便有输出 3。

(a) QS系列梭阀
(广东肇庆方大气动有限公司产品)

(b) VR1210、1220系列梭阀
[SMC(中国)有限公司产品]

(c) OS系列或门
[费斯托(中国)有限公司产品]

图 5-10 或门型梭阀实物外形图

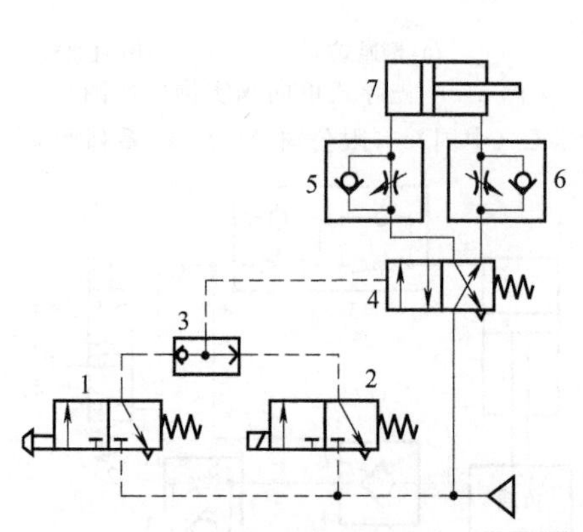

图 5-11 使用或门型梭阀的手动-自动换向回路

1—二位三通手动阀；2—二位三通电磁阀；3—梭阀；4—二位四通气控阀；5，6—单向节流阀；7—气缸

输出3

输出1

输出2

5

4

1 2 3

图 5-12 使用或门型梭阀的互锁回路

1～3—二位三通手动阀；4—或门型梭阀；5—二位三通气控阀

(4) 与门型梭阀

与门型梭阀（双压阀）的结构［图 5-13（a)］同或门型梭阀相似。该阀只有当 A、B 口同时输入压力气体时，C 口才有输出。当 A、B 口都有压力气体作用时，阀芯 2 处于中位，A、B、C 口连通，C 口输出压力气体。当只有 A 口输入压力气体时，阀芯左移，C 口无输出。同样，只有 B 口输入压力气体时，阀芯右移，C 口也

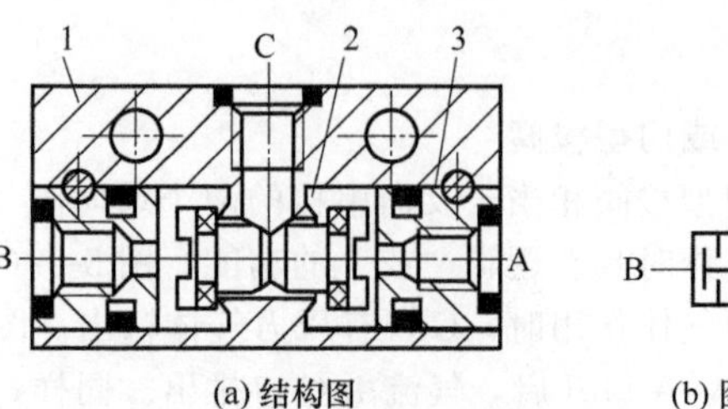

(a) 结构图 (b) 图形符号

图 5-13 与门型梭阀

1—阀体；2—阀芯；3—阀座

无输出。当 A、B 口气体压力不相等时，则气压低的通过 C 口输出。广东肇庆方大气动有限公司 KSY 系列与门梭阀（双压阀）、SMC（中国）有限公司 VR1211F 系列带快换接头双压阀即为此类结构，图 5-14 所示是其实物外形图。

(a) KSY系列与门梭阀(双压阀)
(广东肇庆方大气动有限公司产品)

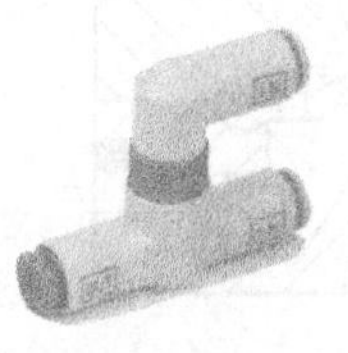

(b) VR1211F系列带快换接头双压阀
[SMC(中国)有限公司产品]

图 5-14　与门型梭阀实物外形图

与门型梭阀也在有互锁要求的回路中被广泛采用，如图 5-15 所示为该阀在钻床气动控制系统中的应用回路。行程阀 1 为工件定位信号，行程阀 2 为夹紧工件信号。当两个信号同时存在时，与门型梭阀 3 才输出压力气体，使气控阀 4 切换至左位，气缸 5 驱动钻头开始钻孔加工，否则阀 4 不能换向。可见，与门型梭阀对行程阀 1 和行程阀 2 起到了互锁作用。

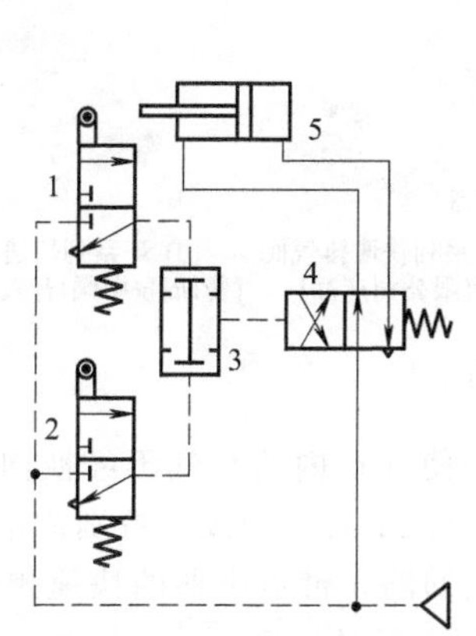

图 5-15　钻床系统与门型梭阀应用回路

1，2—二位三通行程阀；3—梭阀；
4—二位四通气控阀；5—气缸

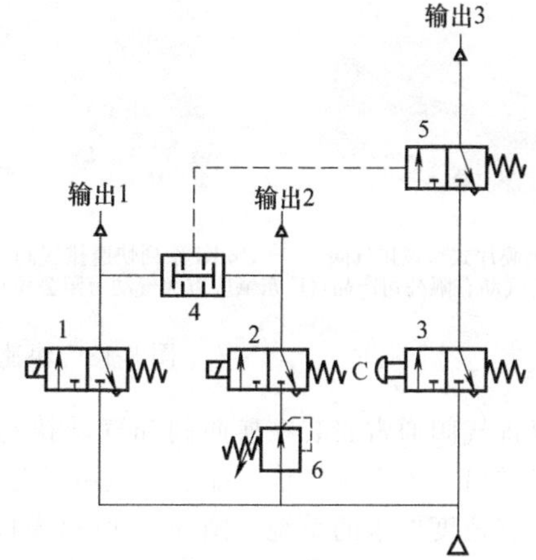

图 5-16　与门型梭阀的另一种应用回路

1，2—二位三通电磁阀；3—二位三通手动阀；
4—梭阀；5—二位三通气控阀；6—减压阀

图 5-16 所示是另一种与门型梭阀应用回路，出口压力不同的电磁阀 1 和 2 都通电切换至左位时，输出 1 及输出 2 便有信号输出；当输出 1 及输出 2 都有信号输出时，一旦手动阀 3 切换至左位，输出 3 便有信号；当电磁阀 1 和 2 任一个断电复至右位时，即便阀 3 处于左位，输出 3 也无信号。

(5) 快速排气阀

快速排气阀（简称快排阀）是为了加快气缸运动速度作快速排气之用的阀，按阀芯结构不同有膜片式和唇式等形式，其中膜片式较为多见。在快速排气阀的排气口还可带或不带快换管接头或消声器。

图 5-17（a）所示为膜片式快速排气阀的结构图，当 P 口有压力气体作用时，膜片 1 下凹，关闭排气口 T，气体经沿膜片圆周上所开小孔 2 从 A 口排出。当 P 口的压力气体取消后，膜片在弹力和 A 口的压力气体作用下复位，P 口关闭，A 口的压力气体经 T 口排向大气。

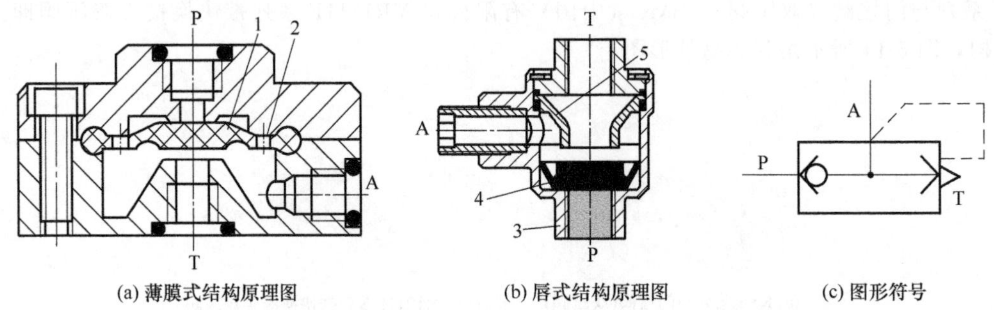

(a) 薄膜式结构原理图　(b) 唇式结构原理图　(c) 图形符号

图 5-17　快速排气阀结构原理及图形符号

1—膜片；2—小孔；3—阀体；4—唇形阀芯；5—阀座

图 5-17（b）所示为唇式快速排气阀的结构图，当压缩空气从 P 口流入时，唇形阀芯 4 上移其截面封堵排气口 T，气体通过唇形阀芯与阀座内孔之环形缝隙从 A 口进入气缸。当气口 P 处的压力下降时，从气口 A 到 T 排气。

图 5-18 所示为几种快速排气阀的实物外形图。

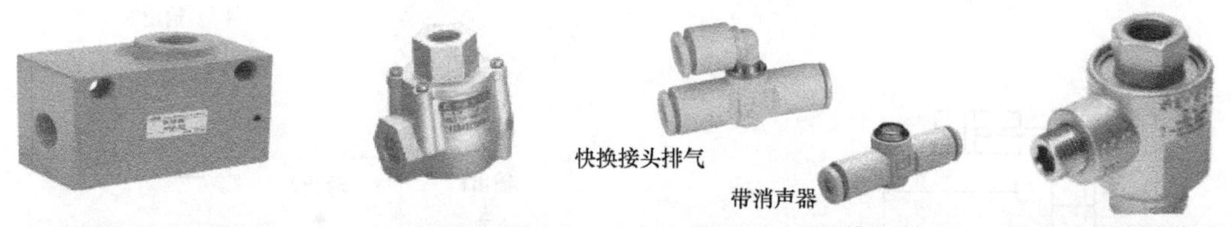

(a) KKP系列膜片式快速排气阀（济南杰菲特气动有限公司产品）　(b) KP系列快速排气阀（广东肇庆方大气动有限公司产品）　(c) AQ240F.304F系列快速排气阀 [SMC(中国)有限公司产品]　(d) SE系列快速排气阀 [费斯托(中国)有限分司产品]

图 5-18　快速排气阀实物外形图

快速排气阀通常安装在换向阀和气动执行元件之间使用，使气缸内的空气不经换向阀而由此阀直接排出。由于排气快，缩短了气缸的返程时间，提高了气缸的往复速度，特别适用于远距离控制又有速度要求的系统。图 5-19 所示为快速排气阀的应用回路，带消声器的快速排气阀 4、5 设置在气缸 6 和二位五通电磁阀之间，即可提高气缸 6 的正反向运动速度。

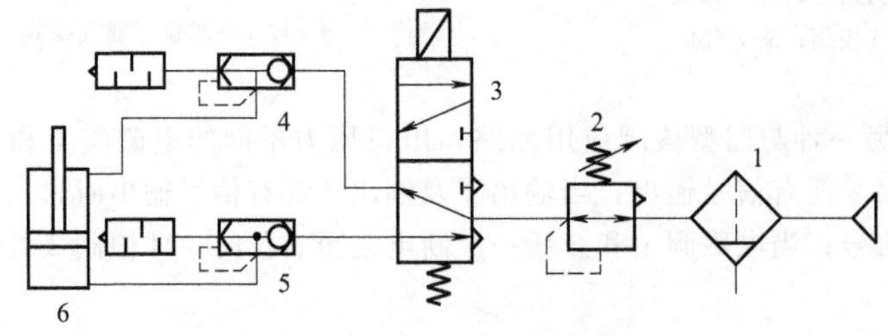

图 5-19　双向快速排气阀应用回路

1—分水滤气器；2—定值器；3—二位五通电磁阀；4，5—带消声器快速排气阀；6—气缸

(6) 性能参数

单向型方向阀的主要性能参数有公称通径、使用压力、额定流量、有效截面积、开启和关闭压力、泄漏量、换向时间等。

(7) **产品概览**（表 5-4）

表 5-4　单向型方向阀产品概览

系列型号	KA 系列 单向阀	KA 系列 单向阀	AK 系列 单向阀	AKH. AKB 系列 带快换接头 单向阀	H 系列 单向阀	AS-X785 系列 先导式单向阀	HGL 系列 先导式单向阀	VCHC40 系列 5.0MPa 用单向阀
公称通径/mm	6～50	3～25	1/8～1in	4～12	M5、G1/8～G3/4in	6～12	M5,G1/8～G1/2in	G3/4,1(in)
工作压力/MPa	0.05～0.8	0.05～0.8	0.02～1.0	−0.1～1.0	0.04～1.2	0.1～1.0	0.5～1.0	0.05～5.0
额定流量/$m^3 \cdot h^{-1}$			见样本		115～2230L/min		130～1400L/min	工作介质:空气、惰性气体
有效截面积/mm^2	10～650	5～190	25～230					140
开启压差/MPa	0.03～0.01	0.03～0.01		0.005		先导控制压力为工作压力≥50%	先导控制压力为0.2～1.0	0.05
关闭压差/MPa	0.008～0.015	0.008～0.025						
泄漏量/$cm^3 \cdot min^{-1}$	≤50～500							
换向时间/s	0.03～0.04							
环境温度/℃	5～50	−25～80	−5～60	−5～60	−10～60	−5～60	−10～60	
图形符号	图 5-1(b)					图 5-6(b)		图 5-1(b)
实物外形图	图 5-2 及样本	样本	样本	图 5-2	图 5-2	图 5-7	样本	样本
质量/g			105～315			35～250		1002
结构性能特点	管式连接;用于气体止回及保压	管式连接;结构简单,使用可靠,无需特殊维护	开启压力低,通流能力大	有直通型和直通接头型;用于真空保持、气罐压力止逆、防止自重落下	有内/外螺纹型及带换接头型,耐腐蚀	强度高、耐环境能力强;可与内螺纹/管换管接头组合;可暂时中间停止	适用于气缸短时定位和制动等安全相关的系统	阀座采用聚氨酯弹性体,提高了高压环境下的耐久性
生产厂	①②	③	④		⑤	④	⑤	④
系列型号	KS 系列 或门梭阀	QS 系列 或门梭阀	VR1210、1220 系列梭阀	OS 系列 或门梭阀	KSY 系列与门 梭阀(双压阀)	VR1211F 系列带 快换接头双压阀	ZK 系列与门	KKP 系列快 速排气阀
公称通径/mm	3～25	3～25	1/8、1/4(in)	2.4～6.5	3～15	3.2～6	2.4～4.5	6～50
工作压力/MPa	0.05～0.8	0.05～0.8	0.05～1.0	0.16～1.0	0.05～0.8	0.05～1.0	0.16～1.0	0.12～0.8
额定流量/$m^3 \cdot h^{-1}$		0.7～30		120～1170L/min		100～170 L/min	120～500	
有效截面积/mm^2	4～190	额定流量下压降:≤0.01～0.025MPa	7、15		4～60	1.5～2.3		P→A:10～650 A→O:20～900
开启压差/MPa			0.05					
关闭压差/MPa								
泄漏量/$cm^3 \cdot min^{-1}$	10～50	≤30～250			30～120			50～300
换向时间/s		≤0.03						0.03～0.06
环境温度/℃	5～50	−5～50	−5～60	−10～60	−10～50	−5～60	−10～60	5～50
图形符号	图 5-9(b)				图 5-13(b)			图 5-17(c)

续表

系列型号	KS 系列或门梭阀	QS 系列或门梭阀	VR1210、1220 系列梭阀	OS 系列或门梭阀	KSY 系列与门梭阀(双压阀)	VR1211F 系列带快换接头双压阀	ZK 系列与门	KKP 系列快速排气阀
实物外形图	样本	图 5-10(a)	图 5-10(b)	图 5-10(c)	图 5-14(a)	图 5-14(b)	样本	图 5-18(a)
质量/g			24、45	10～110		26.4～27	10～45	
结构性能特点	结构类似两个单向阀的组合，两个气信号分别从同一输气口输出，两个气信号间后干扰		气压信号系统管路中的控制用中继元件，带快换接头。经常是高压侧的空气向输出侧输出	倒钩式接头，用于 3mm 内径的气管	螺纹连接	仅 P1、P2 两方都供气时，输出侧才有输出；不同压力的场合、低压侧的压力从输出侧输出	倒钩接头，用于 3mm 内径的气管	常配置在气缸和换向阀之间，适用于远距离控制又有速度要求的系统采用
生产厂	①②	③	④	⑤	③	④	⑤	①②

系列型号	KP 系列快速排气阀	AQ240F.340F 系列快速排气阀	AQ 1500～5000 系列快速排气阀	SE 系列快速排气阀	SEU 系列带消声器快速排气阀	C-AQ 系列快速排气阀	KAB 系列可控型单向阀
公称通径/mm	3～25	4～6	M5、1/8～3/4in	5～15	5～15	M5、1/8in	8～25
工作压力/MPa	0.12～0.8	0.1～1.0	0.05～1.0	0.05～1.0	0.05～1.0	0.1～1.0	0.25～1.0
额定流量/$m^3 \cdot h^{-1}$				300～6480	550～4020		
有效截面积/mm^2	P→A:4～190 A→O:8～300	P→A:1.7～4 A→O:2.5～4	P→A:2～135 A→O:2.8～180				
开启压差/MPa							先导压力≥工作压力
关闭压差/MPa							
泄漏量/$cm^3 \cdot min^{-1}$							0
换向时间/s							
环境温度/℃	−20～50	−5～60	−5～60	−20～75	−20～75	−5～60	−25～70
图形符号	图 5-17(c)				见样本	图 5-17(c)	样本
实物外形图	图 5-18(b)	图 5-18(c)	样本	图 5-18(d)		与图 5-18(c)类似	
质量/g			25～650	75～200	65～320	5～13	
结构性能特点	体积小，外形美观，性能良好；适用于要求气缸快速运动的场合	带快换接头，直接安装，节省空间	排气特性好，流通能力大；有唇式、膜片式和内置快换接头式	可提高气缸回程时的活塞速度。该阀须直接装到气缸排气口上，以便更好地利用快速排气阀功能	可通过消声器减少排气噪声		也称气动安全阀，直接接至气缸入口，正常情况下，换向阀及气缸正常工作，一旦外部气源突然失压，可控单向阀立即动作，封死气路，防止气腔压缩空气外泄，气缸仍有力，起到安全保护作用
生产厂	③	④	④	⑤	⑤	⑥	③

①济南杰菲特气动元件有限公司；②无锡市华通气动制造有限公司；③广东肇庆方大气动有限公司；④SMC（中国）有限公司；⑤费斯托（中国）有限公司；⑥浙江西克迪气动有限公司（乐清）。

注：各系列单向型方向阀的技术参数、外形等以生产厂产品样本为准。

5.3.3　换向型方向阀及其应用回路

(1) 类型参数

换向型方向阀简称换向阀，用于改变气流方向，从而改变执行元件的运动方向；气流的开关通断控制等。

气动换向阀由主体部分和操纵部分组成。阀芯和阀体为阀的主体部分，阀芯工作位置数有二位和三位等，通路数有二通、三通、四通及五通等（表 5-5）；阀芯结构有截止式（提动式）转阀式、滑阀式（柱塞式）和座阀式等。操纵控制方式有人控（旋钮、按钮、肘杆、双手、脚踏等）、机控、电磁、气控、电-气控等多种。不同类型的换向阀，其主体部分大致相同，区别多在于操纵机构和定位机构不同。

表 5-5　换向型方向阀的位数和通路数

通路(口)数	位数				说明
	二位	三位			
		中位封闭式	中位加压式	中间泄压式	
二通	A A P 常断　P 常通				为改变气流方向，换向阀的阀芯位置要变换，一般可变动 2～3 个位置，而且阀体上的通路数也不同。根据阀芯可变动的位置数和阀体上的通路数，可组成×位×通阀。其图形意义为： ①方格表示换向阀的工作位置，有几个方格即表示几位阀 ②方格内的箭头符号“↑”或“↓”表示气流的连通情况（有时与气流方向一致），短垂线“T”表示气流被阀芯封闭的符号，这些符号在一个方格内与方格的交点数即表示阀的通路数 ③方格外的符号为操纵阀的操纵符号，操纵形式有手动、机动、电磁、气动和电-气动等
三通	A A P T 常断　P T 常通	A P T			
四通	A B P T	A B P T	A B P T	A B P T	
五通	A B T_1P T_2	A B T_1PT_2	A B T_1PT_2	A B T_1PT_2	

注：换向阀的图形符号绘制方法需按 GB/T 786.1—2009 的规定，请参见附录。

换向型方向阀的性能参数有公称通径、工作压力范围、流量特性及截面积、换向时间、工作频率、泄漏量和耐久性等。

(2) 人力控制换向阀

① 旋钮式人控阀（手指换向阀）。旋钮式人控换向阀又称手指换向阀，简称手指阀，是通过人手直接操作旋钮实现阀的通断的二位换向阀，按通口数有二通、三通和五通等；按结构原理有直动式和先导式两种，先导式较直动式操作力要小，主要用作控制气路的开关和改变控制气路的方向，可发出气信号给气控换向阀，使其换向，也可直接控制中、小型气缸动作。

如图 5-20 (a) 所示为一种二位二通手指换向阀，由阀体 1、旋钮 2、凸轮环 3、阀杆 4、弹簧 5、阀座 6、阀芯 7 等组成，阀芯通过座阀结构实现密封。当逆时针方向操作旋钮时［图 5-20

(b)]，通过凸轮环和阀杆推动阀芯克服弹簧力下移，阀口打开，P→A 接通，压缩空气流过；反向操作旋钮，则阀口关闭，P→A 截止。通过旋钮方向可清楚地表示阀的开闭。有的三通手指阀并无排气通口，在关闭位置，排除 A 侧的残余空气。图 5-21 所示为几种手指换向阀的实物外形图。

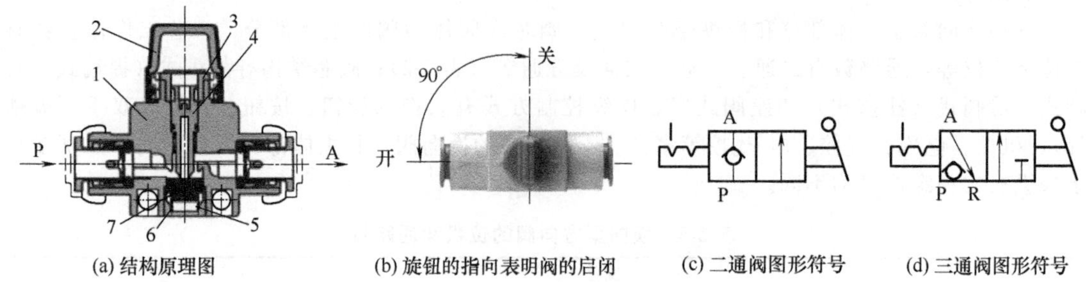

(a) 结构原理图　(b) 旋钮的指向表明阀的启闭　(c) 二通阀图形符号　(d) 三通阀图形符号

图 5-20　手指换向阀结构原理

1—阀体；2—旋钮；3—凸轮环；4—阀杆；5—弹簧；6—阀座；7—阀芯

(a) C系列旋钮式人控阀
(广东肇庆方大气动有限公司产品)

(b) K23JR3型旋钮式二位三通换向阀
(济南杰菲特气动元件有限公司产品)

(c) VHK 系列手指阀
[SMC (中国) 有限公司 产品]

图 5-21　手指换向阀实物外形

② 手动转阀式换向阀。手动转阀式换向阀是利用人力旋转操纵手柄，使阀芯相对于阀体旋转，从而改变气体流向。此类阀具有轻巧灵活，压降小，操作维护方便，易损件少，耐磨性好，维护方便的优点，主要用于无自动化要求的气动机械设备或装置中，既可直接安装在机座上，也可安装在控制盘上。

图 5-22 (a) 所示为手动转阀式四通换向阀的结构原理，阀体 6 上开有压缩气口 P、排气口 T 和工作气口 A、B 等 4 个气口，其操作手柄 1 通过转轴 10 可带动阀芯 8 转动。如图 5-22 (b) 所示，二位阀的手柄操作角度为 90°，三位阀的手柄操作角度在左位和右位各为 45°。转轴 10 带动阀芯 8 转动，则气口 P→A (或 P→B) 和 B→T (或 A→T) 接通，实现了气缸等执行元件的换向，弹簧 3 和钢球 4 则用于阀芯 8 换向后的定位。对于三位阀，当手柄处于中位时，转阀处于中位。可见通过手柄的朝向即可直观地判断气体流向。手动转阀式四通换向阀的图形符号如图 5-22 (c) 所示，对于三位阀，其处于中位时的 4 个气口的连通方式称之为中位机能，有 O 型、Y 型等多种形式，每一种形式对执行元件可实现不同的控制功能。

图 5-23 所示为几种手动转阀式换向阀的实物外形图。

③ 手动滑阀式及截止阀式换向阀。手动滑阀式及截止阀式换向阀是利用人力推拉、手压、旋转等方式操纵手柄使阀芯相对于阀体滑动实现气流换向的阀 (通常为弹簧复位)。图 5-24 所示为几种手动滑阀式及截止阀式换向阀的外形图及图形符号，其阀芯阀体等内部构造与下文其他控制方式的换向阀类似，此处从略。此类阀具有小巧紧凑、重量轻、驱动力小等特点，有二位三通、二位五通和三位五通等多种机能，可用于所有工业行业以及手工业场合各类非自动化气动机械设备，执行简单的过程，如夹紧或关闭安全门等。

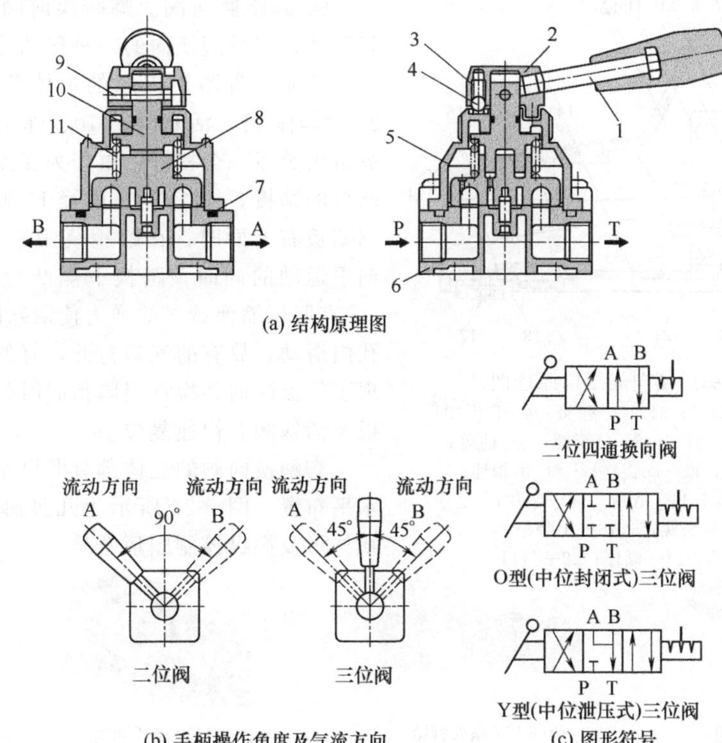

(a) 结构原理图

(b) 手柄操作角度及气流方向　(c) 图形符号

图 5-22　手动转阀式四通换向阀结构原理及图形符号

1—手柄；2—手柄头；3—弹簧；4—钢球；5—阀盖；6—阀体；7—O 形圈；8—阀芯（滑板）；9—销轴；10—转轴；11—弹簧

(a) QSR_2 系列水平旋转手柄式换向阀(广东肇庆方大气动有限公司产品)

(b) VH 系列手动转阀式换向阀[SMC (中国) 有限公司产品]

(c) VHER 系列旋转式手柄换向阀[费斯托 (中国) 有限公司产品]

图 5-23　手动转阀式换向阀实物外形

(a) QSR_5 系列手柄推拉式换向阀(广东肇庆方大气动有限公司产品)

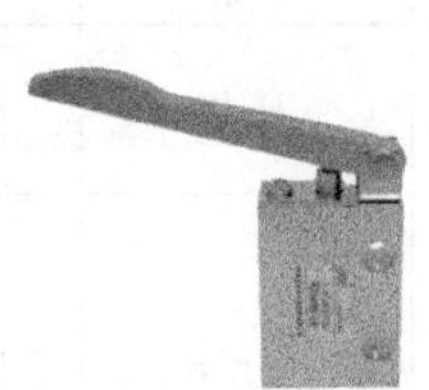

(b) K23JR6 系列长手柄手压截止阀式换向阀 (济南杰菲特气动有限公司产品)

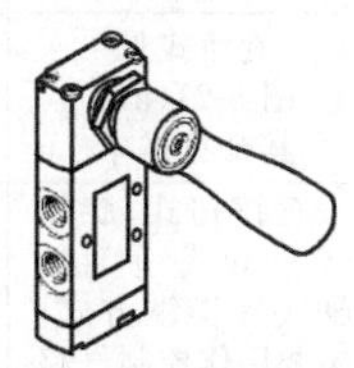

(c) VHEF - HS 系列手柄旋转式换向阀[费斯托(中国)有限公司产品]

推压式　旋转手柄

(d)手动滑阀操纵控制图形符号

图 5-24　手动滑阀式及截止阀式换向阀外形图及操纵控制图形符号

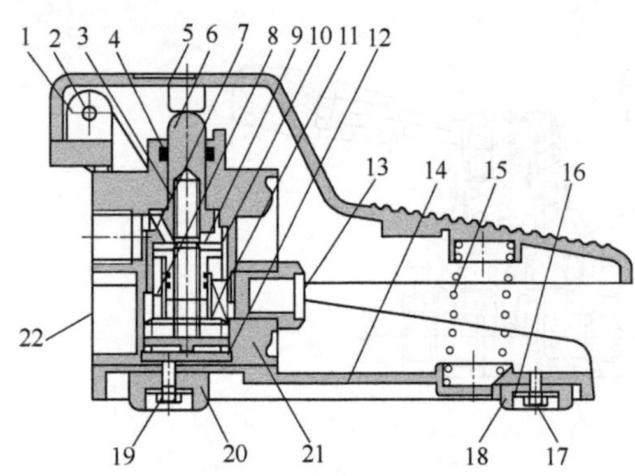

图 5-25 脚踏换向阀结构原理图

1—销轴；2—埋头螺钉；3，15—弹簧；4—E形扣环；5—踏板；6—芯轴；7，8—O形圈；9—前盖；10—活塞阀芯；11—底盖；12—C形扣环；13—消声器；14—底座；16—垫片；17，19—圆头螺钉；18—小脚垫；20—大脚垫；21—阀体；22—气口

④ 脚踏换向阀。脚踏换向阀是通过操作者脚踏踏板使滑阀换向的一种气动控制元件。如图5-25所示，脚踏换向阀的主体部分由开有气口22的阀体21、活塞阀芯10、弹簧3等组成；操纵机构类似一个杠杆，由作为支点的销轴1及带凸台的踏板5、芯轴6、弹簧15等组成。当脚踏到踏板右上面时，在踏板绕销轴1压缩弹簧15向下运动的同时，踏板下侧凸台向下推压芯轴6，克服压缩弹簧3的弹力使活塞阀芯10在阀体孔内滑动，故有的气口打开，有的关闭，因此实现了气流流向切换；当脚抬起时弹簧力即可使踏板及活塞阀芯快速复位。

脚踏换向阀的主体部分既可垂直布置，也可水平布置。图5-26所示为几种脚踏换向阀的实物外形及操纵控制图形符号。

(a) QR7A系列二位三通、五通脚踏换向阀（广东肇庆方大气动有限公司产品）

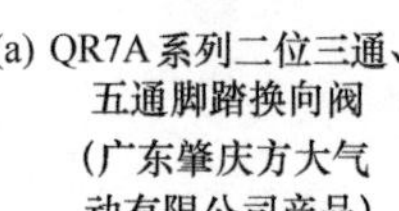

(b) KJR7系列脚踏二位换向阀（济南杰菲特气动元件有限公司产品）

(c) VM200系列脚踏二位换向阀[SMC(中国)有限公司产品]

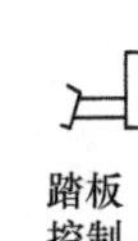

踏板控制

(d) 脚踏换向阀操纵控制图形符号

图 5-26 脚踏换向阀外形图及操纵控制图形符号

脚踏换向阀结构紧凑，动作灵敏，可用于有防爆要求的场合，经常用作控制系统信号阀（发信装置）或小型单作用气缸的往复运动控制。人力控制换向阀产品概览见表5-6所列。

表 5-6 人力控制换向阀产品概览

系列型号	C系列人力控制二位三通、五通换向阀	MHV系列二通、三通手指阀	C-VHK系列二通、三通手指阀	K23JR3型旋钮式二位三通换向阀	VHK2/3系列手指阀
公称通径/mm	3(直动)、8(先导)	6～12	4～12；M5，1/8～1/2in	3	4～12；M5，1/8～1/2in
工作压力/MPa	0～0.8	−100kPa～0.9MPa	−100kPa～1.0MPa	0～0.8	−100kPa～1.0MPa
有效截面积/mm²	≥3，≥20			≥4	2.0～17.5
操作力/N	≤30～80			≤30	0.04～0.14N·m
操作行程(旋转角度)/mm(°)	2～2.5(45°～90°)				90°
环境温度/℃	−25～80	−10～80	0～60	5～50	0～60
图形符号	样本	样本	样本	样本	样本
实物外形图	旋钮式见图5-21(a)，其余见样本	样本	样本	图5-21(b)	图5-21(c)
结构性能特点	有按钮式、旋钮式、推拉式、垂直转柄式等操纵方式。主要用作控制气路的开关和换向，给气控换向阀提供换向信号以及中小气缸换向	用于开关压缩空气；三通阀关闭时排出残余气体	螺纹连接，带快速接头	该阀为小型换向阀，具有记忆作用，用作信号阀或控制小型气动装置	旋钮操作轻巧，可直观地显示阀的开闭，难燃性结构
生产厂	①	②	③	④	⑤

续表

系列型号	QSR_2 系列水平旋转手柄式换向阀	4HV系列手转式(二位、三位四通)换向阀	K24(34)R8A系列二位、三位四通手动转阀式换向阀	VH系列(二位、三位四通)手动转阀式换向阀	VHER系列三位四通手动换向阀
公称通径/mm	8～15	1/8～3/4in	6～20	1/4～1in	M5，G1/8～G1/2in
工作压力/MPa	0.8	0～1.0	0.9	0.7～1.0	－0.095～1.0
有效截面积/mm^2	10～55	14～95	8～60	7.5～194	流量:170～3800L/min
操作力/N	≤100～160		40、60		0.9～5N・m
操作行程(旋转角度)/mm(°)	90°	90°		90°	45°
环境温度/℃	－25～80	－20～70	5～50	－5～60	－20～80
图形符号	样本	图5-22(c)	样本	图5-22(c)	样本
实物外形图	图5-23(a)	样本	样本	图5-23(b)	图5-23(c)
结构性能特点	轻巧灵活、操作方便;可直接安装在机座上或控制盘上使用;易损件少,且耐磨,维护方便	面板和底部安装;转动换向轻盈、手感良好,定位准确;压力损失小	采用精密陶瓷阀芯,泄漏量小,性能稳定可靠;其中三位四通阀有中封、中压和中泄式,有侧面和底面两种接管形式;体积小、重量轻、操作力小	可以底面配管,面板安装;可通过把手的朝向直观地判断流向	有中封、中压和中泄式,使用这种阀可以使气缸在行程范围内停止
生产厂	①	③	④	⑤	⑥
系列型号	QSR_5 系列手柄推拉式换向阀	K23JR6系列长手柄手压截止式二位三通换向阀	VHEF-L系列二位三通、五通手压式换向阀	VHEF-HS系列手柄式(二位三通、五通,三位五通)换向阀	QR7A系列二位(三通、五通)脚踏换向阀
公称通径/mm	3～15	6	5.2～7	5.6～7	3～15
工作压力/MPa	0～0.8	0～0.8	－0.095～1.0	－0.095～1.0	0.8
有效截面积/mm^2	≥4～40	10	流量:750～1200L/min	流量:530～1200L/min	≥3～40
操作力/N	≤30～160	≤80	8～14	驱动扭矩0.6,0.7N・m	30～120
操作行程(旋转角度)/mm(°)		11～22	18.6	90°	15～30
环境温度/℃	－25～80	5～50	－10～60	－10～60	－25～80
图形符号	样本	样本	样本	样本	样本
实物外形图	图5-24(a)	图5-24(b)	样本	图5-24(c)	图5-26(a)
结构性能特点	轻巧、灵活、操作方便;无给油(也可给油)润滑,避免油气污染,可省去油雾器;手柄装有橡胶防尘套,保证内部运动件清洁	由普通二位三通截止阀和长手柄头部组成,按下手柄换向便有输出,离开手柄靠弹簧复位,适用于作信号阀或小型单作用气缸的换向控制	小巧紧凑,广泛用于各类气动系统;活塞滑阀与盘座阀,耐用性佳;结构坚固。用按扣安装;手柄阀和旋转手柄阀用加持螺母可实现面板式安装		换代产品,重量轻、操作方便;无给油(也可给油)润滑,避免油气污染,可省去油雾器
生产厂	①	④	⑥		①

续表

系列型号	4F 系列二位五通脚踏换向阀	KJR7 系列脚踏截止阀式二位(三通、四通)换向阀	VM200 系列脚踏二位(二通、三通)换向阀
公称通径/mm	1/4in	6、8	1/4in
工作压力/MPa	0～0.8	0～0.8	0～1.0
有效截面积/mm^2		10、20	19
操作力/N		80～100	65
操作行程(旋转角度)/mm(°)	30.4	26、30.6	
环境温度/℃	−20～70	5～50	−5～60
图形符号	样本	样本	样本
实物外形图	样本	图 5-26(b)	图 5-26(c)
结构性能特点	铝质踏板,直动式结构,稳定可靠;换向保持时间长的场合,可选择附锁型;锁紧机构稳定可靠,解锁轻巧迅速,但不可承受频繁强力冲击。	既可作发讯器使用,也可直接控制气缸的往复换向。	通流能力大,可与同系列其他换向阀的操纵形式进行替换
生产厂	③	④	⑤

①广东肇庆方大气动有限公司；②牧气精密工业（深圳）有限公司；③浙江西克迪气动有限公司；④济南杰菲特气动元件有限公司；⑤SMC（中国）有限公司产品；⑥费斯托（中国）有限公司。

注：各系列人力控制阀的技术参数、外形等以生产厂产品样本为准。

(3) 机控换向阀

机控换向阀是通过机械外力驱动阀芯切换气流方向，既可作信号阀使用，并将气动信号反馈给控制器，也可直接控制气缸等执行元件。

机控阀多为二位阀，靠机械外力使阀实现换向动作，靠弹簧力复位。机控阀有二通、三通、四通、五通阀。

图 5-27 所示为二位五通直动滚轮机控换向阀的结构原理图及图形符号，弹簧 6 使阀芯 3 复位，阀体 4 的压力气口 P 与工作气口 B 接通，工作气口 A 经排气口 T_2 排气；当机械撞块（图中未画出）等压下滚轮 1 和压杆 2 及阀芯 3 时，机控阀换向，压力气口 P 与工作气口 A 接通，工作气口 B 经排气口 T_1 排气。

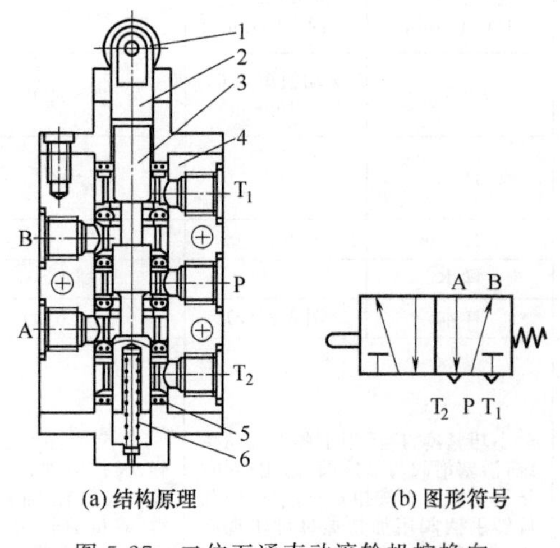

(a) 结构原理　(b) 图形符号

图 5-27　二位五通直动滚轮机控换向阀结构原理及图形符号

1—滚轮；2—压杆；3—阀芯；4—阀体；5—阀套及密封组件；6—复位弹簧

除了上述直动滚轮式外，阀的头部操纵机构还有直动式（压杆活塞式）、杠杆滚轮式、滚轮通过式等多种形式，其实物外形和图形符号如图 5-28 所示。其中直动式是由机械传动中的挡铁进行操纵控制；杠杆滚轮式是由机械外力压下杠杆滚轮及阀芯进行控制；滚轮通过式只有当行程挡块正向运动时，挡块压住阀的头部才能使阀换向，而在挡块回程时，虽压滚轮，但阀不会换向。

机械控制换向阀具有无需电子控制器、无需编程、易于调节和连接等优点。机械控制换向阀产品概览见表 5-7 所列。

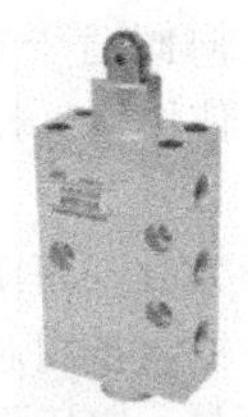
(a) K25C1系列二位五通直动滚轮机控换向阀(济南杰菲特气动元件有限公司产品)

(b) VMEM-S系列二位三通杆驱动(直动)机控换向阀[费斯托(中国)有限公司产品]

(c) VM400系列二位三通式滚轮杠杆式机控换向阀[SMC(中国)有限公司产品]

(d) VM400系列二位三通式可通过式机控换向阀[SMC(中国)有限公司产品]

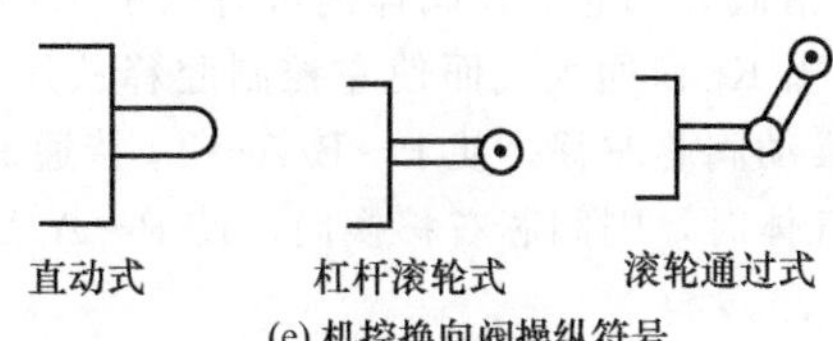

(e) 机控换向阀操纵符号

图 5-28　机控换向阀实物外形及操纵图形符号

表 5-7　机械控制换向阀产品概览

系列型号	C 系列机控(直动式、杠杆滚轮式、滚轮通过式)二位三通、五通换向阀	K 系列机控(直动式、直动滚轮式、杠杆滚轮式、可通过滚轮式);二位三通、五通换向阀	VM400 系列机控(基本式、滚轮杠杆式、可通过式、直动柱塞式;滚轮柱塞式、横向滚轮柱塞式)二位三通换向阀	VMEM 系列机控(杆驱动式、摆动杠杆式、滚轮杠杆式、曲柄式、滚轮驱动、二位三通、四通、五通)换向阀
公称通径/mm	3、8	3～8	1/8in	2～7.0
工作压力/MPa	0～0.8	0～0.8	0～0.8	−0.095～1.0
有效截面积/mm^2	≥3,≥20	4～20	7	流量 80～1000L/min
操作力/N	≤30,≤80	25～100	11～30	1.7～179
操作行程(旋转角度)/mm(°)	2～13	4.5～13	1.5～9	见产品样本
环境温度/℃	−25～80	5～50	−5～60	−10～60
图形符号	样本	图 5-27(b)	样本	样本
实物外形图	样本	图 5-28(a)	图 5-28(c)、(d)	图 5-28(b)
结构性能特点	有常通和常闭两种形式。小型化、轻型化、动作灵敏、低功耗、性能优良;是国内相同通径系列中体积最小的机控阀,特别适用于电子、医药卫生、食品包装等洁净无污染的行业的气动系统	利用机械行程挡铁(块)等操纵,故又称行程阀,常用作信号阀,有的也可直接控制气缸等执行元件。其中,直动式为截止式弹簧复位结构;直动滚轮式、杠杆滚轮式为滑阀弹簧复位式,可通过滚轮式为截止弹簧复位式	管式连接,全部通口可配管;安装空间小,带倒钩接头接管快;常开和常闭可选;操纵机构可互换。动作行程大	体积小,重量轻,结构紧凑,安装维护方便,多种机能可选,操纵力小,通流能力大,可以部分真空操作
生产厂	①	②	③	④

①广东肇庆方大气动有限公司；②济南杰菲特气动元件有限公司；③SMC（中国）有限公司产品；④费斯托（中国）有限公司。

注：各系列机控换向阀的技术参数、外形等以生产厂产品样本为准。

(4) 气控换向阀

气控换向阀是利用气压信号作为操纵力使气体改变流向的。气控换向阀适于在高温易燃、易爆、潮湿、粉尘大、强磁场等恶劣工作环境下及不允许电源存在的场合使用。气控换向阀按控制方式有加压控制、释压控制、差压控制和延时控制等四种。

加压控制指气控信号压力是逐渐上升的，当气压增加到阀芯的动作压力时，阀便换向；释压控制指气控信号压力是减小的，当减小到某一压力值时，阀便换向；差压控制指阀芯在两端压力差的作用下换向；延时控制指气流在气容（储气空间）内经一定时间建立起一定压力后，再使阀芯换向。此处仅介绍典型的释压控制和延时控制换向阀。

图 5-29（a）所示为二位五通释压控制式换向阀的结构原理图。阀体 1 上的气口 P 接压力气源，A 和 B 接执行元件，T_1 和 T_2 接大气，K_1 和 K_2 接阀的左、右控制腔 4 和 5（控制压力气体由 P 口提供）；滑阀式阀芯 2 在阀体内可有两个工作位置；各工作腔之间采用软质密封（合成橡胶材料制成）。当 K_1 口通大气而使左控制腔释放压力气体时，则右控制腔内的控制压力大于左腔的压力，便推动阀芯左移，使 P→B/A→T_1 接通。反之，当 K_1 口关闭，K_2 口通大气而使右控制腔释放压力气体时，则阀芯右移换向，使 P→A/B→T_2 相通。

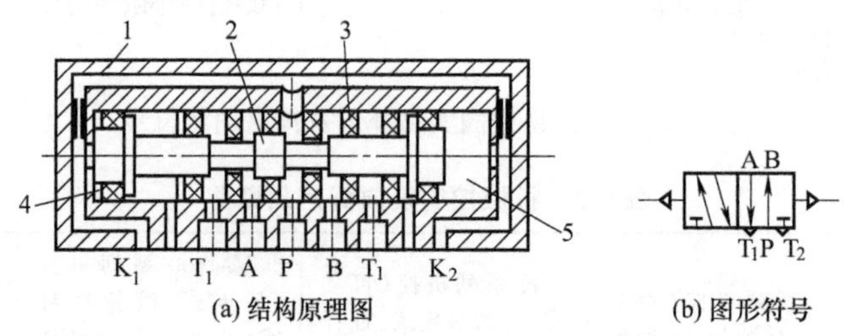

图 5-29 二位五通换向阀（释压控制式）

1—阀体；2—阀芯；3—软体密封；4,5—左、右控制腔

图 5-30（a）所示为二位三通延时控制式换向阀的原理图，它由延时和换向两部分组成。当无气控信号时，P 与 A 断开，A 腔排气；当有气控信号时，气体从 K 口输入经可调节流阀 3 节流后到气容 C 内，使气容不断充气，直到气容内的气压上升到某一值时，使换向阀芯 2 右移，使 P→A 接通，A 有输出。当气控信号消失后，气容内气压经单向阀到 K 口排空。这种阀的延时时间可在 0～20s 间调整，多用于多缸顺序动作控制。

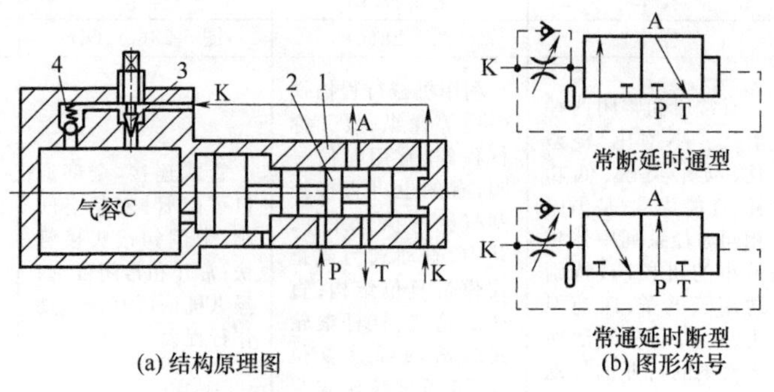

图 5-30 二位三通换向阀（延时控制式）

1—阀体；2—阀芯；3—节流阀；4—单向阀

图 5-31 所示为几种气控换向阀的实物外形图；表 5-8 所列为气动控制换向阀产品概览。

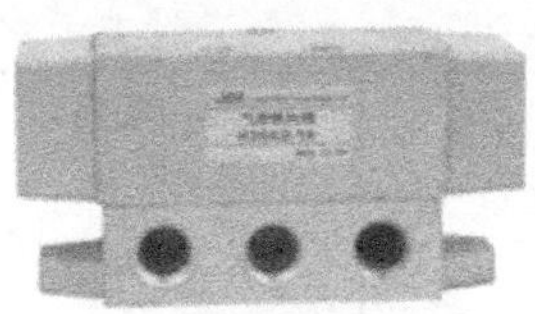

(a) K35K2系列三位五通双气控释压控制滑阀式换向阀（济南杰菲特气动元件有限公司产品）

(b) QQC系列系列气控换向阀（广东肇庆方大气动有限公司产品）

(c)K 23Y系列二位三通延时控制换向阀（济南杰菲特气动元件有限公司产品）

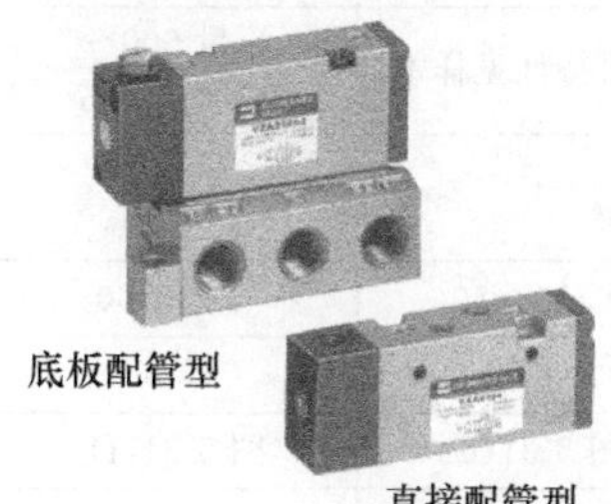

(d)VZA2000二位、三位五通画阀式气控换向阀[SMC(中国)有限公司产品]

(e) 二位三通气控阀及其托架集装VTA301系列二位三通气控换向阀[SMC(中国)有限公司产品]

(f)VUWS系列二位三通、五通，三位五通滑阀式气控换向阀[费斯托(中国)有限公司产品]

图 5-31 几种气控换向阀的实物外形

表 5-8 气动控制换向阀产品概览

系列型号	QQC系列二位三通、五通，三位三通、五通滑阀式气控换向阀	QQI系列二位三通、五通气控滑阀式换向	200系列二位三通、五通，三位五通内部先导式气控换向阀	3A/4A系列二位三通、五通，三位五通气控换向阀	K25JK系列二位五通单稳态截止式气控换向阀
公称通径/mm	3～25	8～25	1/8,1/4(in)	M5,1/8～1/2in	6～15
工作压力/MPa	0.15～0.8	双控:0～0.8; 单控:0.15～0.8	0.15～0.8	0.15～0.8	0.2～0.8
控制压力/MPa	≤0.5	≤0.5			0.2～0.3
有效截面积/mm^2	≥3～190; ≥3～110	≥20～190	12～16	流量特性见产品样本	10～60
换向时间/s	≤0.03～0.1	≤0.04～0.1	动作频率5Hz	动作频率5Hz	0.08 (动作频率6Hz)
环境温度/℃	−5～50	−10～90	−5～50	5～60	5～60
图形符号	样本	样本	样本	样本	样本
实物外形图	图5-31(b)	样本	样本	样本	样本
结构性能特点	用气压号控制，适用于不允许电源存在的场合；无给油（也可给油）润滑，避免油气污染，可省去油雾器；螺纹连接；二位阀有常通和常闭二种形式，三位阀有中位封闭、中位加压和中位排空三种形式	用气信号控制，适用于不允许电源存在的场合；符合ISO（国际标准），互换性强。螺纹连接，有常通和常闭二种形式	与相应电磁阀主体结构基本相同；结构紧凑，安装方便，使用寿命长；适用于冶金、化工和医药等行业	管式阀，有单控和双控两种类型，二位阀有常开和常闭可选；三位阀有中封、中压和中排三种中位机能	结构简单、滑动配合面少、抗粉尘能力强，适用于钢铁、铸造等环境条件恶劣及有防爆要求的场合
生产厂	①	①	②	③	④

续表

系列型号	K35K2 系列三位五通双气控泄(释)压控制滑阀式换向阀	K 23Y 系列二位三通气控延时换向阀	VZA2000 系列二位、三位五通滑阀式气控换向阀	VTA301 系列二位三通单气控换向阀	VUWS 系列二位三通、五通,三位五通滑阀式气控换向阀
公称通径/mm	6～25	6(8)	M5,1/8in	1/8,1/4(in)	1/8～3/8in,4～12
工作压力/MPa	0～0.8	0.2～0.8	0～1.0	0～1.0	－0.09～1.0
控制压力/MPa	≤0.3		0.1～1.0	0.2～1.0	0.025～1.0
有效截面积/mm^2	10～190	5(10)	流量特性见样本	流量特性见样本	流量 600～2300L/min
换向时间/s	0.06～0.12;换向频率:4、8	延时时间 0～60;延时精度:±6%			7～98
环境温度/℃	5～50	5～60	－10～50	－10～50	－10～60
图形符号	样本	图 5-30(b)	样本	样本	样本
实物外形图	图 5-31(a)	图 5-31(c)	图 5-31(d)	图 5-31(e)	图 5-31(f)
结构性能特点	常通气压信号控制。气路接通,阀处于中位,当某一气信号泄压,阀即换向,其信号重新加压后,则阀复位。该系列阀有中封(O)、中压(P)和中泄(Y)三种中位机能。泄压控制方式时要求气信号发信装置应为常通且两个气信号压力应相等	管式可调延时型方向控制阀,靠气流流经气阻、气容的延时作用,使被控对象的某一动作比另一动作滞后发生	可以直接配管和底板配管,配有集装底座。二位阀有单气控和双气控两类;三位阀有中封和中泄两种形式。使用压力≤先导压力	管式阀,万向接口;0MPa 压力下即可使用;不需给油润滑;耐冲击和振动	管式重载阀,坚固可靠、美观且易于操作,使用寿命长,多种机能,可用作单个阀或阀岛
生产厂	④	④	⑤	⑤	⑥

①广东肇庆方大气动有限公司;②无锡市华通气动制造有限公司;③浙江西克迪气动有限公司;④济南杰菲特气动元件有限公司;⑤SMC(中国)有限公司产品;⑥费斯托(中国)有限公司。

注:各系列气控换向阀的技术参数、外形等以生产厂产品样本为准。

(5) 双手操作用控制阀

双手操作用控制阀为气动系统的安全对策元件，它通过两手同时操作启动按钮机控阀，以避免手伸入设备内出现危险。双手操作用控制阀结构原理［SMC（中国）有限公司 VR51 系列］如图 5-32 所示，该阀是一个主要由或门梭阀、与门梭阀（双压阀）、快排阀和气控滑阀式换向阀等组成的复合控制阀（阀的通径为 6mm，使用压力为 0.25～1MPa，环境温度及使用流体温度为－5～60℃，重 340g），其实物外形如图 5-33 所示。

图 5-34 所示为由这种阀构成的气动回路。该阀左侧 P_1 和 P_2 两输入气口分别连接按钮式机控阀 a 和 b，右侧输出 A 口连接由气缸、单向节流阀等组成的气动回路的二位五通主气控阀的左端控制腔，即双手操作用控制阀作为主气控阀的信号阀使用。

当两手同时操作按钮式机控阀 a、b 使此两阀切换至下位时，双压阀 5 有信号输出，压力信号经气控阀 3 图示下位经快排阀 6 从 A 输出进入主气控阀左端控制腔，使其切换至左位，从而主气源压缩空气经左侧单向节流阀进入气缸无杆腔使缸右行。如果仅操作按钮式机控阀 a、b 中的一个，而另一个不操作，则或门梭阀 4 有信号输出，经单向节流阀 1 和气容 2 作用于气控阀 3 的上端控制腔，使该阀切换至上位，则主气控阀控制腔经快排阀 6 快速排气而复至图示右位，气缸只能后退而不能前进，保证了安全。

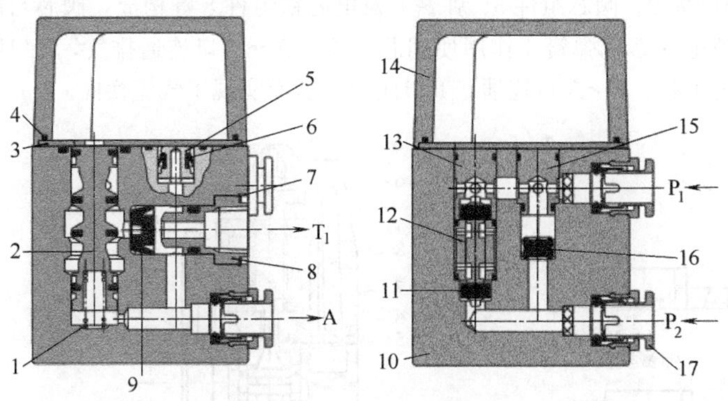

图 5-32　双手操作用控制阀结构原理图［SMC（中国）有限公司 VR51 系列产品］

1—弹簧；2—气控换向阀滑阀芯；3—平板；4—垫片；5—孔口；6—U 形密封件；7—夹子；8—快排阀芯导座；9—快排阀阀芯；10—主体；11—与门梭阀（双压阀）阀芯；12—与门梭阀（双压阀）阀芯导座；13—双压阀阀座；14—阀盖；15—或门梭阀阀芯导座；16—或门梭阀阀芯；17—快换接头组件

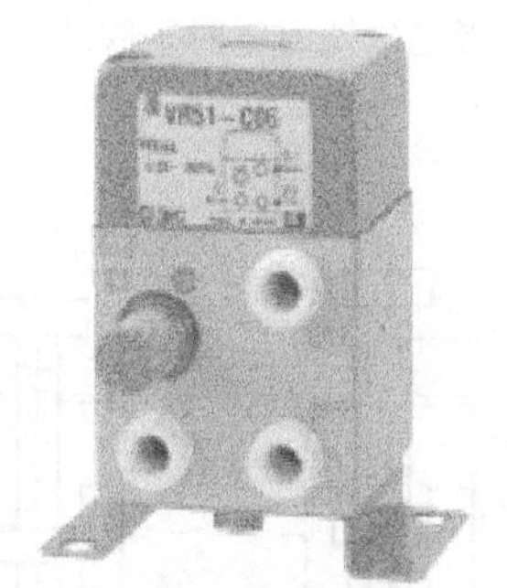

图 5-33　双手操作用控制阀实物外形图［SMC（中国）有限公司 VR51 系列产品］

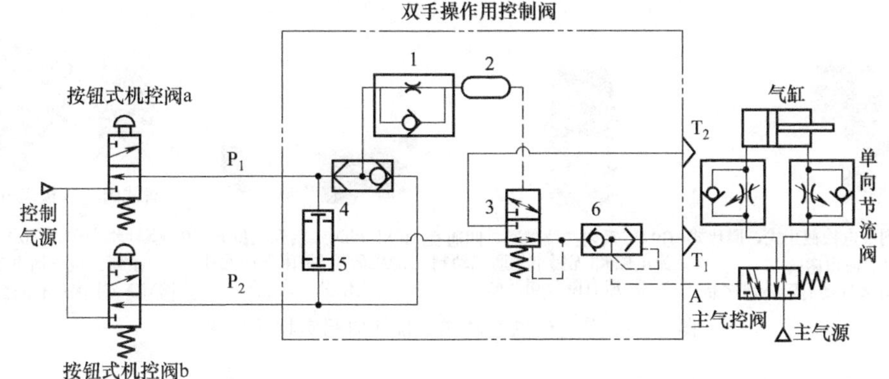

图 5-34　双手操作用控制阀的气动回路

1—单向节流阀；2—气容；3—二位三通气控换向阀；4—或门梭阀；5—与门梭阀（双压阀）；6—快排阀

双手操作用控制阀的动作时间如图 5-35 所示，操作时间的延迟时间因使用压力不同而异，使用压力高的场合变短，低的场合变长。

P_1
0.5s以内
P_2
A
任一方或两方无输入，则无输出

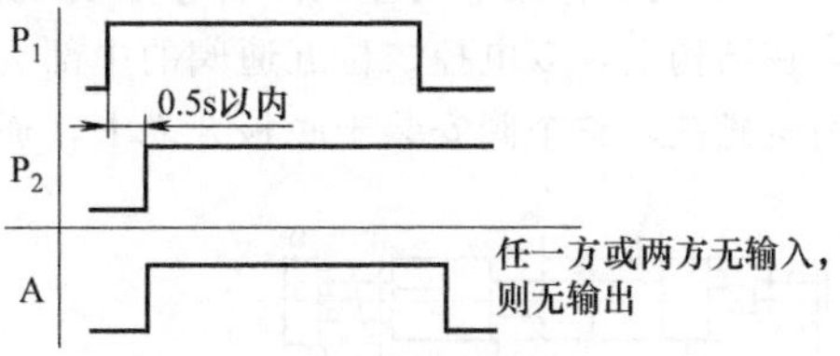

图 5-35　双手操作用控制阀的动作时间

(6) 电磁控制换向阀

电磁换向阀简称电磁阀，利用电磁铁的吸力直接驱动阀芯移位进行换向，称为直动式电磁阀；利用电磁先导阀输出的先导气压驱动气动主阀进行换向，称为先导式电磁阀（也称电-气控制换向阀）。

电磁阀由于用电信号操纵，故能进行远距离控制且响应速度快，因而成为气动系统方向控制阀中使用最多的形式。按电磁铁数量有单电控驱动（单电磁铁或单头驱动）和双电控驱动（双电磁铁或双头驱动）两类形式；按电源形式有交流电磁阀和直流电磁阀；按阀芯结构不同有滑阀式、膜片式、截止式和座阀式等形式。按工作位置有二位和三位之分，按通口数量有二通、三通、四通和五通多种形式。其中二位二通和二位三通阀一般为单电控阀，二位五通阀一般为双电控阀。单电磁铁截止式二位三通换向阀如图 5-36 所示。

① 单电控电磁阀。图 5-37 所示为单电磁铁滑阀式二位三通换向阀结构原理图［其图形符号

与图 5-36（c）所示相同]，它主要由阀体 2、阀芯组件 5、弹簧 4 及电磁铁组件 8 等构成，阀芯与阀套之间采用间隙密封。图示为电磁铁断电状态，弹簧 4 作用使阀芯复位，A→T 口连通排气，P 口闭死；当电磁铁通电时，阀芯克服弹簧力下移，P→A 口连通，T 口闭死，从而实现了气流换向。

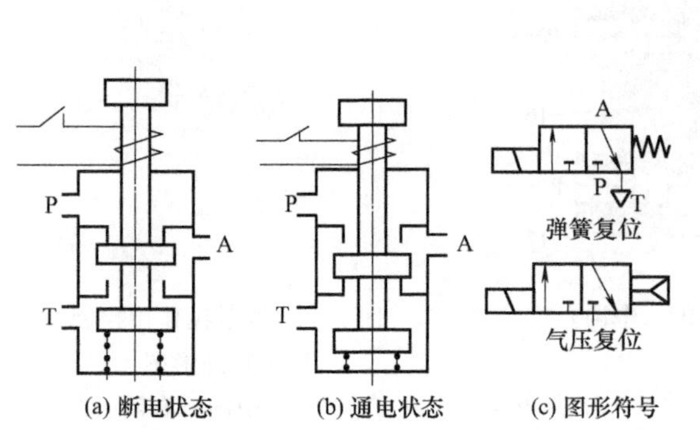

图 5-36　单电磁铁截止式二位三通换向阀结构原理与图形符号

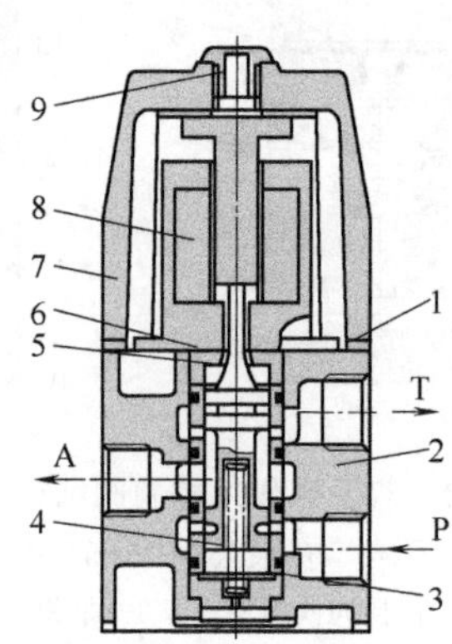

图 5-37　单电磁铁滑阀式二位三通换向阀结构原理图

1—垫片；2—阀体；3—弹簧座；4—弹簧；5—阀芯组件；6—衬套；7—线圈罩；8—电磁铁组件；9—堵头

几种单电磁铁直动式二位换向阀的实物外形如图 5-38 所示。

(a) Q22D系列单电控截止式、膜片式二位二通电磁阀（广东肇庆方大气动有限公司产品）

(b) PC系列二位三通、四通交流电磁阀(无锡市华通气动制造有限公司产品)

(c) K25D-L系列二位五通电磁阀(济南气动元件有限公司产品)

管式阀　板式阀

(d) VS3135.3145系列/VS3115.3110系列二位三通电磁阀 [SMC（中国）有限公司产品]

图 5-38　单电磁铁直动式二位换向阀实物外形图

② 双电控直动式电磁阀。图 5-39 所示为双电磁铁直接驱动的滑阀式二位五通换向阀工作原理、图形符号及结构图。图 5-39（a）为电磁铁 a 通电状态，阀芯右移，P→A 口连通，B→T_2 口连通；图 5-39（b）为电磁铁 b 通电状态，阀芯左移，P→B 口连通，A→T_1 口连通。阀芯在电磁铁 a、b 的交替作用下向左或向右移动实现换向，但两电磁铁不可同时通电。如图 5-39（d）所示，在结构上，双电控二位五通阀的中部为阀体 3、阀芯 4、阀套组件 5 组成的主体结构，其两侧为电磁铁，整个阀安装于底板 8 之上，通过两个电磁铁的通断电即可驱动阀芯的移位，实现阀

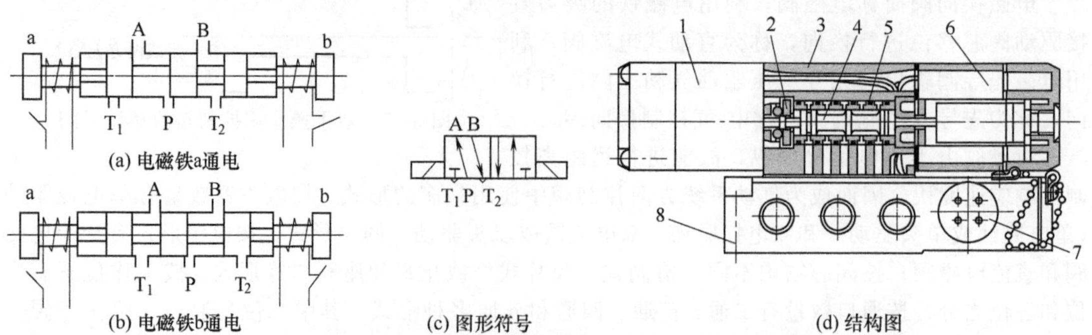

图 5-39　双电磁铁滑阀式二位五通换向阀工作原理、图形符号及结构图

1，6—电磁铁 a、b；2—制动组件；3—阀体；4—阀芯；5—阀套组件；7—导线用橡胶塞；8—安装底板

的换向。

双电控二位电磁阀多具有记忆功能，在一个电磁铁得电后处于某一种状态，即使这个电磁铁失电了（双失电状态），它依然留在这个状态下，直至另一个电磁铁得电后它才返回到另一个状态。由此可见这种双电磁铁驱动的二位电磁阀不会像单电磁铁驱动的电磁阀那样利用弹簧自行复位。图 5-40 所示为带记忆功能的双电控二位五通电磁阀实物外形图。

(a) QDC系列二位五通双电控电磁阀（广东肇庆方大气动有限公司产品）

(b) $K25D_2$系列二位五通双电控滑阀式电磁阀（烟台未来自动装备有限公司产品）

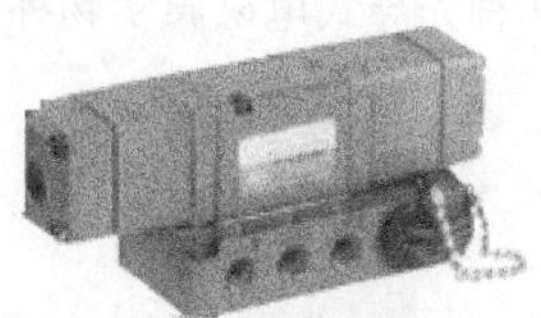

(c) VS4210系列双电控直动式二位五通电磁阀 [SMC（中国）有限公司产品]

图 5-40　双电控滑阀式五通电磁阀实物外形图（带记忆功能）

双电磁铁驱动的三位阀则是靠两侧复位弹簧来进行对中复位；其中位有封闭、加压和泄压等几种机能。

③ 先导式电磁阀。先导式电磁阀由电磁换向阀和气控换向阀组合而成，其中前者规格较小，起先导阀作用，通过改变控制气流方向使后者切换，通常为截止式；后者规格较大为主阀，改变主气路方向从而改变执行元件运动方向，有截止式和滑阀式等结构形式。先导式电磁阀也有单先导式（单电控）和双先导式（双电控）之分。

图 5-41 所示为二位五通双先导式换向阀工作原理及图形符号。图 5-41（a）为左先导阀通电工作，右先导阀断电，主阀芯右移，P→A 口连通，B→T_2 口连通；图 5-41（b）为左先导阀断电，右先导阀通电，主阀芯左移，P→B 口连通，A→T_1 口连通。

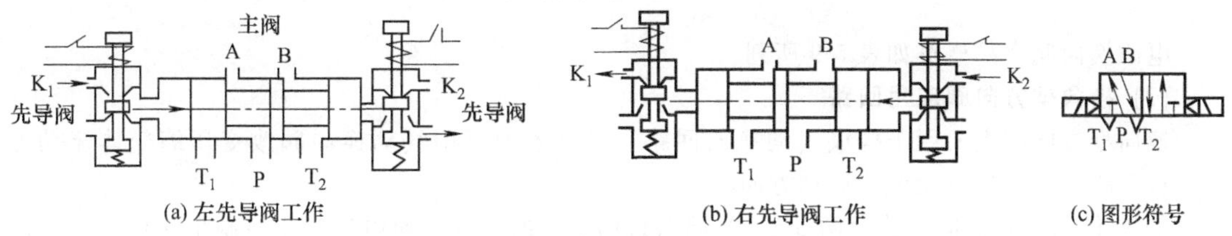

(a) 左先导阀工作　(b) 右先导阀工作　(c) 图形符号

图 5-41　双电控先导式二位五通电磁阀工作原理及图形符号

图 5-42 所示为三位五通双电控先导式换向阀结构图及图形符号。阀的主体结构为滑阀芯 4

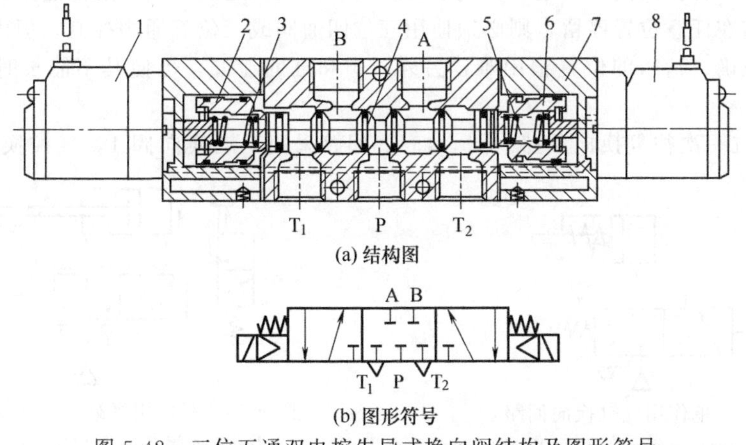

(a) 结构图

(b) 图形符号

图 5-42　三位五通双电控先导式换向阀结构及图形符号

1,8—电磁铁；2,6—控制活塞；3,5—弹簧；4—滑阀芯；7—阀体和阀体 7，操纵机构为两个电磁铁 1 和 8 及两个装在空腔控制活塞中的弹簧 3 和 5。在两个电磁铁均未通电时，由于两个弹簧的对中作用，使滑阀芯处于图示中间封闭位置。当电磁铁 1 通电时，该先导阀输出的气压作用在控制活塞 2 上，阀换向：P→A 接通，B→T_1 排气；同样，当电磁铁 8 通电时，则 P→B 接通，A→T_2 排气。该三位阀是靠加压控制使阀换向的，电磁先导阀为常断式。若三位阀用卸压控制换向，则电磁先导阀需用常通式的。

几种先导式电磁阀实物外形如图 5-43 所示。

(a) Q23DI二位三通电磁先导阀
(广东肇庆方大气动有限公司产品)

(b) K25D系列二位五通电磁阀
(济南气动元件有限公司产品)

(c) 200系列二位三通、五通、三位五通单电控/双电控内部先导式电磁阀
(无锡市华通气动制造有限公司产品)

(d) $K35D_2$系列三位五通双电控先导式电磁阀
(烟台未来自动装备有限公司产品)

(e) VUVG系列二位三通、五通，三位五通单电控/双电控先导式电磁阀
[费斯托（中国）有限公司产品]

图 5-43 先导式电磁阀实物外形图

电磁换向阀产品概览如表 5-9 所列。

(7) 换向型方向阀应用回路

换向型方向阀主要用于构成气动换向回路，通过各种通用气动换向阀改变压缩气体流动方向，从而改变气动执行元件的运动方向。

① 单作用气缸换向回路（图 5-44）。回路采用常闭的二位三通电磁阀 1 控制单作用气缸 2 的换向。当电磁阀 1 断电处于图示状态时，气缸 2 左腔经阀 1 排气，活塞靠右腔的弹簧力作用复位退回。当电磁阀 1 通电切换至左位后，气源的压缩空气经阀 1 左位进入气缸的左腔，活塞压缩弹簧并克服负载力右行。当阀 1 断电后，气缸又退回。二位三通阀控制气缸只能换向而不能在任意位置停留。如需在任意位置停留，则必须使用三位四通阀或三位五通阀控制，但由于空气的可压缩性，停止在正确、精密的位置很困难，另外，阀和缸的泄漏，也使其不能长时间保持在停止位置。

② 双作用缸一次往复换向回路（图 5-45）。回路采用手动换向阀 1，气控换向阀 2（具有

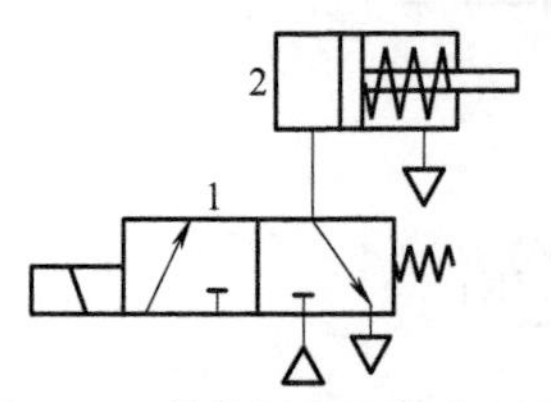

图 5-44 单作用气缸换向回路
1—二位三通电磁阀；2—单作用气缸

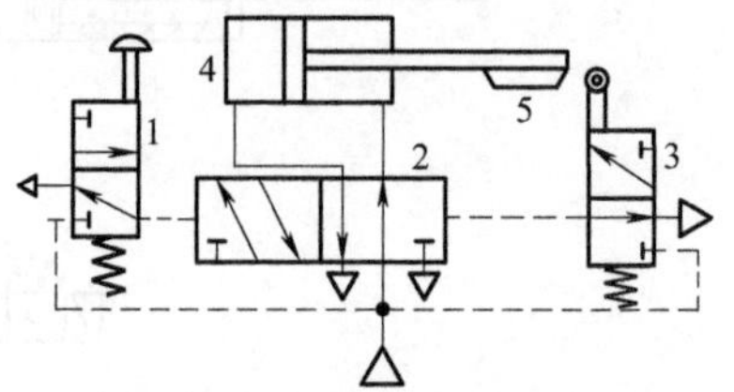

图 5-45 双作用气缸一次往复换向回路
1—手动换向阀；2—气控换向阀；3—机控行程阀；4—气缸；5—活动挡块

表 5-9 电磁换向阀产品概览

	直动式电磁阀				
系列型号	Q22D 系列二位二通单电控(截止式、膜片式)电磁阀	PC 系列二位三通、四通交流单电控直动式电磁阀	K25D-L 系列二位五通单电控/双电控直动式电磁阀	VS3115.3110 系列单电控二位三通直动式电磁阀	VS3135.3145 系列二位三通单电控直动式电磁阀
公称通径/mm	8～50	15	6～15	1/8～3/8in	1/4～3/4in
工作压力/MPa	0.08～0.8	0～0.8	0.2～0.8	0～1.0	0～1.0
电源电压/V	AC220;DC24	AC110～380	AC36、220;DC12、24	AC24～220;DC12～100	AC100～220;DC24
有效截面积/mm^2	≥20～650	60	5～40	流量特性见样本	流量特性见样本
换向时间/s	≤0.04～0.1		0.06～0.08	10ms(AC);45ms(DC)	30ms(AC);60、80ms(DC)
切换频率/Hz	≥20～30	≥4	6～8	1500CPM(AC);180CPM(DC)	180、300CPM(AC);180CPM(DC)
环境温度/℃	−5～50		5～50	−20～60	
图形符号	样本	图 5-36(c)(三通阀)	样本及图 5-39(c)	图 5-36(c)	
实物外形图	图 5-38(a)	图 5-38(b)	图 5-38(c)	图 5-38(d)	
结构性能特点	通径 $\phi8$～$\phi25$ 为膜片式,$\phi32$～$\phi50$ 为截止式;结构简单,动作灵活,可直接安装在管道上;可实现气路通断,可作为气路开关之用	结构合理,动作可靠,维护方便;接受电信号直接使阀芯运动,以切换气流方向;适用于矿山、冶金及机械等行业的自动化机械设备	管式软质密封滑阀,有单电控和双电控二种形式,后者有记忆功能。体积小,重量轻,工作可靠。常用于双作用气缸的控制	间隙密封;直接配管或底板配管,可以集装;0MPa 的压力下即可使用;不给油,干燥空气即可	间隙密封,接线座式阀;不给油,干燥空气即可
生产厂	①	②	③④	⑤	⑤
	直动式电磁阀			先导式电磁阀	
系列型号	QDC 系列二位、三位五通单/双电控电磁阀	$K25D_2$ 系列二位五通双电控直动滑阀式电磁阀	VS4210 系列双电控直动式二位五通电磁阀	Q23DI 二位三通电磁先导阀	K23D 二位三通微型电磁阀(先导阀)
公称通径/mm	3～25	6～25	6、8	1.2、2、3	1.2、2、3
工作压力/MPa	0.15～0.8	0.15～0.8	0～1.0	0～0.8	0～0.8
电源电压/V	AC220;DC24	AC220、36;DC24、12	AC100、200;DC24	AC220、36;DC24、12	AC24～380;DC12～220
有效截面积/mm^2	10～400	流量 2.5～30m^3/h	流量特性见样本	0.5～3	0.8～4
换向时间/s	0.06～0.2	0.06～0.12	13ms(AC);40ms(DC)	≤0.03	≤0.03
切换频率/Hz		4～8	1200CPM(AC) 180CPM(DC)	16	17
环境温度/℃	−10～50	0～55	−20～60	−10～50	
图形符号	图 5-39(c)及样本	图 5-39(c)	图 5-39(c)	图 5-36(c)	图 5-36(c)
实物外形图	图 5-40(a)	图 5-40(b)	图 5-40(c)	图 5-43(a)	与图 5-43(a)所示类似

续表

系列型号	直动式电磁阀			先导式电磁阀	
	QDC 系列二位、三位五通单/双电控电磁阀	$K25D_2$ 系列二位五通双电控直动滑阀式电磁阀	VS4210 系列双电控直动式二位五通电磁阀	Q23DI 二位三通电磁先导阀	K23D 二位三通微型电磁阀（先导阀）
结构性能特点	无给油润滑；小型化、轻型化、动作灵敏、低功耗，可集成安装，是国内同通径系列中体积最小的电磁阀；可用微电信号直接控制，适用于机电一体化领域及各行各业的气动控制系统，尤其适用于电子、医药卫生、食品包装等洁净无污染和行业	符合国内统一标准；具有记忆功能：一个电信号接通即换向，信号消除后，阀不复位，只有当另一信号接通时，阀才能复位	阀为金属密封，可集装；0MPa 的压力下即可使用	结构紧凑、体积小、动作灵敏；可作电控换向阀的先导阀或作气动装置的切换元件；电磁线圈经真空浸漆处理，采用热固性塑料包覆，绝缘、防潮和耐腐蚀性能良好；有常通型和常闭型两种结构	气动系统的基本元件，常作为大流量换向阀的先导控制，故亦称电磁先导阀；也可直接控制耗气量小的执行元件
生产厂	①	④	⑤	①	②

	先导式电磁阀					
系列型号	200 系列二位三通、五通、三位五通单电控/双电控内部先导式电磁阀	K25D 系列二位五通先导式电磁阀	8W 系列二位三通、五通，三位五通先导式电磁阀 F	$K35D_2$ 系列三位五通双电控先导式电磁阀	SYJ3000 系列二位、三位四通、五通单电控/双电控先导式电磁阀	VUVG 系列二位三通、五通，三位五通单电控/双电控先导式电磁阀
公称通径/mm	1/8,1/4(in)	6～40；电磁先导阀通径：1.2～3	M5；PT1/8,1/4,3/8(in)	6～25	M3、M5、G1/8in	M3、M5、M7 G1/8,G1/4(in)
工作压力/MPa	0.15～0.8	0.2～0.8	0.15～0.8	0.2～0.8	0.1～0.7	−0.9～1.0；先导：0.15～0.8
电源电压/V	AC24、220、380；DC12、24	AC36、220；DC12、24	AC24～220；DC12～24	AC36、220；DC12、24	AC100～220；DC3～24	DC5,12,24
有效截面积/mm^2	12～16	10～400	5.5～50	10～190	流量特性见产品样本	流量 80～1380L/min
换向时间/s	0.05	0.06～0.2	0.05	0.06～0.12	15、30ms	7～40ms
切换频率/Hz	5	2～8	3～5	4～8	3、10	切换时间：5～20ms
环境温度/℃	−5～50	5～50	−20～70	5～50	−10～50	−5～60
图形符号	图 5-41(c)，图 5-42(b)及样本	图 5-41(c)及样本	图 5-41(c)，图 5-42(b)及样本	图 5-42(b)及样本	图 5-41(c)，图 5-42(b)及样本	图 5-41(c)、图 5-42(b)及样本
实物外形图	图 5-43(c)	图 5-43(b)	样本	图 5-43(d)	样本	图 5-43(e)
结构性能特点	管式阀；内部先导式结构；结构紧凑，安装方便，使用寿命长；常用于冶金、医药和化工领域气动系统	软质密封滑阀式，有单电控和双电控二种形式，后者有记忆功能。密封性好，启动压力低，工作可靠，耐久性好。常用于双作用气缸的控制	先导方式有外部与内部两种可选；滑阀结构，密封性好，反应灵敏；三位阀有中封、中压和中泄三种机能；双电控二位阀具有记忆功能；阀孔采用特殊加工工艺，摩擦阻力小，启动气压低；无需给油润滑；阀组可用底座集成，占用空间小，附设手动装置，便于安装调试	由两个常通先导电磁阀和一个主阀组成；当某一先导阀接受电信号后，主阀相应侧控制腔泄压，阀即换向，电信号消除后，阀芯自动复至中位。中位有中封、中压和中泄三种机能。该系列阀适用于有中间停顿状态的气缸等执行元件	弹性密封；功耗小。直接配管或底板配管安装。三位阀有中封、中压和中泄三种中位机能	管式阀，可用作单个阀或集成安装在气路板上；带板式阀的气路板可选择使用内先导或外先导气源；360°LED 全角度可视，可快速排除故障；阀可快速、简单地安装和更换，便于维修；可选按钮式、锁定式或封盖式手控装置
生产厂	②	③④	③	④	⑤	⑥

①广东肇庆方大气动有限公司；②无锡市华通气动制造有限公司；③济南杰菲特气动元件有限公司；④烟台未来自动化装备有限公司；⑤SMC（中国）有限公司产品；⑥费斯托（中国）有限公司。

注：各系列电磁控制换向阀的技术参数、外形等以生产厂产品样本为准。

双稳态功能）和机控行程阀3控制气缸实现一次往复换向。当按下阀1时，阀2切换至左位，气缸的活塞进给（右行）。当活动挡块5压下阀3时，阀3动作，切换至上位，阀2切换至图示右位，气缸右腔进气、左腔排气，推动活塞退回。从而，手动阀发出一次控制信号，气缸往复动作一次。再按一次手动阀，气缸又完成一次往复动作。

③ 双作用缸往复换向回路（图5-46）。用两个二位三通电磁阀1和2控制双作用气缸3往复换向。

在图示状态，气源的压缩空气经电磁阀2的右位进入气缸3的右腔，左腔经阀1的右位排气，并推动活塞退回。当阀1和阀2都通电时，气缸的左腔进气，右腔排气，活塞杆伸出。当电磁阀1、2都断电处于图示状态时，活塞杆退回。电磁阀的通断电可采用行程开关（接触式或非接触式）发信。

④ 双作用气缸连续往复换向回路（图5-47）。在图示状态，气缸5的活塞退回（左行），当机控换向阀（行程阀）3被活塞杆上的活动挡块6压下时，控制气路处于排气状态。当按下具有定位机构的手控换向阀1时，控制气体经阀1的右位、阀3的上位作用在气控换向阀2的右端控制腔，阀2切换至右位工作，气缸的左腔进气、右腔排气进给（右行）。当挡块6压下行程阀4时，控制气路经阀4上位排气，阀2在弹簧力作用下复至左位。此时，气缸右腔进气，左腔排气，做退回运动。当挡块压下阀3时，控制气体又作用在阀2的右控制腔，使气缸换向进给。周而复始，气缸自动往复运动。当拉动阀1至左位时，气缸便停止运动。

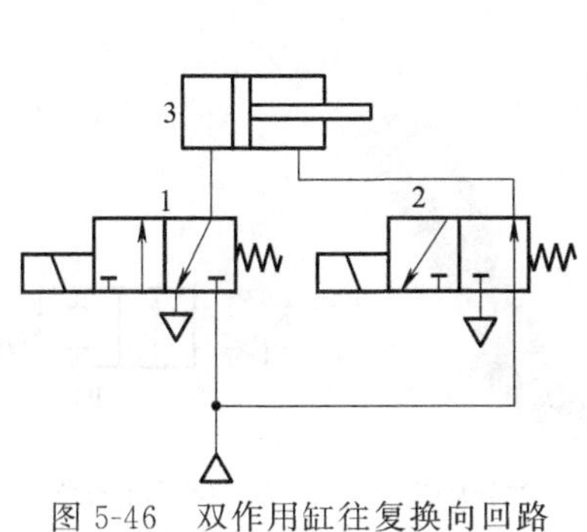

图5-46 双作用缸往复换向回路
1,2—电磁阀；3—气缸

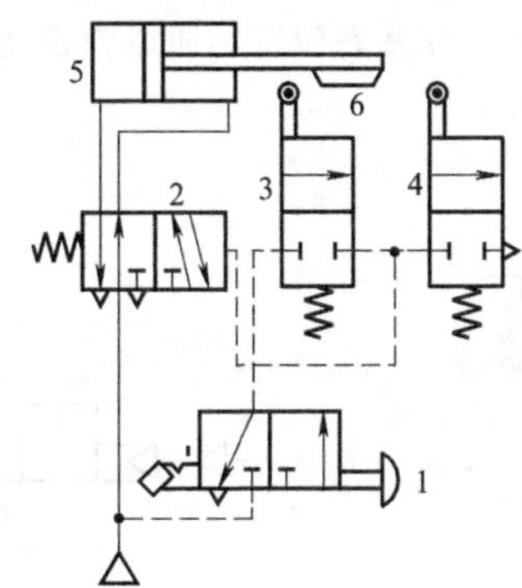

图5-47 双作用气缸连续往复换向回路
1—手控换向阀；2—气控换向阀；3,4—机控换向阀（行程阀）；5—气缸；6—活动挡块

5.3.4 其他方向阀及其应用回路

(1) 二通流体阀（介质阀）

二通流体阀也叫过程阀或介质阀，在气动系统中的功用是作为压缩空气的开关，阀打开时空气通过，阀关闭时空气截止。流体阀在结构上也是由主体结构（阀体和阀芯）和操纵结构两部分组成。按照阀芯结构不同，有膜片式、滑阀式、球阀式、蝶阀式等形式；按操纵控制方式不同，二通流体阀有手动控制、机械控制、气动控制和电磁控制等类型；按照阀芯的复位方式不同，有弹簧复位和气压复位等。

① 膜片式气控流体阀。图5-48所示为一种直角式二位二通气控流体阀。该阀主要由阀体1、膜片2和弹簧3构成，阀体上开有主气口P、A和气孔口K。膜片2（阀芯）将阀分成上气室4和下气室5。当气控口K无信号作用时，自P口进入阀内的压缩空气经节流小孔（图中未画出）进入上气室，此时上气室压力将膜片的下端面紧贴阀的输出口，封闭P→A的通道，阀处于关闭状态；当气控口K有信号作用时，阀上气室的放气孔（图中未画出）打开而迅速失压，膜片上移，压缩空气通过阀输出口输出，P→A打开，阀处于“开启”状态。这种二通阀常在脉冲袋式

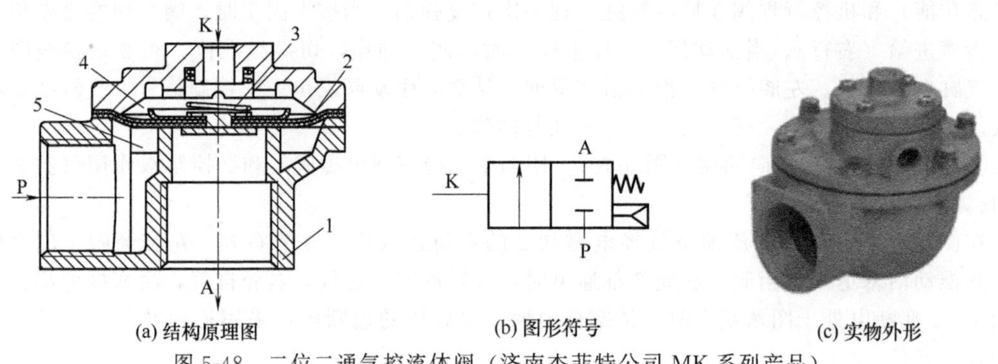

(a) 结构原理图　　(b) 图形符号　　(c) 实物外形

图 5-48　二位二通气控流体阀（济南杰菲特公司 MK 系列产品）

1—阀体；2—膜片；3—弹簧；4—上气室；5—下气室

除尘器喷吹灰系统中用作压缩空气开关，连接在储气筒与除尘器喷吹管上，通过气信号的控制，对滤袋进行喷吹清灰。

图 5-49 所示为气压复位的二位二通气控常闭流体阀，其阀芯为膜片式，其原理是通过外部气压控制，利用上下气室的压差使阀打开或关闭（气压复位）。

图 5-50（a）所示为弹簧复位的角座式二位二通气控常闭流体阀，它是一种外部控制阀，由直供压缩空气来驱动；阀座有倾角，约与介质流向成 50°角。在工作中，由气动驱动器来提起过程阀的阀座。在常态位置，通过弹簧使阀闭合；当驱动器接通工作气源时，提起控制活塞以及阀瓣，阀打开。

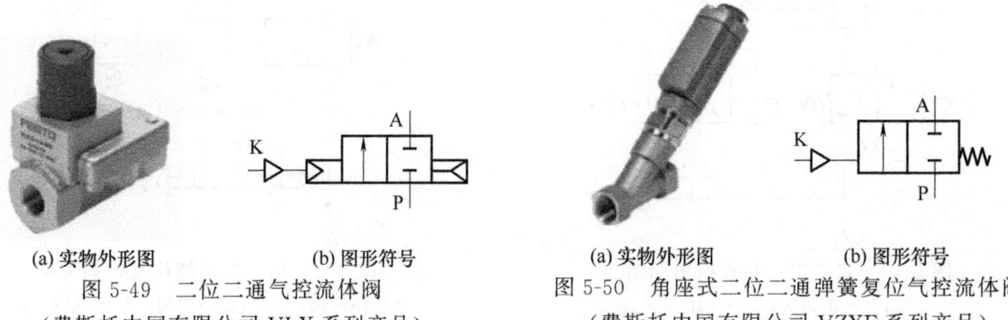

(a) 实物外形图　　(b) 图形符号

图 5-49　二位二通气控流体阀（费斯托中国有限公司 VLX 系列产品）

(a) 实物外形图　　(b) 图形符号

图 5-50　角座式二位二通弹簧复位气控流体阀（费斯托中国有限公司 VZXF 系列产品）

② 球阀驱动单元。球阀驱动单元是摆动驱动器和球阀的组合元件，即带驱动器的球阀。如图 5-51 所示，此阀通过电动或气动驱动球阀摆动 90°使其打开或关闭，故是一个二位开关阀。球阀可以直接安装在驱动单元上，气流可双向流动。两位五通阀和用于终端位置检测的限位开关附件都可以直接安装在驱动单元上。

③ 二位二通电磁换向阀。此类换向阀与前述电磁换向阀结构原理基本相同，如图 5-52 所示为滑阀（活塞）直动式换向阀，当电磁铁断电时，阀靠弹簧复至图示右位，P→A 关闭；当电磁铁通电时，电磁铁直接驱动滑阀式阀芯切换至左位时，则阀打开，P→A 接通。

如图 5-53 所示为膜片二位二通电磁换向阀，通过电磁铁驱动膜片可实现阀的快速通断。

（2）大功率三位三通中封式换向阀

① 功用原理。三位三通大功率换向阀的主要功用是大流量气动系统的控制（如真空吸附/真空破坏，气缸中间停位、终端减速和中间变速、缓停及加减速控制等），实现气路结构简化，减少用阀数量等。图 5-54（a）所示为三位三通中封型大功率换向阀的结构原理图，该阀由阀体 1、座阀芯 3 及 5、对中弹簧 2 及 6、控制活塞 9 等组成，通过先导空气驱动控制活塞 9、轴 4 及与其相连的座阀芯 3 和 5 左右移动，即可实现该阀对气流的换向。先导空气直供时为气控阀，通过电磁

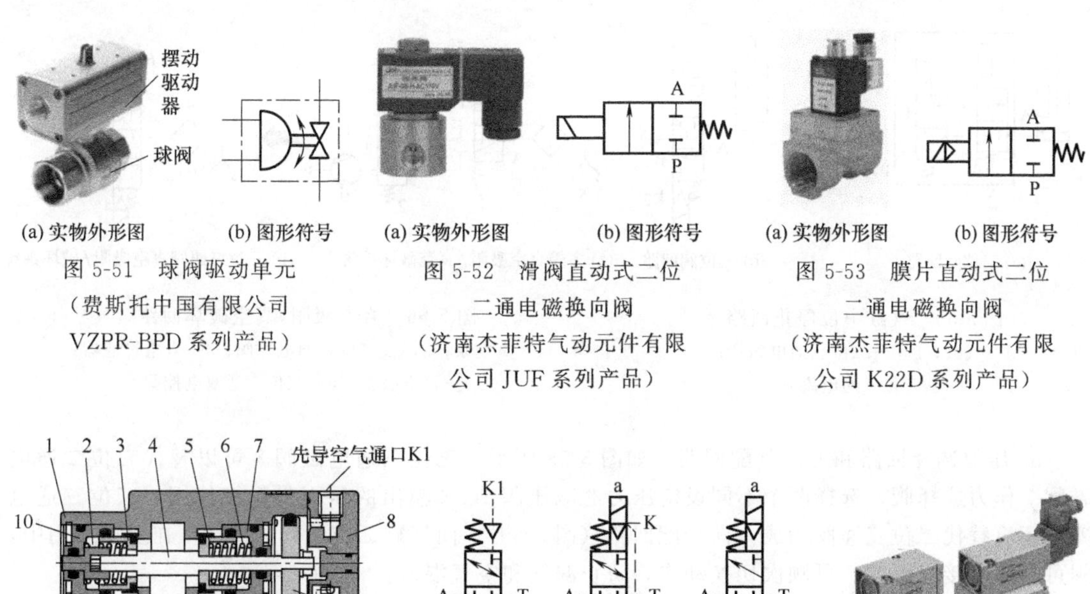

(a) 实物外形图　(b) 图形符号

图 5-51　球阀驱动单元（费斯托中国有限公司 VZPR-BPD 系列产品）

(a) 实物外形图　(b) 图形符号

图 5-52　滑阀直动式二位二通电磁换向阀（济南杰菲特气动元件有限公司 JUF 系列产品）

(a) 实物外形图　(b) 图形符号

图 5-53　膜片直动式二位二通电磁换向阀（济南杰菲特气动元件有限公司 K22D 系列产品）

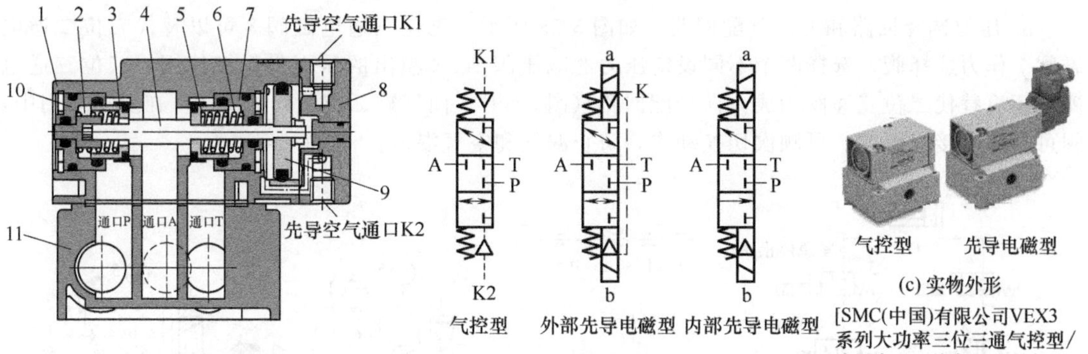

(a) 结构原理图　(b) 图形符号　(c) 实物外形 [SMC(中国)有限公司VEX3系列大功率三位三通气控型/先导电磁型换向阀系列产品]

图 5-54　大功率三位三通电磁阀

1—阀体；2,6—对中弹簧；3,5—座阀芯；4—轴；7,10—阀芯导座；8—端盖；9—控制活塞；11—底板

导阀提供时为电磁先导型阀［图 5-54（a）中未画出电磁先导阀］。先导空气通口 K1 进气时（K2 排气），控制活塞 9、轴 4 驱动阀芯 3、5 左移，P→A 相通，T 口封闭；先导空气通口 K2 进气时（K1 排气），控制活塞 9、轴 4 驱动阀芯 3、5 右移，A→T 相通，P 口封闭；当 K1 和 K2 均不通气时，阀芯在对中弹簧 2 和 6 的作用下处于图示中位，气口 P、A、T 均封闭。阀的图形符号如图 5-54（b）。SMC（中国）有限公司的 VEX3 系列大功率三位三通气控型/先导电磁型换向阀系列产品即为此种结构，其实物外形如图 5-54（c）所示。

② 典型应用回路。

a. 气缸中位停止回路。如图 5-55 所示，利用一个中封机能三位阀 4，替代两个二位阀 2、3，即可简单构成气缸中位停止回路，减少了阀和配管数量与规格尺寸及其带来的阻力损失，增大了系统流通能力。

b. 真空吸附/真空破坏回路。如图 5-56 所示，利用一个三位三通双电控阀 6 适合替代多个电控阀（阀 2、3）构成真空吸附、真空破坏和停止中封动作气动系统（阀 2 作吸附阀、3 作破坏阀），且真空吸附/真空破坏切换时没有漏气。但应注意：通口 A 保持真空的工况，由于真空吸盘及配管等处漏气，真空度会降低，故应将三位三通阀保持真空吸附位置继续抽真空；此外，该阀不能用作紧急切断阀。

c. 终端减速・中间变速回路。如图 5-57（b）所示，采用三位三通电磁阀变速容易，系统构成比多阀回路［图 5-57（a）］简单，响应快；减少了阀和配管数量与规格尺寸及其带来的阻力损失，增大了系统流通能力。例如，气缸 1 伸出时，若三位三通电磁阀 10 的电磁铁 b 一旦断电，气缸排气被切断则减速。

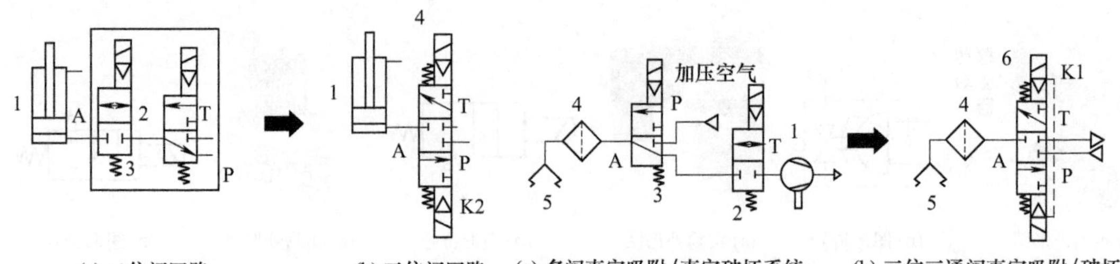

(a) 二位阀回路　(b) 三位阀回路

图 5-55　气缸中位停止回路

1—气缸；2,3—二位三通电磁阀；4—三位三通电磁阀

(a) 多阀真空吸附/真空破坏系统　(b) 三位三通阀真空吸附/破坏系统

图 5-56　真空吸附/真空破坏回路

1—真空泵；2,3—二位三通电控阀；4—真空过滤器；5—真空吸盘；6—三位三通双电控阀

d. 压力选择回路和方向分配回路。如图 5-58 所示，三位三通电磁阀 8 可以替代二位二通电磁阀 7 作为选择阀，选择两个不同设定压力的减压阀 1、2 输出的压力供系统使用。三位三通电磁阀还可替代二位三通阀构成方向分配回路（图 5-59），向气罐 2 或 3 分配供气。在上述应用中，阀可有多种接管形式，可顺次切换动作，防止漏气和空气混入。

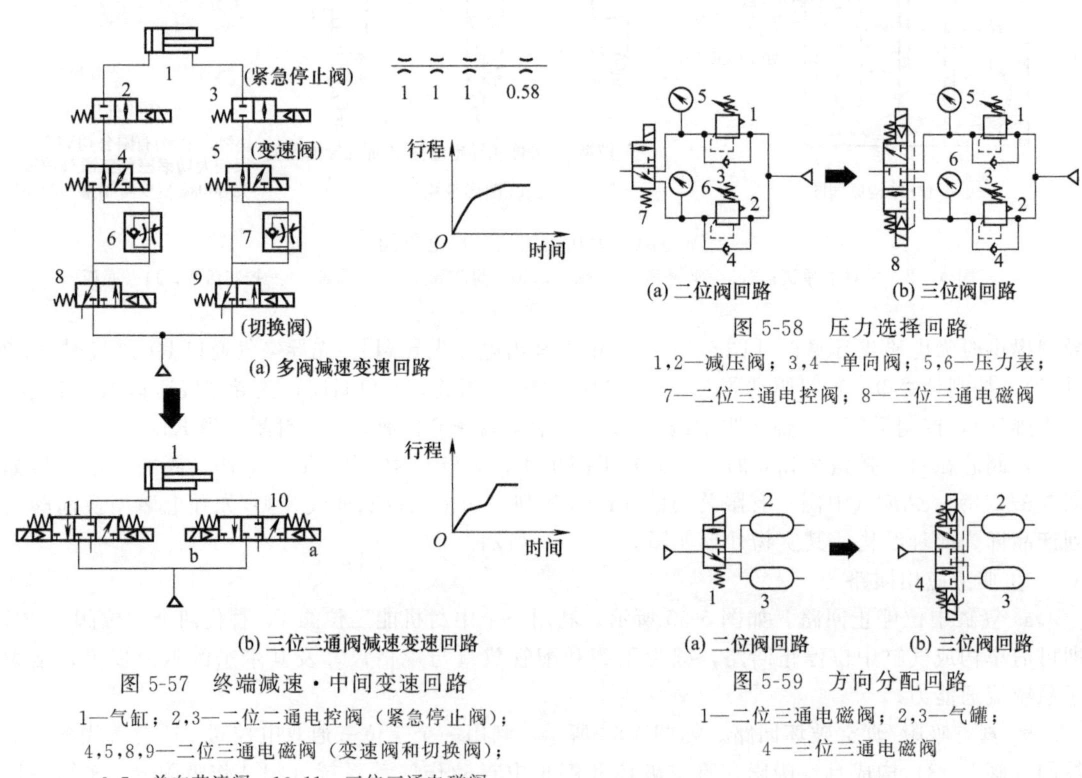

(a) 多阀减速变速回路

(b) 三位三通阀减速变速回路

图 5-57　终端减速·中间变速回路

1—气缸；2,3—二位二通电控阀（紧急停止阀）；4,5,8,9—二位三通电磁阀（变速阀和切换阀）；6,7—单向节流阀；10,11—三位三通电磁阀

(a) 二位阀回路　(b) 三位阀回路

图 5-58　压力选择回路

1,2—减压阀；3,4—单向阀；5,6—压力表；7—二位三通电控阀；8—三位三通电磁阀

(a) 二位阀回路　(b) 三位阀回路

图 5-59　方向分配回路

1—二位三通电磁阀；2,3—气罐；4—三位三通电磁阀

e. 双作用气缸的缓停及加减速动作控制回路。如图 5-60（a）所示，若用两个三位三通电磁阀 1、2 驱动双作用气缸 3，可实现缓停及加减速等 9 种不同位置（3×3＝9 位置）的动作控制[图 5-60（b）]，各位置阀的机能及气缸状态如图 5-60（c）所列。

(3) 残压释放阀

残压释放阀是一种安全对策用手动切换阀，其功用是防止换向阀和气缸回路维护检查作业时残压造成事故。图 5-61（a）所示为一种带锁孔二位三通手动残压释放阀，它主要由阀体 1、

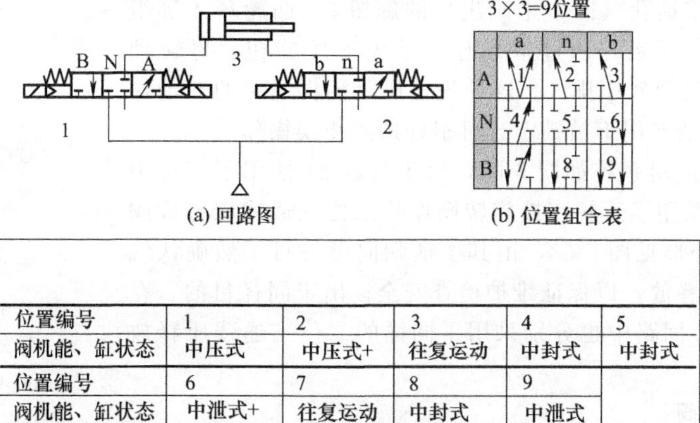

(a) 回路图　　(b) 位置组合表

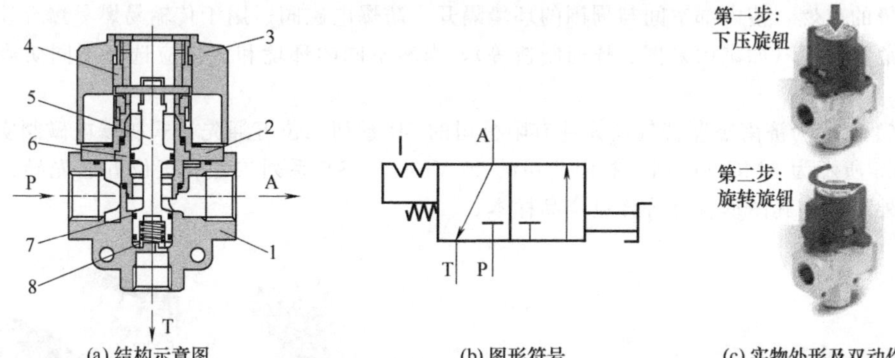

位置编号	1	2	3	4	5
阀机能、缸状态	中压式	中压式+	往复运动	中封式	中封式
位置编号	6	7	8	9	
阀机能、缸状态	中泄式+	往复运动	中封式	中泄式	

(c) 各位置阀的机能及气缸状态

图 5-60　双作用气缸的缓停及加减速动作控制回路

1,2—三位三通电磁阀；3—双作用气缸

(a) 结构示意图　　(b) 图形符号　　(c) 实物外形及双动作

第一步：下压旋钮　第二步：旋转旋钮

图 5-61　带锁孔二位三通手动残压释放阀［SMC（中国）有限公司 VHS20～50 系列产品］

1—阀体；2—上盖；3—旋钮；4—凸轮环；5—阀芯（轴）；6—阀套；7—密封圈；8—弹簧

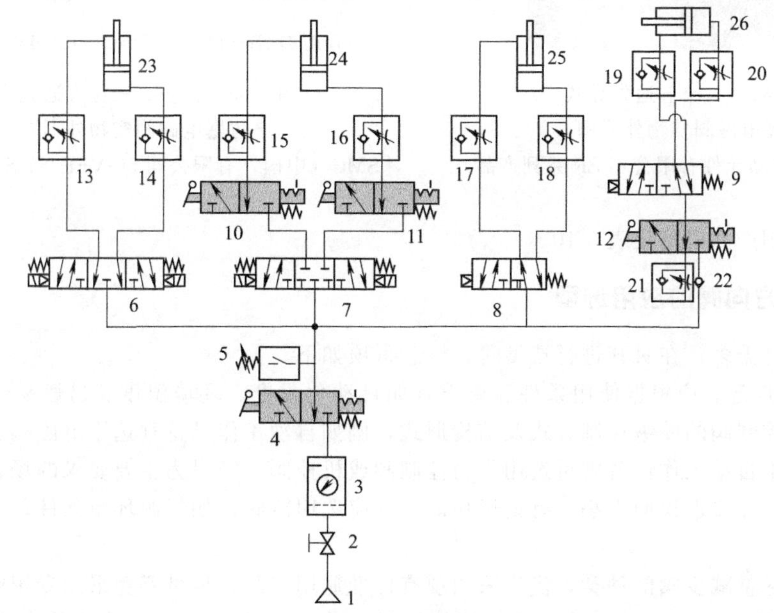

图 5-62　残压释放阀应用系统

1—气源；2—截止阀；3—气动三联件；4,10～12—二位三通手动残压释放阀；5—压力开关；6～9—电磁阀；13～21—单向节流阀；22—单向阀；23～26—气缸阀芯5、阀套6和带锁孔（图中未画出）的旋钮3、凸轮环4等组成。如图5-61（c）所示，通过双动作：手先下压旋钮，再转动(90°）旋钮，即可实现残压排气。这种先按压手柄再回转的双动作机理，使手柄在键的作用下被锁定，可很好地防止误操作。

残压释放阀的应用系统如图5-62，由于气缸24使用了三位中封式电磁阀7，故采用了手轮直接旋转操作的二位三通残压释放阀10和11（其实物外形见图5-63，由其手柄朝向可一目了然确认气流方向）进行残压释放，以保证维护检查安全；出于同样目的，在气源回路和气缸26回路中也分别采用了同样的二位三通残压释放阀4和12。

图5-63 二位三通手轮式残压释放阀［SMC（中国）有限公司VH400.500系列产品］

(4) 防爆电磁阀

防爆电磁阀是把电磁阀中可能点燃爆炸性气体混合物的部件（主要是电磁铁）全部封闭在一个隔爆外壳内，该外壳能够承受通过其任何接合面或结构间隙，渗透到外壳内部的可燃性混合物在内部爆炸而不损坏，并且不会引起外部由气体或蒸气形成的爆炸性环境的点燃，使内部空间与周围的环境隔开。防爆电磁阀适用于传输易燃易爆介质，或用于爆炸性危险场所（如矿山采掘、炸药制造等），当然不同的环境和流体应选择不同防爆等级的电磁阀。

图5-64所示为济南杰菲特气动元件有限公司的SR系列二位五通先导式防爆电磁阀实物外形图，图5-65所示为SMC（中国）有限公司的50-VFE/51-SY系列二位、三位五通先导式防爆电磁阀实物外形图，其图形符号等详见产品样本。

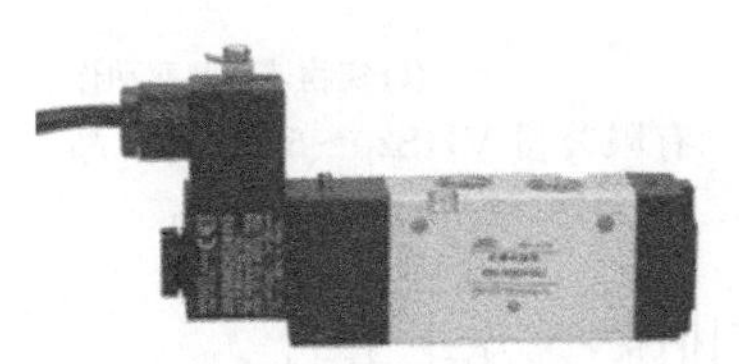

图5-64 二位五通先导式防爆电磁阀实物外形图（济南杰菲特气动元件有限公司SR系列产品）

(a) 直接配管连接

(b) 集装式安装

图5-65 二位、三位五通先导式防爆电磁阀实物外形图［SMC（中国）有限公司50-VFE/51-SY系列产品］

其他方向阀产品概览见表5-10。

5.3.5 方向阀的应用选型

方向阀品种繁多，在对其进行选型时，注意事项如下。

① 类型的选定。应根据使用条件和要求（如自动化程度、环境温度、易燃易爆、密封要求等）选择方向控制阀的操纵控制方式及结构形式，例如自动工作设备宜选用电磁阀、气控阀或机控阀，手动或半自动工作设备则可选用人力控制阀或机控阀；密封为主要要求的场合，则应选用橡胶密封的阀；如要求换向力小、有记忆功能，则应选用滑阀；如气源环境条件差，宜选用截止式阀，等等。

此外，应尽量减少阀的种类，优先采用现有标准通用产品，尽量避免采用专用阀。

② 电磁阀的选型。电磁阀是气动系统使用量最大的一类换向阀，故此处专门以列表形式（表5-11）介绍其选型注意事项。

表 5-10 其他方向阀产品概览

	二通流体阀(介质阀)				
系列型号	MK 系列二位二通气控流体阀	VLX 系列二位二通气控介质阀	VZXF 系列二位二通气控角座式介质阀	VZPR-BPD 系列球阀驱动单元	JUF 系列直动式二位二通电磁换向阀
公称通径/mm	20～76	13～25	13～50	气接口 G1/8in；球阀：15～63	4、5
工作压力/MPa	0.035～0.8	0.1～1.0	0.6～1.0	驱动器：2.5～4.0；球阀：0.1～0.84	0～1.0
电源电压/V				摆动扭矩：15～180 N·m(在 0.56MPa 和 0° 摆角时)	AC110～380；DC24
有效截面积/mm^2		流量 2400～14000L/min	流量 3.3～47.5m^3/h	流量 5.9～535m^3/h	
换向时间/s	≤30ms			摆角 90°	0.05
切换频率/Hz			与介质流向成 50°角		
环境温度/℃	−20～60	10～60	−10～60	−20～80	介质温度−5～185
图形符号	图 5-48(b)	图 5-49(b)	图 5-50(b)	图 5-51(b)	图 5-52(b)
实物外形图	图 5-48(c)	图 5-49(c)	图 5-50(a)	图 5-51(a)	图 5-52(a)
结构性能特点	膜片阀，常闭机能，气压弹簧复位。进出口成 90°。结构紧凑，易安装；膜片采用特殊橡胶冲压而成，耐高压，寿命长；阀体阀盖压铸而成，表面电涌而成，耐腐蚀；优化设计的流道，流通能力强，排气量大，排气迅速。适用于储气筒与除尘器喷吹管的连接，受气信号的控制，对滤袋进行喷吹清灰	常闭膜片阀，软密封；单导控、气压复位	结构简单，坚固耐用，能用于几乎所有介质(压缩空气、蒸气、惰性气体；矿物液压油、水等)；介质最大黏度可达 600mm^2/s；控制硬管管路系统中适用气体和液体介质，无需任何压差；使用寿命长，维护工作少。适用于用于不能确保介质绝对纯度的场合及高黏性介质的场合或用于蒸气应用场合	摆动驱动器由气压驱动双作用摆动拨叉机构使二通型球阀摆动，使阀打开或关闭，故是一个二位开关阀或截止阀。驱动器介质为干燥的空气(润滑或未润滑)；球阀工作介质为压缩空气、水、中性气体、中性液体、真空等	管式连接，滑阀(活塞)式阀芯，反应快速；阀体为不锈钢材质，耐腐蚀。配线方向灵活，防水性好，效率高，寿命长。工作介质可以是空气、水、油品、化学药品
生产厂	①	③	③	③	①

续表

	二通流体阀(介质阀)	大功率换向阀	残压释放阀		防爆电磁阀
系列型号	K22D 系列膜片式二位二通电磁换向阀	VEX3 系列大功率三位三通中封式气控型/先导电磁型换向阀	VHS20～50 系列二位三通旋钮式残压释放阀	VH400.500 系列二位三通手轮式残压释放阀	SR 系列防爆型二位五通电磁阀
公称通径/mm	6～25;接管 G1/8～1in	接管口径:1/8～1/2in	1/8～1in	1/4～3/4in	配管螺纹：G3/8、G1/4(in)
工作压力/MPa	0.2～0.8	气控型:－101.2kPa～1.0;先导压力 0.2～1.0。先导电磁型:内部先导型使用压力 0.2～0.7;外部先导型使用压力－101.2kPa～1.0;先导压力 0.2～0.7	0.1～1.0	0.1～1.0	0.15～0.9
电源电压/V		AC100～220;DC3～24		手轮切换;73.6N(1.0MPa 时)	AC220;DC24
有效截面积/mm^2	20～90	流量特性见样本	流量特性见产品样本	21～190	2～4
换向时间/s	≤0.2	40、60 以下	旋钮切换角度 90°	手轮切换角度 90°	0.05
切换频率/Hz		3			
环境温度/℃	流体温度－5～60	0～50(气控型为 60)	－5～60	－5～60	0～45
图形符号	图 5-53(b)	图 5-54(b)	图 5-61(b)	图 5-62	样本
实物外形图	图 5-53(a)	图 5-54(c)	图 5-61(c)	图 5-63	图 5-64
结构性能特点	螺纹连接,结构紧凑,外形小巧,流量大,动作灵敏,排气迅速;适用于气动系统中的气路开关阀	直接配管和底板配管;消耗功率 1W;多种手动操作方法。可使最大 ϕ125 的气缸中间停止;可以减少气控系统控制阀数量,简化气路结构	管式阀,手动切换;吸排气状态一目了然;残压排气时,手柄在键的作用下被锁定,防止误操作;采用先按压手柄再回转的双动作机理,可防止误操作	管式阀,操作简单;可通过把手的朝向直观地判断流向	管式连接;先导阀部分采用德国电磁阀
生产厂	①	②	②	②	①

①济南杰菲特气动元件有限公司；②SMC（中国）有限公司产品；③费斯托（中国）有限公司。
注：各系列方向阀的技术参数、外形等以生产厂产品样本为准。

表 5-11 电磁阀的选型注意事项

序号	注意事项	说明
1	规格的确认	①气动控制阀的工作介质为压缩空气(含真空),其使用压力和温度不能超出产品规格,以免造成破坏或引起动作不良 ②阀不得拆解和改造(或二次加工),以免发生人身伤害和事故
2	气缸中间位置停止	在采用三位中封式或中止式换向阀进行气缸活塞的中间停止的控制时,应注意由于空气的可压缩性,较难准确停止在正确的位置。此外,由于阀和缸的泄漏,故不能长时间保持在中间停止位置
3	阀集装时背压的影响	阀集装使用的场合,可能会因背压造成执行元件的误动作。使用三位中泄式换向阀和驱动单动气缸的场合更应注意
4	压力(含真空)保持	由于阀有漏气,不能用于保持压力容器的压力(含真空)等用途
5	残压的释放	为了满足维护检查的需要,应设置有残压释放的功能。特别是使用三位中封式或中止式气阀的场合,必须考虑到换向阀和气缸之间的残压能释放
6	关于真空条件下的使用	①将阀用于真空切换等场合,应采取防止外部灰尘、异物从吸盘及排气口吸入的措施;应实施安装真空过滤器等对策 ②真空吸附时,要保持真空抽吸不间断;由于吸盘上附着异物及阀的泄漏,被吸附的工件有可能落下 ③在真空配管中,应使用真空规格的阀,否则会产生真空泄漏
7	双电控阀的使用	首次使用双电控型的场合,由于阀的切换位置不明,会使执行元件有意外的动作方向。故应采取必要对策防止发生危险
8	换气问题	在密闭的控制柜内等处使用阀的场合,应设置换气口等,以防因排气等使控制柜内的压力上升或因阀的发热造成热聚集
9	阀不能长期连续通电	①阀长期连续通电,由于线圈组件发热,温度上升,会使电磁阀的性能下降及寿命降低,会给周边元件带来坏的影响。故在长期连续通电的场合或每天合计通电时间比不通电时间长的场合,应使用直流防爆以及带节电回路的产品 ②此外,也可使用常通型阀使通电时间缩短的方法 ③阀安装在控制柜内等场合,应有散热对策,保证处于阀规格的温度范围内 ④通电时和通电后不要徒手触摸电磁阀。特别是集装阀相邻、长期连续通电的场合要注意温度可能过高
10	锁定型(记忆型)双电控阀的选用	锁定型(记忆型)双电控阀,其电磁线圈带有自我保持机构(自锁),一般瞬时通电(20ms 以上)时,便能将线圈内的可动衔铁维持在设定位置或复位位置,故不必连续通电。如连续通电会使线圈温度上升,产生动作不良 ①锁定型请勿连续通电。对于锁定型电磁阀,需要连续通电的场合,通电时间应在10min 以下,然后到下次动作为止的不通电时间(两侧都不通电时间)务必设定在通电时间以上。但最短通电时间推荐>20ms ②应使用设定、复位信号不能同时通电的回路 ③自我保持时需要的最短通电时间是 20ms ④通常的使用方法、使用场所没有问题,在有 $30m/s^2$ 以上振动的场所、有强磁场的场所使用,应由生产公司确认 ⑤由于运输及阀安装时的冲击等因素可能会改变其出厂时的设定位置,故使用前要接入电源或手动以确认原位置
11	二位双电控电磁阀的使用	使用双电控电磁阀进行瞬时通电时,请保持通电时间在 0.1s 以上。在某些配管条件下,即使通电 0.1s 以上气缸也可能会发生误动作,这种情况下要一直励磁直到气缸结束排气
12	低温下使用问题	低温下使用时,要注意产品规格允许使用的最低温度,要采取预防措施,以防止冷凝水及水分等固化和冻结
13	用于吹气的场合	①电磁阀用于吹气场合时,应使用外部先导式 ②请注意当内部先导、外部先导在同一集装式上使用时,吹气有可能导致压力下降,对内部先导阀造成影响 ③应按规格所定的压力范围,向外部先导口供给压缩空气 ④双电控型用于吹气的场合,吹气时,应处于常时励磁状态
14	安装方式	①双电控或三位阀的场合,安装时请保持阀芯处于水平位置安装 ②请按规定的配管方式和配线方式进行管线配置

5.3.6 方向阀的使用维护

(1) 安装调试注意事项

① 说明书的使用及保管。应在仔细阅读并理解说明书内容的基础上，再安装使用方向阀；说明书应妥善保管以便随时查阅使用。

② 应确保维修检查所需的必要空间。

③ 阀在安装前，首先要检查方向阀组件在运输过程中及库存中是否损坏，损坏或库存时间过久可能致使内部密封已经失效者一律不得装入气动系统；对于泄漏量增大，不能正常动作的元件，不得使用；其次应彻底清除管道内的灰尘、油污、铁锈、碎屑等污物，以免阀动作失常或被损伤。

④ 在安装时，应注意是否符合产品规格和技术要求（如通径大小、使用压力、先导压力、电源电压、动作频率、环境温度范围等）；应注意阀的推荐安装位置和标明的气流方向［大多数方向阀产品，P或1为气源进气口，A（B）或2（4）为工作气口，T_1、T_2或3（5）为排气口］，在安装和维护时，可接通压缩空气和电源，进行适当的功能检查和漏气检查，确认是否正确安装；安装和使用中不要擦除、撕掉或涂抹产品上印刷或粘贴的警告标记、规格及图形符号。

⑤ 换向阀应尽可能靠近气缸安装，以便提高反应速度并减少耗气量。

⑥ 电控阀应接地，以保证人身安全。

⑦ 安装时，应按照推荐力矩拧紧螺纹。

⑧ 管件配置（配管）。

a. 配管前，应进行充分的吹扫（刷洗）或者清洗，除去管内的切屑、切削油、异物等。

b. 密封带的卷绕方法。配管和管接头类螺纹连接的场合，不许将配管螺纹的切屑和密封材的碎片混入阀内部。在使用密封带时，如图 5-66 所示，应在螺纹前端留下 1 个螺距不缠绕。

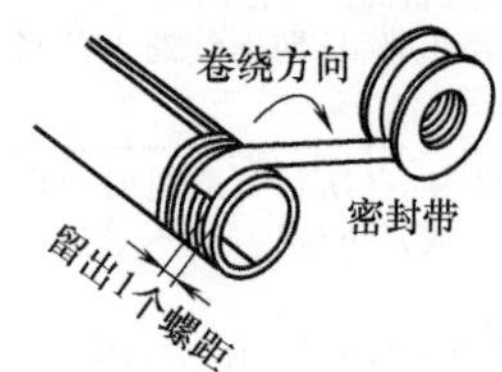

图 5-66 密封带的卷绕方法

c. 在使用中位封闭式阀换向阀时，应充分确认阀和气缸之间的配管无漏气。

d. 应切实将配管插到底，并在确认配管不能拔出之后再使用。

e. 气动控制阀中的配管接口螺纹除了公制 M 外，还有 G 和 Rc、NPT、NPTF 等几种英制螺纹（其代号含义及特点参见表 5-1）。在配管安装使用时，这几种螺纹不要搞错。

要用推荐的工具和要求的力矩将配管和管接头的螺纹拧入，以免过度拧紧而溢出大量密封剂，或拧紧不足造成密封不良或螺纹松弛。

管件通常可重复使用 2～3 次。从卸下的管接头上剥离附着的密封剂，再通过吹扫等除去后再使用。

f. 在产品上连接配管时，请参见使用说明书，以防供给通口接错。

⑨ 电气线缆配置（配线）。

a. 电磁阀是电气产品，应设置适当的保险丝和漏电断路器，以保证使用安全。

b. 不要对导线施加过大（具体数值见说明书，如 SMC 的配线为 30N）的力，以免造成断线而影响安全和使用。

c. 电磁阀与电源连接时，不要弄错施加电压，以免动作不良或线圈烧损。

d. 直流（带指示灯/过电压保护回路的）电磁阀与电源连接时，应确认有无极性。当有极性时，请注意以下几点：未内置极性保护用二极管时，一旦极性错误，电磁阀内部二极管和控制器侧的开关元件或电源会被烧损；带极性保护用二极管时，极性错误，电磁阀无法切换。

e. 接线的确认。完成配线后，请确认接线无误。

⑩ 润滑给油。

a. 对于使用弹性密封的阀，应参照使用说明书决定阀是否必须给油，对于有预加润滑脂的阀，能在不给油的条件下工作。如要给油，请按说明书规定的润滑油品牌及牌号进行。一旦中途停止给油，由于预加润滑脂消失会导致动作不良，故必须一直给油。

对于使用金属密封的阀，可无给油使用。给油时，请按说明书规定的润滑油品牌及牌号进行。

b. 给油量要得当。如果给油过多，先导阀内部润滑油积存会造成误动作或响应迟缓等异常，故不要过度给油。对于需要大量给油的场合，应使用外部先导，并向外部先导口供给无给油的空气，以免先导阀内部润滑油积存。

⑪ 空气源。

a. 气动方向阀的工作介质应使用压缩空气，并按说明书要求的过滤精度进行过滤（在阀附近的上游侧安装空气过滤器）。若压缩空气中有含有化学药品、有机溶剂的合成油、盐分、耐腐蚀性气体等时，会造成电磁阀的破坏及动作不良，故不要使用。

应注意，当使用流体为超干燥空气时，可能会因元件内部的润滑特性劣化，影响元件的可靠性（寿命）。

b. 含有大量冷凝水的压缩空气会造成气动元件动作不良，故对于冷凝水多的场合，应设置后冷却器、空气干燥器、冷凝水收集器等装置。

c. 对于碳粉较多的场合，应在换向阀的上游侧设置尘埃分离器以除去碳粉，以免碳粉附在阀内部导致其动作不良。

⑫ 使用环境。

a. 不要在有腐蚀性气体、化学品、海水、水、水蒸气的环境或有这些物质附着的场所中使用；不要在有可燃性气体、爆炸性气体的环境中使用，以免发生火灾或爆炸；不要在发生振动或者冲击的场所使用。

b. 在日光照射的场合，请使用保护罩等避光，且不能在户外使用。在周围有热源存在的场合，请遮蔽辐射热。

c. 在焊接时焊渣飞溅以及有油附着的场所，应进行适当的防护措施。

d. 在控制柜内安装电磁阀，或长时间通电时，根据电磁阀的规格，请采取可使电磁阀温度保持在规定范围内的放热对策。

e. 应在各阀规格所示的环境温度范围内使用。在温度变化剧烈的环境下使用时应多加注意。

f. 在低湿度环境中使用阀时，应实施防静电对策；在高湿度环境使用时，应实施防水滴附着对策。

（2）维护检查

① 气动控制阀要定期维修，在拆卸和装配时要防止碰伤密封圈。

② 应按照使用说明书给出的方法步骤进行维护检查，以免因误操作，对人体造成损伤并导致元件和装置损坏或动作不良。

③ 机械设备上气动元件的拆卸及压缩空气的供、排气。

a. 在确认被驱动物体（负载）已进行了防落下处置和防失控等对策之后再切断气源和电源，通过残压释放功能排放完气动系统内部的压力之后，才能拆卸元件。

b. 使用三位中封式或中止式换向阀时，阀和气缸之间会有压缩空气残留，同样需要释放残压。

c. 气动元件更换或再安装后重新启动时，请先确认气动缸等执行元件已采取了防止飞出措施后，再确认元件能否正常动作。尤其是在使用二位双电控电磁阀时，若急剧释放残压，在某些配管条件下，可能发生阀的误动作及连接的执行元件动作的情况，故应多加注意。

④ 低频率使用时，为防止动作不良，电磁阀通常应至少每30天进行一次换向动作。

⑤ 进行手动操作时，连接的装置有动作。应确认安全后再进行操作。

⑥ 漏气量增大或产品不能正常动作时，请不要使用。请定期检查和维护电磁阀，确认漏气和动作状况。

⑦ 应定期排放空气过滤器内的冷凝水；对于弹性密封电磁阀，一旦给油后就必须连续给油，应使用产品说明书规定的润滑油，以免因使用其他种类润滑油导致动作不良等故障发生；双电控阀进行手动切换时，如果是瞬间操作，可能会造成气缸误动作，建议持续按住手动按钮直至气缸到达行程末端。

5.3.7 方向阀的故障诊断（表5-12）

表5-12 气动方向阀常见故障及其诊断排除方法

现象		故障原因	处理
换向阀主阀漏气	从主阀排气口漏气	气缸活塞密封圈损伤	更换密封圈
		异物卡入滑动部位，换向不到位	清洗
		气压不足造成密封不良	提高压力
		气压过高，使密封件变形过大	使用正常压力
		润滑不良，换向不到位	改善润滑
		密封件损伤	更换密封件
		阀芯阀套磨损	更换阀芯、阀套
	阀体漏气	密封垫损伤	更换密封垫
		阀体压铸件不合格	更换阀体
电磁先导阀漏气		异物卡住动铁芯，换向不到位	清洗
		动铁芯锈蚀，换向不到位	注意排除冷凝水
		弹簧锈蚀	
		电压太低，动铁芯吸合不到位	提高电压
换向阀的主阀不换向或换向不到位		压力低于最低使用压力	找出压力低的原因
		气口接错	更正
		控制信号是短脉冲信号	找出原因，更正或使用延时阀，将短脉冲信号变成长脉冲信号
		润滑不良，滑动阻力大	改善润滑条件
		异物或油泥侵入滑动部位	清洗检查气源处理系统
		弹簧损伤	更换弹簧
		密封件损伤	更换密封件
		阀芯与阀套损伤	更换阀芯与阀套
		压力低于最低使用压力	找出压力低的原因
		气口接错	更正
		控制信号是短脉冲信号	找出原因，更正或使用延时阀，将短脉冲信号变成长脉冲信号
		润滑不良，滑动阻力大	改善润滑条件
		异物或油泥侵入滑动部	清洗查气源处理系统
		弹簧损伤	更换弹簧
		密封件损伤	更换密封件
		阀芯与阀套损伤	更换阀芯、阀套
电磁先导阀不换向	无电信号	电源未接通	接通
		接线断了	接好
		电气线路的继电器故障	排除
	动铁芯不动作（无声）或动作时间过长	电压太低，吸力不够	提高电压
		异物卡住动铁芯	清洗，查气源处理状况是否符合要求
		动铁芯被油泥粘连	
		动铁芯锈蚀	
		环境温度过低	

续表

现象		故障原因	处理
电磁先导阀不换向	动铁芯不能复位	弹簧被腐蚀而折断	查气源处理状况是否符合要求、换弹簧
		异物卡住动铁芯	清理异物
		动铁芯被油泥粘连	清理油泥
	线圈烧毁（有过热反应）	环境温度过高（包括日晒）	改用高温线圈
		工作频率过高	改用高频阀
		交流线圈的动铁芯被卡住	清洗，改善气源质量
		接错电源或接线头	改正
		瞬时电压过高，击穿线圈的绝缘材料，造成短路	将电磁线圈电路与电源电路隔离，设计过压保护电路
		电压过低，吸力减少，交流电磁线圈通过电流过大	使用电压不得比额定电压低15%以上
		继电器触点接触不良	更换触点
		直动双电控阀，两个电磁铁同时通电	应设互锁电路避免同时通电
		直流线圈铁芯剩磁大	更换铁芯材料

5.4　压力阀及其应用回路

5.4.1　功用种类

压力阀主要用来控制气动系统中的压力高低，满足各种压力要求或用以节能。压力阀可分为起限压安全保护作用的溢流阀（安全阀），起降压稳压作用的减压阀，起提高压力作用的增压阀，根据气路压力不同对多个执行元件进行顺序动作控制的顺序阀等四类。这些阀都通常是利用空气压力和弹簧力的平衡原理来工作的。按调压方式的不同，压力控制阀又可分为利用弹簧力直接调压的直动式和利用气压来调压的先导式两种。

5.4.2　安全阀（溢流阀）及其应用回路

(1) 功用分类

安全阀在气动系统中起过压保护作用。在气动系统中，溢流阀和安全阀在性能、结构上基本完全相同，所不同的只是阀在回路中所起的作用。安全阀用于限制回路的最高压力，而溢流阀用于保持回路工作压力恒定。

按调压方式不同，安全阀有直动式和先导式两种；按结构不同有膜片式、钢球式与活塞式等。

(2) 原理特点

① 直动式安全阀（溢流阀）。如图5-67（a）所示的直动式溢流阀为膜片式结构。当阀不工作时，阀芯在调压弹簧作用下使阀口关闭。当作用在膜片上的气体压力大于调压弹簧力时，阀芯上移，阀口开启，P、T口连通，系统中部分气体经T口排向大气。

由于膜片的承压面积比阀芯的面积大得多，故阀的开启压力与闭合压力较接近，即阀的压力特性好、动作灵敏，但阀的最大开启量较小，流量特性差。此类阀常用于保证回路内的工作气压恒定。

② 先导式溢流阀。图5-68所示为先导式溢流阀的主阀，其先导阀是利用一个直动式减压阀的出口气压接入K口构成。所以调节减压阀的工作压力（先导压力）即可调节该主阀的工作压力。

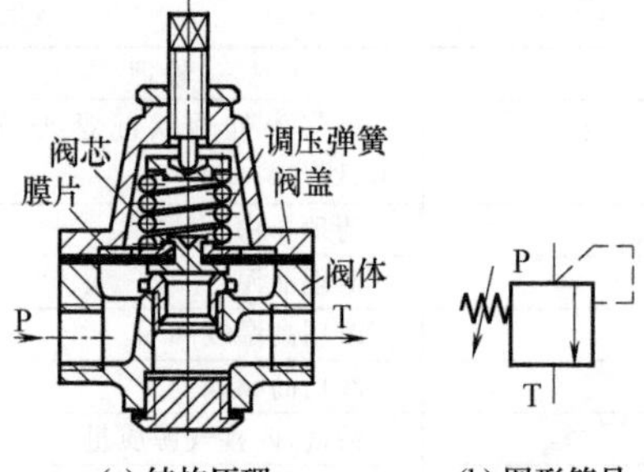

(a) 结构原理　(b) 图形符号

图 5-67　直动式安全阀（溢流阀）结构原理及图形符号

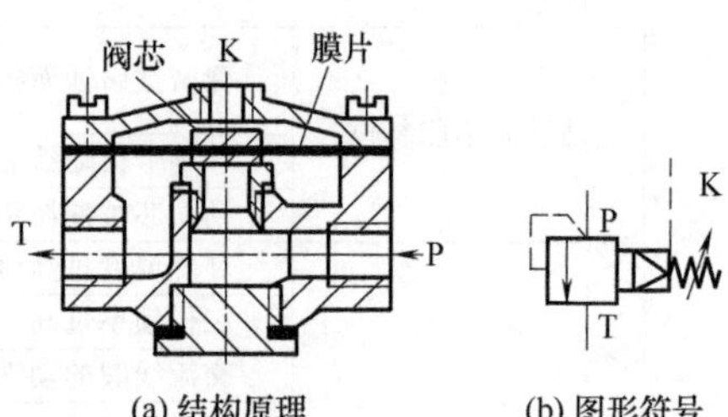

(a) 结构原理　(b) 图形符号

图 5-68　先导式安全阀（溢流阀）结构原理及图形符号

图 5-69 所示为几种安全阀（溢流阀）产品的实物外形图。

(a) PQ系列安全阀（济南杰菲特气动元件有限公司产品）

(b) Q系列安全阀（威海博胜气动液压有限公司产品）

(c) D559B-8M型安全阀（威海博胜气动液压有限公司产品）

(d) AP100压力调节阀(溢流阀) [SMC(中国)有限公司产品]

图 5-69　安全阀（溢流阀）实物外形图

(3) 性能参数

安全阀的性能参数包括公称通径、有效截面积、工作（溢流）压力、泄漏量和环境温度等，这些参数因产品系列类型不同而异。

(4) 产品概览（表 5-13）

表 5-13　安全阀（溢流阀）产品概览

系列型号	PQ 系列安全阀	Q 系列安全阀	D559B-8M 型安全阀	QZ-01 型安全阀	AP100 系列压力调节阀（溢流阀）
公称通径/mm	10、15	6	25	接管螺纹：M12×1.25	连接口径/in：1/8、1/4
工作压力/MPa	0.10～1.0	0.05～1.0	0.05～1.0	0.2～0.8	0.05～0.69
有效截面积/mm^2	≥40、60				流量特性见样本
泄漏量/$cm^3 \cdot min^{-1}$	25	150		≤50	
环境温度/℃	5～50	5～60	5～60	−40～60	−10～+60
图形符号	图 5-67(b)	图 5-67(b)	图 5-67(b)	图 5-67(b)	图 5-67(b)
实物外形图	图 5-69(a)	图 5-69(b)	图 5-69(c)	产品样本	图 5-69(d)
结构性能特点	管式阀用于气动系统或储气罐的安全保护，可根据需要自行调整设定压力。当回路中的工作压力高于设定安全值时，系统自动经安全阀向外排气，达到安全值，以保护设备及人身安全。系统应加装压力表以便系统压力设定的显示和工作压力的监控；压力设定后应锁紧螺母，以保证系统正常运行；若介质对人体有害，则应另行选型或采取其他防止措施	该阀在气压传动系统中，用于防止气动装置和设备及管路等被破坏而限制回路及容器最高压力。在使用本阀时应对所需的开启压力进行调节，调节好后将螺帽锁紧，以免调节套松动影响系统的安全压力			压力大于设定值时向大气排气，保持配管内压力稳定。此阀不能当做安全阀使用
生产厂	①	②		③	④

①济南杰菲特气动元件有限公司；②威海博胜气动液压有限公司（原威海气动元件厂）；③上海气动成套厂；④SMC（中国）有限公司。

注：各系列安全阀（溢流阀）的技术参数、外形等以生产厂产品样本为准。

(5) 使用要点

安全阀（溢流阀）的典型应用是气动系统的一次压力控制回路和气缸缓冲回路。

① 一次压力控制回路。如图5-70所示，一次压力控制回路主要控制储气罐，使其压力不超过规定值。常采用外控式安全阀（溢流阀）来控制。空压机1排出的气体通过单向阀2储存于气罐3中，空压机排气压力由安全阀（溢流阀）4限定。当气罐中的压力达到安全阀调压值时，安全阀开启，空压机排出的气体经安全阀排向大气。此回路结构简单，但在安全阀开启过程中无功能耗较大。

② 气缸缓冲回路。如图5-71所示，当气缸6突然遇到过大负载或在换向端点因冲击而使系统压力升高时，溢流阀4打开溢流，起到缓和冲击作用。

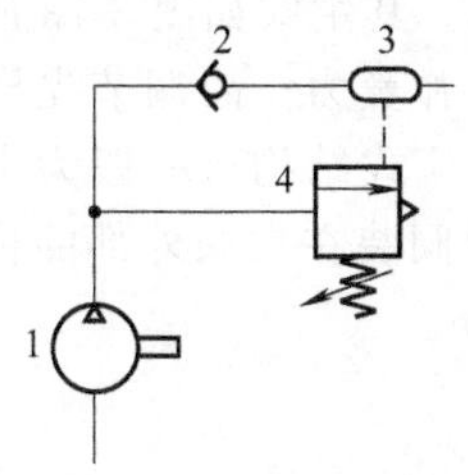

图5-70 一次压力控制回路
1—空压机；2—单向阀；
3—气罐；4—外控溢流阀

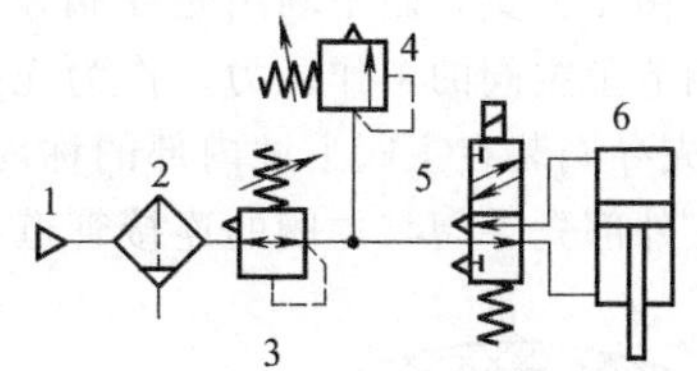

图5-71 用溢流阀的气缸缓冲回路
1—气源；2—分水滤气器；3—减压阀；
4—溢流阀；5—二位五通电磁阀；6—气缸

气动系统应根据系统最高使用压力和排放流量来选择安全阀（溢流阀）的类型和技术规格。

(6) 故障诊断（表5-14）

表5-14 气动安全阀（溢流阀）常见故障及其诊断排除方法

序号	故障现象	可能原因	排除方法
1	压力没超过调定值，阀溢流侧已有气体溢出	膜片损坏	更换膜片
		调压弹簧损坏	更换弹簧
		阀座损坏	调换阀座
		杂质被气体带入网内	清洗阀
2	压力超过调定值但不溢流	阀内部孔堵塞，阀芯被杂质卡死	清洗阀
3	阀体和阀盖处漏气	膜片损坏	更换膜片
		密封件损坏	更换密封件
4	溢流时发生振动	压力上升慢引起阀的振动	清洗阀，更换密封件
5	压力调不高	弹簧损坏	更换弹簧
		膜片漏气	调换膜片

5.4.3 减压阀及其应用回路

(1) 功用分类

在气动系统中，来自空压机的气源压力由溢流阀（安全阀）调定，其值高于各执行元件所需压力。各执行元件的工作压力由减压阀调节、控制和保持，故减压阀在气动技术中也称调压阀。

按调压方式不同，减压阀分为直动式和先导式两种；按溢流方式不同，减压阀有溢流式、非溢流式及恒流量排气式等结构。溢流式减压阀有稳定输出压力的作用，当阀的输出压力超过调压值时，压缩空气从溢流孔排出，维持输出压力不变；但减压阀正常工作时，无气体从溢流孔溢出；非溢流式减压阀没有溢流孔，使用时回路中在阀的输出压力侧要安装一个放气阀来调节输出压力。当工作介质为有害气体时，应采用非溢流式减压阀；恒量排气式减压阀始终有微量气体从溢流阀座上的小孔排出，这对提高减压阀在小流量输出时的稳压性能有利。

减压阀还经常与分水过滤器一起构成过滤减压阀，俗称气动二联件；减压阀也经常与分水过滤器、油雾器组合在一起使用，俗称气动三联件。

(2) 原理特点

① 直动式减压阀。图 5-72 (a) 所示为直动式减压阀的结构原理。该阀靠进气口 P_1 的节流作用减压，靠膜片 6 上的力平衡作用与溢流孔的溢流作用稳定输出口 P_2 的压力；靠调整调节手柄 1 使输出压力在可调范围内任意改变。减压稳压过程为：图示在调压弹簧力作用下有预开口，输出口压力气体同时经反馈阻尼器 7 进入膜片 6 下腔，在膜片上产生向上的反馈作用力并与调压弹簧力平衡。当反馈力大于弹簧力时，膜片向上移动。阀杆 8、阀芯 9 跟随上移，减小减压阀口，使压力 p_2 下降，直至作用在膜片上的气压力与调压弹簧力相平衡时，p_2 不再增高，稳定在调定值上。

② 先导式减压阀。先导式减压阀由主阀和先导阀组合而成。其主阀如图 5-73 所示，主阀膜片上腔无调压弹簧，而是利用先导阀输出的压力气体取代调压弹簧力。故调节先导阀的工作压力也就调节了主阀的工作压力。作为先导阀的减压阀应采用溢流式结构（一般为小型直动式减压阀）。先导阀装在主阀上腔内部的称内部先导式减压阀，先导阀装在主阀外部的称外部先导式减压阀。外部先导阀与主阀的连接管道不宜太长，通常应≤30m。

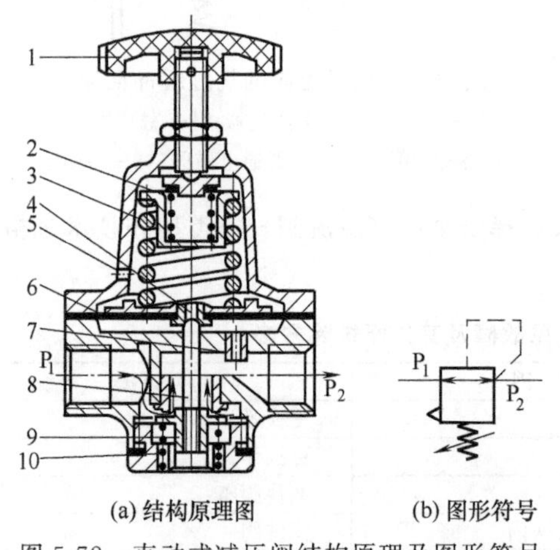

图 5-72 直动式减压阀结构原理及图形符号

1—手柄；2,3—调压弹簧；4—溢流阀座；5—排气孔；6—膜片；7—反馈阻尼器；8—阀杆；9—减压阀芯；10—复位弹簧

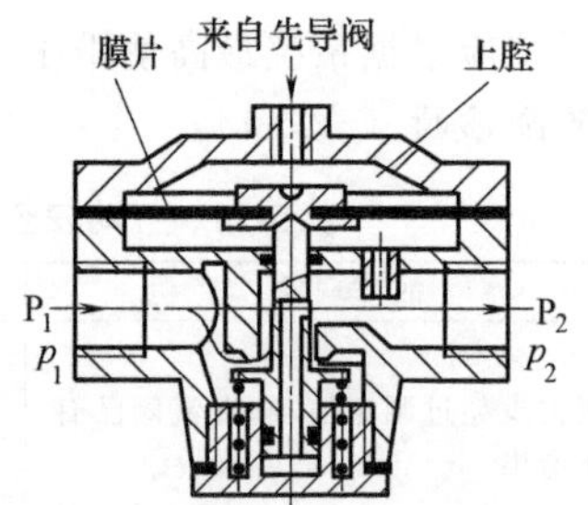

图 5-73 先导式减压阀的主阀结构原理

图 5-74 (a) 所示为内部先导式减压阀结构原理图。中气室 7 以上部分为先导阀，以下部分为主阀。工作原理如下：一级压力气体由进气口 P_1 进入主阀后，经过减压阀口从输出口 P_2 输出。当出口压力 p_2 随负载增大而增大时，反馈气压作用在导阀膜片 14 的作用力也增大。当反馈作用力大于调压弹簧 11 的预调力时，导阀膜片 14 和主阀膜片 15 上移，减压阀芯 3 跟随上移，使减压阀口相应减小，直至出口压力 p_2 稳定在调定值上。当需要增大压力 p_2 时，调节手轮 13 压缩调压弹簧 11，使喷嘴 9 的出口阻力加大，中气室 7 的气压增大，主阀膜片 15 推动阀杆 4 下移，使减压阀口增大，从而使输出气压 p_2 增大。反向调整手轮即可减小压力 p_2。调压手轮位置一旦确定，减压阀工作压力即确定。

与直动式减压阀相比，先导式减压阀增设了喷嘴 9、挡板 10、固定阻尼孔 5 和中气室 7 所组成的喷嘴放大环节，故阀芯控制灵敏度即稳压精度较高。

先导式减压阀适用于通径在 ϕ20mm 以上，远距离（30m 以内）、位置高、有危险、调压困难的气动系统。

③ 定值器。图 5-75 所示为定值器的结构原理图。由于其内部附加了特殊的稳压装置（保持

固定节流孔14两端的压力降恒定的装置)，从而可保持输出压力基本稳定，即定值稳压精度较高。

定值器适用于供给精确气源压力和信号压力的场合，如射流控制系统、气动实验设备与气动自动装置等。定值器有两种压力规格：其气源压力分别为0.14MPa和0.35MPa，输出压力范围分别为0～0.1MPa和0～0.25MPa。输出压力的波动不大于最大输出压力的±1%。

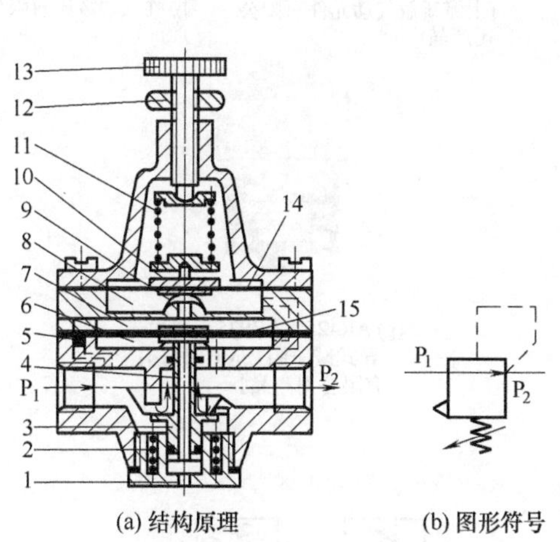

图5-74 内部先导式减压阀结构原理及图形符号

1—排气口；2—复位弹簧；3—减压阀芯；4—阀杆；5—固定阻尼孔；6—下气室；7—中气室；8—上气室；9—喷嘴；10—挡板；11—调压弹簧；12—锁紧螺母；13—调节手轮；14—导阀膜片；15—主阀膜片

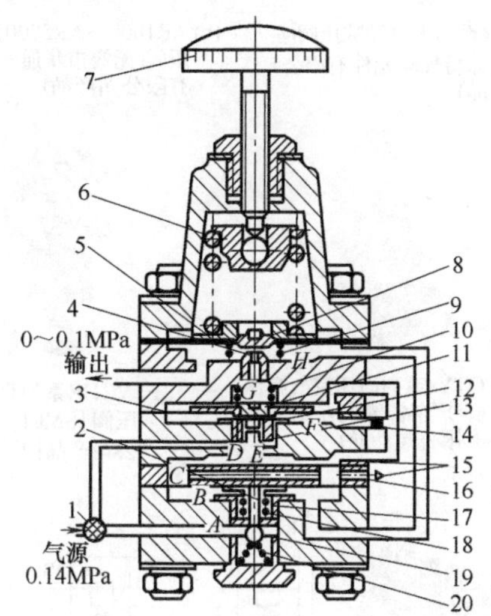

图5-75 定值器结构原理图

1—过滤网；2—溢流阀座；3,5—膜片；4—喷嘴；6—调压弹簧；7—旋钮；8—挡板；9,10,13,17,20—弹簧；11—硬芯；12—活门；14—固定节流孔；15—膜片；16—排气孔；18—主阀芯阀杆 19—进气阀

④ 气动三联件。减压阀与分水过滤器、油雾器组合在一起的气动三联件［图5-76 (a)］，通常安装在气源出口，在气动系统中起过滤、调压及润滑油雾化作用。目前新型结构的三联件插装在同一支架上，形成无管化连接，其结构紧凑、装拆及更换元件方便，应用普遍。此外，减压阀还可与过滤器（或油雾分离器）组合构成气动二联件，称为过滤减压阀或油雾减压阀。

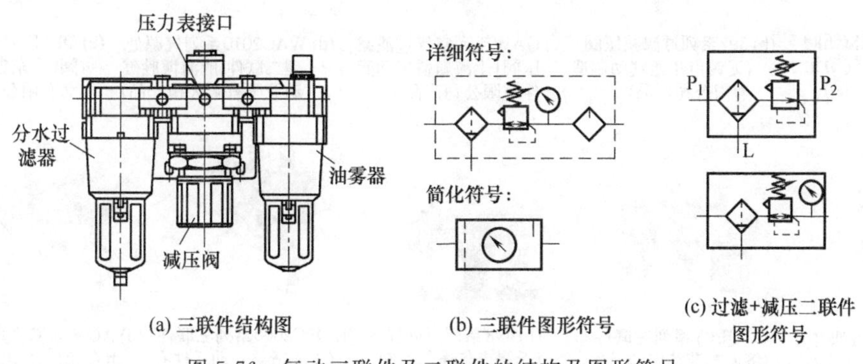

图5-76 气动三联件及二联件的结构及图形符号

减压阀的实物外形如图5-77所示；气动过滤减压阀（二联件）及三联件实物外形如图5-78所示。

在传统三联件基础上，有的企业还推出了多种元件组合为一体的气源处理装置，例如费斯托（中国）有限公司的MSB系列产品，如图5-79 (b) 所示图形符号可知，它由手控开关阀、带

(a) QAR系列大口径减压阀(济南杰菲特气动元件有限公司产品)

(b) AR1000～AR5000系列减压阀(无锡市华通气动制造有限公司产品)

(c) QPJM2000系列精密减压阀(上海新益气动元件有限公司产品)

(d) PJX系列减压阀(威海博胜气动液压有限公司产品)

(e) QTYa系列高压空气减压阀(广东省肇庆方大气动有限公司产品)

(f) VCHR系列直动式减压阀 [SMC(中国)有限公司产品]

(g) AR425～AR935系列先导式减压阀 [SMC(中 国)有限公司产品]

共同输入型　分别输入型

(h) ARM2500/3000系列集装式减压阀 [SMC(中国)有限公司产品]

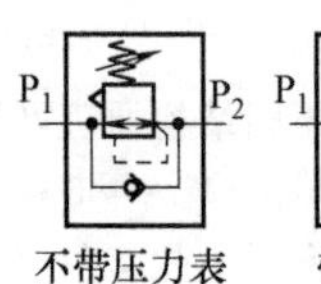

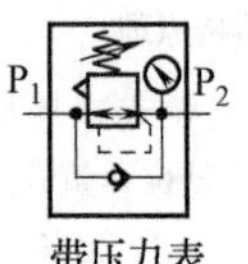

(i) VRPA系列减压阀[费斯托(中国)有限公司产品]

图 5-77　减压阀外形实物图

(a) QE系列过滤减压阀(济南杰菲特气动元件有限公司产品)

(b) 397系列过滤减压阀(无锡市华通气动制造有限公司产品)

(c) QAW系列空气过滤减压阀(上海新益气动元件有限公司产品)

(d) WAC2010系列气源处理二联件(威海博胜气动液压有限公司产品)

(e) QFLJB系列过滤减压阀(广东省肇庆方大气动有限公司产品)

(f) AMR系列带油雾分离器的减压阀[SMC(中国)有限公司产品]

(g) QLPY系列三联件(济南杰菲特气动元件有限公司产品)

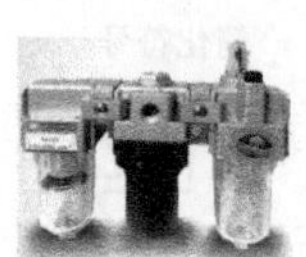
(h) 498系列三联件(无锡市华通气动制造有限公司产品)

(i) QPC2000系列三联件(上海新益气动元件有限公司产品)

(j) AC系列模块式F.R.L.组合元件[SMC(中国)有限公司产品]

图 5-78　气动过滤减压阀（二联件）及三联件实物外形图

压力表的过滤减压阀、带压力开关分支模块、油雾器及安装支架等元件构成，该装置集多种功能于一体：打开和关闭进气压力、过滤和润滑压缩空气、在压力调节范围内无级输出压力、压力切断后装置排气、电控压力监控、调节开关压力、在分支模块接口处取出经过滤和润滑的压缩空气等。其连接气口 G1/8～G1½in、空气过滤精度 5～40μm，调压范围 0.1～1.2MPa，流量 550～14000L/min，因而大大方便了用户的选配和使用维护。

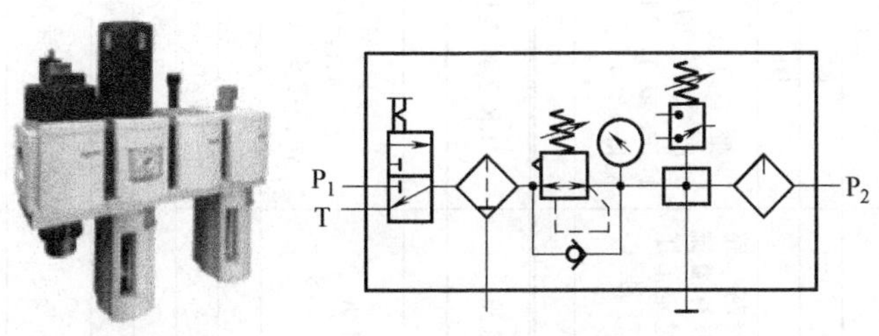

图 5-79　MSB 系列气源处理装置组合

[费斯托（中国）有限公司产品]

(3) 性能参数

减压阀的主要性能参数有公称通径、调压范围、额定流量、稳压精度、灵敏度及重复精度等。

(4) 产品概览（表 5-15、表 5-16）

(5) 应用回路

① 二次压力控制回路。如图 5-80 所示，二次压力控制回路的作用是输出被控元件所需的稳定压力气体（带润滑油雾）。它是串接在一次压力控制回路（参见图 5-70）的出口（气罐右侧排气口）上。由带压力表 4 的气动三联件（分水过滤器 2、减压阀 3、油雾器 5）串联而成。使用时可按系统实际要求，在减压阀入口分支多个相同的二次压力控制回路，以适应不同压力的需要。

② 高低压力控制回路。如图 5-81 所示，高低压力控制回路的气源供给某一压力，经过两个减压阀分别调至要求的压力，当一个执行元件在工作循环中需要高、低两种不同工作压力时，可通过换向阀进行切换。

③ 差压控制回路。在如图 5-82 所示的差压控制回路中，当二位五通电磁阀 1 通电切换至上位时，一次压力气体经阀 1 进入气缸 4 的左腔，推动活塞杆伸出，气缸的右腔经快速排气阀 3 快速排气，缸 4 实现快速运动。当阀 1 工作在图示下位时，一次压力气体经减压阀 2 减压后，通过快速排气阀进入缸的右腔，推动活塞杆退回，气缸左腔的气体经阀 4 排气，从而气缸在高低压下往复运动，符合实际负载的要求。

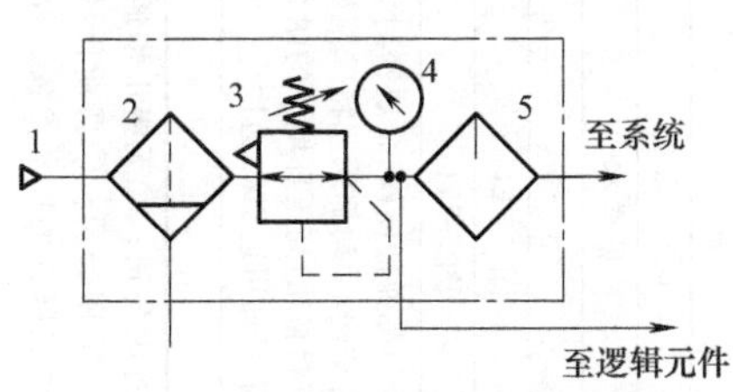

图 5-80　二次压力控制回路

1—气源；2—分水过滤器；3—减压阀；4—压力表；5—油雾器

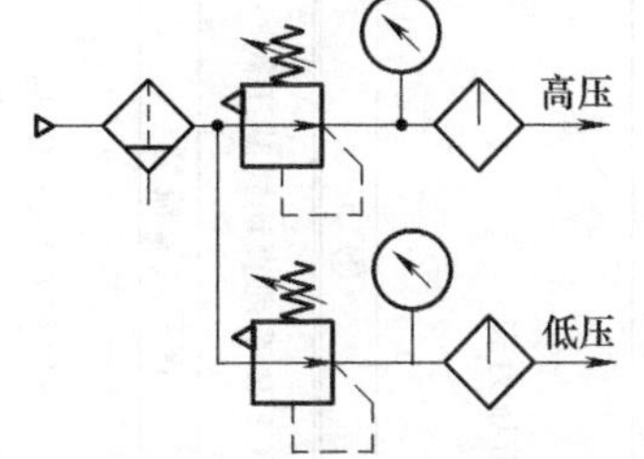

图 5-81　高低压力控制回路

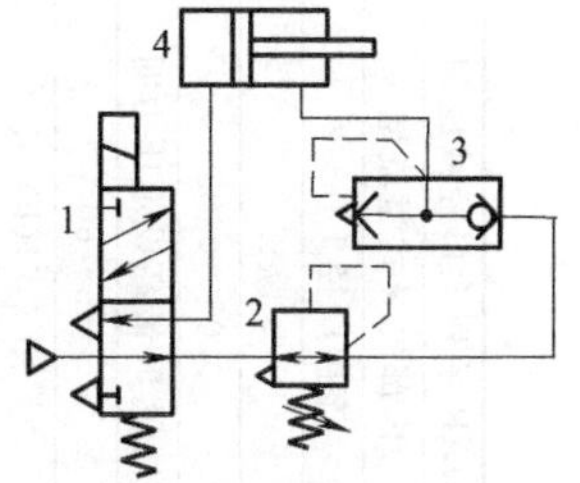

图 5-82　差压控制回路

1—电磁换向阀；2—减压阀；3—快速排气阀；4—气缸

(6) 选型要点

① 应根据气动系统的调压精度要求，选择不同形式的减压阀。

② 稳压精度要求较高时，应选用先导式减压阀；在系统控制有要求或易爆有危险的场合，

表 5-15　减压阀及气动三联件产品概览

系列型号	QAR 系列大口径减压阀	AR1000～AR5000 系列减压阀	QPJM2000 系列精密减压阀	PJX 系列减压阀	QTYa 系列高压空气减压阀
阀型	内部先导式溢流型	溢流型	内部先导式溢流型	外部先导式溢流型	
公称通径/mm 或 in	连接口径 1/4～2	接管口径：M5，1/8～1	连接口径 G1/4	8～25	10～25
压力表口径/in	1/4	1/16～1/4	G1/8		M10
调压范围/MPa	0.05～0.83	0.05～0.85	0.005～0.81	0.05～0.8	0.5～1.6
额定流量/$L \cdot min^{-1}$	耗气量 5(最高设定压力时)	100～8000	耗气量 3～4(压力 0.7～1.0 时)		流量特性见样本
环境温度/℃	−5～60	5～60	−5～60	5～60	−25～80
图形符号	图 5-74(b)	图 5-72(b)	产品样本	图 5-74(b)	图 5-72(b)
实物外形图	图 5-77(a)	图 5-77(b)	图 5-77(c)	图 5-77(d)	图 5-77(e)
结构性能特点	带压力表	带压力表	带压力表	主要用于远距离控制气路的压力。该减压阀带有溢流装置，当输出压力超过定值压力时，溢流阀自动打开排气，使系统压力保持不变	带压力表。可将 3MPa 的压缩空气的压力调节到 1MPa 或 1.6MPa 以下，并保持恒定
生产厂	①	②	③	④	⑤
系列型号	VCHR 系列直动式减压阀	AR425～AR935 系列先导式减压阀	ARM2500/3000 系列集装式减压阀	VRPA 系列减压阀	LR 系列差压调压阀
阀型	直动式溢流型	内部先导式溢流型	溢流型		
公称通径/mm 或 in	连接口径 G3/4～G1½	连接口径 1/4～2	连接口径 1/4、3/8	连接口径 M5，R1/8，R1/4；快插接头 4，6，8	接口：M5，G1/8，G1/4，G3/8，G1/2；快插接头：4，6，8，10，12
压力表口径/in		1/4	1/8		
调压范围/MPa	0.5～5.0	0.02～0.83	0.05～0.85	0.1～0.8	0.1～0.8
额定流量/$L \cdot min^{-1}$	见样本	空气消耗量 5(最高设定压力时)	流量特性见样本	80～160	30～760
环境温度/℃	−5～60	−5～60	−5～60	0～60	0～60
图形符号	图 5-72(b)	图 5-74(b)	图 5-77(h)	图 5-77(i)	样本
实物外形图	图 5-77(f)	图 5-77(g)			
结构性能特点	聚氨酯弹性座阀，金属密封型溢流结构，滑动部采用特殊氟树脂密封材质，高压环境下的耐久性高，寿命可达 1000 万次	带压力表；出口压力的设定范围 $p_2 \leqslant p_1 \times 90\%$；空气消耗量因设定压力不同而异	带有新型快速锁定式手轮；模块型，集装位数 2～10，可自由增减；适合压力的集中管理	手动管式阀；带单向阀；带或不带压力表；旋转手柄带锁定装置	管式连接；带集成单向阀；可保持二次输出压力基本恒定而不受一次输入压力波动和空气消耗的影响
生产厂	⑥			⑦	

①济南杰菲特气动元件有限公司；②无锡市华通气动制造有限公司；③上海新益气动元件有限公司；④威海博胜气动液压有限公司（原威海气动元件厂）；⑤广东省肇庆方大气动有限公司；⑥SMC（中国）有限公司；⑦费斯托（中国）有限公司。

注：各系列减压阀及气动三联件的技术参数、外形等以生产厂产品样本为准。

表 5-16 气动过滤减压阀（二联件）及三联件产品概览

系列型号	QE 系列过滤减压阀	397 系列过滤减压阀	QAW 系列过滤减压阀	WAC2010 系列气源处理二联件	QFLJB 系列过滤减压阀	AMR 系列带油雾分离器的减压阀
阀型	溢流型			溢流型		溢流型
公称通径/mm 或 in	接管口径 M5,Rc1/8～1	6～25; 接管螺纹:G1/8～1	接管口径 M5, 1/8～3/4	接管口径 G1/8～1	8～25	连接口径 1/4～1
压力表口径/in	Rc1/8		1/16,1/8,1/4	G1/8,1/4		
调压范围/MPa	0.05～0.85	0.05～1.0	0.05～0.85	0.05～0.85	0.5～0.8	0.05～0.85
额定流量/L·min^{-1}		250～2665	100～4500	500～4000	350～2730	750～6000
过滤精度/μm	5	50～75	25	25	25～50	0.3
润滑用油						
环境温度/℃	−5～60	5～60	5～60	5～60	−25～80	−5～60
图形符号	图 5-76(c)	图 5-76(c)	图 5-76(c)	图 5-76(b)	图 5-76(c)	图 5-76(c)
实物外形图	图 5-78(a)	图 5-78(b)	图 5-78(c)	图 5-78(d)	图 5-78(e)	图 5-78(f)
结构性能特点	管式连接,带压力表;分水滤气器有自动排水和手动排水两种类型	带压力表;流量会因配管直径减小而减小	管式连接,带压力表;分水滤气器有自动排水和手动排水两种类型	过滤减压阀与油雾器组合二联件,带压力表	螺纹连接	油雾分离器与减压阀一体化,带压力表
生产厂	①	②	③	④	⑤	⑥
系列型号	QLPY 系列三联件	498 系列气源三联件	QPC2000 系列三联件	WAC2000-5000 系列三联件	QFLJWB 系列气源三联件	AC 系列模块式 F.R.L. 组合元件(三联件)
阀型	溢流型		溢流型	溢流型		溢流型
公称通径/mm 或 in	接管口径 M5,Rc1/8～1	6～25;接管螺纹:G1/8～1	接管口径 G1/8、1/4	G1/8～1	8～25	接管口径 1/8～3/4
压力表口径/in			G1/8	G1/8、1/4		1/8
调压范围/MPa	0.05～0.7	0.05～1.0	0.05～0.85	0.05～0.85	0.5～0.8	0.05～0.7
额定流量/L·min^{-1}	150～9000	250～3250	16	500～5000	300～2340	200～1100
过滤精度/μm	5		25	25	25～50	0.3、5
润滑用油	透平油 1 号 ISOVG32	透平油 1 号 ISOVG32	透平油 1 号 ISOVG32	透平油 1 号 ISOVG32		
环境温度/℃	−5～60	5～60	5～60	5～60	−25～80	−5～60
图形符号	图 5-76(b)	图 5-76(b)	图 5-76(b)	图 5-76(b)	图 5-76(b)	图 5-76(b)
实物外形图	图 5-78(g)	图 5-78(h)	图 5-78(i)	样本	样本	图 5-77(j)
结构性能特点	管式连接,带压力表;分水滤气器有自动排水和手动排水两种类型	流量会因配管直径减小而减小	管式连接,带压力表;手动失气排水	流量特性和压力特性见样本	装有金属防护罩,确保安全;可不停气补给润滑油,免除工作中停气之麻烦;组合和单个使用均可,拆装方便	滤芯与杯罩一体化,滤芯便于更换;节能型减压阀,压降最多改善 50%。维护所需空间小;采用透明的全封闭式杯体保护罩,可视性与安全性提高
生产厂	①	②	③	④	⑤	⑥

①济南杰菲特气动元件有限公司；②无锡市华通气动制造有限公司；③上海新益气动元件有限公司；④威海博胜气动液压有限公司（原威海气动元件厂）；⑤广东省肇庆方大气动有限公司；⑥SMC（中国）有限公司。

注：各系列减压阀及气动三联件的技术参数、外形等以生产厂产品样本为准。

应选用外部先导式减压阀，遥控距离一般不大于30m；

③ 确定阀的类型后，由最大输出流量选择阀的通径或连接口径。

④ 阀的气源压力应高出阀最高输出压力0.1MPa；减压阀一般都使用管式连接，特殊需要时也可用板式连接。

(7) 使用维护

① 减压阀的一般安装顺序是，沿气流流动方向顺序布置分水过滤器、减压阀、油雾器或定值器等；阀体上箭头方向为气流流动方向，安装时不要装反。为了便于操作，最好能垂直安装，手柄向上。

② 安装前，应使用压缩空气将连接管道内铁屑等污物吹净，或用酸洗法将铁锈等清洗干净。洗去阀上的矿物油。

③ 为延长使用寿命，减压阀不用时应把调节手柄放松，以免阀内的膜片长期受压变形。

④ 有些减压阀并不需要润滑，也可用润滑介质工作（但以后必须始终用润滑介质）。

(8) 故障诊断（表5-17）

表5-17 减压阀常见故障及其诊断排除方法

故障现象	原因分析	排除方法
阀体漏气	密封件损伤	更换
	紧固螺钉受力不均	均匀紧固
输出压力波动大于10%	减压阀通径或进出口配管通径选小了，当输出流量变动大时，输出压力波动大	根据最大输出流量选用减压阀通径
	输入气量供应不足	查明原因
	进气阀芯导向不良	更换
溢流口总是漏气	进出口方向接反	改正
	输出侧压力意外升高	查输出侧回路
	膜片破裂，溢流阀座有损伤	更换
压力调不高	膜片撕裂	更换
	弹簧断裂	更换
压力调不低输出压力升高	阀座处有异物、有伤痕，阀芯上密封垫剥离	更换
	阀杆变形	更换
	复位弹簧损坏	更换
不能溢流	溢流孔堵塞	更换
	溢流孔座橡胶太软	更换

5.4.4 增压阀及其应用回路

(1) 功用特点

增压阀又称增压器，其功用是提高气动系统的局部气压（增压），气压提高的倍数称增压比。与通过增设空压机获取高压的方法相比，采用增压阀获取高压具有一系列显著优点：成本低，全气动、不需电源及配线、安全性好，发热少（对气缸和电磁阀没有影响），配置简单，占用空间小。

(2) 原理类型

如图5-83（a）所示，增压阀由主体（缸筒）、双驱动活塞及活塞杆、压力调整器、单向阀和切换阀等部分构成。在使用压缩空气增压时，集成的单向阀会自动加快第二侧的压力。两个驱动活塞的气源都由行程控制的切换阀（换向阀）控制，到达行程终端位置后，换向阀会自动反向。

在图示位置，进口P_1的压缩空气通过单向阀通向增压腔A、B；空气经压力调整器和切换阀到达驱动腔B后，驱动腔B和增压腔A的空气压力推动活塞运动；在活塞运动的行程中，高压空气经过单向阀流向P_2（出口）。当活塞运动到行程终点的时候，活塞触动切换阀，转换为驱动腔A进气，驱动腔B排气的状态；这样，增压腔B和驱动腔A的压力推动活塞反向运动，将增

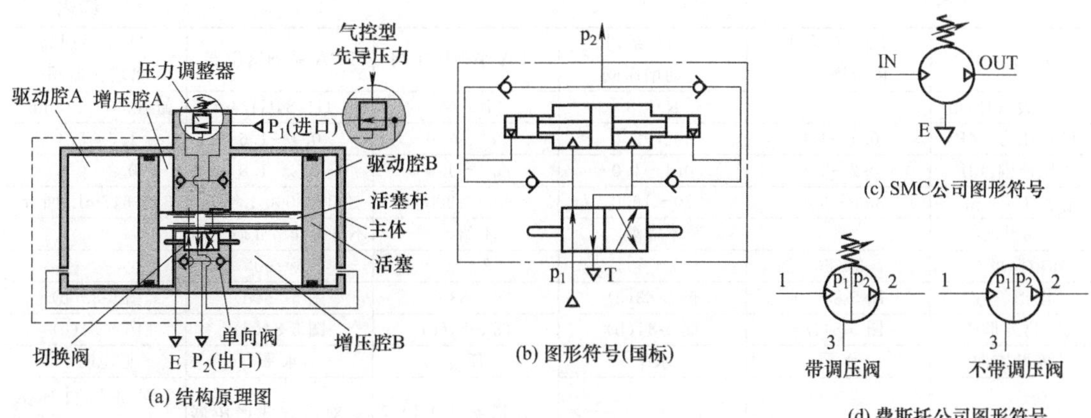

图 5-83　增压阀的结构原理与图形符号

压腔 A 的空气压缩增压，由 P_2 口排出。上述步骤循环往复，就可以在 P_2 口连接提供压力大于 P_1 口压力的高压空气。

在通气后，若增压阀未达到所需的输出压力，则增压阀会自动启动。当达到所需输出压力时，增压阀会切换到节能模式，一旦系统运行过程中出现压降，增压阀就会自动重启。

驱动腔面积 A_1 与增压腔面积 A_2 之比 k（$k=A_1/A_2=p_2/p_1$）即为增压比，它是增压器的主要性能特征参数。在增压比一定前提下，通过压力调整器调节 p_1，即可设定出口压力 p_2。而压力调整器可通过手柄（直接操作）或出口压力反馈（远程操作）来调节，前者称为手动型，后者称为气控型。若增压阀不带压力调整器，则输出压力即为气源压力的 k 倍。

图 5-84 所示为几种增压阀的实物外形图。

(a) XQ-VB系列倍压增压阀(上海新益气动元件有限公司产品)　(b) VMA系列气动增压阀[牧气精密工业(深圳)有限公司产品]　(c) VBA 系列增压阀[SMC(中国)有限公司产品]　(d) DPA 系列增压器[费斯托(中国)有限公司产品]　(e) MVA 系列高倍增压器阀(宁波麦格诺机械制造有限公司产品)

图 5-84　增压阀（增压器）实物外形图

(3) 性能参数

气动增压阀的主要性能参数包括增压比、接管口径、设定压力和供给压力、流量、环境温度等，其具体数值因生产厂商及其产品系列不同而异。

(4) 产品概览（表 5-18）

表 5-18　气动增压阀（增压器）产品概览

系列型号	XQ-VB 系列倍压增压阀	VMA 系列气动增压阀	VBA 系列增压阀	DPA 系列增压器	MVA 系列高倍增压器阀
压力调整器形式		手动型、气控型	手动型、气控型	带调压阀和不带调压阀	
增压比 k	2	2～4	2～4	2	2～9
接管口径/in	G1/4～G1/2	Rc1/4,3/8,1/2	Rc1/4,3/8,1/2	G1/4，G3/8，G1/2	进气口 G1/4～G1/2；出口 G1/4

续表

系列型号	XQ-VB 系列倍压增压阀	VMA 系列气动增压阀	VBA 系列增压阀	DPA 系列增压器	MVA 系列高倍增压器阀
压力表口径/in		Rc1/8	Rc1/8	G1/8,G1/4	缸径 63～125mm
设定压力/MPa	0.4～1.6	0.2～2.0	0.2～2.0	0.4～1.6	1.6～5.4
供压范围/MPa	0.2～1.0	0.1～1.0	0.1～1.0	0.2～1.0	0.2～0.8
流量/L·min^{-1}	300～3000	70～1900	70～1900	300～3000 L/min	31～647mL/回合
润滑油		不需要	不给油	不可带润滑介质工作	
环境温度/℃	5～60	2～50	2～50	5～60	
图形符号	图 5-83(b)	图 5-83(c)	图 5-83(c)	图 5-83(d)	图 5-83(b)
实物外形图	图 5-84(a)	图 5-84(b)	图 5-84(c)	图 5-84(d)	图 5-84(e)
安装方向	水平	水平	任意	水平	见说明书
结构性能特点	成本低,完全以机械方式增压,无需外部能源;达到设定压力自动停止;当压力下降时可自动启动;可在使用中直接增加工作压力;可在狭小空间产生较大动力;安装维修快捷简单	手动控制型、气控型两种压力调节方式可选择;气压作动、不需供电、低发热,且安装简单;可将工厂部分空气压力最大增压到 2～4 倍	在活塞部采用浮动连接构造,提高了使用寿命;在进气口内置滤网,防止异物混入导致动作不良,提高了可靠性;在切换阀的突出部安装缓冲器并安装了高效消声器,降低了金属撞击声和气噪声;导空管和缸筒一体化,可防止结露	双活塞式增压器(缸径 40、63、100mm),磁性活塞,可带储气罐和不带储气罐。任意位置安装;使用寿命长;结构紧凑,设计美观;阀驱动模式,流量损失小,注气时间短;带感测的增压阀,可通过外部传感器和累计计数器来记录驱动活塞的单次行程	在进气口通入 0.2～0.8MPa 的压缩空气,即可获得高压气体,可将压缩空气压力增高 9 倍。通过调节进气口压力大小,可以调节出口压力大小。适用于产品高压耐压测试,气动设备气源的补压,无静电、电火花的极端场合气体、液体的增压
生产厂	①	②	③	④	⑤

①上海新益气动元件有限公司;②牧气精密工业(深圳)有限公司;③SMC(中国)有限公司;④费斯托(中国)有限公司;⑤宁波麦格诺机械制造有限公司。

注:各系列气动增压阀(增压器)的技术参数、外形等以生产厂产品样本为准。

(5) 应用回路

① 局部增压回路。如图 5-85 所示,在工厂部分设备需要高压的场合,相应的局部气路中设置增压阀 1～4,尽管整体气路仍为低压,但在系统局部可以使用高压设备。

② 增大输出力回路。如图 5-86 (a) 所示,当气缸的输出力不足,同时受空间限制无法采用更大口径的气缸时,可以采用增压阀 [图 5-86 (b)],在不更换气缸情况下达到增加输出力的效果。对于驱动部件需要小型化,气缸要求体积小,预定的输出力却要求较大时,也可以采用增压阀。

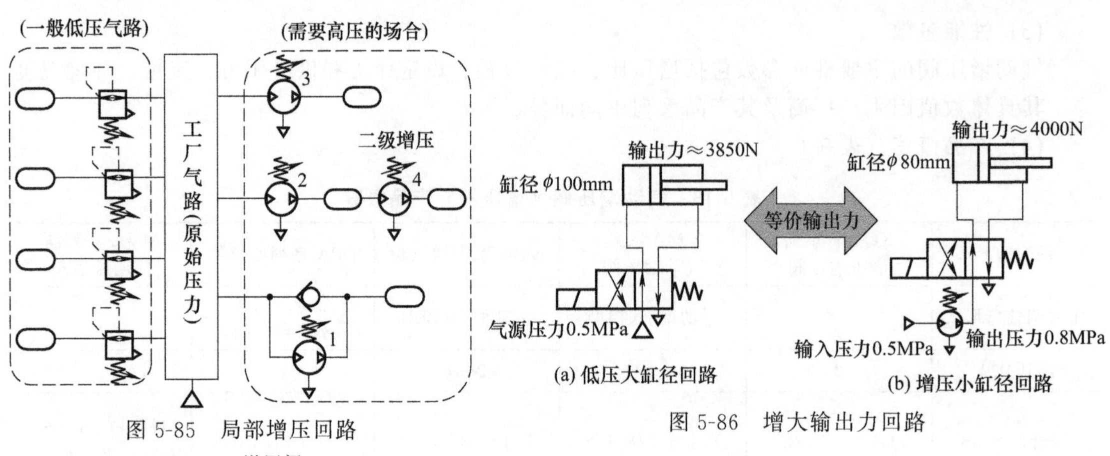

图 5-85 局部增压回路

1～4—增压阀

图 5-86 增大输出力回路

③ 单作用气缸节能回路。如图 5-87 所示，在气缸 1 单向做功的情况下，在相应的进气回路中安装增压阀 2，可减少压缩空气的消耗量，实现节能。

④ 快速充气回路。如图 5-88（a）所示，在气罐 4 充气的过程中，采用增压阀 2 和单向阀 1 并联的回路，当气罐压力低于入口的气源压力时，通过单向阀向气罐充气，从而缩短充气时间［图 5-88（b）］。

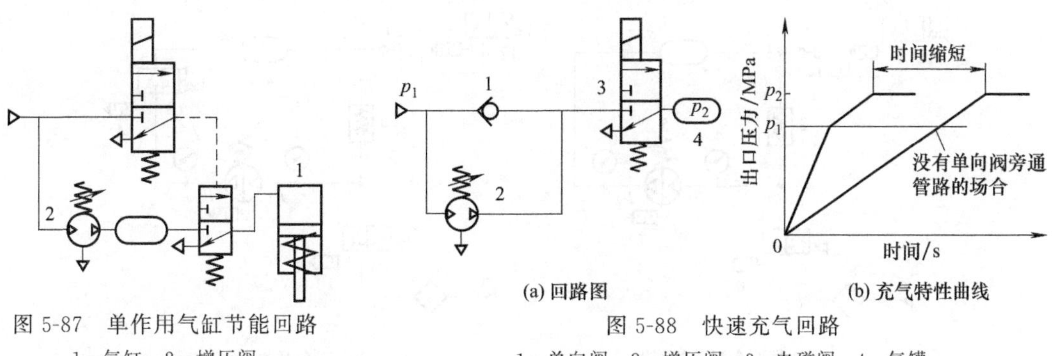

图 5-87　单作用气缸节能回路
1—气缸；2—增压阀

图 5-88　快速充气回路
1—单向阀；2—增压阀；3—电磁阀；4—气罐

(6) 选型配置

① 增压阀主要用于气动系统局部增压，只在必要时用于气源调压，并不能替代空压机，因为连续工作会大大增加阀内密封件和驱动活塞等部分的磨损。

② 应根据增压阀出口侧压力、流量、生产节拍时间等条件，结合产品样本选定增压阀的增压比、通径等规格大小。

③ 增压阀进口侧供气量应是出口侧流量和 T 口所排出量（一部分）的总和。

④ 长时间运转时，须明确增压阀的寿命期限。因增压阀的寿命由动作次数决定，故当出口侧的执行元件使用量较多时，寿命会变短。

⑤ 出口压力的设定要比进口压力高 0.1MPa 以上。若压力差在 0.1MPa 以下，会导致动作不良。

⑥ 建议在给增压阀供气的气路上设置一个二位三通开关阀（图 5-89），以保证仅在已建立起气源压力 p_{in} 时，打开二位三通开关阀供气；同样，输出压力侧建议设置一个二位三通开关阀，以用于安全排放输出压力，否则就只能通过彻底释放调压阀（压力调整器）弹簧实现排气。若增压阀不带调压阀（压力调整器），就必须通过二位三通开关阀来确保外部排气。

⑦ 在增压阀 5 的输出压力侧串接一个贮气罐 2（图 5-90），可补偿增压阀输出压力的波动（此时贮气罐相当于一个气容）。通过连接管路是利用气源压力 p_1 给贮气罐注气的一种有效方式。

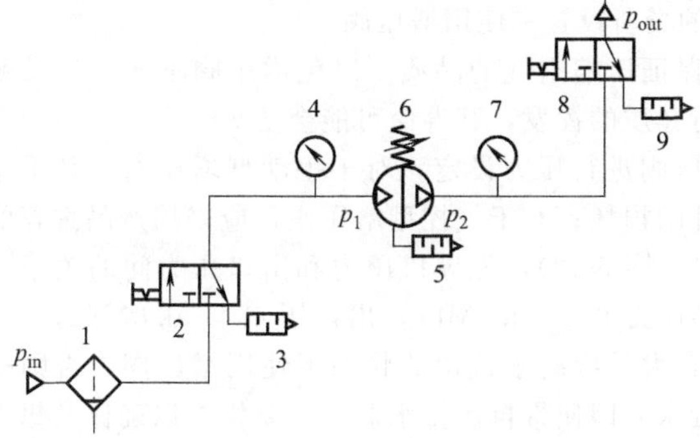

图 5-89　回路中输入输出侧二位三通开关阀的设置
1—过滤器；2，8—增压阀-二位三通开关阀；
3，5，9—消声器；4，7—压力表；6—增压阀

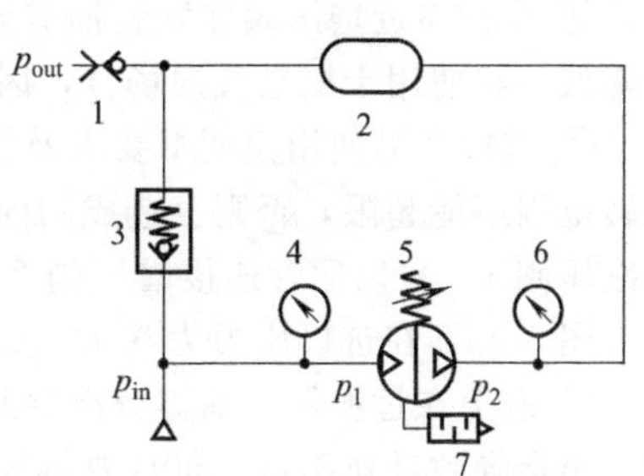

图 5-90　回路中贮气罐的设置
1—快换接头；2—贮气罐；3—单向阀；
4，6—压力表；5—增压阀；7—消声器

增压阀 5 只须补偿气源压力 p_1 和输出压力 p_2 的差值，这样可加快贮气罐的注气速度，单向阀 3 则可防止贮气罐空气回流。

贮气罐既可通过调压阀所带的调压阀（压力调整器）5 的手柄排气［图 5-91（a)］，也可通过附加的开关阀 13 实现排气［图 5-91（b)］。

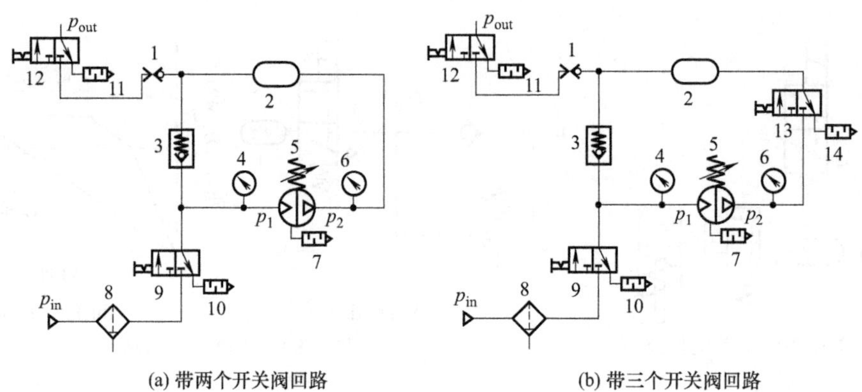

(a) 带两个开关阀回路　(b) 带三个开关阀回路

图 5-91　贮气罐的排气方法

1—快换接头；2—贮气罐；3—单向阀；4,6—压力表；5—增压阀；7,10,11,14—消声器；8—过滤器；9,12,13—开关阀

⑧ 在通气后，通过旋转调压阀手柄来预紧调压弹簧，直到达到所需输出压力，建议选用带锁调压阀以防调压设定在未授权情况下被篡改；推荐使用压力表监控输出压力 p_2。

(7) 安装配管

① 搬运。在搬运时请双手握住较长方向的两端，不要握住中央的调节手轮进行搬运，以免手轮脱落导致本体落下而损伤。

② 增压阀应水平安装。垂直安装会导致动作不良。

③ 由于增压阀的驱动活塞的循环振动会传播，安装时，安装螺钉要用规定的紧固力矩进行安装。为了减振，可在产品之间夹防振橡胶。

④ 配管前，将配管内的切粉、切削油、灰尘等污物吹洗干净，以免其进入增压阀内部导致动作不良、耐久性降低。为了发挥增压阀的既定功能，配管尺寸应与阀的通口尺寸相符。

(8) 使用维护

① 使用维护工作要有一定气动技术知识和实践经验的人员来进行。

② 应避免在雨淋及阳光直射处或有振动的场所设置和使用增压阀。

③ 应在靠近增压阀侧安装油雾分离器，保证压缩空气的品质，以免增压阀不能增压及耐久性降低；在使用干燥空气的场合，因内部润滑介质的挥发，其寿命可能会变短。

④ 应按产品使用说明书要求及方法对增压阀进行压力设定。对于手动型增压阀，其手轮的旋转范围不能超限，否则会造成阀内部零部件的损坏；对于气控型增压阀，应采用产品推荐的先导减压阀 1，并以配管连接增压阀 2 的先导口（图 5-92），先导口压力和出口压力间的关系，可参考图 5-93，在进口压力为 0.4MPa 时，先导压力 0.2～0.4MPa，出口压 0.4～0.8MPa。

⑤ 避免在过滤器、油雾分离器及气罐内有大量冷凝水残留的状态下使用增压阀，否则冷凝水流出会导致动作不良。每日要排放一次冷凝水，即便带自动排水器，也要检查以确保其每天动作一次。

⑥ 增压阀的使用寿命因使用空气的品质以及使用条件不同而异。作为达到使用寿命的征兆，若从手轮下方经常泄气，或出口侧在不消耗空气的情况下，也能在 10～20s 间隔内听到增压阀的

排气声，则应尽快检查维护。

⑦ 在维护时，应按增压阀的系列型号，备好维修用备件。

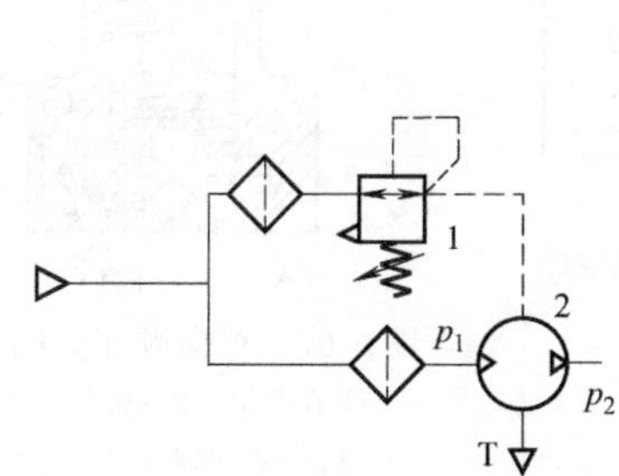

图 5-92 气控型增压阀

1—减压阀；2—增压阀

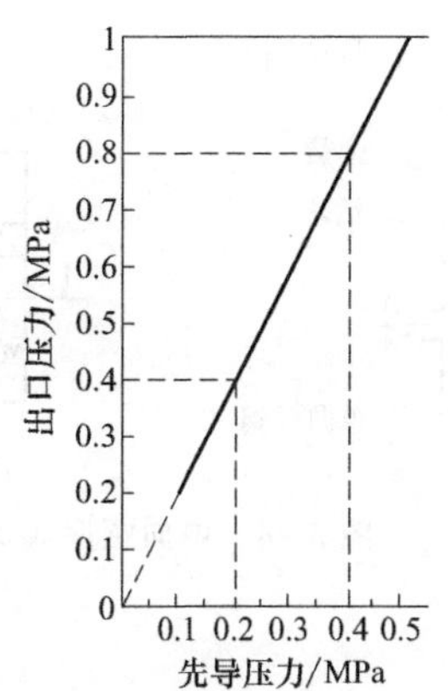

图 5-93 先导口压力和出口压力间的关系（流量 $q=0$）

5.4.5 顺序阀及其应用回路

(1) 功用类型

气动顺序阀又称压力联锁阀，常用于气动系统中执行元件间的动作顺序控制。按调压方式不同，顺序阀有直动式和先导式两种；按控制方式有内控式和外控式两类；顺序阀一般很少单独使用，往往与单向阀配合在一起，构成单向顺序阀。

(2) 结构原理

① 直动式顺序阀。图 5-94（a）、（b）为内控直动式顺序阀的原理简图。当输入压缩空气，作用在阀芯的力小于弹簧的作用力时，阀口关闭［图 5-94（a）］，P→A 断；如其压力大于弹簧力时，阀口开启［图 5-94（b）］，P→A 通。调节弹簧压缩量即可调节进口压力。

② 外控式顺序阀。图 5-95 所示为外控式顺序阀的图形符号，当外控口 K 输入压缩空气时，阀口开启，P→A 接通。

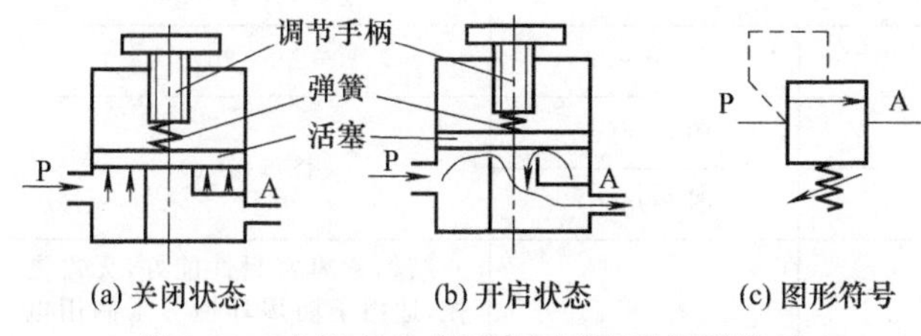

图 5-94 内控直动式顺序阀原理及图形符号

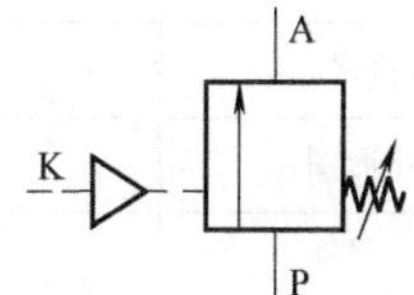

图 5-95 外控式顺序阀的图形符号

③ 单向顺序阀。如图 5-96（a）所示，当压缩空气由单向顺序阀左端进入阀腔后，作用于活塞上的气压力超过压缩弹簧 3 上的预调力时，将活塞（阀芯）顶起，压缩空气从 P→A 输出，此时单向球阀在压差力及弹簧力的作用下处于关闭状态。反向流动时［图 5-96（b）］，输入侧变成排气口，输出侧压力顶开单向阀 A→T 排气，顺序阀仍关闭。调节旋钮就可改变单向顺序阀的开启压力，以便在不同的开启压力下，控制执行元件的顺序动作。图 5-97 所示为单向顺序阀的结构图。

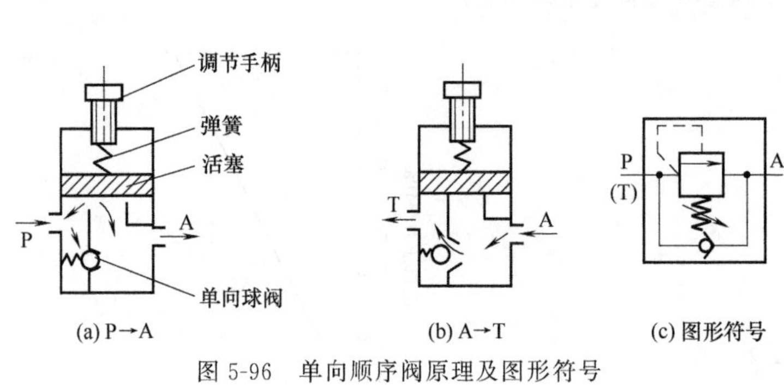

图 5-96　单向顺序阀原理及图形符号

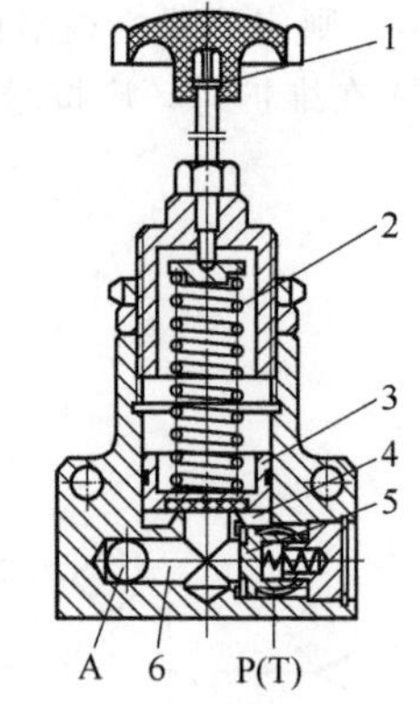

图 5-97　单向顺序阀的结构图

1—调节手轮；2—弹簧；3—活塞；4,6—工作腔；5—单向阀

(3) 性能参数

顺序阀的性能参数有公称通径、工作压力、开启/闭合压力、有效截面积、泄漏量、响应时间等，其具体参数因生产厂商及其产品系列的不同而异。

(4) 产品概览（表 5-19）

表 5-19　气动顺序阀产品概览

系列型号	KPSA-8 型单向顺序阀	KPSA 系列单向压力顺序阀	HBWD-B 系列气动顺序阀
公称通径/mm 或 in	8,接管螺纹 G1/8	6～15	接管螺纹 Rc1/8
工作压力范围/MPa	0.15～0.8	0.1～0.8	0.2～0.6
顺序阀开启/闭合压力/%	0.18～0.58MPa	85/60	
单向阀开启压力/MPa		0.03	
有效截面积/mm^2	≥20	10～60	最小通路面积 4.0
泄漏量/$mL \cdot min^{-1}$	≤10	50～120	
响应时间/s		0.03	延迟时间 1～10
环境温度/℃	5～50	−10～50	0～70
图形符号	图 5-96(c)	图 5-96(c)	图 5-98(c)
实物外形图	图 5-98(a)	图 5-98(b)	
结构性能特点	管式阀,当进气压力达到阀的设定开启压力时,阀便打开,接通气路;进气压力低于阀的开启压力时,阀即关闭,气流打开单向阀逆向流动。阀的开启压力可通过调整弹簧的压力来决定	管式连接	结构紧凑密封性能好,无需电控,适用于防爆环境等限制用电的环境;能使夹具内的执行元件依次动作;延迟时间 1～10s,最适用于气口数有限或不能使用电源的环境;能设置在切削加工工具上,能通过单向阀、调节阀等控制气压流量。无需气控口,能以最少的供给口实现执行元件动作
生产厂	①	②	③

①济南杰菲特气动液压有限公司产品；②广东肇庆方大气动有限公司。③广东东莞市好手机电科技有限公司。

注：各系列顺序阀的技术参数、外形等以生产厂产品样本为准。

(a) KPSA-8型单向顺序阀
(济南杰菲特气动液压有限公司产品)

(b) KPSA系列单向压力顺序阀
(广东省肇庆方大气动有限公司产品)

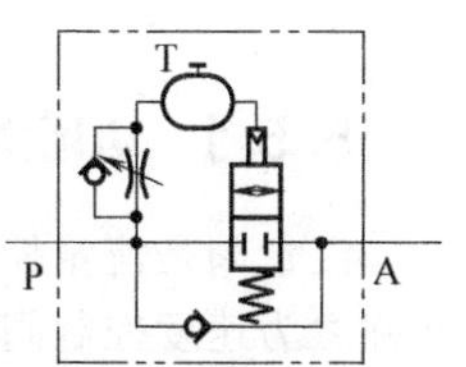

(c) HBWD-B系列气动顺序阀
(东莞市好手机电科技有限公司产品)

图 5-98　顺序阀实物外形图

(5) 应用回路

① 过载保护回路。图 5-99 所示过载保护回路用于防止系统过载而损坏元件。当按下手动换向阀 1 后，压力气体使气动换向阀 4 和 5 切换至左位，气缸 6 进给（活塞杆伸出）。若活塞杆遇到大负载或活塞行程到右端点时，气缸左腔压力急速上升。当气压升高至顺序阀 3 的调压值时，顺序阀开启，高压气体推动换向阀 2 切换至上位，使阀 4 和阀 5 控制腔的气体经阀 2 排空，阀 4 和 5 复位，活塞退回，从而保护了系统。

② 双缸顺序动作回路。图 5-100 所示为机械加工设备的双缸动作回路，气缸 1 和支承气缸 2 的动作顺序为：缸 1 右行 a，延迟 1～10s，然后缸 2 左行 b，完成工件夹紧；接着机器开始对工件进行加工；加工结束后，双缸几乎同时完成动作 c，对工件进行释放。为此，在后动作的气缸 2 的气路上串接了 HBWD-B 系列单向顺序阀 3［参见图 5-98（c）］。在电磁阀 4 处于图示下位时，从气源 8 供给的压缩空气经滤气器 7、减压阀 6 和阀 4 后一分为二：一路进入气缸 1 的无杆腔（有杆腔经阀 4 排气）实现动作 a（此时气缸 2 不动作）；另一路经单向节流阀 3-3 向贮气罐 3-2 充气，当贮气罐的空气充满后时，其压力操纵内部气控切换阀 3-1 切换至上位，气缸 2 实现动作 b。完成加工后，电磁阀 4 切换至上位，缸 1 有杆腔进气，无杆腔经阀 4 排气；同时气缸 2 经阀 3 中的内部单向阀 3-4 和阀 4 排气（同时贮气罐通过单向节流阀中的单向阀 3-4 和阀 4 排气），双缸几乎同时完成动作动作 c，释放工件。双缸动作顺序间的延迟时间可通过调节内部单向节流阀的开度来实现。

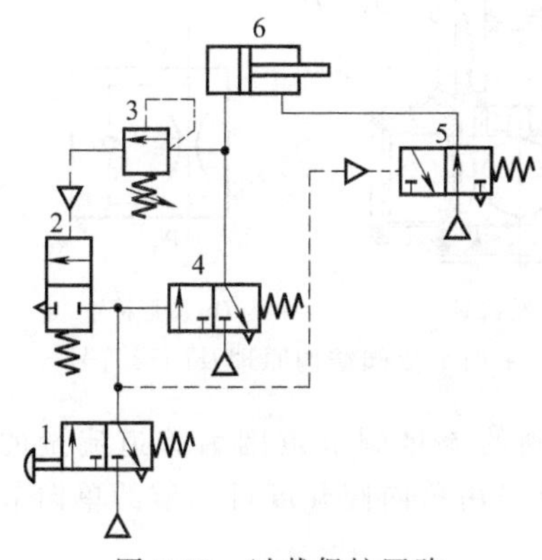

图 5-99　过载保护回路
1—手动换向阀；2,4,5—气控换向阀；3—顺序阀；6—气缸

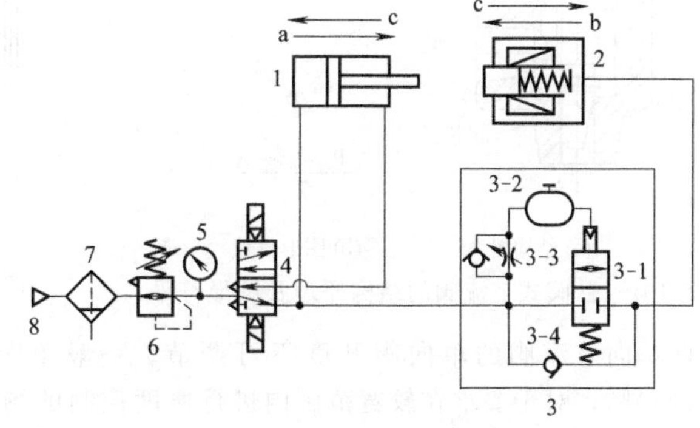

图 5-100　双缸顺序动作回路
1—气缸；2—支承气缸；3—单向顺序阀（3-1—气控切换阀；3-2—贮气罐；3-3—单向节流阀；3-4—单向阀）；4—二位五通电磁阀；5—压力表；6—减压阀；7—分水滤气器；8—气源

(6) 选型配置、使用维护及故障诊断

顺序阀选型配置、使用维护及故障诊断可参照溢流阀的相关内容来进行。

5.5 流量阀及其应用回路

5.5.1 功用类型

流量阀是流量控制阀的简称，其功用是通过控制气体流量来控制执行元件的运动速度，故又称之为速度控制阀，而气体流量的控制又是通过改变阀中节流口的通流面积（即气阻）实现的。节流口有细长孔、短孔、轴向三角沟槽等多种形式。常用的流量阀有节流阀、单向节流阀、排气节流阀以及特殊功能和特殊环境用流量阀等；按照调节方式不同，流量阀有人工手动调节和机械行程调节两种方式。

5.5.2 结构原理

(1) 节流阀

节流阀是安装在气动回路中，通过调节阀的开度来调节流量的控制阀。对节流阀的要求是：流量调节范围较宽；能进行微小流量调节；调节精确，性能稳定；阀芯开度与通过的流量成正比。按阀芯结构不同，节流阀有针阀型、三角沟槽型和圆柱斜切型等类型。

图 5-101（a）为圆柱斜切型针阀式节流阀的结构图。通过调节杆改变针阀芯相对于阀体的位移量改变阀的通流面积，即可达到改变阀的通流流量大小的目的。圆柱斜切型的节流阀流通面积与阀芯位移量成指数关系，能实现小流量的精密调节。而三角沟槽型的节流阀流通面积与阀芯的位移为线性关系。

(2) 单向节流阀

图 5-102（a）为单向阀和节流阀并联而成的组合单向节流阀。当气流由 P 口向 A 口流动时。经过节流阀（三角沟槽型节流口）节流；反方向流动，即由 A 向 P 流动时，单向阀打开，不节流。常用于气缸调速和延时回路中。

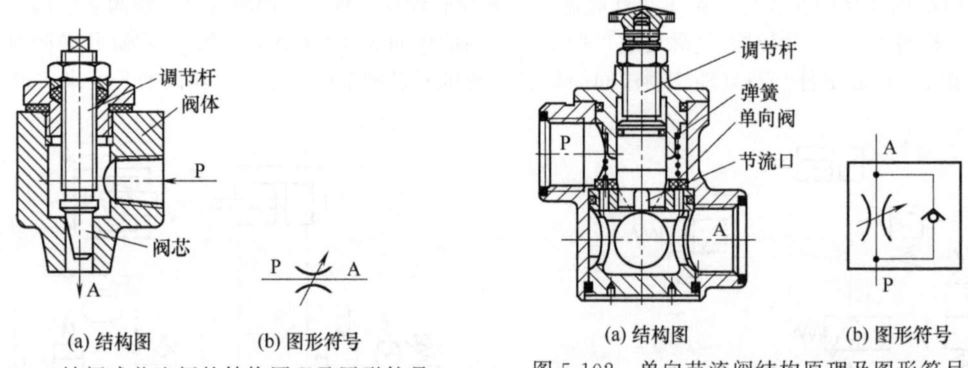

图 5-101 针阀式节流阀的结构原理及图形符号

图 5-102 单向节流阀结构原理及图形符号

此单向节流阀的单向阀开度不可调节。一般单向节流阀的流量调节范围为管道流量的 20%～30%，对于要求在较宽范围内进行速度控制的场合，可采用单向阀开度可调节的单向节流阀。

(3) 排气节流阀

与节流阀所不同的是，排气节流阀安装在系统的排气口处，不仅能够靠调节流通面积来调节气体流量从而控制执行元件的运动速度，而且因其常带消声器件，具有减少排气噪声的作用，故又称其为排气消声节流阀。

图 5-103（a）所示为带消声套的排气节流阀结构图，通过调节手柄或一字螺丝刀（螺钉旋具）

调节螺钉，可改变阀芯左端节流口（三角沟槽型或针阀）的开度，即改变由 A 口来的排气量大小。

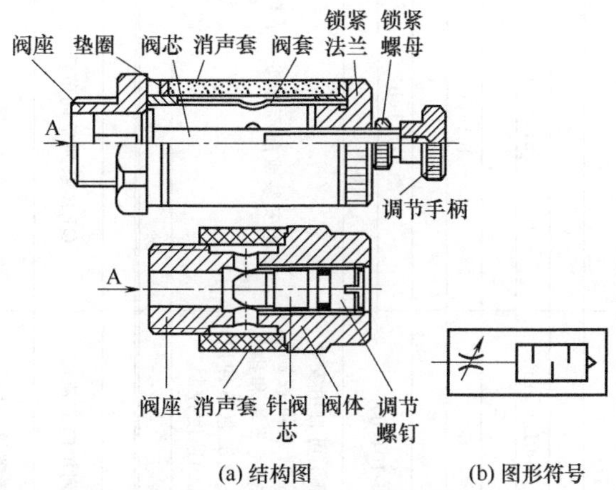

图 5-103　排气节流阀结构原理及图形符号

图 5-104 给出了一些气动流量阀的实物外形。

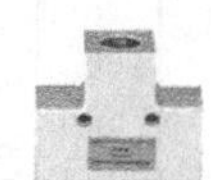

(a) KLJ系列节流阀（济南杰菲特气动液压有限公司产品）

(b) XQ150000 系列节流阀（上海新益气动元件有限公司产品）

(c) KL 系列节流阀(威海博胜气动液压有限公司产品)

(d) ASD系列双向速度控制阀[SMC(中国)有限公司产品]

(e) GRPO系列精密节流阀[费斯托(中国)有限公司产品]

(f) KLA系列单向节流阀（济南杰菲特气动液压有限公司产品）

(g) AS-FS系列速度控制阀[SMC(中国)有限公司产品]

(h) GRR系列单向节流阀[费斯托(中国)有限公司产品]

(i) QLA系列单向节流阀(广东省肇庆方大气动有限公司产品)

(j) KLPx、KLPXa 系列排气消声节流阀(威海博胜气动液压有限公司产品)

(k)ASN2 系列带消音器的排气节流阀[SMC(中国)有限公司产品]

(l)GRE系列排气节流阀[费斯托(中国)有限公司产品]

(m) ASP系列排气节流阀[SMC(中国)有限公司产品]

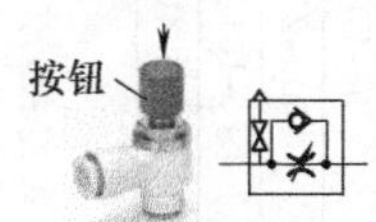

(n) AS FE 系列排气节流阀[SMC(中国)有限公司产品]

图 5-104　流量控制阀实物外形图

5.5.3　性能参数

流量阀的性能参数有公称通径、工作压力、有效截面积、泄漏量、环境温度等，其具体数值因生产厂及其系列类型不同而异。

5.5.4 产品概览（表 5-20）

表 5-20 气动流量阀产品概览

系列型号	节流阀				
	KLJ 系列节流阀	XQ150000 系列节流阀	KL 系列节流阀	ASD 系列双向速度控制阀	GRPO 系列精密节流阀
公称通径/mm 或 in	6～15	2～9； 接口螺纹：G1/8～G1/2	6～15； 连接螺纹：M10～M22	连接口径： M5，10-32UNF，1/8～1/2	G1/8
工作压力/MPa	0.05～0.8	0～1.0	1.0	0.1～1.0	0～0.8
单向阀开启压力/MPa					
有效截面积/mm^2	6～36	流量 0～1600L·min^{-1}	5～40	流量 75～1300L·min^{-1}	0～75.8L·min^{-1}
泄漏量/mL·min^{-1}	≤50～100				
环境温度/℃	5～50	5～60	5～60	−5～60	−10～50
耐久性/万次	150～200				
图形符号	图 5-101(b)	图 5-101(b)	图 5-101(b)	图 5-104(d)	图 5-101(b)
实物外形图	图 5-104(a)	图 5-104(b)	图 5-104(c)		图 5-104(e)
结构性能特点	管式连接，双向节流结构，一般用于单作用气缸速度调节	管式连接，双向节流结构，用于改变气缸运动速度和其他节流场合	简单双向节流元件，通常用于调节气路中压缩空气的流量	管子在 360°可自由安装。一个速度控制阀可控制双向的流量(进气节流和排气节流)；防止气缸急速伸出；单作用气缸的速度控制	底板安装或前面板安装；手动调节
生产厂	①	②	③	④	⑤
系列型号	单向节流阀				
	KLA 系列单向节流阀	XQ100000 系列单向节流阀	AS-FS 系列速度控制阀	GRR 系列单向节流阀	QLA 系列单向节流阀
公称通径/mm 或 in	3～50	2～12；接口螺纹：G1/8～G1/2	连接口径： M5，10-32UNF，1/8～1/2	12，连接螺纹 G1/2	3～25
工作压力/MPa	0.05～0.8	0.03～1.0	0.1～1.0	0.03～1.0	0.05～0.8
单向阀开启压力/MPa	0.05	0.03			≤0.05
有效截面积/mm^2	3～650	流量 0～2500L·min^{-1}	样本	流量 0～1300L·min^{-1}	4～190
泄漏量/mL·min^{-1}	50～500				
环境温度/℃	5～50	5～60	−5～60	−10～60	−20～80
耐久性/万次	150			操纵力 110N	
图形符号	图 5-102(b)	图 5-102(b)	图 5-102(b)	图 5-102(b)	图 5-102(b)
实物外形图	图 5-104(f)	样本	图 5-104(g)	图 5-104(h)	图 5-104(i)

续表

系列型号	单向节流阀				
	KLA 系列单向节流阀	XQ100000 系列单向节流阀	AS-FS 系列带刻度的速度控制阀	GRR 系列单向流量控制阀	QLA 系列单向节流阀
结构性能特点	由单向阀和节流阀并联而成，螺纹连接。一般安装在气缸和换向阀之间，有进气节流和排气节流二种接法，后者可使气缸排气腔形成一定的背压，使气缸运动更加平稳	由单向阀和节流阀组合而成，常用于气缸两个不同方向的速度	针阀型节流口；弯头型、通用型；按压锁定式手轮操纵；进排气节流可选；可通过标度窗进行流量数值管理以减少作业工时和误设定	滚轮杠杆行程控制开度调节流量，弹簧复位，平稳性好	结构新颖；进出气口同轴，螺纹连接，便于安装；节流特性曲线平滑，线性好，无突变
生产厂	①③	②	④	⑤	⑥

系列型号	排气节流阀			特殊功能流量阀	
	KLPx、KLPXa 系列排气消声节流阀	ASN2 系列带消音器的排气节流阀	GRE 系列排气节流阀	ASP 系列排气节流阀	AS FE 系列排气节流阀
公称通径/mm 或 in	6～25	连接口径：M5，10-32UNF，1/8～1/2	接口尺寸 G 1/8～ G3/4	连接口径 1/8～1/2；先导口径 M5，10-32UNF，1/8～1/2	连接口径 R1/8～1/2
工作压力/MPa	最高 1.0	0.1～1.0	0～1.0	0.1～1.0	0.1～1.0
单向阀开启压力/MPa				先导阀动作压力为工作压力 50%以上	
有效截面积/mm^2	5～110	1.8～24.5	流量 0～3600L·min^{-1}	流量 180～1190L·min^{-1}	流量 180～1710L·min^{-1}
泄漏量/mL·min^{-1}		流量特性见样本			
环境温度/℃	5～60	−5～60	−10～70	−5～60	−5～60
耐久性/万次	消声效果 20dB(A)	针阀回转数 10 圈			凡士林为润滑剂
图形符号	图 5-103(b)	图 5-103(b)	图 5-103(b)	图 5-104(m)	图 5-104(n)
实物外形图	图 5-104(j)	图 5-104(k)	图 5-104(l)		
结构性能特点	带消声器，除了具有排气节流阀的特性外，还能降低排气噪声；该阀一般安装在其他气动阀的排气口	针阀式节流口，速度控制容易，消声性能好（最大流量下消声效果在 20dB 以上）。可直接安装于电磁阀的排气通口	排气流量阀是拧入控制阀或传动装置的排气控制器；通过调整排气量来控制气缸的运动速度，空气通过消声器排出，降低了噪声水平	属特殊功能速度控制阀；先导式单向阀和速度控制阀一体化，能进行气缸的暂时中间停止及气缸的速度控制；管子可在 360°内自由安装	属特殊功能速度控制阀；针阀结构；带残压释放阀和快换接头；安装与气缸和换向阀之间，推压一下按钮便能简单地排去残压；有进气节流和排气节流两个类型
生产厂	③	④	⑤	④⑦	

①济南杰菲特气动液压有限公司产品；②上海新益气动元件有限公司；③威海博胜气动液压有限公司；④SMC（中国）有限公司；⑤费斯托（中国）有限公司；⑥广东肇庆方大气动有限公司；⑦浙江西克迪气动有限公司。

注：各系列流量阀的技术参数、外形等以生产厂产品样本为准。

5.5.5 应用回路

流量阀主要用于气动执行元件的速度控制，构成各种调速回路和速度换接（从一种速度变换为另一种速度）回路。

气缸等执行元件运动速度的调节和控制大多采用节流调速原理。

调速回路有节流调速回路、慢进快退调速回路、快慢速进给回路、气液复合调速回路等。对于节流调速回路可采用进气节流、排气节流、双向节流调速等，进气和排气节流调速回路的组成及工作原理较为简单，故此处着重介绍双向节流调速回路。

① 单作用缸双向节流调速回路。如图 5-105 所示，二只单向节流阀 1 和 2 反向串联在单作用气缸 4 的进气路上，由二位三通电磁阀 3 控制气缸换向。图示状态，压力气体经过电磁阀 3 的左位、阀 1 的节流阀、阀 2 的单向阀进入气缸，缸的活塞杆克服背面的弹簧力伸出，伸出速度由阀 1 开度调节。当阀 3 切换至右位时，气缸由阀 2 的节流阀、阀 1 的单向阀、换向阀的右位排气而退回，退回速度由阀 2 的节流阀开度调节。

② 双向调速回路。图 5-106 所示为两种形式的双向调速回路，二者均采用二位五通气控换向阀 3 对气缸 4 换向。图 5-106（a）采用单向节流阀 1、2 进行双向调速，图 5-106（b）采用阀 3 排气口的排气节流阀 5、6 双向调速。两种调速效果相同，均为出口节流调速特性。

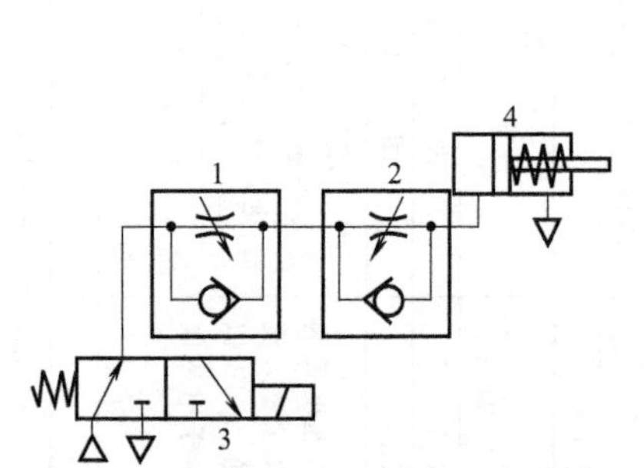

图 5-105 单作用缸双向节流调速回路

1,2—单向节流阀；3—二位三通电磁阀；4—气缸

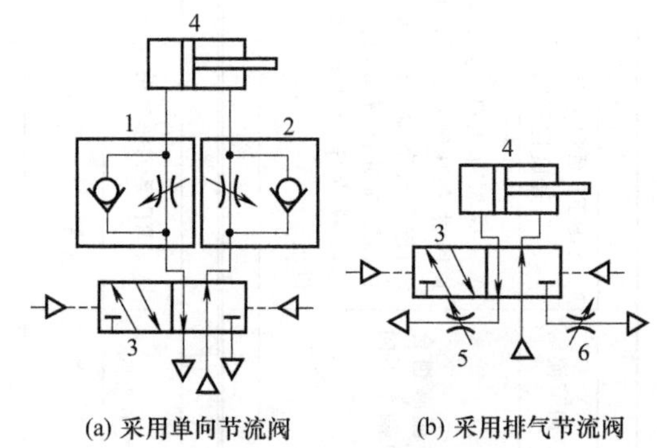

图 5-106 双向调速回路

1,2—单向节流阀；3—二位五通气控换向阀；4—气缸；5,6—排气节流阀

③ 慢进快退调速回路。机器设备的大多数工况为慢进快退，图 5-107 所示慢进快退调速回路为此类回路中常见的一种。当二位五通换向阀 1 切换至左位时，气源通过阀 1、快速排气阀 2 进入气缸 4 左腔，右腔经单向节流阀 3、阀 1 排气。此时，气缸活塞慢速进给（右行），进给速度由阀 3 开度调节。当换向阀 1 处于图示右位时，压缩空气经阀 1 和阀 3 的单向阀进入气缸 4 的右腔，推动活塞退回。当气缸左腔气压增高并开启阀 2 时，气缸左腔的气体通过阀 2 直接排向大气，活塞快速退回，实现了慢进快退的换接控制。

④ 用行程阀的快速转慢速回路（减速回路）。如图 5-108 所示，此回路可使气缸空程快进、接近负载时转慢速进给。当二位五通气控换向阀 1 切换至左位时，气缸 5 的左腔进气，右腔经行程阀 4 下位、阀 1 左位排气实现快速进给。当活塞杆或驱动的运动部件附带的活动挡块 6 压下行程阀时，气缸右腔经节流阀 2、阀 1 排气，气缸转为慢速运动，实现了快速转慢速的换接控制。

⑤ 用二位二通电磁阀的快速转慢速回路。如图 5-109 所示，当二位五通气控换向阀 1 工作在左位时，气体经阀 1 的左位、二位二通电磁阀 2 的右位进入气缸 4 左腔，右腔经阀 1 排气使活塞快速右行。当活动挡块 5 压下电气行程开关（图中未画出），使阀 2 通电切换至左位时，气体经节流阀 3 进入气缸的左腔，右腔经阀 1 排气，气缸活塞转为慢速进给，慢进速度由阀 3 的开度调定。

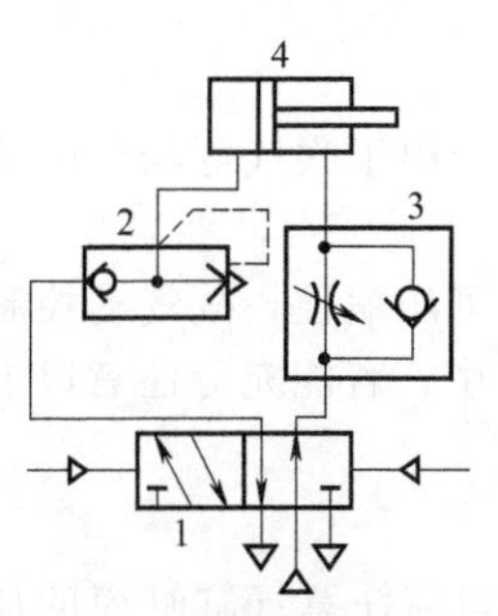

图 5-107　慢进快退调速回路

1—二位五通气控换向阀；2—快速排气阀；3—单向节流阀；4—气缸

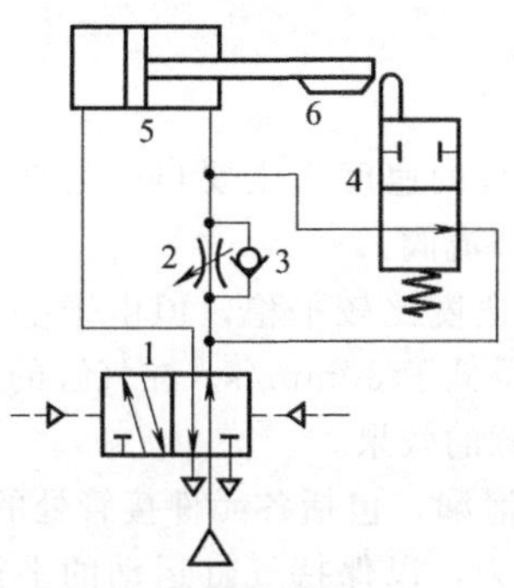

图 5-108　用行程阀的快速转慢速回路

1—二位五通气控换向阀；2—节流阀；3—单向阀；4—行程阀；5—气缸；6—活动挡块

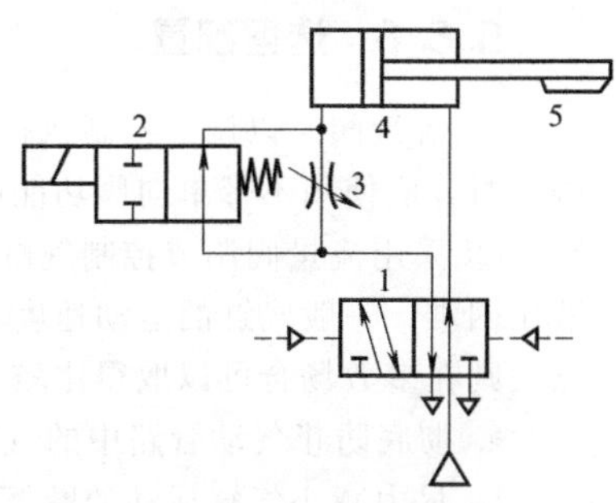

图 5-109　用电磁阀的快速转慢速回路

1—二位五通气控换向阀；2—二位二通电磁阀；3—节流阀；4—气缸；5—活动挡块

⑥ 气-液复合调速回路。为了改善气缸运动的平稳性，工程上有时采用气-液复合调速回路，常见的回路有气-液阻尼缸和气-液转换器的两种调速回路。

图 5-110 所示为一种气-液阻尼缸调速回路，其中气缸 1 作负载缸，液压缸 2 作阻尼缸。当二位五通气控换向阀 3 切换至左位时，气缸的左腔进气、右腔排气，活塞杆向右伸出。液压缸右腔容积减小，排出的液体经节流阀 4 返回容积增大的左腔。调节节流阀即可调节气-液阻尼缸活塞的运动速度。当阀 3 切换至图示右位时，气缸右腔进气、左腔排气，活塞退回。而液压缸左腔排出液体经单向阀 5 返回右腔。由于此时液阻极小，故活塞退回较快。在这种回路中，利用调节液压缸的速度间接调节气缸速度，克服了直接调节气缸因气体压缩性而使流量不稳定现象。回路中油杯 6（位置高于气-液阻尼缸）可通过单向阀 7 补偿阻尼缸油液的泄漏。

图 5-111 为一种气-液转换器的调速回路。当二位五通气控换向阀 1 左位工作时，气-液缸 4 的左腔进气，右腔液体经阀 3 的节流阀排入气-液转换器 2 的下腔。缸的活塞杆向右伸出，其运动速度由阀 3 的节流阀调节。当阀 1 工作在图示右位时，气-液转换器上腔进气，推动其中活塞下行，下腔液体经单向阀进入气-液缸右腔，而气-液缸左腔排气使活塞快速退回。这种回路中使用气-液驱动的执行元件，而速度控制是通过控制气-液缸的回油流量实现的。采用气-液转换器要注意其容积应满足气-液缸的要求。同时，气-液转换器应该是气腔在上立位置。必要时，也应设置补油回路以补偿油液泄漏。

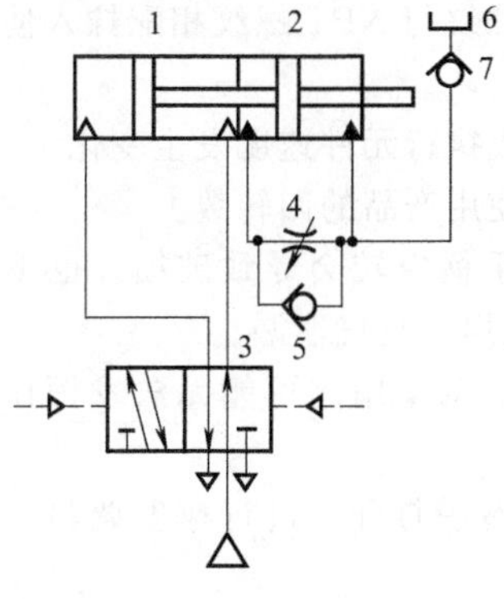

图 5-110　气-液阻尼缸调速回路

1—气缸；2—液压缸；3—气控换向阀；4—节流阀；5—单向阀；6—油杯；7—单向阀

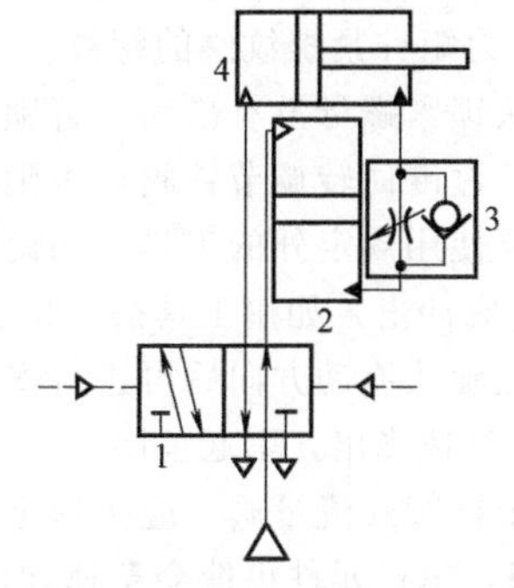

图 5-111　气-液转换器调速回路

1—气控换向阀；2—气-液转换器；3—单向节流阀；4—气-液缸

5.5.6 选型配置

① 流量阀是以调节控制执行元件的速度为主要目的的气动元件，若用于吹气等场合的流量调整时，应使用不带单向阀功能的节流阀。

② 采用流量阀调节控制气缸的速度比较平稳，但由于空气显著的可压缩性，故气动控制比液压困难，一般气缸的运动速度不得低于 30mm/s。在气缸的速度控制中，若能充分注意以下各点，则在多数场合可以取得比较满意的效果。

a. 彻底防止气动管路中的气体泄漏，包括各元件接管处的泄漏。

b. 尽力减小气缸运动的摩擦阻力，以保持气缸运动的平衡。为此，需注意气缸缸筒的加工质量，使用中要保持良好的润滑状态。要注意正确、合理地安装气缸，超长行程的气缸应安装导向支架。

c. 加在气缸活塞杆上的载荷必须稳定。若载荷在行程中途有变化，其速度控制相当困难，甚至不可能。在不能消除载荷变化的情况下，必须借助液压传动，如气-液阻尼缸，有时使用平衡锤或其他方法，以达到某种程度上的补偿。

d. 流量阀应尽量靠近气缸设置。

③ 采用流量阀对执行元件进行速度控制，有进气节流和排气节流两种方式，排气节流由于背压作用，故比进气节流速度稳定、动作可靠。只有在极少数的场合才采用进气节流来控制气动执行元件的速度，如气缸推举重物等。

④ 应按气动系统的工作介质、工作压力、流量和环境条件并参照产品使用说明书对流量阀进行选型，其使用压力、温度等不应超出产品规格范围，以免造成损坏或动作不良，甚至人身伤害。

⑤ 在具有振动或冲击的场合使用一字型螺丝刀调整流量阀，有针阀会松动，故应选用六角形锁紧螺母的流量阀。

⑥ 不得对选定的流量阀进行拆解改造（追加工），以免造成人体受伤或事故。

⑦ 流量阀产品不能作为零泄漏停止阀使用。由于产品规格上允许有一定泄漏，若为了使泄漏为零强行紧固针阀，会造成阀的破损。

5.5.7 安装配管

① 安装配管作业应由具有足够气动技术知识和经验的人员仔细阅读及理解说明书内容后，再安装流量阀。应妥善保管说明书以便能随时使用。

② 确保维护检查所需的必要空间。

③ 正确配置螺纹，要将 R 螺纹与 Rc 螺纹相配、NPT 螺纹与 NPT 螺纹相配拧入使用；按照说明书推荐力矩拧紧螺纹阀的螺纹。

④ 确认锁紧螺母没有松动；若锁紧螺母松动，可能造成执行元件速度发生变化，产生危险。

⑤ 避免过度回转调节针阀，否则会造成破损，应确认使用产品的回转数。

⑥ 不要使用规定外的工具（如钳子）调节紧固手柄。手柄空转会导致破损。也不要对本体及接头部造成冲击，如用工具撬、挖、击、打，以免造成破损及空气泄漏。

⑦ 应在确认流动方向后再进行安装，若逆向安装，速度调整用阀可能无法发挥作用，执行元件可能会急速飞出，引起危险。

⑧ 对于针阀式流量阀，应按指定方向从针阀全闭状态慢慢打开，进行速度调整。若针阀处于打开状态，执行元件可能会急速伸出，非常危险。

⑨ 对于带密封的配管，其使用安装注意事项如下。

a. 在安装时，用手拧紧后，一般要通过主体六角面使用合适的扳手增拧 2～3 圈。如果螺纹拧入过度，会使大量密封剂外溢。应除去溢出的密封剂。如果螺纹拧入不足，会造成密封不良及螺纹松动。

b. 配管通常可以重复使用2～3次；从取下来的接头剥离掉密封剂，用气枪等清除接头上附着的密封剂后再使用。以免剥离下的密封剂进入周边设备，造成空气泄漏及动作不良；密封效果消失时，请在密封剂外面缠绕密封带后再使用。

⑩ 配管注意事项可参考5.3.6节（1）之⑧，此处不再赘述。

5.5.8 使用维护

① 空气源与使用环境。请参见5.3.6节（1）之⑪及⑫。

② 应按照使用说明书的步骤进行维护检查。以免操作不当造成元件和装置损坏或动作不良。

③ 错误操作压缩空气会很危险，故在遵守产品规格的同时，应由对气动元件有足够知识和经验的人员进行维护保养工作等。

④ 应按说明书规定，定期排放空气过滤器等的冷凝水。

⑤ 拆除更换元件时，应首先确认是否对被驱动物体采取了防止落下与失控等措施，然后切断气源和设备的电源，并将系统内部的压缩空气排掉后再拆卸设备。重新启动时，应确认已采取了防止飞出的措施后再进行，以免造成危险。

5.6 普通气动阀的其他回路

5.6.1 差动快速回路（增速回路）

气动系统实现快速运动的原理是增加供气量或采用小气缸。对供气量及气缸结构尺寸和形式已定的系统而言，通常采用差动快速回路来实现。

图5-112所示为用二位三通手动换向阀的差动快进回路。图示为气缸2右腔进气、左腔排气的退回状态。当压下手动阀1使其切换至右位时，气缸的左腔进气推动活塞右行，气缸右腔排出的气体反馈与回路供气合流经阀1的右位进入气缸左腔。由于气缸左腔流量的增大，故活塞进给（右行）速度加大。

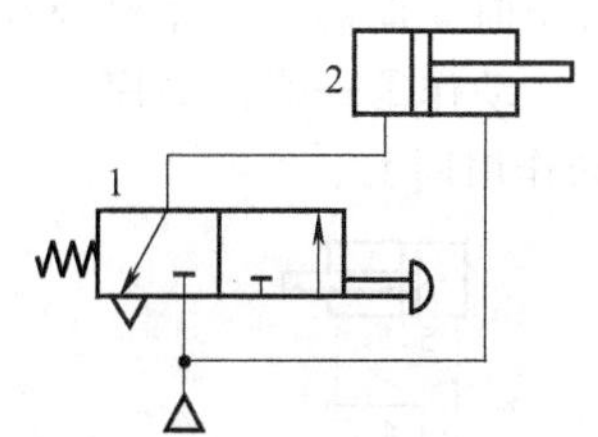

图5-112 差动快速回路

1—二位三通手动换向阀；2—气缸

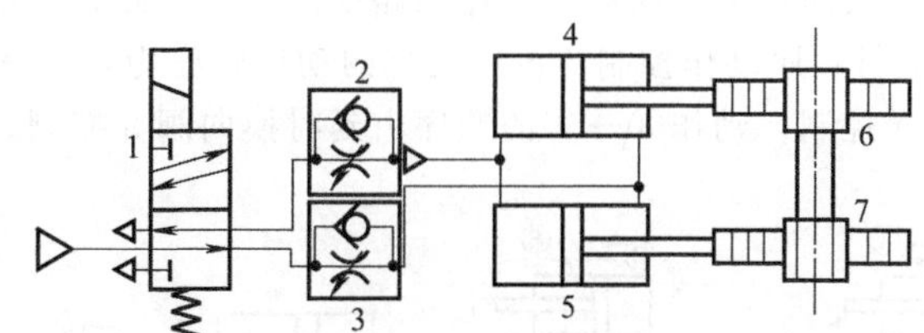

图5-113 齿轮齿条副机械连接双缸同步动作控制回路

1—二位五通电磁阀；2,3—单向节流阀；4,5—气缸；6,7—齿轮齿条副

5.6.2 多缸动作控制回路

多缸动作控制回路有同步动作和顺序动作控制两类。

(1) 多缸同步控制回路

图5-113所示为机械连接双缸同步动作控制的典型回路，它使用二齿轮齿条副6和7，实现二气缸4和5强制同步控制。气缸4和5尺寸规格相同，采用并联回路传动，由单向节流阀2和3调节进、退速度。图示状态中，两气缸的右腔同时进气，左腔排气同步退回。当电磁阀通电切换至上位时，二气缸的左腔进气，右腔排气而同步伸出。由于两齿轮刚性连接，故不论某一气缸的运动速度是快或是慢都将强制另一气缸以同等速度运动。虽然存在齿侧隙和齿轮轴扭转变形

误差，但仍具有较为可靠的同步功能。

图 5-114 所示为采用双作用活塞式双杆气-液缸的同步回路。由于两气缸结构尺寸相等，故采用两气-液缸串联。这样，不论两缸做哪个方向的运动都能保持同步。在实际使用中，应防止液体腔的泄漏和注意排气。

(2) 双缸顺序动作控制回路

双缸顺序动作主要有压力控制［利用顺序阀、压力（开关）继电器等元件］、位置控制（利用电磁换向阀及行程开关等）与时间控制三种控制方式。限于篇幅，此处仅介绍时间控制顺序动作回路。

延时换向阀的单向顺序动作回路如图 5-115 所示，回路采用一只延时换向阀控制两气缸 1 和 2 的顺序动作。当二位五通气控阀 7 切换至左位时，缸 1 左腔进气、右腔排气，实现动作①。同时，气体经节流阀 3 进入延时换向阀 4 的控制腔及气容 6 中。当气容中的气压达到一定值时，阀 4 切换至左位，缸 2 左腔进气、右腔排气，实现动作②。当阀 7 工作在图示右位时，两缸同时右腔进气、左腔排气而退回，即实现动作③。两气缸进给的间隔时间可通过节流阀调节。

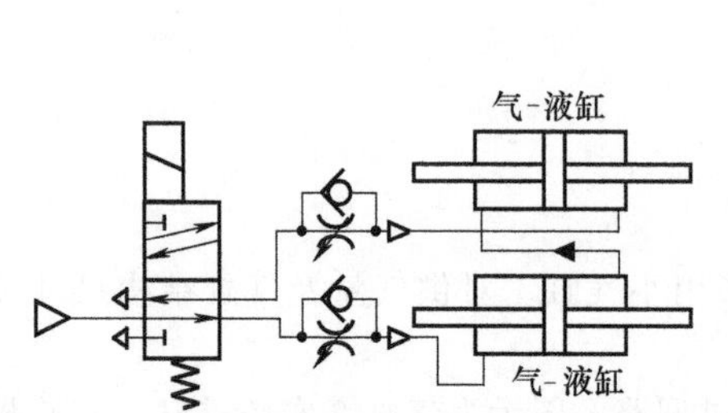

图 5-114 双作用活塞式双杆气-液缸的同步回路

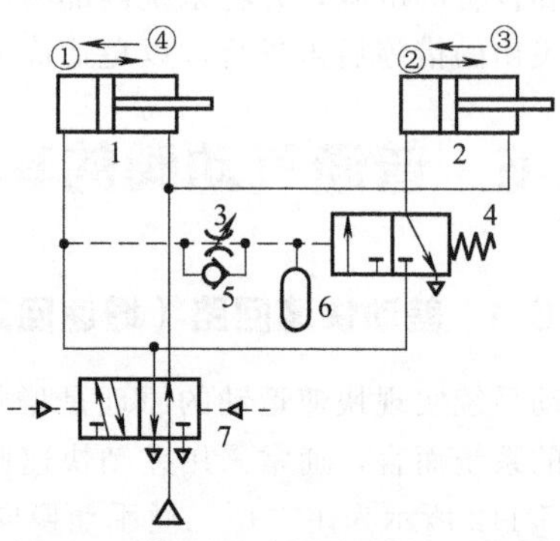

图 5-115 延时单向顺序动作控制回路

1,2—气缸；3—节流阀；4—二位三通延时控制气控换向阀；5—节流阀；6—气容；7—二位五通气控换向阀

延时换向阀的双向顺序动作回路如图 5-116 所示，回路采用两只延时换向阀 3 和 4 对两气缸 1 和 2 进行顺序动作控制。可以实现的动作顺序为：①→②→③→④。动作①→②的顺序由延时换向阀 4 控制，动作③→④的顺序由延时换向阀 3 控制。其余元件的作用同上。

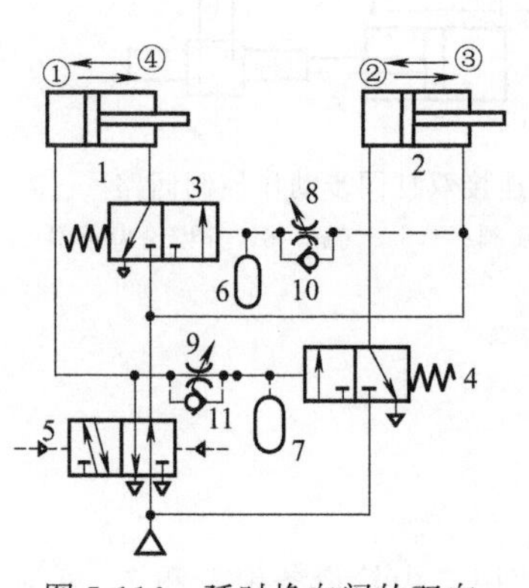

图 5-116 延时换向阀的双向顺序动作回路

1,2—气缸；3,4—延时控制气控换向阀；5—气控换向阀；6,7—气容；8,9—节流阀；10,11—单向阀

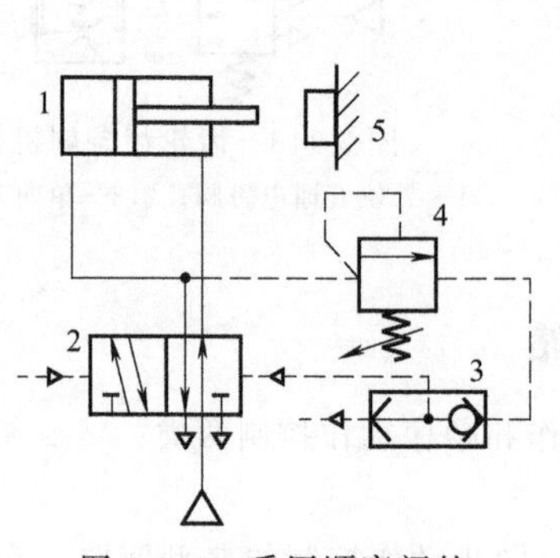

图 5-117 采用顺序阀的过载保护回路

1—气缸；2—二位五通气控换向阀；3—或门梭阀；4—顺序阀；5—死挡铁

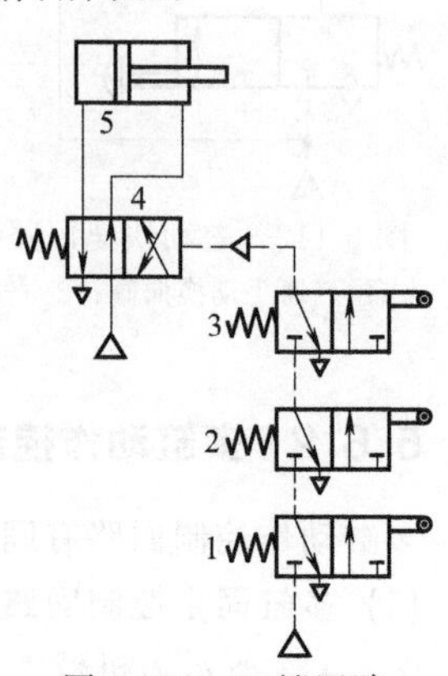

图 5-118 互锁回路

1～3—二位三通机动换向阀；4—二位四通气控换向阀；5—气缸

5.6.3　安全保护与操作回路

安全保护与操作回路的功用是保证操作人员和机械设备的安全。

(1) 过载保护回路（图 5-117）

当气控换向阀 2 切换至左位时，气缸的左腔进气、右腔排气，活塞杆右行。当活塞杆遇到死挡铁 5 或行至极限位置时，气缸左腔压力快速增高，当压力达到顺序阀 4 开启压力时，顺序阀开启，避免了过载现象的发生。气源经顺序阀 4、或门梭阀 3 作用在阀 2 右控制腔使换向阀复位，气缸退回。

(2) 互锁回路（图 5-118）

回路中气缸 5 的换向由作为主控阀的二位四通气控换向阀 4 控制。而阀 4 的换向受三个串联的二位三通机动阀 1～3 的控制，只有三个都接通，主控阀 4 才能换向，实现了互锁。

(3) 双手同时操作回路

图 5-119 所示为用逻辑“与”双手操作回路，为使二位四通主控阀 3 控制气缸 6 的换向，必须使压缩空气信号进入上方侧，为此必须使两只二位三通手控阀 1 和 2 同时换向，另外这两个阀必须安装在单手不能同时操作的距离上，在操作时，如任何一只手离开时则控制信号消失，主控阀复位，则活塞杆后退。以避免因误动作伤及操作者。该回路还可通过单向节流阀 4 和 5 实现双向节流调速。

用三位主控阀的双手操作回路如图 5-120 所示，将三位主控阀 1 的信号 A 作为手动阀 2 和 3 的逻辑“与”回路，亦即只有二位三通手控阀 2 和 3 同时动作时，主控制阀 1 才切换至上位，气缸活塞杆前进；将信号 B 作为手控阀 2 和 3 的逻辑“或非”回路，即当手控阀 2 和 3 同时松开时（图示位置），主控制阀 1 切换至下位，活塞杆返回；若手控阀 2 或 3 任何一个动作，将使主控制阀复至中位，活塞杆处于停止状态。所以可保证操作者安全。

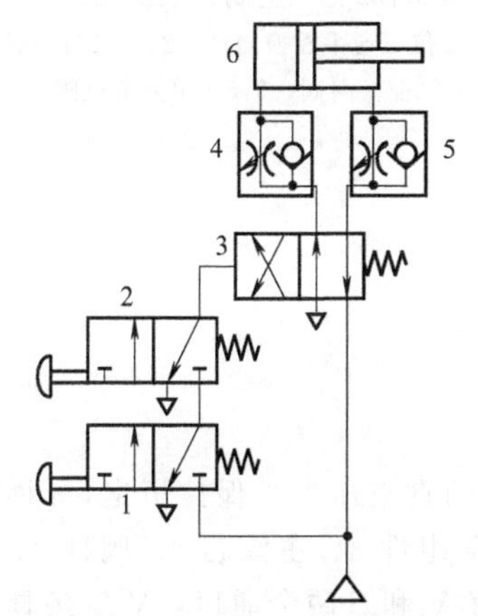

图 5-119　逻辑“与”双手操作回路
1,2—手动换向阀；3—主控阀；
4,5—单向节流阀；6—气缸

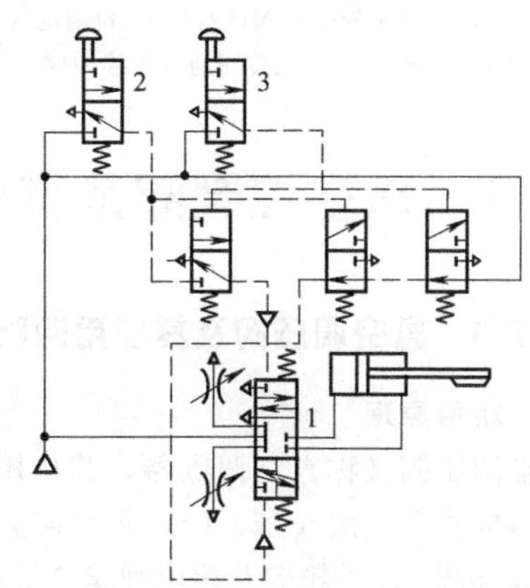

图 5-120　用三位主控阀的双手操作回路
1—三位五通主控阀；2,3—二位三通手控换向阀

5.6.4　计数回路

计数回路可以组成二进制或四进制计数器，多用于容积计量及成品装箱中。

(1) 二进制计数回路之一（图 5-121）

回路的计数原理为：按下二位三通手控阀 1，则气压信号经阀 2 至阀 4 的左或右控制腔使气缸的活塞杆伸出或退回。阀 4 换向位置，取决于阀 2 的位置，而阀 2 的换位又取决于阀 3 和阀 5。如图 5-121 所示，设按下阀 1 时，气压信号经阀 2 至阀 4 的左端使阀 4 切换至左位，同时使阀 5

切断气路，此时气缸向外伸出；当阀 1 复位后，原通入阀 4 左控制腔的气压信号经阀 1 排空，阀 5 复位，于是气缸无杆腔的气体经阀 5 至阀 2 左端，使阀 2 换至左位等待阀 1 的下一次信号输入。当第二次阀 1 按下后，气压信号经阀 2 的左位至阀 4 右控制腔使阀 4 换至右位，气缸退回，同时阀 3 将气路切断。待阀 1 复位后，阀 4 右控制腔信号经阀 2、阀 1 排空，阀 3 复位并将气导至阀 2 左端使其换至右位，又等待阀 1 下一次信号输入。这样，第 1、3、5……次（奇数）按压阀 1，则气缸伸出；第 2、4、6……次（偶数）按压阀 1，则使气缸退回。

(2) 二进制计数回路之二（图 5-122）

该回路计数原理同与计数回路之一相同，不同的是按压二位三通手控换向阀 1 的时间不能过长，只要使阀 4 切换后就放开，否则气压信号将经单向节流阀 5 或阀 3 通至气控换向阀 2 左或右控制腔，使阀 2 换位，气缸反行，从而使气缸来回振荡。

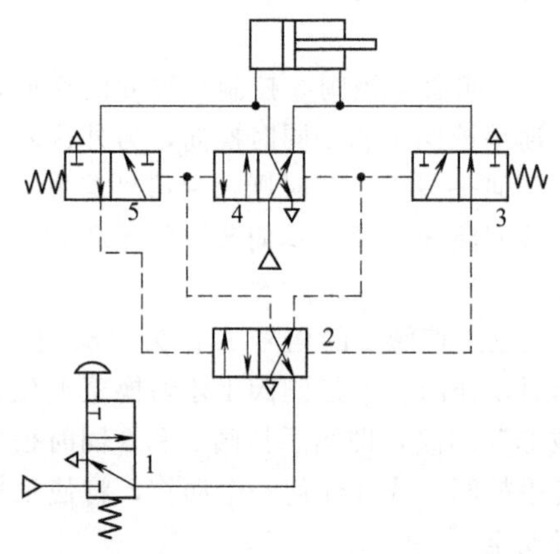

图 5-121　二进制计数回路之一

1—二位三通手控换向阀；2,4—二位四通气控换向阀；3,5—二位三通气控换向阀

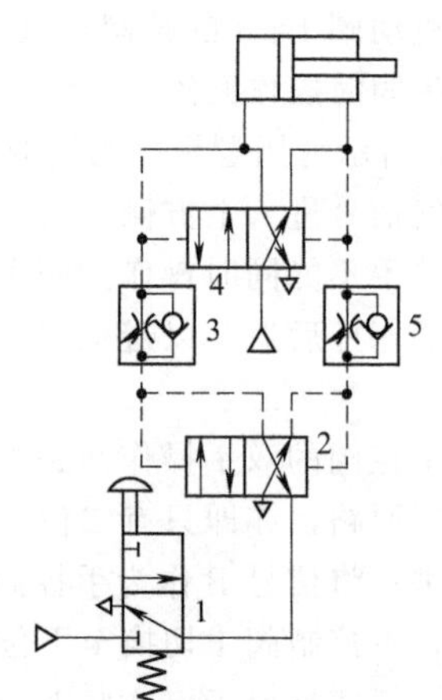

图 5-122　二进制计数回路之二

1—二位三通手控换向阀；2,4—二位四通气控换向阀；3,5—单向节流阀

5.7 真空控制阀及其应用回路

5.7.1 真空调压阀及其应用回路

(1) 功用原理

真空调压阀又称真空调压器，其功用是设定真空系统的真空压力并保持恒定，例如真空吸附及泄漏检测等。图 5-123 (a) 所示真空调压阀由阀体阀盖组件 8、主阀芯 1、阀杆 2、膜片 3、大气吸入阀芯 4、手轮 5 及调压弹簧 6 等构成，阀两侧开有 V 和 S 两个通口，V 口接真空泵，S 口接负载（真空吸盘）。其动作原理为：一旦手轮 5 顺时针旋转，调压弹簧力使膜片 3 及主阀芯 1 推下，V 口和 S 口接通，S 口的真空度增加（绝对压力降低）。然后，S 口的真空压力通过气路进入真空室 7，作用在膜片 3 上方，与设定弹簧的压缩力相平衡，则 S 口的压力便被设定。

若 S 口的真空度比设定值高，设定弹簧力和真空室的 S 口压力失去平衡，膜片被上拉，则主阀芯关闭，大气吸入阀芯 4 开启，大气流入 S 口，当设定弹簧的压缩力与 S 口压力达到平衡时，S 口真空压力便被设定。

若 S 侧的真空度比设定值低（绝对压力增大），设定弹簧力和真空室 S 口压力失去平衡，膜片被推下，则大气吸入阀芯关闭，主阀芯开启，V 口和 S 口接通，S 口的真空度增加，当设定弹簧的压缩力与 S 口压力达到平衡时，S 口的真空压力便被设定。

SMC（中国）有限公司的 IRV10.20 系列真空调压阀及台湾气力股份有限公司的 ERV 系列

真空调压阀产品即为此类结构，其实物外形如图 5-124 所示。

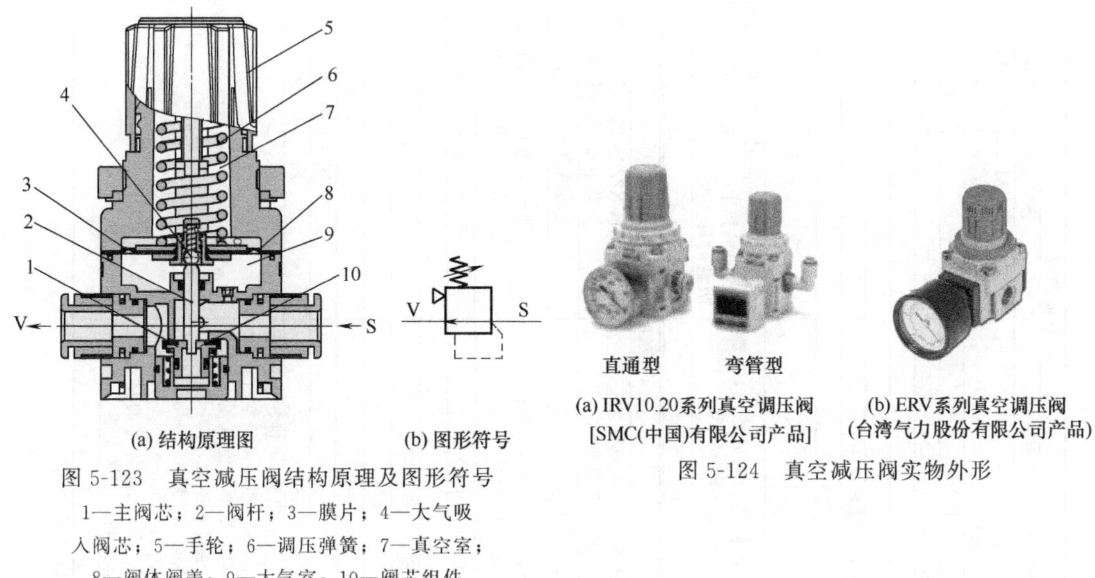

(a) 结构原理图　(b) 图形符号

图 5-123　真空减压阀结构原理及图形符号

1—主阀芯；2—阀杆；3—膜片；4—大气吸入阀芯；5—手轮；6—调压弹簧；7—真空室；8—阀体阀盖；9—大气室；10—阀芯组件

(a) IRV10.20系列真空调压阀 [SMC(中国)有限公司产品]　(b) ERV系列真空调压阀（台湾气力股份有限公司产品）

图 5-124　真空减压阀实物外形

(2) 参数产品

真空压力阀的性能参数有公称通径、使用压力、流量、适用环境温度等，其具体数值因生产厂及其系列型号不同而异。真空调压阀产品概览见表 5-21。

(3) 应用回路

① 真空吸附回路。如图 5-125 所示，回路的真空由电动机 10 驱动的真空泵 9 产生，通过真空调压阀 5 即可设定真空吸盘 1 对工件的吸附压力。真空的供给和破坏则由二位三通切换阀 3 实现。

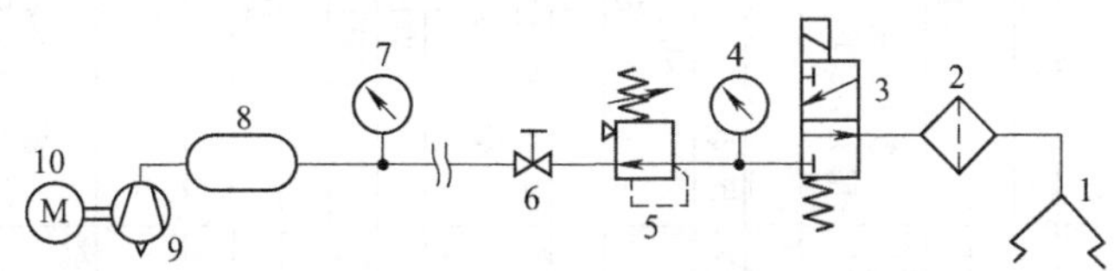

图 5-125　真空吸附回路

1—真空吸盘；2—真空过滤器；3—真空切换阀；4,7—真空压力表；5—真空调压阀；6—截止阀；8—真空罐；9—真空泵；10—电动机

如图 5-126 所示，系统的三个吸盘 A、B、C 共用一个真空泵，可分别通过三个真空调压阀 10～12 设定不同的真空压力，互不干扰；真空压力分别由压力表 7～9 显示和监控；各吸盘真空的供给和破坏则分别由二位三通切换阀 4～6 实现。

② 工件泄漏检测回路。如图 5-127 所示，系统的真空由电动机 12 驱动的真空泵 11 产生，通过真空调压阀 8 即可设定真空吸盘对被测工件的真空压力，从而实现其泄漏的检测。真空的供给和破坏则由二位三通切换阀 5、6 配合实现；真空压力可通过传感器 3 精确检测。

(4) 选型安装及使用维护

① 选型。调压阀不能用于可能受撞击及剧烈振动的场合；应避免置于室外及有化学及易腐蚀环境中；压力表的面板为塑料面板，不得用于喷漆、有机溶剂场合，以免表面损坏；真空泵后端需加装真空过滤器以确保管线内部洁净，以免杂质过多导致流量不足。

表 5-21 真空控制阀产品概览

系列型号	真空压力阀		真空辅助阀	
	IRV10.20 系列真空调压阀	ERV 系列真空调压器	ZP2V 系列真空逻辑阀	ISV 系列真空高效阀
公称通径/mm 或 in	接管外径 ϕ6～ϕ10；ϕ1/4～ϕ3/8	连接口径：Rc1/8,1/4	气口 ϕ4、ϕ6、M5、M6、M8,1/8 固定节流孔孔径 0.3～1.0	气口 M4、M5、M6、M10，G1/8,G1/4,G3/8
使用压力/kPa	－100～－1.3	－98.6～－1.0	－100～0	－95～0
流量/L·min^{-1}	0.6（ANR)以下	0.6	最小 3～16（ANR)	1～2
手轮分辨率/kPa	0.13 以下	灵敏度±1%		
有效截面积/mm^2			0.07～3.04	
泄漏量/mL·min^{-1}			滤芯过滤精度 40μm	
环境温度/℃	5～60	5～60	5～60	－10～60
图形符号	图 5-123(b)	图 5-123(b)	图 5-128	图 5-129
实物外形图	图 5-124(a)	图 5-124(b)		
结构性能特点	采用夹子固定，拆装简单，可变更压力表及数字压力开关安装方向和角度；内置快换接头；可直通或弯管接管	带压力表，设定精确，稳定性高，适用于小型真空系统	管式阀，两侧连接有外螺纹、内螺纹及带快换接头等多种形式	管式阀；在同时使用多个真空吸盘时，如果其中一个失灵，可以维持其他吸盘的真空度
生产厂	①	②	①	③
系列型号	真空切换阀		真空、吹气两用阀	
	VG307-G-DC24 型二位三通电磁阀	SJ3A6 系列带节流阀的真空破坏阀	ZH-X185 系列真空发生器/大流量喷嘴	ZH-X226～338 系列真空发生器/大流量阀
公称通径/mm 或 in	接管口径 Rc1/8	接管口径 M5	通道直径 ϕ13～ϕ42	通道直径 ϕ8～ϕ12
使用压力/kPa	－100～100	真空压力通口－100～0.7MPa；破坏压力通口 0.25～0.7MPa；先导通口 0.25～0.7MPa	供给压力 0～0.7MPa；真空压力－7～0	供给压力 0～0.7MPa；真空压力－50～0
流量/L·min^{-1}	电压 AC220V；DC24V	电压 DC12V、24V	0～5000(ANR)	0～1800(ANR)
手轮分辨率/kPa	反应时间：20ms	响应时间 19ms 以下		
有效截面积/mm^2	3.9		流量特性见样本	7.92
泄漏量/mL·min^{-1}	最高频率 10Hz	最高频率 3Hz		
环境温度/℃	－10～50	－10～50	－5～80	－5～80
图形符号	图 5-132	图 5-133		图 5-137(b)
实物外形图			图 5-136(c)	图 5-137(a)
结构性能特点	一般及真空环境使用可选；管式连接；无需润滑，阀体防尘；主阀采用 HNBR 橡胶，对应低浓度臭氧；可以直接接线或 DIN 端子接线	集装式结构，阀位数可增减，防尘；插头插座式和各自配线式连接；内置 2 个滑阀；使用 1 个阀即可控制真空吸附和破坏；带能够调节破坏空气流量的节流阀；真空侧、破坏侧内置可更换的过滤器	按压缩空气的供给，可进行大流量吹气或产生真空；能以供给空气量的 4 倍吹气；能产生供给空气量 3 倍的真空流量；通过直径大，可将切削屑、杂质等吸入；无需维护。可用于水滴飞溅、切削屑的吹除；烟叶的吸收、颗粒、粉体等的材料真空吸附搬运。可带安装支架	可通过供给压缩空气实现大流量喷气吹扫或真空吸气；用于吸附搬运、通过冷却液吹扫，吹散切削末、水滴
生产厂	④	①	①	①

①SMC（中国）有限公司；②台湾气立股份有限公司；③费斯托（中国）有限公司；④牧气精密工业（深圳）有限公司。

注：各系列真空控制阀的技术参数、外形等以生产厂产品样本为准。

② 安装。阀上标记有“VAC”的通口接真空泵；安装时，应注意真空源方向，不得装反；安装压力表时，需使用扳手锁紧，而不能手把持压力表头锁紧，以免损坏；配管前应防止杂物及密封带涂料等进入管内，应防止密封胶流入阀内导致动作不良。

③ 使用维护。应注意调压阀手轮旋转方向和真空压增减的关系，不应搞错。压力调整时，手不要碰及阀体的侧孔（大气入孔）。当旋转（正反转）至最大值（压力不再变化时），不可再强力扭转或用工具旋转手轮，以免阀被损坏；真空压力表原点位置与正压压力表原点位置相反，读数时应予以注意。

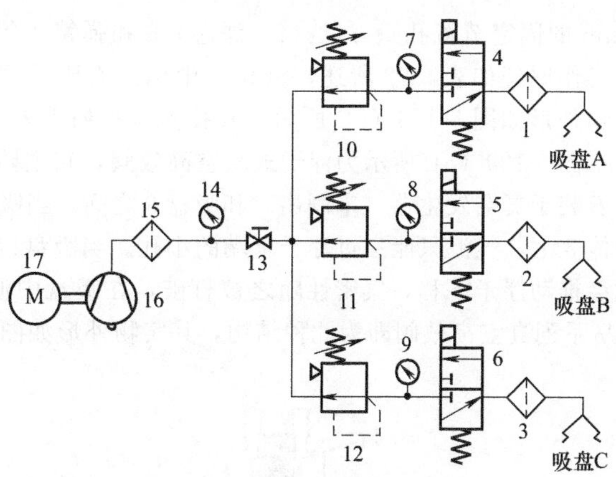

图 5-126　多吸盘并联回路

1～3,15—真空过滤器；4～6—真空切换阀；7～9,14—真空压力表；10～12—真空调压阀；13—截止阀；16—真空泵；17—电动机

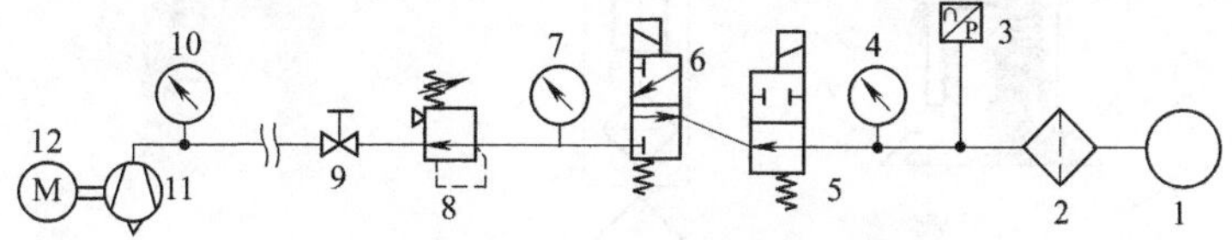

图 5-127　泄漏检测回路

1—被检工件；2—真空过滤器；3—真空传感器；4,7,10—真空压力表；5,6—真空切换阀；8—真空调压阀；9—截止阀；11—真空泵；12—电动机

5.7.2　真空辅助阀（逻辑阀、高效阀或安全阀）及其应用回路

(1) 功用特点

真空辅助阀也称真空逻辑阀或真空高效阀，其主要功用是保持真空，因此有时又称安全阀，具有节省压缩空气和能源，可以满足不同形状工件吸附需要，简化回路结构，变更工件不需进行切换操作等优点。

按阀芯结构不同，此类阀有锥阀式和浮子式两类。

(2) 结构原理

图 5-128（a）所示为锥阀式真空逻辑阀，它主要由阀体 1 和 7、锥阀芯 5（开有直径不超过

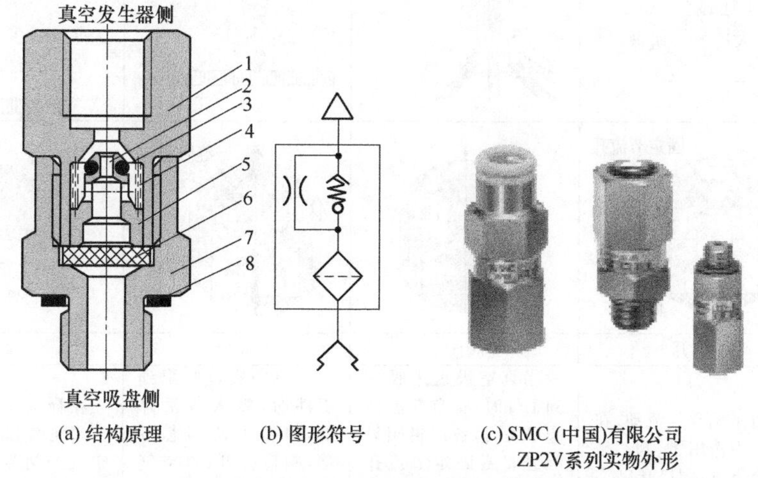

图 5-128　真空逻辑阀结构原理及图形符号

1,7—阀体；2—气阻（固定节流孔）；3—密封圈；4—弹簧；5—锥阀芯；6—过滤器（滤芯）；8—垫圈

1mm 的固定节流孔）、过滤器（滤芯）6 和弹簧 4 等构成，阀安装于真空发生器和吸盘之间。阀的工作原理如表 5-22 所述。SMC（中国）有限公司的 ZP2V 系列真空高效阀即为此种结构，其实物外形如图 5-128（c）所示，其技术参数列于表 5-21 中。

图 5-129（a）所示为浮子式真空高效阀，它主要由阀体 5、弹簧 1、浮子 2 和过滤器 3 等构成，并安装于真空发生器（未画出）和吸盘 6 之间。当吸盘暴露在大气下时，浮子 2 就会被向上吸附在阀体 5 上，气流只能穿过浮子末端的小孔。当吸盘接触到工件（物体）7 时，流量就会减少，弹簧就会推动浮子下移，气密性随之被打破，在吸盘中便产生完全真空。费斯托（中国）有限公司的 ISV 系列真空高效阀即为此种结构，其实物外形如图 5-129（c）所示，其技术参数列于表 5-22 中。

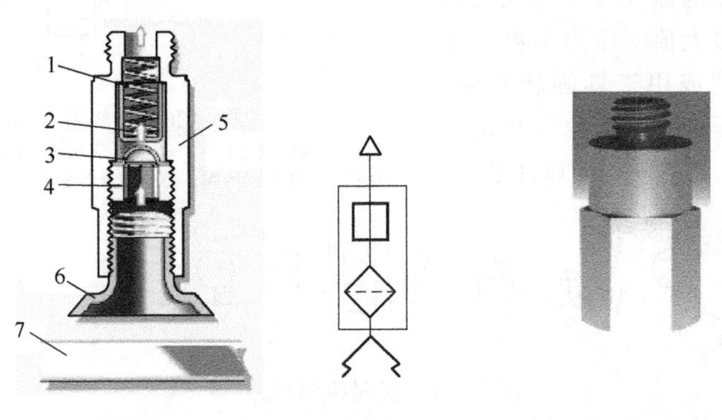

(a) 结构原理　　(b) 图形符号　　(c) 费斯托(中国)有限公司的ISV系列实物外形

图 5-129　真空高效阀结构原理及图形符号

1—弹簧；2—浮子；3—过滤器；4—固定螺钉；5—阀体；6—吸盘；7—工件（物体）

表 5-22　真空逻辑阀工作原理

项目	工况			
	初期	工件吸附		工件脱离
		无工件	有工件	
气流状态	节流小孔 弹簧 阀芯 滤芯 吸盘	真空空气	真空空气 工件	破坏空气
阀的状态	固定节流孔 滤芯 滤芯		缝隙流道	
	阀开	阀闭	阀开	阀开
说明	由于无空气流动，在弹簧力作用下，阀芯被推至下方，阀口开启	当真空吸盘未吸附到工件时，真空气流使阀口关闭，各逻辑阀只能经自身固定节流孔此唯一流道吸入相应的空气	当真空吸盘吸附到工件时，吸入流量降低，弹簧力使阀芯下移，阀口打开，真空气流经阀芯与阀体之间的缝隙流道被吸入	在释放工件时，真空破坏空气使阀芯下移，阀口打开，空气经阀芯与阀体之间的缝隙流道和过滤器排出

(3) 应用回路

真空辅助阀的典型应用是在多吸盘真空吸附系统中，当一个吸盘接触失效的情况下维持真空；在搬运袋装粉末状产品的场合，可防止产品意外散落在真空产品周围；可抓取随机放置的产品等。

图 5-130 (a) 所示为一个真空发生器 2 使用多个真空吸盘 4 及锥阀式真空逻辑阀 3 的吸附系统，在工作中，即使有未吸附工件的吸盘，通过逻辑阀 3 也能抑制其他有工件吸盘真空度的降低，照常保持工件。实物外形如图 5-130 (b) 所示。

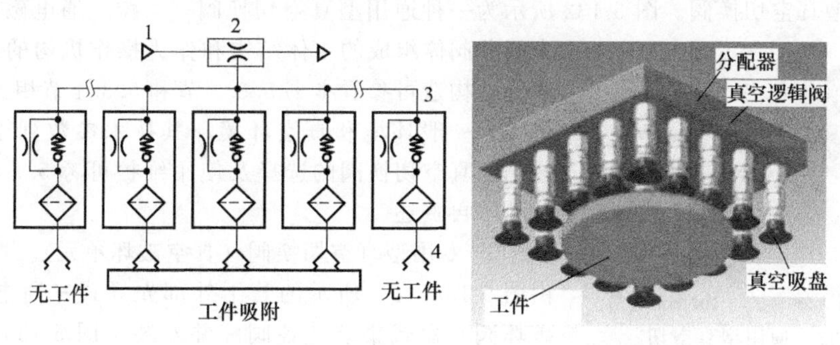

(a) 原理图 (b) 实物外形图

图 5-130 采用锥阀式真空逻辑阀的多吸盘真空吸附系统

1—气源；2—真空发生器；3—真空逻辑阀；4—真空吸盘

图 5-131 所示为一个真空发生器 1 使用多个真空吸盘及浮子式真空高效阀的系统，在真空发生过程中，若一个吸盘没有吸附或仅是部分吸附，则该支路真空高效阀 3 便会自动停止进气。当吸盘 4 紧紧吸附住表面，就会重新发生真空。当吸盘将物体放下后，阀会立即关闭。

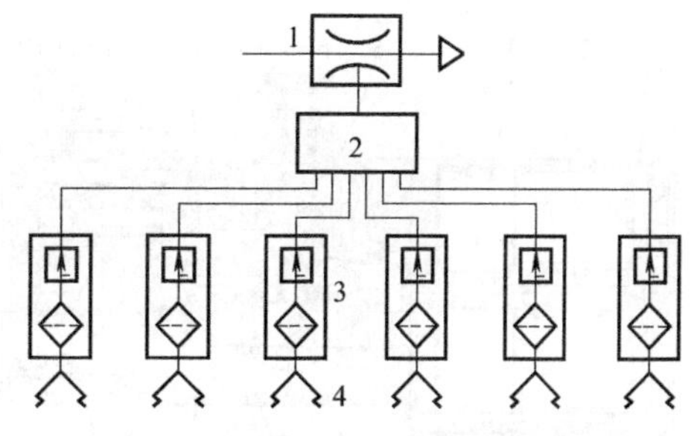

图 5-131 采用浮子式真空高效阀的多吸盘真空吸附系统

1—真空发生器；2—真空分配器；3—真空高效阀；4—真空吸盘

(4) 选型安装及使用维护

① 选型。真空逻辑阀或高效阀没有真空保持功能，故不可用于真空保持。

一个真空发生器上可以使用的真空逻辑阀的数量 N，一般按如下步骤确定：确定拟选用的真空逻辑阀的型号规格及一个吸盘要求的真空压力→查图表确定真空发生器的吸入流量→真空发生器的吸入流量/最低动作流量 $=N$。

在多个被吸附工件中，若存在透气工件或工件与吸盘间存在缝隙泄漏，在 1 个真空发生器上能使用逻辑阀的数量会减少。

对于产品说明书规定不可拆解的逻辑阀，若拆解再组装，则可能会失去最初性能。

② 安装。阀的真空发生器侧与吸盘侧的配管不要搞错；真空配管应确保元件对最低动作流量的要求；配管中请勿拧绞，以免引起泄漏；配管螺纹要正确；阀的安装/卸除，应使用规定的工具；安装时，应根据产品说明书给出的紧固力矩进行紧固，以免导致元件损坏以及性能降低；应按规定的安装方向进行安装。

③ 使用维护。工件吸附时和工件未吸附时的真空压力的降低会因真空发生器的流量特征不同而异，应先确认真空发生器的流量特征后再在实机上操作确认；若使用压力传感器等进行吸附确认，应在实机上确认后再使用；请检查吸盘与工件之间的泄漏量，并于确认后再使用；真空逻辑阀内置的滤芯如发生孔阻塞，应及时进行更换。

5.7.3 真空切换阀（真空供给破坏阀）及其应用回路

(1) 功用类型

真空切换阀的功用是真空供给或破坏的控制，故又称真空供给破坏阀。按用途结构不同，真空切换阀可分为通用型和专用型两类，前者除了可以作为一般环境的正压控制，也可直接用作真空环境的负压控制（作真空切换阀）；后者则主要用作负压控制。

(2) 结构原理

① 通用型真空切换阀。图 5-132 所示为一种通用型真空切换阀（二位三通电磁阀），它主要由阀芯阀体组成的主体结构和作为操作机构的电磁铁组成，其内部构造可参看本书 5.3.3 节和 5.3.4 节相关内容。该阀可用于一般环境和真空环境，其技术参数列于表 5-21 中。通用型真空切换阀的选择及使用维护可考 5.3 节有关内容，此处不再赘述。

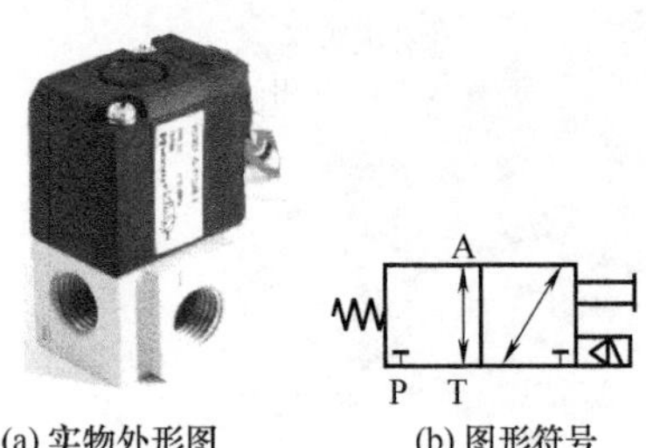

(a) 实物外形图 (b) 图形符号

图 5-132 通用型真空切换阀（二位三通电磁阀）［牧气精密工业（深圳）有限公司 VG307 系列产品］

② 专用型真空切换阀（真空破坏单元）。真空破坏单元由图 5-133（a）所示的若干外部先导式三通电磁阀（真空破坏阀）盒式集装［各阀一并安装于图 5-133（c）所示的 DIN 导轨之上的 D、U 两侧端块组件之间，位数可增减］而成。各电磁阀内置二个滑阀阀芯 5 和 8。阀体 7 上具有真空压通口 E、破坏压通口 P 和真空吸盘通口 B 等三个主通口，以及先导压通口 X 和压力检测通口 PS。阀内带有节流阀 6，

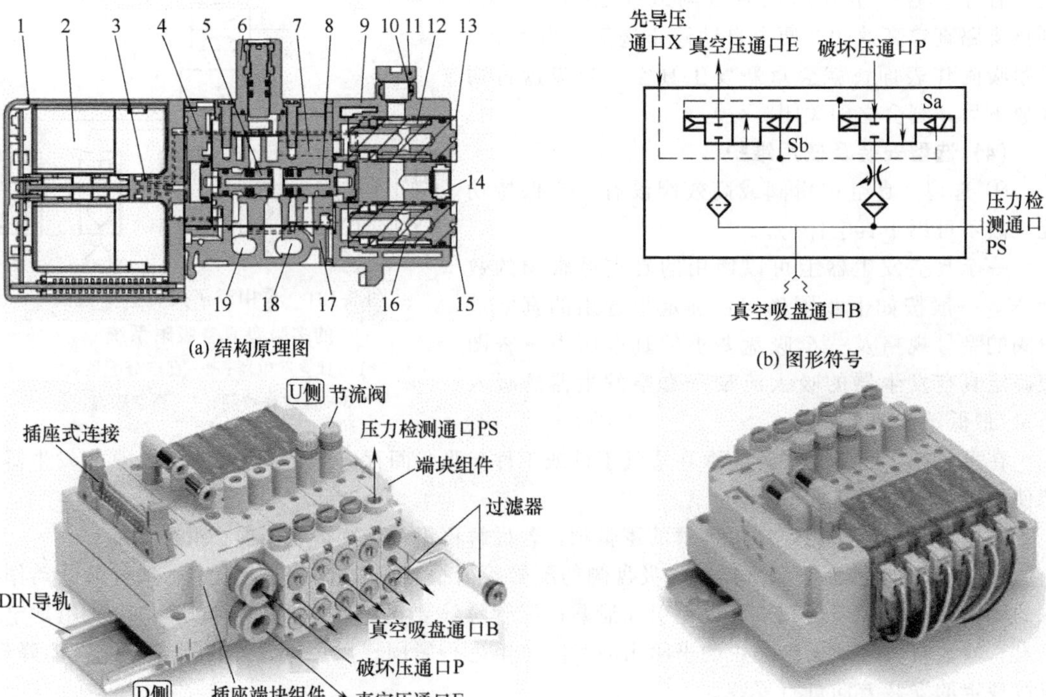

图 5-133 真空破坏阀（盒式集装式四通电磁阀）［SMC（中国）有限公司 SJ3A6 系列产品］

1—灯罩；2—先导阀组件；3—先导连接件；4—连接板；5,8—阀芯组件；6—节流阀组件；7—阀体；9—端盖；10—压力检测通口 PS；11—插头；12,16—过滤件；13,15—过滤器组件；14—真空吸盘通口 B；17—底盖；18—破坏压通口 P；19—真空压通口 E

用以调节破坏空气流量并可防止吹飞工件，节流阀可用手动操作或螺丝刀操作。真空压侧、破坏压侧内置可更换的过滤器 13 和 15，用于除去各侧的异物。真空破坏单元的电磁铁配线有插入式连接［图 5-133（c）］和非插入式（各自配线）连接［图 5-133（d）］两种形式。此类阀的最显著特点是使用一个阀即可实现真空吸附和破坏的控制。SMC（中国）有限公司 SJ3A6 系列产品即为这种结构，其技术参数列于表 5-21 中。

(3) 应用回路

① 通用型切换阀及真空发生器的真空吸附回路。图 5-134 所示为由通用型切换阀和真空发生器组件组成的工件吸附与快速释放回路。回路由真空发生器 1、二位二通电磁阀 2（真空供给阀）、3（真空破坏阀）、节流阀 4、真空开关 5、真空过滤器 6、真空吸盘 7 等组成。当需要产生真空时，阀 2 通电；当需要破坏真空快速释放工件时，阀 2 断电、阀 3 通电。上述真空控制元件可组成为一体，形成一个真空发生器组件。

② 专用型切换阀的真空吸附回路。图 5-135 所示为专用型切换阀组成的工件吸附与释放回路。回路由真空、破坏阀（盒式集装式四通电磁阀）1、分水滤气器 2、压缩空气减压阀 3、真空调压阀 4、真空开关 5 和真空吸盘 6 组成。当需要真空吸附工件时，真空压切换阀 1-1 通电；当需要破坏真空释放工件时，阀 1-1 断电、阀 1-2 通电；真空开关可实现吸盘真空压力检测及发信。

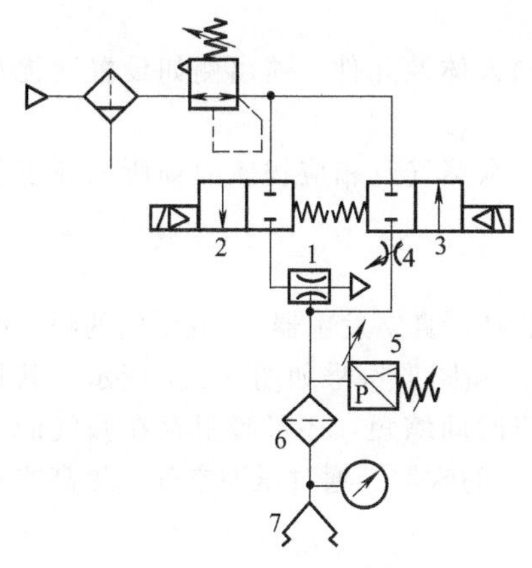

图 5-134　由通用型切换阀和真空发生器组件组成的工件吸附与快速释放回路

1—真空发生器；2,3—二位二通电磁阀（真空供给阀、真空破坏阀）；4—节流阀；5—真空开关；6—真空过滤器；7—真空吸盘

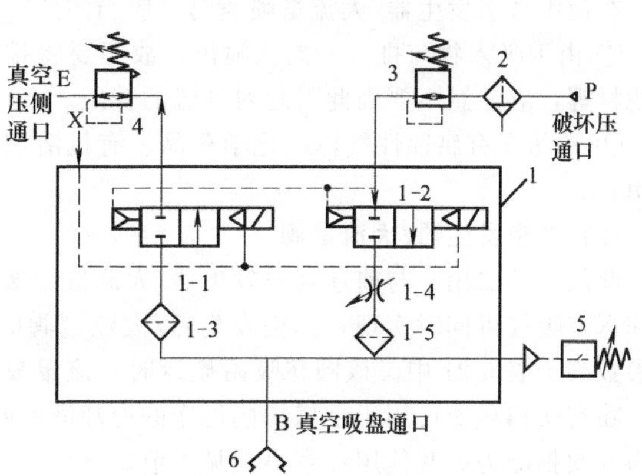

图 5-135　专用型切换阀的工件吸附与释放回路

1—真空、破坏阀（盒式集装式四通电磁阀）（1-1—真空压切换阀；1-2—破坏压切换阀；1-3—真空压过滤器；1-4—真空节流阀；1-5—真空过滤器）；2—压缩空气分水滤气器；3—正压减压阀；4—真空调压阀；5—真空开关；6—真空吸盘

(4) 使用维护

① 真空电磁阀应尽量避免连续通电，否则会导致线圈发热及温度上升，性能降低寿命下降，并给附近的其他元件产生恶劣影响。必须连续通电的场合（特别是相邻三位以上长期连续通电的场合以及左右两侧同时长期连续通电的场合），应使用带节电回路（长期通电型）的阀。

② 为了防止紧急切断回路等切断电磁阀的 DC 电源时，从其他电气元件产生的过电压有可能引起阀误动作，需采取防止过电压回流对策（过电压保护用二极管）或使用带逆接防止二极管的阀。

③ 带指示灯（LED）的电磁阀，其电磁线圈 Sa 通电时，橘黄色灯亮；电磁线圈 Sb 通电时，绿色灯亮。

④ 水平安装整个集装式单元时，若 DIN 导轨的底面全与设置面接触，用螺钉仅固定导轨两端即可使用。其他方向的安装，应按说明书指定的间隙用螺钉固定于 DIN 导轨上。若固定处比指定的固定处少，则 DIN 导轨和集装阀会因振动等产生翘度和弯曲，引起漏气。

⑤ 在拆装插座式插头时，应在切断电源和气源后进行作业。

5.7.4 真空、吹气两用阀

(1) 真空发生器/大流量喷嘴

此阀一件二用，通过供给压缩空气，可进行大流量吹气（工件表面水滴的吹散及切粉的吹散等）或产生真空（焊接过程的吸烟，小球及粉体等材料的搬运）；能以供给空气量的 4 倍吹气［图 5-136（a）］；能产生供给空气量 3 倍的真空流量［图 5-136（b）］。其实物外形如图 5-136（c）所示，其技术参数列于表 5-21 中。

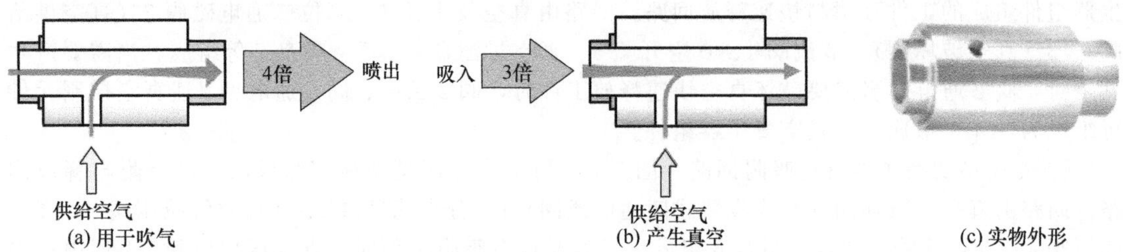

图 5-136 真空发生器/大流量喷嘴［SMC（中国）有限公司 ZH-X185 系列产品］

在使用真空发生器/大流量喷嘴时，应当注意：

① 由于吸入物与排气一同被喷出，故不要将排气口朝向人体及元件。喷出侧如设置捕捉灰尘滤材等，应注意不要因此引起对气流的背压。

② 请勿在有腐蚀性气体、化学药品、有机溶剂、海水、水蒸气及相应物质的场所和环境下使用。

(2) 真空发生器/大流量阀

此阀一件二用，与前述真空发生器/大流量喷嘴所不同的是，真空发生器/大流量阀的喷气吹扫和真空吸气可同时实现，真空发生器/大流量阀的实物外形和图形符号如图 5-137 所示，其技术参数列于表 5-21 中。该阀在吸附搬运时，流量较大，响应时间缩短，还可吸附存在漏气的工件；喷气吹扫功能可用于金属切削机床的冷却液的吹扫和切屑的吹散，通过压缩空气，提高吹扫压力和吹扫能力。其使用注意事项见本节之（1）。

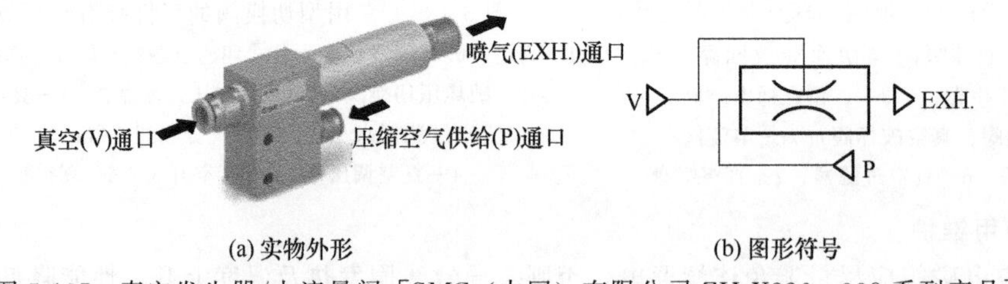

图 5-137 真空发生器/大流量阀［SMC（中国）有限公司 ZH-X226～338 系列产品］

5.7.5 其他真空吸附回路

按真空源的不同，真空吸附回路有真空泵组成的回路和真空发生器组成的吸附回路两大类。除了 5.7.1 节～5.7.4 节所述的几种真空控制阀组成的一些回路外，尚有一些常用的真空吸附回路。

(1) 用真空泵的真空吸附回路

图 5-138 为用真空控制单元组成的吸件与快速放件回路。电磁阀 3、4 与真空过滤器 5 和真空开关 6 可组合为一体成为真空控制组件。1 和 2 分别为真空泵和真空调压阀。当电磁阀 4 通电切换至右位时，吸盘 7 抽真空，吸起工件。当电磁阀 4 断电处于图示左位、电磁阀 3 通电切换至左位时，压缩空气进入回路，吸盘内的真空状态被破坏，将工件快速吹下释放。

图 5-139 所示为用一个真空泵控制多个真空吸盘的回路。若真空管路上安装多个吸盘，其中

的一个吸盘有泄漏会引起真空压力源的压力变动，使真空度下降。使用真空罐 3 和真空调压阀 2 可提高真空压力的稳定性。也可在每条支路上安装真空安全阀或真空切换阀。

(2) 用真空发生器的真空吸附回路

图 5-140 所示为用真空发生器、小型储气室等组成的工件吸附与快速释放回路。当接通 P 口压缩空气后，一路从 P 口进气经快排阀 2 左侧给真空罐（储气室）1 充气；另一路由 P 口接通真空发生器 3 的气源使真空发生器经吸盘 4 吸起物件。当切断 P 口供气后，储气室 1 的压缩空气经快排阀 2 右侧排出，破坏了吸盘 4 内的真空，将物件快速吹下。元件 1、2、3 可组成真空发生器组件。

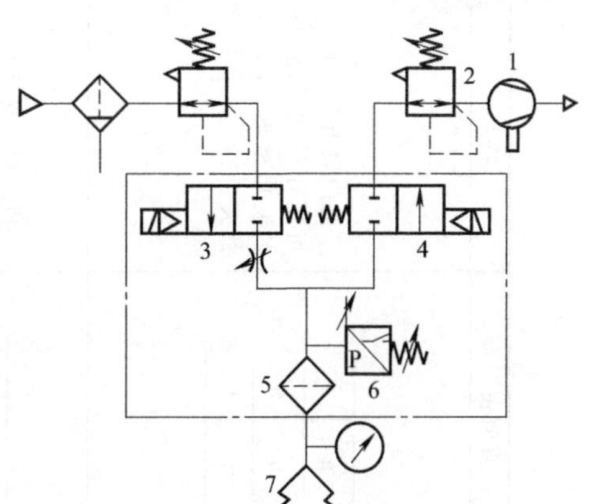

图 5-138　用真空泵及真空控制单元组成的吸件与快速放件回路

1—真空泵；2—真空调压阀；3,4—电磁阀；5—真空过滤器；6—真空开关；7—真空吸盘

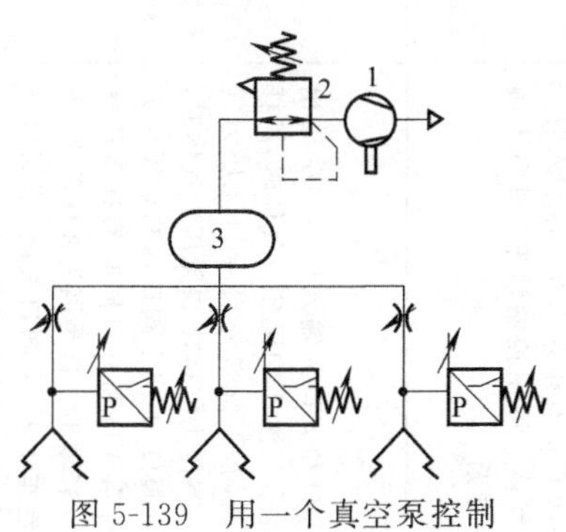

图 5-139　用一个真空泵控制多个真空吸盘的回路

1—真空泵；2—真空调压阀；3—真空罐

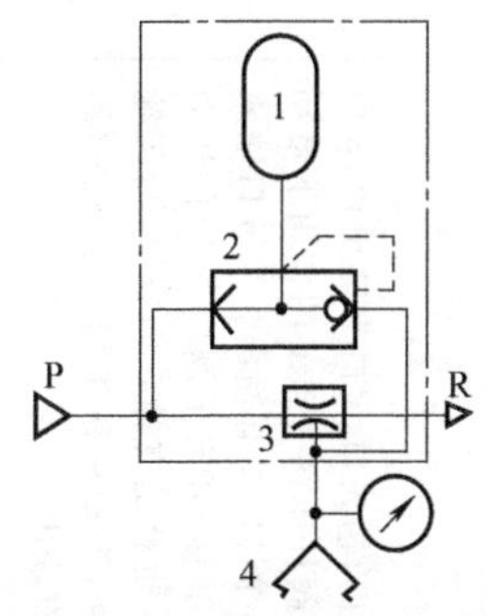

图 5-140　用真空发生器、小储气室等组成的吸件与快速放件回路

1—真空罐；2—快排阀；3—真空发生器；4—真空吸盘

5.8　气动逻辑控制阀及其应用回路

5.8.1　功用类型

气动逻辑控制阀是用 0 或 1 来表示其输入信号（压力气体）或输出信号（压力气体）的存在或不存在（有或无），并且可用逻辑运算法求出输出结果的一类气动元件，它可以组成更加复杂而自动化的气动系统。

气动逻辑控制阀种类较多，按工作压力分为高压元件（压力为 0.2～0.8MPa）、低压元件（压力为 0.02～0.2MPa）和微压元件（压力 0.02MPa 以下）等三类。按逻辑功能分为是门、或门、与门、非门、禁门、双稳态等元件。按结构形式，分为截止阀式、滑阀式和膜片式等。

5.8.2　组成表示

气动逻辑控制阀一般由控制部分和开关部分组成，前者接受输入信号并转换为机械动作；后者是执行部分，控制阀口启、闭。气动逻辑控制阀的外形尺寸比滑阀小得多，而且无相对滑动的零部件，故工作时不会产生摩擦，也不必加油雾润滑。因而在全气动控制中得到了较为广泛的应用。

气动逻辑控制阀的图形符号借用电子逻辑元件图形符号绘制，其输入输出状态用逻辑表达式和真值表表示。

5.8.3 原理特点（表 5-23）

表 5-23 常用气动逻辑控制阀的结构原理及特点

类别	结构简图及图形符号	原理描述	逻辑表达式	真值表	特点
是门	1—手动按钮；2—显示活塞；3—膜片；4—阀杆；5—球堵；6—截止膜片；7—密封垫；8—弹簧；9—O 形密封圈	是门元件的 a 口为输入口，s 口为输出口，p 口接气源。常态下，阀杆 4 在气压 p 的作用下带动截止膜片 6 关闭下阀口，没有输出。当 a 口输入压力气体时，阀芯下移，开启下阀口，p 口的压力气体经 s 口输出。也就是有输入即有输出，无输入即无输出。此外，手动按钮 1 用于手动发信，只要按下，s 口即有输出	s＝a	a s: 0 0; 1 1	是门属有源元件，可用作气动回路中的波形整形、隔离、放大
或门	阀体 阀芯(阀片)	或门元件的 a 和 b 为输入口，s 为输出口。当 a 口有压力气体输入，而 b 口无压力气体输入时，膜片式阀芯下移封闭 b 口，a 口压力气体经 s 口输出。反之，a 口无压力气体输入，而 b 口有压力气体输入时，阀芯上移封闭 a 口，b 口压力气体从 s 口输出。当 a、b 口都有相等压力气体输入时，s 口也输出压力气体。可用控制活塞（图中未画出）显示输出的有无	s＝a＋b	a b s: 0 0 0; 1 0 1; 0 1 1; 1 1 1	或门属无源元件，用于多种操作形式的选择控制。如手动控制信号接 a 口，自动控制信号接 b 口，即可实现手动或自动的选择控制
与门	1—截止膜片；2—下阀口；3—上阀口；4—阀杆；5—膜片	与门元件的 a 口和 b 口为输入口，s 口为输出口。当 a 口有压力气体，b 口无压力气体时，阀杆 4 下移，上阀口关闭，下阀口开启，s 口无压力气体输出。当 b 口有压力气体，a 口无压力气体时，阀杆上移关闭下阀口，开启上阀口，s 口仍无压力气体输出。只有当 a 口和 b 口同时都有等压气体输入时，s 口才有输出。这是因为在阀芯上、下有效作用面积差作用下，上阀口关闭，下阀口开启，b 与 s 口连通，故 s 口有压力气体输出	s＝a·b	a b s: 0 0 0; 1 0 0; 0 1 0; 1 1 1	与门元件属无源元件，用于两个或多个输入信号互锁控制，起到安全保护作用。如立式冲床的操作，上料后必须双手同时按下工作台两侧的按钮后，滑块才能下行冲压工件，防止了人身事故

续表

类别	结构简图及图形符号	原理描述	逻辑表达式	真值表	特点
非门	1—下阀座；2—截止膜片；3—上阀座；4—阀杆；5—膜片	非门元件的a口为输入口，s口为输出口，p口接气源。常态下，阀杆4在气源压力作用下上移关闭上阀口，p口和s口连通，s口有压力气体输出。当a口有压力气体时，阀杆下移关闭下阀口，s口无压力气体输出	$s=\overline{a}$	a s 0 1 1 0	非门元件属有源元件，常用作反相控制
禁门	1—下阀座；2—截止膜片；3—上阀座；4—阀杆；5—膜片	禁门元件的a口为禁止控制口，b口为输入口，s口为输出口。当a口无压力气体时，b口的压力气体使下阀口开启，上阀口关闭，s口即有输出。若a口有压力气体输入，则阀杆4下移关闭下阀口，s口无输出	$s=\overline{a}b$	a b s 0 0 0 0 1 1 1 1 0 1 0 0	禁门用于对某信号的允许或禁止控制
或非门		或非门元件的a、b、c口为输入口，s口为输出口，p口接气源。或非门元件工作原理基本上和非门相同，只是增加了两个输入口。也就是只有a、b、c三个口都无压力气体时，s口有输出。只要其中有一个输入口有压力气体时，s口就无输出	$s=\overline{a+b+c}$	a b c s 0 0 0 1 0 0 1 0 0 1 0 0 1 0 0 0 1 1 1 0	
双稳态	1—连接板；2—阀体；3—滑块；4—阀芯；5—手动杆；6—密封圈	双稳态元件的结构形式很多，有截止式、滑块式等。左图为滑块式双稳态元件。其a口和b口为输入口，p口接气源，s_1和s_2为输出口，T口为排气口 当a口输入压力气体信号，b口无信号时，阀芯4被推向右端(图示状态)，p口的压力气体经过内腔由s_1口输出，s_2口则无输出。a口信号消失后，仍保持s_1有输出，s_2无输出状态。如果b口输入压力气体信号，阀芯将移至左端。p口和s_2口连通，s_2口有输出，s_1口无输出，状态发生了翻转。即使b信号消失也能保持这种翻转后的状态	$s_1=K_b^a$ $s_2=K_a^b$	a b s_1 s_2 1 0 1 1 0 0 1 0 0 1 0 1 0 0 0 1	双稳态元件又称双记忆元件

5.8.4 参数产品

气动逻辑控制阀的性能参数有公称通径及流量、工作压力等，其典型产品见表 5-24。图 5-141 所示为一种气动逻辑控制阀组的实物外形图。

表 5-24 气动逻辑控制阀典型产品

系列型号	公称通径/mm	工作压力/MPa	流量/L·min^{-1}	生产厂
QL 系列气动逻辑控制阀(或门、与门、非门、是门、禁门、顺序与门、双稳态)	2.5	0.2～0.6	120	浙江省象山石浦天明气动成套厂

注：1. 产品外形连接尺寸请见生产厂产品样本。
2. 技术参数以生产厂产品样本为准。

图 5-141 气动逻辑阀组外形图

5.8.5 使用要点

① 气动逻辑控制系统所用气源的压力变化必须保障逻辑控制元件正常工作需要的气压范围和输出端切换时所需的切换压力，逻辑元件的输出流量和响应时间等可根据系统要求参照产品样本等相关资料选取。

② 无论采用截止式或膜片式高压逻辑控制元件，都要尽量将元件集中布置，以便于集中管理。

③ 由于信号的传输有一定的延时，信号的发出点（例如行程开关）与接收点（例如元件）之间，不能相距太远。一般而言，最好不要超过几十米。

④ 当逻辑控制阀要相互串联时，一定要有足够的流量，否则可能无力推动下一级元件。

⑤ 尽管高压逻辑阀对气源过滤要求不高，但最好使用过滤后的气源，不要使加入油雾的气源进入逻辑控制元件。

5.8.6 基本回路

除了用逻辑控制元件，用普通气动阀（如滑阀式换向阀）进行适当组合也能组成和实现逻辑控制，其回路见表 5-25。

表 5-25 用普通气动换向阀组成的逻辑控制基本回路

回路类型	简图	逻辑功能及表达式	真值表
是回路	s, a	a, s $s=a$	a s 0 0 1 1
非回路	s, a	a, s $s=\bar{a}$	a s 0 1 1 0
或回路	s, a, b; a, b, s	a, b, s $s=a+b$	a b s 0 0 0 0 1 1 1 0 1 1 1 1

续表

回路类型	简图	逻辑功能及表达式	真值表
与回路		$s=a\cdot b$	a b s 0 0 0 0 1 0 1 0 0 1 1 1
或非回路		$s=\overline{a+b}$	a b s 0 0 1 0 1 0 1 0 0 1 1 1
与非回路		$s=\overline{a\cdot b}$	a b s 0 0 1 0 1 1 1 0 1 1 1 0
禁回路		$s=\overline{a}\cdot b$	a b s 0 0 0 0 1 1 1 0 0 1 1 0
记忆回路	双稳　单记忆	$s_1=K_b^a$；$s_1=K_b^a$ $s_2=K_a^b$	a b s_1 s_2 1 0 1 0 0 0 1 0 0 1 0 1 0 0 0 1

5.9　气动比例阀与气动伺服阀

气动比例阀与气动伺服阀是为适应现代工业自动化的发展，满足气动系统较高的响应速度、调节性能和控制精度的要求发展起来的控制元件，主要用于气动系统的连续控制。

5.9.1　气动比例阀

(1) 功用类型

气动比例阀是一种输出信号与输入信号成比例的气动控制阀，它可以按给定的输入信号连续成比例地控制气流的压力、流量和方向等。由于比例阀具有压力补偿的性能，故其输出压力和流量等可不受负载变化的影响。

按输入信号不同，气动比例阀有气控式、机控式和电控式等类型，但在大多数实际应用中，输入信号为电控信号，故这里主要简介电-气比例控制阀（简称电-气比例阀）。电-气比例阀的输出压力、流量与输入的电压、电流信号成正比。在结构上，电-气比例阀通常由电气-机械转换器与气动放大器（阀的主体部分）组成。按电气-机械转换器不同，有电磁铁驱动式、压电式、力马达式、力矩马达式等。按气动放大器不同可分为滑阀式、膜片式和喷嘴挡板式等。

(2) 结构原理

① 电磁铁驱动的电-气比例阀。如图 5-142 所示，用于实现电磁比例的电气-力转换部分的结构，与直动式电磁阀用的金属间隙密封的滑块式或滑阀式结构相同。其动作原理是，在直动式电磁阀的电磁线圈中通入与阀芯机械行程大小相应的电流信号，产生与电流大小成比例的吸力，该吸力与阀的输出压力及弹簧力相平衡，达到调节阀的输出压力、阀口开度（流量）和方向的目的。

此类阀结构简单、灵敏度高（0.5%）、动作响应快（0.1～0.2s），线性度为 3%，但线圈电流较大（0.8～1A），为了提高控制精度，需用专门的驱动器使滑阀作微小的低速振动，以消除卡死现象。

用电磁铁驱动的比例阀有比例压力阀、比例流量阀和比例方向三种。

图 5-143 所示为一种电磁铁驱动的电-气比例压力阀结构图，它由两个二位二通电磁开关阀（给气和排气用）、先导式调压阀（膜片式先导阀和给气阀、排气阀）、过滤器、压力传感器、控制电路（控制放大器）（控制电路包括压力信号的放大、开关阀电磁铁的驱动电路及压力显示等），通过压力传感器构成输出压力的闭环控制。阀的工作原理可借助图 5-144（a）来说明如下：

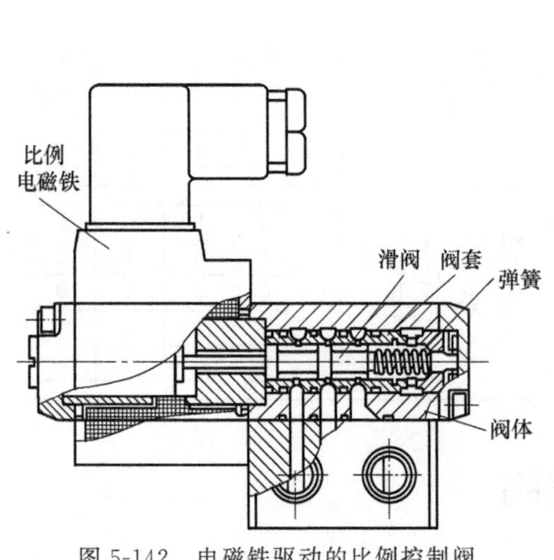

图 5-142　电磁铁驱动的比例控制阀

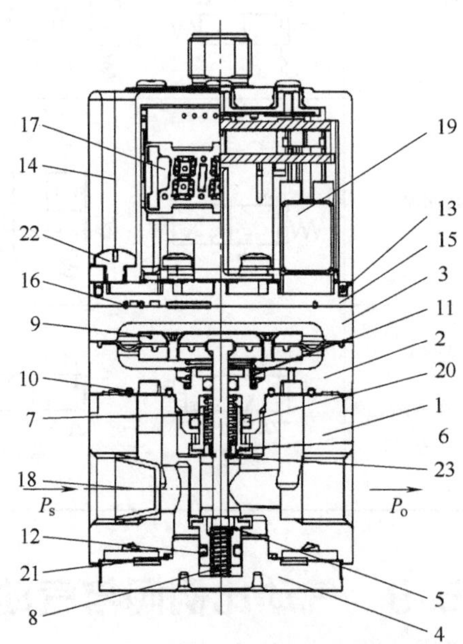

图 5-143　电-气比例压力阀结构图

1—阀体；2—中间阀体；3—盖；4—阀芯导套；5—给气阀；6—排气阀；7,8—阀弹簧；9—膜片组件；10,13,16—密封圈；11—偏置弹簧；12,20,21—O 形圈；14—壳组件；15—底板；17—控制回路组件；18—过滤器；19—电磁阀；22—十字槽小螺钉；23—弹簧

当输入电信号增大时，则给气用电磁阀 1 变为 ON 状态，排气用电磁阀 2 变为 OFF 状态。由此，供给压力通过阀 1 作用在先导室 3，使先导室的压力上升，作用在膜片 4 上面。因此，与膜片联动的调压阀中的给气阀 5 打开，一部分供气压力 P_s 成为输出压力 P_o，另一部分经排气阀的 T 口溢流至大气；同时，输出压力通过压力传感器 7 反馈至控制回路 8 输入端，与输入信号进行比较并用得出的偏差修正动作，直到输出压力与输入信号成比例，因此会得到与输入信号成比例的输出压力（图 5-145）。图 5-144（b）所示的原理方块图反映和表达了压力的上述自动控制过程。SMC（中国）有限公司的 ITV 系列产品即为此种结构，其实物外形如图 5-146（b）所示，其技术参数列于后文表 5-26 中。

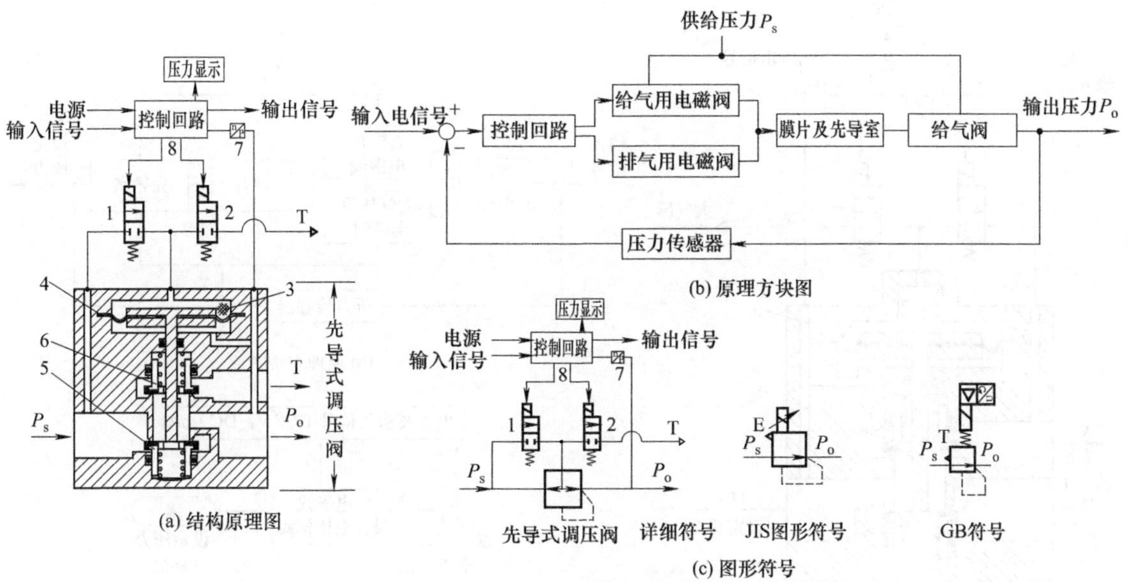

图 5-144　电磁铁驱动的电-气比例压力阀原理及图形符号

1—给气用电磁阀；2—排气用电磁阀；3—先导室；4—膜片；5—给气阀；6—排气阀；7—压力传感器；8—控制电路（放大器）

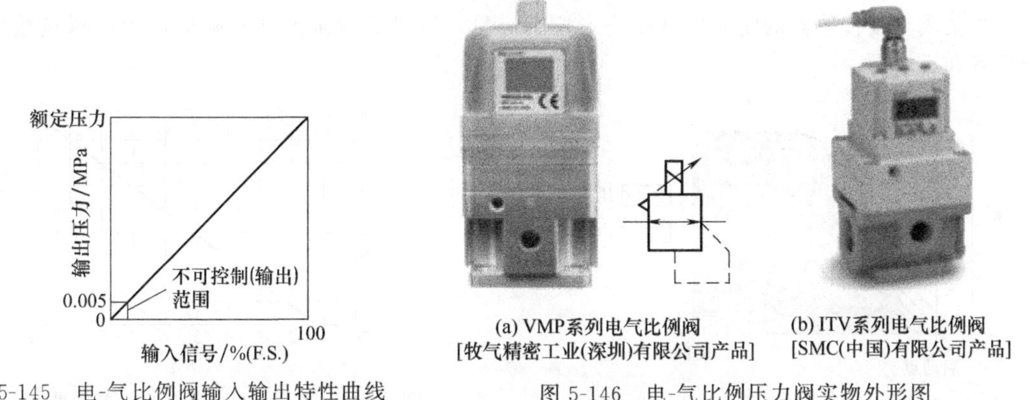

图 5-145　电-气比例阀输入输出特性曲线

图 5-146　电-气比例压力阀实物外形图

由图 5-144 所示比例压力阀派生出的电子式真空比例阀的结构原理如图 5-147（a）所示，它由真空用和大气压用电磁阀、膜片式先导阀、真空压阀、大气压阀、压力传感器、控制电路（放大器）及压力显示等部分复合而成，通过压力传感器构成输出真空压力的闭环控制。阀的工作原理说明如下。

当输入电信号增大时，则真空压用电磁阀 1 变为 ON 状态，大气压用电磁阀 2 变为 OFF 状态。由此，通过 V 和先导室 3，使先导室的压力变为负压，作用在膜片 4 上面。因此，与膜片 4 连动的真空阀芯 5 打开，V 口与 O 口接通，设定压力变为负压。此负压通过压力传感器 7 反馈至控制回路 8，与输入信号进行比较并用得出的偏差修正动作，直到真空压力与输入信号成比例，因此会得到与输入信号成比例的真空压力。图 5-147（b）所示的原理方块图反映和表达了真空压力的上述自动控制过程。SMC（中国）有限公司的 ITV209 系列产品即为此种结构，其实物外形与图 5-144（b）所示类似，其技术参数列于表 5-26 中。

② 压电式电-气比例流量阀。压电式电-气比例阀为集成了压电驱动器的质量流量控制器。它

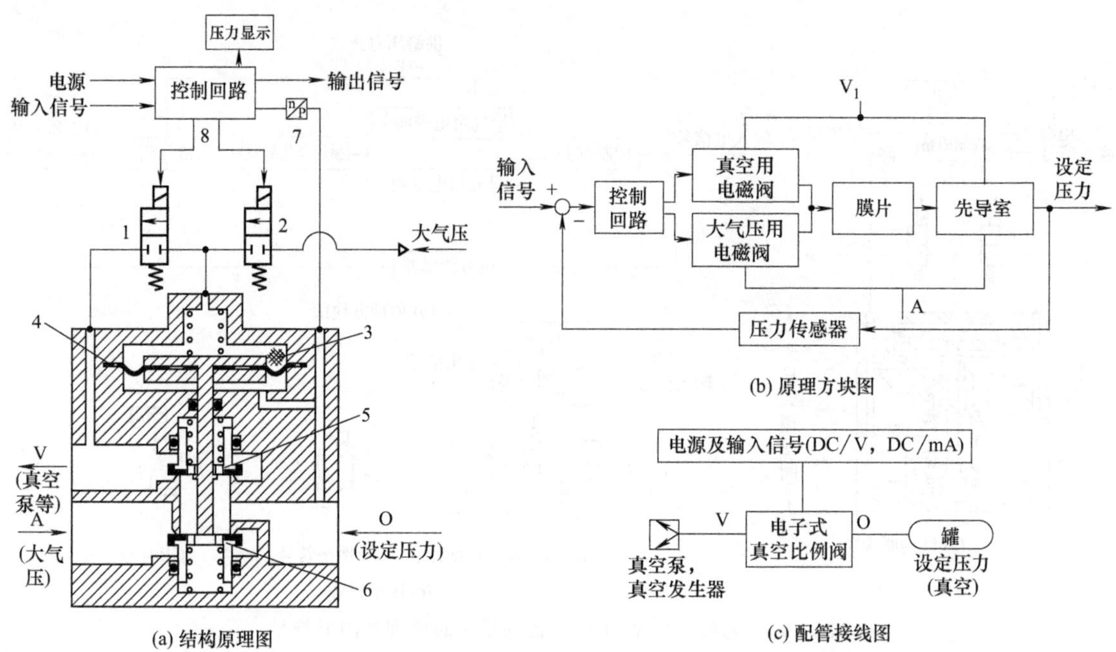

图 5-147　电磁铁驱动的电子式真空比例阀原理及配管接线图

1—真空用电磁阀；2—大气压用电磁阀；3—先导室；4—膜片；5—真空阀芯；6—大气压阀芯；7—压力传感器；8—控制回路（放大器）

通过带集成温度传感器的闭环控制回路来控制流量，流量的设定值和实际值可用模拟量接口进行设置和反馈。

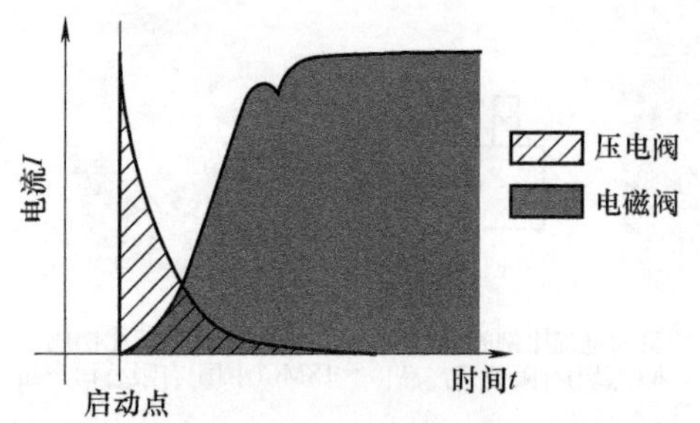

图 5-148　压电式电-气比例流量阀电流特性

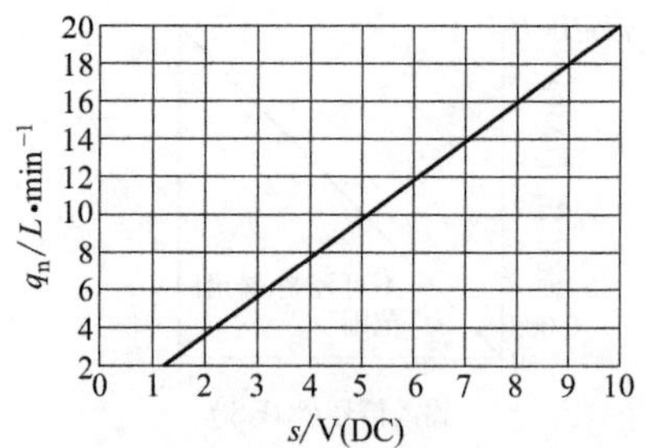

图 5-149　流量 q_n-设定电压 s 关系曲线

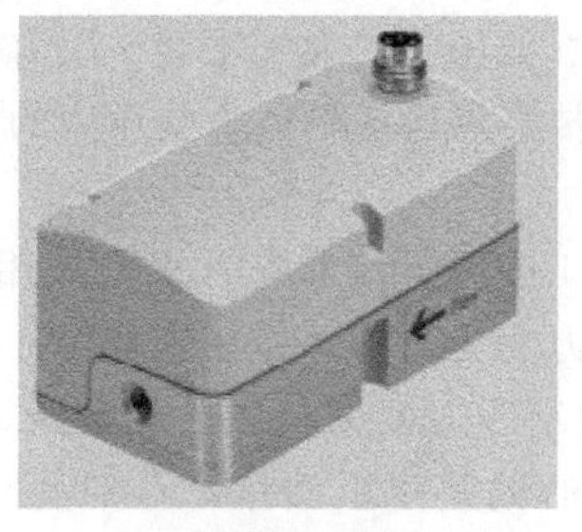

(a)实物外形图

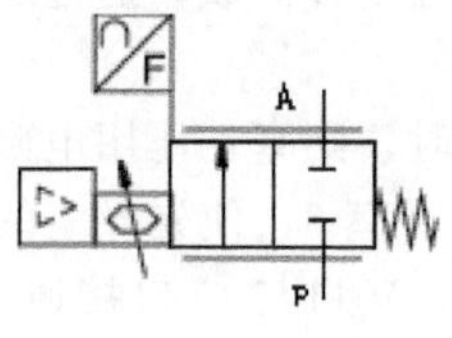

(b) 图形符号

图 5-150　VEMD 系列二通型电气比例流量阀实物外形及图形符号［费斯托（中国）有限公司产品］

如图 5-148 所示，与电磁阀不同，采用压电技术的比例阀由于其电容原理在保持主动状态时几乎不耗电。其工作原理与电容类似，只有在给压电陶瓷充电启动时才需要电流，保持状态不需要消耗更多能源。故该阀不会发热；消耗的能源也要比电磁阀（不能断电）少了至多 95%。

总之，压电式比例阀具有功耗低、动态响应高、发热小、噪声低、性价比高、坚固耐用、线性度好（图 5-149）、安装空间小、重量轻的一系列特点，用于以设定的设定点值成比例地控制空气和惰性气体的流量。例如卫生和消毒等医疗技术及特殊要求的场合。

费斯托（中国）有限公司生产的 VEMD 系列二通型电气比例流量阀即为此类比例阀，其实物外形及图形符号如图 5-150 所示，其技术参数列于表 5-26 中；在室温下，其最大流量与工作压力关系如图 5-151 所示。

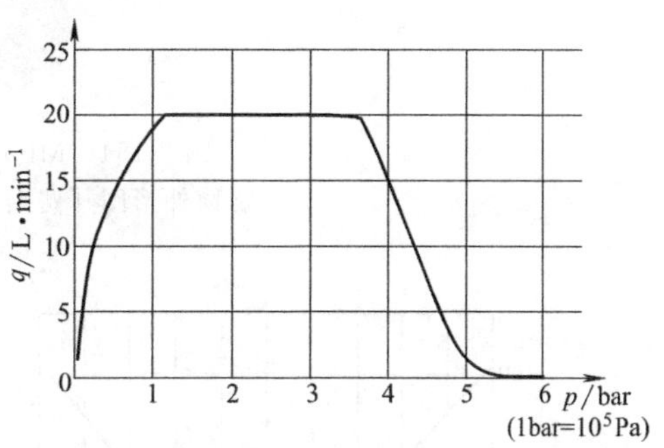

图 5-151　最大流量 q 与工作压力 p 的关系

③ 电-气比例方向控制阀。图 5-152 所示为一种三位五通常闭型电-气比例方向控制阀，其主体结构为活塞式位置控制阀芯及阀体组成，采用电气驱动，机械弹簧复位。在改变气缸等执行元件运动方向的同时，控制排气流量调节速度；还可将电子元件的模拟输入信号转换成阀输出口相应的开口大小，并与外部位置控制器和位移传感器相组合，可形成一个精确的气动定位系统。

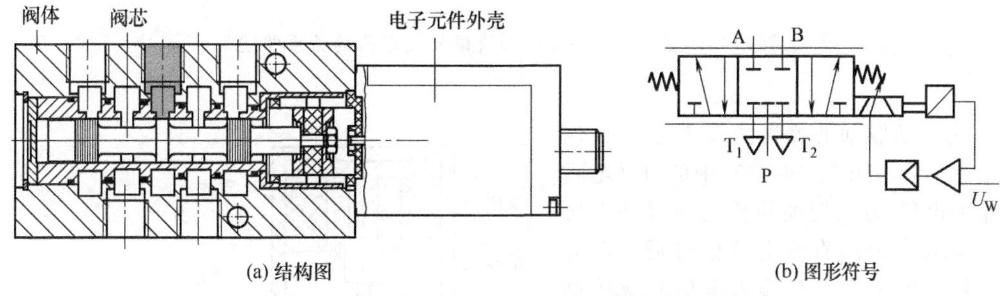

(a) 结构图　(b) 图形符号

图 5-152　三位五通常闭型电-气比例方向控制阀

此类比例方向阀具有以下特性（图 5-153）：可快速切换设定流量，通过提高气缸的速度缩短设备（装配、抓取和家具作业等）的循环时间；可根据工作过程的需要灵活调节气缸的速度，具有各种独立的加速梯度（对于汽车、传送、测试工程等精密工件及物品，可缓慢地接近终端位置）；动态性强且可快速改变流量，可实现气动定位及软停止。

费斯托（中国）有限公司生产的 MPYE 系列电-气比例方向控制阀即为此种结构，其实物外形如图 5-154 所示，其技术参数列于表 5-26，其流量与设定值的关系曲线如图 5-155 所示。

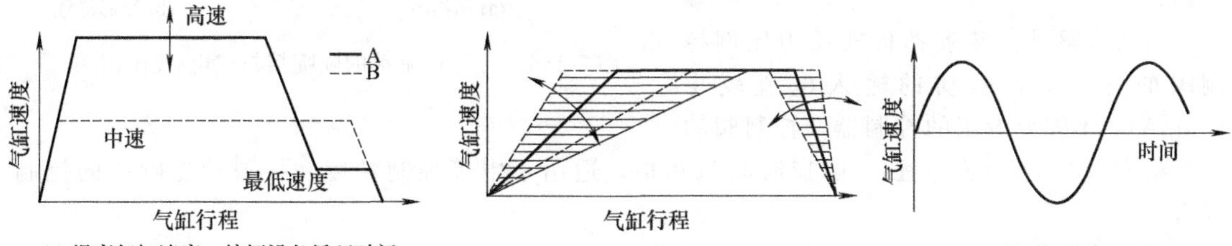

(a) 提高气缸速度，缩短设备循环时间
A—比例阀设定不同的速度级和速度梯变
B—通过控制排气流量调节速度

(b) 气缸速度灵活，具有多种不同的流量

(c) 比例方向控制阀作为最终控制元件，动态性强且可快速改变流量

图 5-153　电-气比例方向阀特性

图 5-154 MPYE 系列电气比例方向阀
实物外形图［费斯托（中国）有限公司产品］

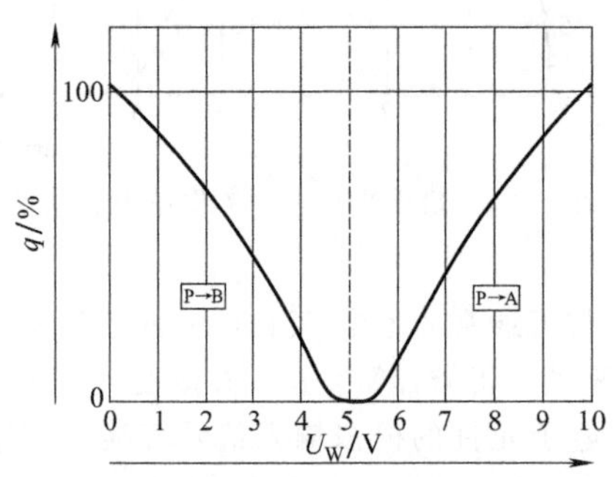

(a) 电压型阀 6→5bar时流量q与设定电压U_W的关系

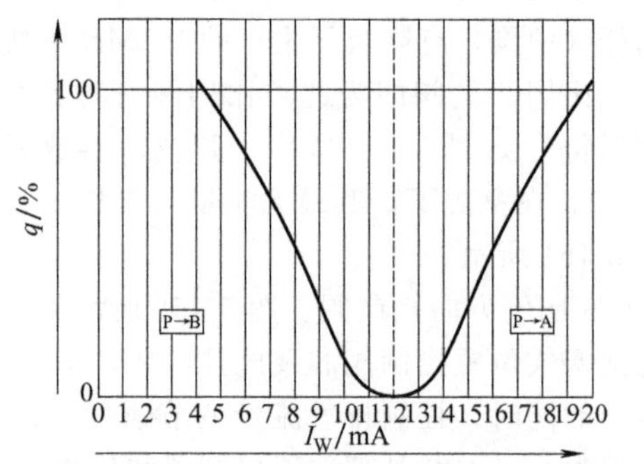

(b) 电流型阀 6→5bar时流量q与设定电流强度I_W的关系

图 5-155 电-气比例方向阀流量与设定值的关系曲线

④ 力马达驱动的喷嘴挡板式电-气比例阀（图 5-156）。图 5-156（a）中的可动电磁线圈作为电气-力的转换机构，当可动电磁线圈中输入一定的直流电流信号后，在力马达中就产生了一个与输入电信号成比例的力，可带动可动线圈和挡板产生相应的位移，使作为第一级气动放大器的喷嘴的背压 p_0 增高，即作用在作为第二级气动放大器的主阀膜片组件上的控制气压增加，推动阀杆下移，进气阀口开启，控制阀有气压 p_2 输出。当控制阀达到平衡时，阀的输出气压与输入的直流电流为线性比例关系。

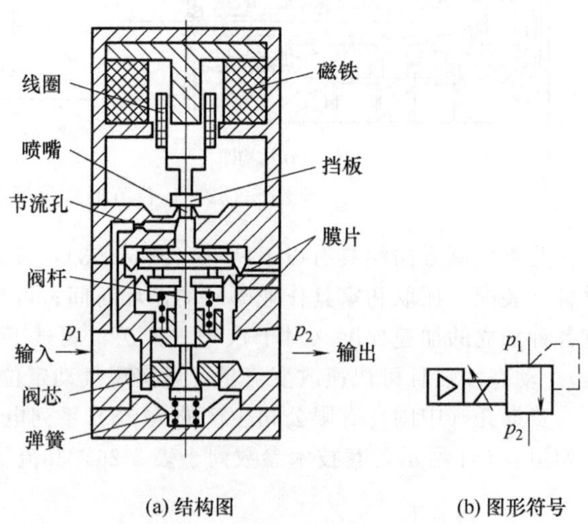

(a) 结构图　(b) 图形符号

图 5-156 力马达驱动的喷嘴挡板式电-气比例阀

力马达驱动的喷嘴挡板式压力比例控制阀的特点是，驱动的输入电流较小(20mA)，不需要专用的控制器，控制阀的控制精度为 1.5%（满量程），响应时间为 0.6s，适用于中等控制精度和一般动态响应的控制场合。

(3) 性能参数

电-气比例阀的性能参数有配管通径、供给压力及设定压力、供电电源、输入信号及输出信号（电流或电压）、线性、迟滞、重复性、灵敏度、频率等。

(4) 典型产品（表 5-26）

表 5-26 电-气比例阀产品概览

系列型号	比例压力阀			比例流量阀	比例方向阀
	VMP 系列电-气比例阀	ITV1000.2000.3000 系列电-气比例阀	ITV2090.2091 系列电子式真空比例阀	VEMD 系列二通型比例流量阀	MPYE 系列比例方向控制阀
公称通径/mm 或 in	连接螺纹 Rc1/4，Rc1/2	连接螺纹 1/8，1/4,3/8，1/2	连接螺纹 1/4	接口螺纹 M5	接口螺纹 M5,G1/8,G1/4,G3/8
供给压力/MPa	最低:设定压力+0.1 最高:0.2～1.0	最低:设定压力+0.1 最高:0.2～1.0	最低:－13.3kPa 最高:－101kPa	工作压力 0～0.25MPa	工作压力 0～1.0MPa
设定压力范围/MPa	0.005～0.9	0.005～0.9	－1.3～－80kPa	过载压力 0.6MPa	
供电电源	电压 DC24 V;电流≤0.12A	电压 DC24 V、12～15 V 电流≤0.12A、0.18A	电压 DC24 V、12～15 V 电流≤0.12A、0.18A		电压 DC17～30 V
输入信号	电流型 DC0～20 mA 电压型 DC0～10V	电流型 DC0～20mA 电压型 DC0～10V	电流型 DC0～20mA 电压型 DC0～10V	模拟量输入信号 0.2～10V	设定值:电压型 0～10V 电流型 4～20mA
输出信号	模拟输出 DC1～5V,DC 4～20mA。开关输出:NPN 输出 30mA,PNP 输出 30 mA	模拟输出 DC1～5V,DC 4～20mA。开关输出:NPN 输出 30mA,PNP 输出 80mA	模拟输出 DC1～5V，DC4～20mA。开关输出：NPN 输出 30mA，80mA，PNP 输出 80mA	模拟量输出信号 0.2～10V	最大电流消耗 1～100mA
线性/%(F.S.)	1	1	1	2	临界频率 65～125Hz
迟滞/%(F.S.)	0.5	0.5	0.5	2.5	最大 0.4
重复性/%(F.S.)	0.5	±0.5	±0.5	1	持续通电率 100%:如果过热,比例方向控制阀会自动切断(至中间位置),一旦冷却下来会自动复位
显示精度/%(F.S.)	±2	±2	±2		
灵敏度/%(F.S.)		0.2 以下	0.2 以下		
流量/L·min^{-1}		6～4000(ANR)	6～4000(ANR)	质量流量控制范围 0～20	100～2000
环境温度/℃	0～50	0～50	0～50	0～50	0～50
图形符号	图 5-146(a)	图 5-144(c)	配管接线图 5-147(c)	图 5-150(b)	图 5-152(b)
实物外形图		图 5-146(b)	图 5-146(b)	图 5-150(a)	图 5-154
结构性能特点	集装板式安装,占用空间小;精度高,多量程可选,支持 MODBUS 总线通信协议	通过电气比例信号,实现对压缩空气的无级控制;体积小,重量轻;可以和分水滤气器及油雾器一起构成电气比例三联件	无级控制与电气信号成比例的真空压力	采用集成的低噪声压电技术,能耗极小,结构紧凑。工作介质除了压缩空气外,还可以是氧气、氮气等	常闭滑阀,硬性密封,电动驱动,机械弹簧复位,滑阀位置可控,伺服定位,方向及流量调节控制
生产厂	①	②	②	③	③

①牧气精密工业（深圳）有限公司；②SMC（中国）有限公司；③费斯托（中国）有限公司。

注：各系列比例控制阀的技术参数、外形等以生产厂产品样本为准。

(5) 使用维护及故障诊断

请参照生产厂产品使用说明书。

5.9.2 气动伺服阀

(1) 功用与类型

气动伺服阀也是一种输出量与输入信号成比例的气动控制阀，它可以按给定的输入信号连续成比例地控制气流的压力、流量和方向等。与气动比例阀相比，除了在结构上有差异外，主要在于伺服阀具有很高的动态响应和静态性能，但其价格及使用维护要求也较高。

在大多数实际应用中，气动伺服阀的输入信号为电气信号，即电-气伺服控制阀（简称电-气伺服阀），这种阀的输出压力、流量与输入的电压、电流信号成正比。在结构上，电-气伺服阀通常也由电气-机械转换器与气动放大器（阀的主体部分）组成。按电气-机械转换器不同，电-气伺服阀有力马达式、力矩马达式等形式，按气动放大器（阀的主体部分）不同，可分为滑阀式、喷嘴挡板式和射流管式等。

(2) 典型结构原理

图 5-157（a）所示为力矩马达驱动的力反馈电-气伺服阀结构原理图，阀中第一级气动放大器为喷嘴挡板阀，由力矩马达驱动，第二级气动放大器为滑阀，阀芯位移通过反馈杆 7 转换成机械力矩反馈到力矩马达上。

当电流输入力矩马达控制线圈 4 时，力矩马达产生电磁力矩，使挡板 5 偏离中位（假设其向左偏转），反馈杆变形。这时两个喷嘴挡板阀的喷嘴 6 前腔产生压力差（左腔高于右腔），在此压力差的作用下，滑阀向右移动，反馈杆端点随之一起移动，反馈杆进一步变形，反馈杆变形产生的力矩与力矩马达的电磁力矩相平衡，使挡板停留在某个与控制电流相对应的偏转角上。反馈杆的进一步变形使挡板被部分拉回中位，反馈杆端点对阀芯的反作用力与阀芯两端的气动力相平衡，使阀芯停留在与控制电流相对应的位移上。这样，伺服阀就输出一个对应的流量。改变电流大小和方向，也就改变了气流的流量与方向。

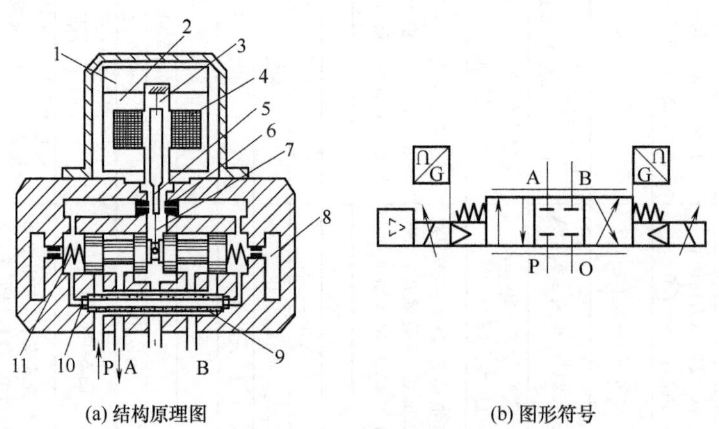

(a) 结构原理图　　(b) 图形符号

图 5-157　力矩马达驱动的喷嘴挡板式电-气伺服阀

1—永久磁铁；2—导磁体；3—支承弹簧；4—线圈；5—挡板；6—喷嘴；7—反馈杆；8—阻尼气室；9—滤气器；10—固定节流孔；11—补偿弹簧

(3) 性能参数

电-气伺服阀的性能参数及指标较多，如规格参数、通径、压力、流量以及静态和动态指标等。具体请见产品样本。

(4) 典型产品

图 5-158 所示为一种气动纠偏阀的实物外形、图形符号及应用示意图（无锡气动技术研究所

JPV-02系列产品)，其接口螺纹为Rc1/4，设定压力0～0.97MPa，耐压能力1.5MPa，该阀可与气缸配套成对使用，纠正传输带或带材偏离轨道的位置，实现纠偏自动化，反应敏捷。

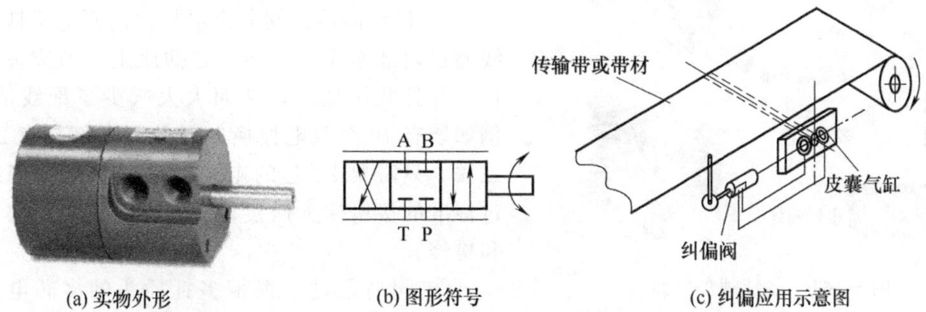

图5-158 气动纠偏阀(无锡气动技术研究所JPV-02系列产品)

5.10 气动阀岛

5.10.1 阀岛的由来

传统独立接线控制方式的气动系统(图5-159)的执行元件(如气缸)的动作由分立的电磁阀来控制，要对每一个电磁阀进行电气连接(每一个线圈都要逐个连接到控制系统)，还要安装消声器，压缩气源以及连接到气缸的管道及管接头等。气缸和电磁阀等元件的数量将随着自动化程度、机器设备及其使用的电气、气动系统的复杂化程度的提高而增多(图5-160)。

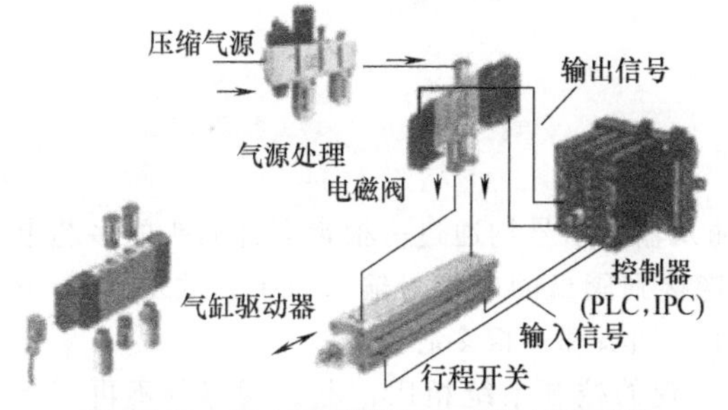

图5-159 独立接线控制方式的气动系统

图5-160 复杂气动系统

由上可看出传统的独立接线控制方式的气动系统，明显存在如下缺陷：

① 需要几十根甚至上百根的控制接线；

② 气管连接、布线安装困难，存在很多故障隐患；

③ 众多的管线为设备的维护和管理带来不便；

④ 制造时间长，耗费人力多，使得整个设备的开发、制造周期延长；

⑤ 常因人为因素出现设计和制作上的错误。

阀岛技术正是为了解决上述问题，简化气动系统的安装和管线配置而出现的。

“阀岛”一词源于德文，英文名为“valve terminal”，它是全新的气电一体化控制单元，由多个电磁阀组成，集成了信号输入/输出以及信号的控制与通信。德国费斯托(FESTO)公司于20世纪80年代开始致力于研究气电一体化控制单元，最先推出了阀岛技术并于1989年研发出世界上第一款阀岛。

5.10.2 特点意义

① 配置灵活。在一个阀岛上可集成安装多个小型电控换向阀(图5-161)，有2阀、4阀、6

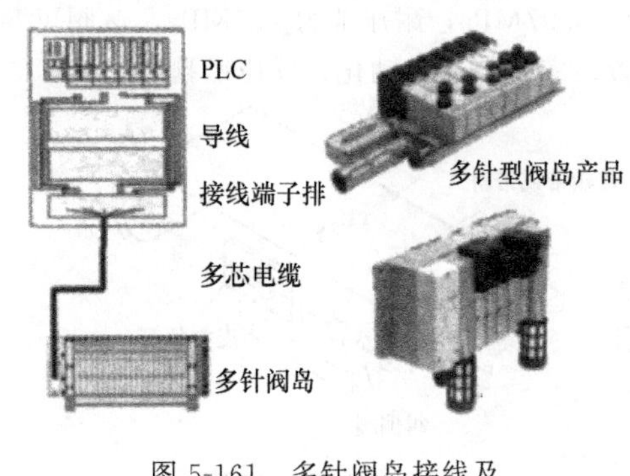

图 5-161 多针阀岛接线及通信控制和产品示例

阀、8 阀、10 阀、16 阀、24 阀、128 阀等类别，分别有单电和双电两种控制形式。

② 接线简单。阀岛上电控换向阀电磁铁的控制线通过内部连线集成到多芯插座上，形成标准的接口，并且共用地线，从而大大减少了配线的数量。例如装有 10 个双电控换向阀的阀岛，具有 20 个电磁铁，只需要 21 芯的电缆就可以控制。接线时通过标准的接口插头插接，非常便于拆装、集中布线和检修。

③ 阀岛通过一根带多针插头的多芯电缆线与 PLC（可编程控制器）的输出信号、输入信号相连，系统不再需要接线盒。

④ 结构紧凑。集成化后的电控阀共用进气口和排气口，简化了气动接口。

⑤ 成本低。可降低将近三分之二的制造成本。

⑥ 易于故障诊断排除。利用预先定义好的针脚分配，在设备出现故障的时候能够快速地查找出相对应的电控阀，及时排除故障，提高了设备的使用效率。

阀岛的出现和发展具有十分重要的意义，它跨越了过去气动厂商仅生产气动控制阀这一界限，而把过去一直由电气自控行业厂商生产的电输入输出模块、电缆、电缆接口、PLC 程序控制器、现场总线、以太网接口和电缆一并归纳于气动元件公司产品范畴并列入其产品型录或样本，同时投入力量予以重点开发创新，从而确保了气动技术在今后自动化的发展道路上的地位，并保持了气动行业在应用 PLC 程序控制技术、现场总线、以太网技术上能与自动控制领域同步发展。

5.10.3 类型特点

(1) 第一代阀岛——多针接口阀岛

多针接口阀岛的结构如图 5-161 所示，PLC 的输入输出信号均通过一根带多针插头的多芯电缆与阀岛相连，而由传感器输出的信号则通过电缆连接到阀岛的电信号输入口上。故 PLC 与电磁阀、传感器输入信号之间的接口简化为只需一个多针插头和一根多芯电缆。

与传统的集装气路板或者单个电磁阀安装方式实现的控制系统相比，电磁阀部分不再需要接线端子排，所有电信号的处理、保护功能，如极性保护、光电隔离、防尘防水等都在阀岛上实现。其缺点是用户尚需根据设计要求自行将 PLC 的输入/输出口与阀岛电气接口的多芯电缆进行连接。

(2) 第二代阀岛——现场总线阀岛

现场总线阀岛的实质是通过电信号传输方式，以一定的数据格式实现控制系统中信号的双向传输。两个采用现场总线进行信息交换的对象之间只需一根两芯或四芯的总线电缆连接。这可大大减少接线时间，有效降低设备安装空间，使设备的安装、调试和维护更加简便。

在现场总线阀岛（图 5-162）系统中，每个阀岛都带有一个总线输入口和总线输出口。当系统中有多个总线阀岛或其他现场总线设备时，可按照需要进行多种拓扑连接（图 5-163），其前置处理器是一个单片机或 PLC 系统，具有标准的输出插头并直接与阀岛插接，用于对阀岛的直接控制，标准的串口输入与控制主机连接，用于与控制主机通信。

现场总线型阀岛的出现标志着气电一体化技术的发展进入一个新阶段，气动自动化系统的网络化、模块化提供了有效的技术手段。

气动阀岛几乎可应用于汽车、食品与包装、电子行业、轻型装配、过程自动化、印刷、加工机床等各相关行业中（图 5-164）。

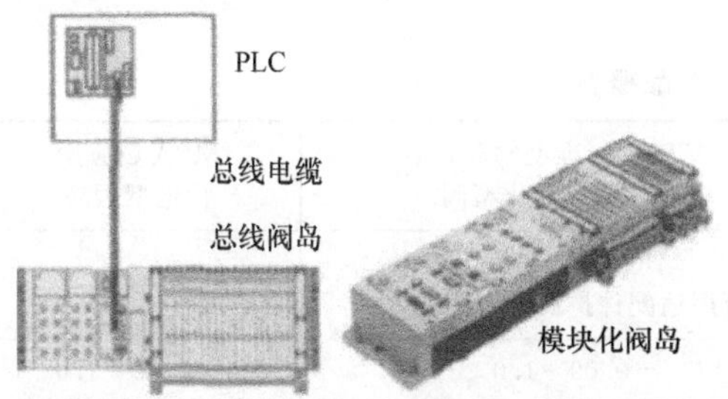

图 5-162 总线阀岛接线及通信控制和产品示例

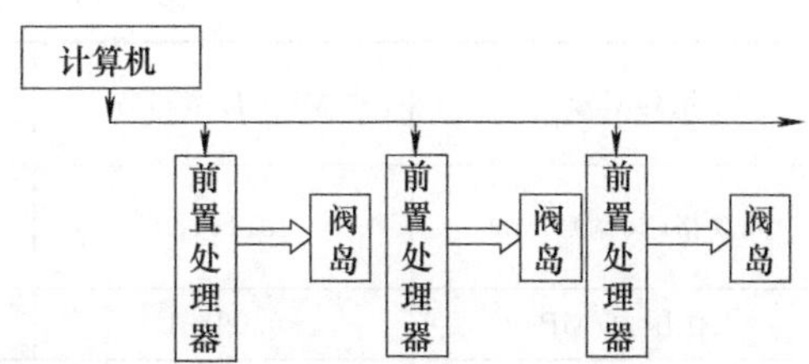

图 5-163 多个总线阀岛的拓扑连接及控制原理

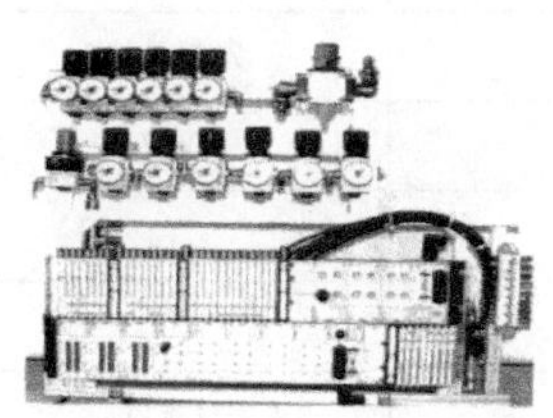

(a) 烟草行业：香烟卷接设备应用阀岛

(b) 食品与包装行业：片剂进料和高性能装盒机应用阀岛

(c) 装配行业：装配流水线上汽车灯座的装配应用阀岛

(d) 汽车行业：白车身抓取和焊接机器人上应用阀岛

(e) 过程自动化行业：大型生物技术/制药设备上应用阀岛

图 5-164 气动阀岛的典型应用

5.10.4 性能参数与产品概览

气动阀岛的性能参数有压力、流量、可带动流量、阀位数和线圈数以及电接口和总线形式等。

按标准化及阀岛模块化结构不同，目前，气动阀岛产品有通用型［紧凑型（各厂商开发的批量产品），紧固的模块结构，常规气动阀门结构］、标准型（ISO 15407 阀和 ISO 5599-2 阀）、专用型（行业用，易清洗及防爆）等三大类型。

目前，阀岛的生产商有费斯托（Festo）（中国）有限公司、SMC（中国）有限公司、意大利麦特沃克（Metal Work）公司和英国诺冠（Norgren）公司等。其中费斯托公司的阀岛主要产品有通用型（具有坚固的模块化阀模块，作为紧凑的或模块化的底座，用于各种标准任务。有 CPV、MPA、MPAL、VTSA、VTUB、VTUG、VTUS 型等）、标准型（阀模块符合标准 ISO 15407-1、15407-2 和 ISO 5599-2 标准，用于基于标准的阀，可具有各种阀的功能，可作为插件，也可单独连接；有 VTIA、VTSA 等）和应用特定型（专用型；节省空间的紧凑型阀模块用于特殊要求；MH1、MPAC、VTOC、VTOE 型）等三大类，其流量、阀位等因阀岛形式不同而异，流量10～3200L/min，阀位从10～32不等。产品概览见表5-27。产品特性见表5-28。

表 5-27　气动阀岛产品概览

系列型号	MPA-L 型阀岛	VTSA 标准型阀岛， VTSA-F 流量优化型阀岛	MPA-C 应用 特定型阀岛
阀规格(阀宽)/mm	10、14、20	18、26、42、52， 可用适配件扩展至 65 mm	14
工作压力/MPa	－0.09～1.0	－0.09～1.0	－0.09～1.0
最大流量/L·min^{-1}	最大 870	550～2900	最大 780
驱动方式	电控	电驱动，带多针插头；多针；带现场总线： 集成控制器、现场总线、工业以太网	电驱动
控制方式	电控	先导	先导电控
额定工作电压/V	DC24	DC24，AC110	DC24
最大阀位数	32	32	32
压力区最大数量	20		32
信号状态指示	LED	LED	LED
开关位置指示	LED	LED	
适合真空	是	是	是
手控装置	非锁定式和锁定式	锁定式、按钮式、隐藏式	按钮式或封盖式
环境温度/℃	－5～50	－5～50	－5～60
实物外形及产品特性	表 5-28 序号 1	表 5-28 序号 2	表 5-28 序号 3

注：1. 生产厂：费斯托（中国）有限公司。
2. 各系列比例控制阀的技术参数、外形等以生产厂产品样本为准。

5.10.5 选用安装

选用气动阀岛应考虑的因素有：应用的工业领域、设备的管理状况、分散的程度、电接口连接技术、总线控制安装系统及网络等。气动阀岛通常可通过图5-165所示的两种安装方式安装到主机或系统上。

① 墙面/平面安装。阀岛安装在坚固、平坦的墙面/平面上，为此需要在安装面上开螺纹孔，使用垫片和安装螺钉进行固定。

② 导轨安装。使用标准的导轨，导轨固定安装在控制柜、墙面或者机架上，选用合适的安装支架附件就可以把阀岛牢固的卡在生产厂商提供的导轨槽架上。

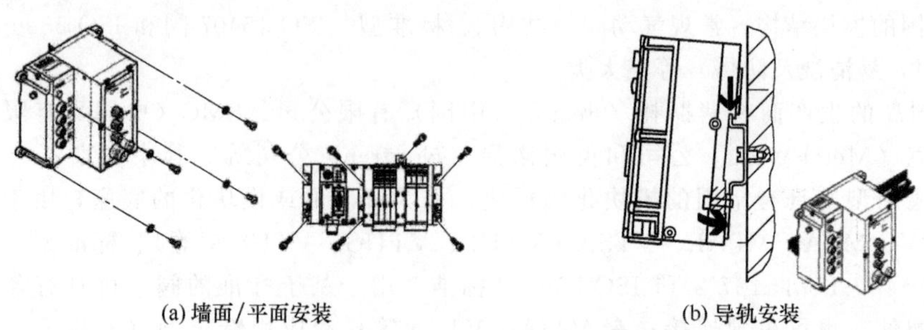

(a) 墙面/平面安装　　(b) 导轨安装

图 5-165　气动阀岛的安装方式

表 5-28　气动阀岛产品特性

序号	系列型号	实物外形图	主要构成示意图	主要特性
1	MPA-L 型阀岛（通用型阀岛）			①阀宽 10mm、14mm 和 20mm；②减少停机时间：LED 切换状态显示；③CPX 气动接口；④CPX 诊断接口；⑤简单的电接口：多针插头、现场总线接口；控制模块，CPX；CPX-AP-I；I-Port 接口/IO-Link；⑥快速安装：直接用螺钉或 H 型导轨安装；⑦安全：电接口，可以分别切断输出和阀的电源；⑧操作可靠，手控装置：按钮式、锁定式或封盖式；⑨可调整：端板上的选择器，用于定义先导气源（内先导气源或外先导气源）；⑩实用：预装配 QS 插装式接头；⑪节省空间：结构细长的阀和平板消声器；⑫灵活：32 个阀位/32 个电磁线圈；⑬模块化：通过进气板可以形成多个压力分区和多个附加的排气口
2	VTSA 标准型阀岛 VTSA-F 流量优化型阀岛			①减少停机时间：现场通过 LED 诊断；②阀宽 18mm、26mm、42mm 和 52mm，无需适配件就可组合在一个阀岛上；③CPX 气动接口；④简单的电接口：现场总线接口连接 CPX；多针插头接口，带预装配电缆或端子条（CageClamp®）；控制模块，连接 CPX；AS-接口；单个接口；⑤CPX 诊断接口，用于手持式设备（通道和阀片诊断）；⑥快速安装：直接用螺钉或 H 型导轨安装；⑦安全：阀、输出和逻辑电压可分别关断；⑧⑨实用：大标签；⑩阀功能齐全；⑪模块化：气源板便于创建多个压力分区以及多个额外排气和进气口；⑫功能：气口口径大，流量优化，坚固的金属螺纹口或预装配 QS 接头；⑬灵活：32 个阀位/32 个电磁线圈；一个阀系列，用于多种流量；⑭操作可靠：手控装置，锁定式、按钮式/锁定式或隐藏式
3	MPA-C 应用特定型阀岛			①阀宽 14mm；②③减少停机时间：LED 切换状态显示；④模块化结构：通过电源模块或带附加电源的气路板可创建压力分区，可有多个进气和排气口；⑤电接口简单：多针插头接口；I-Port 接口/IO-Link；⑥功能性佳：接头单独指定，预先安装；⑦灵活性佳：32 个阀位，32 个电磁线圈；⑧装配快速：直接使用螺钉或螺栓；⑨耐受性佳：防护等级高达 IP69K，耐受化学品和清洁剂，耐腐蚀性能优异

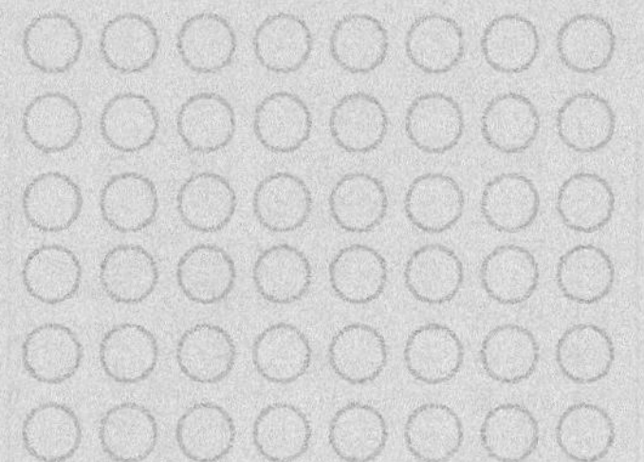

气动系统典型应用实例

6.1 气动系统典型应用实例分析要点

气动技术作为现代传动与控制的重要技术手段及各类机械设备自动化的重要方式之一，其应用遍及国民经济各个部门。气动系统名目、种类繁多，系统的构成及原理也因应用领域及主机不同而异。本章拟通过不同领域中典型气动系统应用实例的介绍，加深读者对各类气动元件及回路的综合应用认识，掌握气动系统的一般分析方法，为自行进行气动系统的分析与设计提供典型实例，并可举一反三，以便了解和掌握其他气动系统。

气压传动与控制系统的原理图都用国家标准 GB/T 786.1—2009 规定的图形符号绘制，其分析内容与方法要点如下：

① 概要了解主机的功能结构、工作循环及对气动系统的主要要求等；

② 对气动系统的组成及元件功用、工作原理（各工况下系统的气体流动路线）等逐一进行分析；

③ 归纳出系统的特点。

6.2 能源机械气动系统

煤炭、电力、石油是能源工业的重要组成部分，也是国民经济赖以持续发展的基础工业。

由于气动技术具有防爆性好、可靠性高、安全环保、可过载保护等特点，故特别适合瓦斯、煤尘等易燃易爆环境工作的各类煤矿机械采用；气动技术在提高电力机械装备自动化水平、提高安全可靠性和生产效率上也发挥着巨大作用；石油天然气探采加工机械具有功率大，工况复杂，载荷变化剧烈，在野外和沙漠地区、海上、水下作业，工作环境条件恶劣等特点，故特别适合采用气动技术满足其自动控制、易于变速、防火、防爆和防腐蚀等要求。

6.2.1 矿用连接器双工位自动注胶机气动系统

(1) 主机功能结构

连接器是矿用液压支架电液控制系统各电气部件之间的连接介质，其铜头需要注胶密封，自动注胶机就是一种用于连接器注胶作业的专用设备，该机采用了气压传动和 PLC 控制。如图 6-1 所示，该机由架体 6、A 工位注胶滑台模块 1、B 工位注胶滑台模块 3、控制面板 5、操作面板 2、电控系统 7 和气动系统 4 等组成。注胶用胶枪固定在注胶滑台上，通过 PLC 控制气动滑台的运动，将胶枪嘴对准注胶模具实现自动注胶。其工作过程为：在 A 注胶模块滑台端的连接器铜头完成装夹后，按动设备工作按钮，此时滑台运动到胶枪位置，胶枪下降开始注胶；同时 B 注胶模块滑台自动运动到操作员工装夹位置，便可对连接器铜头进行装夹，在装夹完成后再次按动设备工作按钮，B注胶滑台运动到注胶位置进行注胶，而已完成注胶且冷却的A工位注胶滑台回到装夹位置，进行工件装卸，以此循环。

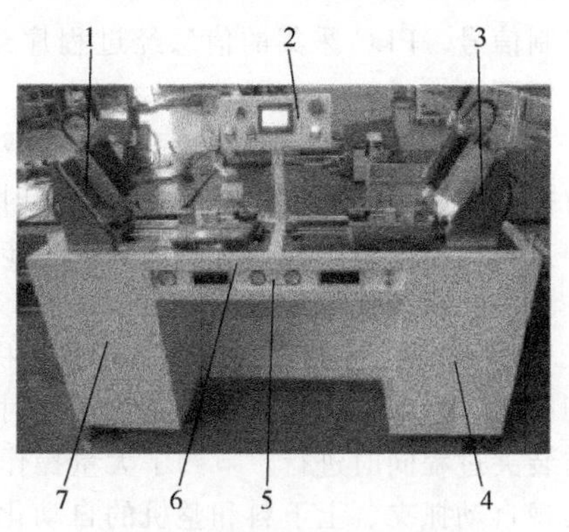

图6-1 连接器双工位自动注胶专机实物外形图

1—A工位注胶滑台模块；2—操作面板；3—B工位注胶滑台模块；4—气动系统（内部）；5—控制面板；6—架体；7—电控系统（内部）

(2) 气动系统原理

该专机的主要运动均由气缸完成，其气动系统原理如图6-2所示。来自气源1的压缩空气，经气动三联件向后通过总控二位三通电磁阀4分配到各个气缸。A工位X及Y滑台气缸和B工位X及Y滑台气缸的运动方向分别由二位五通先导式电磁阀7及8和9及10控制，分别采用单向节流阀15及16、17及18和19及20、21及22进行双向回油节流调速。A工位和B工位的两把胶枪的注胶分别由一个二位三通电磁阀5和6控制，分别利用调压阀11和12调节胶枪内部的压力。各换向阀排气口附带的消声器23～33用于降低排气噪声。

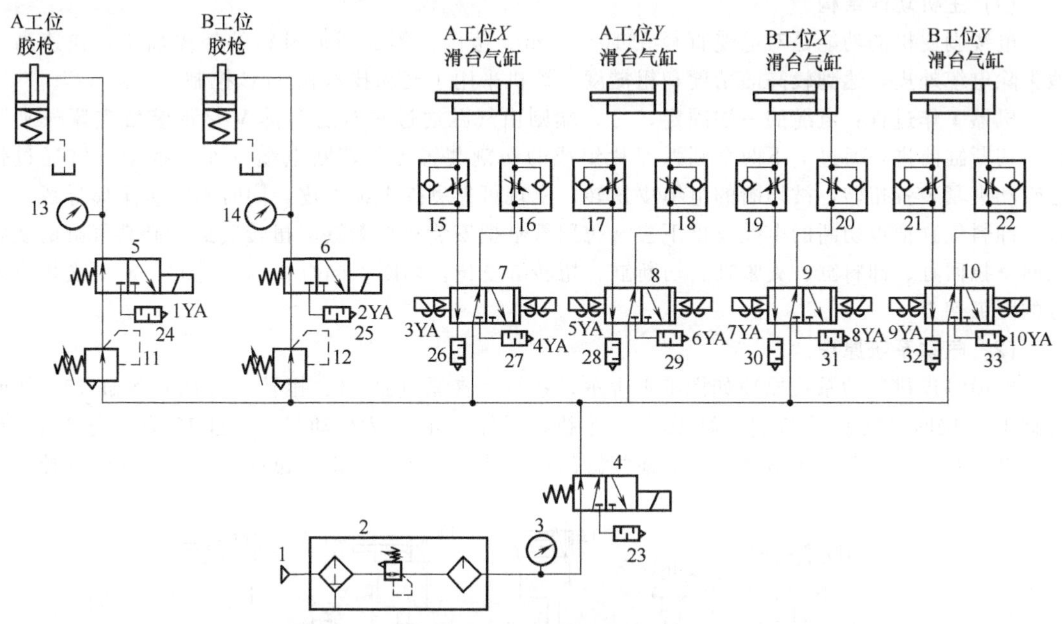

图6-2 连接器双工位自动注胶专机气动系统原理图

1—气源；2—三联件；3,13,14—压力表；4～6—二位三通电磁阀；7～10—二位五通电磁阀；11,12—调压阀；15～22—单向节流阀；23～33—消声器

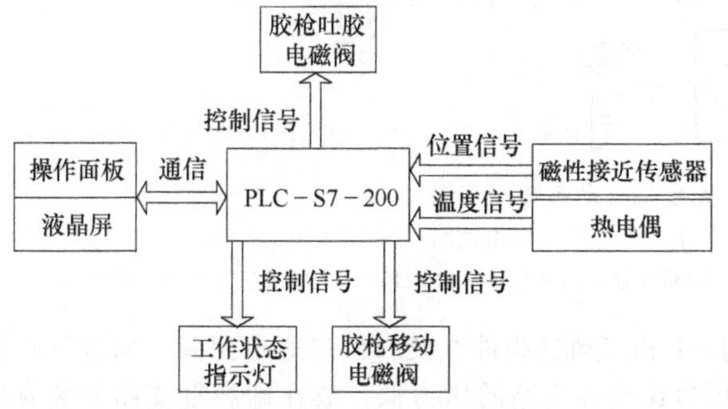

图6-3 连接器双工位自动注胶专机PLC电控系统原理框图

(3) PLC电控系统

该机采用PLC电控系统对气动系统及整机进行控制，控制系统（见图6-3）的核心为西门子S7-200型PLC，包括了人机界面、接近传感器、报警装置、状态指示灯、中间继电器等硬件，PLC通过RS232接口与人机界面（威纶通液晶显示屏）连接。除接受来自操作面板的信息外，也可通过RS232串行通信方式接收人机界面的操作信息，经程序处理后输出

控制信号。PLC 采集的信息经过程序运算后显示于人机界面，并能对整屏电气参数进行储存，方便调试。

控制系统有自动控制和手动控制两套工作程序，正常生产时为自动控制模式，胶枪按照逻辑控制程序自动运行，便于生产，同时各动作之间存在逻辑互锁关系，保证了安全；检修时将工作方式旋钮改为手动控制，可实现单步动作，便于人员处理故障、维护设备。

(4) 系统技术特点

① 矿用连接器双工位自动注胶专机通过对机、电、气系统的集成，实现了操作人员与胶枪的脱离，在保证操作过程安全性的同时，也保证了产品的质量稳定性，而且该专机铜头注胶过程与装夹过程同时进行，节约了大量操作时间，提高了工效。若对工件装夹进行优化改进后，还可实现自动抓夹、上下料和整机的自动化。

② 气动系统采用单向节流阀对气缸进行双向排气节流，其排气背压有利于提高执行机构的运行平稳性。

6.2.2 电缆剥皮机气动系统

(1) 主机功能结构

电缆剥皮机的功能是对电缆直径在 10～30mm 范围内等长圆形材料的外皮加工，快速高效地去除电缆外皮，达到较高的精度和粗糙度。该机采用了气动技术和 PLC 控制。

机器工作过程：电缆的一端固定，另一端则由气缸通过相对的多排 V 字形装置夹紧→夹紧后，切断缸前进，通过上下两个圆弧刀片组成的切割装置裹紧切断电缆→而后摆动气缸通过带轮带动夹紧装置扭转，被切断的电缆皮扭转，实现可靠剥除电缆外皮，同时不伤害金属导线→之后，卸料气缸把被切断的电缆皮推下去→拉回气缸把安装有切断缸、扭转气缸、卸料气缸的装置拉回→拉回缸、卸料缸、夹紧缸、切断缸、扭转缸复位。切断不同直径的电缆时，需更换相应型号的圆弧切刀。

(2) 气动系统原理

电缆剥皮机气动系统原理如图 6-4 所示，系统有夹紧气缸 11、扭转（摆动）气缸 12、切断气缸 13、拉回气缸 14 和卸料气缸 15 等 5 个执行元件。缸 12 为摆动气缸，缸 15 为弹簧复位的单作用缸，其余则为双作用活塞缸。上述气缸的运动状态依次分别由二位四通电磁阀 6～10 控制。

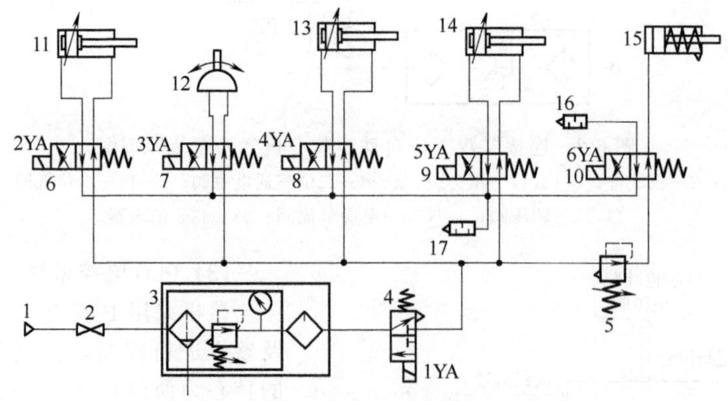

图 6-4 电缆剥皮机气动系统原理图

1—气源；2—截止阀（总开关）；3—气动三联件；4—二位三通电磁阀；5—减压阀；6～10—二位四通电磁阀；11—夹紧气缸；12—摆动气缸；13—切断气缸；14—拉回气缸；15—卸料气缸；16,17—消声器

系统的气源 1 经总开关（脚踏式换向阀）2 和气动三联件 3 及二位三通电磁阀 4 向各气缸提供压缩空气。由于卸料气缸 15 支路所需的压力比其他支路的压力低，故在卸料缸支路安装有减压阀 5，以便将主回路的压力降低到其支气动回路需要的压力大小。

机器在对电缆剥皮时，其动作顺序为夹紧-切断-扭转-拉回-卸料-复位，气动系统的动作状态如表 6-1 所列。

夹紧时，电缆一端固定，另一端由夹紧气缸带动多排可交叉的 V 字形装置夹紧。切断时，切断缸伸出，由两个圆弧刀片组成的切割装置裹紧切割电缆。为保证可靠切割，进一步添加电缆扭转动作，由摆动气缸通过皮带轮带动夹紧装置整体旋转，此时被裹紧的电缆皮也随动跟着扭转。之后进行拉拔动作，拉回缸把安装有切断缸、扭转缸、卸料缸的装置拉回，同时实现定长电缆剥皮工作。卸料缸把被切断的电缆皮推入收料盒。各气缸复位。结合表 6-1 容易了解上述各工况下的气流路线。

表 6-1　电缆剥皮机气动系统动作状态表

工况		电磁阀 4	夹紧气缸 11	扭转气缸 12	切断气缸 13	拉回气缸 14	卸料气缸 15
			电磁阀 6	电磁阀 7	电磁阀 8	电磁阀 9	电磁阀 10
序号	动作	1YA	2YA	3YA	4YA	4YA	5YA
1	夹紧	+	+	−	−	−	−
2	切断	+	+	−	+	−	−
3	扭转	+	+	+	+	−	−
4	拉回	+	+	+	+	+	−
5	卸料	+	+	+	+	+	+
6	复位	+	−	−	−	−	−

注：+为通电，−为断电。

PLC 控制系统 I/O 接线如图 6-5 所示。

(3) 系统技术特点

① 电缆剥皮机采用气压传动和 PLC 电气控制，可实现电缆自动定长剥皮，工作效率高，能耗少，绿色环保。

② 机器的气动系统结构简明。由于 5 个气缸均采用二位四通电磁阀控制其运动状态，故若采用气动阀岛则可减少系统管路和电气接线的数量，则更加便于集中控制、系统安装及使用维护。

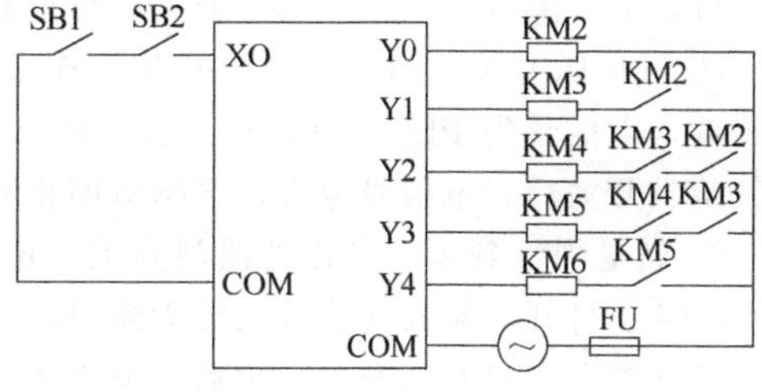

图 6-5　电缆剥皮机 PLC 电控系统 I/O 接线图

SB1—总开关；SB2—脚踏板方向阀；KM2—夹紧装置换向阀电磁铁；KM3—切断装置换向阀电磁铁；KM4—扭转装置换向阀电磁铁；KM5—拉回装置的换向阀电磁铁；KM6—卸料装置换向阀电磁铁

6.2.3　ZJ70/4500DB 钻机阀岛集成气控系统

(1) 阀岛功能结构

ZJ70 /4500DB 钻机采用了气动阀岛控制系统（图 6-6），以便提高钻机自动化程度，并节省因采用传统气动阀需大量的气路控制软管的连接时间。如图 6-6 中右上角部分所示，该阀岛为 Festo 公司 10P-18-6A-MP-R-V-CHCH10 型，它安装在绞车底座的控制箱内，阀岛由四组功能阀片、气路板、多针插头和安装附件等组成。四组功能阀片的每一片代表 2 个二位三通电控气阀，故该阀岛共有 8 个二位三通电控气阀。阀岛顶盖上的多针插头为 27 芯 EXA11T4，其作用是将控制信号通过多芯电缆传输到阀岛，控制阀岛完成各项设定的功能。

① 液压盘刹紧急刹车。该钻机配备液压盘式刹车，当系统处于正常工作状态，即无信号输入时，换向阀 1 无电控制信号，处于关闭状态，司钻通过操纵刹车手柄可完成盘刹刹车和释放。当系统出现下列状况时：绞车油压过高或过低，伊顿刹车水压过高或过低，伊顿刹车水温过高，系统采集到主电机故障，电控系统分别发出电信号 a1（主电机故障，电控系统输入给 PLC）、a2、a3、a4 给 PLC，PLC 则输出电信号到阀 1，阀 1 打开，主气通过梭阀到盘刹气控换向阀，

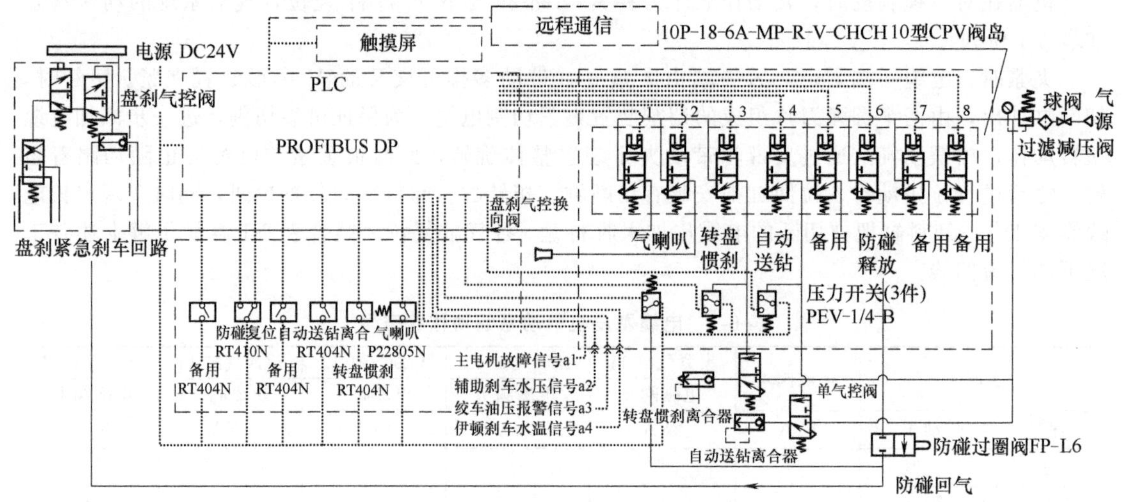

图 6-6 钻机阀岛集成气控系统原理图

1～8—电控气阀

实现紧急刹车。同时 PLC 把电信号传输给换向阀 4 或电控系统，实现自动送钻离合器的摘离或主电机停机。另外，若游车上升到限定高度时（距天车 6～7m），防碰过圈阀 FP-L6 的肘杆因受到钢丝绳的碰撞而打开，气压信号经过梭阀作用于盘刹气控换向阀，盘刹也可实现紧急刹车功能。待以上故障排除，故障信号消失后再重新启动主电机。

② 气喇叭开关。当司钻提醒井队工作人员注意时，按下面板上的气喇叭开关（P22805N），开关输入电信号到 PLC，PLC 则给换向阀 2 电信号，阀 2 打开，供气给气喇叭，使其鸣叫，松开气喇叭开关后，电信号消失，气喇叭停止鸣叫。

③ 转盘惯性刹车。当转盘惯刹开关（RT404N）处于刹车位置时，PLC 发出电信号给换向阀 3，阀 3 打开，输入气信号到转盘惯刹离合器，同时输入信号给转盘电机，使电机停转，实现转盘惯性刹车。只有当开关复位后，电机才可以再次启动。

④ 自动送钻。当面板上自动送钻开关（RT404N）处于离合位置时，输出电信号到 PLC，PLC 把电信号传给电控系统，使主电机停止运转，启动自动送钻电机，同时，换向阀 4 受到电信号控制而打开，把气控制信号输入到单气控阀，主压缩空气便通过气控阀到自动送钻离合器，实现自动送钻功能。自动送钻离合器与主电机互锁，可有效避免误操作。

⑤ 防碰释放。当游车上升到限定位置时，因过圈阀打开而使盘刹紧急刹车，这时，如果要下放游车，先将盘刹刹把拉至“刹”位，再操纵驻车制动阀，然后按下面板上防碰复位开关（RT410N），输出电信号给 PLC，PLC 把电信号传到换向阀 6，阀 6 打开放气，安全钳的紧急制动解除，此时司钻操作刹把，方可缓慢下放游车。待游车下放到安全高度时，将防碰过圈阀（FP-L6）和防碰释放开关（RT410N）复位，钻机回到正常工作状态。

(2) 系统技术特点

采用阀岛控制的钻机气控系统，其电控信号更易于实现钻机的数字化控制，控制精准；同时连接时只需一根多芯电缆，不用一一核查铭牌对接，连接简便，进一步提高了钻机的自动化程度和工作效率。

因阀岛应用于石油钻机的控制系统，故在阀岛设计中，必须考虑阀岛箱的正压防爆，以防可燃性气体的侵入。同时预留备用开关（RT404N），当需要实现其他功能或某些阀出现故障时，打开备用开关输出电信号给 PLC，PLC 则打开换向阀 5、换向阀 7 和换向阀 8，这些备用阀可以完成其他功能或替换故障阀。

6.3 冶金机械气动系统

冶金工业是为制造业提供一定形状（板材、管材、线材、棒材及其他型材）和牌号的各类金属原材料的重型基础工业，它包括了黑色金属（钢铁）和有色金属（铜、铝等）的生产加工。在冶金工业生产过程中要使用诸如冶炼、轧制、型材整理、堆垛及试验等大型、重型机械设备。这些设备及其附属辅助工作机构（装置）一般在高温、多尘的恶劣环境下工作，对控制精度和自动化程度要求较高。而气动技术的特点正适合上述要求，故在冶金工业中显示出其独特的优越性。

6.3.1 采用负压气动传感器的带材纠偏系统（气液伺服导向器）

(1) 负压气动传感器的结构原理

如图6-7所示，负压气动传感器由气泵9、渐缩管10、喉管7、渐扩管8、上感应口3、下感应口4等组成。其中气泵需要配备必要的调压回路（图中未画出），以保证气泵输出的压力和流量恒定。气泵、渐缩管、喉管、渐扩管依次相连，上感应口和喉管相通，并且和膜片6的右腔相通，下感应口和膜片的左腔相通。

当气泵9产生的气流经过渐缩管10通过喉管7时，由于喉管断面缩小，气流流速增加，产生负压。负压传递到膜片6的右腔，并且经上感应口3和下感应口4传递到膜片的左腔。如果上感应口和下感应口之间的带材2位置保持不变，则膜片的右腔和左腔的负压之差就保持不变。若带材往右边跑偏，则上感应口3的开度减少，使得膜片右腔的负压增大（绝对压力减小），膜片就会向右偏斜，带动伺服阀阀芯5右移，控制油缸1有杆腔进油，把带材向左边调正。反之，如果带材向左边跑偏，则上感应口3的开度增大，使得膜片左腔的负压减小（绝对压力增大），膜片就会向左偏斜，带动伺服阀阀芯左移，控制油缸1无杆腔进油，把带材向右边调正，从而实现带材自动纠偏。

(2) 采用负压气动传感器的带材纠偏系统

图6-8所示为采用负压气动传感器的带材纠偏系统（气液伺服导向器）。它将液压油源、气泵、气液伺服阀与负压式气动传感器等元件，结合组成一个独立完整的气动检测和液压伺服控制系统，能够较好地完成指令、测量、反馈、纠偏等一系列功能动作，主要用于带材纠偏控制，使带材边保持恒定的位置，可应用于纸张、胶片、胶带、磁带、皮带、薄膜、箔材等带材的卷料、

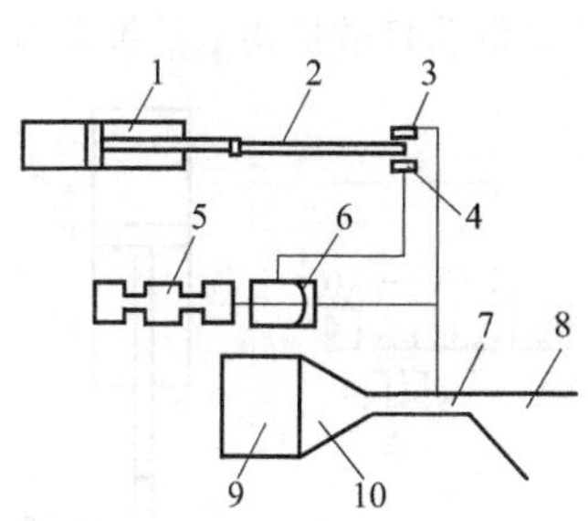

图6-7 负压气动传感器结构原理图

1—油缸；2—带材；3—上感应口；4—下感应口；5—伺服阀阀芯；6—膜片；7—喉管；8—渐扩管；9—气泵（空压机）；10—渐缩管

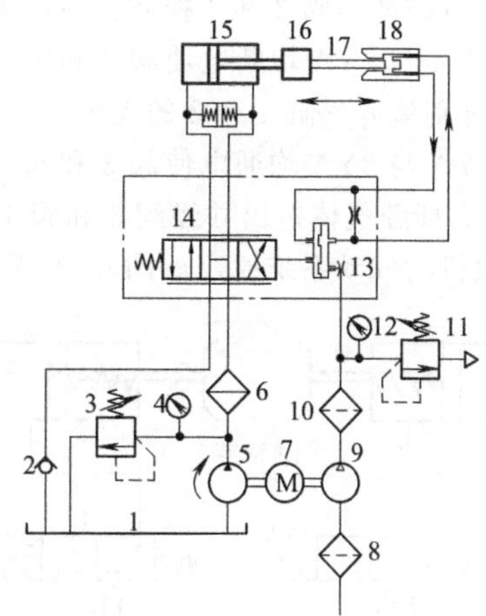

图6-8 采用负压气动传感器带材纠偏系统原理图

1—油箱；2—单向阀；3,11—溢流阀；4,12—压力表；5—油泵；6—油液过滤器；7—电机；8,10—空气过滤器；9—气泵；13—喉管；14—气液伺服阀；15—油缸；16—导向机构；17—带材；18—感应口

分切、涂布、收料等过程的纠偏。结合图 6-8 不难对其工作原理做出分析，此处从略。

(3) 系统技术特点

采用负压气动传感器的纠偏系统具有纠偏精度高、灵敏性和稳定性好、噪声低、耗能少、运行可靠等特点。

6.3.2 烧结矿自动打散与卸料装置气动系统

(1) 主机功能结构

烧结矿是将多种粉料混合配料后经高温烧结而成的块状物。为了便于运输，烧结矿出炉后需要打散，并将打散后的矿倒于指定容器内。如图 6-9 所示，自动打散与卸料装置主要由机架、打散机构、夹持机构、翻转机构、Y 移动机构、Z 移动机构、Z′移动机构和电控系统组成。机架用于支承其他机构，可根据现场作业高度进行调整。打散机构由一大规格双作用气缸推动法兰盘，带动锥形锤插入坩埚内，将烧结后的矿物块打散，便于卸料。夹持机构采用两个单作用气缸推动机械手将盛放烧结矿的坩埚抱紧，实现移动和卸料。翻转机构由步进电机驱动，将夹持机构抱起的坩埚翻转一定角度，实现倒料与坩埚回正。Y 移动机构在 Y 方向左右移动，将传送带上的坩埚移动到倒料位置。Z 移动机构在 Z 方向上下移动，实现坩埚的提起与放下。Z′移动机构也在 Z 方向上下移动，实现打散机构上下移动的功能。该打散与卸料装置有自动和手动两种工作方式。在手动模式下，该装置的各个机构可分别通过触摸屏上的对应部分进行控制。同时为了设备的安全性，各移动机构具有机械硬限位和软限位。

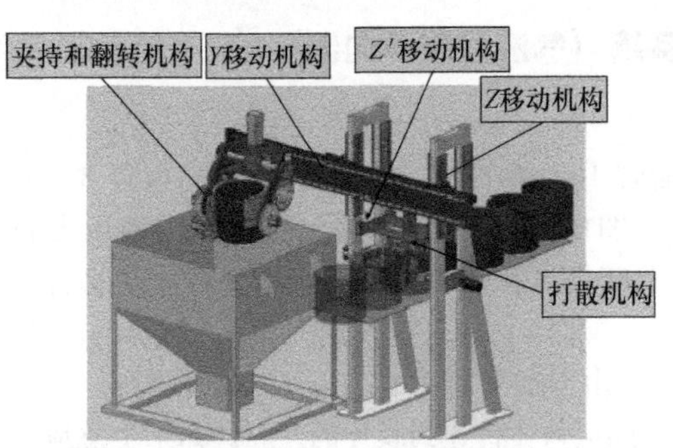

图 6-9 自动打散与卸料装置结构原理图

(2) 气动系统原理

自动打散与卸料装置的气动系统包括夹持机构气动系统和打散机构气动系统。

夹持机构气动系统原理如图 6-10 所示，系统的执行元件是两个弹簧复位的单作用夹持气缸 1 和 2，其功用是驱动夹持机构的机械手将盛放烧结矿的坩埚抱紧，缸 1 和缸 2 的运动方向分别由二位三通电磁换向阀 3 和 4 控制。系统工作时，用一个继电器控制电磁铁 1YA 与 2YA 同时通与断。当 1YA 与 2YA 均断电使阀 3 和阀 4 均处于图示右位时，气源 6 的压缩空气经过滤器 5 和阀 3、阀 4 分别流入气缸 1 和 2 的无杆腔，活塞压缩有杆腔弹簧，并带动机械手将坩埚夹紧；而当电磁铁 1YA 与 2YA 均通电使阀 3 和阀 4 切换至右位时，缸 1 和缸 2 有杆腔内的弹簧复位，将缸 1 和缸 2 无杆腔气体挤出并经阀 3 和阀 4 及消声器 7 和 8 排向大气，机械手松开坩埚。

打散机构气动系统原理如图 6-11 所示，系统的执行元件为带动打散机构上的锥形锤上下往复

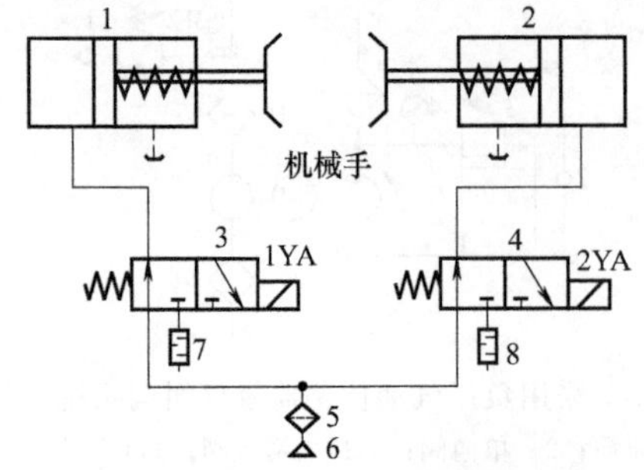

图 6-10 夹持机构气动系统原理图

1，2—夹持气缸；3，4—二位三通电磁阀；5—过滤器；6—气源；7，8—消声器

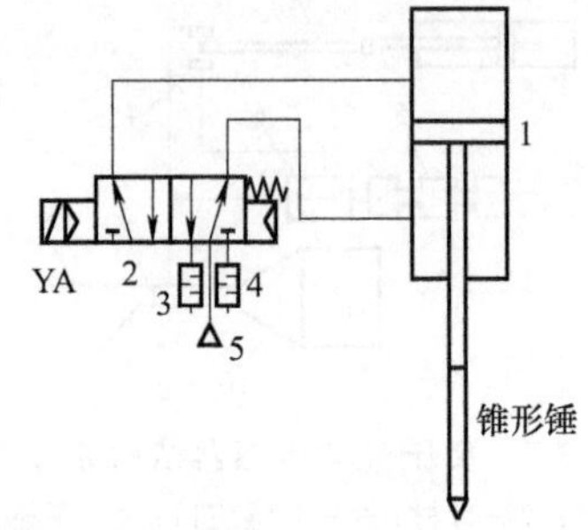

图 6-11 打散机构气动系统原理图

1—打散气缸；2—二位五通电磁阀；3，4—消声器；5—气源

运动的双作用气缸 1，其运动状态由二位五通单电控的电磁阀 2 控制，实现烧结矿块的打散。系统工作时，电磁铁 YA 通电使换向阀切换至左位，气源 5 的压缩空气经阀 2 进入气缸 1 的无杆腔（有杆腔经阀 2 和消声器 4 排气），推动活塞杆向下运动，实现锥形锤击打矿块的功能；电磁铁断电时，换向阀复至图示右位，压缩空气经阀 2 进入气缸有杆腔（无杆腔经阀 2 和消声器 3 排气），顶动活塞杆向上运动，将锥形锤拉回至初始位置。

(3) PLC 电控系统

在该系统中，由于要用 PLC 发送脉冲来控制步进电机，故电控系统须采用晶体管输出方式的 PLC。该电控系统采用了 DELTA 公司 DVP40EH00T3 型 PLC，其 I/O 为 24/16，且输出口中有 6 个为 200kHz 高速脉冲输出口，有 2 个 10kHz 脉冲输出口，满足控制要求。系统步进电机采用 Hamderburg 公司的两相混合式步进电机和配套驱动器（一个控制 Y 移动机构、2 个控制 Z 移动机构、Z′移动机构，一个控制翻转机构）。触摸屏采用 DELTA 的 DOP-B08S515 型 8in 高彩宽屏，工作过程可在屏上动态显示。系统组成和硬件接线分别如图 6-12 和图 6-13 所示。

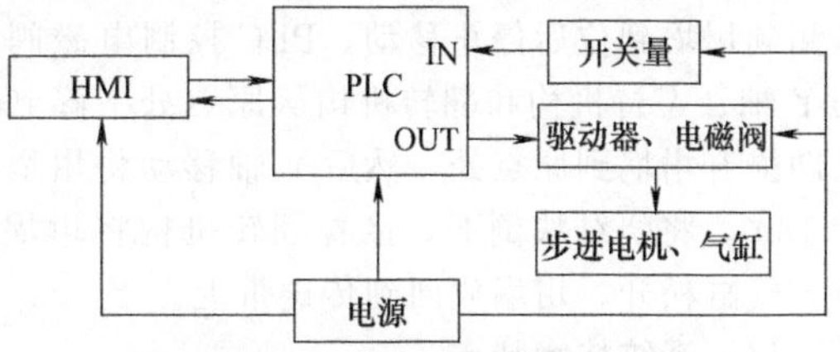

图 6-12 烧结矿自动打散与卸料装置 PLC 电控系统组成框图

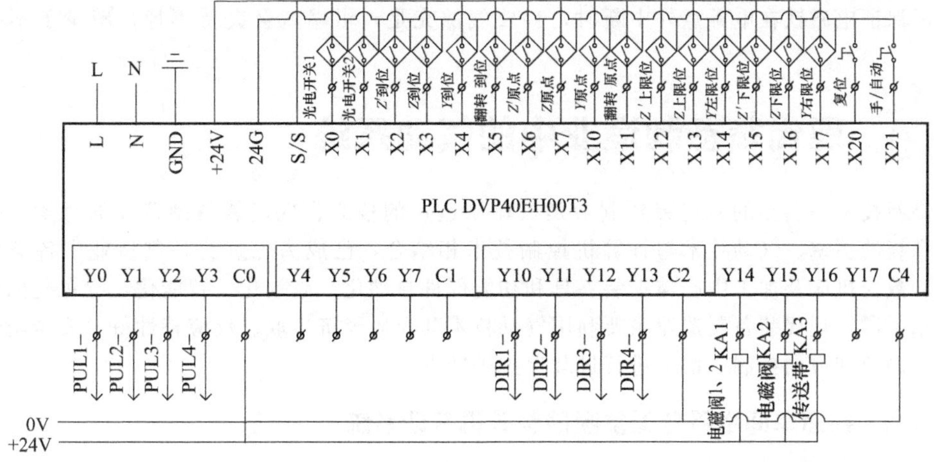

图 6-13 烧结矿自动打散与卸料装置 PLC 电控系统硬件接线图

系统控制程序有三个环节（程序框图见图 6-14）：复位程序、手动模式操作程序和自动模式操作程序。其中手动操作和自动运行是通过旋转开关进行切换。触摸屏界面（图 6-15）上设有各

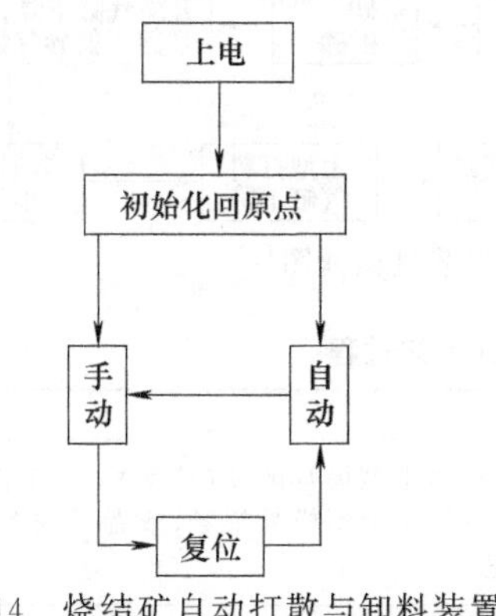

图 6-14 烧结矿自动打散与卸料装置 PLC 电控系统控制程序框图

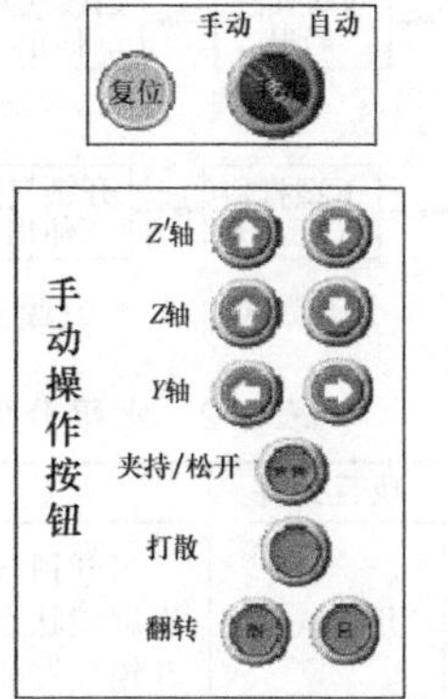

图 6-15 烧结矿自动打散与卸料装置 PLC 控制触摸屏界面图

机构的原点指示灯以及到位指示灯和手动操作单步执行的按钮。当各机构回归原点或到达到位开关后，相应的指示灯会变亮，指示装置的运动情况。当手/自动选择开关旋转到手动挡时，按触摸屏上手动操作的相应按钮可操作 Z 与 Z' 轴的上升与下降、Y 轴的左右移动、夹手的夹紧与松开以及翻转机构的翻转与回位等。

系统在自动控制模式下的工作过程如下（图 6-13）：当光电开关 1 检测到坩埚到位后，传送带停止运动，Z' 轴将打散机构从原点处下降到到位开关处，PLC 控制电磁阀推动锥形锤，将烧结块打散，接着拉起锥形锤，将打散机构上升到原点位置。传送带带动坩埚移动，当光电开关 2 检测到坩埚到位后停止移动，PLC 控制电磁阀 1 和 2 将机械手松开，准备抱坩埚，然后 Z 轴带动 Y 轴、夹持机构和翻转机构从原点处下降到到位开关处，左右气缸推动夹手夹紧坩埚。Z 轴运动提升坩埚到原点处，然后 Y 轴移动将坩埚带到料斗上方，由翻转机构的电机驱动使坩埚翻转 180°，将烧结块倒下。接着翻转机构将坩埚回转到位，Y 轴运动到传送带上方，Z 轴下降到位，气缸松开，坩埚放回到传送带上。

（4）系统技术特点

① 烧结矿自动打散与卸料装置采用气动技术和触摸屏、PLC 控制技术，自动化程度高，减轻了操作者在恶劣环境下的作业强度。

② 气动系统气路结构简单，使用元件少；其中夹持机构气动系统采用了二位三通常开电磁阀，可以保证电磁铁在电源意外中断时，只要气源充足，坩埚就会夹持不掉，减少了不必要的损失。

6.4 现代装备制造业中的气动系统

以高新技术为引领的先进装备制造是机械制造业的核心、现代装备制造业的脊梁、推动工业转型升级的引擎。气动技术与计算机控制技术相结合，已成为先进装备制造业中各类材料成型机械、数控机床及加工中心与工装夹具和功能部件自动化、高效化、智能化、绿色化的重要途径和技术手段。现代装备制造业主要利用气动技术其介质经济易取、反应特性好、安全防爆、便于调压、调速和方向控制、便于进行过载保护等特点。

6.4.1 铸造车间水平分型覆膜砂制芯机气动系统

（1）主机功能结构

水平分型覆膜砂制芯机是铸造车间一种气动造型设备，可以实现开合模、射砂、打料等动作，其工艺过程如图 6-16 所示，其说明如表 6-2 所列。

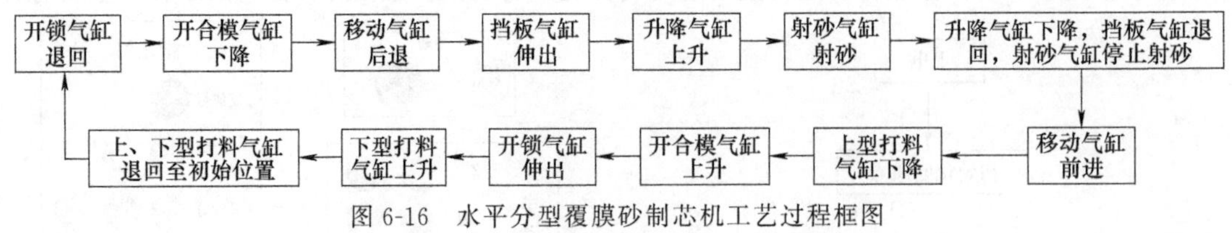

图 6-16 水平分型覆膜砂制芯机工艺过程框图

表 6-2 水平分型覆膜砂制芯机工艺过程

序号	工况	执行元件	动作说明
1	模具的解锁和锁紧	开锁气缸	当开锁气缸退回(伸出)时,将上型模具解锁(锁紧)。在工作状态应该处于解锁状态,当砂型加工完成后将上型模具锁紧,或者当按下急停开关后,开锁气缸伸出处于锁紧状态
2	模具的开合	开合模气缸	当开合模气缸向下伸出(向上退回)时,将上、下型模具合模(开模)

续表

序号	工况	执行元件	动作说明
3	小车前进后退	移动气缸	移动气缸带动小车上的模具实现前进和后退动作。当移动气缸向右(左)移动时小车后退(前进);当小车前进到位后,要求停留 20s,即砂子需要固化 20s,固化时间的长短依据砂型形状、大小来确定
4	挡砂板动作	挡板气缸	处于射砂状态时,挡砂板是伸出的,此时将储砂斗封住,关闭砂子出口。挡砂板的动作靠挡板气缸驱动。当挡板气缸伸出(退回)时,挡砂板处于关闭(打开)状态
5	整体模具的升降	升降气缸	当升降气缸伸出时,带动整体模具上升,使模具进砂口与射砂板紧密接触,同时压缩空气顶住,挡板气缸的挡板下端,封住储砂斗,为下一步的射砂动作做准备。射砂动作完成后,升降气缸退回下降回至初始状态
6	射砂动作	射砂气缸	射砂动作通过射砂气缸来完成,射砂时间为 2～3s。射砂气缸根据工作需要自行设计(如图 6-17 所示)。射砂气缸的进气口和储气罐相接,出气接口 29 与射砂头相接。处于射砂状态时,即左控制口 16 通压缩空气,右控制口 9 与大气相通。当左控制口 16 通入压缩空气后,克服弹簧 19 的作用,通过排气端膜片 15 的变形与阀体 6 贴紧,从而使出气口 29 与大气不通;右控制口 9 与大气相通,进气口 5 上 0.2～0.4MPa 的压缩空气作用在进气膜片 7 上,进气膜片 7 变形向右运动,此时进气口 5 中的 0.2～0.4MPa 的压缩空气与出气口 29 相通,即进入射砂头,完成射砂动作。当图中的右控制口 9 通入压缩空气时,进气膜片 7 堵住进气口 5 和出气口 29 的通道;左控制口 16 与大气相通,弹簧 19 拉着排气膜片 15 变形向左移动,将出气口 29 与大气接通,处于非射砂状态
7	砂型成型取料	打料气缸	成型后的砂型,通过上、下型打料气缸的动作将砂型顶出上、下型模具。当打料气缸下降(上升)时,将砂型与上(下)型模具脱开

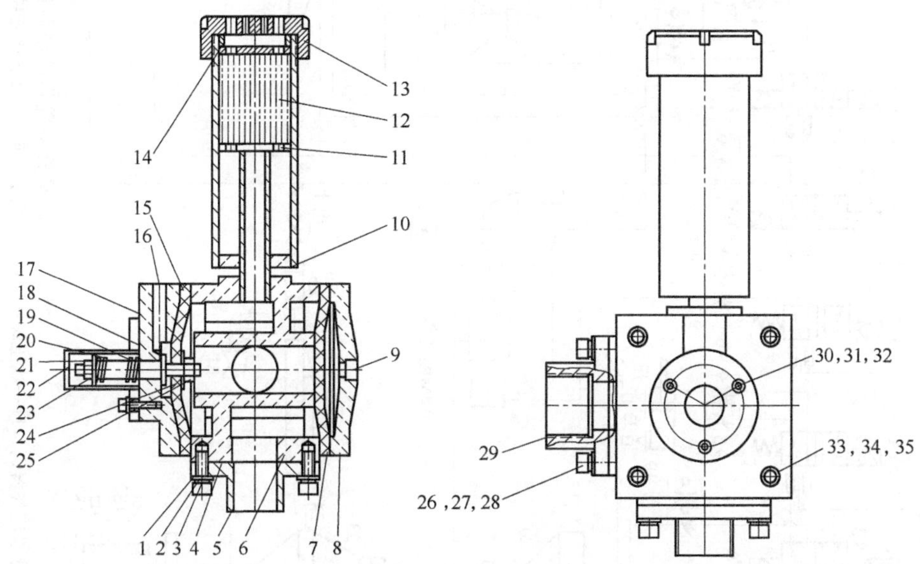

图 6-17 射砂气缸结构图

1,26,30,33—平垫;2,27,31,34—弹簧垫;3,28,32,35—内六角螺钉;4,18—O 形密封条;5—进气口;6—阀体;7—进气端膜片;8—进气端盖;9—右控制口;10—消声器外壳;11—消声器挡片;12—清洁球;13—消声器上盖;14—垫环;15—排气端膜片;16—左控制口;17—排气端盖;19—弹簧;20—阀杆;21,25—六角螺母;22—阀杆外罩;23—弹簧挡片;24—密封压片;29—出气口

(2) 气动系统原理

气动系统原理如图 6-18 所示，系统的执行元件有开锁气缸 19、开合模气缸 13、模具翻转气缸 14、移动气缸 28、挡板气缸 22、升降气缸 32、射砂气缸 18 和上型打料气缸 27 及下型打料气缸 30 等 9 个气缸，其运动状态依次分别由电磁换向阀 7.3、6.2、7.1、6.1、8.3、8.4、7.2、8.1、

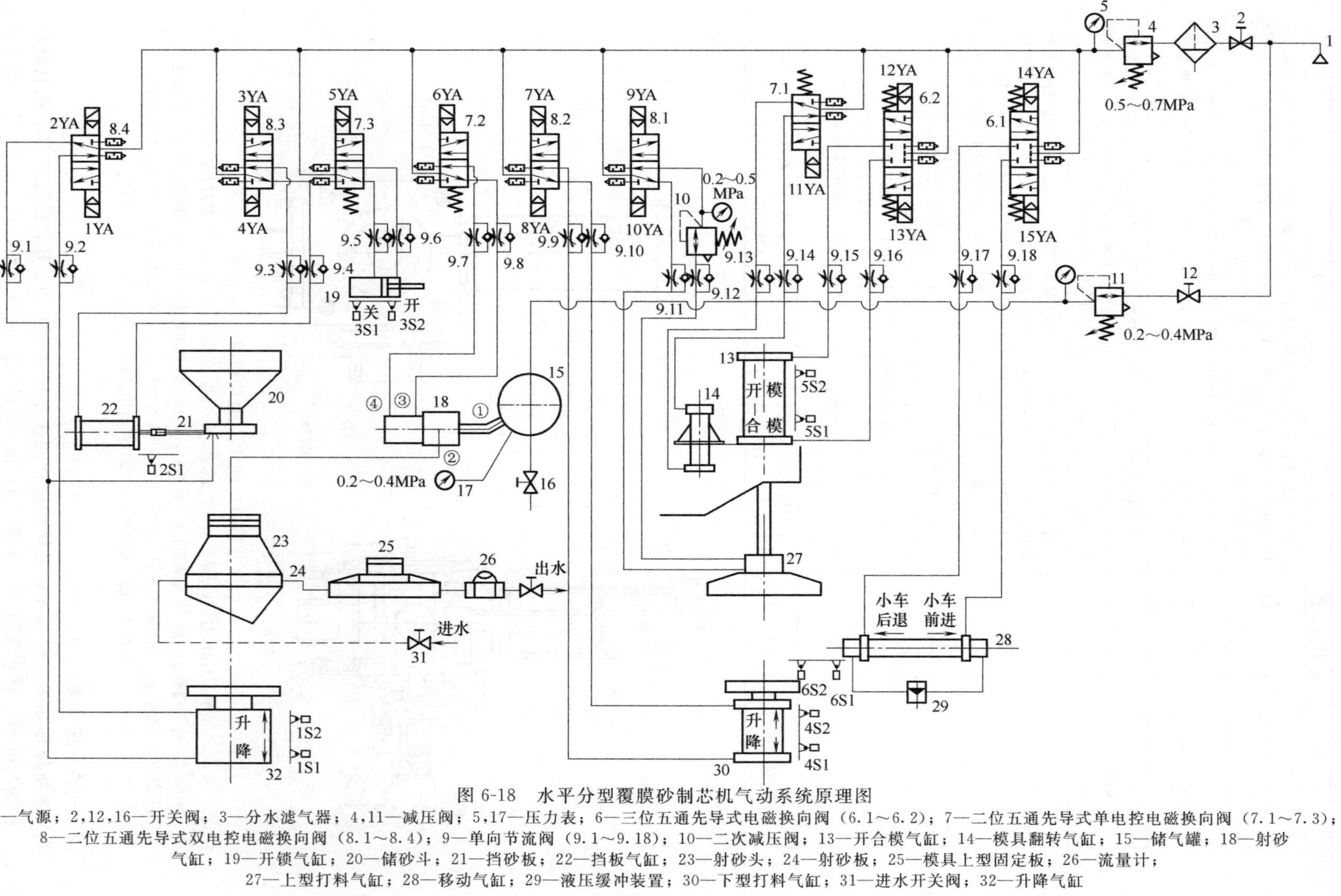

图 6-18 水平分型覆膜砂制芯机气动系统原理图

1—气源；2,12,16—开关阀；3—分水滤气器；4,11—减压阀；5,17—压力表；6—三位五通先导式电磁换向阀（6.1～6.2）；7—二位五通先导式单电控电磁换向阀（7.1～7.3）；8—二位五通先导式双电控电磁换向阀（8.1～8.4）；9—单向节流阀（9.1～9.18）；10—二次减压阀；13—开合模气缸；14—模具翻转气缸；15—储气罐；18—射砂气缸；19—开锁气缸；20—储砂斗；21—挡砂板；22—挡板气缸；23—射砂头；24—射砂板；25—模具上型固定板；26—流量计；27—上型打料气缸；28—移动气缸；29—液压缓冲装置；30—下型打料气缸；31—进水开关阀；32—升降气缸

8.2 控制，各缸依次分别采用单向节流阀 9.5 及 9.6、9.15 及 9.16、9.13 及 9.14、9.17 及 9.18、9.3 及 9.4、9.1 及 9.2、9.7 及 9.8、9.11 及 9.12、9.9 及 9.10 等进行双向排气节流调速。

系统气源 1 分为两路向系统提供不同压力的压缩空气，一路是经减压阀 4 提供 0.5～0.7MPa 的压缩空气，通过电磁阀用来控制各气缸动作；另一路是经减压阀 11 提供 0.2～0.4MPa 的压缩空气给储气罐 15，在此工作压力下完成射砂动作。该气动系统属典型的顺序控制，电磁换向阀的信号源主要来自各缸行程端点的行程开关，通过欧姆龙 PLC 实现砂型成型的手动和自动控制。系统工作原理如表 6-3 所列。

表 6-3 水平分型覆膜砂制芯机气动系统工作原理

序号	工作原理(图 6-18)				
	工况动作	主控电磁阀		执行气缸编号	动作说明
		编号	电磁铁信号形式		
1	开锁	7.3	持续	19	开锁气缸 19 的初始位置为伸出位，即锁紧模具的位置 3S2。当电磁铁 5YA 通电使换向阀 7.3 切换至上位时，气缸 19 退回将上型模具打开解锁。当电磁铁 5YA 断电处于图示下位时，气缸 19 伸出将上型模具锁紧。解锁(锁紧)的速度由单向节流阀 9.5(9.6)的开度决定
2	开合模	6.2	持续	13	开合模气缸 13 的初始位置为退回的 5S2 位置。当电磁铁 12YA (13YA)通电时，气缸 13 实现向下合模(向上开模)运动。合模 (开模)的速度由单向节流阀 9.16(9.15)的开度决定。若出现紧急状况断电时，气缸 13 立刻停在当前位置
3	小车进退	6.1	持续	28	移动气缸 28 的初始位置为前进位置(行程开关 6S1 位置)。当电磁铁 14YA (15YA)通电使换向阀 6.1 切换至上位(下位)时，气缸 28 带动小车上的模具实现向右前进(向左后退)运动，小车进(退)速度由单向节流阀 9.18(9.17)的开度决定。若出现紧急状况断电时，气缸 28 立刻停在当前位置。通过液压缓冲装置 29 来实现对气缸 28 的缓冲
4	挡板移动	8.3	脉冲	22	挡板气缸 22 的初始位置为退回行程开关 2S1 位置。当电磁铁 3YA(4YA)通电使换向阀 8.3 切换至上位(下位)时，挡板气缸 22 带动挡砂板 21 向右(向左)移动，向右(向左)速度由单向节流阀 9.4(9.3)的开度决定。若出现紧急状况断电时，气缸 22 总是维持原有的运动状态(即气缸处于伸出时，继续伸出直至到端点停止)。当射砂气缸 18 处于射砂状态时，气缸 22 应处于伸出状态，即挡砂板 21 封住储砂斗 20；不射砂时，气缸 22 始终处于退回状态，即挡砂板 21 离开储砂斗 20
5	模具整体升降	8.4	脉冲	32	升降气缸 32 的初始位置为下端的行程开关 1S1 位置。当电磁铁 1YA(2YA)通电使换向阀 8.4 切换至下位(上位)时，气缸 32 带动模具整体上升(下降)，上升(下降)速度由单向节流阀 9.1(9.2)的开度决定。当气缸 32 处于上升状态时，左路的压缩空气顶住挡砂板 21 的下部，从而封住关闭储砂斗 20。若出现紧急状况断电时，升降气缸 32 总是维持原有的运动状态(即气缸处于上升时，继续上升直至到端点停止)
6	射砂	7.2	持续	18	射砂气缸 18 的工作原理见表 6-2。当电磁铁 6YA 通电使阀 7.2 切换至上位时，压缩空气经阀 7.2 和阀 9.7 的单向阀进入射砂气缸 18 的左侧控制口④，右侧控制口③经阀 9.8 的节流阀排气，此时完成射砂动作，进入射砂动作的快慢由单向节流阀 9.8 的开度决定。通过冷却装置 25 对空芯射砂板 24 冷却，起到将模具降温的作用。当电磁铁 6YA 断电使阀 7.2 复至图示下位时，射砂动作结束

续表

序号	工作原理(图 6-18)				
	工况动作	主控电磁阀		执行气缸编号	动作说明
		编号	电磁铁信号形式		
7	上型、下型打料	8.1(8.2)	脉冲	27(30)	当电磁铁 9YA(7YA)通电使换向阀 8.1(阀 8.2)切换至上位时,上型打料气缸 27(下型打料气缸 30)伸出向下(上)运动,将成型的砂型脱模,打料速度由单向节流阀 9.11(9.10)的开度决定。上型打料脱模时的供气压力通过二次减压阀 10 来设定(按产品不同一般调整为 0.2～0.5MPa)。当电磁铁 10YA(8YA)通电时,上型打料气缸 27(下型打料气缸 30)退回向上(下)运动,回到初始位置
8	模具翻转	7.1	持续	14	当电磁铁 11 YA 通电使换向阀 7.1 切换至上位时,翻转气缸 14 带动模具翻转 45°,便于修理模具;模具翻转速度由 9.13 单向节流阀的开度决定。当电磁铁 Y11 断电使换向阀 7.1 复至下位时,气缸 14 回至初始状态

(3) 系统特点

① 铸件砂模水平成型机气动系统采用 PLC 控制，实现了生产过程自动化。

② 执行气缸和储气罐分别采用独立的供气系统。

③ 气路结构简单明了，多数为标准元件；射砂薄膜气缸自行设计，可生产形状复杂、尺寸精度高的多种覆膜砂砂型，提高了砂型的产品质量和生产效率。

6.4.2 板料折弯机气动系统

(1) 主机功能结构

折弯机是将板料折弯成具有一定角度、曲率半径和形状的专用机械。如图 6-19 (a) 所示，折弯机在工作时，当工件端部到达 a_2 位置时，若按下启动按钮，气缸下行伸出将工件在位置 a_1 按要求 V 形自由折弯 [图 6-19 (b)]，然后快速上升退回，完成一个工作循环；若工件未到达指定 a_2 位置，则即使按下按钮气缸也会不动作。板料折弯力即气缸负载可用式 $F=650S^2l/V$ 或式 $F=1.42S^2l\sigma_b/V$ 计算确定 [式中，l 为板料折弯长度，m；σ_b 为板料抗拉强度，MPa；其余符号意义见图 6-19 之图注。一般下模开口宽度 V 是板料厚度 S 的 8～10 倍，折弯工件内半径 $r=(0.16\sim0.17)V$]。

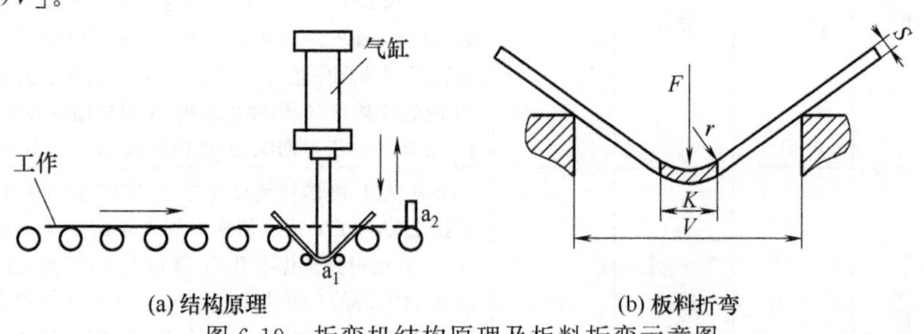

(a) 结构原理　　(b) 板料折弯

图 6-19 折弯机结构原理及板料折弯示意图

F—折弯力，kN；S—板料厚度，mm；V—定模开口宽度，mm；r—折弯工件内半径，mm；K—动模作用宽度，mm

(2) 气动系统原理

折弯机气动系统原理如图 6-20 所示。系统的压缩空气由气源 1 经三联件 2 提供。系统唯一的执行元件是折弯气缸 10，其主控换向阀是二位五通气控换向阀 7，其控制气流的信号源为手动阀和行程阀。信号左腔控制气流由二位三通手动换向阀 3、二位三通机动换向阀 4 及双压阀 6 控制，以确保气缸下行折弯加工时负载较大工况的安全；右腔控制气流则由二位三通机动换向阀 5 控制。气缸折弯结束空载快速返回时，无杆腔气体的快速排放由快速排气阀 8 控制。

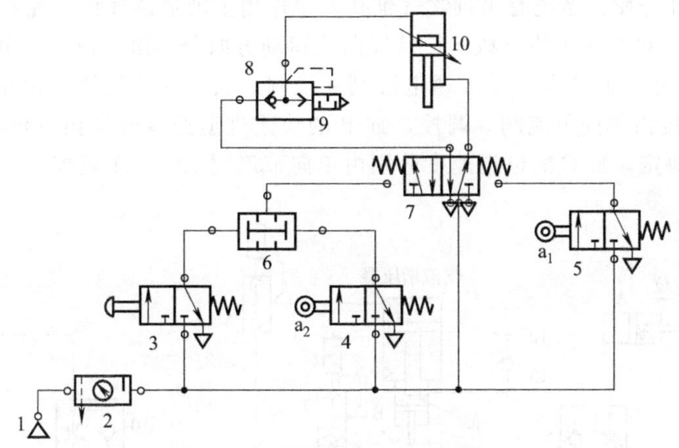

图 6-20 折弯机气动系统原理图

1—气源；2—气动三联件；3—二位三通手动换向阀；4,5—二位三通机动换向阀（行程阀）；6—双压阀；7—二位五通气控换向阀；8—快速排气阀；9—消声器；10—折弯气缸

气动系统工作过程为：当板料运动到 a_2 位置时，压下换向阀 4，按下换向阀 3；控制气流经阀 3 和阀 4 进入双压阀 6，进入阀 7 左端气控腔（右端控制腔经阀 5 排气），阀 7 切换至左位；主气路的压缩空气经阀 7、快排阀 8 进入气缸 10 无杆腔（有杆腔经阀 7 排气），活塞杆下行伸出，带动动模对工件进行折弯。

当板料折弯压到 a_1 位置时，行程阀 8 切换至左位而打开，控制气流压缩空气经阀 8 进入阀 7 右端气控腔（左端控制腔经阀 6 和阀 4 排气），阀 7 切换至换右位，主气路的压缩空气经阀 7 进入气缸有杆腔（无杆腔经快速排气阀 8 和消声器 9 排气），活塞杆带动动模空载快速上升退回。

(3) 系统技术特点

① 折弯机采用气压传动，动作迅速可靠，操控方便，节能环保，适用于负载不大的板料折弯加工。

② 折弯机气动系统采用气控主阀行程导控，便于通过调节行程阀的位置改变信号源发出的时间，以适应不同加工要求；快速排气阀加快了活塞杆带动动模空载快速上升退回的速度，减少了辅助时间。通过系统工作气压的调节可适应不同材料和尺寸的工件折弯加工。

③ 系统的部分技术参数见表 6-4。

表 6-4 板材折弯机气动系统部分技术参数

序号	参数		数值
1	折弯力/kN		416
2	系统气压/MPa		1
3	气缸负载率		75%
4	气缸缸径/mm	理论值	221
		标准值	250
5	气缸活塞杆直径/mm		80

6.4.3 VMC1000 加工中心气动系统

(1) 主机功能结构

VMC1000 加工中心自动换刀装置工作过程中的主轴定位、主轴松刀、拔刀插刀、主轴锥孔吹气等小负载辅助执行机构都采用了气压传动。

(2) 气动系统原理

该加工中心气动系统原理如图 6-21 所示。系统的气源 1 经过滤、减压和油雾组成的气动三联件给系统提供工作介质。系统有主轴吹气锥孔、单作用主轴定位气缸、气液增压器驱动的夹紧缸B和刀具插拔气缸C等四个执行机构，其通断或运动方向分别由二位二通电磁阀2、二位三通电磁阀4、二位四通电磁阀6和三位五通电磁阀9控制，吹气孔的气流量由单向节流阀3调控，缸A定位伸出的速度由单向节流阀5调控，缸B的快速进退速度分别由气液增压器气口上的快速排气阀（梭阀）决定，缸C的进退速度分别由单向节流阀10和11调控。

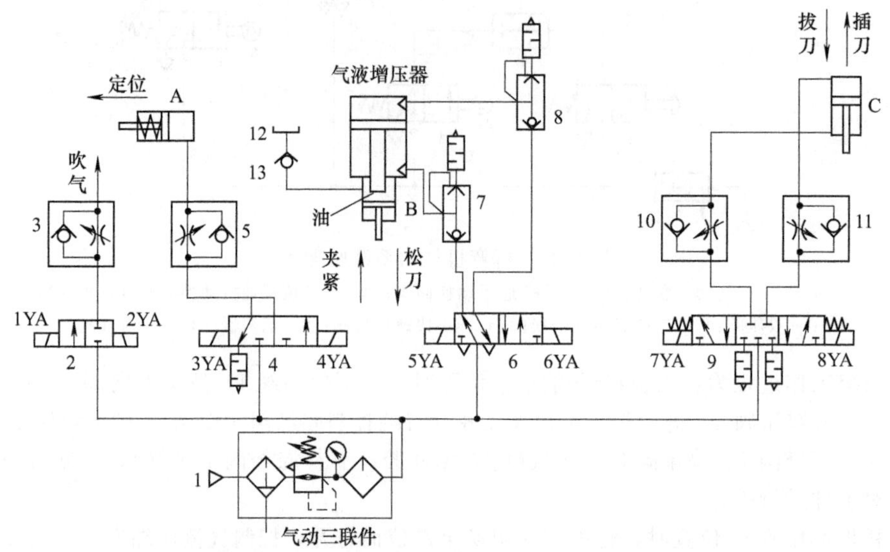

图6-21 VMC1000加工中心气动系统原理图

1—气源；2—二位二通电磁阀；3,5,10,11—单向节流阀；4—二位三通电磁阀；6—二位四通电磁阀；7,8—快速排气阀；9—三位四通电磁阀；12—油杯；13—单向阀

结合系统的动作状态表6-5，对换刀过程中各工况的气体流动路线说明如下。

表6-5 加工中心气动系统换刀过程动作状态表

工况		电磁铁状态							
序号	动作	1YA	2YA	3YA	4YA	5YA	6YA	7YA	8YA
1	主轴定位			−	+				
2	主轴松刀					−	+		
3	拔刀							−	+
4	向主轴锥孔吹气	+	−						
5	插刀	−	+						
6	刀具夹紧					+	−		
7	复位			+	−				

① 主轴定位。当数控系统发出换刀指令时，主轴停止旋转，同时电磁铁4YA通电使换向阀切换至右位，气源1的压缩空气经气动三联件、阀4、阀5中的节流阀进入定位缸A的无杆腔，活塞杆克服弹簧力左行（速度由阀5的开度决定），主轴自动定位。

② 主轴松刀。主轴定位后压下无触点开关（图中未画出），使电磁铁6YA通电换向阀6切换至右位，压缩空气经阀6、快速排气阀8进入气液增压器的无杆腔（气体有杆腔经快速排气阀7排气），增压器油液下腔（即缸B的无杆腔）中的高压油使其夹紧缸B的活塞杆伸出，实现主轴松刀。缸B可通过油杯（高位油箱）12充液补油。

③ 拔刀。在主轴松刀的同时，电磁铁8YA通电使换向阀9切换至右位，压缩空气经阀9、阀11中的单向阀进入缸C的无杆腔（有杆腔经阀10中的节流阀和阀9及消声器排气），其活塞杆向下移动（下移速度由阀10的开度决定），实现拔刀动作。

④ 主轴锥孔吹气。为了保证换刀的精度，在插刀前要吹干净主轴锥孔的铁屑杂质，电磁铁 1YA 通电使换向阀 2 切换至左位，压缩空气经阀 2 和阀 3 中的节流阀向主轴锥孔吹气（吹气量由阀 3 的开度决定）。

⑤ 插刀。吹气片刻电磁铁 2YA 通电使换向阀切换至图示右位，停止吹气。电磁铁 7YA 通电使换向阀 9 切换至左位，压缩空气经阀 9、阀 10 中的单向阀进入缸 C 的有杆腔（无杆腔经阀 11 中的节流阀和阀 9 及其消声器排气），其活塞杆上行（上行速度由阀 11 的开度决定），实现插刀动作。

⑥ 刀具夹紧。稍后，电磁铁 6YA、5YA 通电使换向阀 6 切换至图示左位，压缩空气经阀 6 和阀 7 进入气液增压器气体有杆腔（气体无杆腔经快速排气阀 8 及其消声器排气），其活塞退回，主轴的机械机构使刀具夹紧。

⑦ 复位。电磁铁 3YA 通电使换向阀 4 切换至左位，缸 A 在有杆腔弹簧力的作用下复位（无杆腔经阀 5 中的单向阀和阀 4 及消声器排气），恢复到初始状态，至此换刀过程结束。

(3) 系统技术特点

① VMC1000 加工中心气动系统换刀装置因负载较小，故采用了工作压力较低的气压传动；对于需要操作力较大的夹紧气缸采用了气液增压器增压提供动力，油液的阻尼作用有利于提高刀具夹紧松开的平稳性。

② 系统采用电磁换向阀对各执行机构换向，夹紧缸之外的执行机构采用单向节流阀排气节流调速，有利于提高工作的平稳性。气液增压器及夹紧缸利用快速排气阀提高其动作速度。

6.4.4 数控车床真空夹具系统

(1) 主机功能结构

数控车床真空夹具系统是采用真空吸附方式对低强度薄壁工件进行夹紧的工装。如图 6-22 所示，数控车床真空吸附夹具主要由金属吸盘 1、固定座 3 和旋转式快速接头 4 及尼龙软管 5 等组成，尼龙软管 5 从数控车床的主轴孔穿进，再和旋转式快换接头 4 连接。通过数控车床的三爪卡盘将固定座 3 定位并夹紧。在工件加工时，先用金属吸盘 1 吸附工件，机床启动后，主轴带动真空吸附夹具工作。由于旋转式快换接头 4 内置滑动轴承和旋转用密封圈，从而在机床旋转时既能保持管路的真空度，又能保证尼龙软管 5 不随着机床主轴旋转。由于旋转式快换接头 4 是整个真空吸附夹具关键部件，故这里采用的是 KX 型高速旋转式快换接头，它可满足转速 1200r/min、旋转力矩小于 0.014N·m 的要求。

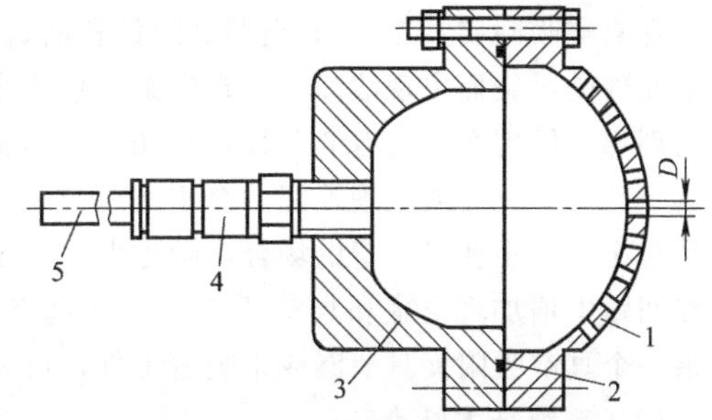

图 6-22　真空吸附夹具结构原理图
1—金属吸盘；2—端面密封圈；3—固定座；4—旋转式快换接头；5—尼龙软管

(2) 真空吸附系统原理

夹具的真空吸附系统原理如图 6-23 所示，根据车间的实际配置，该数控车床用夹具的真空源为真空泵 1，泵吸入口形成负压，排气口直接通大气。系统的执行元件为真空吸盘（吸附夹具）15，在每一个吸盘的真空回路中，均设有监测真空回路真空值的真空表 7，当气源真空泵端因故突然停止抽气，真空下降时，带管接头的单向阀 6 可快速切断真空回路，保持夹具内的真空压力不变，延缓吸附工件脱落的时间，以便采取安全补救措施。由于吸力的大小会因半精加工及精加工不同而有所改变，可通过真空减压阀 8 实现对真空吸盘（吸附夹具）15 内真空压力的调节，调节范围为 0～0.1MPa，其调节方法为：预先设定被吸工件所需真空压力值，然后将开关（截止阀 5）旋置于接通状态，将旋钮式二位三通换向阀 10 旋到的“吸”的位置（图示下位），开始抽取真空。因机房真空罐 2 有足够大的容积，当真空吸盘（吸附夹具）15 真空度达到减压

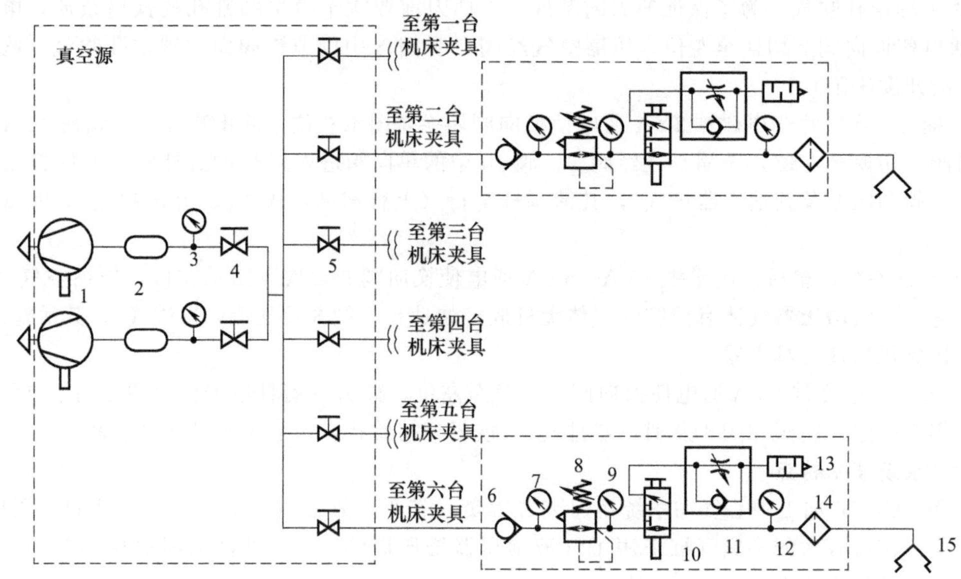

图 6-23 夹具真空吸附系统原理图

1—真空泵；2—真空罐；3—真空源真空表；4,5—截止阀；6—带管接头单向阀；7—回路真空表；8—减压阀（附带压力表 9）；9—压力表；10—旋钮式二位三通换向阀；11—真空破坏节流阀；12—真空表；13—消声器；14—真空过滤器；15—真空吸盘（吸附夹具）

阀 8 的设定值时，工件即可安全地被吸附加工。卸下工件时将旋钮式二位三通阀 10 旋到“卸”的位置（上位），夹具端则与真空源端断开，关闭进气端，开启排气端，并根据需要调节真空破坏节流阀 11 的开度控制放气速度，从而控制卸下工件的快慢。真空破坏节流阀 11 的排气口的消声器 13，用于降低排气噪声。

在真空吸附夹具 15 与真空源之间设置的真空过滤器 14，用于对油污、粉尘进行过滤，以防止真空元件受污染而出现故障。对真空泵 1 系统来说，真空管路上一条支路装一个真空吸附夹具 15 最为理想。但现在车间有 6 台数控机床，经常同时工作，这样由于吸着或未吸着工件的真空吸附夹具个数发生变化或出现泄漏，会引起管路的压力变动，使真空减压阀 8 的压力值不易设定，特别是对小工件小孔口吸着的场合影响更大。为了减少多个真空吸附夹具吸取工件时相互间的影响，可在回路中增加真空罐和真空调压阀提高真空压力的稳定性；同时在每条支路上装真空切换阀，如果一个真空吸附夹具泄漏或未吸着工件，可减少影响其他真空吸附夹具工作的可能性。

(3) 系统技术特点

① 数控车床真空夹具采用真空吸附技术，总体布局紧凑、简洁、美观，工作安全可靠。较之通常的硬装卡方式，真空夹具能够平稳、可靠地夹紧脆弱工件而又不易损坏其表面。

② 真空吸附系统采用真空泵作为真空源，在真空主管路上并联多台数控车床，实现多路真空吸附。为保证车床吸附口的真空稳定性，在机房集中配置两台流量为 15L/s 的真空泵，车床旁采用真空减压阀等一系列控制元件来提高真空的稳定性。

③ 每条真空吸盘支路通过带管接头单向阀保证真空源有故障时真空回路的切断；系统采用单向节流阀作为加工结束的真空破坏阀，并通过旋钮式二位三通阀控制该破坏阀与吸盘间气路通断的转换。

6.4.5 气动肌腱驱动的形封闭偏心轮机构和杠杆式压板夹具

(1) 夹具结构原理

气动肌腱是一种功率/质量比大、功率/直径比大、能提供双向拉力的气动柔性执行元件。它相比传统气缸有很大的初始拉伸力；相比液压缸，无相对运动部件、无易损件、无泄漏现象、重量轻、惯性小、抗污和抗尘能力强、摩擦小，故气动肌腱的使用越来越广泛。典型应用是利用直径不同的两只气动肌腱与可重构杆件机构进行组合，去构造多级增力夹具。

图 6-24 所示为气动肌腱驱动的形封闭偏心轮机构与恒增力杠杆机构串联的组合夹具结构原理图。其工作原理为：在偏心轮手柄上连接两个对称的气动肌腱 3 和 9，采用二位四通阀 2 对这两个气动肌腱的工作状态进行控制，达到夹紧与松开的效果。将偏心轮 4 置于杠杆压板左端孔中，使其可绕固定轴转动。在图示的工作状态，换向阀 2 处于左位，气源的压缩空气经阀 2 进入左侧的气动肌腱（右侧肌腱 9 经阀 2 排气），在压缩空气的作用下产生收缩力，驱动偏心轮绕 O_1 做逆时针转动，强制带动杠杆式压板 5 的左端绕固定铰支座 O_2 摆动且向下运动，压板上的固定销 6 将力传递给半圆形力输出件 8，半圆形力输出件向下移动而夹紧工件 7；当二位四通换向阀 2 切换至右位时，右侧的气动肌腱 9 在压缩空气的作用下产生收缩力，驱动偏心轮绕 O_1 作顺时针转动，强制带动杠杆式压板的左端绕固定铰支座 O_2 向上摆动，从而带动力输出件 8 向上移动，实现对工件的放松。

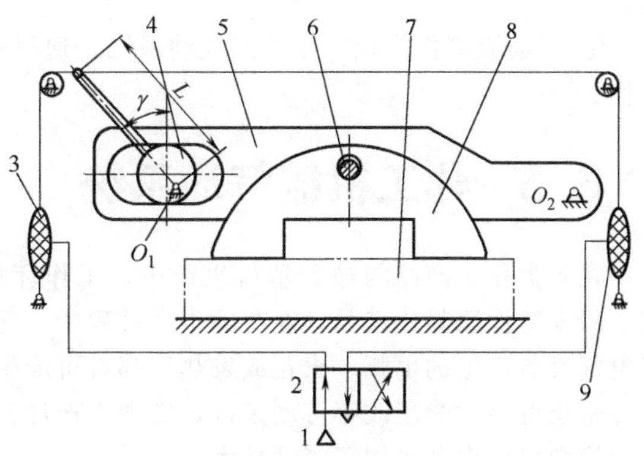

图 6-24 气动肌腱驱动的组合夹具结构原理图

1—气源；2—二位四通换向阀；3,9—气动肌腱；4—偏心轮；5—杠杆压板；6—固定销；7—工件；8—力输出件

假设由气动肌腱产生的收缩力为 F，考虑摩擦损失，如图 6-24 所示夹具的实际增力系数 i_{op} 为

$$i_{op}=\frac{L\cos\gamma}{\rho[\tan(\alpha+\varphi_1)+\tan\varphi_2]}\times\frac{l_1}{l_2}\times\eta \tag{6-1}$$

该夹具的实际输出力为

$$F_o=F\frac{L\cos\gamma}{\rho[\tan(\alpha+\varphi_1)+\tan\varphi_2]}\times\frac{l_1}{l_2}\times\eta \tag{6-2}$$

式中，L 和 γ 的意义如图 6-24 所示；α 为力输出点处偏心凸轮的升角，$\alpha=\arctan[e\sin\gamma/(R-e\cos\gamma)]$，其中 e 为偏心距，R 为偏心轮的半径；ρ 为偏心轮转动中心与力输出点之间的距离，$\rho=(R^2+e^2-2Re\cos\gamma)^{1/2}$；$\varphi_1$ 为偏心轮在力输出点处与其作用对象之间的摩擦角；φ_2 为偏心轮与转轴之间的摩擦角；l_1 为杠杆式压板主动臂的长度；l_2 为杠杆式压板被动臂的长度；η 为杠杆式压板的传递效率，$\eta=0.97$。

例如，在夹具系统的参数为 $L=100$mm，$R=20$mm，$e=4$mm，$\gamma=15°$，$\varphi_1=\varphi_2=6°$，$l_1/l_2=2$，则 $\alpha=\arctan[e\sin\gamma/(R-e\cos\gamma)]\approx3.67°$，$\rho=(R^2+e^2-2Re\cos\gamma)^{1/2}\approx16.17$ 时，代入式（6-1）得该夹具的实际增力系数 $i_{op}\approx42$。根据式（6-2）可知，该夹具的力输出件上将得到一个相当于气动肌腱收缩力 F 约 42 倍的输出力。

假定上述参数不变，选取 Festo 公司的 MAS-20 型气动肌腱产品作为驱动元件，在气压为 0.5MPa 时，其产生的最大收缩力 $F_{max}=1200$ N，最小收缩力为 $F_{min}=220$N。若取 $F=500$N，则该夹具所产生的输出力 $F_o=21000$N。如果采用压力为 0.5MPa 的气缸直接作用，要产生相同大小的作用力，经计算可得气缸的直径为 $D=231$mm，而图 6-24 所示夹具中气动肌腱的自由状态直径仅为 20mm。由此可见，在需要输出力较大且结构尺寸受限制的场合，该装置可以代替气压夹紧机构。

(2) 系统技术特点

① 基于气动肌腱驱动的形封闭偏心轮机构与杠杆式压板串联组合的夹具，结构简单，操作方便，力传递效率高，节能效果显著，夹紧动作快，运动平稳，冲击小，可有效地克服气压传动压力低、液压传动系统容易产生污染的缺点，可以广泛应用于需要较大输出力、尺寸受限制的场合。

② 气动肌腱作为执行元件的气动系统，通过换向阀很容易像气缸那样控制两个肌腱的交替动作。

6.5 化工机械气动系统

在各类化工产品与橡胶塑料生产中，工作环境往往温度高，湿度大，经常以易燃、易爆溶剂、粉末等作原料或产品；在有的生产过程中，还会产生各种易燃、易爆的粉尘、蒸气或气体；其电气设备产生的电弧、火花或发热，都有可能引起燃烧或爆炸事故。因此采用气压传动与控制更为安全可靠。为了改善劳动条件，实现生产过程的机械化、自动化、智能化、连续化，多种化工与橡塑机械设备采用了气动技术。

6.5.1 膏体产品连续灌装机气动系统

(1) 主机功能结构

膏体灌装机是一种用于化工、食品、医药、润滑油及特殊行业的膏体灌装的设备，该机采用了气动技术。机器的计量与连续充填装置结构如图 6-25 所示。料仓 2 中的物料须由搅拌推进桨 3 施加推进力，由摆动气马达（图中未画出）驱动的配流阀 4 进行强制配流。当配流阀处于图示状态时，计量缸 5 与料仓 2 连通，计量驱动气缸 7 带动计量缸右行抽吸，将膏体物料吸入计量缸内；当摆动气马达驱动配流阀 4 逆时针转 90°时，使计量缸与排料充装口 8 连通，计量驱动气缸带动计量缸左行排料（充装）。针对不同的包装容量要求，可设置不同容积的计量缸，或者调节计量驱动气缸的行程，以满足不同容量的要求。要求特别纯净的产品，计量缸可采用不锈钢件。如果产品具有一定的腐蚀性，就灌装机自身来讲，可考虑将缸体、调节杆、滑动活塞、上下端盖等采用聚四氟塑料或其他耐腐蚀的材料制作。

(2) 气动系统原理

图 6-26 所示为膏体灌装机气动系统原理图。系统的执行元件为计量驱动气缸 11 和配流阀驱

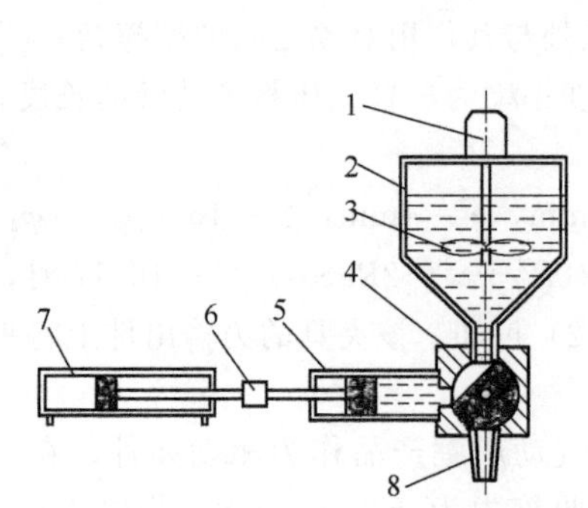

图 6-25　计量与连续充填装置结构图

1—搅拌推进电机；2—料仓；3—搅拌推进桨；4—配流阀；5—计量缸；6—活络接头；7—计量驱动气缸；8—充装口

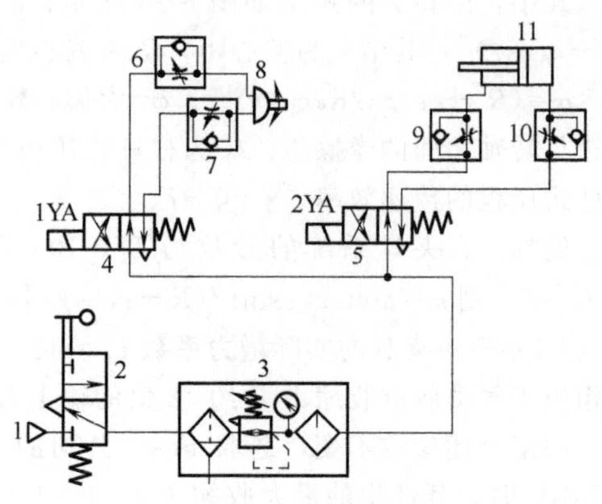

图 6-26　膏体灌装机气动系统原理图

1—气源；2—二位三通手动换向阀；3—气动三联件（分水滤气器、减压阀、油雾器）；4，5—二位四通电磁阀；6，7，9，10—单向节流阀；8—配流阀摆动气缸；11—计量驱动气缸

动摆动气缸 8，它们分别用二位四通电磁阀 5 和 4 操控其运动方向，分别采用单向节流阀 9、10 和 6、7 对其进行排气节流调速。三联件 3 用于气源 1 供给压缩空气的过滤、减压定压和油雾化；二位三通手动换向阀 2 作开关阀用，打开和切断气源供气。

该气动系统采用图 6-27 所示的闭环 PWM 伺服控制。气动系统执行元件必须相互协调一致，系统工作状态如表 6-6 所列。结合图 6-26，系统工作时，换向阀 2 切换至上位，气源 1 的压缩空气经阀 2 和三联件进入系统。实现连续充装的循环工序为：电磁铁 1YA 通电使阀 4 切换至左位，压缩空气经阀电磁阀 4 和阀 7 中的单向阀进入摆动气缸 8（经阀 6 中的节流阀和阀 4 排气），缸 8 驱动配流阀动作使图 6-25 中的计量缸与料仓连通→电磁铁 2YA 断电使阀 5 处于图示右位，计量缸驱动气缸 11 有杆腔进气，无杆腔排气，计量缸从料仓抽取设定容量的物料→电磁铁 1YA 断电使阀 4 复至图示右位，摆动气缸换向驱动配流阀转动，使计量缸与包装袋（筒）相连→电磁铁 2YA 通电使换向阀 5 切换至左位，则计量驱动气缸 11 无杆腔和有杆腔分别进气和排气，计量缸向包装袋（筒）充填产品。结合电磁限位开关、压力传感器等检测反馈元件实现每步工序之间协调一致，实现对膏状产品的连续分装。

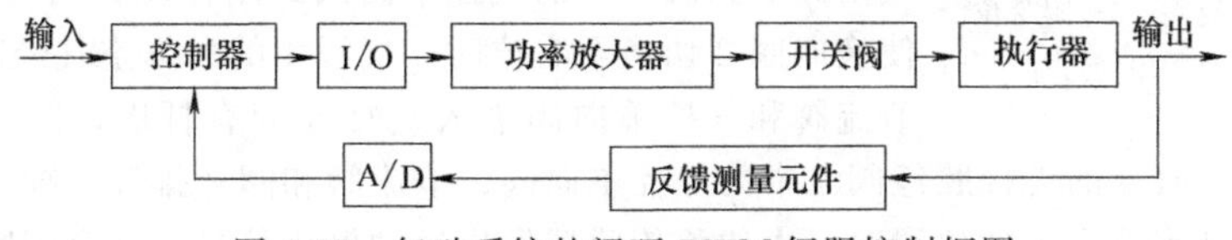

图 6-27 气动系统的闭环 PWM 伺服控制框图

表 6-6 系统工作状态表

电磁铁	执行元件	通断电	工作状态	通断电	工作状态
1YA	配流阀摆动气缸	+	计量缸与料仓连通	−	计量缸与包装袋连通
2YA	计量驱动气缸	−	从料仓抽料	+	充填包装

注：+为通电；−为断电。

(3) 系统技术特点

① 膏体灌装机采用气压传动和闭环 PWM 伺服控制，制造加工较容易，操作方便、生产效率高、安全可靠，灌装容量范围可调，可适用于不同性质的膏状产品灌装。计量气缸、配流阀、计量驱动气缸三者有机结合在一起如同一台泵一样工作。

② 该机利用了气动技术自洁性好、对环境要求不高、操作使用方便等优点，对于气体可压缩性大、气动系统的低阻尼特性会导致气动系统刚度低、定位精度差的问题，则通过在连杆末端触头安装橡胶垫、执行元件本身的缓冲功能和排气节流调速等措施来实现减振和缓冲。

③ 气动系统采用闭环 PWM 伺服控制，具有结构简单，成本低，可靠性高；对工作介质的污染不敏感，对环境要求不高；抗干扰能力强，故障少，维护方便；易于实现计算机数字控制；阀的驱动电路简单等优点。

6.5.2 丁腈橡胶目标靶布料器气动系统

(1) 主机功能结构

目标靶是合成橡胶（如丁苯橡胶和丁腈橡胶）生产线上橡胶干燥系统中广泛使用的一种布料装置，它主要由本体、气动系统和电控系统组成。工作时，挤压脱水后的橡胶颗粒通过高压风机进入干燥箱进料室，在进料室内与目标靶碰撞，从而将物料均匀地分布在不锈钢多空链板（网板）上。目标靶在气压传动和 PLC 电控系统控制下可自动实现垂直和水平两个方向的运动及角度的调整，将目标靶板调整至合适的位置实现物料的均匀分布。

(2) 气动系统原理

气动系统为目标靶提供动力，它通过执行气缸实现对目标靶垂直和水平两个方向的调整。

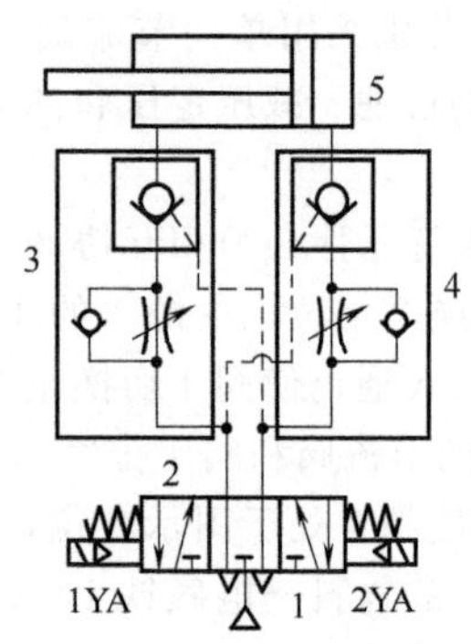

图 6-28　丁腈橡胶目标靶布料器气动系统（水平气缸气路）原理图
1—气源；2—三位五通电磁换向阀；3,4—气控单向节流阀；5—附带位移传感器的双作用气缸

图 6-28 所示为水平气缸气路原理图（垂直气缸的气路构成及动作原理与此相同），气缸 5 的运动方向由三位五通双电控中位排气式电磁阀 2 控制，其信号源为缸 5 内装的磁致伸缩位移传感器；阀 3 和阀 4 中的单向节流阀用于气缸 5 的双向调速，气缸的保压由阀 3 和阀 4 中的气控单向阀控制（控制管路交叉相接）。当电磁铁 1YA 通电使换向阀 2 切换至左位时，气源 1 的压缩空气经阀 2、阀 4 中的单向阀和气控单向阀进入气缸 5 的无杆腔，同时反向导通阀 3 中的气控单向阀，缸 5 的有杆腔经阀 3 中的气控单向阀、节流阀和阀 2 排气，缸 5 的活塞杆带动目标靶伸出，直至到达设定的位置时，由缸内位移传感器将模拟信号送入 PLC 系统，由 PLC 输出控制信号，电磁铁 1YA 断电使阀 2 复至中位，阀 3 和阀 4 中的两个气控单向阀因交叉的控制管路经阀 2 排气而关闭，气缸 5 停止动作，气缸两腔的压缩空气由阀 3 和阀 4 中的气控单向阀封闭保压；当电磁铁 2YA 通电使换向阀 2 切换至右位时，气源 1 的压缩空气经阀 2、阀 3 中的节流阀和气控单向阀进入气缸 5 的有杆腔，同时反向导通阀 4 中的气控单向阀，缸 5 的无杆腔经阀 4 中的导控单向阀、节流阀和阀 2 排气，缸 5 的活塞杆带动目标靶缩回，直到到达设定的位置时，由位移传感器发出运动停止信号，电磁阀断电，气缸停止动作，气缸两腔的压缩空气由阀 3 和阀 4 中的气控单向阀封闭保压。

(3) PLC 电控系统

目标靶布料器气动系统采用 OMON SYSMAC 小型 PLC 控制，整个系统包括两个 AI 点（缸体内部磁致伸缩位移传感器信号输入）和 4 个 DO 点（水平、垂直气缸的双电控电磁阀的电磁铁控制线圈）。目标靶电控系统的手动和自动两种控制模式通过控制程序实现。上位系统由 HITECH 工控触摸屏实现，组态画面中包括自动控制、手动控制、参数设置、气缸标定、输出测试及系统设置等选项。在现场应用中，目标靶的水平和垂直方向自动控制主要根据用户自定义的偏差给定值（设定范围为 0.5～2.0mm）来实现，目标靶可根据工艺控制要求实现位置的自动纠偏，同时不会因给定偏差设定值过小而引起电磁阀和气缸频繁动作。

(4) 系统技术特点

① 目标靶气动系统通过 PLC 电控系统对电磁换向阀进行控制，使气缸驱动目标靶直线运动，完成目标靶位置的调整，并通过双气控单向阀（类似双向气动锁）对目标靶位置进行保压定位。

② 目标靶系统工况环境恶劣（高温、潮湿），故系统的执行机构及检测控制元器件必须采用耐高温、耐腐蚀材料的元器件，以保证设备的长周期稳定运行，从而保证目标靶的高可靠性和低维护性。例如在气缸内设置磁致伸缩位移传感器，通过非接触测量方式检测气缸的工作位置并提供绝对稳定、可靠、准确的重复输出，不存在信号漂移或波动的情况，故不需定期标定和维护；可通过电控系统上位显示屏直观观察目标靶工作情况，实现目标靶位置的在线检测；使用寿命长、环境适应能力强，在检测过程中不会对传感器造成任何磨损。

6.6 轻工包装机械气动系统

轻工业是生产生活消费资料（如食品、烟草、家具、陶瓷、纺织服装及鞋帽、造纸、印刷、日用化工、文具、文化用品、体育用品等）的工业部门，它是城乡居民生活消费资料的主要来源，其产品与人们的日常生活息息相关，量大面广、品种繁多，要求不一，但大多数直接与人们的饮食、衣着相关，其产品一方面要满足使用功能要求，另一方面其卫生和安全应当满足相关法规的要求。包装机械的载荷一般较轻，但与轻工机械类似，其产品的卫生和安全要求较高。

综上可看出，轻工机械和包装机械设备尤其适合采用自洁性良好的气动技术来实现传动控制，实现专业化、连续化、高速化、自动化、智能化，提高产能和生产效率及降低劳动强度，满足产品技术要求和质量，因而也成为气动技术的重要应用领域。

6.6.1 胶印机全自动换版装置气动控制系统

(1) 主机功能结构

全自动换版装置是胶印机中一种通过多气缸协调驱动控制实现印版更换的装置，它能够节约生产时间，降低劳动强度，同时降低生产成本。

如图 6-29 所示，全自动换版装置的主要工作部件是气动版夹机构（图 6-30），其工作流程为：启动换版程序，印版滚筒转动到换版位置，换版传感器启动→护罩气缸启动，护罩抬起→滚筒拖稍气囊充气，版夹松开印版，印版弹出→滚筒反转，印版在护罩轨道内滑出，旧印版拉出气缸前端吸盘吸住印版，咬口版夹气囊充气，印版咬口被松开→旧印版拉出气缸伸出，将印版拉出版夹，吸盘吸气保持→滚筒正转到换版位置，换版传感器启动→新印版送入气缸前端吸盘吸住新印版，气缸伸出，将新印版送入咬口版夹→咬口版夹传感器启动，版夹气囊放气，版夹夹紧印版，吸盘断气→印版滚筒压版气缸运动，压版杆顶住印版→滚筒正转，印版被卷在印版滚筒表面→印版滚筒转动到拖稍位置停止，顶版气缸将印版拖稍顶入拖稍版夹中，拖稍版夹传感器启动→拖稍版夹气囊放气，印版拖稍被夹紧，顶版气缸缩回→护罩气缸动作，关闭护罩，压版气缸返回，换版结束。

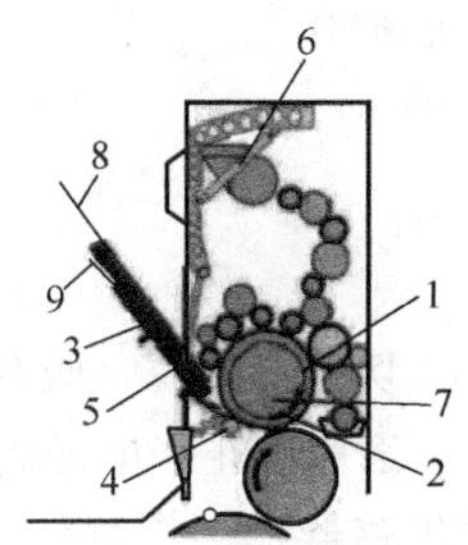

图 6-29　全自动换版装置结构原理图

1—咬口版夹；2—拖稍版夹；3—新印版送入气缸；4—压版气缸；5—旧印版拉出气缸；6—护罩气缸；7—印版滚筒；8—新印版；9—旧印版

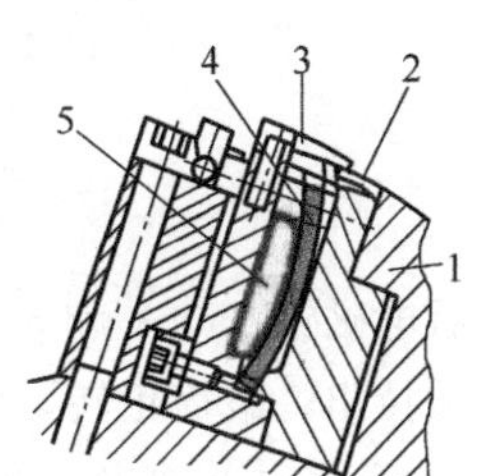

图 6-30　气动版夹机构原理图

1—印版滚筒；2—印版；3—版夹固定块；4—版夹顶块；5—版夹气囊

(2) 气动系统原理

全自动换版装置气动控制系统原理如图 6-31 所示。该系统的执行元件有新印版送入气缸 3、压版气缸 4、旧印版拉出气缸 5、护罩气缸 6 和顶板气缸 7（除缸 6 为弹簧复位单作用气缸外，其余 4 个缸均为 DNC 标准双作用气缸）、集成在印版滚筒上的气囊 8 和拖稍气囊 9 以及新版送入吸盘 10 和旧版拉出吸盘 11。上述气缸 3、4、6、7 的动作依次由二位五通电磁换向阀 12、13、15、16 控制，依次采用单向节流阀 21～24、25～28 进行排气节流调速；采用气缸 5 和吸盘 10、11 的动作依次由二位三通单电磁阀 14、19、20 控制，气囊 8 和 9 的动作依次由二位三通双电磁阀 17、18 控制，为了防止换版过程中由于印版弯曲造成的换版故障，在部分二位五通电磁阀上还有手控复位。由于设备安装空间有限，电磁阀采用了 Festo 紧凑型 CPV10 阀岛。

系统工作原理为：启动换版按钮，护罩打开，电磁铁 14YA 通电使阀 19 切换至左位，新印版送入吸盘 10 动作，滚筒反转。滚筒位置传感器 S0 提供输入信号，滚筒反转停止，电磁铁 12YA 通电并保持使阀 18 切换至左位，拖稍气囊动作，印版弹出，延时后滚筒反转。滚筒位置传感器 S1 提供输入信号，滚筒反转停止，电磁铁 10YA 通电并保持使阀 17 切换至左位，叼口气

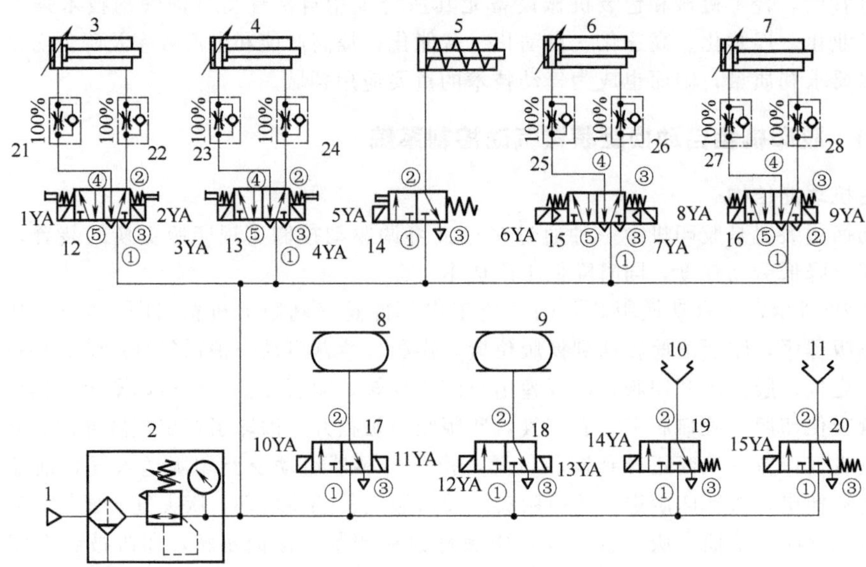

图 6-31 全自动换版装置气动控制系统原理图

1—气源；2—气压处理单元；3—新印版送入气缸；4—压版气缸；5—旧印版拉出气缸；6—护罩气缸；7—顶板气缸；8—叼口气囊；9—拖稍气囊；10—新版送入吸盘；11—旧版拉出吸盘；12,13,15,16—二位五通双电磁阀；14,19,20—二位三通单电磁阀；17,18—二位三通双电磁阀；21～28—单向节流阀。

注：图中序号①～⑤表示各换向阀的工作气口

囊动作，延时后电磁铁 15YA 和 5YA 先后通电分别使阀 20 和 14 切换至左位，吸盘 11 和气缸 5 动作，旧印版被拉出。滚筒正转，滚筒位置传感器 S2 提供信号，滚筒停止，电磁阀 1YA 通电使阀 12 切换至左位，气缸 3 伸出，新印版被送入叼口版夹。版夹传感器提供检测信号，印版安装到位，电磁铁 11YA 通电使换向阀 17 切换至图示右位，印版叼口被夹紧，延时后电磁铁 14YA 和 2YA 分别断电使阀 19 复至图示右位，换向阀 20 切换至右位，吸盘 10 松开，新印版送入气缸 3 缩回，随后滚筒正转。滚筒位置传感器 S4 提供信号，滚筒转动停，电磁铁 8YA 通电使换向阀 16 切换至左位，顶板气缸 7 外伸，印版拖稍被送入拖稍版夹，电磁铁 3YA 通电使换向阀 13 切换至左位，气缸 4 外伸，压版辊合压。拖稍传感器提供信号，电磁铁 11YA 通电使阀 11 切换至右位，气囊 8 放气，印版拖稍被夹紧，延时后电磁铁 9YA 通电使阀 16 切换至图示右位，气缸 7 缩回，滚筒正转，延时后电磁铁 4YA 通电使阀 13 切换至图示右位，气缸 4 缩回，印版安装完成，延时后电磁铁 7YA 通电使阀 15 切换至图示右位，护罩落下。护罩传感器提供信号，电磁铁 15YA 和 5YA 先后断电使阀 20 和 14 复至右位，吸盘 11 松开，缸 5 靠弹簧力复位缩回，换版结束。

(3) PLC 控制系统

胶印机全自动换版装置气动控制系统采用 PLC 进行顺序控制，PLC 为 SIMATIC S7-300 型，其 I/O 地址分配如表 6-7 所列；PLC 硬件接线如图 6-32 所示，图中的 VVVF 为主电机的变频器，其内部提供外接控制信号的电源，PLC 输出的滚筒主电机正反转信号由它来执行。该 PLC 可以通过 PROFIBUS 或工业以太网与主控制系统端口进行通信，由配套的独立电源提供 2A、DC24V（±5%）供电。

表 6-7　I/O 地址分配表

序号	输入信号		输出信号	
	功能	地址代号	功能	地址代号
1	自动换版启动按钮	I0.0	护罩起落气缸	Q4.1
2	拖稍拆滚筒位置传感器 S0	I0.1	旧印版拉出气缸	Q4.3
3	叼口拆滚筒位置传感器 S1	I0.2	新印版送入气缸	Q4.4
4	叼口装印版滚筒位置传感器 S2	I0.3	叼口版夹气囊	Q4.7
5	叼口印版到位传感器 S3	I0.4	拖稍版夹气囊	Q5.0
6	拖稍装滚筒位置传感器 S4	I0.5	滚筒正转	Q5.1
7	拖稍印版到位传感器 S5	I0.6	滚筒反转	Q5.2
8	护罩位置传感器	I0.7	顶版杆气缸	Q5.3
9			压版杆气缸	Q5.4
10			新印版吸盘电磁阀	Q5.5
11			旧印版吸盘电磁阀	Q5.6

(4) 系统技术特点

① 胶印机全自动换版装置通过采用气动系统的 PLC 控制，提高了系统电气性能的可靠性和稳定性，它能直接嵌入到印刷机主控制系统中，可以方便地使用人机控制界面进行操作。减小了劳动强度，缩短了印件完成时间，提高了印刷设备的附加值和市场竞争力。

② 气动系统采用了紧凑型阀岛为主体的气路结构，不仅节省设备安装空间，而且便于气动管路和电控线缆布置和使用维护。通过采用单向节流阀对双作用液压缸进行双向排气节流调速，提高了气缸的运行平稳性和停位精度。

③ 所选用的 PLC 具备极短的扫描周期和高速处理程序指令的能力。同时配备有多端口的数字信号输入与输出，能够满足自动换版装置工作过程的控制要求。

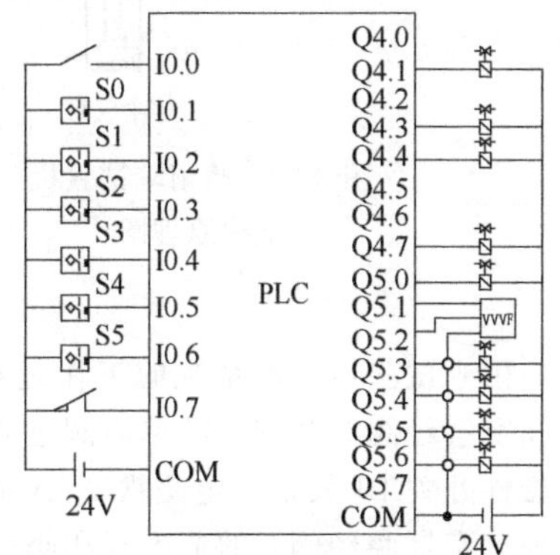

图 6-32　胶印机全自动换版装置 PLC 硬件接线图

6.6.2　晴雨伞试验机气动系统

(1) 主机功能结构

晴雨伞作为销量颇大的日用消费品和时尚休闲用品，已进入大规模工业化生产阶段。为了保证产品的质量、信誉和销量，其产品检验十分重要。晴雨伞试验机是一种产品质量生产检验设备，图 6-33 所示是其结构原理示意图，通过开伞气缸和撑伞气缸驱动，连续模拟自动开伞和自动撑伞动作，完成晴雨伞无故障连续开关次数实验。其工作原理为：当按下启动按钮，实现一个工作循环，即撑伞气缸动作，其活塞杆缩回合伞，当完全缩回到位时压下磁性开关 B1，开伞气缸动作，活塞杆伸出压下开伞按钮，延时 1s 后，撑伞气缸活塞杆伸出撑开雨伞，同时开伞气缸缩回复位，以等待下一次试验。即两气缸的动作流程为：撑伞气缸缩回→开伞气缸伸出→撑伞气缸伸出→开伞气缸缩回。

(2) 气动系统原理

晴雨伞试验机气动系统原理如图 6-34 所示。气源 1 经过滤减压气动二联件 2 向系统提供洁净及符合压力要求的压缩空气。系统的执行元件就是撑伞气缸 7 和开伞气缸 8，其运动方向分别由二位五通电磁阀 3 和 4 控制，伸出速度分别由单向节流阀 5 和 6 排气节流调节。系统可通过 1 个磁性开关 B1 控制电磁阀的换向，从而控制两个气缸按要求的顺序来动作；该气动系统可通过时间继电器控制电磁阀的换向时间。整个动作过程通过 PLC 电控系统控制。

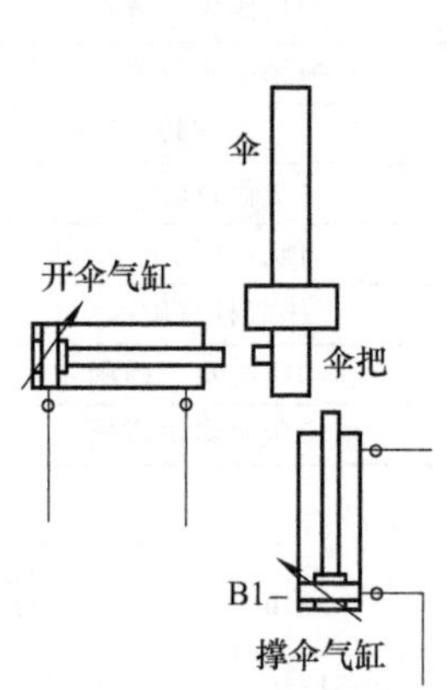

图 6-33 晴雨伞试验机结构原理图

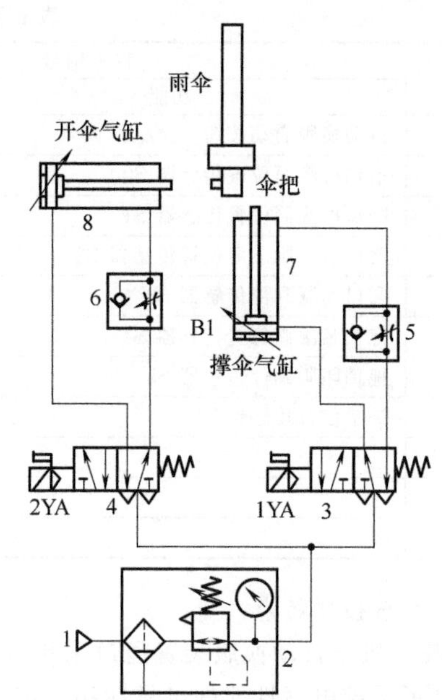

图 6-34 晴雨伞试验机气动系统原理图

1—气源；2—气动二联件；3,4—二位五通电磁阀；5,6—单向节流阀；7—撑伞气缸；8—开伞气缸

雨伞试验机气动系统的工作过程为：按下启动按钮，电磁铁 1YA 通电使阀 3 切换至左位，压缩空气经阀 3 和阀 5 的单向阀进入撑伞气缸 7 的有杆腔（无杆腔经阀 3 排气），缸 7 缩回；经过磁性开关 B1 发信，电磁铁 2YA 通电使阀 4 切换至左位，压缩空气经阀 4 进入开伞气缸 8 的无杆腔（有杆腔经阀 6 的节流阀和阀 4 排气），开伞气缸 8 伸出；延时 1s 后，电磁铁 1YA 断电使阀 3 复至图示右位，压缩空气经阀 3 进入撑伞气缸 8 的无杆腔（有杆腔经阀 5 的节流阀和阀 3 排气），撑伞气缸 7 伸出，同时，2YA 断电断电使阀 4 复至图示右位，压缩空气经阀 4 和阀 6 的单向阀进入开伞气缸 8 的有杆腔（无杆腔经阀 4 排气），开伞气缸 8 缩回复位，完成一次开伞试验。

(3) PLC 控制系统

图 6-35 所示为试验机的电控图。常态下撑伞气缸伸出，开伞气缸缩回。当按下启动按钮 SB1 后，继电器 KZ 通电→电磁铁 1YA 通电（撑伞气缸缩回）；当撑伞气缸活塞完全缩回时，磁性开关 B1 接通→电磁铁 2YA 通电（开伞气缸伸出），同时时间继电器 KT 通电→计时 1s 后，电磁铁 1YA 断电（撑伞气缸伸出）→磁性开关 B1 断开，电磁铁 2YA 断电（开伞气缸缩回）。系统 I/O 分配如表 6-8 所列；图 6-36 所示为 PLC 硬件接线图；PLC 控制程序如图 6-37 所示。

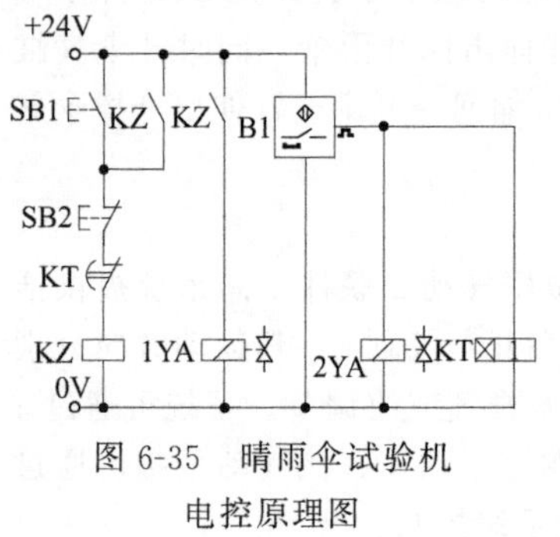

图 6-35 晴雨伞试验机电控原理图

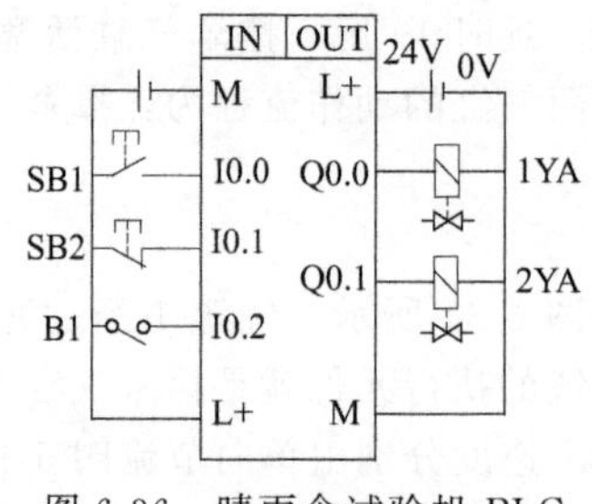

图 6-36 晴雨伞试验机 PLC 硬件接线图

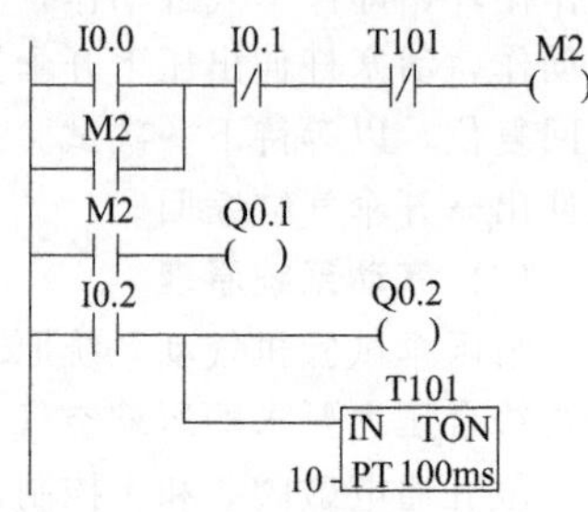

图 6-37 晴雨伞试验机 PLC 控制程序

表 6-8 I/O 地址分配表

序号	输入信号		输出信号	
	功能	地址代号	功能	地址代号
1	启动按钮 SB1	I0.0	电磁铁 1YA(撑伞气缸缩回)	Q0.0
2	停止按钮 SB2	I0.1	电磁阀 2YA(开伞气缸伸出)	Q0.1
3	磁性开关 B1(撑伞气缸缩回限位)	I0.2		

(4) 系统技术特点

① 气动雨伞试验机采用气动系统与 PLC 控制，实现了晴雨伞自动开伞和撑伞动作，提高了大批量产品的生产检验自动化程度和效率；结构简单，成本低。

② 气动系统气路结构简单；气缸采用排气节流调速，有利于提高气缸运行平稳性。

6.6.3 纸箱包装机气动系统

(1) 主机功能结构

纸箱包装机是一种采用气动技术、交流伺服驱动和 PLC 控制技术的新型包装机械，整机由纸板储存区、进瓶输送带、分瓶机构、降落式纸箱成型区、整型喷胶封箱区、热溶胶系统、机架、气动系统、电气及 PLC 控制板等部分组成。该纸箱包装机纸板的供送、被包装物品的分组排列、纸箱成型、黏合整型均等包装动作均由气动执行元件完成，各个执行元件的动作均由 PLC 控制电磁阀实现。

(2) 气动系统原理

该包装机气动系统原理如图 6-38 所示，系统包括纸板供送、纸箱成型装箱和喷胶封箱整型等三个气动回路，各回路的构成及工作原理介绍如下。

① 纸板供送作业回路。该回路的功能是完成纸板供送动作，包括吸纸板装置升降气缸 8、真空吸盘 15 和打纸板气缸 16 等三个执行元件，其运动方向分别由电磁阀 4、10 和 18 控制，其双向运动速度由节流调速阀 5、9、11 和 17、19 调控。

当气路接通后，电磁阀 4 通电切换至左位，压缩空气由进气总阀 1→空气过滤器 2→主压力调节减压阀 3→电磁阀 4（左位)→插入式节流调速阀 5→吸纸板装置升降气缸 8 的无杆腔（有杆腔经阀 9、阀 4 和消声器 61 排气)，使缸 8 伸出，气缸 8 磁性活塞环达到磁性开关 7，磁性开关 7 发生感应，PLC 检测到该信号，使电磁阀 10 通电切换至左位，真空发生器 12 动作，其气体流动路线为：压缩空气由进气总阀门 1→空气过滤器 2→主压力调节减压阀 3→电磁阀 10→插入式节流调速阀 11→真空发生器 12（产生负压）→真空过滤器 14→真空吸盘 15（负压)，正压气体在真空发生器中经消声器 13 到大气中；当电磁阀 4 断电复至图示右位时，气体流动路线为：压缩空气由进气总阀门 1→空气过滤器 2→主压力调节减压阀 3→电磁阀 4（右位)→插入式节流调速阀 9→吸纸板装置升降气缸 8 的有杆腔（无杆腔经阀 5、阀 4 和和消声器 61 排气)，使气缸 8 缩回，气缸 8 磁性活塞环达到磁性开关 6，磁性开关 6 发生感应，PLC 检测到该信号，电磁阀 18 通电切换至左位，打纸板气缸 16 动作，其气体流动路线为：气流由进气总阀门 1→空气过滤器 2→主压力调节减压阀 3→电磁阀 18（左位)→插入式节流调速阀 17→气缸 16 的无杆腔（有杆腔经阀 19、阀 18 和消声器 61 排气)，纸板在过桥滚轮配合作用下被送往分瓶（罐）器；电磁阀 18 断电复至图示右位，气缸 16 返回原位。至此整个纸板供送循环完成。

② 纸箱成型装箱回路。该回路的功能是完成纸箱成型装箱动作，包括托盘升降气缸 24、26 和分瓶气缸 32 等两组执行元件。缸 24 和 26 的运动方向合用电磁阀 20 控制，其双向运动速度分别由插入式节流调速阀 21 和 25 调控；缸 32 的运动方向则由电磁阀 29 控制，其双向运动速度分别由插入式节流调速阀 30 和 31 调控。

分瓶机构处检测纸板、被包装物品接近开关同时发生感应，PLC 检测到该信号，电磁阀 20

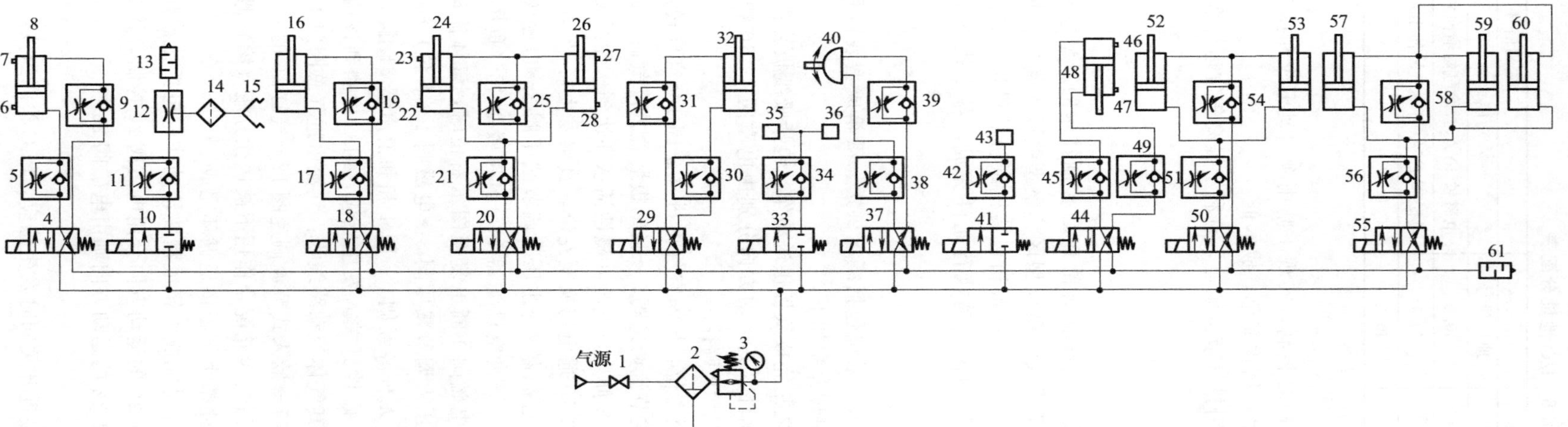

图 6-38　纸箱包装机气动系统原理图

1—进气总阀门；2—空气过滤器；3—主压力调节减压阀（带压力表）；4,18,20,29,37,44,50,55—二位四通电磁阀；5,9,11,17,19,21,25,30,31,34,38,39,42,45,49,51,54,56,58—插入式节流调速阀；6—吸纸板装置升降气缸磁性开关 1；7—吸纸板装置升降气缸磁性开关 2；8—吸纸板装置升降气缸；10,33,41—二位二通电磁阀；12—真空发生器；13,61—消声器；14—真空过滤器；15—真空吸盘；16—打纸板气缸；22,28—托盘升降气缸磁性开关 1；23,27—托盘升降气缸磁性开关 2；24—托盘升降气缸（左）；26—托盘升降气缸（右）；32—分瓶气缸；35,36—左、右喷胶头；40—摆动气缸（带磁性开关）；43—前喷胶头；46—前封箱升降气缸磁性开关 1；47—前封箱升降气缸磁性开关 2；48—前封箱升降气缸；52,53—前封箱气缸；57,59,60—左、右侧封气缸和整型气缸通电切换至左位，控制托盘升降气缸24、26动作，其气体流动路线为：压缩空气由进气总阀门1→空气过滤器2→主压力调节减压阀3→电磁阀20（左位）→插入式节流调速阀21→气缸24、26的无杆腔（有杆腔经阀25、阀20和消声器61排气），气缸24、26上升到位处于伸出状态；托盘升降气缸磁性活塞环达到磁性开关23、27，磁性开关23、27发生感应，PLC检测到该信号，控制电磁阀29通电切换至左位，使分瓶气缸32动作，其气体流动路线为：压缩空气由进气总阀门1→空气过滤器2→主压力调节减压阀3→电磁阀29（左位）→插入式节流调速阀31→气缸32的有杆腔（无杆腔经阀30、阀29和消声器61排气），延时后，电磁阀29断电复至右位，气缸32返回原位，被包装物品进入分瓶器，等待下一包装循环；被包装物品与纸板在重力作用下随托盘升降气缸24、26下降，此时电磁阀20断电复至右位，控制托盘升降气缸24、26下降，其气体流动路线为：压缩空气经进气总阀门1→空气过滤器2→主压力调节减压阀3→电磁阀20（右位）→插入式节流调速阀25→气缸24、26的有杆腔（无杆腔经阀21、阀20和消声器61排气），使气缸缩回；纸箱成型装箱工序完成。

③ 喷胶封箱整型回路。该回路的功能是纸箱的喷胶封箱整型，包括两侧喷胶头35、36，摆动气缸40，前喷胶头43、前封箱升降气缸48，前封箱气缸52、53，左、右侧封及整型气缸57、59、60等共6组气动执行元件。其运动方向依次由电磁阀33、37、41、44、50、55控制；运动速度由插入式节流调速阀34、38、39、42、45、49、51、54、56和58调控。

在托盘升降气缸24、26达到磁性开关22、28并生感应的同时，前封箱升降气缸48磁性活塞环达到磁性开关46并发生感应，PLC同时检测到这2个信号，控制交流伺服电机动作，被包装物品向前移动一个工位，包装机重复纸板供送、纸箱成型装箱动作。当完成3个纸板供送、纸板成型装箱动作后，喷胶光电开关被已成型纸箱挡住发生感应，PLC检测到该信号，使电磁阀33通电切换至左位，两侧喷胶头35、36同时工作，其气体流动路线为：压缩空气由进气总阀门1→空气过滤器2→主压力调节减压阀3→电磁阀33（左位）→插入式节流调速阀34→左、右喷胶头35、36喷胶，延时，电磁阀33断电复至图示右位，喷胶停止，延时，电磁阀33再次通电切换至左位，左、右喷胶头35、36喷胶，延时，电磁阀33断电复至右位，喷胶停止，完成侧喷胶动作；完成侧喷胶动作后，电磁阀37通电切换至右位，前喷胶头由摆动气缸40带动旋转，其气体流动路线为：压缩空气由进气总阀门1→空气过滤器2→主压力调节减压阀3→电磁阀37（左位）→插入式节流调速阀38→摆动气缸40下腔（上腔经阀39、阀37和消声器61排气）；摆动气缸40旋转的同时，电磁阀41通电切换至左位，前喷胶头43喷胶，其气路流动为：压缩空气由进气总阀门1→空气过滤器2→主压力调节减压阀3→电磁阀41（左位）→插入式节流调速阀42→前喷胶头43喷胶，当摆动气缸40摆动到磁性开关发生感应时，PLC检测到该信号，电磁阀41断电复至右位，前喷胶停止；同时电磁阀44通电切换至左位，前封箱升降气缸48下降，其气体流动路线为：压缩空气由进气总阀门1→空气过滤器2→主压力调节减压阀3→电磁阀44（左位）→插入式节流调速阀45→气缸48的无杆腔（有杆腔经阀49、阀44和消声器61排气），气缸48磁性活塞环达到磁性开关47发生感应时，PLC检测到该信号，使电磁阀50通电切换至左位，控制前封箱气缸52、53动作，其气体流动路线为：压缩空气由进气总阀门1→空气过滤器2→主压力调节减压阀3→电磁阀50（左位）→插入式节流调速阀51→气缸52、53的无杆腔（有杆腔经阀54、阀50和消声器61排气），延时，前封箱动作完成，电磁阀50断电复至右位，前封箱气缸52、53返回原位；电磁阀44断电复至右位，气缸52、53上升，气缸52、53磁性活塞环达到磁性开关46并发生感应，当满足交流伺服电机工作条件时，交流伺服电机动作，被包装物向前移动一个工位，到达侧封工位，电磁阀55通电切换至左位，同时控制左、右侧封及整型气缸57、59、60动作，其气体流动路线为：压缩空气由进气总阀门1→空气过滤器2→主压力调节减压阀3→电磁阀55（左位）→插入式节流调速阀56→左、右侧封气缸和整型气缸57、59、60的无杆腔（有杆腔经阀58、阀55和消声器61排气），延时，电磁阀55断电复至图示右位，气缸57、59、60回位，整个封箱过程完成，被包装物移出。

(3) 系统技术特点

① 采用气动系统及PLC控制的纸箱包装机能够可靠快速地实现自动化装箱包装过程，纸板供送机构位置精确，性能可靠，可避免产生双纸板。通过改变分瓶器装置，调整喷胶、封箱、整型气缸位置及软件程序，可以改变包装规格，拓展性好。

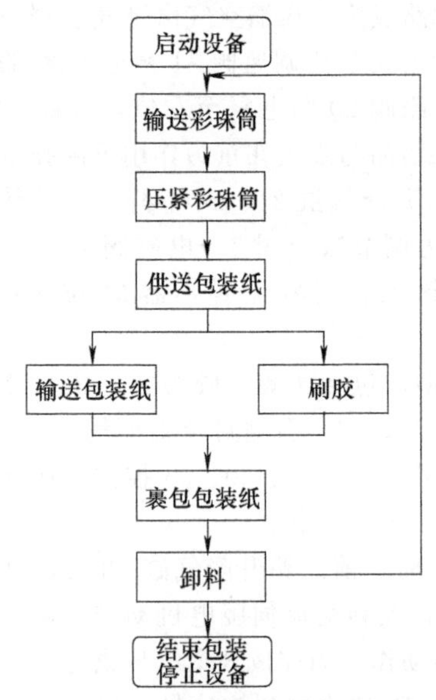

图 6-39 彩珠筒烟花全自动包装机工艺流程图

② 采用气动系统实现纸箱包装机的纸板供送、纸箱成型、喷胶、封箱整型过程，结构紧凑简捷、反应迅速、自动化程度高、绿色环保，不会对生产环境和产品造成污染。

③ 气动系统的执行元件包括直线气缸、摆动气缸、真空吸盘、喷胶头等四类，并用电磁换向阀控制运动方向，用插入式节流调速阀进行调速。用多数气缸带有磁性开关，以作为系统多数电磁换向阀通断电切换及交流伺服电机动作的信号源。

④ 系统共用正压气源，真空吸盘所需负压通过真空发生器提供，与采用真空泵相比，成本低、使用维护简便。

6.6.4 彩珠筒烟花全自动包装机气动系统

(1) 主机功能结构

该包装机用于彩珠筒烟花的外包装自动作业，其工艺流程如图 6-39 所示。其中输送包装纸和刷胶由输纸电机带动传送带与刷胶辊来完成；其余动作则采用气压传动，即通过气缸和真空吸盘实现设备的送料、压紧、供纸、卸料动作。整机采用PLC控制。

(2) 气动系统原理

包装机的气动系统原理如图 6-40 所示。系统的正压执行元件有卸料气缸 A、送料气缸 B、压紧气缸 C、供纸气缸 D，其主控阀依次分别为二位五通电磁阀 3～6，其运动速度通过各缸两气口装设的单向节流阀进口节流调控；系统的负压执行元件为真空吸盘（用于吸纸动作）。正压和负

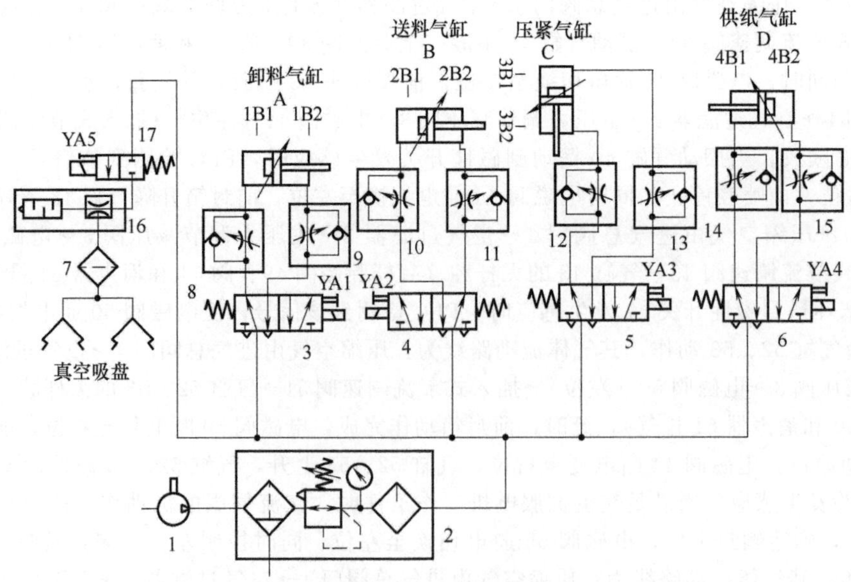

图 6-40 彩珠筒烟花全自动包装机气动系统原理图

1—空压机；2—气动三联件；3～6—二位五通电磁阀；7—真空过滤器；8～15—单向节流阀；16—真空发生器；17—二位三通电磁阀

压气源由空压机 1 经过气动三联件 2 提供，真空发生器将正压气体转换为负压供真空吸盘使用，其工作由二位二通电磁阀 17 控制，过滤器用于真空过滤。除启动和停止按钮外，系统中各换向阀电磁铁 YA1～YA5 的主要信号源是各气缸上磁感式传感器 1B1、1B2，2B1、2B2，3B1、3B2，4B1、4B2。气动系统各工况动作原理如下。

① 送料（工件送至包装工位）。电磁铁 YA2 通电使阀 4 切换至左位，送料气缸 B 右移，移动速度由阀 10 中节流阀的开度决定。当气缸 B 运动至磁感应式传感器 2B2 位置时发出退回信号，电磁铁 YA2 断电式阀 4 复至图示右位，送料气缸向左运动，当运动至磁感应式传感器 2B1 位置时发出供纸信号。

② 供纸（将包装纸供送到输送工位）。电磁铁 YA5 通电使换向阀 17 切换至左位，真空吸盘动作吸纸，电磁铁 YA4 通电换向阀 6 切换至右位，供纸气缸 D 左移，移动速度由阀 15 中的节流阀开度决定。当供纸气缸 D 运动至磁感应式传感器 4B1 位置时发信。电磁铁 YA5 和 YA4 断电，使阀 17 和 6 分别复至右位和左位，真空吸盘停止动作；供纸气缸 D 向右运动，当运动至磁感应式传感器 4B2 位置时发出压紧信号。

③ 压紧（将包装纸盒工件压紧）。电磁铁 YA3 通电使换向阀 5 切换至右位，立置的压紧气缸 C 下行，下行速度由阀 13 中的节流阀开度决定。当运动至磁感应式传感器 3B2 位置时发信，使包装电机开始运动并对工件进行包装。同时，PLC 控制一定时间，以保证包装完成后，电磁铁 YA3 断电使换向阀 5 复至图示左位，压紧气缸 C 向上运动，当运动至磁感应式传感器 3B1 位置时发出卸料信号。

④ 卸料（将包装好的工件脱离包装工位）。电磁铁 YA1 通电使阀 3 切换至右位，卸料气缸 A 向左运动，当运动至磁感应式传感器 1B1 位置时发信。电磁铁 YA1 断电使阀 3 复至图示左位，卸料气缸 A 迅速回到磁感应式传感器 1B2 位置，发出送料信号。

⑤ 更换工件，进入下一个循环。

⑥ 当按下停止按钮时，系统需等到每个工序都完成后，才能复位，并停止工作。当按下急停按钮时，系统立刻停止运转。

(3) PLC 电控系统

电控系统的核心是三菱公司 FX3U-32MR 型 PLC，按照工艺流程和气动系统控制要求，PLC 的 I/O 地址分配如表 6-9 所列。系统控制程序采用顺序功能图编制，编程软件为 FXGP。先利用计算机进行编程和调试，调试成功后，通过接口电缆将控制程序下载到 PLC 中。包装机的控制流程如图 6-41 所示，PLC 控制系统按照工序及控制流程进行相关动作，即可完成彩珠筒烟花全自动包装。

表 6-9　彩珠筒烟花全自动包装机 PLC 的 I/O 地址分配表

序号	输入信号		输出信号	
	功能	地址代号	功能	地址代号
1	启动按钮 S1	X0	卸料气缸 A　电磁铁 YA1	Y0
2	停止按钮 S2	X1	送料气缸 B　电磁铁 YA2	Y1
3	气缸 B 左工位 2B1	X2	压紧气缸 C　电磁铁 YA3	Y2
4	气缸 B 右工位 2B2	X3	供纸气缸 D　电磁铁 YA4	Y3
5	气缸 D 左工位 4B1	X4	真空吸盘吸纸　电磁铁 YA5	Y4
6	气缸 D 右工位 4B2	X5	包装电机	Y5
7	气缸 C 上工位 4B1	X6		
8	气缸 C 下工位 4B2	X7		
9	气缸 A 左工位 4B1	X10		
10	气缸 A 右工位 4B2	X11		

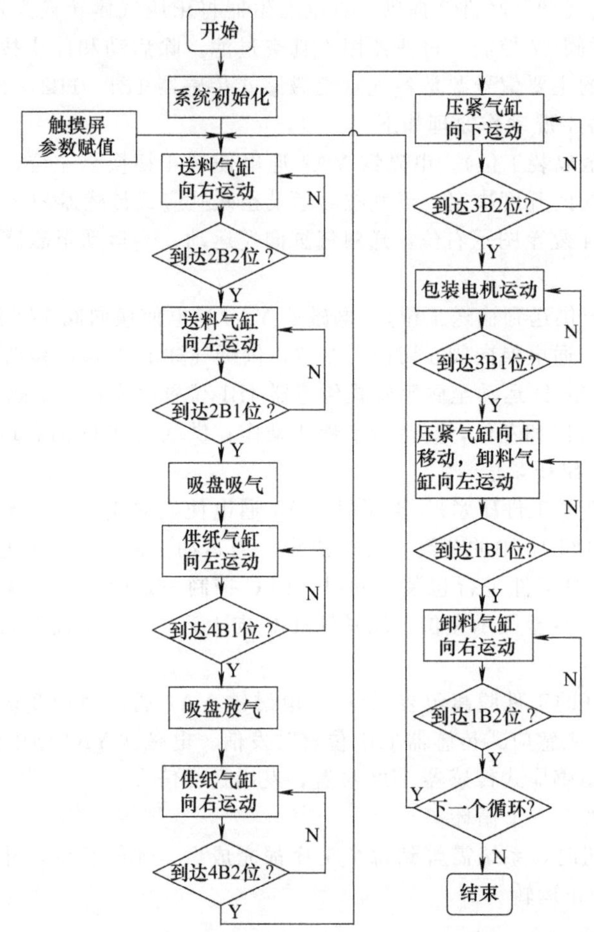

图 6-41　彩珠筒烟花全自动包装机 PLC 电控系统控制流程框图

(4) 系统技术特点

① 彩珠筒烟花外包装机采用气压传动和 PLC 控制，实现了人与烟花包装的分离，安全防爆，提高了自动化水平、安全性及生产效率，降低了劳动强度。

② 气动系统的正压和负压部分共用空压机供气，通过真空发生器产生所需负压，比单独为负压部分设置真空泵的经济性和使用维护的便利性要好。

③ 4 个气缸均采用了进气节流调速方式，从提高执行机构工作平稳性而言，改用排气节流则更佳。

6.7 电子信息、机械手及机器人气动系统

6.7.1 超大超薄柔性液晶玻璃面板测量机气动系统

(1) 主机功能结构

随着电子产品的不断更新换代，对液晶面板尺寸（目前可达 1800mm×1500mm，但单片玻璃厚度逐步薄化为 0.5mm、0.4mm，甚至 0.3mm 以下）与数量的需求持续增长。面板测量机是一种用于大尺寸、高柔度、易碎的液晶面板生产并线的视觉检测设备，工件的取放和移运过程采用了气动技术。

面板测量机由机架、大理石平台和机械臂等组成，如图 6-42 所示，其测量工艺需求：机械

臂移动定位到面板上方，定位面板中心并抓取面板移动到大理石平台上，使面板各边分别校正到相邻刀口标尺，多路检测相机模组同时移动，利用机器视觉多工位精确测量面板尺寸和角度，获得面板各边直线度和缺陷的质检数据信息，工序完后机械臂移动面板至下道工序。大理石平台和面板取放动作由气动系统负压回路及负压破坏回路来完成，机械臂的提升采用垂直安装的正压气缸动作实现。图 6-43 所示为实物照片。

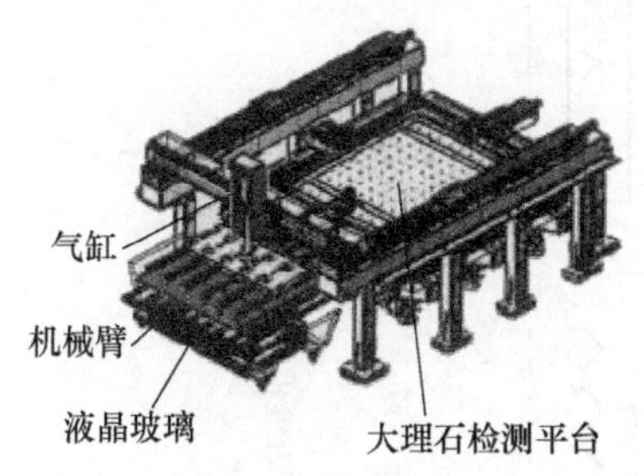

图 6-42 液晶玻璃面板测量机结构示意图

图 6-43 液晶玻璃面板测量机实物照片

(2) 气动系统原理

测量机气动系统原理如图 6-44 所示。

整个气动系统分为机械臂、大理石腔和气缸等三条支路，在机械臂支路和大理石支路都需正负气压交替，实现面板取放。大理石腔体共分为中间大腔体和两边各一个小腔体，以适应大小面板吸附的通用性要求。

大理石平台负压回路通过负压传感器（图中未画出）对气源和大理石腔体内压力数据进行采集，完成对大理石平台吸附工作状况的实时监控；负压破坏回路通过正压的引入，完成平台对玻璃面板的释放动作。负压回路和负压破坏回路通过二位三通电磁阀 E、F、G 实现大理石腔体的状态切换，完成大理石平台对面板的吸附与释放动作。

面板取放负压回路也采用负压传感器（图中未画出）来实时采集吸盘支路负压压力数据，然后通过调节电-气比例阀（图中未画出）来实现负压压力的实时调节，实现机械臂吸盘 1 对不同面板吸附压力及其稳定性的要求。通过电磁阀控制负压支路的通断来实现面板取放功能。负压破坏回路中正压气体经过调速节流阀 15 控制流量大小，调节面板释放动作的快慢节拍。

气缸 14 驱动机械臂升降移动的速度通过电-气比例阀 13 进行调控。

系统的真空吸盘分为 6 组，每组 6 个吸嘴，中间 4 组为吸取小面板区域，增加两条支路共 6 路则为大面板区域，吸嘴在距离面板边缘 50mm 的区域内均匀布点（图 6-45)，并对 1、6 组和 2～5 组吸嘴分别用不同电磁阀控制，每组加装负压逻辑阀使其在吸附时相对独立。

气动系统的主要工作过程如下。

① 吸盘吸附：负压气源 5（真空泵）打开，二位二通电磁阀 C 通电切换至下位（吸取小玻璃面板时阀 C 无动作)，真空经真空辅助阀 2 通入机械臂 6 组真空吸盘而吸附大玻璃面板，二位五通电磁换向阀 H 通电切换至上位，正压气体经阀 H 和比例调速阀 13-2 进入气缸 14 上腔，机械臂上升，横梁移动到位，电磁阀 H 断电复位，机械臂下移到位。

② 吸盘释放与大理石平台吸附：二位二通电磁阀 A、B 通电切换至下位，吸盘 1 通入正压释放玻璃面板；二位三通电磁阀 E、F、G 通电切换至右位，大理石腔体负压吸附（吸取小玻璃面板时电磁阀 E、G 断电，只需大理石中间腔体吸附)，二位五通电磁阀 H 通电，气缸 14 带动机械臂上升，设备视觉检测开始。

③ 大理石平台释放与吸盘移送：检测结束后，二位五通电磁阀 H 断电复至图示上位，气缸 14 上腔通入正压带动机械臂下移，二位二通电磁阀 D 通电切换至左位，二位三通电磁阀 E、F、G 断电复至图示左位，正压通入大理石腔体释放玻璃面板；二位三通电磁阀 B 断电复至图示下位，机械臂吸盘吸取玻璃面板，电磁阀 H 通电，机械臂上移，横梁移动运走玻璃到小车上方，

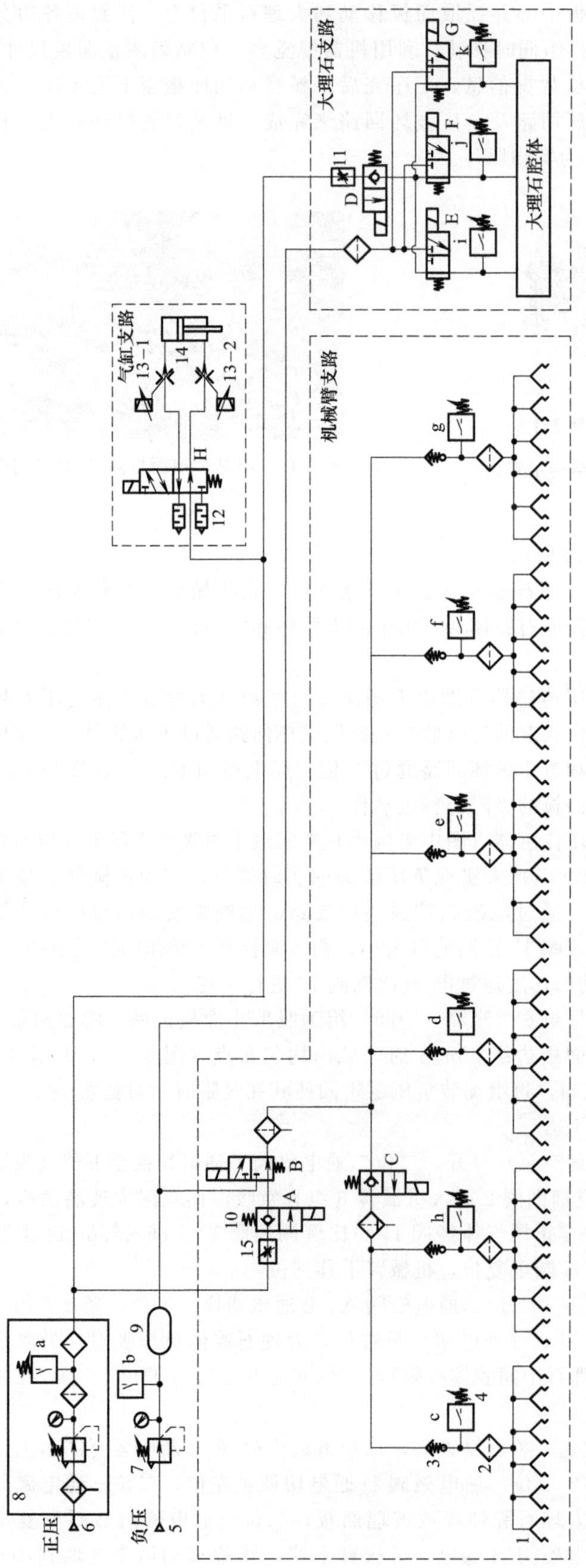

图 6-44 液晶玻璃面板测量机气动系统原理图

1—真空吸盘；2—真空过滤器；3—真空辅助阀；4—压力开关；5—负压气源；6—正压气源；7—真空减压阀；8—气动三联件；9—真空罐；10—电磁阀（A～H）；11,15—调速节流阀；12—排气消声器；13-1，13-2—电-气比例调速阀；14—气缸；a～k—压力开关（压力继电器）

电磁阀 H 断电复位，气缸带动机械臂下移到位，电磁阀 A、B 通电切换，机械臂放下玻璃面板，电磁阀 A 断电复至图示上位而关闭，检测动作完成。

（3）系统技术特点

① 基于机械臂协同操控的液晶玻璃面板测量机气动系统，可满足大尺寸液晶面板取放和移运过程的自动控制。

② 采用负压吸盘进行吸附作业，采用正压气缸驱动机械臂的升降。

③ 为了保证气动系统安全，采取了如下多种措施。

a. 在负压回路中采用了电-气比例阀，实现不同厚度规格面板吸附负压的自动调节，以适应不同厚度规格面板的混流生产对吸附负压的要求，并避免吸盘处负压与大气压力差损坏玻璃面板。

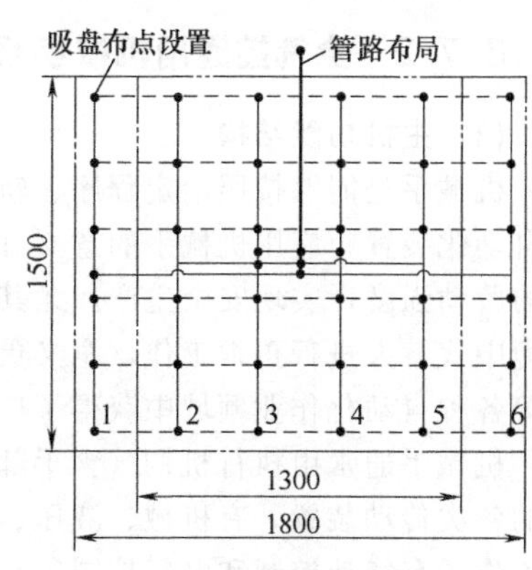

图 6-45　面板测量机气动系统真空吸盘分组布点图

b. 采用丁腈橡胶的风琴型吸盘和带缓冲的吸盘接管，以免机械臂运动速度突变等原因，使接触面出现一定的倾斜和弧度摆动的工况。提升玻璃面板吸附抵抗变形和振动能力，保证工件吸附的安全稳定性。

c. 在吸盘分组基础上，系统采用负压逻辑阀控制，使各组吸盘间相互独立，单个吸盘失效即可自动对同组吸盘进行关闭隔离，避免失效扩散，从而影响到测量机的吸附安全。当一个吸盘出现失效导致同组 6 个吸盘关闭时，压力开关 c～g 至少有一个达不到设定压力值，系统即自动停止面板的取放和移运，并报警提示对相应组吸盘进行检测与更换。

d. 当供气系统故障时，提升气缸如不能有效防止机械臂急坠，就可能会导致面板与设备的损坏。将正压气源处压力开关 a 与控制提升气缸关联互锁，当压力开关报警，电磁阀则切断提升气缸与气源的联系，使气缸形成密闭腔体防止机械臂急坠；同时机械臂气动系统负压支路设计为常通，并增设真空罐，延迟其取放动作失效的影响，以融入人工干预的反应时间，提升机械臂气动取放动作的安全可靠性。

由于采取上述技术措施，使得气动系统运行安全可靠，在断电情况下，吸盘可安全吸附面板延时大于 60s。

④ 系统主要技术参数如表 6-10 所列。

表 6-10　液晶玻璃面板测量机气动系统主要技术参数

参数		数值	单位	参数		数值	单位
提升气缸	输出力 F_1	1.765	kN	真空罐	吸盘支路吸附节点	230	个
	行程 L	400	mm		每个吸附点的泄漏量	10	mL/s
	速度	＜100	mm/s		负压吸附节点总泄漏量 q_4	230×10=2300	mL/s
	单程时间 t	5	s		容量 V	5	L
	系统气压	0.7	MPa	管路	通径 d_2	6.5	mm
	缸径 D	63	mm		总长(聚氨酯软管)	23	mm
	活塞杆直径 d	20	mm		反应时间 t_1	2	S
	耗气量 q_1	0.249	L/s		耗气量 q_2	0.25	L/s
真空吸盘	大面板重量	50	N	大理石腔	总容积 V	13.4	L
	小面板重量	34	N		正常工作压力	$p_1=101-40=61$	kPa
	大玻璃面板吸盘总吸吊力	300	N				
	吸盘个数	36			面板释放时压力 p_0	101	kPa
	单个吸嘴的吸吊力	300/36=8.3	N		反应时间 t_2	5	s
	真空泵额定压力	−600	Mbar ($1bar=10^5Pa$)		耗气量 q_3	1.757	L/s
				压缩空气消耗总量 $q=q_1+q_2+q_3$		135.36	L/min
	吸附负压	−40	kPa	真空吸附抽气量 $q'=q_2+q_3+q_4$		258	L/min
	吸盘直径 d_1	20	mm				

6.7.2 全气控通用机械手系统

(1) 主机功能结构

机械手是能够按照给定程序、轨迹与要求模仿人手的部分动作，实现自动抓取、搬运或操作的自动化装置。应用机械手的意义在于可以提高生产作业的自动化水平及产品质量，减轻操作者的劳动强度，实现安全生产。尤其在高温、低温、粉尘、易燃易爆、有毒气体及放射性等恶劣环境中代替人进行正常工作，意义更为重大。故机械手在热压、锻造、机械加工、饮料装箱自动线等各种自动化作业领域中获得了广泛应用。

机械手通常由执行机构（含手部、手腕、手臂和立柱等部件）、驱动系统（用于驱动执行机构的各类传动装置，有机械、液压、气动、电气等形式）、控制系统（支配机械手按规定程序进行工作，有气动控制和电气控制等）及位置检测装置（检测反馈执行机构的实际位置）等四部分组成。按用途机械手有专用式与通用式两类，前者具有固定的动作程序，后者控制程序可变；按控制方式有点位控制（如空间点到点之间运动）和连续轨迹控制（运动为空间的任意曲线）机械手的主要参数有抓取重量（简称抓重）、运动速度和行程范围等，抓重小于1kg以下为微型，1～5kg为小型，5～30kg为中型，30kg以上为大型，其中抓重10kg左右的机械手应用最多；手臂运动速度与机械手的驱动方式、抓重及行程有关，机械手的最大移动速度一般在1000mm/s左右，而最大回转角速度在180°/s左右；行程范围与机械手的抓重及驱动方式有关，一般通用机械手的手臂伸缩行程多数在500～1000mm，手臂回转范围大于180°。

此处介绍的全气控通用气动机械手系统，其抓重为10kg，高速时为5kg，适用于中、小零件的快速搬运和传送。常在操作速度较高，生产节拍较快的冲剪、冲压及锻造、热处理等加工工序中使用。

(2) 气动系统原理

① 一般原理。图6-46所示为全气控通用机械手的系统原理图。系统共有九个执行元件，分别为手臂升降缸A，手臂伸缩缸B，手臂回转缸C，回转定位挡块缸D，回转缓冲复位缸E_1、E_2，负压吸盘H，夹紧缸F，给料器升降缸G。这九个执行元件采用电磁阀F_A～F_H控制。

压缩空气由快换接头进入储气罐，再经过滤器、减压阀、油雾器进入总管路，作为各电磁换向阀的气源，控制各气动执行元件及手部动作。

各执行元件凡是能采用排气节流阀进行调速的，均在电磁阀的排气口上安装排气节流阀进行调速，此种方法结构简单，效果较好。如手臂伸缩气缸B安装两个快速排气阀，既可加快启动速度，又可对全程速度进行调节。升降缸A采用进气节流，调节手臂上升的速度，由于手臂依靠自重下降，其下降速度仍由电磁换向阀F_A排气口上的排气节流阀调节。单向节流阀10、11用于调节液压缓冲缸E_1、E_2的背压。吸盘气路上的节流阀用于调节流量的大小。

② 控制方式。该机械手的控制方式采用点位程序控制，其控制的主要内容有定位控制、动作顺序控制和联锁控制。

a. 定位控制。对机械定位方式来说，定位控制是把位置信息由位置记忆环节（挡块）反映所要求位置的，并通过电气元件的开、关状态控制驱动机构。

b. 动作顺序控制。该机械手的程序信息、时间信息都记忆在二极管矩阵插销板上，按预选时间程序控制。步进控制环节由电子分立元件的无触点线路实现。各步动作所需时间，分别记忆在插销板该步的时间设置线上，该动作达到所预选的时间，就步进到下一步的动作。

某些需要确认的动作完成后才能步进的，则需有受信信号。插销板上共有七种动作的14条指令线。

c. 受信与发信。该机械手在插销板上设有受信指令线，发信指令线，受发信指令线。受信指令线记忆外部输入信号，用以控制步进环节。发信指令线记忆输出信号，通过放大线路控制执行该指令的继电器以实现有关动作。受信、发信指令线兼备两者的作用。受信、发信指令用于实

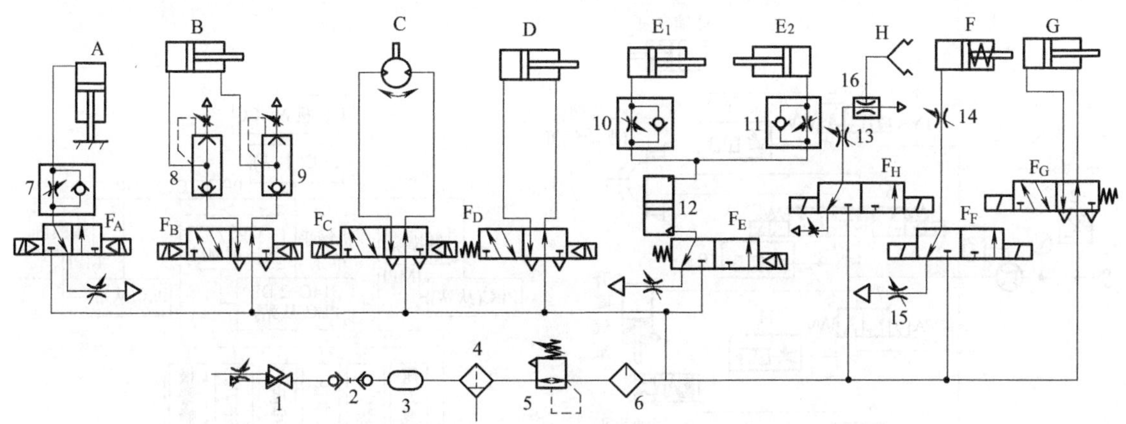

图 6-46　全气控通用机械手气动系统原理图

A—手臂升降缸；B—手臂伸缩缸；C—手臂回转缸；D—回转定位挡块缸；E_1,E_2—回转缓冲复位缸；F—夹紧缸；F_A～F_H—A～H 的电磁换向阀；G—给料器升降缸；H—负压吸盘；1—截门；2—快换接头；3—储气罐；4—过滤器；5—减压阀；6—油雾器；7,10,11—单向节流阀；8，9—快排阀；12—气-液转换器；13,14—节流阀；15—排气节流阀

现机械手与主机，各有关传送装置以及本身各动作的联锁控制。

(3) 系统技术特点

① 执行元件形式多样，既包含了往复气缸，也包含了回转气缸和真空吸盘，并都采用电磁阀控制换向。

② 用气-液转换器组成气-液复合回路，向缸 E_1、E_2 供液，可以较好地实现回转缓冲复位。

③ 控制方式采用点位程序控制。

④ 真空源由真空发生器产生，无需再单独添设真空泵，成本较低。

6.7.3 采用 PLC 和触摸屏的生产线工件搬运机械手气动系统

(1) 主机功能结构

该机械手的主要功能是将生产线上的上一工位工件根据合格与否搬运到不同分支的流水线上，该机械手采用了气压传动、PLC 及触摸屏技术，机械手的动作顺序为：伸出→夹紧→上升→顺时针旋转（合格品）/逆时针旋转（不合格品）→下降→放松→缩回→逆时针旋转（合格品）/顺时针旋转（不合格品）。

(2) 气动系统原理

机械手的气动系统原理如图 6-47 所示，系统的执行元件有 2 个弹簧复位的单作用普通气缸、1 个 3 位摆台（摆动气缸）和 1 个单作用气动手爪。在两只普通气缸中，1 只用于带动机械手升、降，另外 1 只带动机械手的伸、缩，3 位摆台则用于带动机械手顺时针以及逆时针旋转运动，气动手爪用于工件的夹紧与松开。伸缩缸、升降缸和气动手爪的运动方向分别由二位三通电磁阀 5、7、8 控制，摆台的旋向则由三位四通电磁阀 6 控制，电磁阀 5～8 的排气口依次设有排气节流阀，其中的消声器可以降低排气噪声。系统的压缩空气由气源 1 提供，其供气压力由控制器 2 调控和检测，并可通过压力表 3 显示，供气流量则由数字流量计检测。

(3) PLC 电控系统

整个生产线控制系统采用主站加从站的分布式控制模式（图 6-48)，主站负责从站之间的数据通信，从站负责控制各自的控制单元，在每个从站上配置有触摸屏，实现对控制单元的控制和工作状态的实时显示。在监控中心配置了上位机，在上位机上基于 WinCC 设有整个流水线的监控系统。

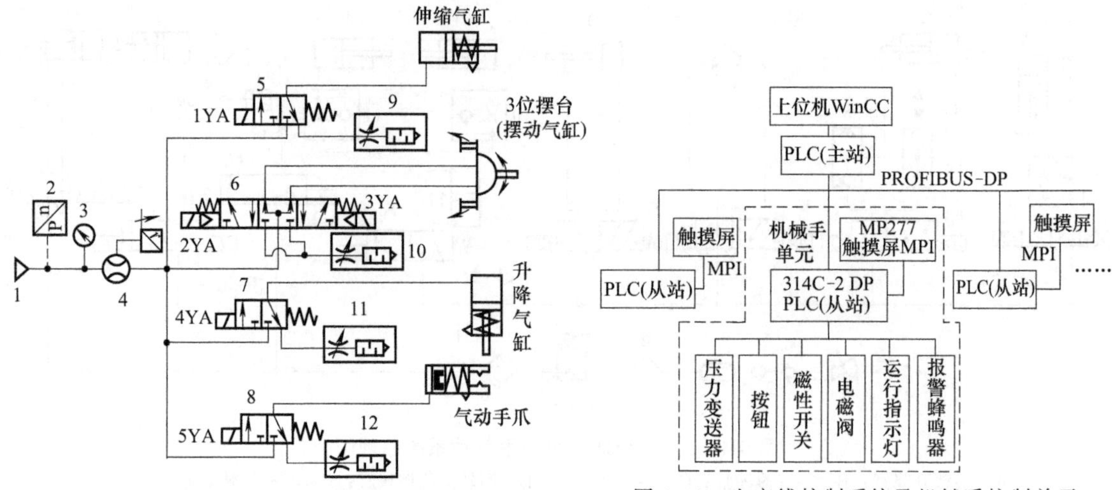

图 6-47 生产线工件搬运机械手气动系统原理图

1—气源；2—压力变送器（控制器）；3—压力表；4—数字流量计；5，7，8—二位三通电磁换向阀；6—三位五通电磁换向阀；9～12—排气节流阀

图 6-48 生产线控制系统及机械手控制单元

作为整个生产线控制系统的一个组成部分，机械手单元的控制单元（系统）采用从站 PLC 加触摸屏的模式，从站 PLC 主要负责系统控制逻辑关系的实现，触摸屏主要用于人机交互。整个控制系统的硬件部分由 PLC、触摸屏、压力变送器、磁性开关、电磁阀、指示灯、报警蜂鸣器等元器件组成（见图 6-48 的虚线框部分）。

触摸屏采用 10in 的多功能面板 MP277，配置 Windows CE 3.0 操作系统，用 WinCC flexible 组态，实现了机械手操作过程的可视化。

PLC 选用 CPU314C-2 DP，是一个用于分布式结构的紧凑型 PLC，其内置数字量和模拟量 I/O 可以连接到过程信号，PROFIBUS-DP 主站/从站接口可以连接到单独的 I/O 单元。整个控制系统的输入信号有压力变送器的气体压力的模拟量信号、按钮和气缸的磁性开关的开关量信号以及测试单元的对零件测试结果信号。压力变送器产生的模拟量信号用以判断气体的压力是否满足要求；按钮的开关量信号用以反映操作者对气动机械手的动作指令，气缸的磁性开关的开关量反映气缸活塞杆的位置。系统的输出信号有换向阀的电磁铁信号、运行指示灯和报警蜂鸣器信号。电磁铁信号用以驱动气缸的动作与否，运转指示灯显示系统的运行状况，当系统出现误操作，系统气体压力过高或过低，不能满足系统要求时，报警蜂鸣器将会鸣叫报警，确保系统的运行安全。

系统的控制程序用 S7-300 系列 PLC 的编程软件 STEP 7 进行编制，监控软件用 WinCC flexible 开发。控制程序包括 OB1、OB100 和 OB35 三个对象块。OB100 负责初始化，OB1 负责实现控制逻辑关系，OB35 负责系统运行时触摸屏上动态画面的切换。

采用 WinCC flexible 开发触摸屏的监控系统包括单步模式、连续模式、故障报警和用户管理功能等 4 个模块，各模块的功能任务见表 6-11。

表 6-11 机械手触摸屏监控系统各模块的功能任务

序号	功能模块名称	作用
1	单步模式	单步模式实现对机械手单步运行控制（即机械手每次只完成一步动作），完成一次搬运任务共有 8 个单步动作（图 6-49）：伸缩气缸伸出、气动手爪夹紧工件、升降气缸上升、3 位摆台的左旋（或右旋）摆动、升降气缸下降、气缸自左向右旋转、气动手爪松开工件、伸缩气缸缩回和 3 位摆台的右旋或左旋摆动

续表

序号	功能模块名称	作用
2	连续模式	连续模式是指机械手连续完成多步动作,完成一次工件的搬运任务。主要负责控制机械手完成一次作业所有动作的连续执行,并以动画形式实时显示机械手运行状态
3	故障报警	主要负责系统的故障显示,当系统出现故障时,如气压过高或过低、对机械手的错误操作等,发出提示消息,以便管理维护人员及时发现,及时维修
4	用户管理	主要负责用户权限的管理,根据用户的职责赋予用户各自不同的权限,限制用户的非法操作,以大大减少事故的发生概率

(4) 系统技术特点

① 该气动搬运机械手是一个由机械、气动、电气、PLC 和触摸屏等融为一体的机电一体化工业装备，既保证了机械手各种动作之间的严格先后逻辑关系，也实现了操作过程的可视化，保障了系统的安全性，提高了生产线的自动化和现代化水平，劳动强度低，生产效率高。

② 机械手的气动系统采用三位转台实现机械手的旋转，采用三个弹簧复位的单作用气缸（含气爪）实现升降、伸缩和夹松动作；采用压力变送器和数字流量计对系统的气压和流量进行动态监控，保证了系统运转的可靠性和安全性。

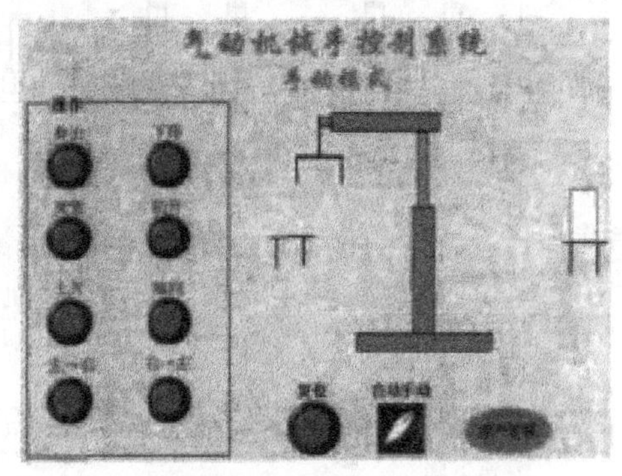

图 6-49　机械手控制系统手动模式运行画面

6.7.4　连续行进式缆索维护机器人气动系统

(1) 主机功能结构

连续行进式缆索维护机器人是一种对斜拉桥缆索表面进行定期防腐喷涂（涂漆）施工作业的专用设备，其实物外形如图 6-50 所示。机器人采用了全气压驱动和 PLC 控制，在爬升过程中以斜拉桥缆索为中心，沿缆索爬升至缆索顶点，在其返回时，将对缆索实施连续喷涂作业。该机器人的结构原理如图 6-51 所示，整体分成上体、下体与喷涂机构三部分，并通过上、下移动机构将此三部分连接起来；上、下体均由支撑板、夹紧装置和导向装置组成，夹紧装置采用自动对中平行式夹紧的结构，结构简单、夹紧力大，对不同结构、不同直径尺寸的缆索具有较好的适应性；变刚度弹性导向机构，可使机器人在运动过程中保持良好的对中性及对缆索凸起的自适应性；喷涂作业单元由支撑板、回转喷涂机构等部分组成；上、下移动机构由导向轴及移动缸组构成，移动缸组由 2 个气缸和 1 个阻尼液压缸并联组成，2 个液压阻尼缸和 4 个移动气缸构成同步定比速度分配回路，可实现机器人的连续升降；通过 PLC 控制可实现机器人的自动升降，当地面气源或导气管突发故障而无法正常供气时，储气罐作为备用能源可使机器人安全返回。

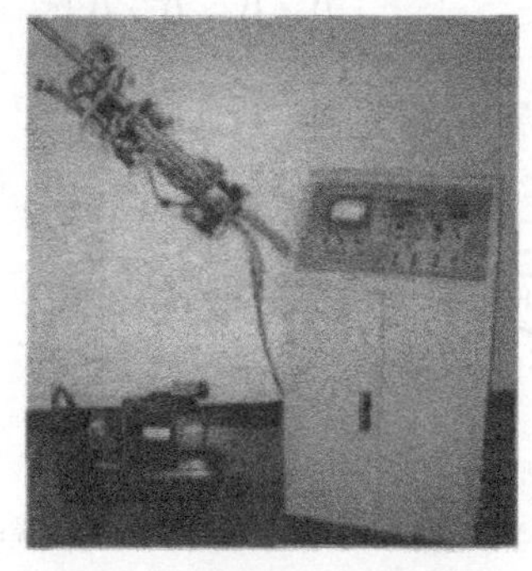
图 6-50　连续行进式缆索维护机器人实物外形图

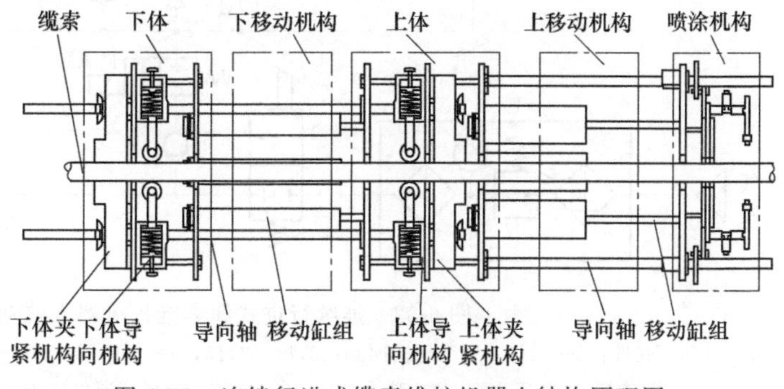

图 6-51　连续行进式缆索维护机器人结构原理图

机器人连续爬升行进工作原理简述如下：机器人通过 2 个夹紧气缸驱动夹紧装置，为机器人依附在缆索提供动力。作为机器人升降移动执行元件的两组移动气缸运动方向相反，其速度差值始终保持恒定。机器人连续上升过程动作节拍的分解及下降时的动作说明见表 6-12。

表 6-12　机器人连续上升过程动作节拍分解

动作序号	1	2	3	4	5	6
示意图			v $2v$			v $2v$
动作节拍描述	下体夹紧缸夹紧	上体夹紧缸松开	上移动缸组以速度 v 匀速缩回，下移动缸组以速度 $2v$ 伸出，机器人本体以速度 v 匀速上升	上体夹紧缸夹紧	下体夹紧缸松开	上移动缸组以速度 v 伸出，下移动缸组以 $2v$ 速度缩回，机器人本体以速度 v 匀速上升
说明	按上述动作顺序重复，机器人实现连续恒速爬升；机器人下降时改变动作节拍循环程序，即可实现连续恒速下降					

(2) 气动系统原理

连续行进式缆索维护机器人采用拖缆作业方式，气动系统主要完成机器人的夹紧、移动、喷涂及安全保护四部分工作，其原理如图 6-52 所示。系统的压缩空气由气源（地面泵站）通过输气管向布置在机器人本体上的气动元件提供；气动三联件 1 用于供气压力的过滤、调压和润滑油

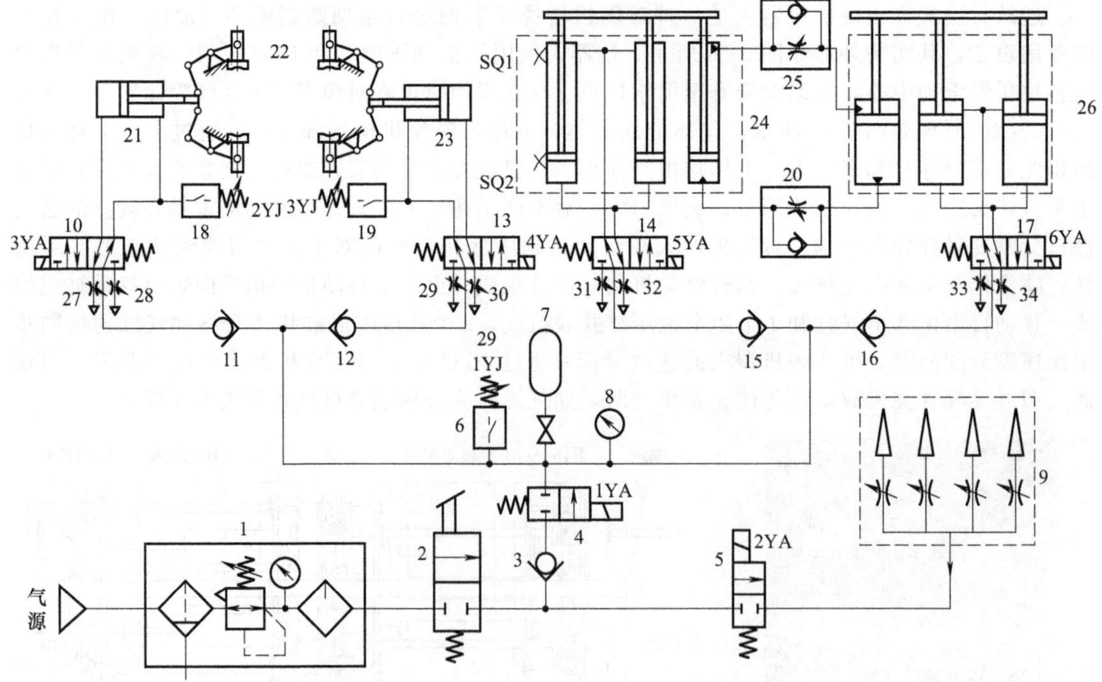

图 6-52　连续行进式缆索维护机器人气动系统原理图

1—气动三联件；2—二位二通手动换向阀；3,11,12,15,16—单向阀；4,5—二位二通电磁阀；6,18,19—压力继电器；7—蓄能器；8—压力表；9—喷枪；10,13,14,17—二位五通电磁阀；20,25—液压单向节流阀；21—上夹紧气缸；22—夹紧爪；23—下夹紧气缸；24—下体移动缸组；26—上体移动缸组；27～34—排气节流阀

雾化，二位二通手动换向阀 2 用于系统供气的总开关。系统的执行元件有并联的上夹紧气缸 21 及下夹紧气缸 23、上体移动气缸组 26 及下体移动气缸组 24 和喷枪 9，上述各执行部分的主控阀依次分别为二位五通电磁阀 10、13、14、17 和二位二通电磁阀 5，阀 10、13、14、17 的各排气口依次装有排气节流阀 27～34，可以对执行机构的运行速度进行调节。

该气动系统的技术重点是上、下两组移动缸构成的同步定比速度分配回路及机器人作业的安全保障措施。

① 同步定比速度分配回路。为保证喷涂作业质量，机器人移动速度的稳定性及连续性是一个很关键的技术指标。为此系统中采用了由上、下两组移动缸构成的同步定比速度分配回路，上体移动缸组 26、下体移动缸组 24 分别由规格相同的 2 个气缸与 1 个液压缸并联组成气-液阻尼回路，下液压阻尼缸与上液压阻尼缸行程比为 2∶1，活塞杆和活塞的面积比均为 1∶2，2 个阻尼液压缸的有杆腔、无杆腔充满油液，用油管将其并联起来，在移动缸组实现伸缩动作时，2 只阻尼液压缸起到阻尼限速和实时速度等比分配的作用。在 2 个阻尼缸的连接油管上分别安装了单向节流阀 20、25，通过对两个节流阀口开度的调节与设定，即控制了机器人整体的移动速度，又有效地解决了 2 个移动缸组活塞杆在伸出和缩回行程中速度不匹配的问题。

② 安全保障措施。由于机器人需沿缆索爬升到几十米的高空进行喷涂作业，为了保证其安全性，在气动系统中采取了如下 5 条安全保障措施：

a. 分别用压力继电器 18 和 19 检测 2 个夹紧执行气缸的锁紧压力，电控系统只有在接收到相应压力继电器发出可靠夹紧信号时，才控制实施下一动作指令；

b. 用单向阀 3、11、12、15、16 将夹紧缸回路、移动缸组回路及喷枪 9 的喷涂回路进行了压力隔离，有效避免了本系统不同回路分动作时相互间的干扰；

c. 压力继电器 6 实时监测地面泵站对机器人本体的供气压力，在供气压力不足时，为电控系统采取安全措施提供启动信号；

d. 在气动系统出现故障时，蓄能器 7 作为应急动力源，为机器人可靠夹紧缆索提供能量；

e. 在夹紧缸回路中的电磁换向阀 10、13 和主回路中的电磁换向阀 4，均采用断电有效的控制方式，以确保机器人在系统掉电情况能够安全地依附在缆索上。

机器人系统的动作状态如表 6-13 所列，由该表容易了解机器人的动作循环并对各工况下的气流路线做出分析。

表 6-13　连续行进式缆索维护机器人气动系统动作状态表

循环状态	序号	信号源	工况动作	手动阀 2	电磁铁					
					电磁阀 4	电磁阀 5	电磁阀 10	电磁阀 13	电磁阀 14	电磁阀 17
					1YA	2YA	3YA	4YA	5YA	6YA
上升循环	1	SB1	初始	+	+	−	−	−	−	+
	2	磁性开关 SQ2	下体夹紧	+	+	−	−	−	−	+
	3	压力继电器 3YJ(+)	上体放松	+	+	−	+	−	−	+
	4	压力继电器 2YJ(−)	上体移动缸缩回 下体移动缸伸出	+	+	−	+	−	+	−
	5	磁性开关 SQ1	上体夹紧	+	+	−	−	−	+	−
	6	压力继电器 2YJ(+)	下体放松	+	+	−	−	+	+	−
	7	压力继电器 3YJ(−)	上体移动缸伸出 下体移动缸缩回	+	+	−	−	+	−	+
下降循环喷涂作业	8	终点光电开关 CK1	初始	+	+	−	−	−	+	+
	9	磁性开关 SQ1	上体夹紧	+	+	+	−	−	+	−
	10	压力继电器 2YJ(+)	下体放松	+	+	+	−	+	+	−

续表

循环状态	序号	信号源	工况动作	手动阀 2	电磁铁					
					电磁阀 4	电磁阀 5	电磁阀 10	电磁阀 13	电磁阀 14	电磁阀 17
					1YA	2YA	3YA	4YA	5YA	6YA
下降循环喷涂作业	11	压力继电器 3YJ(−)	上体移动缸缩回 下体移动缸伸出	+	+	+	−	−	−	+
	12	磁性开关 SQ2	下体夹紧	+	+	+	−	−	−	+
	13	压力继电器 3YJ(+)	上体放松	+	+	+	+	−	−	+
	14	压力继电器 3YJ(−)	上体移动缸伸出 下体移动缸缩回	+	+	+	+	−	−	+

注：1. ＋为电磁铁通，电手动阀接通；－为断电。

2. SQ—磁性开关；SB—手动开关；CK—终点检测光电开关。

3. 表中元件编号与图 6-52 中一致。

(3) PLC 电控系统

机器人的 PLC 电控系统（图 6-53）由机器人本体控制系统和地面监控系统两个部分组成，这两部分通过同轴视频电缆和 RS-485 信号传输电缆进行信息交换，使其保持协调工作。针对缆索喷涂机器人的工作特点，控制单元采用两台 DVP 系列的 PLC，主从式的控制方式，机器人在缆索上的移动动作和喷涂作业由机器人本体携带的 PLC 直接控制，根据地面指令或各气缸上的磁性行程开关及压力继电器的状态，自动控制电磁换向阀通断电，从而控制机器人升、降及停止。机器人本体上携带 3 个 CCD（charge coupled device）摄像头，通过 1 个频道转换器由一路同轴电缆传输到地面监视器上，操作人员根据监视器上的图像和实际工况，通过操作面板上的控制按钮由地面监控系统的 PLC 与机器人本体上的 PLC 间接通信实现对机器人的作业监控。所采用的 DVP 系列 PLC 内部集成 RS-485 通信模块，具有标准的 RS-485 通信接口，只需两根信号电缆即可实现 1200m 左右的可靠通信。

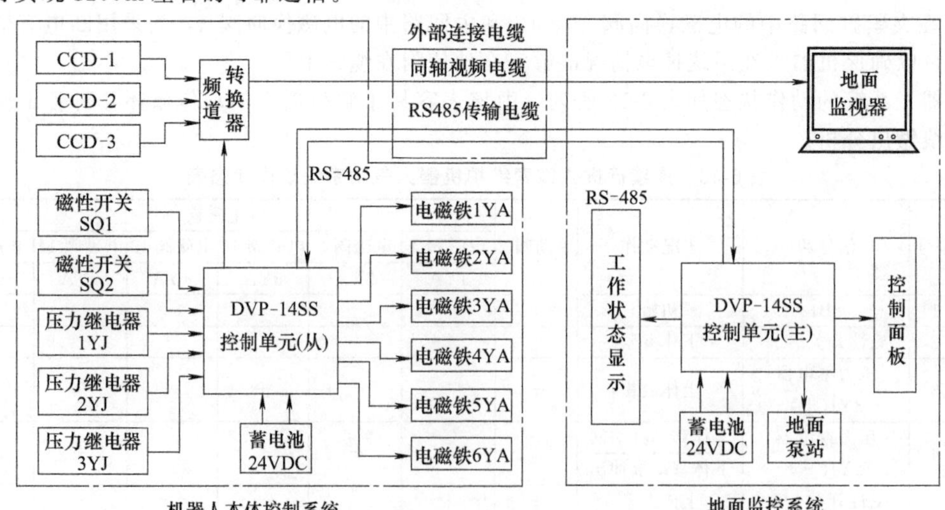

图 6-53 连续行进式缆索维护机器人 PLC 电控系统组成框图

(4) 系统技术特点

① 连续行进式缆索维护机器人采用同步定比速度分配回路为核心的全气压系统驱动，并用 PLC 为核心元件的主从式电控系统实施监控控制，有着行进速度稳定、连续及对缆索适应能力强的特点，为提高机器人缆索防腐喷涂作业质量提供了技术保障。

② 在气动系统中采取了压力继电器检测夹紧气缸锁紧压力、单向阀压力隔离防回路间动作干扰、压力继电器实时监测地面泵站供气压力、蓄能器作应急动力源、在夹紧缸回路和主回路中的电磁换向

阀采用断电有效的控制方式等安全保障措施，保证了机器人在高空喷涂作业的安全可靠性。

③ 机器人部分技术参数见表 6-14。

表 6-14　连续行进式缆索维护机器人部分技术参数

序号		参数	数值	单位
1	机器人本体	外形尺寸	1800 × 674 × 700	mm×mm×mm
2		总质量	75	kg
3		行进速度可调范围	0.5～6.5	m/min
4		爬越缆索表面异性凸起高度	5	mm
5	实验缆索	外径	80	mm
6		倾斜角度	0～90	(°)

6.8　车辆与工程机械气动系统

在城市公共交通工具（如公共汽车、无轨电车、有轨电车、快速轻轨列车、地下铁道和出租汽车，轮渡，索道和缆车）及其配套设施发展中，通过采用气动技术以保证乘客安全乘降（上下），减少因启停制动或避让（汽车）等原因造成的安全性和舒适性较差问题，解决遇有火情等突发情况的逃生问题，减少运行能耗量、降低噪声、减少废气排放污染等方面均具有一定技术优势。在现代铁路、公路高速化及各种工程施工作业发展中，各种车辆工程机械和配套设备中也大量使用了气动技术，以提高乘客的安全性和舒适性、操作的快速性。

6.8.1　机车整体卫生间气动冲洗系统

(1) 主机功能结构

气动冲洗系统采用 PLC 控制，用于机车整体卫生间的便盆冲洗和水系统排空。

(2) 气动系统原理

气动冲洗系统的原理如图 6-54 所示。气动系统共有压力冲洗水的产生、排污阀驱动和排空阀控制等三路工作执行部分。压力冲洗水部分通过二位三通电磁换向阀控制水增压器 8 的动作，经单向阀 9 从水箱吸水，经单向阀 10 排出压力水；排污阀（图中未画出）由气缸 14 在二位五通电磁换向阀 11 控制下进行驱动，气缸驱动排污阀启闭的速度由排气节流阀 12 和 13 调控；气动排空阀 16 实际上是一个气缸驱动的阀门，该元件的动作由二位五通电磁换向阀 15 控制，用于水系统的排空，以防长时间停用存放，特别是冬季低温结冰对系统的破坏。气源 17 的压缩空气经

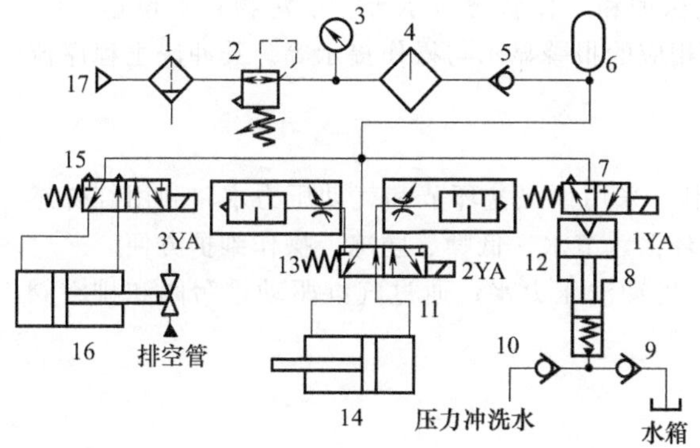

图 6-54　机车整体卫生间气动冲洗系统原理图

1—分水滤气器；2—减压阀；3—压力表；4—油雾器；5—单向阀；6—储气罐；7—二位三通电磁阀；8—水增压器；9,10—单向阀；11,15—二位五通电磁阀；12,13—排气节流阀；14—气缸；16—气动排空阀；17—气源

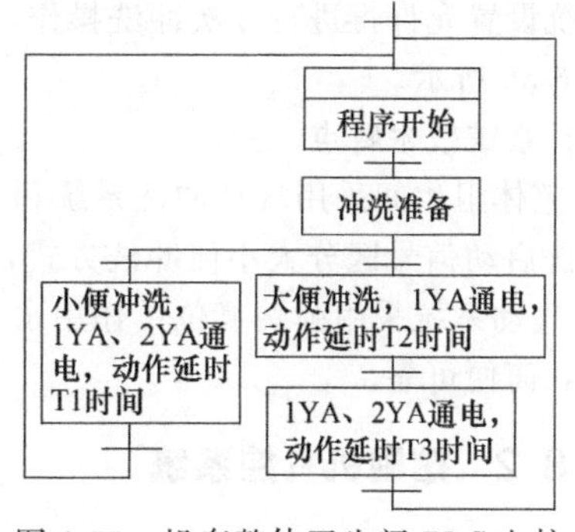

图 6-55　机车整体卫生间 PLC 电控系统冲洗主程序流程框图

空气过滤器 1、减压阀 2、油雾器 4 和单向阀 5 后分三路进入各工作执行部分；储气罐 6 作为应急动力源，当外来气源不足的情况下，维持一定的冲洗压力，保证各执行部分几次有限的工作循环。上述三路工作执行部分在 PLC 控制下协调工作，即可完成便盆冲洗和水系统排空。各功能动作原理如表 6-15 所列。

表 6-15 机车整体卫生间气动冲洗系统功能的动作原理

功能动作		原理描述(图 6-54)
冲洗	①小便冲洗	如果红外感测未发出信号，接到冲洗要求信号(按钮点动)后，PLC 控制过程如下：电磁铁 2YA、1YA 通电使换向阀 11、7 均切换至右位，压缩空气经阀 11 进入气缸 14 的无杆腔(有杆腔经阀 11 和排气节流阀 12 排气)，缸 14 的活塞杆动作，将专用排污阀打开；同时压缩空气经阀 7 进入水增压器 8，在气压的作用下，水增压器下部产生的压力冲洗水经单向阀 10 冲入便器内部周围，达到压力水冲洗效果 冲洗完毕(冲洗时间可调)，电磁铁 1YA 和 2YA 断电使换向阀 7 和 11 复至图示左位，水增压器 8 的小腔在复位弹簧的作用下，顶开单向阀 9，从水箱吸满水，为下次冲洗做准备；气缸 14 退回，排污阀阀门关闭，隔离污物箱与便器，起到封臭作用。排污阀阀门的启闭速度由排气节流阀 12、13 的调控，以防污物飞溅与冲击碰撞 小便冲洗用水量可控制在 0.4 L/次以下，并且冲洗流量可调
	②大便冲洗	当使用者坐于坐便器之上时，红外感测发出信号，PLC 则启动预湿盆过程，电磁铁 1YA 通电(控制时间)使换向阀 7 切换至右位，压缩空气经阀 7 进入水增压器 8 的大腔，增压活塞下行，水增压器小腔产生的压力冲洗水顶开单向阀 10 冲入坐便器内部周围，以少量的水(约 0.2L)预先冲洗便盆，润滑便盆表面，有效防止污物黏附，降低污物冲洗难度。如厕完毕后，启动冲洗信号，完成①所述冲洗过程。大便冲洗用水量可控制在 0.6 L/次以下，同样流量可调
水系统排空		为了防止长时间停用存放，特别是冬天低温结冰对系统的破坏，水系统须进行排空。其工作过程是：启动排空指令，PLC 发信电磁铁 3YA 通电，使换向阀 15 切换至右位，气动阀 16 右行打开，水箱通过截止阀排水；当水箱中水位降至低水位极限水位传感器时，该传感器发出信号，PLC 启动冲洗循环，即①中所述冲洗工作过程。连续自动完成 5 次冲洗过程，即把所有存水管路及水增压器内的存水排空

注：为了节约用水并达到冲洗效果，根据不同的冲洗要求（小便或大便），利用如厕方式不同和红外感测信号，选择不同的冲洗方式。

(3) PLC 电控系统

该气动冲洗系统采用宽温型 S7-200 型 PLC 进行控制，PLC 电控系统主要的控制过程分为冲洗操作和水系统排空操作两部分，且这二种功能操作通过软件程序实现互锁。冲洗操作为该控制系统的主操作部分，它主要指大小便识别与冲洗控制过程（如表 6-15 之①所述），以及整个卫生间内部的污物箱和水箱水位监测、报警、系统保护和工作状态显示等。如污物箱液位达 90% 时，系统设置允许再进行 3 次冲洗操作，并进行相应的报警显示与操作提示等。其冲洗主程序流程如图 6-55 所示。

(4) 系统技术特点

① 整体卫生间采用气动冲洗系统和 PLC 控制，采用预湿盆环节和气动压力水，利用红外感测和冲洗启动信号区分大小便冲洗方式，价廉、环保、节水、低噪、防冻、操作维护方便。

② 气动系统采用弹簧复位单作用水增压器产生冲洗压力水；通过气缸驱动排污阀和排空阀的开关，简便可靠。

6.8.2 挖掘机气控系统

(1) 功能结构

挖掘机是广泛用于工业与民用建筑、矿山、水电、交通、能源和国防建设中的土石方施工作业的一类机械设备，主要由行走、回转、动臂、斗杆和铲斗等工作机构组成，通过这些机构的复合运动完成挖掘施工作业。20 世纪 80 年代以来，国际上陆续出现了新一代的气-液复合传动的行走工程机械，它采用液压传动、气动控制的形式，既保留了液压传动力密度大的优点，又使动作更加迅速、灵敏，结构上得到了进一步简化。此处介绍一例挖掘机的气控系统。

（2）气动系统原理

图6-56所示为挖掘机的气控系统原理图。该系统主要由气源处理回路和控制回路两部分组成，控制部分的主要功能是行驶制动、马达停车制动、塔台回转制动、行驶变速控制、支腿、回转齿轮圈润滑和油箱加压等。

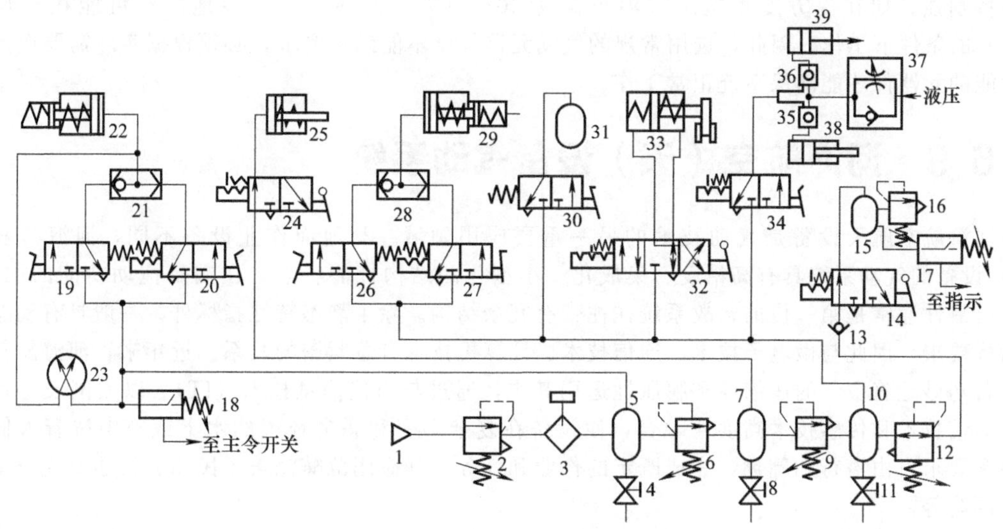

图6-56 挖掘机气控系统原理图

1—气源；2—压力调节阀；3—空气防冻泵；4,8,11—放水阀；5,7,10—储气罐；6,9—溢流阀；12—减压阀；13—单向阀；14—二位三通手动换向阀；15—加压油箱；16—安全阀；17,18—压力继电器；19,26—二位三通脚踏换向阀；20,27,34—二位三通旋钮换向阀；21,28—梭阀；22—行驶制动缸；23—双针压力表；24—二位三通手动阀（带定位）；25—马达停车制动缸；29—回转制动缸；30—二位三通旋钮换向阀；31—润滑油箱；32—三位四通手动变速换向阀；33—变速控制缸；35,36—气控液压单向阀；37—液压单向节流阀；38,39—支腿液压缸

系统的空压机由主机驱动。在行驶作业时，空压机始终处于工作状态。在控制回路中采用一种新颖的多功能组合阀，即压力调节器来控制空气压缩机的开停，其主要功能是自动调节系统压力，并对空压机卸荷。当系统压力降至一定值时又自动接入。防冻泵3的作用是当环境温度在0℃以下时，可对系统中的压缩空气加入防冻剂（一般采用变性酒精，以降低露点，可使系统在－40℃的环境下工作）。本系统采用了三个储气罐5、7、10，主要是为了减小回路之间的干扰，确保系统工作的可靠性。由于行驶制动必须万无一失，就由储气罐5单独供气。若此罐中压力不足，后面的储气罐7和10两罐内的压力也就上不去，则整个系统就不能工作。具有特殊结构的安全溢流阀6和9，它的出口上有个单向阀，其作用是对前面的储气罐起安全溢流作用，对后面的储气罐起安全保压作用。

行驶和回转采用同样的回路。可用旋钮阀手动控制，也可用脚踏阀控制。为了提高制动力，执行元件采用增压缸22、29，使动作更加灵敏可靠。压力继电器18的作用是当刹车压力不足时，主令电器开关不能打开。同时，接了一个双针压力表23，以显示储气罐5和气执行元件的压力是否保持正常。行驶变速有三个挡位，采用三位四通中卸式手动变速阀32。中位为空挡，其它两位分别是高速和低速挡；行驶马达制动和齿轮圈润滑采用普通的方法。该设备的支腿系统很有特色，因支撑力大，采用液压缸38、39，在尾部加接一个气控液压单向阀35、36。支腿伸出时，采用液压驱动，缩回时，必须先操纵旋钮换向阀34打开气控液压单向阀，才能使支腿缩回。加压油箱15要求的气压为0.12MPa，由减压阀12调定。当压力超过一定值时，安全阀

16 被打开卸压。如安全阀失灵，则压力继电器 17 动作，操作者可从驾驶室中的仪表板上看到指示器发光。

(3) 系统技术特点

① 将液压和气动技术有机结合起来，使挖掘机的工作性能更加完备。

② 由于行走工程机械大多数在野外作业，工作可靠性要求特别高，对外界环境变化的适应性要特别强。如在南方夏季施工气温可高达 40～50℃，而在北方寒冷地区有可能在－40～－50℃的条件下工作。因此，选用常规的气动元器件已不能满足要求，必须根据实际需要选择特殊性能的元器件才能确保系统正常工作。

6.9 河海航空（天）设备气动系统

河海航空航天设备是气动技术的另一重要应用领域。与地面作业设备不同，河海与航空（天）设备的气动系统具有高精度、集成化、小型化的结构性能特点，在满足拖动功能的同时，安全可靠性通常是第一位的，故系统往往带有冗余结构。除了静态特性指标外，一般具有动态特性指标要求，因此与微电子技术、通信技术、计算机技术有着紧密的联系。近年来，河海航空航天设备巧妙地将空气的压缩性和膨胀性运用其中，通过与当代信息技术（IT）、以太网及芯片技术、通信技术和传感技术高度地融合，使设备在复杂多变和恶劣环境的水下或空中按着人们的意愿和要求自由潜行和翱翔，完成既定的作业和任务。其应用范畴涵盖了民用、科学研究设备和军事国防等。

6.9.1 气控式水下滑翔机气动系统

(1) 主机功能结构

气控式水下滑翔机是一种水下智能作业设备，主要用于民用浅海探测和海洋生物识别领域。该机以压缩空气作为动力源，通过 PLC 控制高压气体排挤设备自带液体，改变滑翔机在水下重力与浮力的占比以及质心和浮心的占比，来实现上浮、下潜、定位和姿态调整等水下滑翔动作的功能。

为了减小水下作业的黏性压差和摩擦阻力，气控式水下滑翔机采用仿生学原理，外形为仿鱼类梭形鱼体的旋转体结构，如图 6-57 所示，主要部件包括前、后姿态舱 1、8，高、低压舱 2、5，浮力舱 3，机电舱 4，螺旋桨 10，尾鳍 7 和侧翼 9 等，工作时各舱室外部整体套一层流线形蒙皮。其中前、后姿态舱和浮力舱内配备有弹性皮囊，皮囊外部充入环境液体，通过改变皮囊内的充气量排挤皮囊外部的环境液体实现滑翔机重力和浮力的占比以及重心前后位置的改变，从而实现上、下潜及姿态翻转等动作。另外，机电舱内配备有 PLC、各种电磁阀和传感器等。各舱室之间通过螺栓连接，增减和拆装各个部件都比较方便。滑翔机艏部装有水下摄像头和水下照明灯，以对水下环境进行监测。

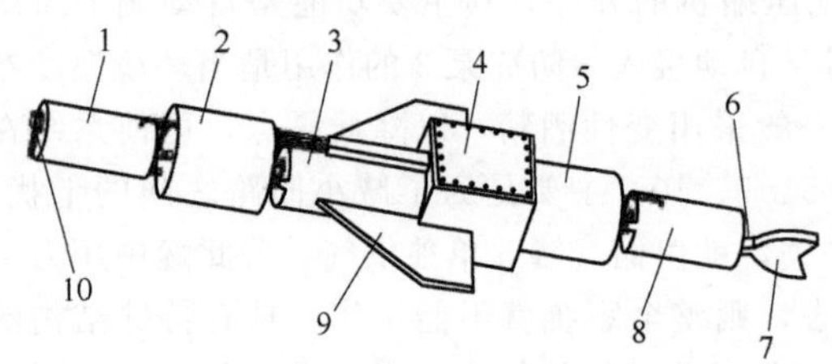

图 6-57　气控式水下滑翔机外形结构示意图

1—前姿态舱；2—高压舱；3—浮力舱；4—机电舱；5—低压舱；6—摆动缸；7—尾鳍；8—后姿态舱；9—侧翼；10—螺旋桨

(2) 气动系统原理

如图 6-58 所示，气控式水下滑翔机的气动系统包括下潜、定位、巡游、姿态调整和上浮等控制回路。系统的执行器有带动尾鳍摆动实现滑翔机巡游动作功能的齿轮齿条式摆动气缸 21，以及通过高压气体排挤液体改变滑翔机在水下重力与浮力的占比以及质心和浮心的占比，实现下潜、上浮、定位、姿态调整等水下滑翔动作功能的浮力舱 18、前姿态舱 19 和后姿态舱 20。缸

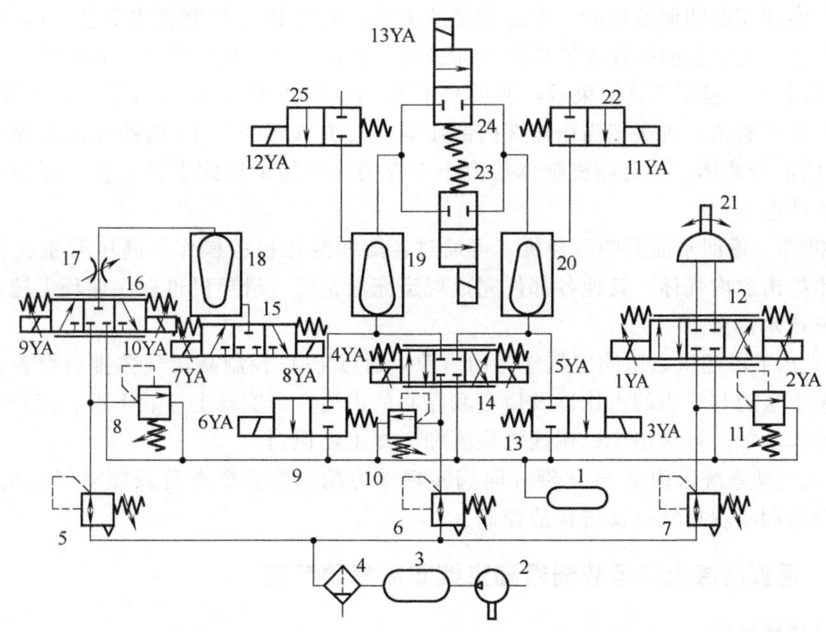

图 6-58　气控式水下滑翔机气动系统原理图

1—低压舱；2—空压机；3—高压舱；4—过滤器；5～7—减压阀；8,10,11—溢流阀；9,13—二位二通电磁排气开关阀；12,14—三位四通电-气比例方向阀；15—三位三通电磁充排液换向阀；16—三位三通电-气比例方向阀；17—节流阀；18—浮力舱；19—前姿态舱；20—后姿态舱；21—摆动气缸；22～25—二位二通电控充排液开关阀

21 的主控阀为三位四通电-气比例方向阀 12；浮力舱 18 的主控阀为三位三通电-气比例方向阀 16 和三位三通电磁充排液阀 15，前姿态舱 19 和后姿态舱 20 的主控阀为三位四通电-气比例方向阀 14、二位三通排气开关阀 9 及 13 和二位二通电控充排液开关阀 22～25。系统的高压气体由空压机 2 充气的高压舱 3 分别向浮力舱 18、前后姿态舱 19 及 20 和摆动气缸 21 提供，低压气体由低压舱 1 回收和排放，各支路工作气压由减压阀 5、6、7 设定，溢流阀 8、10 和 11 分别用于各气路的溢流定压和安全保护。系统的工作过程如下。

① 高压舱充气。在下潜前，首先使空压机 2 向高压舱 3 内充入规定压力的压缩空气。

② 浮力舱充液。通过 PLC 控制注水泵和电磁铁 7YA 和 10YAT 通电，使换向阀 15 和阀 16 分别切换至左位和右位，通过换向阀 15 向浮力舱 18 内注入规定量的环境液体，充液完成后滑翔机整体重力大于浮力。

③ 滑翔机下潜。释放滑翔机，使其在总重力大于总浮力的状况下滑翔式下潜。

在下潜阶段，压力传感器（图中未画出）将压力信号反馈到 PLC，当滑翔机下潜到预定的深度时，通过 PLC 控制电磁铁 9YA 和 8YA 通电使换向阀 16 和阀 15 分别切换至左位和右位，储存在高压舱 3 内的压缩空气经减压阀 5、换向阀 16 和节流阀 17 被充入浮力舱 18 内的弹性皮囊中，通过皮囊膨胀排出浮力舱内的部分液体；当滑翔机整体重力等于浮力时，滑翔机悬浮于水下，此时通过 PLC 控制阀 15、16 所有电磁铁断电而关闭，同时控制电机驱动螺旋桨旋转，带动整个滑翔机前进，并通过 PLC 控制电磁铁 1YA 和 2YA 不同的通电状态，使阀 12 进行切换，高压舱 3 内的压缩空气经减压阀 7 和阀 12 进入摆动气缸 21，从而带动尾鳍摆动起来，滑翔机进入巡游状态。

巡游过程结束后，通过 PLC 控制使电磁铁 13YA 和 4YA 通电，阀 24 和 14 分别切换至上位和左位，高压舱 3 内的压缩空气经减压阀 6、阀 14 被充入到前姿态舱 19 内的弹性皮囊中，把前姿态舱 19 内的部分液体经阀 24 排入到后姿态舱 20 中，使滑翔机重心逐渐向后偏移，滑翔机开始逐渐翻转，实现姿态的调整功能。姿态调整结束后，通过 PLC 控制使电磁铁 6YA 通电，换向阀 9 切换至左位，前姿态舱弹性皮囊内的气体经阀 9 排出，进入低压舱 1，实现泄压。

④ 滑翔机上浮。姿态调整结束后，通过 PLC 控制电磁铁 9YA 和 8YA 通电，使阀 16 和阀 15 分别切换至左位和右位，再次把高压舱 3 内的压缩空气充入浮力舱 18 内的弹性皮囊中，排挤出浮力舱 18 内的部分液体，使滑翔机整体重力小于浮力，开始滑翔式上浮，直至浮出水面，实现滑翔机的上浮功能。

⑤ 重复循环。返回水面后的滑翔机，可通过各阀和空压机的操作，高压舱重新补气到规定压力，低压舱排出舱内气体。其他各部件完成规定充液量后，滑翔机再一次循环上述过程。

(3) 系统技术特点

① 气控式水下滑翔机以压缩空气作为动力源，通过 PLC 控制高压气体排挤设备自带液体改变滑翔机在水下重力与浮力的占比以及质心和浮心的占比，来实现上浮、下潜、定位和姿态调整等水下滑翔动作功能。可应用于民用浅海探测和海洋生物识别。

② 滑翔机气动系统采用电-气比例方向阀实现浮力舱、前后姿态舱及摆动气缸的充气控制，采用开关式换向阀实现排气以及进排液控制。

6.9.2 垂直起降火箭运载器着陆支架收放气动系统

(1) 主机功能结构

着陆支架系统是火箭运载器着陆时的缓冲和支撑系统。该运载器的腿式可收放着陆支架可以实现运载器的垂直缓冲着陆并可重复使用。运载器着陆支架收起和展开状态及其主要部件如图 6-59 所示，图中 1 为箭体；2 为带锁定功能三级气动伸展机构；3 为着陆支架整流罩外壳，用于改善着陆支架收起后运载器飞行的气动性能；4 为缓冲器，主要用于吸收运载器返回级着陆时的动能和势能，保护运载器返回级；由箭体 1 和缓冲器 4 共同组成了缓冲支柱，缓冲支柱和三级气动伸展机构 2 的构型如图 6-60 所示，该机构由三级同心套筒依次嵌套组成，各级间布置有机械锁定机构。机构伸出时，高压气体从该机构左端气孔进入左端气腔，背压腔气体从右端气孔排出，左右腔室间布置导向和密封装置。在高压气体的推动下，三级同心套筒依次伸出，到达指定位置后与前级锁定成一体。

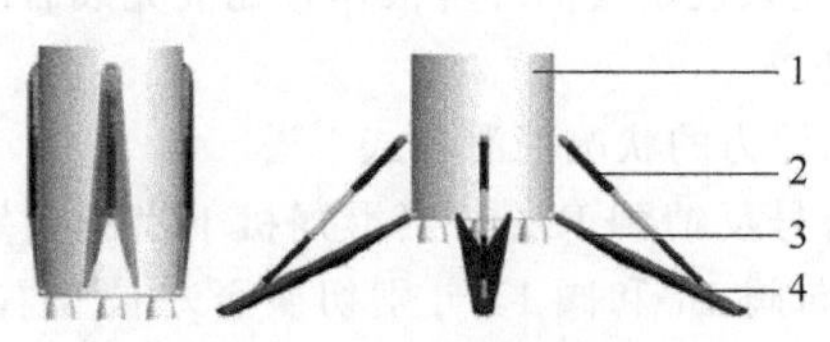

图 6-59 运载器着陆支架收起和展开状态示意图

1—箭体；2—带锁定功能三级气动伸展机构；3—着陆支架整流罩外壳；4—缓冲器

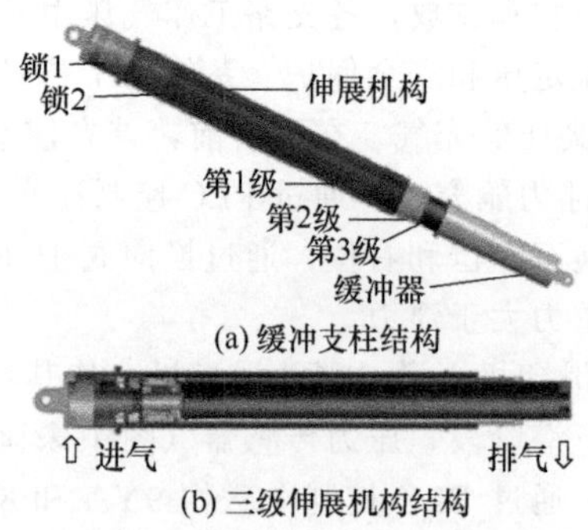

图 6-60 缓冲支柱组成结构图

(2) 气动系统原理

着陆支架收放气动系统原理如图 6-61 所示。系统的两组执行元件分别为并联的三级伸展机构（类似于伸缩气缸）1～4 和并联的开锁气缸 12～15。

伸展缸回路的主控阀为三位四通电磁阀 7，其各缸的运动速度采用单向节流阀 6 双向排气节

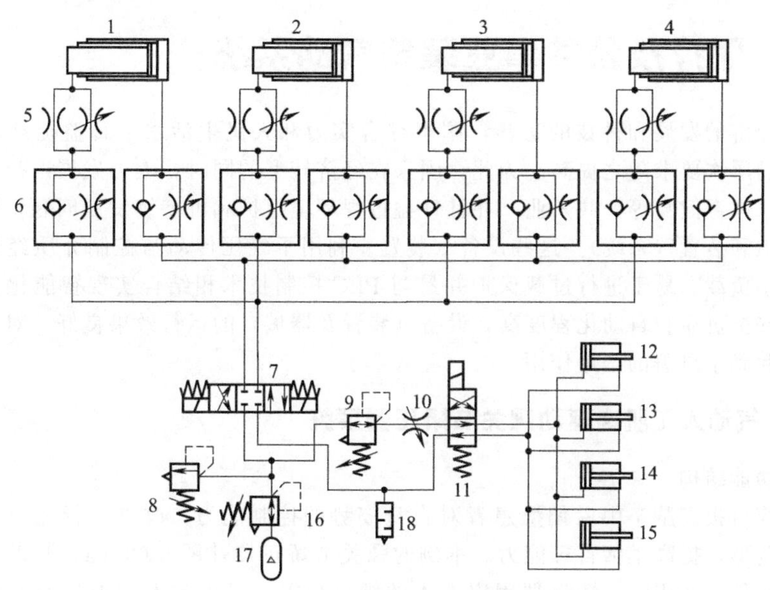

图 6-61　着陆支架收放气动系统原理图

1～4—三级伸展机构（伸缩气缸）；5—缓冲针阀；6—单向节流阀；7—三位四通电磁换向阀；8—溢流阀；9,16—减压阀；10—节流阀；11—二位四通电磁换向阀；12～15—开锁气缸；17—高压气罐；18—消声排气装置

流调节，溢流阀 8 用于回路压力设定安全保护；在三级伸展机构外部设有可变节流孔和固定节流孔并联组成的末端缓冲装置（缓冲针阀 5），在机构运动到行程末端前，进入缓冲状态，可变节流孔孔径变小，使背压腔产生阻尼作用，从而降低机构伸展速度。

开锁缸回路的主控阀为二位四通电磁换向阀 11，设在回路总的进气路上的节流阀 10 对缸进行双向调速，其工作压力由减压阀 9 调控。系统的气源为高压气罐 17，供气压力由减压阀 16 设定。

通过控制电磁换向阀 7 和 11 的通断电，即可使气动系统驱动着陆支架完成如下工作时序：接入气源→开锁气缸解锁→展开机构放下→到位锁定，整个展开时间不大于 5s。

(3) 系统技术特点

① 该腿式着陆支架采用气压驱动。着陆支架采用三级伸展机构完成放下和收起动作，该机构为依次嵌套组成的三级同心圆筒，其剖面结构如图 6-62 所示，两端布置进气、排气孔，以伸长状态为例，结构包含高压腔、环形背压腔 1、环形背压腔 2 这 3 个可变气体腔室和 1 个不变气体腔室——排气腔。高压气体经过各个气动回路之后从左端进气口进入伸展机构推动第 2 级和第 3 级机构向右运动，环形背压腔 1 和环形背压腔 2 内的气体通过同心套筒上的气孔排出进入排气腔，最后由排气腔末端排气孔排出。各级套筒运动到位后通过机械锁定机构与外套筒锁定形成整体。该机构能够在气动力作用下进行伸展和收缩并驱动着陆支架平稳放下和收起。

② 伸展机构采用了单向节流阀的双向排气节流调速方式及可变节流孔和固定节流孔并联组成的末端缓冲装置，有利于提高运行平稳性并避免端点冲击。

③ 气动系统压力级为 0.8MPa。

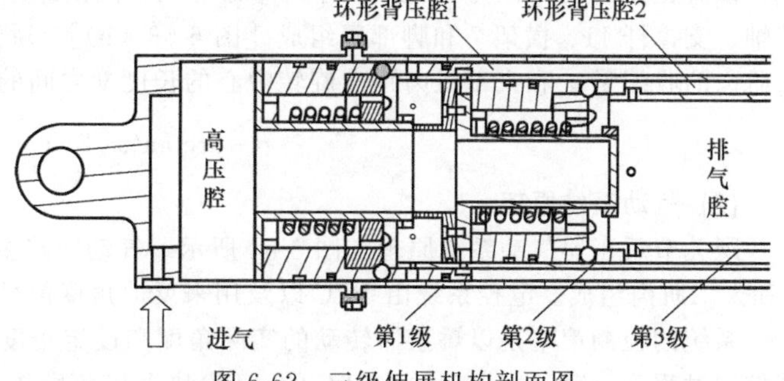

图 6-62　三级伸展机构剖面图

6.10 医疗及公共事业装备气动系统

随着国民经济的发展和科技的进步，国家综合实力和人民生活水平日益提高，人们对衣食住行文体消费的层次要求随之提高。为此，国家在经济转型的同时，大力发展医疗康复、休闲旅游、文化娱乐、体育健身等公共事业，并且日益重视环境保护和可持续发展问题，随之出现了许多新型公共设施和装置（系统）。这些设备（装置）利用了气压传动与控制介质经济易取、绿色环保、适于中小负载、易于进行过载保护并易与 PLC 控制技术相结合实现智能化、自动化和绿色化的特点，安全可靠、自动化程度高，设备（装置及器械）的运行效果良好，对提高人民的生活水平和质量起到了显著的推进作用。

6.10.1 气动人工肌肉驱动踝关节矫正器系统

(1) 主机功能结构

矫形器治疗可提高脑卒中后偏瘫患者对自身姿势的控制能力，改善步行能力，控制轻度痉挛，预防矫正畸形，提高生活自理能力。本例的踝关节矫正器［图 6-63（a）］以一对对抗的人工肌肉为驱动元件，使用时将矫正器固定在人的踝足位置，对正常人行走状态下的踝关节步态曲线进行跟踪运动，从而达到运动康复的目的，并且可以在下肢康复医疗机器人的辅助下，摆脱理疗师或医护人员，实现自主康复。

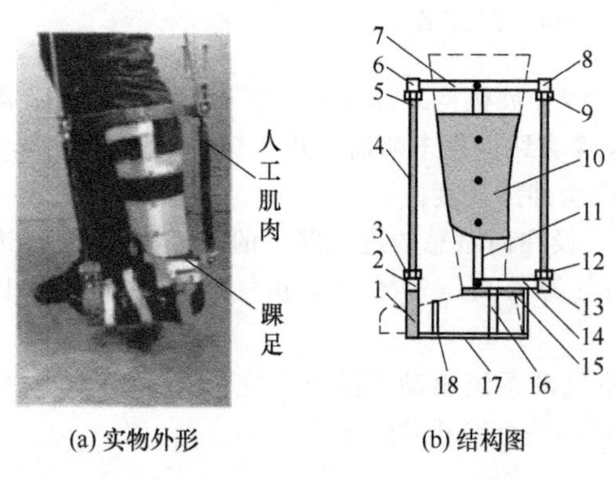

图 6-63 气动人工肌肉驱动踝关节矫正器样机实物外形及结构图

1—前脚掌牵引带；2,6,8,13—连接块；3,5,9,12—人工肌肉固定螺母；4—人工肌肉；7—弧形横架；10—聚乙烯外壳；11—支撑杆；14—踝围；15,18—固定带；16—刚性脚部支撑；17—布带型脚掌

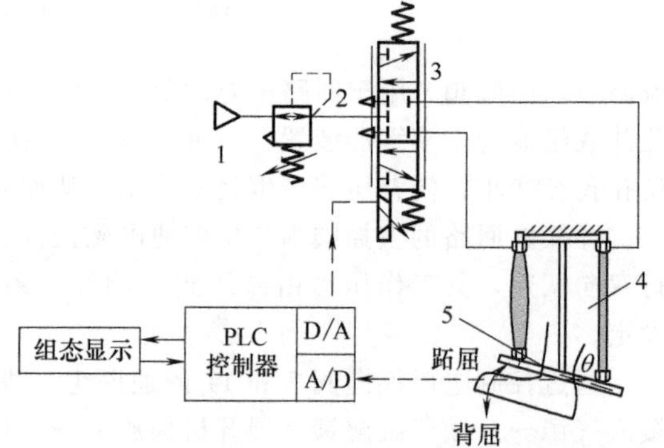

图 6-64 踝关节矫正器气动控制系统原理图

1—气源；2—减压阀；3—比例流量阀；4—踝关节矫正器；5—角度传感器

该矫正器由机械、气动及控制等三部分组成。机械部分主要由一对对抗的人工肌肉 4、关节转轴、支撑杆 11、横架 7 和脚部等组成［图 6-63（b）］。矫正器工作时所转动的角度 θ、气动人工肌肉的收缩量 x 和人工肌肉距离旋转中心的长度 y 之间的关系由下式决定：

$$\theta=\arctan(x/2y) \tag{6-3}$$

(2) 气动系统原理

踝关节矫正器气动系统原理如图 6-64 所示。气动回路主要有气源 1、减压阀 2、比例流量阀 3 和人工肌肉组成。电控系统由 PLC 以及用来反馈角度信号的传感器（电位器）组成。

系统的控制策略是以矫正器转动的实际角度和设定角度之间的误差为过程变量的 PID 控制，其控制过程为：矫正器启动后，PLC 的 AI 模块采集角度传感器检测的矫正器实际角度 θ，并将其转换为数字量信号，规范化后以输入到PID控制程序作为过程变量输入，而设定的目标角度值 θ_1 则是通过编程输入到PID作为设定值，经过PID调节后，通过PLC的AO模块输出调整指令到流量比例阀，流量比例阀根据调整指令通过调整两根人工肌肉气口的开口大小来调整人工肌肉的进气量，改变内部的压力，使人工肌肉有规律地收缩和伸长，带动踝关节矫正器围绕关节转轴进行转动，使实际角度 θ 与设定角度值 θ_1 之间的误差减小至最小，从而实现对正常人行走步态曲线的跟踪，达到运动康复的目的。PLC通过MPI电缆和CP5611通信卡连接到电脑，通过组态来调整曲线的频率，从而调整踝关节矫正器的频率大小，改变患者在训练过程中的步幅和步频。

为了最大程度地满足患者康复训练的要求，该矫正器设有拉伸、反拉伸和行走等三种训练模式。拉伸模式主要是针对跖背屈痉挛、关节活动范围减小、肌肉萎缩等问题而设，是以角度幅值为±21.8°的余弦曲线作为设定曲线，使矫正器对其进行跟踪，依靠人工肌肉产生的拉力使踝关节在较大角度范围进行拉伸训练，恢复已经僵化挛缩变形的肌肉，提高肌肉活性，为按正常步态训练打下基础。反拉伸模式主要是针对肌无力、肌肉萎缩、跖屈和背屈痉挛等问题而设，使人工肌肉同时充气，让矫正器处在中位位置，患者用力蹬使踝关节克服人工肌肉产生的拉力而产生训练效果。行走模式则是以正常人行走步态为设定曲线，使患者仿照正常人的步态行走，逐步克服足下垂、步幅减小、步行不对称等异常步行模式。

(3) 系统技术特点

① 踝关节矫正器采用气动人工肌肉驱动、电气比例和PLC控制，柔顺性好、安全、节能、价廉，能够使患者踝关节对正常的行走步态进行跟踪，达到康复训练的目的，并可在训练过程中根据患者的康复情况，任意调节其动作的周期和强度，为下一步深入研究如何进行人机协调控制、提高康复训练效果打下基础。

② 气动人工肌肉及其驱动的踝关节矫正器运动性能和控制元件主要参数见表6-16。

表6-16　气动人工肌肉及其驱动的踝关节矫正器运动性能和控制元件主要参数

序号	参数		数值	单位
1	人工肌肉	内径 d	9	mm
2		长度 L	310	mm
3		收缩量	80	mm
4		收缩率	25.8	%
5		系统气压	0.35	MPa
6		收缩力	58	N

序号	参数		数值	单位
7	矫正器	收缩量	80	mm
8		中心距（距离旋转中心的长度）	100	mm
9		旋转角度	±21.8	(°)
10		正常人行走步态角度范围	−8～12	(°)
11	比例流量阀		MPYE-5-M5-010-B，FESTO产品	
12	PLC		S7-300：CPU 314C-2DP	
13	反馈角度信号的电位器		SAKAE：22HP-10	

6.10.2 反应式腹部触诊模拟装置气动系统

(1) 主机功能结构

反应式腹部触诊模拟装置用于模拟受训练者（医科学生）在触诊过程中对患者腹壁紧张度、压痛和反跳痛的感觉，使受训者真实体验腹部触诊中的触觉和力觉感受。

(2) 气动系统原理

反应式腹部触诊模拟装置气动系统原理如图6-65所示，系统的唯一执行元件是气动驱动器2，它是腹部触诊模拟装置气动系统的核心部件，它用弹性硅橡胶和帘线通过黏结制成多层网状结构的囊体（图6-66），通过控制其内部气体压力改变其软硬，从而模拟病人腹肌收缩的疼痛体征。数个触觉传感器分布在气动驱动器上表面，用来检测手指按压位置及作用力大小。外腹壁模拟人体外腹部组织形态及弹性，覆盖在气动驱动器及其上面的传感器。

气源 7 经三联件向系统提供恒压气体；比例减压阀 5 出口接至气动驱动器，并按控制器 4 发出的控制信号来调控进入气动驱动器内的气体压力大小。控制器 4 用于采集、处理和显示测量信号，分析、计算及向减压阀 5 输出控制信号。压力传感器 3 用于检测气动驱动器内部气体压力并反馈至控制器。

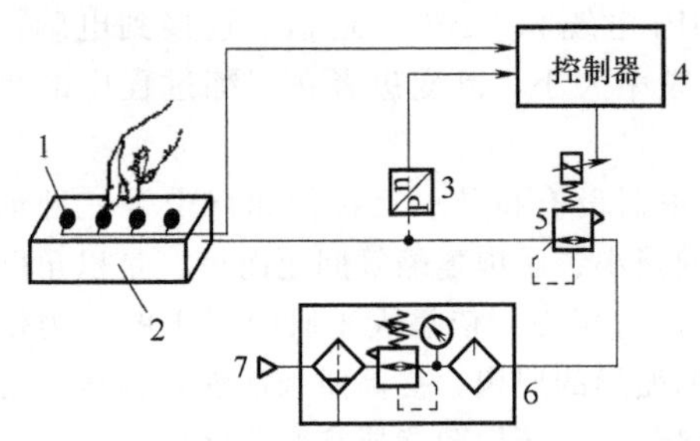

图 6-65　反应式腹部触诊模拟装置气动系统原理图

1—触觉传感器；2—气动驱动器；3—压力传感器；4—控制器；5—比例减压阀；6—气动三联件（FRL）；7—气源

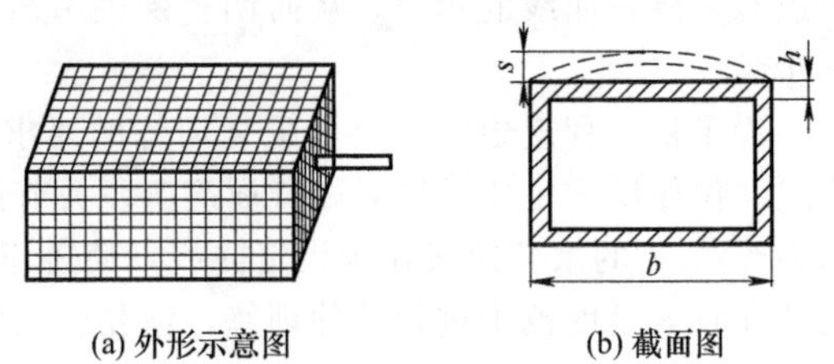

图 6-66　反应式腹部触诊模拟装置气动驱动器

当手指按压外腹壁时，触觉传感器和压力传感器分别将手指按压位置、作用力及气体压力信号反馈给控制器，控制器经过控制运算后（控制原理见后），输出控制信号给比例减压阀，比例减压阀调节其出口压力，使气动驱动器变硬，模拟病人腹肌收缩的疼痛体征，提供受训者对腹部触诊的感觉。

(3) 控制系统原理

反应式腹部触诊模拟装置的控制系统采用前馈-PID 反馈复合闭环控制（图 6-67）。触觉传感器将检测到的手指压力 p 转换为电压信号 u_i，经过医学经验算法的运算得到气动驱动器的给定压力 $r(t)$，作为前馈-PID 反馈控制器的输入值。$g(t)$ 为压力传感器对气动驱动器内气体压力的测量值。前馈控制器的输出量为 $u_1(t)$，PID 反馈控制器的输出量为 $u_2(t)$，则前馈-PID 反馈控制器输出的控制量为 $u(t)=u_1(t)+u_2(t)$，比例减压阀根据控制量 $u(t)$ 调节其出口压力，并改变气动驱动器的硬度，从而模拟病人腹肌收缩的疼痛体征。

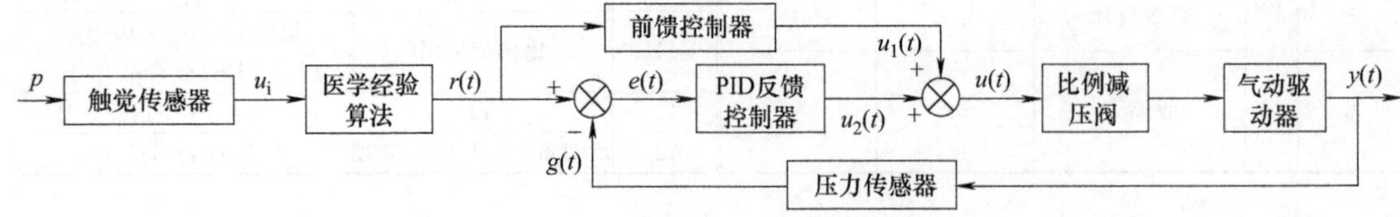

图 6-67　反应式腹部触诊模拟装置控制原理方块图

(4) 系统技术特点

① 反应式腹部触诊模拟装置集气动、传感器和智能控制等技术于一体，使受训者（学生）能够真实体验腹部触诊中的触觉和力觉感受。

② 气动系统以非金属囊体为执行元件，并采用了电气比例减压阀对其工作压力进行连续调节控制。

③ 控制系统采用前馈-PID 反馈复合控制，前馈控制使系统响应迅速，PID 控制能对被控量进行反馈调节。

6.10.3 场地自行车起跑器气动系统

(1) 主机功能结构

场地自行车起跑器是为我国自行车运动员量身定做的新型训练工具，用于运动员专项训练，掌握起跑规律，减少甚至弥补起跑时的差距，提高比赛成绩。起跑器系统的整体构成如图6-68所示，各部分功能作用如表6-17所列。

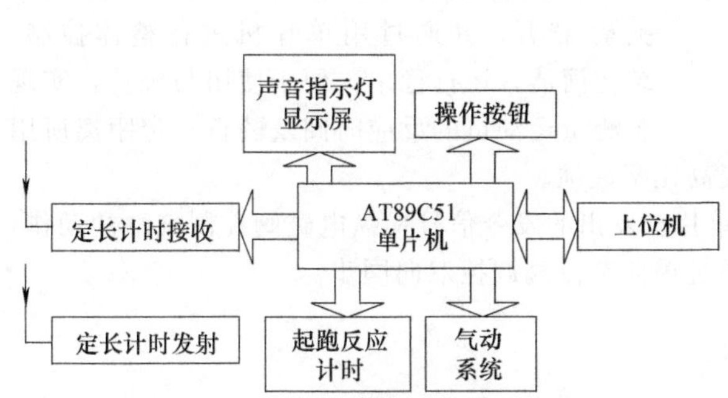

图6-68 场地自行车起跑器整体构成框图

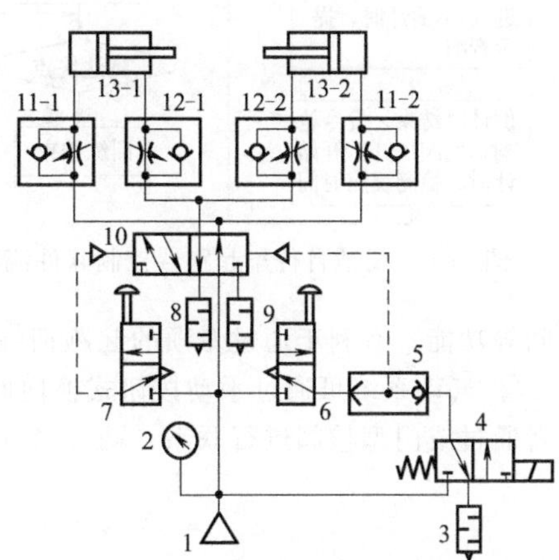

图6-69 场地自行车起跑器气动系统原理图

1—气源；2—压力表；3,8,9—消声器；4—二位三通电磁阀；5—梭阀；6,7—二位三通按钮式换向阀；10—二位五通气控换向阀；11,12（11-1，11-2，12-1，12-2）—单向节流阀；13（13-1，13-2）—气缸

表6-17 起跑器系统各组成部分功能作用

序号	名称	功能作用	说明
1	单片机控制模块	控制各模块工作，计时，与上位机通信	
2	发令子系统（含喇叭，发令枪，显示屏以及气动装置等）	当接收到开始倒计时命令后，由显示屏显示倒计时，喇叭发出提示音；当倒计时间为0时，气动阀打开，同时发令枪响，训练开始；训练前利用手动按钮控制气动锁紧装置开启和闭合	气动系统的功能是夹紧自行车，并在发令枪响时及时松开；除了能通过手动按钮（换向阀）把夹紧气缸松开外，由主控制器发出的发令信号也能把气缸松开。两夹紧气缸同步可调，保证自行车被夹在中间。按需要夹紧头不应转动，故气缸活塞杆应防止转动
3	反应时间检测装置	检测从发令起跑到运动员起跑的时间，即为运动员的反应时间	
4	定长计时装置	检测运动员到赛道上任意距离所用时间	
5	上位机模块	显示、记录训练数据	

(2) 气动系统原理

气动系统原理如图6-69所示。系统的执行元件为气缸，其夹紧或松开动作的主控阀为二位五通气控换向阀10，其导控气流方向由二位三通按钮式换向阀6和7控制；二位三通电磁阀4和梭阀5在接受发令信号时使气缸及时松开；单向节流阀用于调控两气缸的同步。系统的压缩空气由气源1提供，供气压力由压力表2监视。系统构成采用日本SMC公司的气动元件。

(3) 控制系统

由图6-68可知，起跑器控制系统的核心是AT89C51单片机；用C语言编制的控制软件流程如图6-70所示。

在起跑时，按启动键后，倒计时（10s）开始（屏幕开始显示），倒计时结束的同时发令声

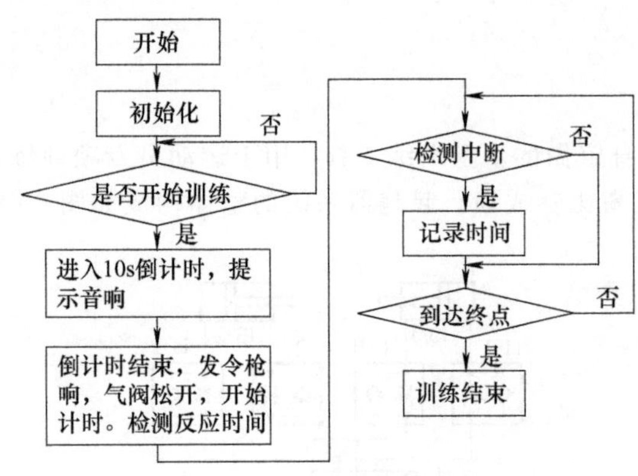

图 6-70 场地自行车起跑器控制软件流程图

响、自行车夹紧气缸松开、绿灯亮，同时开始计时。自行车离开起跑器时触发外部中断，计算出反应时间并储存在数据寄存器。当自行车依次通过 4 个计时点时，分别触发另 4 个外部中断，同样计算出时间，并保存在寄存器中，当骑行到达终点时，程序自动结束。也可再按启动按钮，强制程序结束。

(4) 系统技术特点

① 场地自行车起跑器夹紧装置采用气动夹紧/松开，并通过用单片机进行整体控制，结构简洁，运行稳定，便于使用与维护，实现了测量运动员的反应时间及骑行一定距离所用时间等功能，有利于通过专项的起跑训练，提高比赛成绩。

② 气动系统可通过手动按钮式换向阀或单片机发出的发令信号操纵电磁阀控制气缸的动作，二者通过或门型梭阀进行联系；两夹紧气缸通过单向节流阀调控双向同步。

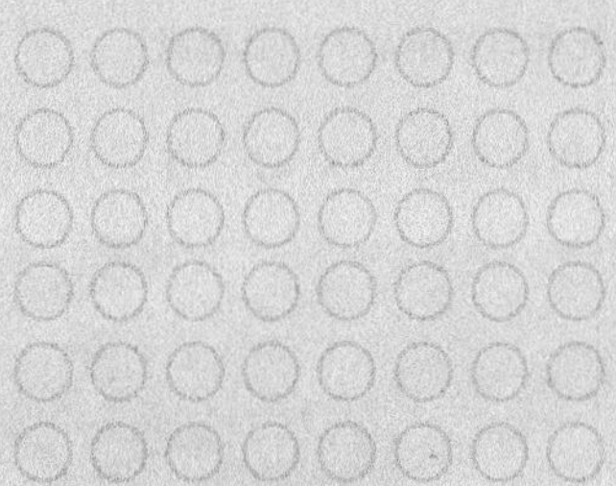

智能气动元件与系统

7.1 智能气动元件与系统的特征

众所周知，气动技术因具有节能高效、绿色环保、成本低廉、安全可靠、结构简单等优点，与液压技术一起，作为现代传动与控制的重要技术手段及各类机械设备自动化的重要方式，其应用几乎覆盖了国民经济各领域机械装备。为了满足现代主机设备结构小巧轻便、功能完备、配置灵活、运转安全可靠及稳定准确快速、低功耗、长寿命的需求，气动技术与其他控制技术、元器件进行互补、互相融合，朝着微型和小型化、轻型化、低耗能、模块化、复合化、高速化、高频化、电子化、智能化与机电整合方向发展。

气动技术与现代微电子技术有机交叉融合，将微处理器（或芯片）及各种检测反馈功能的传感器集成为一体，具有指令和程序处理功能的一类元件与系统，即所谓智能气动元件与系统，其主要特征似乎可概括为气驱电控。然而，考虑到制造过程智能化关键智能基础共性技术（①新型传感技术；②模块化、嵌入式控制系统设计技术；③先进控制与优化技术；④系统协同技术；⑤故障诊断与健康维护技术；⑥高可靠实时通信网络技术；⑦功能安全技术；⑧特种工艺与精密制造技术；⑨识别技术）及8项智能测控装置与部件，就涵盖液气密元件及系统在内（其余7项为：①新型传感器及其系统；②智能控制系统；③智能仪表；④精密仪器；⑤工业机器人与专用机器人；⑥精密传动装置；⑦伺服控制机构），所以从广义层而言，凡是与上述智能基础共性技术、智能测控装置与部件相关的气动元件与系统均可视为智能化的。因此，除了可通过计算机和总线控制实现智能化的传统电气比例阀与伺服阀以外，气动微流控芯片及微阀、气动数字阀、智能阀岛、智能真空吸盘、智能人工肌肉等都是典型的智能化气动元件，而智能化的气动设备及系统则比比皆是（如第6章介绍的多数气动设备及系统）。采用智能化气动元件与系统驱动和控制的主机设备，其智能化水平将大大提高。

7.2 气动微流控芯片及系统

7.2.1 微流控技术、微流控芯片及微流体的操控

(1) 微流控技术

微流控是以微米尺度空间下对流体进行操控和应用的新技术。它以微尺度下流体输运为平台，以低雷诺数层流、非牛顿流体、界面效应和多物理场耦合效应理论为基础。

(2) 微流控芯片

微流控芯片又称芯片实验室，是一种通过MEMS（micro-electro-mechanical system，微机电系统）在数平方厘米的芯片上集成成百上千的微功能单元（含微泵、微阀、微混合器等功能部

件）和微流道网络的一种芯片，通过流体在芯片通道网络中的流动，实现化学生物、医药检测、材料分析检测和微机电系统控制，其实物外形如图 7-1 所示。

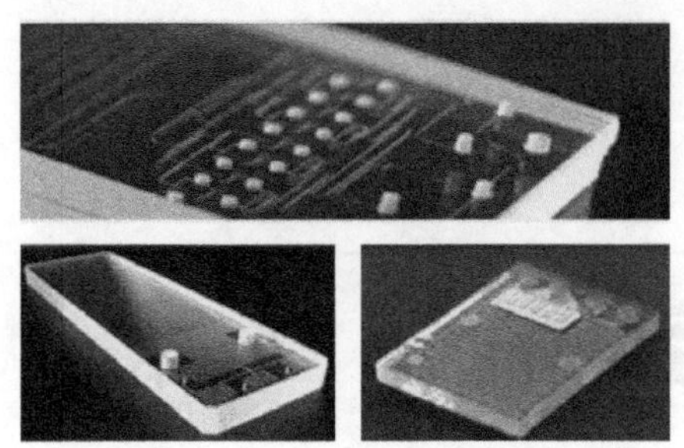

图 7-1 微流控芯片实物外形

微流控芯片的工作原理可以 PDMS（聚二甲基硅氧烷）微流控芯片为例，简述如下：此芯片将 PDMS 和有机玻璃等材料通过软刻蚀方式进行封装，通过气动微流道中气体压力变化来驱动气动微流道与液体微流道之间 PDMS 薄膜产生形变，从而控制液体微流道的通断和样品输送。

微流控芯片具有工作效率极高、能够对样品进行在线预处理和分析、污染少、干扰和人为误差低、反应快、大量平行处理和即用即弃的特点，近年来已经逐渐发展为一个流体、化学、医学、生物、材料、电子、机械等学科交叉结合的重要研究领域。

微流控芯片的尺寸大小一般为长 50～100mm，宽 20～50mm，厚度 2mm。但是微芯片中的流体通道的高度通常在 50～250μm，宽度在 200～800μm。

石英、硅片、玻璃、高分子聚合物材料［环烯烃共聚物、聚碳酸酯、聚甲基丙烯酸甲酯和聚二甲基硅氧烷（PDMS）］等是加工制造微流控芯片的常用材料，其中 PDMS 具有以下特点：热稳定性较高，适合加工各种生化反应芯片；绝缘性良好，可以承受高电压；透光性良好，可透过 250nm 以上的可见光和紫外光对微流控芯片进行观测；加工工艺简单等；故成为微流控芯片的常用制造材料之一。

微流控芯片的加工精度及封装强度要求很高。微流控芯片的加工处理（微通道的加工及微泵微阀的连接等）有注射成型、模塑法、软刻蚀、微接触印刷法、热压法、激光切割法等多种方法，各法采用的工艺设备及特点不尽相同。石英、硅片、玻璃等材料的微流控芯片在封装过程中，对表面的清洁度要求极高，对实验环境的要求极为苛刻，而以 PDMS 为材料的微流控芯片在封装的过程中对环境要求不高，常见的微流控芯片封装方式包括热键合、运用自然力附着的方法、阳极键合、可逆封装等方法，特点各异。

（3）微流体的操控-气动微阀

在微流控芯片中，各个微单元之间的样品运输主要依赖于流体的流动。如何进一步提高微流控芯片及系统的微型化及集成度（密度）水平，有效地解决微尺度下微流控芯片中流体流动的操控问题，是设计和制造微流控芯片的难点与关键技术。而微流体的操控技术主要有电渗操控和微泵微阀操控两类，芯片上的集成化微阀有静电微阀、压电微阀、被动阀、气动微阀、电磁微阀和数字微阀等，其中以弹性膜作为致动部件、压缩气体作为致动力的气动微阀是微流控芯片上应用较为广泛的一类微阀。

7.2.2 气动硅流体芯片与双芯片气动比例压力阀及其应用

硅流体芯片又称硅阀（silicon valve），是一种基于 MEMS 技术的热致动微型阀。它具有尺寸小（10.8mm×4.8mm×2.2mm）、易于集成、耐压能力大（在 1999 年所设计的最初版本的硅流体芯片的最高控制压力就已达 1.4MPa）、控制精度高等特点，是工业供热通风与空气调节领域及医学领域的研究热点，但在气动控制领域的应用还相对较少。

片式结构的气动硅流体芯片的原理如图 7-2 所示，其中间层带有 V 形电热微致动器和杠杆机构。当芯片通入控制电压时，由于欧姆热效应，电流经过 V 形电热微致动器会使筋的温度升高，导致热膨胀，产生沿 *A* 方向的位移，*B* 点则作为杠杆机构的支点将位移放大，以改变 *A* 点的 p_s，p_o 口的过流面积大小，达到比例调节输出压力或流量的目的。芯片的等效工作原理可视为一个具有可调孔的气动半桥。

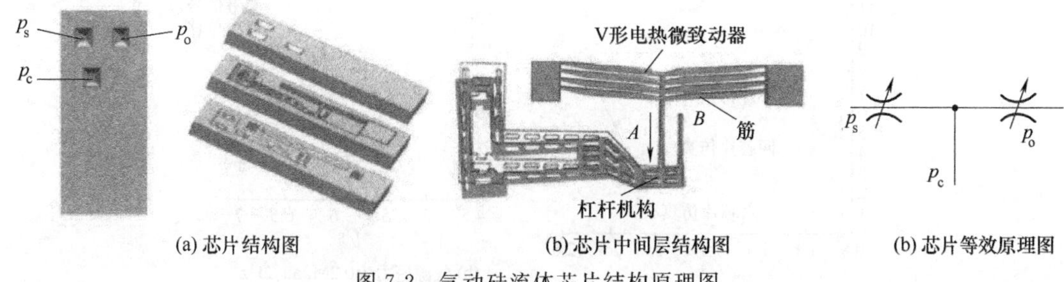

(a) 芯片结构图　(b) 芯片中间层结构图　(b) 芯片等效原理图

图 7-2　气动硅流体芯片结构原理图

基于硅流体芯片的双芯片气动比例压力阀实物及结构原理如图 7-3 所示，其 2 个芯片并联组合封装在带有控制腔的模块中，整体可视作一个二位三通阀。实验和计算机仿真表明，采用硅流体芯片的闭环气动控制系统（图 7-4），当气源压力为 0.7MPa 时，系统阶跃响应控制精度最高，稳态误差小于 0.077mm［图 7-5（a）］；当气源压力为 0.2MPa 时，系统对 2Hz 的正弦信号可以较好地跟随［图 7-5（b）］；在采用不同的气源压力时，需对系统进行不同的标定，尽量避开芯片的死区及饱和区，控制效果会更好；增加芯片个数可以减小阶跃响应的上升及下降时间，对滞回特性也有一定的改善［图 7-5（b）］，相较于采用六芯片及双芯片的控制系统，采用四芯片的控制系统的滞回特性较好，但与理想的控制效果还有一定的差距。

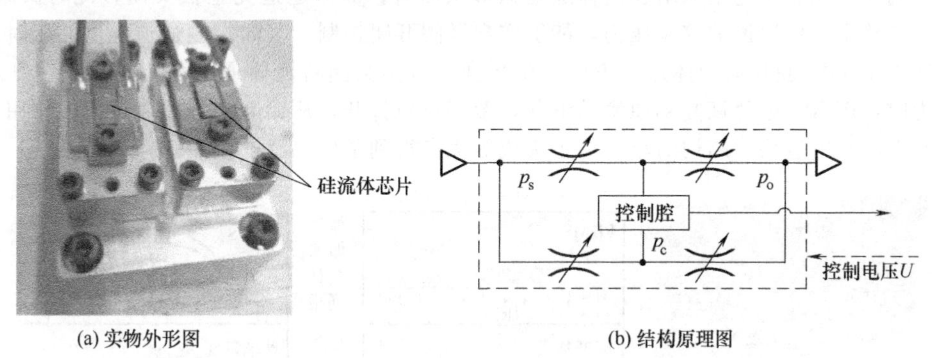

(a) 实物外形图　(b) 结构原理图

图 7-3　双芯片气动比例压力阀实物外形及结构原理图

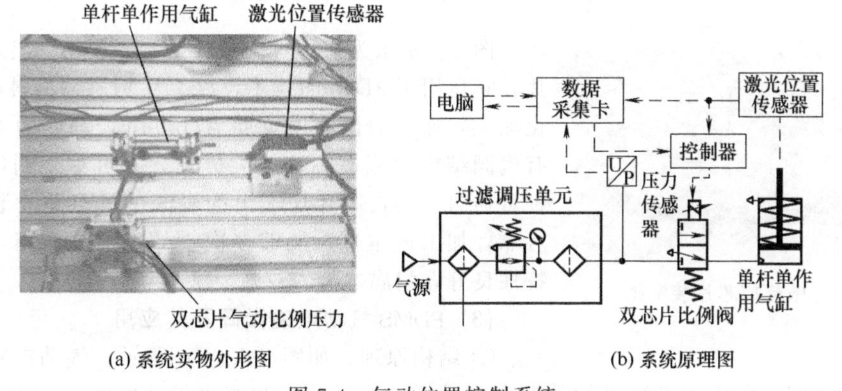

(a) 系统实物外形图　(b) 系统原理图

图 7-4　气动位置控制系统

7.2.3 PDMS 微流控芯片与 PDMS 微阀及其应用

(1) PDMS 微流控芯片

PDMS 微流控芯片的工作原理如前所述，由于其具有制备容易、控制方式简单以及易于实现

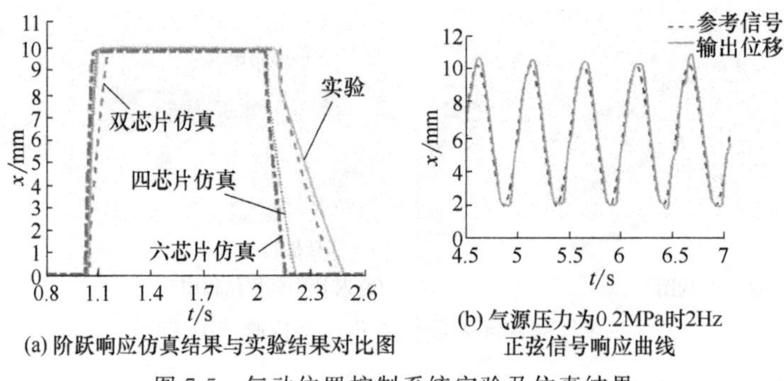

图 7-5 气动位置控制系统实验及仿真结果

大规模集成的特点，作为微流控芯片领域一项重要的技术突破，已实现了上千个微阀和几百个反应器在微流控芯片上的大规模集成。

(2) PDMS 气动微阀

集成在微流控芯片的薄膜式气动微阀如图 7-6 所示，它以压缩气体作为动力源。当气体通道内气体压力/流量增加时，弹性阀膜（PDMS 膜片）在气体压力作用下产生形变，弯向流体通道一侧，被控流体的通流截面减小，抑制流体通道内的通流效果（流量）；当控制气体压力进一步增大，将阀膜片顶起至完全贴附在流体通道弧形顶面时，液体通道完全被关闭，此时微阀关闭。通过改变芯片中气体通道的控制压力，能够实现微阀开闭控制。当向控制通道提供气压时，在气压的驱动下 PDMS 膜片向液体通道方向产生形变，直到微阀将液体通道截至；减小控制通道的气体压力时，PDMS 膜片恢复到原来的形状，微阀重新打开，从而起到开关或者换向作用。气动微阀因具有动态响应快、结构简单、易于集成等优点得到了较广泛的应用。

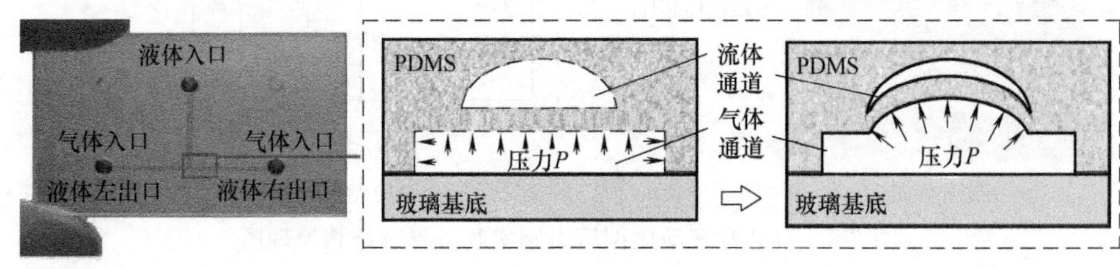

图 7-6 气动微阀的基本工作原理

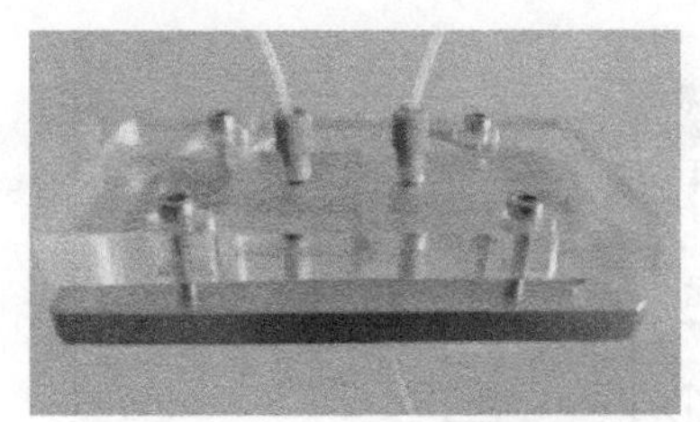

图 7-7 微流控芯片装配图

图 7-7 所示为一种可拆卸式封装的气动三层式微流控芯片，它运用了 3D 打印技术，以 UV 树脂为材料进行了光固化加工，加工的微通道宽度为 400μm，高度为 200μm。带有气阀结构微流控芯片装夹方便，并可重复利用。利用这种可逆封三层式芯片加工出的微阀的优点是封装方式简单可靠，加工成本低，能够多次拆卸，重复使用，开关响应特性良好，耐腐蚀能力较强。

(3) PDMS 气动电磁微阀及其应用

① 结构原理。如图 7-8 (b) 所示，气动电磁微阀（以下简称电磁微阀）由作为操纵机构的电磁驱动器 2 及弹簧 1 和阀主体［阀芯 3、PDMS 阀膜 4、带微流道的 PDMS 基片 5、微流道（阀口）6］组成。当电磁驱动器未通电时，由于弹簧的预紧力推动阀芯，阀芯下压上层 PDMS 阀膜，阀膜向下弯曲变形，堵塞阀口，阀口关闭［图 7-8 (a)］；当电磁驱动器通电时，产生的电磁吸力克服弹簧弹力，阀芯上移，上层阀膜形变恢复，阀口打开［图 7-8 (b)］，微流道导通；当电磁驱动器断电时，阀芯被弹簧的恢复力推向上层 PDMS 阀膜，阀膜向下变形，电磁微阀关闭，使微流道切断。电磁微阀属于开关式常闭阀，气动微流控

芯片系统紧急断电时，常闭阀可以迅速切断气路，防止因气路系统压力过高而损坏气动微流控芯片系统。

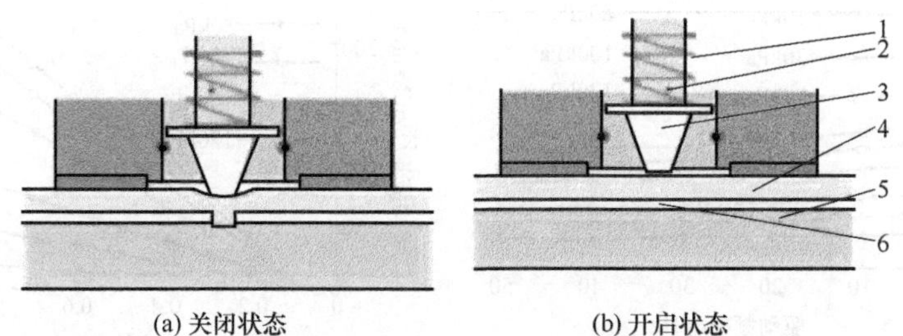

图 7-8 电磁微阀结构原理图

1—弹簧；2—电磁驱动器；3—阀芯；4—PDMS 阀膜；5—带微流道的 PDMS 基片；6—微流道（阀口）

电磁微阀封装实物外形如图 7-9 所示，电磁驱动器用磁铁作基材，具有塑料外壳，阀芯为塑料材质，通过超精密加工制作而成。阀的主体包括上层 PDMS 平膜、具有微流道的下层 PDMS 厚膜［图 7-9（b)］。平膜薄而柔软，用作阀膜，能够充当弹垫的作用，在电磁微阀关闭时防止漏气。阀体采用制造气动微流控芯片系统常用的高弹性材料 PDMS，其优点是高弹 PDMS 材料透明，便于肉眼对齐封装；封装的多个电磁微阀组成阀组能够作为一个模块，便于与气动微流控芯片系统进行整体集成。

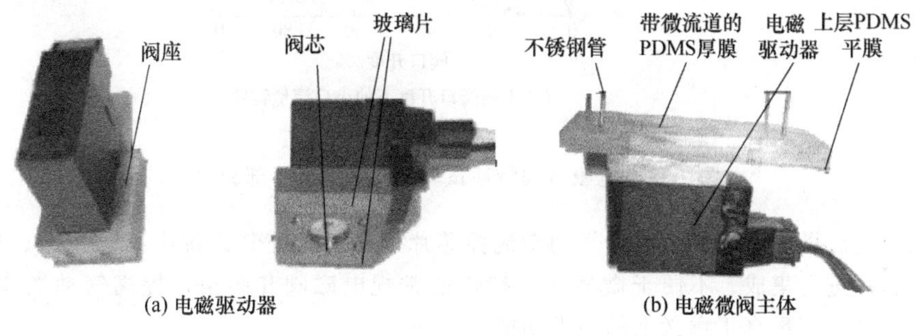

图 7-9 电磁微阀实物外形图

电磁微阀实验元件封装参数如下：驱动器尺寸为长 20.5mm×宽 9.8mm×高 12mm；阀芯直径 1mm，阀芯传递力 0.5N；微流道尺寸为长 30mm×宽 0.5mm×高 0.1mm；PDMS 平膜厚度 0.5mm；PDMS 平膜基质：固化剂＝15：1；PDMS 厚膜厚度 5mm，PDMS 厚膜基质：固化剂＝8：1。电磁微阀的封装尺寸仅为 30mm×17.5mm×9.8mm。

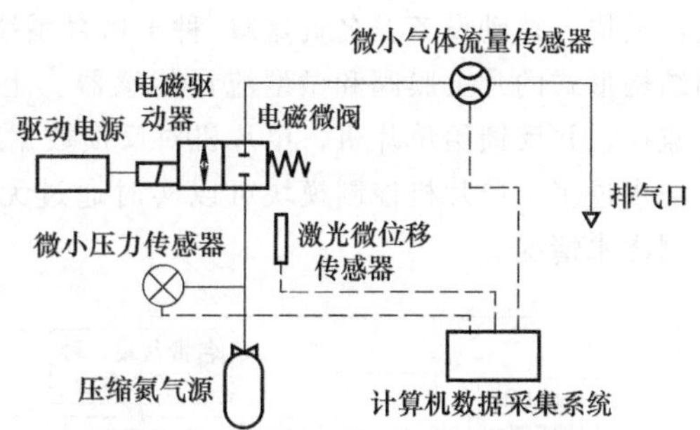

图 7-10 电磁微阀特性测试系统原理图

② 流量特性。对电磁微阀在开关和脉冲宽度调制（PWM）两种模式下的流量特性进行实验研究（图 7-10）并对典型驱动压力下不同阀口开度电磁微阀的静、动态流量特性进行数值仿真，结果表明：在驱动频率相等的情况下，电磁微阀流量与压差呈正比［图 7-11（a)］；当压差一定时，电磁微阀流量与驱动频率呈反比，电磁微阀平均流量与占空比呈正比［图 7-11（b)］；电磁微阀出口流量与阀口开度呈正比［图 7-11（c)］。

③ 性能特点。电磁微阀流量控制精度高、封装成本低，能够提高微流控芯片的集成化程度

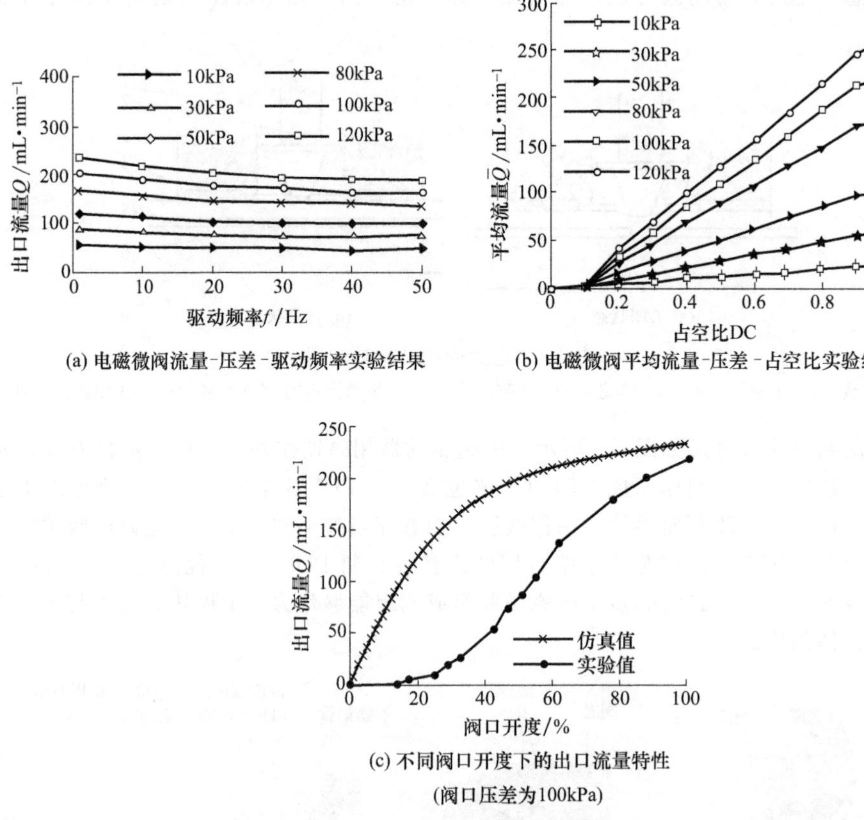

(a) 电磁微阀流量-压差-驱动频率实验结果

(b) 电磁微阀平均流量-压差-占空比实验结果

(c) 不同阀口开度下的出口流量特性

(阀口压差为100kPa)

图 7-11　电磁微阀特性试验及仿真结果（部分）

和控制性能。电磁微阀可以完全取代气动微流控芯片外部气路控制系统中结构复杂、尺寸巨大、难与微流控芯片进行集成、不便于微型化和携带的常规电磁阀和阀组，提高气动微流控芯片系统的整体集成度，实现真正意义上的便携功能。

④ 典型应用。PDMS 电磁微阀的典型应用之一是实现科学节水灌溉的新型智能痕量灌溉系统。其结构框图如图 7-12（a）所示，包括单片机控制模块 STM32、土壤湿度传感器模块、无线通信模块、移动设备、名贵盆栽/种子培育系统和气动微流控芯片。气动微流控芯片上集成有不同结构形式的片上膜阀和微型流量传感器。土壤湿度传感器对植物根部附近的土壤湿度进行实时监控，并反馈给单片机，单片机对反馈数据进行实时分析，并对气动微流控芯片做出控制，避免浇水过多。单片机控制模块可以实时通过无线通信模块把数据传递给手机等移动设备，人为控制浇水情况。

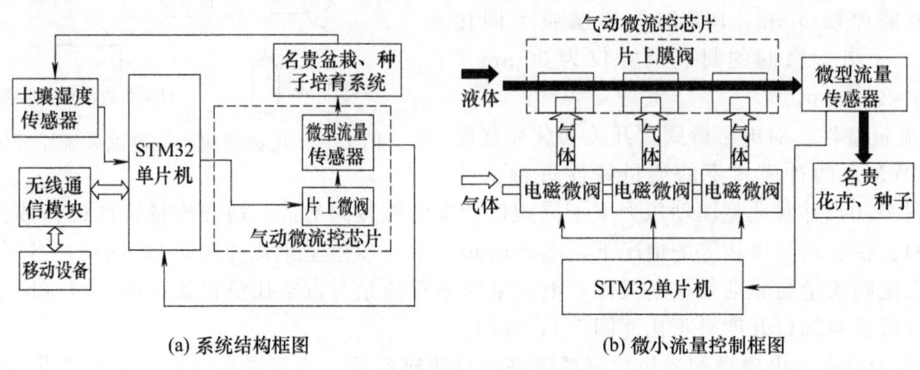

(a) 系统结构框图

(b) 微小流量控制框图

图 7-12　智能痕量灌溉系统

智能痕量灌溉系统中微小流量控制框图如7-12（b）所示，包括电磁微阀、片上膜阀、微控制器STM32单片机和微型流量传感器。片上膜阀（上层是液体微流道，下层是气动微驱动器。气动微驱动器是由位于液体微流道下方的弹性PDMS驱动薄膜和与气体微流道相连的气体驱动腔构成，PDMS驱动薄膜的形变程度决定着片上膜阀的阀口开度，从而影响片上膜阀的出口流量）位于气动微流控芯片上，通过STM32单片机对电磁微阀进行逻辑控制，实现对片上膜阀气体驱动腔内的压力控制，从而控制片上膜阀的工作状态，实现片上膜阀液体微流道内液体流量的连续可调。其中，电磁微阀位于气动微流控芯片外部，不影响气动微流控芯片本身的大规模集成。

利用PDMS材料和软蚀刻技术对智能痕量灌溉系统控水元件一气动微流控芯片片上膜阀进行封装，整体封装尺寸仅为25mm×10mm×8mm。实验研究表明，片上膜阀并联能够实现对液体微小流量的精细调节，但控水范围较小。片上膜阀串联不仅控水范围较大，且对流量的调节比较精细。在此基础上研发高集成度的智能植物痕量灌溉系统，满足市场对新型智能化痕量灌溉设备的巨大需求，对全球性痕量灌溉技术产品具有重大的现实促进意义。

(4) 步进电机PDMS微流控芯片气压驱动系统及其应用

① 系统组成及元件作用。采用步进电机的微流控芯片气压驱动系统（图7-13）由供气源1、微阀2-1和2-2、气体管道3和液体管道6、气液作用装置4、传感器7-1和7-2、驱动控制电路10等组成，控制对象为微流控芯片8。其中气压源1可以是空压机、罐装氮气，甚至是小型气泵。微阀由步进电机驱动操纵（图7-14），步进电机输出轴为螺杆，滑块阀芯上配有螺母与之啮合，挡板阻止螺杆螺母相对转动，实现滑块阀芯沿电机主轴方向上、下运动，从而挤压PDMS阀膜运动。当滑块向下运动时，上层阀膜在电机驱动力下克服自身弹性力向下运动，减小阀口开度；当滑块阀芯向上运动时，由于PDMS具有良好的弹性，可实现阀膜位置跟随滑块阀芯位置。因此，通过精确控制步进电机的转动，即可实现微阀开度的精确控制，实现进气节流或排气节流。串接于进气前向通道中的进气微阀2-1用于进气节流；旁接于前向通道的泄气微阀2-2用于泄压。气体管道3连接气压源、微阀、气液作用装置和大气。待驱动液体预先被装进气液作用装置，从气液作用装置流出的液体经流量传感器后对微流控芯片进行充液，充液过程完成后液体向外排至废液池。系统控制电路包括控制器、步进电机驱动器及AD模块。步进电机驱动器驱动微阀阀芯产生位移，AD模块采集压力信号并记录在计算机内，控制器内置程序控制步进电机的脉冲数量及频率，由于微阀的开度由步进电机的脉冲信号决定，故微阀实质上是一种数字阀。

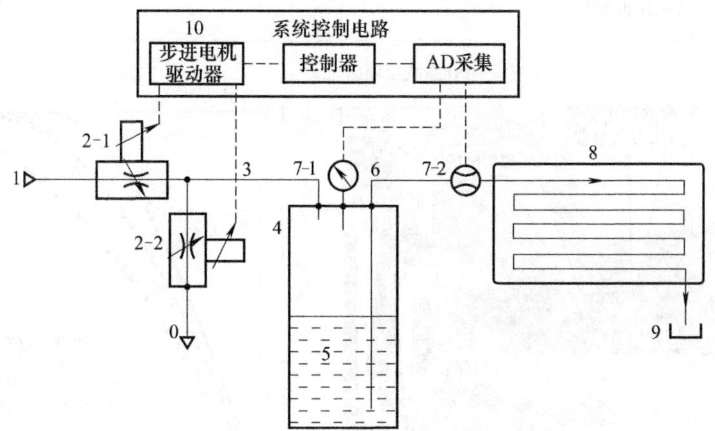

图7-13　PDMS步进电机微流控芯片气压驱动系统原理图

1—供气源；2-1—进气微阀；2-2—泄气微阀；3—气体管道；4—气液作用装置；5—待驱动液体；6—液体管道；7-1—气体压力传感器；7-2—液体流量传感器；8—微流控芯片；9—废液池；10—驱动控制电路

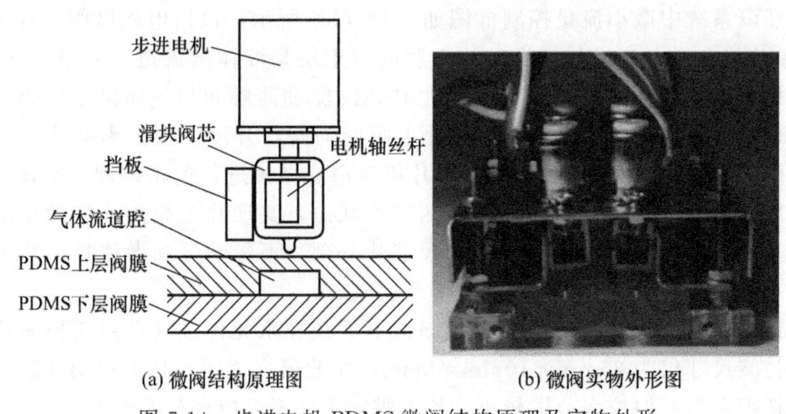

(a) 微阀结构原理图　　(b) 微阀实物外形图

图 7-14　步进电机 PDMS 微阀结构原理及实物外形

②工作原理。微流控芯片气压驱动系统原理如下：设定微阀阀口开度，经控制器算法处理后，向步进电机驱动器提供驱动信号，驱动两个微阀协同动作，改变微阀开度，控制进入气液作用装置中气体量，实现对气体容腔的压力调节。压力气体挤压液体向微流控芯片进行充注。

系统中压力气体流动路线为：气体管道→进气微阀→气体管道→气体容腔，以及气体管道→进气微阀→泄气微阀→大气。待驱动液体流动路径为：气液作用容器→液体管道→微流控芯片→废液池。在气体流动过程中，气体流经的管道长度不变，且气体的黏度系数小，故在流动过程中造成的压力损失忽略不计。

③ 特性实验及仿真结果。对微流控芯片气压驱动系统气体容腔压力特性进行实验［图 7-15 (a)、(b)］及仿真，结果［图 7-15 (c)］表明，系统在不同的阀口阶跃响应下，二者的气体容腔

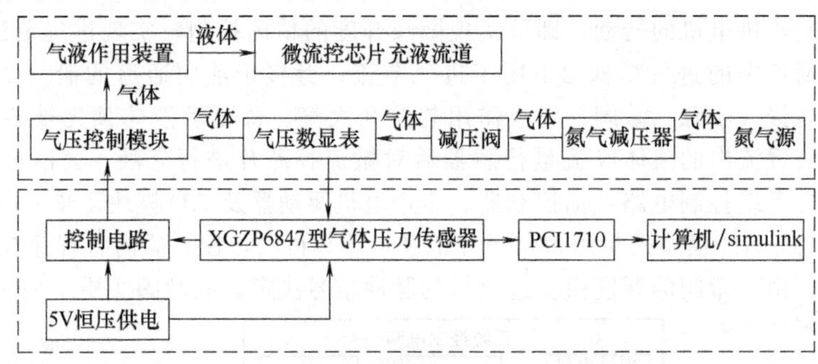

(a) 系统原理图

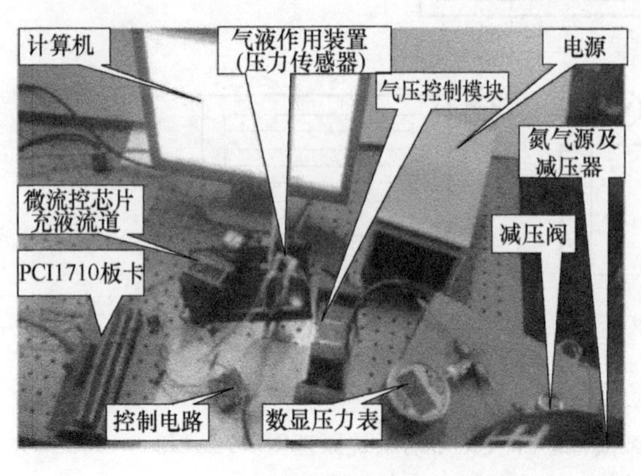

(b) 系统实验平台

×10⁵ p/Pa 1.5 1.4 1.3 1.2 1.1 1.0 t/s 0 0.5 1.0 1.5 2.0
仿真-0.6倍阀口阶跃
仿真-0.8倍阀口阶跃
仿真-1.0倍阀口阶跃
实验-0.6倍阀口阶跃
实验-0.8倍阀口阶跃
实验-1.0倍阀口阶跃

(c) 不同阀口开度下系统气体容腔压力特性试验测试曲线

图 7-15　气体容腔压力动态响应特性试验

的压力特性变化趋势基本相同：该系统能够较快地响应于气压容器，阀口开度越大，气体容器的压力上升越快，稳定压力越高。

④ 典型应用。由步进电机驱动操纵的微阀的典型应用是液滴微流控系统（图 7-16），通过控制压力容腔内的气体压力大小，调节两相液体的流量大小，实现改变液滴尺寸与生成频率的目的。其中，气源 1 采用瓶装高精度氮气，为整个系统提供高压力气体；进气微阀 2 和排气微阀 3 的作用同前。为改善系统的压力响应，还可以将微阀的排气口处接入负压源，有利于系统压力的下降并实现液滴的前后运动控制。T 形微流道芯片 8 用于液滴的生成，显微镜 9 和摄像机 10 用于拍摄液滴的动态形成过程，计算机 11 用于显示液滴的图像并通过图像处理获得液滴的尺寸。

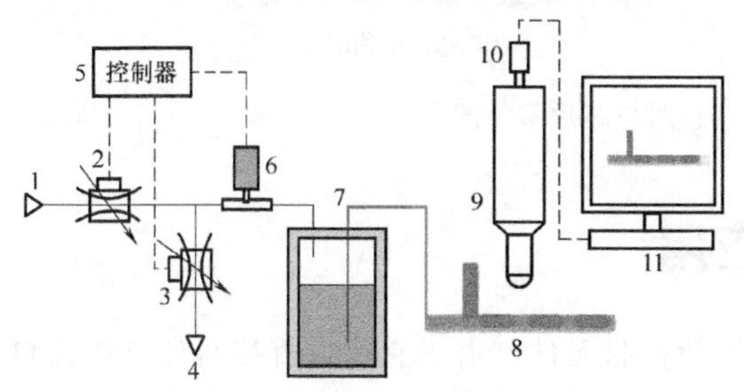

图 7-16　基于步进电机微阀的液滴微流控系统原理图

1—氮气瓶；2—进气步进电机微阀；3—排气步进电机微阀；4—大气或负压源；5—控制器；6—气压传感器；7—压力容腔；8—T 形微流道芯片；9—显微镜；10—摄像机；11—个人计算机

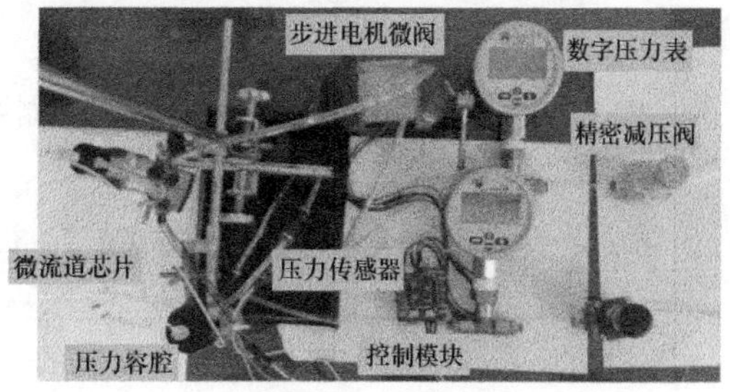

图 7-17　液滴微流控系统实验台

液滴微流控系统的工作流程为：在单片机控制器 5 设定压力，控制器发送指令给步进电机驱动器并控制步进电机旋转，利用固定的丝杠螺母结构实现将旋转运动转换成阀芯的直线运动，从而改变微阀 2 和 3 的阀口开度，进而调节压力容腔 7 的气体流量。气压传感器 6 通过 A/D 模块将容腔内的实时压力值反馈给单片机控制器 5，控制器控制两个微阀的阀芯运动，可实现压力的精确闭环控制。在恒定的压力驱动下，两相液体通过 T 形微流道，产生液滴。同时，置于微流控芯片上方的摄像机 9 对生成的液滴进行拍摄，通过图像处理得到液滴的尺寸。

图 7-17 所示是液滴微流控系统实验台。

基于步进电机微阀的液滴微流控系统采用软刻蚀封装，代替常规阀组，通过配合压力传感器闭环控制液体的驱动压力实现系统流量与液滴尺寸的调节功能。易于生成稳定大小（尺寸均一）的液滴，具有微型化、易于与微流控其他元件集成、响应快速、液滴生成尺寸精度高、操作简单、便携性强、价格低廉的特点。

(5) 聚甲基丙烯酸甲酯（PMMA）/聚二甲基硅氧烷（PDMS）复合芯片及气动微阀

复合芯片为 PMMA-PDMS…PDMS-PMMA 的四层构型，带有双层 PDMS 弹性膜气动微阀的 PMMA 微流控芯片。双层 PMMA 材料作为上、下基片，可以提高芯片的刚性与芯片运行时的稳定性，并减少全 PDMS 芯片的通道对试剂和试样的吸附。具有液路和控制通道网络的 PMMA 基片与 PDMS 弹性膜间采用不可逆封接，分别形成液路半芯片和控制半芯片，而 2 个半芯片则依靠 PDMS 膜间的黏性实现可逆封接，组成带有微阀的全芯片，封接过程简单可靠。其控制部分和液路部分可以单独更换，可进一步降低使用成本，尤其适合一次性应用场合。

如图 7-18（a）所示，微阀控制系统由计算机、二位三通电磁阀和高压气源等组成，采用 Visual Basic 程序控制计算机并口的信号输出，控制电磁阀，使芯片的控制通道分别与大气或者高压气源相通，从而实现对芯片上微阀的开闭控制。计算机并口具有 8 个数据位，故理论上可同时控制 8 个电磁阀。由于并口的输出信号功率很小，实验采用 ULN2803 芯片对信号进行放大。

芯片实物如图 7-18（b）所示。实验表明：该微阀具有良好的开关性能和耐用性。

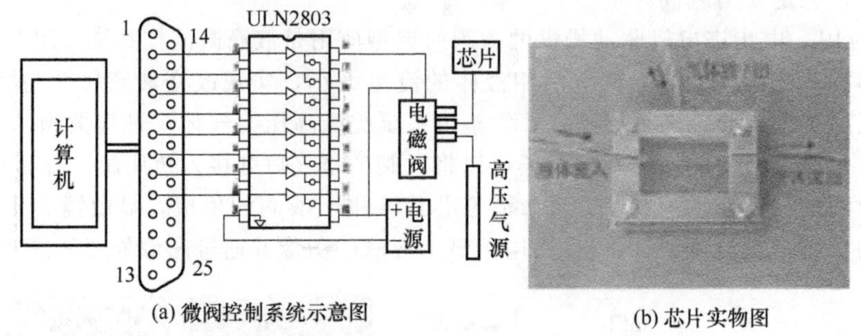

图 7-18 微阀控制系统示意图与芯片实物图

7.3 气动数字控制阀及其应用

气动数字阀是利用数字信息直接控制的一类气动控制元件，由于它可以直接与计算机接口连接，不需要 D/A 转换器，具有结构简单、成本低及可靠性高等优点，故应用日趋广泛。与其他气动控制阀一样，气动数字阀也由阀的主体结构（阀体和阀芯等）和电气机械转换器构成。根据电气机械转换器的不同，目前，气动数字阀主要有步进电机式、高速开关式和压电驱动器式等几种。

7.3.1 步进电机式气动数字阀

步进电机式气动数字阀是以步进电机作为电气-机械转换器并用数字信息直接控制的气动控制元件，其基本结构原理框图如图 7-19 中方框部分所示。微型计算机发出脉冲序列控制信号，通过驱动器放大后使步进电机动作，步进电机输出与脉冲数成正比的位移步距转角（简称步距角），再通过机械转换器将转角转换成气动阀阀芯的位移，从而控制和调节气动参数（流量和压力）。由于这种阀是在前一次控制基础上通过增加或减少（反向控制）一些脉冲数达到控制目的，因此常称之为增量式气动数字阀。此类阀增加反馈检测传感器即构成电-气数字控制系统。

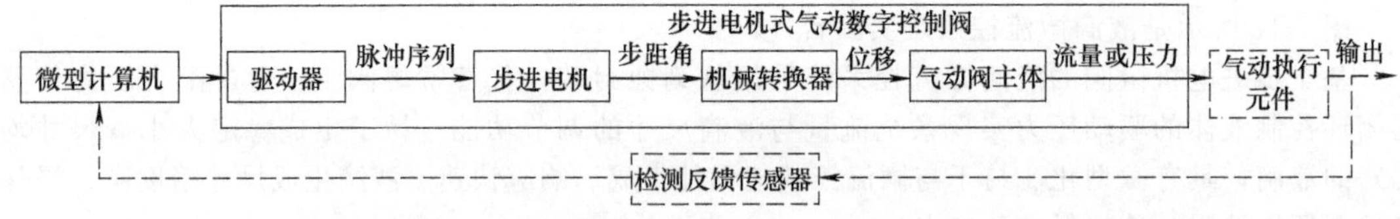

图 7-19 步进电机式气动数字阀及其构成的电气数字控制系统原理方框图

(1) 转板式气动数字流量阀

转板式气动数字流量阀是一种新型气动数字阀，它主要由步进电机 1、气缸 3 和转板 5 等组成（图 7-20）。

其控制调节原理如下：步进电机 1 在控制信号的作用下直接作用于转板 5，通过电机传动轴带动转板转动。转板与气缸的环槽相配合，起到导向和定位作用。转板外轮廓的一半呈半圆形，另一半为阿基米德螺线。阿基米德螺线的一端与半圆形的一端连接，另一端通过辅助半圆形与半圆形的另一端连接。当步进电机驱动转板时，转板和衬板的开口面积与转角大小为线性关系。气源经输入孔进入到气室，并在气室内得到缓冲，通过转板和衬板的开口作用于负载，另一端的出气口处于近似的封闭状态。因此通过控制开口面积的大小，即可实现控制气体流量和压力的目的。转板在步进电机的控制下的工作过程如图 7-21 所示，其中 1 和 2 的阴影面分别为转板转动不同时刻小孔的开口大小。从 1 位到 2 位，随着转板转过不同的角度小孔的开口大小随之变化。在进出气小孔的开口面积与角位移的关系如图 7-22 所示（图中 r 为小孔半径）。

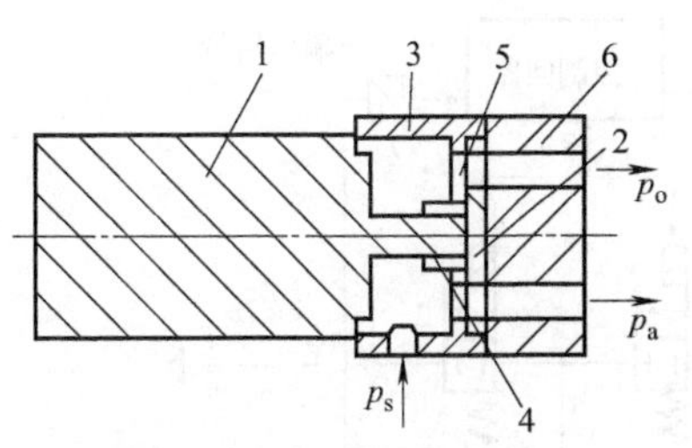

图 7-20　转板式气动数字流量阀结构示意图

1—步进电机；2—衬板；3—气缸；4—套筒；5—转板；6—端盖

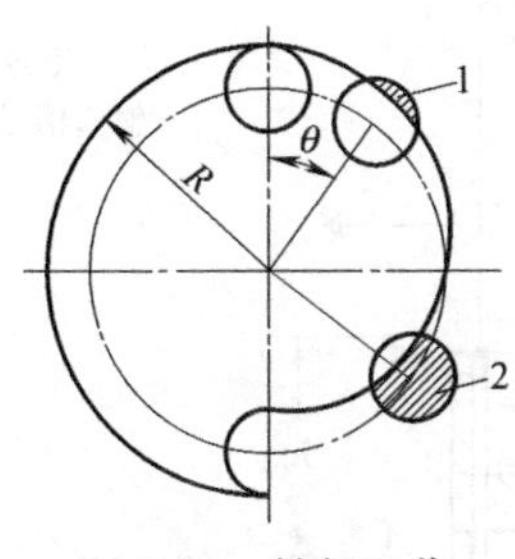

图 7-21　转板工作过程示意图

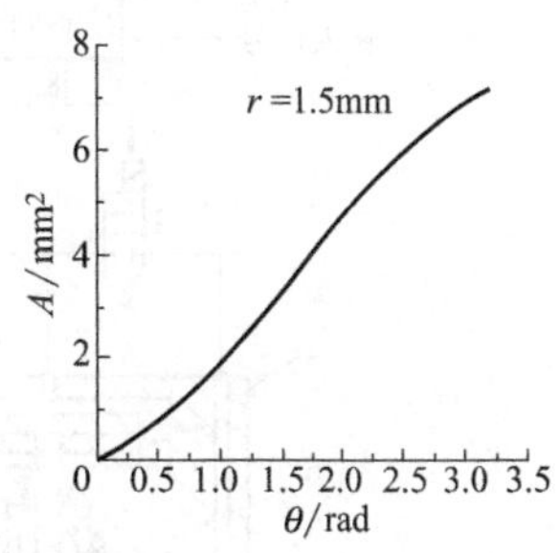

图 7-22　开口面积 A 与角位移 θ 的关系

转板式气动数字流量阀具有造价低廉，要求的工况条件低，无需 D/A 接口即可实现数字控制、流量的线性度好等特点。但泄漏量对阀的性能有较大影响，数字仿真表明，泄漏量对转板的厚度和小孔的尺寸变化较敏感，减小小孔尺寸可以减少泄漏量，但是影响到输出的效率，动态响应时间会增加；减小间隙的尺寸，可以降低泄漏量，但会带来转板卡死的风险。

(2) 步进电机 PDMS 微阀

步进电机驱动操纵的 PDMS 微阀，可实现对气体容腔的压力调节。通过配合压力传感器闭环控制液体的驱动压力，可实现液滴微流控系统流量与液滴尺寸的调节功能。其结构组成及特点等详见 7.2.3 节之（4）。

7.3.2 高速开关式气动数字阀

高速电磁开关阀是借助于控制电磁铁所产生的吸力，使阀芯高速正反向切换运动，从而实现阀口的交替通断及气流控制的气动控制元件。显然，快速响应是高速开关阀最重要的性能特征。为了实现气动系统的开关数字控制，常采用脉宽调制（PWM）技术，即计算机根据控制要求发出脉宽控制信号，控制作为电气-机械转换器的电磁铁动作，从而操纵高速开关阀启闭，以实现对气动比例或伺服系统气动执行元件方向和流量的控制。

(1) 给排气电磁阀驱动操纵的电-气比例阀

图 7-23 所示为 5.9.1 节曾介绍过的一种电磁铁驱动操纵的电-气比例压力阀，它由两个二位二通高速电磁开关阀（给气和排气用）、先导式调压阀（膜片式先导阀和给气阀、排气阀）、过滤器、压力传感器、控制电路（控制放大器）（控制电路包括压力信号的放大、开关阀电磁铁的驱动电路及压力显示等），通过压力传感器构成输出压力的闭环控制。

阀的工作原理描述如下：

当输入电信号增大时，则给气用开关电磁阀 1 变为 ON（开启）状态，排气用开关电磁阀 2 变为 OFF（关闭）状态。由此，供气压力 P_s 通过阀 1 作用在先导室 3，使先导室的压力上升，作用在膜片 4 上面。因此，与膜片连动的调压阀中的给气阀 5 打开，一部分供气压力 P_s 成为输出压力 P_o，另一部分经排气阀的 T 口溢流至大气；同时，输出压力通过压力传感器 7 反馈至控制回路 8 输入端，与输入信号进行比较并用得出的偏差修正动作，直到输出压力与输入信号成比例，因此会得到与输入信号成比例的输出压力。该阀对压力的上述自动控制过程可用图 7-23（c）所示的原理方块图反映和表达。综上可知，这个电-气比例压力阀是通过控制放大器对两个高速开关电磁阀的控制，实现对膜片式先导式调压阀的动作亦即输出压力的控制。基于这一结构原

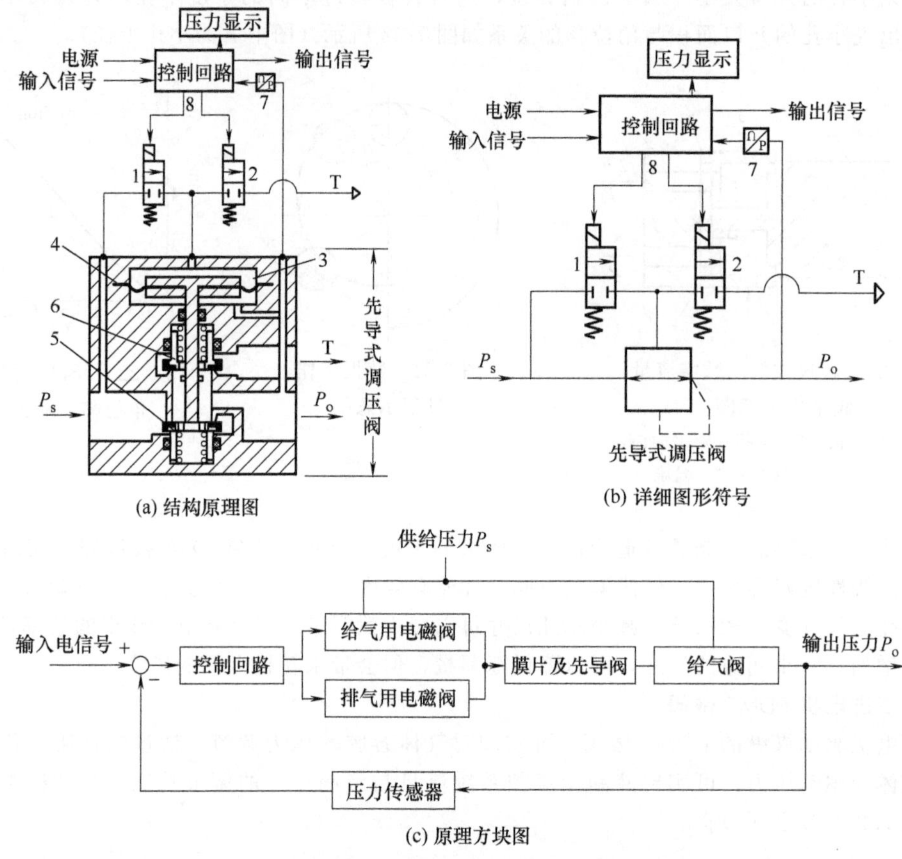

图 7-23 电磁铁驱动的电-气比例压力阀原理及图形符号

1—给气用电磁阀；2—排气用电磁阀；3—先导阀；4—膜片；5—给气阀；6—排气阀；7—压力传感器；8—控制回路（放大器）

理还可构成电子式真空比例阀（请参见图 5-147）。

(2) 集成式数字流量阀

集成式数字流量阀是采用多个不同阀芯面积的单阀，构成可以组合控制输出流量的数字阀。

① 基本原理。集成式数字阀基本原理如图 7-24 所示，其基本单元由一个节流阀和一个开关阀串联组成，各基本单元采用并联方式连接，各节流阀的阀芯截面积设置成特定的比例关系，一般是二进制比例关系，即

$$S_0 : S_1 : S_2 : \cdots : S_{n-1} = 2^0 : 2^1 : 2^2 : \cdots : 2^{n-1}$$

各基本单元的输出流量相应地成二进制比例关系：

$$q_0 : q_1 : q_2 : \cdots : q_{n-1} = 2^0 : 2^1 : 2^2 : \cdots : 2^{n-1}$$

假设最小基本单元的输出流量为 q_0，则 n 个基本单元组成的数字阀的输出流量有

$$0, q_0, 2q_0, 3q_0, \cdots, (2^n-1)q_0$$

共 2^n 种不同的输出流量。

在集成式数字阀中，各基本单元的输出流量比例关系称为数字阀的编码方式，研究表明，采用广义二进制编码方式，即前 $n-1$ 个基本单元按最常见的二进制编码方式（即输出流量成二进制比例关系）；最高位的基本单元成四进制比例关系，即 $q_0 : q_1 : \cdots : q_{n-2} : q_n = 2^0 : 2^1 : \cdots : 2^{n-2} : 2^n$，最大输出流量为 $(3\times2^{n-1}-1)q_0$，这样可在不增加基本单元个数 n 的条件下（有利于减小阀的体积和成本），增大整个阀的最大输出流量［二进制比例关系的最大输出流量为 $(2^n-1)q_0$］。

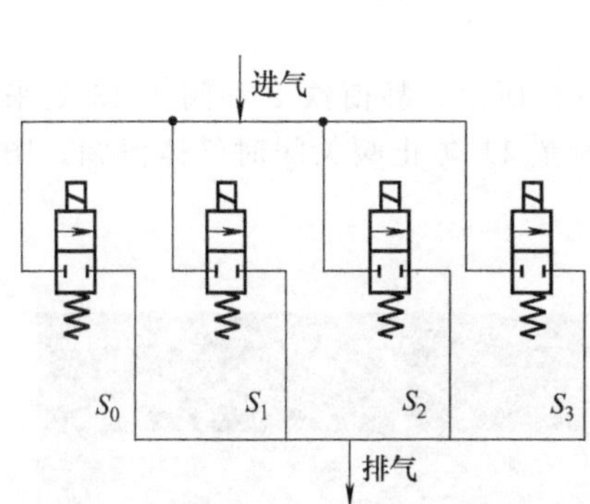

图 7-24　集成式数字阀基本原理

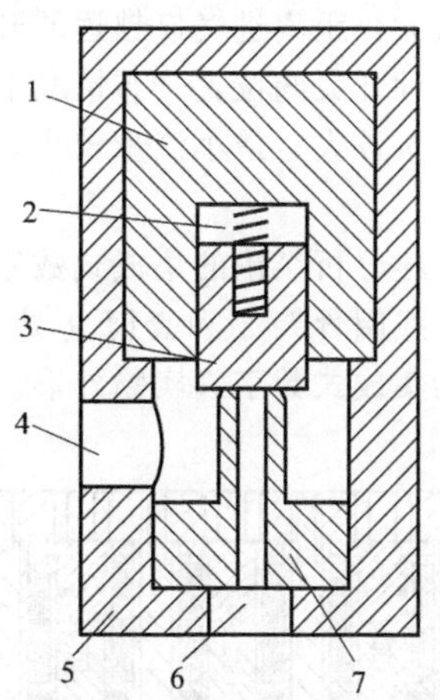

图 7-25　集成式数字阀单阀结构原理

1—电磁铁；2—弹簧；3—阀芯；4—进气口；5—阀体；6—排气口；7—阀座

② 结构组成。集成式数字阀的单个开关阀为直动式开关阀，其结构原理如图 7-25 所示，其座阀式阀芯 3 直接由电磁铁 1 驱动操纵决定进排气口的通、断；阀口由弹簧 2 作用关闭时，靠阀芯下端面与阀座 7 的上端面接触实现密封。与先导式开关阀相比，直动式阀具有结构简单、响应快、对工作介质清洁度要求不高的特点。

根据减小集成式数字阀的体积和实际加工难度，开关阀有两种并联排布方式：第一种为开关阀对称分布在排气流道的两侧［图 7-26（a)］；第二种为开关阀依次分布在排气流道的一侧［图 7-26（b)］。这两种分布方式开关阀中心线相互平行且位于同一个平面内，且集成式数字阀的体积基本相同，但第一种开关阀排布方式进气流道方向改变了次序，进气压力损失较大，阀的流通性较差，而且内流道复杂加工难度较大；第二种开关阀排布方式流道简单，易于加工，进气流道方向没有改变，阀的流通性较好，故采用了第二种开关阀排布方式。

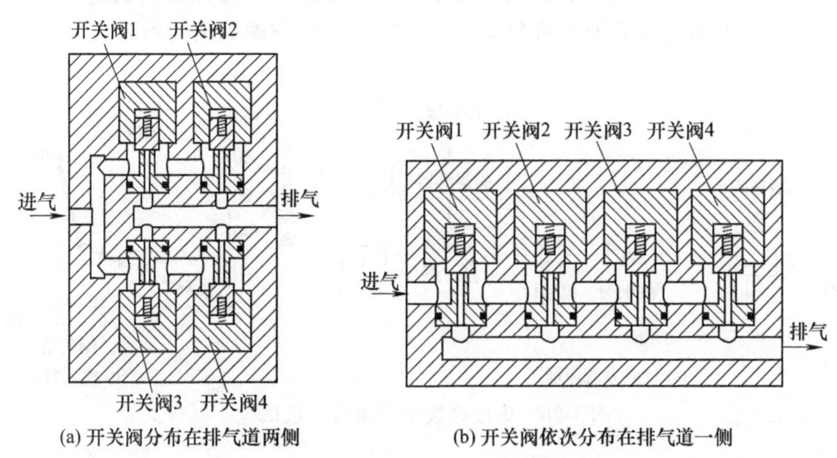

(a) 开关阀分布在排气道两侧　　(b) 开关阀依次分布在排气道一侧

图 7-26　集成式数字阀的两种并联排布方式

关于集成式数字阀的开关阀排布顺序，n 个开关阀有 $n!$ 种位置分布顺序，两种特殊位置分布顺序的集成式数字阀流量特性：其一是高位阀在进气口一侧，即阀芯截面积最大的开关阀距离进气口最近，阀芯截面积越小的开关阀距离进气口越远；其二是低位阀在进气口一侧，即阀芯截面积最小的开关阀距离进气口最近，阀芯截面积越大的开关阀距离进气口越远。仿真结果表明：开关阀两种位置顺序下集成式数字阀内部流场压力分布规律相似，距离进气口最近处的开关阀压力最大，距离进气口越远的开关阀压力越小，主要原因是气流经过的流道越长，压力损失越大；在两种开关阀位置分布情况下，与低位阀在进气口侧相比，高位阀在进气口侧时，数字流量阀的总流量较大、最小流量较小，输出流量范围较大，因而采用高位阀在进气口侧的分布方式合理。

基于上述分析结论的集成式数字阀结构如图 7-27（a）所示，静衔铁 2 和阀座 13 处采用 O 形圈密封，线圈骨架 3 和套筒 9 处采用橡胶平垫，止泄垫 11 防止阀关闭时气体泄漏。图 7-27（b）所示为集成式数字阀实物外形。

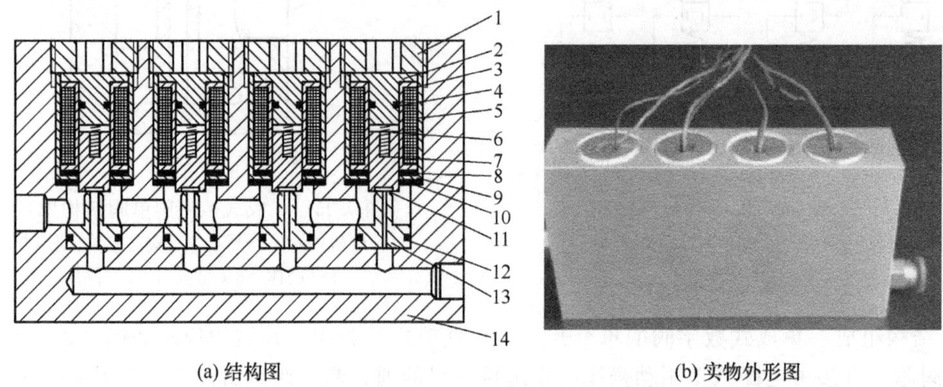

图 7-27　集成式数字阀的结构及实物外形

1—堵盖；2—静衔铁；3—线圈骨架；4，12—O 形圈；5—线圈；6—弹簧；7—阀芯；8，10—橡胶平垫；9—套筒；11—止泄垫；13—阀座；14—阀体

③ 性能测试。气源压力为 0.4MPa，对控制器输出各编码值（0～15，每个编码值所对应的控制信号，经驱动器放大后控制集成式数字阀中各开关阀的状态）所对应的集成式数字阀的输出流量进行测试［图 7-28（a）］，结果［图 7-28（b）］表明，阀的实际输出流量小于理论输出流量，在编码值较小时阀的实际输出流量与理论流量相差较小；编码值越大，阀的实际输出流量与理论流量相差越大。这是由于气体在阀内部流动时有压力损失，且开口面积越大，由压力损失导致的流量损失越大，与理论和仿真研究结果一致；输出流量与编码值为线性关系。

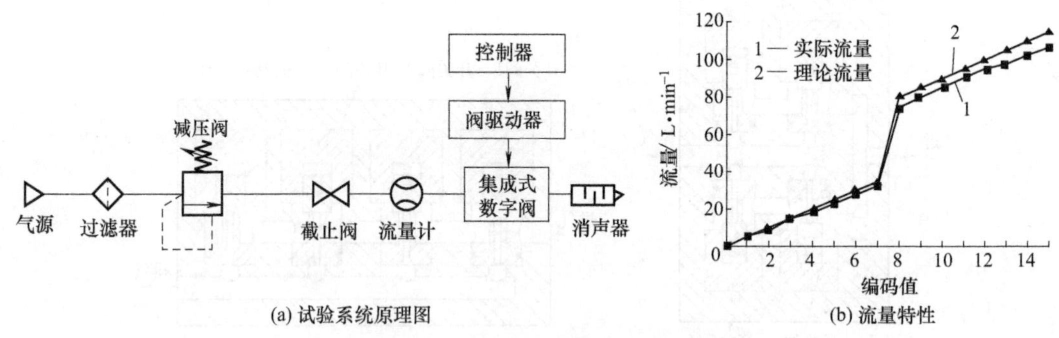

图 7-28　集成式数字阀输出流量试验

④ 主要特点。综上所述可知，集成式数字阀以普通开关阀作为基本单元，将 4 个阀芯截面积成广义二进制比例的开关阀集成在一个阀体内，各开关阀采用平行分布方式、共用进气流道和排气流道，结构简单、加工容易、成本低。采用广义二进制编码方式，集成式数字阀可以高效地控制输出流量，进而在高速大流量和低速小流量的控制需求上切换。

⑤ 系统应用。该集成式数字阀用于气缸位置控制，其试验系统原理图如图 7-29（a）所示，气缸水平放置，开关阀 1、3 控制气缸进气，开关阀 2、4 控制气缸排气，集成式数字阀控制气

缸排气腔流量。A/D 转换器将位移传感器采集的模拟信号转换为数字信号并发送到控制器 [图 7-29 (b)]，控制器根据控制策略（PID＋模糊控制）计算各阀的控制信号，经阀驱动电路控制各阀的开关状态，控制气缸的运动方向和速度。

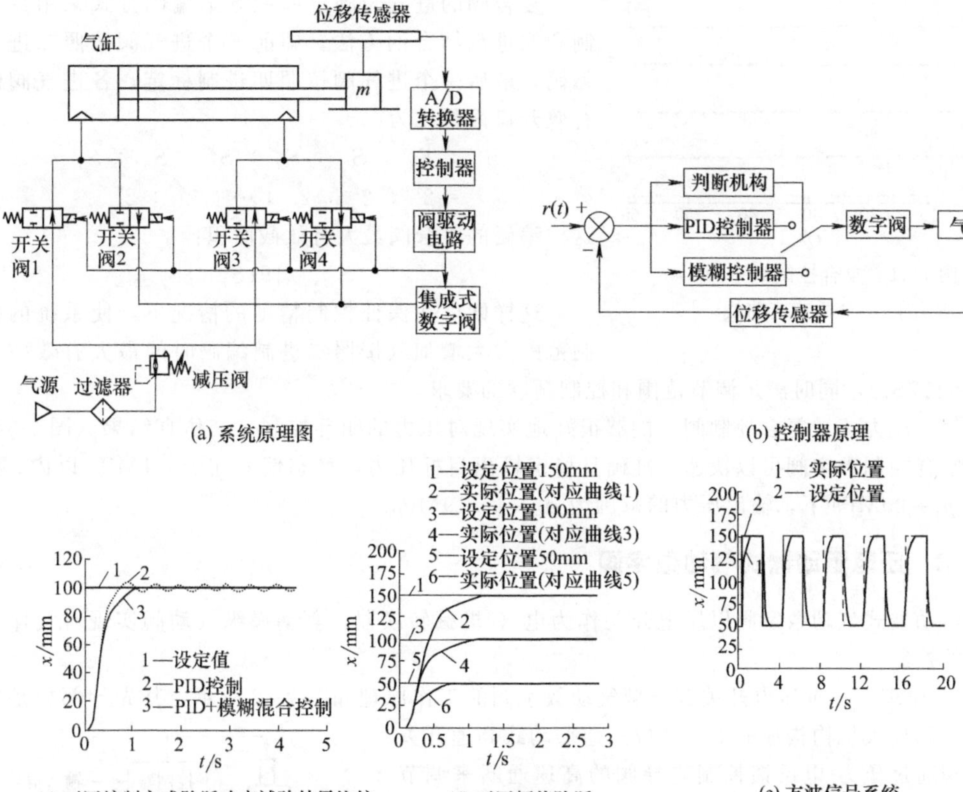

(a) 系统原理图　(b) 控制器原理

(c) 不同控制方式阶跃响应试验结果比较　(d) 不同幅值阶跃响应试验结果　(e) 方波信号系统响应试验结果

图 7-29　集成式数字阀控气缸位置伺服控制系统

由图 7-29 (c)～(e) 所示不同控制方式阶跃响应、不同幅值阶跃响应和方波信号系统响应的试验结果可看出，采用“PID＋模糊混合控制”策略，系统在达到目标点附近后能够保持稳定，重复定位精度可达 0.3mm，响应时间小于 1.2s。集成式数字阀能够在低成本的前提下，高速率地实现较高精度的气缸位置控制，具有良好的应用前景。

(3) 高压气动复合控制数字阀

复合控制数字阀用于高压气体的压力和质量流量控制，如图 7-30 (a) 所示，它由 8 个二级开关阀、温度传感器以及压力传感器组成，二级开关阀结构如图 7-30 (b) 所示，由高速电磁开关阀和主阀组成。主阀阀口为临界流喷嘴结构，主阀按照压力区可划分为控制腔 r 和主阀腔 p。

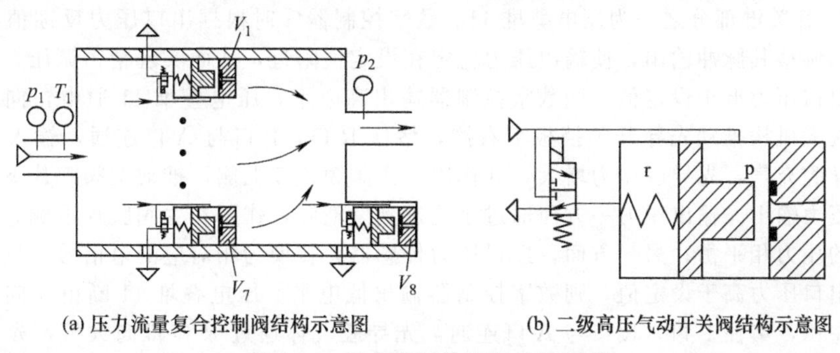

(a) 压力流量复合控制阀结构示意图　(b) 二级高压气动开关阀结构示意图

图 7-30　复合控制数字阀结构原理

当用复合阀来控制高压气体的压力时，控制器就会依据输出压力和目标压力来调节二级阀的启闭；用复合阀控制气体的流量时，控制器则依据上游的压力、温度以及下游的输出压力来调节二级阀的启闭。

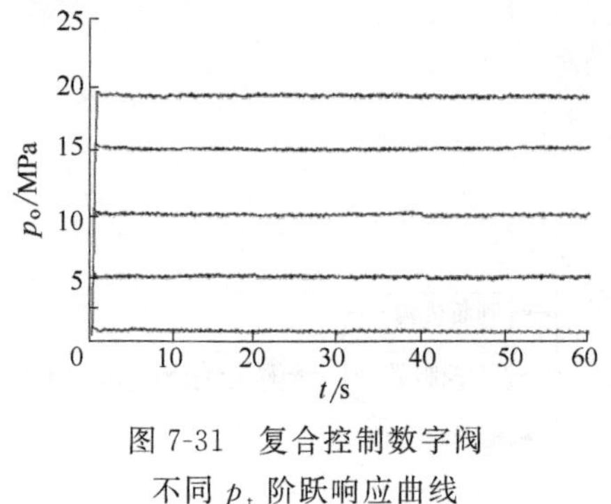

图 7-31 复合控制数字阀不同 p_t 阶跃响应曲线

复合阀的进气阀阀口面积方案编码方式采用二级制和四进制结合的方法，即前 6 个进气阀按照二进制编码，最后一个进气阀按照四进制标定，各进气阀的有效开口面积比为：

$$S_1 : S_2 : S_3 : S_4 : S_5 : S_6 : S_7 = 2^1 : 2^2 : 2^3 : \cdots : 2^6 : 2^8$$

这样编码的复合阀最大有效截面积：

$$S_{max} = 191S_1$$

这样即可在保证控制精度的情况下，使系统的控制范围大大增加（按照二进制编码时的最大有效截面积：$S_{max} = 127S_1$），同时满足调节范围和控制精度的要求。

高压气动压力流量复合控制阀，能够很好地实现对压力的闭环控制。其仿真结果（图 7-31）表明：该复合控制数字阀可以快速、准确且稳定输出目标压力，稳态偏差在±0.1MPa 以内；在气源压力 p_t = 20MPa 下，输出压力的范围为 p_o = 1～19MPa。

7.3.3 压电驱动器式气动数字阀

压电驱动器式气动数字阀以压电开关作为电气-机械转换器，驱动操纵气动阀实现对气体压力或流量的控制。

① 基本原理。一种压电开关调压型气动数字阀的工作原理如图 7-32 所示，其先导部分是由压电驱动器和放大机构构成的 1 个二位三通摆动式高速开关阀，数字阀通过压力-电反馈控制先导阀的高速通断来调节膜片式主阀的上腔压力，从而控制主阀输出压力。由于先导阀在不断“开”与“关”的状态下工作以及负载变化，均会引起阀输出压力的变化。因此，为了提高数字阀输出压力的控制精度，将输出压力实际值由压力传感器反馈到控制器中，并与设定值进行快速比较，并根据实际值与设定值的差值控制脉冲输出信号的高低电平：当实际值大于设定值时，数字控制器发出低电平信号，输出压力下降；当实际值小于设定值时，数字控制器发出高电平信号，输出压力上升。通过阀输出压力的反馈，数字控制器相应地改变脉冲宽度，最终使得输出压力稳定在期望值附近，以提高阀的控制精度。

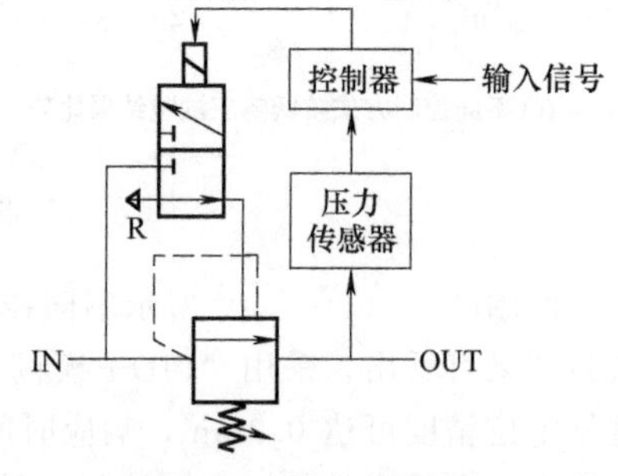

图 7-32 压电开关调压型气动数字阀的工作原理

② 结构工作过程。基于上述数字阀工作原理的压电开关调压型气动数字阀的总体结构如图 7-33 所示，其关键部分之一为压电叠堆 11。数字控制器实时根据出口压力反馈值与设定压力之间的差值，调整其脉冲输出，使输出压力稳定在设定值附近，从而实现精密调压。该阀的工作过程为：若出口压力低于设定值，则数字控制器输出高电平，压电叠堆 11 通电，向右伸长，通过弹性铰链放大机构推动先导开关挡板 7 右摆，堵住 R 口，P 口与 A 口连通，输入气体通过先导阀口向先导腔充气，先导腔压力增大，并作用在主阀膜片 5 上侧，推动主阀膜片下移，主阀芯开启，实现压力输出。输出压力一方面通过小孔进到反馈腔，作用在主阀膜片下侧，与主阀膜片上侧先导腔的压力相平衡；另一方面，经过压力传感器，转换为相对应的电信号，反馈到数字控制器。若阀出口压力高于设定值，则数字控制器输出低电平，压电叠堆 11 断电，向左缩回，先导开关挡板左摆，堵住 P 口，R 口与 A 口连通，先导腔气体通过 R 口排向大气，先导腔压力降

低，主阀膜片上移，主阀芯关闭。此时溢流机构3开启，出口腔气体经溢流机构向外瞬时溢流，出口压力下降，直到新的平衡为止，此时出口压力又基本恢复到设定值。

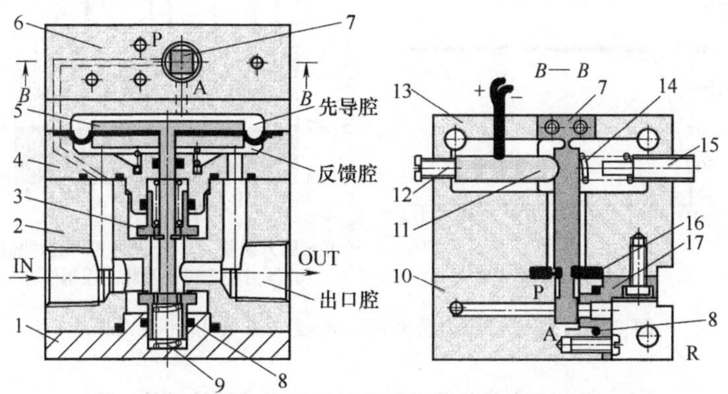

图 7-33 压电开关调压型气动数字阀的总体结构示意图

1—主阀下阀盖；2—主阀下阀体；3—溢流机构；4—主阀中阀体；5—主阀芯膜片组件；6—主阀上阀体；7—先导开关挡板；8—O形密封圈；9—复位弹簧；10—先导左阀体；11—压电叠堆；12—定位螺钉；13—先导上阀体；14—预紧弹簧；15—预紧螺钉；16—波形密封圈；17—先导右阀体

对于先导部分为二位三通压电型高速开关阀的数字阀，应选用数字控制方式。为了压电开关调压型气动数字阀的动态性能和稳态精度，减小其压力波动，采用“Bang-Bang＋带死区P＋调整变位PWM”复合控制算法对数字阀进行控制（图7-34），即在压电开关调压型气动数字比例压力阀响应过程采用Bang-Bang控制，使其快速达到稳态区域；当进入稳态区域后，采用“带死区P＋调整变位PWM”复合控制算法，提高其稳态精度，减小压力波动。试验结果（图7-35、图7-36及表7-1）表明，该复合控制算法弥补了“Bang-Bang”控制和“带死区P＋PWM”复合控制算法的缺点，大大减小了该数字阀在有流量负载情况下的出口压力波动，有效提高了该数字阀的稳态控制精度。

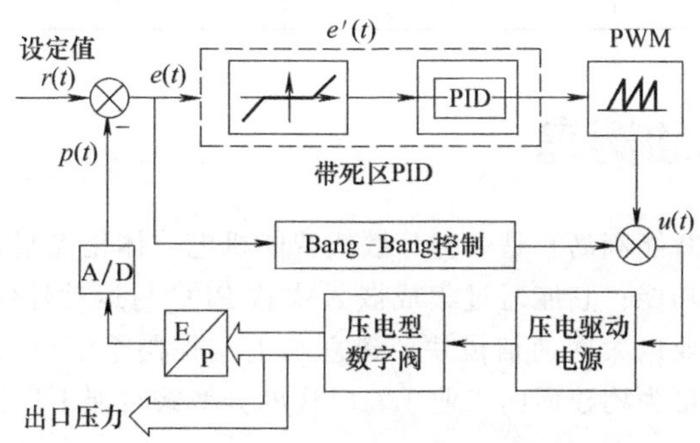

图 7-34 Bang-Bang＋带死区P＋调整变位PWM”复合控制框图

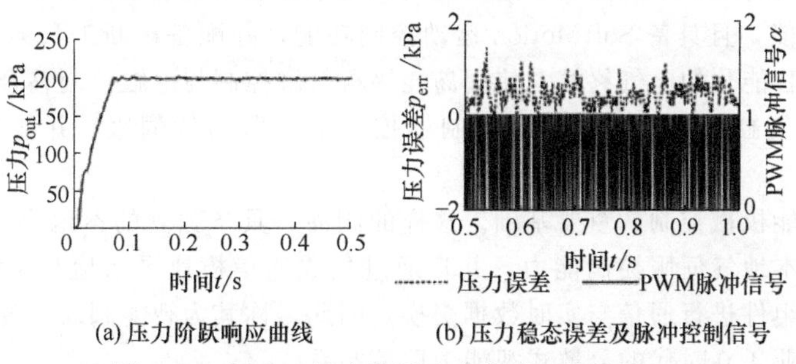

(a) 压力阶跃响应曲线　(b) 压力稳态误差及脉冲控制信号

图 7-35 阀出口压力阶跃响应曲线（流量为0）

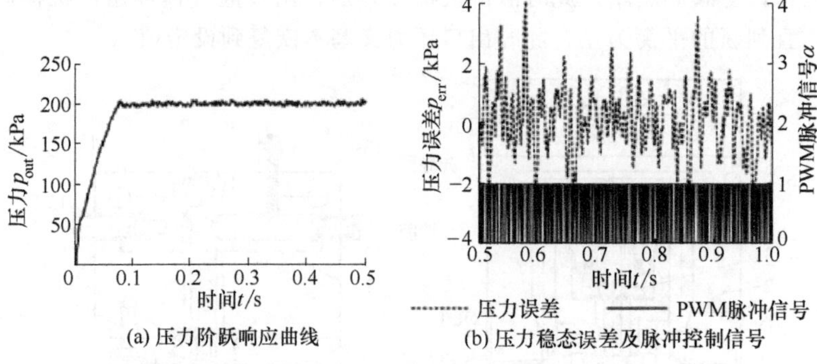

图 7-36 阀出口压力阶跃响应曲线（流量为 100L/min）

表 7-1 压电开关调压型气动数字阀试验结果及比较

序号	控制算法	流量负载 /L·min^{-1}	响应时间 /s	稳态误差 /kPa	压力波动 /kPa	试验条件	试验特性曲线
1	Bang-Bang	0	0.073	2.5	5.0	进口压力 0.4MPa，开关控制上阈值设定 1kPa，下阈值设定 0，设定出口压力 0.2MPa，出口外接气管等效容积为 4mL	略
2	带死区 P+PWM	0	0.071	0.5	1.0	载波频率为 200Hz，设定误差 1kPa，其余同序号 1	略
		100	0.079	5.0	15		
3	Bang-Bang+带死区 P+调整变位 PWM	0	0.072	0.5	1.0	同序号 2	图 7-35
		100	0.080	1	5.0		图 7-36

7.4 智能气动阀岛

智能气动阀岛（简称智能阀岛）是一种分散式智能机电一体化控制系统。它能灵活地集成用户所需的电气与气动控制功能；它能通过集成嵌入式软 PLC 与运动控制器，实现本地决策与本地控制；它能通过集成工业以太网通信模块，建立与上位控制系统以及其他组件的联网实时数据交换。因此，智能阀岛可为构建面向工业 4.0 时代的分散式智能工厂控制系统提供灵活的解决方案。

智能化阀岛电气终端，不只是用于连接现场和主站控制层。它已具备 IEC 61131-3 嵌入式软 PLC 可编程控制功能，且具备 SoftMotion 运动控制功能，并配备诊断工具能为用户提供状态监控功能。通过集成智能化的电气终端，使阀岛能够将气缸控制与电缸控制整合在一起：通过模块化阀岛电磁阀控制气缸动作，通过运动控制器控制电伺服与气伺服，并能集成更多功能，如图 7-37 所示。

运动控制是智能机械控制的重要基础。这样的阀岛，具备独立的本地决策、本地逻辑控制、本地电伺服控制、本地气伺服控制能力，并且通过集成通信模块灵活地与采用不同通信协议的上位机或其他网络组件进行通信与实时数据交换。因此，称其为智能阀岛。智能阀岛能帮助我们灵活地构建面向工业 4.0 时代的分散式智能工厂控制系统。

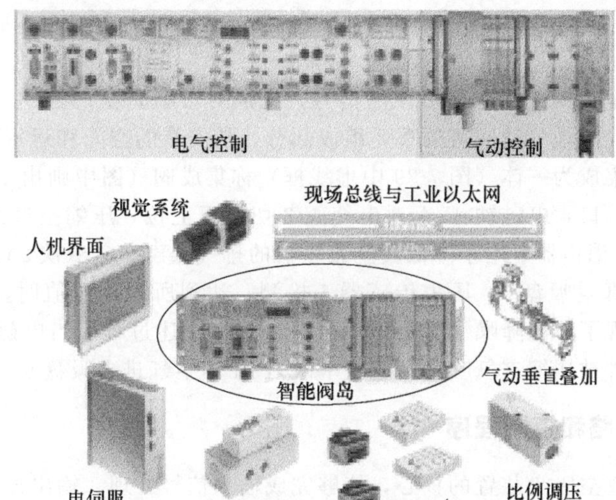

图 7-37　智能阀岛的电气与气动控制功能

7.5　智能真空吸盘

7.5.1　功能结构

智能真空吸盘装置是将传统吸盘与微控制器高度融合的控制模块化、网络化结构的环保型吸附功能部件，适用于大多数平面物料搬运场合的物料抓取。

智能真空吸盘装置为通用吸盘加控制盒结构（图 7-38），虚线框内的控制盒包括控制电路板（通信模块、LED 显示、I/O 输入输出端口）和气动回路（真空发生器、三组六位四通集成阀、压力传感器等），控制盒体固定在真空吸盘上。三组六位四通集成阀根据微控制器 SCM 的信号实时控制产生真空的压缩空气供给，并控制真空发生器产生的负压空气到达真空吸盘，实现真空吸盘对工件的抓放。压力传感器实时检测吸盘的真空度，并反馈给微控制器 SCM，形成控制系统对吸盘的闭环控制，并实现了节能降噪；既可在使用大吸盘时，成为一体化结构，密封防爆，也可在使用小吸盘时，将控制系统与吸盘分开，便于安装；同时，各智能装置之间还便于通信组态。

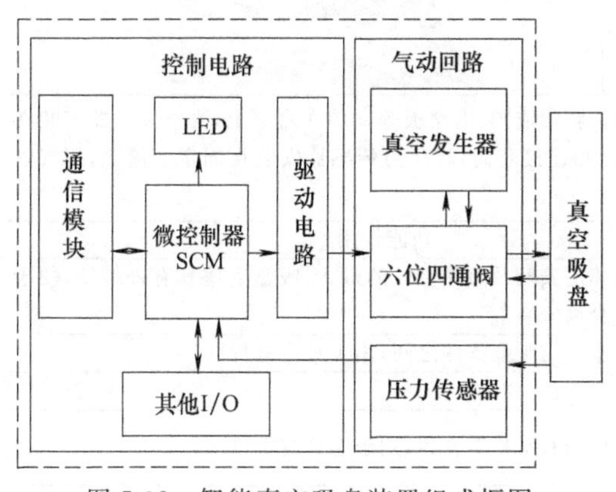

图 7-38　智能真空吸盘装置组成框图

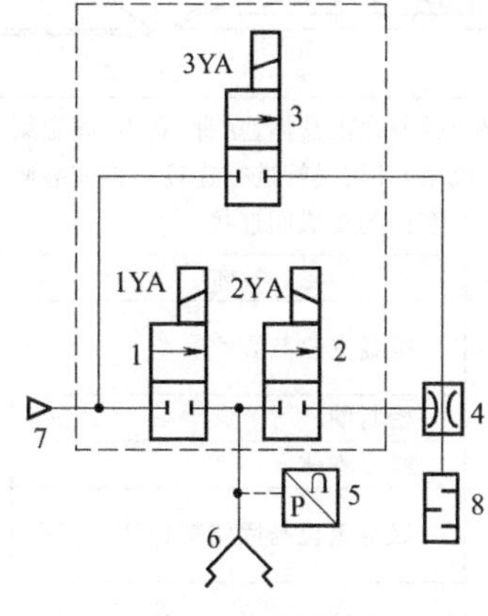

图 7-39　智能真空吸盘装置气动回路原理图

1～3—二位二通电磁换向阀；4—真空发生器；5—压力传感器；6—真空吸盘；7—气源；8—消声器

7.5.2 气动回路原理

气动回路的功能是根据主控电路板控制信号，完成对吸盘真空的控制，其原理如图 7-39 所示。三组六位四通集成阀是气动回路的重要组成部分，从安装的空间和运行可靠性出发，将三个二位二通电磁换向阀集成为一体（图 7-39 中虚线框）称集成阀（图中画出 1 组）。气源 7 进入三组六位四通集成阀左入口，电磁铁 3YA 通电使阀 3 切换至上位，压缩空气经阀 3 进入真空发生器 4，产生真空负压，消声器 8 用于降低真空发生器的排气噪声。电磁铁 2YA 通电使阀 2 切换至上位，负压空气进入真空吸盘 6，压力传感器 5 检测，达到所需负压值时，电磁铁 2YA、3YA 断电，进行保压，实现了节能降噪。当负压不足时，重复上述过程。当电磁铁 1YA 通电时（采用脉冲方式，防止工件被压缩空气吹落，造成事故），压缩空气进入吸盘 6，解除（破坏）真空。

7.5.3 控制电路和控制程序

控制系统是智能真空吸盘装置的核心，能够完成输入信号处理、输出控制、信息显示、通信等功能。控制电路包括微控制器 SCM、输入开关、光电隔离电路、驱动电路和继电器等。控制程序包括主程序（主要实现工作模式设置、参数设置、子程序调用）和单循环子程序［主要包括初始化子程序、单循环子程序、手动子程序（包括复位子程序）］等（限于篇幅，此处略去）。

7.5.4 技术特点

① 真空吸盘装置采用将微控制器与气动系统集成于一体化控制盒的结构（结构图及组成零件说明见表 7-2），简化了通用真空吸盘的控制构架，实现了智能化，缩短了生产线的装调周期，实现了节能降噪。

表 7-2 智能真空吸盘装置结构及组成零件说明

结构图和三维外形图	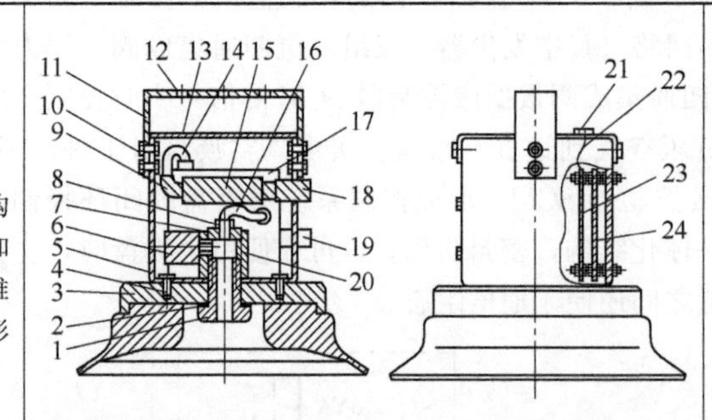		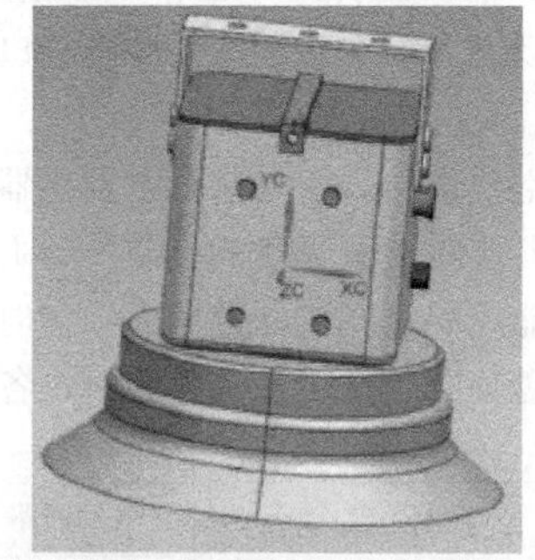
	整个控制盒由盒体、盒身、盒盖、固定架、安装架等组成。将集成阀、电路板等安装在盒壁上，真空发生器安装在集成阀上，并用气管进行连接。再安装吸盘支座固定套筒和连接套筒，将压力传感器安装在固定套筒上，用气管将连接套筒与集成阀连接		
作用说明	序号	名称	功能作用
	1	吸盘支座与真空孔	用于吸盘本体的安装及负压空气的进入；吸盘支座具有外螺纹，便于吸盘支座固定套筒安装
	2	密封圈	安装在吸盘本体与吸盘支座之间，用于真空密封
	3	吸盘本体	用于真空吸取工件（物料）
	4	吸盘定位与固定螺栓	连接吸盘本体与真空控制盒体，用于连接与定位
	5	真空控制盒金属盒体	固定在吸盘本体后端，内装三组六位四通集成阀、压力传感器、真空发生器、电路板等
	6	压力传感器	用于检测真空负压压力
	7	连接套筒	具有外螺纹，与吸盘支座固定套筒内螺纹配合，安装在吸盘支座固定套筒上

续表

	序号	名称	功能作用
作用说明	8	吸盘真空进气接头	安装在连接套筒上，负压空气(真空)从此口进入
	9	真空发生器进气口弯头	一端与真空发生器相连，另一端连接三组六位四通集成阀。用于压缩空气的进入，使真空发生器产生真空
	10	单元安装架连接螺栓	连接单元安装架与真空控制盒体
	11	单元安装架	连接真空控制盒体，用于智能真空吸盘单元的定位与安装
	12	单元安装架安装孔	通过连接螺栓，用于智能真空吸盘单元的定位与安装
	13	真空控制盒非金属盒盖	安装在真空控制盒体上，起到密封作用。另外由于是非金属材料，便于无线通信信号通过
	14	连接气管 1	一端插入真空发生器进气口弯头，另一端插入三组六位四通集成阀接口。压缩空气经连接气管 1 进入真空发生器
	15	真空发生器	产生真空(负压空气)
	16	连接气管 2	一端插入三组六位四通集成阀接口，另一端插入吸盘真空进气接头。负压空气通过连接气管 2 进入吸盘
	17	三组六位四通集成阀	由 3 个两位两通电磁换向阀集成，实现对气路的转换
	18	消声器	消除真空发生器通过高压空气时产生的噪声
	19	单元总进气口	智能真空吸盘单元的压缩空气进气口
	20	吸盘支座固定套筒	有内螺纹，与吸盘支座外螺纹配合，把吸盘本体和真空控制盒固定到一起。压力传感器也安装在吸盘支座固定套筒上
	21	控制面板	和主控电路板相连，包括三个部分：按键部分含“单机模式/联网模式”“PC 联网/智能装置组态”“手动/自动”“真空吸”“真空放”“真空增大”“真空减小”等。这些按键用于对智能真空单元的设置、启动、停止、真空加、真空减等控制；LED 用于显示吸盘负压压力；通信总线接口用于微控制器与 PC 或其他智能单元的有线通信
	22	控制面板与主控电路板连接电缆	用于面板上的按键信号、LED、通信总线信号在接口到主控电路板的传输
	23	主控电路板	完成控制、通信数据处理等功能
	24	无线通信模块	无线信号的发射与接收

② 新型智能真空吸盘装置装调简单，操作方便，适用于大多数平面物料搬运的场合，既能独立工作，又能与其他智能装置（智能吸盘或智能直线气动装置）通信，组成柔性搬运、装配系统。

③ 气动系统由真空吸盘提供真空，由压力传感器检测负压；在微控制器控制下，通过三个二位二通电磁换向阀集成为一体的集成阀的通断配合，实现系统真空的建立与解除。

④ 气动系统部分参数见表 7-3。

表 7-3 智能真空吸盘装置气动系统部分技术参数

序号	内容	参数	数值	单位
1	工件	尺寸(长×宽)	100×100	mm×mm
2		质量 M	5	kg
3	真空吸盘	工作真空度 p	0.06	MPa
4		直径 D	80	mm
5	真空发生器	型号	ZH10D	
6		喷嘴口径 d_1	1	mm
7		供气口直径 d_2	6	mm
8		真空口直径 d_3		
9		最大吸入流量	24	L/min
10		平均吸入流量	12	
11		实际真空达到时间 t	0.66	s

7.6 智能化气动设备及系统实例

7.6.1 高速铁路动车组智能气动门控系统

(1) 主机功能结构

CRH2 型和 CRH380A 型动车组的外门为气动式侧拉门，采用压缩空气作为开、关车门的动力，依靠配电盘和电磁阀控制、检测侧拉门的状态，并将检测信息返回诊断系统和列车运行控制系统，实现对车门的检测和安全防护。但气动侧拉门控制系统依托配电盘和电磁阀进行控制，仅能实现车门正常的开关及一些简单的功能，驾驶员无法监控车门的所有状态、故障诊断信息等，并且不便后续升级维护。如将网络控制应用于车门控制系统，则可实现车门状态的实时监控，提高其智能化水平。

如图 7-40 所示，智能气动侧拉门系统以 CRH2 型外门结构为基础，主要由直线导轨 3、驱动气缸 10、压紧气缸 8、门控系统［EDCU（门控器）2、门控软件等］、门扇 7、解锁装置 9 及限位开关（图中未示出）等部分组成。

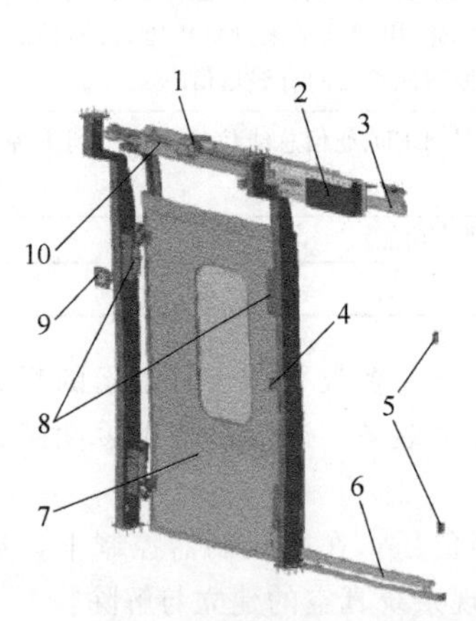

图 7-40 智能气动侧拉门的结构示意图

1—电磁阀；2—EDCU；3—直线导轨；4—隔离锁；5—缓冲；6—下导轨；7—门扇；8—压紧气缸；9—解锁装置；10—驱动气缸

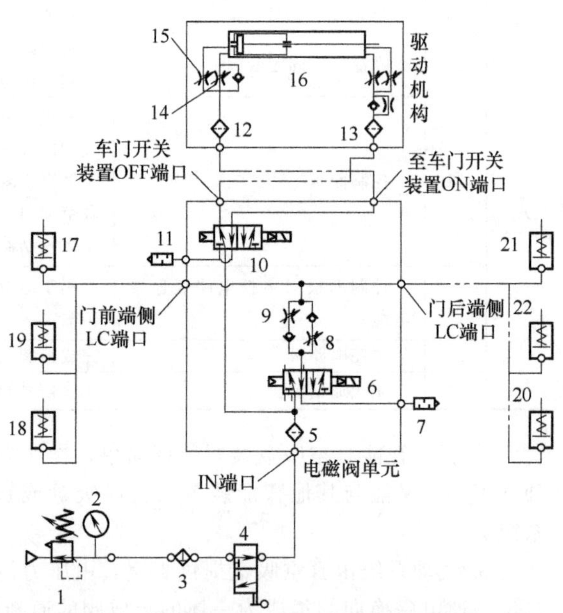

图 7-41 智能气动侧拉门整体气路原理图

1—减压阀；2—压力表；3—滤气器；4—手动紧急开门阀；5,12,13—过滤器；6,10—二位五通电磁阀；7,11—消声器；8,15—缓冲调节螺钉（阀）；9,14—速度调节螺钉（阀）；16—驱动气缸；17～22—锁紧气缸

(2) 气动系统

图 7-41 中，矩形框各空心圆代表各接口，电磁阀单元最底部的符号△是车辆供给侧拉门机构的总气源接口。系统有双作用驱动气缸 16 和单作用锁紧气缸 17～22 等两组执行元件，前者的作用是通过其长轴（活塞杆）驱动车门的开关，其运动方向由电磁阀 10 控制，后者通过其活塞杆实现车门压紧和松弛，其运动方向由电磁阀 6 和缸内弹簧进行控制，两组缸分别由阀 14 和阀 9 进行速度调节以满足动作时间要求，两组缸分别由阀 15 和阀 8 进行端部缓冲调节。系统压力

由减压阀1设定并通过压力表2显示。

(3) 电控系统

智能气动侧拉门的电控系统取消了CRH2型和CRH380A型动车组外门的配电盘，增加了EDCU、门控软件和限位开关等，从而实现了气动侧拉门功能上的多样化。

关闭到位开关和紧急解锁压力开关接入车辆安全互锁电路，若车门没有关闭到位或者紧急解锁压力开关被触发，车辆的安全互锁回路就会断开。隔离开关与上述回路并联。

(4) 开关门控制逻辑

在动车组停靠或离开站点时，司机室乘务人员发出开门或关门指令后，EDCU通过控制开关门电磁阀通断电，控制驱动气缸通断气；EDCU通过控制压紧电磁阀通断电，进而控制压紧气缸通断气。侧拉门的时序功能逻辑图如图7-42所示。各工况的动作流程此处从略。

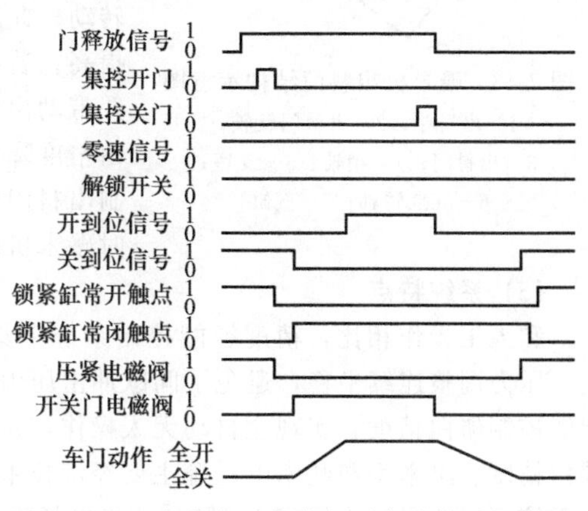

图7-42 智能气动侧拉门时序功能逻辑图

(5) 性能特点

与CRH2型和CRH380A型动车组气动侧拉门相比，智能气动侧拉门保留了气动侧拉门结构简单、故障率低的优点，在原气动控制系统的基础上，增加了电子门控器等电气部件，通过电子门控器控制气动门的开关门动作；优化了车门的设计结构和控制逻辑，增加了网络通信、故障诊断和下载等功能，消除了既有气动门在运营过程中存在的安全问题、功能单一及硬件升级困难等问题，以满足列车智能化需求。台架试验表明，车门达到了设计要求，保证了高速动车组列车高速运行时的安全与稳定性。

7.6.2 碾米机精度智能气动控制系统

(1) 主机功能结构

碾米是借助旋转的碾米机的碾辊使米粒与碾白室构件及米粒与米粒之间产生相互碰撞、碾削、摩擦翻滚及轴向输送等运动，通过碾削及摩擦擦离等作用将米粒表皮部分全部去除，使米粒成为符合规定要求大米的加工过程。

碾米机工作时，碾白室的压力直接影响其驱动电机负荷及电流、碾白精度和碎米率的大小。当外加压力增大时，物料难以排出碾白室，造成碾白室压力增大，这时主电机负荷加大，电流也随之上升，碾白精度提高，同时会增加碎米率；反之，当外加压力减小时，物料容易排出碾白室，碾白室压力降低，主电机负荷和电流也减小。碾白精度、碎米率都会降低。由此可见，碾白精度与碎米率存在一定的正比关系，同时碾白精度与主电机电流也存在一定的正比关系，因此通过检测主电机电流即可确定碾白精度。只有将精度控制在某一区间内，才能保证在最合适精度下，碎米率低、吨米电耗低。为了保证成品的质量、减少碎米率，减少人为因素的影响，提高碾米机的生产效率及企业效益，研发碾米机精度智能控制系统非常有必要。

(2) 精度智能控制系统结构原理

精度智能控制系统由气缸、出料门、电气比例阀、触摸屏、PLC、自动化控制柜等部分组成。

气缸是系统的执行元件，用于驱动出料门的启闭及开度大小调节，如图7-43所示，出料斗1外部装有支座5，内部装有出料门3。出料门通过出料门转轴2与出料斗壳体连接，可以绕出料门转轴2转动。气缸7通过气缸转轴6与支座连接，可以绕气缸转轴转动。气缸头部通过销轴4与出料门3固定成为一体，相互间不能运动。气缸的推力由电气比例阀控制。触摸屏可根据不同

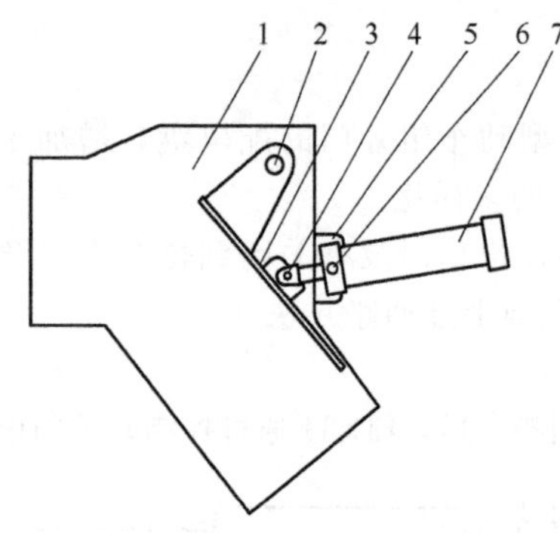

图 7-43 碾米机出料门结构示意图
1—出料斗；2—出料门转轴；
3—出料门；4—销轴；5—支座；
6—气缸转轴；7—气缸

品种、水分设定最佳电流值（此时碾米精度最合适）。PLC 经程序计算、输出电信号给电气比例阀，以实现对输出信号（压力）的连续、无级和比例调节控制。

系统工作原理为：由于碾白精度与主电机电流存在一定的正比关系，故在线采集主电机电流，通过 PLC 与设定的最佳电流（在一个较小的区间）比较，算出补偿值，当检测到主机电流低于最佳电流时（补偿值为正），PLC 控制器发出指令，电气比例阀控制气缸伸出并带动出料门顺时针方向转动，此时米的流出口径变小，碾白室压力加大，碾白精度提高；若主机电流高于最佳电流（补偿值为负），气缸回缩并带动出料门逆时针方向转动，此时米的流出口径变大，碾白精度降低；若在区间范围则气缸不动作，从而实现智能控制出料门的开度，使碾白精度平衡在最合适精度区间内，此时碾米机的碎米率低、吨米电耗低。

(3) 系统特点

和人工操作相比，精度智能控制系统采集的数据实时、准确，动作迅捷，碾白精度控制稳定，压力调整连续平稳，避免了间歇冲击压力造成大米的增碎。系统具有以下显著的优点：在线智能控制碾白精度，实现全自动无人操作，每班可节省操作员 1 名，大幅降低碾米机运行成本；碾白精度、出米率和吨米电耗等主要经济技术指标有较大的优化，测试表明，碾米机精度智能控制系统可以使出米率提高 1.5%，吨米电耗降低 5%～6%。

7.6.3 气动内墙智能抹灰机及系统

(1) 主机功能结构

气动智能抹灰机主要用于建筑行业内墙粉刷抹灰作业。如图 7-44 所示，抹灰机主机由包括升降机构和喷涂机构组成，整机采用气动系统驱动。升降气缸 3 与立柱 13 相连接，实现立柱的快速固定；立柱上固定齿条 8，通过固定在滑台 4 上的减速气动马达（图中未画出）带动齿轮 5 与其啮合，实现滑台在立柱上的上下运动；滑台的支架 9 上安装有行程开关 10，实现移动气缸 6 控制喷灰头 7 的左右往复运动；抹灰板 11 与伸缩气缸 12 相连，通过气缸的伸缩运动，控制抹灰板角度变化，保证墙面光滑平整。万向轮（图中未示）放置在导轨 1 上实现机器的快速移动，通过气动系统各气动回路相互配合，使升降、喷抹、行走 3 个动作协同进行，实现智能化粉墙，以大大降低工人的劳动强度，提高粉刷质量。

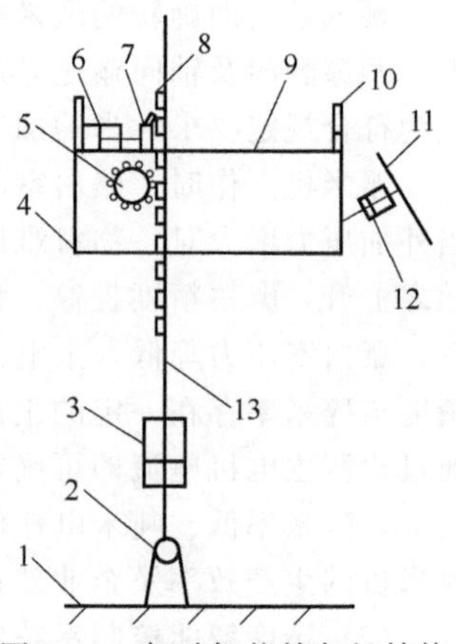

图 7-44 气动智能抹灰机结构组成示意图
1—导轨；2—底座；3—升降气缸；4—滑台；5—齿轮；6—移动气缸；7—喷灰头；8—齿条；9—支架；10—行程开关；11—抹灰板；12—伸缩气缸；13—立柱

由图 7-45 (a) 所示抹灰机设计方案可看出，机器的机械部分包括动力机构、行走机构以及与动力机构相接的滑台升降机构、喷灰机构和抹灰机构等。

动力机构是第一气动马达及其驱动的齿轮减速器，滑台升降机构是垂直并穿透设置在滑台中的立柱，立柱朝向齿轮减速器的面上均布有呈横向设置的齿条，齿轮减速器的输出轴上装有与齿条相啮合的齿轮，滑台利用导轨水平滑动到待抹灰墙面后，动力机构带动滑台升降机构上升或收缩，调整滑台与导轨的垂直距离，当滑台上的喷灰机构和抹灰机构到达合适高度时，可依次完成喷灰及抹灰工作。

喷灰机构是与导轨相平行并架设在滑台中的支架上，支架上放置喷灰头以及往复滑动的第一气缸，喷灰头与喷灰输送管道相连通，喷灰输送管道与第二气动马达（用于控制喷灰头喷灰）相接，抹灰机构与喷灰头同侧设置，顶端铰接在滑台侧壁顶部的抹板，滑台侧壁上设有第二气缸，第二气缸的活塞杆连接在抹板的后壁上。

当需要移动至下一个工作面时，行走机构推动万向轮在原来调整好的导轨上移动，仅需人工轻推施力即可。通过调整滑台上安设的垂直定位器可保证滑台在固定定位时与水平面保持垂直。这种采用喷灰与抹灰结合的方式，解决了落地灰多和空鼓的现象。采用轨道式移动，通过一次定位、无需找正的方式，解决了频繁定位且定位不准确的问题。

该机整体尺寸为 700mm×800mm×600mm，质量 150kg，功率 3kW，抹墙高度 3m，抹灰厚度 2～30mm，抹灰效率 55m²/h。

(2) 气动系统工作原理

图 7-45 (b) 所示为内墙智能抹灰机气动控制系统原理图。

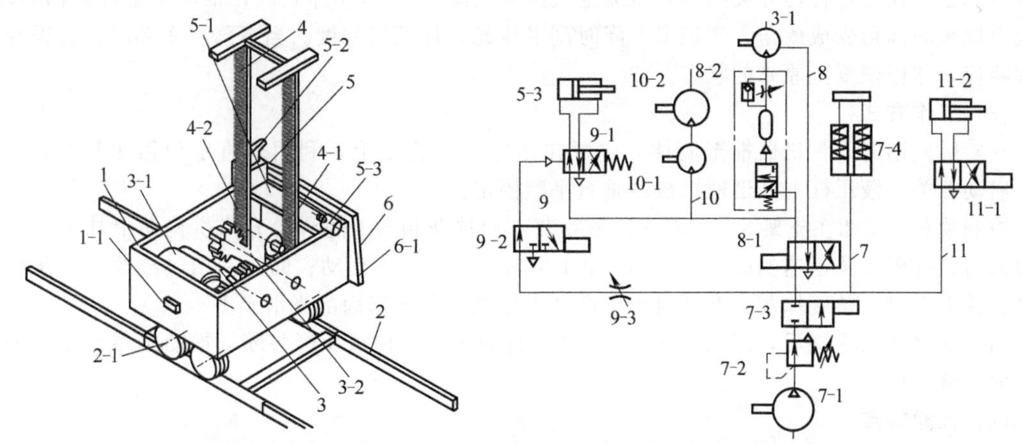

(a) 气动智能抹灰机设计方案图　　(b) 内墙智能抹灰机气动控制系统原理图

图 7-45　抹灰机设计方案和气动系统原理

1—滑台；1-1—垂直定位器；2—导轨；2-1—万向轮；3—动力机构；3-1—第一气动马达；3-2—齿轮减速器；4—滑台升降机构；4-1—立柱；4-2—齿条；5—喷灰机构；5-1—支架；5-2—喷灰头；5-3—第一气缸；6—抹灰机构；6-1—抹灰板；7—压紧回路；7-1—气源（空压机）；7-2—减压阀；7-3—气源开关阀；7-4—升降（挤压）气缸；8—升降回路；8-1—二位四通阀Ⅰ；8-2—气动延时阀；9—喷灰头移动回路；9-1—二位四通阀Ⅱ；9-2—二位三通阀；9-3—节流阀；10—喷灰回路；10-1—第二气动马达；10-2—挤压泵；11—抹灰回路；11-1—二位四通阀Ⅲ；11-2—第二气缸

系统的气源为空压机 7-1，系统压力由减压阀 7-2 调节和设定。系统的主要执行元件有带动齿轮减速器运转的第一气动马达 3-1、调整喷灰头位置的第一气缸 5-3、调整抹板倾角的第二气缸 11-2。此外，还有第二气动马达 10-1、挤压泵 10-2、挤压气缸 7-4 等。系统工作原理如下。

工作时，启动第一气动马达 3-1，经齿轮减速器通过齿轮齿条传动，带动滑台整体上移，达到预定高度后，气动系统再控制第一气缸 5-3 将喷灰头调整至合适位置，之后开启喷灰输送管道完成喷灰。喷灰完成后，气动系统再通过控制第二气缸 11-2 的活塞杆伸缩调整抹板的倾角，完成抹板对灰浆的抹匀工作。

压紧回路 7 中升降气缸 7-4 的活塞杆端与立柱连接，通过活塞杆向上运动，立柱顶紧屋顶，保证机器工作稳定。

升降回路 8 连接在气源开关阀上，包括依次相接的二位四通阀 8-1、气动延时阀 8-2、第一气动马达 3-1 及行程开关。当阀 8-1 处于图示左位时，压缩空气进入第一气动马达 3-1 中，产生力矩通过主轴带动齿轮减速器旋转，减速至合理的转速之后，与立柱上的齿条相啮合，滑台开始上升；当到达屋顶时，触动行程开关，阀 8-1 切换至右位，马达 3-1 主轴反向，控制滑台下降。

喷灰头移动回路 9 连接在二位四通阀 8-1 与气动延时阀 8-2 之间的管路上，包括相接的二位四通阀 9-1 与第一气缸 5-3，回路 9 还包括连接在阀 9-1 与气源开关之间的辅助支路，辅助支路中设有二位三通阀 9-2 及节流阀 9-3。通过第一气缸的左右往复运动，可带动喷灰头实现左右往复运动；同时，由减压阀 7-2、节流阀 9-3、二位三通阀 9-2 组成的辅助支路，使喷灰头下降时不再运动。

喷灰回路 10 连接在二位四通阀 8-1 与 9-1 之间的管路上，包括第二气动马达 10-1 及挤压泵 10-2。第二气动马达带动挤压泵工作，将灰浆经过喷灰输送管道送至喷灰头处，实现灰浆的自动输送；当滑台上升至顶端时，升降回路 8 的行程开关响应，第一气动马达反转，滑台下降。这时，由于气动延时阀的作用不再给第一气动马达供气，挤压泵停转，就可以实现滑台下降时喷灰头不再工作。

抹灰回路 11 连接在气源开关阀 7-3 上，包括依次相接的二位四通阀 11-1 和第二气缸 11-2。在滑台到达屋顶时，行程开关响应，压缩空气进入气缸 11-2 的无杆腔内，推动活塞杆向前运动，抹板由原来的仰角变成俯角，实现了下降时刮平压光，保证密实度。当下降至底部时，行程开关再次响应，抹板恢复至原来的状态。

(3) 工作方式

在实际使用时，将机器推至墙体，放置在预定的导轨 2 上，利用垂直定位器 1-1 调节垂直度，启动开关，液压杆上升迅速把机器垂直平整固定。

控制喷灰头 5-2 在支架 5-1 上左右往复喷灰，使抹灰板 6-1 随滑台升降机构向上抹灰，上升至顶部时，行程开关迅速响应，气动马达 3-1 反转，滑台向下运动；同时利用气缸改变抹灰板的角度，使上升时大角度抹灰，下降时小角度刮平压光，保证墙面的光滑平整。

当一面墙抹灰完毕后，控制升降气缸 7-4 有杆腔出气，使液压杆收缩，推动机器移至下一个工作面继续工作。

(4) 性能特点

气动智能内墙抹灰机结构简单、安全可靠，综合了传统喷浆机的高效率和半自动抹灰机的高密实度等特点，提高了作业效率，缩短了工程周期，促进了建筑机械向智能化发展。

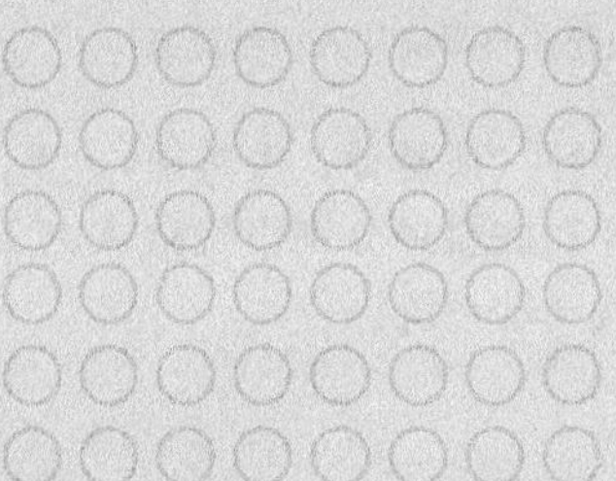

气动系统设计要点及实例

8.1 气动系统设计流程

所谓气动系统设计，是指组成一个新的能量传递系统，以完成一项专门的任务。

气动系统的设计是与主机的设计密切相关的。当从必要性、可行性和经济性几方面对机械、电气、气动和液压等传动形式进行全面比较和论证，决定应用气压传动之后，二者往往同时进行。所设计的气动系统首先应满足主机的拖动、循环要求，其次还应符合结构组成简单、体积小、重量轻、工作安全可靠、使用维护方便、经济性好等公认的设计原则。

气动系统的一般设计流程如图 8-1 所示（虚线表示相关的项目），可大致概括为：明确技术要求→选定执行元件的形式和数量→进行负载分析和运动分析→选择工作压力并确定执行元件几何参数及压力和流量→回路设计、拟定气动系统原理图→选择和设计气动元件→性能验算→结构设计。由于设计的初始条件不尽相同及设计者经验的多寡，其中有些内容与步骤可以省略和从简、或将其中某些内容与步骤合并交叉进行，有时需要前后调换顺序，反复讨论和修改，才能确定设计方案。

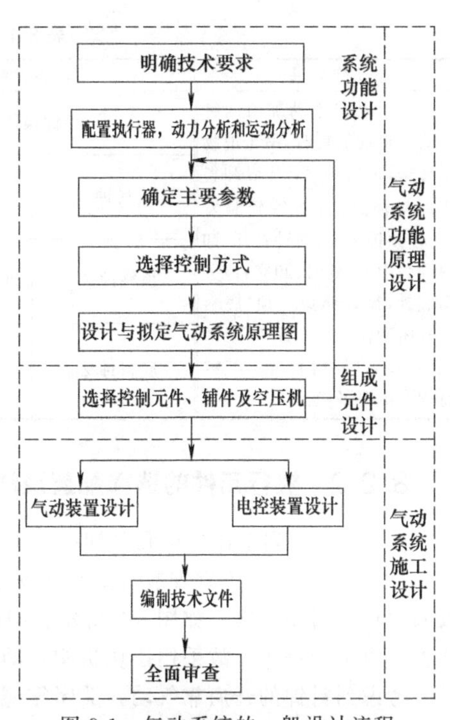

图 8-1 气动系统的一般设计流程

整个气动系统设计中一个非常重要的内容是回路设计。回路的设计方法有卡诺图法、信号-动作（X-D）线图法等。较为常用的是信号-动作（X-D）线图法，其设计内容与步骤如图 8-2 所示。

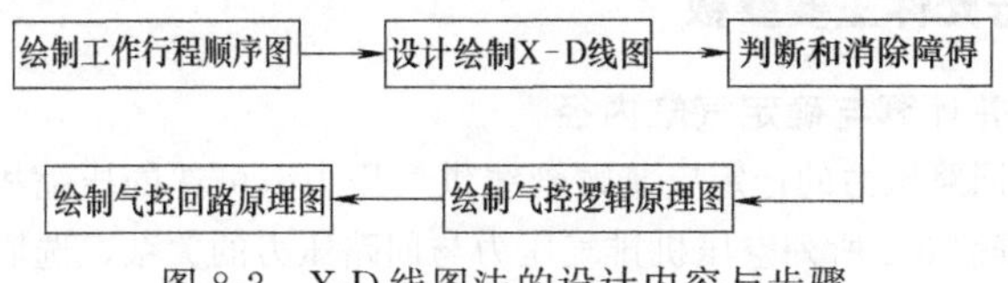

图 8-2 X-D 线图法的设计内容与步骤

8.2 设计计算实例：鼓风炉钟罩式加料装置气动系统设计

8.2.1 技术要求

某厂鼓风炉钟罩式加料装置加料机构如图 8-3 所示，其中 Z_A、Z_B 分别为鼓风炉上、下部两个料钟（顶料钟、底料钟），W_A、W_B 分别为顶、底料钟的配重，料钟平时均处于关闭状态。顶料钟和底料钟分别由气缸 A 与 B 操纵实现开、闭动作。工作要求及已知条件如表 8-1 所列，试设计其气动系统。

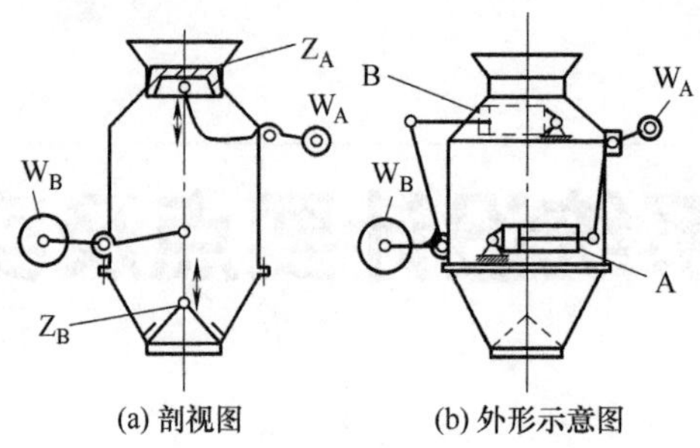

(a) 剖视图　　(b) 外形示意图

图 8-3　鼓风炉加料装置气动机构示意图

表 8-1　工作要求及已知条件

工作要求	动力参数		运动参数		环境条件
具有自动与手动加料两种方式。自动加料时，吊车把物料运来，顶料钟 Z_A 开启卸料于两料钟之间；然后延时发信，使顶钟关闭；底钟打开，卸料到炉内，再延时（卸完料）关闭底钟，循环结束。顶、底料钟开闭动作必须联锁，可全部关闭但不许同时打开。气缸行程末端要平稳	料钟操作力		料钟开或闭一次的时间/s	≤6	环境温度 30～40℃，灰尘较多
	料钟	操作力/kN	两料钟缸行程 S/mm	600	
	顶料钟 Z_A	推力 $F_{ZA} \geqslant 5.10$	两料钟缸平均速度 $v/\mathrm{mm \cdot s^{-1}}(\mathrm{m \cdot s^{-1}})$	$v=S/t=600/6=100=(0.1)$	
	底料钟 Z_B	拉力 $F_{ZB} \geqslant 24$	设备一次循环的时间 T/s	24	

8.2.2　执行元件的选择配置及动力和运动分析

由表 8-1 所列工作要求和已知条件可知，料钟开、闭（升降）行程较小，且有炉体结构限制（料钟中心线上下方不宜安装气缸）及安全性要求（机械动力有故障时，两料钟处于封闭状态），故采用重力封闭方案，如图 8-3 所示。同时，在炉体外部配上使料钟开启（即配重抬起）的传动装置，由于行程小，故采用摆块机构，即相应地采用尾部铰接式气缸作执行元件。

考虑到料钟的开启靠气动，关闭靠配重，故选用单作用气缸。又考虑开闭平稳，可采用两端缓冲的气缸。因此，初步选择执行元件为两只标准缓冲型、尾部铰接式气缸。

两只气缸的动作顺序、动作时间、动力参数和运动参数已在表 8-1 列出。

8.2.3　确定执行元件主要参数

(1) 选取回路压力并计算与确定气缸内径

① 选取回路压力。回路压力的选定应兼顾管线供气压力、可选的压缩机排气压力范围、执行元件所需压力等条件。根据表 8-2 所列空压机排气压力与回路压力的关系，选取回路压力 $p=0.4\mathrm{MPa}$。

表 8-2　空压机排气压力与回路压力的关系　　MPa

空压机公称排气压力	回路压力
0.5	0.3～0.4
0.7	0.4～0.55
1.0	0.55～0.75
1.4	0.75～1.0

② 计算料钟气缸 A 内径 D_A 并选择缸的型号。缸的工作推力为 $F_1=F_{ZA}=5.10\times10^3\mathrm{N}$；因

$v=0.1\text{m/s}\leqslant 0.2\text{m/s}$，故取负载率 $\beta=0.8$；回路压力为 $p=0.4\times 10^6\text{Pa}$，则

$$D_A=\sqrt{\frac{4F_1}{\pi p\beta}}=\sqrt{\frac{4\times 5.10\times 10^3}{3.14\times 0.4\times 10^6\times 0.8}}=0.142\ (\text{m})$$

取标准缸径 $D_A=160\text{mm}$，行程 $L=600\text{mm}$。参考第 4 章表 4-3 所列气缸产品，选 JB 系列气缸。型号规格为：JB160×600，活塞杆直径 $d=90\text{mm}$。

③ 计算料钟气缸 B 内径 D_B 并选择缸的型号。工作拉力为 $F_2=F_{ZB}=24\times 10^3\text{N}$；因 $v=0.1\text{m/s}\leqslant 0.2\text{m/s}$，故取 $\beta=0.8$；回路压力为 $p=0.4\times 10^6\text{Pa}$，则

$$D_B=(1.01\sim 1.09)\sqrt{\frac{4F_2}{\pi p\beta}}=1.03\times\sqrt{\frac{4\times 24\times 10^3}{3.14\times 0.4\times 10^6\times 0.8}}=0.318\ (\text{m})$$

式中，由于缸径较大，故式中前边系数为 1.03。

参考第 4 章表 4-3 所列气缸产品，选 JB 系列气缸。型号规格为：JB320×600，活塞杆直径 $d=90\text{mm}$。

(2) 气缸耗气量的计算

按第 4 章式（4-4）、式（4-5）和式（4-10）直接计算两只气缸的自由空气耗气量（平均耗气量）如下。

① 顶部料钟气缸 A 的耗气量。缸 A 的内径 $D_A=160\text{mm}=16\times 10^{-3}\text{m}$；行程 $L=600\text{mm}=600\times 10^{-3}\text{m}$；全行程所需时间 $t_1=6\text{s}$，则压缩空气消耗量为

$$q_A=\frac{\pi}{4}D^2\frac{L}{t_1}=\frac{3.14}{4}\times(160\times 10^{-3})^2\times\frac{600\times 10^{-3}}{6}=2.01\times 10^{-3}(\text{m}^3/\text{s})$$

自由空气消耗量为

$$q_{Az}=q_A\frac{p+0.1013}{0.1013}=2.01\times 10^{-3}\times\frac{0.4+0.1013}{0.1013}=9.95\times 10^{-3}(\text{m}^3/\text{s})(\text{标准状态})$$

② 底部料钟气缸 B 的耗气量。缸 B 的内径 $D_B=320\text{mm}=320\times 10^{-3}\text{m}$；活塞杆直径 $d=90\text{mm}=90\times 10^{-3}\text{m}$；行程 $L=600\text{mm}=60\text{cm}$；全行程所需时间 $t_2=6\text{s}$，则压缩空气消耗量为

$$q_B=\frac{\pi}{4}(D^2-d^2)\frac{L}{t_2}=\frac{3.14}{4}\times[(320\times 10^{-3})^2-(90\times 10^{-3})^2]\times\frac{600\times 10^{-3}}{6}=7.40\times 10^{-3}(\text{m}^3/\text{s})$$

自由空气消耗量为

$$q_{Bz}=q_A\frac{p+0.1013}{0.1013}=7.40\times 10^{-3}\times\frac{0.4+0.1013}{0.1013}=36.6\times 10^{-3}(\text{m}^3/\text{s})(\text{标准状态})$$

8.2.4 选择控制方式

由于设备的工作环境比较恶劣，选取全气动控制方式。

8.2.5 设计与拟定气动系统原理图

(1) 绘制气动执行元件的工作行程程序图

工作行程顺序图用来表示气动系统在完成一个工作循环中，各执行元件的动作顺序，如图 8-4 所示。

(2) 绘制信号-动作状态线图（X-D线图）

X-D线图可以将各个控制信号的存在状态和气动执行元件的工作状态清楚地用图线表示出来，从图中还能分析出系统是否存在障碍（干扰）信号及其状态，以及消除信号障碍的各种可能性。本例的 X-D 线图见图 8-5。

加料吊车 x_0　　延时　　　　延时

放罐压 x_0→顶钟开→顶钟闭→底钟开→底钟闭

x_0　a_1　a_0　b_0

→A_1→A_0→B_0→B_1

延时　　　延时

图 8-4　气动执行元件的工作程序图

(3) 绘制气控逻辑原理图

气控逻辑原理图是用气动逻辑符号来表示

的控制原理图。它是根据 X-D 线图的执行信号表达式并考虑必要的其他回路要求（如手动、启动、复位等）所画出的控制原理图。由逻辑原理图可以方便快速地画出用阀类元件或逻辑元件组成的气控回路原理图，故逻辑原理图是由 X-D 线图绘制出气控回路原理图之“桥梁”。本例的气控逻辑原理图见图 8-6。

X-D(信号-动作)组		程序 1 A_1	2 A_0	3 B_0	4 B_1	执行信号表达式
1	$x_0(A_1)$ A_1					$x_0^{※}(A_1)=x_0$
2	$a_{1延}(A_0)$ A_0					$a_1^{※}(A_0)=a_{1延}$
3	$a_0(B_0)$ B_0					$a_0^{※}(B_0)=a_0\cdot K_{b_0}^{a_1}$
4	$b_{0延}(B_1)$ B_1					$b_0^{※}(B_1)=b_{0延}$
备用格	$K_{b_0}^{a_1}$					
	$a_0\cdot K_{b_0}^{a_1}$					

图 8-5 信号动作状态线图（X-D 线图）

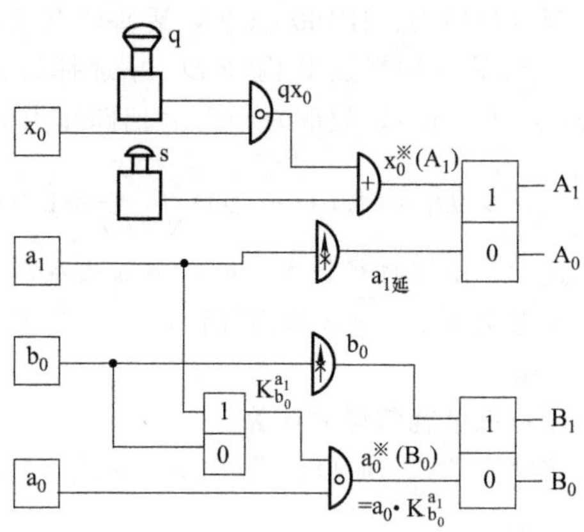

图 8-6 气控逻辑原理图

(4) 绘制回路原理图

气控回路原理图是用气动元件图形符号对逻辑控制原理图其进行等效置换所表示的原理图。本例的回路原理图如图 8-7 的左半部分所示。回路图中 YA_1 和 YA_2 为延时换向阀（常断延时通型），由该阀延时经主控阀 QF_A、QF_B 放大去控制缸 A_1 和缸 B_0 状态。料钟的关闭靠自重。

在图 8-7 左半部分所示回路原理图基础上，在增设气源处理装置（图 8-7 右半部分）即构成整个气动系统了。

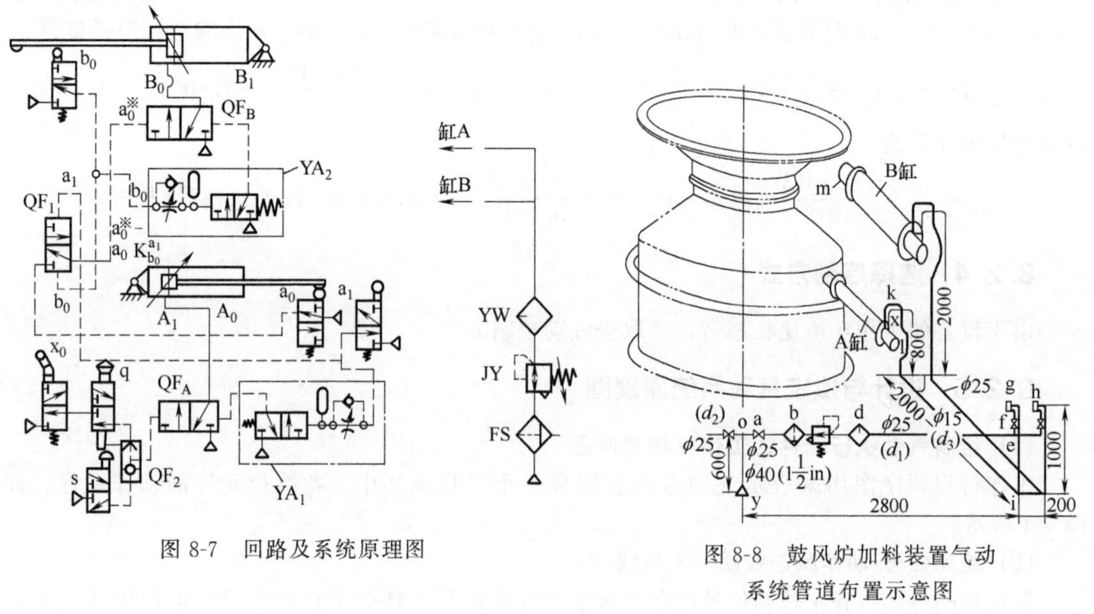

图 8-7 回路及系统原理图

图 8-8 鼓风炉加料装置气动系统管道布置示意图

（图中 *y*、*a*、*b* 等字母为元件或管道位置代号）

8.2.6 选择气动元件

(1) 选择控制元件

根据系统对控制元件工作压力及流量的要求，按照气动系统原理图（图 8-7）所选择的各控制阀如表 8-3 所列。

表 8-3　气动元件选择表

名称编号		形式	型号规格	通径/mm	说明
控制元件	主控换向阀 QF_A	防尘的截止式阀	$K23JK_2$-15	$\phi15$	根据 A 缸要求压力 $p_A=0.4$MPa，流量 $q_A=2.01\times10^{-3}m^3/s$，由表 8-4 选择阀 QF_A 的通径为 $\phi15$mm，其额定流量 $q=2.778\times10^{-3}m^3/s$，故选其型号为 $K23JK_2$-15
	主控换向阀 QF_B	防尘的截止式阀	$K23JK_2$-25	$\phi25$	根据 B 缸要求压力 $p_B=0.4$MPa，流量 $q_A=7.40\times10^{-3}m/s$，由表 8-4 选择阀 QF_B 的通径为 $\phi25$mm，故选其型号为 $K23JK_2$-25
	延时换向阀 YA_1、YA_2	常断延时通型	K23Y-L6-J	$\phi6$	
	行程阀 x_0	可通过式	$Q23C_4C$-L3	$\phi3$	
	行程阀 a_0、a_1、b_0	杠杆滚轮式	$Q23C_3C$-L3	$\phi3$	
	逻辑阀 QF_1	二位三通双气控阀	$K23JK_2$-6	$\phi6$	
	梭阀 QF_2	或门阀	QS-L3	$\phi3$	
	手动阀 q	手柄推拉式	$Q23R_5C$-L3	$\phi3$	
	手动阀 s	按钮式	$Q23R_1C$-L3	$\phi3$	
	减压阀		AR5000-10	接管螺纹 G1	根据系统所要求的压力、流量，同时考虑 A、B 缸因联锁关系不会同时工作的特点，即按其中流量、压力消耗最大的一个气缸（B 缸）选择减压阀。由表 8-4，供气压力为 0～0.8MPa，额定流量为 $8.3333\times10^{-3}m^3/s$，选择减压阀型号为 AR5000-10
气动辅件	分水滤气器		AF5000-10		
	油雾器		AL5000-10		
	消声器		QXS-L15 QXS-L25	$\phi15$ $\phi25$	配于两主控阀排气口、气缸排气口处，起消声、滤尘作用。对于 A 缸及主控阀选 QXS-L15，对于 B 缸及主控阀选 QXS-L25
	管道			$\phi15$ $\phi25$ $\phi40$	图 8-8 所示为系统管道布置示意图 按各管径与气动元件通径相一致的原则，初定各段管径。与 A 缸直接连接的管段的管道直径选为 $\phi15$mm，与 B 缸直接连接的管道直径选为 $\phi25$mm。对于总气源管段，考虑到 A、B 缸不同时工作及两台炉子同时供气，由流量为供给两台炉子流量之和的关系：$d=\frac{\pi}{4}d_1^2v+\frac{\pi}{4}d_2^2v$，可导出管道直径为 $d=\sqrt{d_1^2+d_2^2}=\sqrt{25^2+25^2}=35.4$(mm)，取标准管径为 $\phi40$mm
气源	空压机	活塞式无油型	2Z-3/8-1		按供气压力 $p_s\geq0.5$MPa，流量 $q_s=2.23m^3/min$，查产品样本选用 2Z-3/8-1 型空压机，其额定排气压力为 0.8MPa，额定排气量（自由空气流量）为 $3m^3/min$

表 8-4 标准控制阀的通径及其对应的额定流量

公称通径/mm		$\phi 3$	$\phi 6$	$\phi 8$	$\phi 10$	$\phi 15$	$\phi 20$	$\phi 25$	$\phi 32$	$\phi 40$	$\phi 50$
额定流量 q	$/10^{-3}\mathrm{m^3\cdot s^{-1}}$	0.1944	0.6944	1.3889	1.9444	2.7778	5.5555	8.3333	13.889	19.444	27.778
	$/\mathrm{m^3\cdot h^{-1}}$	0.7	2.5	5	7	10	20	30	50	70	100
	$/\mathrm{L\cdot min^{-1}}$	11.66	41.67	83.34	116.67	166.68	213.36	500	833.4	1166.7	1666.8

注：额定流量是限制流速在 15～25m/s 范围所测得国产阀的流量。

(2) 选择气动辅件及空压机

① 辅件的选择要与减压阀相适应（表 8-3）。

② 确定管道直径（表 8-3），验算压力损失。压力损失应按管道布置图（图 8-8）逐段进行计算，但考虑到本例中供气管 y 处到 A 缸进气口 x 处之间的管路较细，损失要比 B 缸管路的大，故只计算此段管道的压力损失是否在允许范围内，即是否满足

$$\sum\Delta p\leqslant[\sum\Delta p] \tag{8-1}$$

或

$$\sum\Delta p_l+\sum\Delta p_\xi\leqslant[\sum\Delta p] \tag{8-2}$$

式中 $\sum\Delta p$——总压力损失（包括所有的沿程压力损失和所有的局部压力损失）；

$[\sum\Delta p]$——允许的总压力损失；

$\sum\Delta p_l$——沿程压力损失，其计算式为

$$\sum\Delta p_l=\sum\lambda\frac{l}{d}\times\frac{\rho v^2}{2}\quad(\mathrm{Pa}) \tag{8-3}$$

$\sum\Delta p_\xi$——局部压力损失，其计算式为

$$\sum\Delta p_\xi=\sum\xi\frac{\rho v^2}{2}\quad(\mathrm{Pa}) \tag{8-4}$$

l，d——管道长度和管径，m；

λ——管道沿程阻力系数，λ 值与气体流动状态和管道内壁的相对粗糙度 ε/d 有关，对于层流流动状态的空气：

$$\lambda=64/Re \tag{8-5}$$

Re——雷诺数，$Re=vd/\nu$（无量纲）；

ν——气体的运动黏度，$\mathrm{m^2/s}$。

对于紊流流动状态的空气，$\lambda=f(Re,\varepsilon/d)$，$\lambda$ 值可根据 Re 和 ε/d 的值从相关手册中查得。其中，ρ 为气体的密度，$\mathrm{kg/m^3}$；ξ 为局部阻力系数，其值可从相关手册中查得。

按上述公式进行计算（详细过程略）并考虑阀产生的压力损失得出的总压力损失为

$$\sum\Delta p=0.068\mathrm{MPa}<[\sum\Delta p]=0.1\mathrm{MPa}$$

执行元件需要的工作压力 $p=0.4\mathrm{MPa}$，压力损失为 $\sum\Delta p=0.068\mathrm{MPa}$。供气压力为 $0.5\mathrm{MPa}>p+\sum\Delta p=0.469\mathrm{MPa}$，说明供气压力满足了执行元件所需的工作压力，故所选择的元件通径和管径（表 8-3）可行。

(3) 选择空压机

空压机的输出流量 q_s 与设备的理论用气量 $\sum_{i=1}^{n}q_z$ 有关，其计算公式为：$q_s=k_1k_2k_3\sum_{i=1}^{n}q_z$，设备的理论用气量 $\sum_{i=1}^{n}q_z$ 由下式计算：

$$\sum_{i=1}^{n}q_z=\sum_{i=1}^{n}\{[\sum_{j=1}^{m}(\alpha q_z t)_j]/T\}=2\times[(1\times q_{\mathrm{Az}}t_{\mathrm{A}}+1\times q_{\mathrm{Bz}}t_{\mathrm{B}})/24]$$

$$=2\times[(1\times9.95\times10^{-3}\times6+1\times36.6\times10^{-3}\times6)/24]=23.3\times10^{-3}\quad(\mathrm{m^3/s})$$

式中，n 为用气设备台数，在本例中考虑左右两台炉子有两组同样的气缸，故 $n=2$；m 为一台设备上的启动执行元件数目，本例中一台炉子上有 A 和 B 两个缸用气，故 $m=2$；α 为执行

元件在一个周期内的单程作用次数，本例中每个气缸一个周期内单行程动作一次，$\alpha=1$；q_z 为一台设备某一执行元件在一个周期内的平均耗气量，本例中 $q_{Az}=9.95\times10^{-3}\ m^3/s$，$q_{Bz}=36.6\times10^{-3}\ m^3/s$（已在8.2.3节中算出）；$t$ 为某个执行元件一个单行程的时间，本例中 $t_A=t_B=6s$；T 为某设备的一次工作循环时间，本例中 $T=2t_A+2t_B=24s$。

取泄漏系数 $k_1=1.2$，备用系数 $k_2=1.4$，利用系数 $k_3=0.95$，则两台炉子的需求的空压机的输出流量为

$$q_s=k_1k_2k_3\sum_{i=1}^{n}q_z=1.2\times1.4\times0.95\times23.3\times10^{-3}=37.2\times10^{-3}\ (m^3/s)=2.23\ (m^3/min)$$

按供气压力 $p_s\geqslant0.5MPa$，流量 $q_s=2.23m^3/s$，查产品样本选用2Z-3/8-1型空压机，其额定排气压力为0.8MPa，额定排气量（自由空气流量）为 $3m^3/min$（一并列入表8-3）。

8.2.7　气动系统施工设计

在前述气动系统的功能原理设计结果可以接受的前提下，可绘制所选择或设计的气动元、辅件等，进行气动系统的施工设计（结构设计）。其内容包括气动装置［气动集成阀块（板）、管系装置等］的结构设计及电气控制装置的设计并编制技术文件等，目的在于选择确定元、辅件的连接装配方案、具体结构，设计和绘制气动系统产品工作图样，并编制技术文件，为制造、组装和调试气动系统提供依据。电气控制装置是实现气动装置工作控制的重要部分，是气动系统设计中不可缺少的重要环节。电气控制装置设计的重点在于根据气动系统的工作节拍或电磁铁动作顺序表，选择确定控制硬件并编制相应的软件。

因篇幅所限，气动系统施工设计的详细介绍此处从略，请参阅相关文献资料。

8.3　真空吸附系统设计简介

如果所设计的气动系统中除了气缸类驱动型执行元件外，同时还包含有真空吸盘类执行元件，则系统的回路就由气动控制系统和真空吸附系统两类子系统组合而成。设计此类系统时，一方面要满足各子系统的工作要求，另一方面还应特别注意两个子系统的动作协调与联锁关系。其中气控系统的设计可按本章8.1、8.2节方法进行，本节对真空吸附系统的设计进行简要介绍。

8.3.1　真空吸附系统的一般组成

与气压传动系统一样，一个典型的真空吸附系统由真空源、执行元件（真空吸盘）、控制阀及辅件组成，把这些真空元件进行适当组合即构成能够实现某种特定功能的真空吸附回路，气动吸附系统就是根据需要由若干真空吸附回路构成的。

8.3.2　真空吸附系统的设计要点

(1) 设计步骤

① 根据吸附物料（工件）的重力，选择真空工作压力并计算作为执行元件的真空吸盘的规格、数目等。

② 根据工作特点和要求，从现有回路中选择真空吸附基本回路（参见第5章5.7节），并将这些回路进行适当拼搭，拟定和绘制出真空吸附系统的原理图。

③ 选择真空元件。

(2) 真空元件的选择与使用

① 真空吸盘及其选用。真空吸盘是真空吸附系统中的执行元件（工作装置），其类型很多、特点各异。在系统设计时，可根据吸附力、工作环境（腐蚀性、温度等），计算出其吸盘直径 D 这一主要规格参数（计算方法请参见第4章4.8节），并从产品样本或手册中选型。

用几个吸盘同时吸附物体，可以在增大吸附能力的同时，提高吸附稳定性。但3个以上吸盘，最好设置气路分配器。最好是一个真空发生器使用一个吸盘，以免导致一个吸盘吸附不紧而影响其他吸盘也吸附不紧。

② 真空控制元件及其选用。真空控制元件的功用是调节真空度、改变气流方向、通断等，从而控制执行元件的动作。常用的真空控制元件有真空溢流阀、电磁换向阀、单向阀等。

因条件所限，有时也可选用非真空压力设计的一般气动控制元件。一般情况下，间隙密封的滑阀、未使用气压密封圈的弹性密封滑阀、直动式电磁阀、它控式先导电磁阀与非气压密封的截止阀等都可用于真空吸附系统中。

a. 真空溢流阀。它在真空系统中主要用于限制最高真空度，防止泵过热和故障。真空溢流阀的开启压力可以调节，当系统真空度达到调定值时，阀就开启以使大气进入系统，限制了真空度的进一步升高。

b. 电磁换向阀。多为二位二通或二位三通单电控型电磁阀，有常断和常通两种。主要用于改变气流的方向，达到控制系统真空的产生和解除的目的（参见第5章5.7节）。

c. 单向阀。单向阀功用是只允许气流单向流动，可以装在真空源和系统其他部分之间，用于系统突然停电时短时维系执行元件真空，以免工件掉下发生事故等。将单向阀、真空罐和真空开关配合起来，还可使泵间歇工作，实现节能。通常单向阀的开启压力很低，一般为50～130mmHg(1mmHg=133.3224Pa)；在某些真空系统中，无弹簧复位的单向阀可垂直安装，仅靠重力使阀芯压在阀座上。

③ 真空辅件及其选用。

a. 真空罐。为保证设备及系统安全，真空系统宜设置真空罐，以便在发生停电等情况下，能保持一定的真空度。

b. 真空过滤器。真空系统的供给空气应经过净化且不含油雾。真空过滤器用于抽吸过程中阻止外界杂质进入真空源，特别是在多尘环境中工作的系统尤其重要。由于真空发生器的喷嘴直径很小（通常为0.5～1.3mm），为防止油及灰尘沾污堵塞小孔，在吸盘与真空发生器或真空控制阀之间应有滤网或真空过滤器。真空吸附系统的净化元件有过滤器、消声器等。

c. 消声器。它用于降低真空源的排气噪声，可选用筛网型和树脂型，但不宜使用金属型。

d. 真空管道。真空的传输是通过真空源与工作装置之间的管道实现的，管道的直径（内径）和长度直接影响真空系统的速度和压力损失。为了充分发挥真空源对工作装置的抽吸作用，管道的阻力应尽可能小，为此，所选择的真空管道应当短而粗，务必不能细长。管径的选择原则是在满足流量前提下，尽量与相连的控制元件的通径一致，否则会增加系统真空的行程时间。

管道的材料有金属和非金属两类。由于真空回路中的最大真空度可达88kPa（660mmHg），故无论选用何种管道，都要保证在大气压作用下不会被压变形而塌瘪，同时连接处须具有良好的密封性。

真空发生器的接管不要承受过大的力和力矩。

e. 真空表与真空开关。真空系统中真空度的大小一般用U型测压计或真空表进行测量。前者精度高但反应慢，一般用于实验室测量；后者多用于实际系统，通常安装在泵的进口或工作装置近旁，用于监测泵和系统的运行状况。

真空开关可将真空信号转化为电气信号，多用于真空系统的自动控制中。吸附物表面粗糙、气密性差、吸盘吸位不准、吸盘破损、吸气管泄漏、吸附物过重等，都会使真空度达不到要求。为避免因真空不足导致吸附物不牢而跌落的事故，实现安全保护，应在回路中设置真空开关，若能设置真空表更好。

f. 真空源及其选用。真空源是真空吸附系统的心脏部分，分为真空泵和真空发生器两大类。对于一个确定的真空吸附系统，倘若真空泵与真空发生器均能满足工作要求，是选用真空泵还是真空发生器作为真空源，应考虑以下三个因素，然后再结合表8-5，综合各因素选定真空源的类型。

ⅰ．如果有压缩空气气源，则应选用真空发生器，以免因增加新的动力源而使设备复杂和成本增加。

ⅱ．对于真空连续工作的场合，应优先选用真空泵；而对于真空间歇工作的场合，可选用真空发生器。

ⅲ．对于易燃、易爆、多尘埃的恶劣环境，应优先选用真空发生器。

表 8-5　真空泵和真空发生器的性能比较

项目	真空源	
	真空泵	真空发生器
极限真空度	大	二者不可兼得
抽吸流量	大	
结构	复杂	简单
成本	高	低
安装	不便	方便
维护	难	易
真空产生与解除	慢	快
功耗	小	大
应用场合	连续、间歇工作均可，适合集中使用	有压缩空气，宜间歇工作，容量小，适合分散使用

g. 真空泵。真空泵的结构原理与空压机类似，所不同的是真空泵的进气口是负压，排气口通大气。真空吸附系统一般对真空度要求不高，属于低真空范围，主要使用各种类型的机械式真空泵。真空泵的主要性能参数有极限真空（或极限压力）、抽气速率（或抽吸流量）以及功率和转速等，其中，极限真空是指泵在规定试验条件下工作，在不引入气体正常工作的情况下，趋向稳定的最低压力，用绝对压力表示。常用机械式真空泵产品的性能及具体选型方法请参见第 3 章 3.1.3 节。

h. 真空发生器。它是利用压缩空气产生真空的元件，由于无运动件，不发热，结构简单，故在有些场合有替代真空泵的趋势。真空发生器多为喷射式，其主要性能参数有最高真空压力、最大吸入流量、喷嘴直径等。真空发生器典型产品的性能及具体选型方法请参见第 3 章 3.1.4 节。为保证真空发生器具有所需的供给压力和流量，供给回路中的气阀、管道及接头等应具有足够大的有效面积。

气动系统的安装调试与运转维护

作为现代动力传动与控制的重要手段，气动技术的应用已几乎无处不在。然而由于设计制造、安装调试和使用维护过程中存在不足与缺陷，制约了系统乃至主机的正常运行，影响到设备的使用寿命、工作性能和产品质量，也影响了气动技术优势的发挥。所以，气动系统的安装调试和使用维护在气动技术中占有重要地位。

气动技术使用维护人员正确合理设计、安装调试及规范化使用维护气动系统，是保证系统长期发挥和保持良好工作性能的重要条件之一。在气动系统的安装调试和运转维护中，必须熟悉主机的工艺目的、工况特点及其气动系统的工作原理与各部分的组成结构、功能和作用，并严格按照设计要求来进行操作；在系统使用中应对其加强日常维护和管理，并遵循相关的使用维护要求。

9.1 气动系统的安装

9.1.1 安装内容及准备工作

气动系统的安装包括气源装置、气动控制装置［阀及其辅助连接件（公共底板等）］、气动管道和管接头、气动执行元件（气缸、气马达、气爪及真空吸盘等）等部分的安装。好的安装质量是保证系统可靠工作的关键，故必须合理完成安装过程中的每一个细节。

在安装气动系统之前，安装人员首先要了解主机的气动系统各组成部分的安装要求，明确安装现场的施工程序和施工方案；其次要熟悉有关技术文件和资料（如气动系统原理图、管道布置图、气动元件和辅件清单和有关产品样本等），落实安装所需人员，并按气动元件、辅件清单，准备好有关物料（包括元辅件、机械及工具），对气动元辅件的规格、质量按有关规定进行细致检查，检查不合格的元件，不得装入系统。

9.1.2 气动元件和管道的安装（表 9-1）

表 9-1　气动元件和管道安装总则

项目	要求	
	气动元件的安装	气动管道的安装
安装	安装前应对元件进行清洗，必要时要进行密封试验	安装前要检查管道内壁是否光滑，并进行除锈和清洗
	气动控制阀体上的箭头方向或标记，要符合气流流动方向	管道支架要牢固，工作时不得产生振动
	气动逻辑元件应按控制回路的需要，将其成组地装于底板上，并在底板上引出气路，用软管接出	拧紧各处接头，管道不允许漏气

续表

<table>
<tr><th rowspan="2">项目</th><th colspan="2">要求</th></tr>
<tr><th>气动元件的安装</th><th>气动管道的安装</th></tr>
<tr><td rowspan="3">安装</td><td>密封圈不宜装得过紧，特别是V形密封圈，由于阻力特别大，故松紧要适当</td><td>管道加工(锯切、坡口、弯曲等)及焊接应符合规定的标准条件</td></tr>
<tr><td>气缸的中心线与负载作用力的中心线要同心，以免引起侧向力，使活塞杆弯曲，加速密封件磨损</td><td>软管安装时，其长度应有一定余量；在弯曲时，不能从端部接头处开始弯曲；在安装直线段时，不要使端部接头和软管间受拉伸；应尽可能远离热源或安装隔热板</td></tr>
<tr><td>各种自动控制仪表、自动控制器、压力继电器等，在安装前应进行校验</td><td>管路系统中任何一段管道均应能拆装；管道安装的倾斜度、弯曲半径、间距和坡向均要符合有关规定</td></tr>
<tr><td>吹污</td><td colspan="2">管路系统安装后，要用压力为0.6MPa的干燥空气吹除系统中一切污物(可用白布检查，以5min内无污物为合格)。吹污后还要将阀芯、滤芯及活塞(杆)等零件拆下清洗</td></tr>
<tr><td>试压(气密试验)</td><td colspan="2">用气密试验检查系统的密封性是否符合标准：一般是使系统处于1.2～1.5倍额定压力下保持一段时间(如2h)。除去环境温度变化引起的误差外，其压力变化量不得超过设计图样及相关技术文件的规定值。试验时要把安全阀调整到试验压力。试压过程中要采用分级试验法，并随时注意安全。若发现系统异常，应立即停止试验，并查出原因，清除故障后再进行试验</td></tr>
<tr><td>说明</td><td colspan="2">①气源及辅件的安装要求参见第3章；②气动执行元件的安装要求参见第4章；③气动控制元件安装的要求见表9-2；④气动系统管道的安装要求见表9-3</td></tr>
</table>

表9-2 气动控制元件的安装要求

<table>
<tr><th colspan="2">项目</th><th>要求</th><th colspan="2">项目</th><th>要求</th></tr>
<tr><td rowspan="2">压力阀的安装</td><td>减压阀</td><td>减压阀(或气动三联件)必须安装在靠近其后部需要减压的系统，阀的安装部位应方便操作，压力表应便于观察。减压阀的安装方向不能搞错，阀体上的箭头为气体的流动方向。在环境恶劣如粉尘多的场合，需要在减压阀之前安装过滤器。油雾器必须安装在减压阀的后面。安装减压阀之前的管路系统必须经过清洗。减压阀要垂直安装，手柄朝向须视减压阀的具体结构而定。为延长减压阀的使用寿命，减压阀不用时应旋松调压手柄，以免膜片长期受压引起塑性变形。由外部先导式减压阀构成遥控调压系统时，为避免信号损失及滞后，其遥控管路要短，最长不得超过30m；精密减压阀的遥控距离一般不得超过10m</td><td rowspan="2">方向控制阀的安装</td><td>机械控制阀</td><td>机械控制阀操纵时，其压下量不能超过规定行程。用凸轮操纵滚子或杠杆时，应使凸轮具有合适的接触角度。如图1所示，操纵滚子时，$\theta \leqslant 15°$；操纵杠杆时，在超过杠杆角度使用时，$\theta \leqslant 10°$。机械控制阀的安装板应加工安装长孔，以便能调整阀的安装位置

图1 操纵滚子、杠杆时的凸轮接触角θ</td></tr>
<tr><td>顺序阀</td><td>顺序阀的安装位置应便于操作。在有些不便于安装机控行程阀的场合，可安装单向顺序阀</td><td>电磁控制阀</td><td>多联式电磁阀是在公共底板上安装很多电磁阀的结构。因该结构是由一个供气口向各个电磁阀供气，故若同时操纵多个电磁阀就有可能出现气体供应不足的情况，所以需要适当确定在一块公共底板上能够同时安装阀的数量。各电磁阀的排气管有时也合成一个，在排气管处设置消声器时，应注意不使消声器产生过大的排气阻力。以免消声器在长时间使用后，引起堵塞，使阻力增大，从而使各电磁阀的排气口发生气体倒流的现象，甚至使执行元件产生误动作</td></tr>
<tr><td colspan="2">流量控制阀的安装</td><td>用流量控制阀控制执行元件的运动速度时，流量控制阀原则上应装设在气缸接管口附近</td><td colspan="2" rowspan="3">逻辑控制元件的安装</td><td rowspan="3">逻辑控制元件在安装前，应试验每个元件的功能是否正常。逻辑元件可采用安装底板安装，在底板下面有管接头，元件之间用塑料管连接，也可用集成气路板安装</td></tr>
<tr><td rowspan="2">方向控制阀的安装</td><td>滑阀式方向阀</td><td>须水平安装，以保证阀芯换向时所受阻力相等，使方向可靠工作</td></tr>
<tr><td>人力控制阀</td><td>人力控制阀应安装在便于操作的地方，操作力不宜过大。脚踏阀的踏板位置不宜太高，行程不能太长，脚踏板上应有防护罩。在有剧烈振动的场合，为安全起见，人控阀应附加锁紧装置</td></tr>
</table>

注：各类阀的安装细节要求可参见第5章相关内容及产品样本或使用说明书。

表 9-3 气动系统管道的安装要求

序号	内容与要求	序号	内容与要求
1	安装前要逐段检查管道。硬管中不得有切屑、锈皮及其他杂物，否则应清洗后才能安装。管道外表面及两端接头应完好无损，加工后的几何形状应符合要求，经检查合格的管道须吹风后才能安装	5	一般情况下，硬管弯曲半径应不小于管子外径的2.5～3倍。在管子弯曲过程中，为避免管子圆截面产生变形，常给管子内部装入沙子或管芯，起支撑管壁的作用
2	管道连接前平管嘴表面和螺纹应涂密封胶或黄油。为防止它们进入导管内，螺纹前端2～3扣处不涂或拧入2～3扣后涂[见图1(a)]，如用密封带矿应在螺纹前端2～3扣后再卷绕	6	为保证焊缝质量，零件上应加工焊缝坡口；焊缝部位要清理干净(除去氧化皮，油污，镀锌层等)。焊接管道的装配间隙最好保持在0.5mm左右。应尽量采用平焊位置，焊接时可以边焊边转动，一次焊完整条焊缝
3	管道扩口部分的几何轴线必须与管接头的几何轴线重合。以免当外套螺母拧紧时，扩口部分的一边压紧过度而另一边则压得不紧，产生安装应力或密封不良[见图1(b)] 直线段不小于 $\frac{1}{2}D_0$；润滑；正确的装配；不正确的装配；(a)；(b) 图1 管道连接	7	管路的走向要合理。一般来说，管路越短越好，弯曲部分越少越好，并避免急剧弯曲。短软管只允许做平面弯曲，长软管可以做复合弯曲
4	软管的抗弯曲刚度小，在软管接头的接触区内产生的摩擦力又不足以消除接头的转动，故在安装后有可能出现软管的扭曲变形。检查方法是在安装前给软管表面涂一条纵向色带，安装后以色带判断软管是否被扭曲。防止软管被扭曲的方法是在最后拧紧外套螺母以前将软管接头向拧紧外套螺母相反的方向转动1/6～1/8圈 软管不允许急剧弯曲，通常弯曲半径应大于其外径的9～10倍。为防止软管挠性部分的过度弯曲和在自重作用下发生变形，往往采用能防止软管过度弯曲的接头	8	安装工作的质量检查可按分系统分段检查或整个系统安装完毕后进行总检查。检查归纳为： ①对管道及其连接件、紧固件全部进行划伤、碰伤、压扁及磨损现象等直观检查 ②检查软管有无扭曲、损伤及急剧弯曲的情况；在外套螺母拧紧的情况下，若软管接头处用手能拧动，应重新紧固安装 ③对扩口连接的管道，应检查其外表面是否有超过允许限度的挤压 ④管路系统内部清洁度的检查方法是用洁净的细白布擦拭导管的内壁或让吹出的风通过细白布，观察细白布上有无灰尘或其他杂物，以此判别系统内部的清洁程度
		9	管道安装后应进行吹风，以除去安装过程中带入管路系统内部的灰尘及其他杂质。吹风前应将系统的有些气动元件(如单向阀、减压阀、电磁阀、气缸等)用工艺附件或导管替换。整个系统吹干净后，再把全部气动元件还原安装
		10	压缩空气管道要涂标记颜色，一般涂灰色或淡蓝色，精滤管道涂天蓝色

9.2 气动系统的调试

气动系统调试的主要内容包括气密性试验及总体调试（空载试验和负载试验）等。

9.2.1 调试准备

气动系统调试前的准备工作如下。

① 熟悉气动系统原理图、安装图样及使用说明书等有关技术文件资料，力求全面了解系统的原理、结构、性能及操纵方法。

② 落实安装人员并按说明书的要求准备好调试工具、仪表、补接测试管路等物料。

③ 了解需要调整的元件在设备上的实际安装位置、操纵方法及调节旋钮的旋向等。

9.2.2　气密性试验

气密性试验的目的在于检查管路系统全部连接点的外部密封性。气密性试验通常在管路系统安装清洗完毕后进行。试验前要熟悉管路系统的功用及工作性能指标和调试方法。

试验用压力源可采用高压气瓶，压力由系统的安全阀调节。气瓶的输出气体压力应不低于试验压力，用皂液涂敷法或压降法检查气密性。试验中如发现有外部泄漏时，必须将压力降到零，方可拧动外套螺母或进行其他的拆卸及调整工作。系统应保压 2h。

9.2.3　总体调试

气密性试验合格后，即可进行系统总体调试。这时被试系统应具有明确的被试对象或传动控制对象，调试中重点检查被试对象或传动控制对象的输出工作参数。

首先进行空载试验。空载试验运转不得少于 2h，观察压力、流量、温度的变化，发现异常现象立即停车检查，排除故障后才能恢复试运转。

带负载试运转时，应分段加载，运转不得少于 4h，要注意油雾器内的油位变化和摩擦部位的温升等，分别测出有关数据并记入调试记录。

9.3　气动系统的运转维护及管理

9.3.1　气动系统运转维护的一般注意事项

① 在启动或开车前要检查各调节旋钮是否在正确位置，行程阀、行程开关、挡块是否位置正确、安装牢固。对导轨、活塞杆等外露部分的配合表面进行擦拭。开车前、后要放掉系统中的冷凝水。

② 正确使用和管理工作介质，随时注意压缩空气的清洁度，要定期清洗分水滤气器的滤芯，定期给油雾器加油。

③ 熟悉元件控制机构操作特点，严防调节错误造成事故；注意各元件调节旋钮的旋向与压力、流量大小变化的关系。

④ 气动设备长期不使用时，应放松各旋钮，以免弹簧失效而影响元件性能。

9.3.2　运转要点

在气动系统使用运转中，要按需求向气动系统提供清洁干燥的压缩空气，保证油雾润滑元件得到必要的润滑，保证气动元件和系统在规定的工作条件（如压力、流量、电压等）下运行，保证气动系统的密封性，保证执行元件按预定的要求工作等。

9.3.3　维护保养及检修

(1) 维护保养分类及原则

气动系统的维护保养可以分为日常性维护与定期性维护。前者是每天必须进行的维护工作，后者是每周、每月或每季度、每年进行的维护工作。维护工作应该有记录，以利于日后的故障分析诊断与维修处理。

维护管理者或点检工作人员应充分了解元件的功能、构造及性能等。在购入元件及设备时，应根据生产厂家的产品样本及使用说明书等技术资料对元件的功能、性能进行调查。因生产厂家的试验条件与用户的实际使用条件有所不同，故有时进行必要的实际测试，根据实测的数据进一步掌握元件的性能。

维护保养工作的原则是：了解气动元件的结构、原理、性能、特征及使用方法和注意事项；

检查气动元件的使用条件是否恰当；掌握元件的寿命及其使用条件；事先了解故障易发生的场所及预防措施；准备好管理手册，定期进行检修，预防故障发生；保证备有满足迅速修理所需质量、价廉的备件等。

(2) 日常维护

日常维护工作的主要任务是排放冷凝水、检查润滑油和管理空压机系统。

冷凝水排放涉及整个气动系统，包括空压机、后冷却器、气罐、管道系统及空气过滤器、干燥机和自动排水器等。在作业结束时，应将各处冷凝水排放掉，以防夜间温度低于零度，导致冷凝水结冰。由于夜间管道内温度下降，会进一步析出冷凝水，故气动装置在每天运转前，也应将冷凝水排出，注意查看自动排水器是否工作正常，水杯内不应过量存水。

在气动装置运转时，系统中的执行元件和控制元件，凡有相对运动的表面都需要润滑。若润滑不当，会增大摩擦阻力，导致元件动作不良，或因密封面磨损引起系统泄漏等。润滑油的性质直接影响着润滑效果。通常，高温环境下用高黏度润滑油，低温环境下用低黏度润滑油。如果温度特别低，为克服起雾困难可在油杯内装加热器。供油量是随润滑部位的形状、运动状态及负载大小而变化的。供油量总是大于实际需要量。要注意油雾器的工作是否正常，应检查油雾器的滴油量是否符合要求，油色是否正常，即油中不应混入灰尘和水分等。若发现油雾器内油量没有减少，需要及时调整滴油量，经调无效需检修或更换油雾器。

空压机系统的日常管理工作是：检查是否向后冷却器供给了冷却水（指水冷式），空压机有否异常声音和异常发热。

(3) 定期性维护检修工作

① 每周的维护检修工作。主要内容是检查漏气和管理油雾器。漏气检查应在白天车间休息的空闲时间或下班后进行。此时气动装置已停止工作。车间内噪声小，但管道内还有一定的空气压力，根据漏气的声音便可知漏气部位，泄漏原因见表 9-4。严重泄漏处须立即处理，如软管破裂、连接处严重松动等。其他泄漏应做好记录。

表 9-4 气动系统泄漏部位及原因

泄漏部位	泄漏原因	泄漏部位	泄漏原因
管子连接部	连接部松动	减压阀溢流孔	灰尘嵌入溢流阀座,阀杆动作不良,膜片破裂,但恒量排气式减压阀有泄漏是正常的
管接头连接部	接头松动		
软管	软管破裂或被拉脱	油雾器调节针阀	针阀阀座损伤,针阀未紧固
空气过滤器排水阀	灰尘嵌入	换向阀阀体	密封不良,螺钉松动,压铸件不合格
空气过滤器水杯	水杯龟裂	换向阀排气口	密封不良,弹簧折断或损伤,灰尘嵌入,气缸的活塞密封圈密封不良,气压不足
减压阀阀体	紧固螺钉松动		
油雾器体	密封垫不良	安全阀出口侧	压力调整不合要求,弹簧折断,灰尘嵌入,密封圈损坏
油雾器杯	油杯龟裂		
快排阀漏气	密封圈损坏,灰尘嵌入	气缸体	密封圈磨损,螺钉松动,活塞杆损伤

油雾器最好选用一周补油一次的规格。补油时要注意油量减少情况。若耗油量太少，应重新调整滴油量，调整后的油量仍少或不滴油，应检查油雾器进出口是否装反，油道是否堵塞，所选用油雾器规格是否有误。

②每月或每季度的维护检修工作。每月或每季度的维护工作比每日和每周的工作更仔细，但仍只限于外部能检查的范围。其主要内容是仔细检查各处泄漏情况，紧固松动的螺钉和管接头，检查换向阀排出空气的质量，检查各调节部分的灵活性，检查各指示仪表的正确性，检查电磁阀切换的可靠性，检查气缸活塞杆的质量及一切外部能够检查的内容等，如表 9-5 所列。

③ 大修。气动系统的大修间隔期因主机类型及工作条件不同而异，一般为一年或几年，其主要内容是检查系统各元件和部件，判定其性能和寿命，对平时产生故障的部位进行检修或更换元件，排除修理间隔期内一切可能产生故障的因素。

表 9-5　气动系统每月或每季度的维护检查内容

元件	维护内容	元件	维护内容
自动排水器	能否自动排水，手动操作装置能否正常动作	气缸	检查气缸运动是否平稳，速度及循环周期有无明显变化，气缸安装架是否松动和异常变形；活塞杆连接有无松动，活塞杆部位有否漏气，活塞杆表面有无锈蚀、划伤和偏磨
过滤器	两侧压差是否超过允许压降		
减压阀	旋转手柄，压力可否调节。当系统压力为零时，观察压力表指针能否回零	空压机	入口滤网眼有否堵塞
换向阀排气口	检查油雾器喷出量，检查有无冷凝水排出，检查有无漏气	压力表	观察各部位压力表指示值是否在规定范围内
电磁阀	检查电磁线圈的温升，检查阀的切换动作是否正常	安全阀	使压力高于设定值，观察安全阀是否溢流
流量阀	调节节流阀开度，检查能否对气缸进行速度控制或对其他元件进行流量控制	压力开关	在最高和最低设定压力，观察压力开关能否正常、启闭
说明	①检查漏气时应采用在检查点涂抹肥皂液等方法，因其显示漏气的效果比听声音更灵敏。检查换向阀排气的质量时应注意以下方面：一是了解排气中所含润滑油量是否适度，可将一张清洁白纸置于换向阀排气口附近，阀在三至四个循环后，若白纸上仅有很轻斑点，表明润滑良好；二是了解排气中是否含有冷凝水；三是了解不该排气的排气口是否漏气。少量漏气预示着元件的早期损伤（间隙密封阀存在微漏是正常的）。若润滑不良，应考虑油雾器安装位置是否合适，规格选择是否恰当，滴油量调节是否合理，管理方法是否符合要求。泄漏的主要原因是阀内或缸内密封不良、复位弹簧生锈或折断、气压不足等所致。间隙密封阀的泄漏较大时，可能是阀芯、阀套磨损所致 ②安全阀、紧急开关等元件，平时很少使用，定期检查时，必须确认其动作的可靠性 ③让电磁换向阀反复切换，从切换声音可判断阀的工作是否正常。对交流电磁阀，若有蜂鸣声，则应考虑动铁芯与静铁芯未完全吸合、吸合面有灰尘、分磁环脱落或损坏等问题 ④气缸活塞杆常露在外面，观察活塞杆是否划伤、锈蚀和存在偏磨。根据有无漏气，可判断活塞杆与端盖内的导向套、密封圈的接触情况，压缩空气的处理质量，气缸是否存在横向载荷		

注：应记录各项检查和修复的结果，以便设备出现故障查找原因和设备大修时使用。

9.4　气动系统的故障诊断

9.4.1　气动故障及其诊断概述

气动系统在规定时间内、规定条件下丧失规定的功能或降低其气动功能的事件或现象称为气动故障，也称为失效。

气动系统出现故障后，会造成气动执行机构某项技术、经济指标偏离正常值或正常状态，如不能动作，输出力或运动状态不稳定，输出力和运动速度不合要求，运动方向不正确，动作顺序错乱、同步动作失常等，影响正常作业及生产率。为使气动系统及主机恢复正常运转状态，出现故障必须及时进行分析诊断和维修。

所谓气动故障诊断，就是要对故障及其产生原因、部位严重程度等逐一作出判断，是对气动系统健康状况的精密诊断，故其技术实质就是给气动“系统诊治疾病”。利用气动故障诊断技术，操作者及相关人员可以了解和掌握气动系统运行过程中的状态，进而确定其全体或局部是否正常，发现和判断故障原因、部位及其严重程度，对气动系统“健康”状况做出精密诊断，显然这种诊断需要要由专业的操作维护人员和技术人员来实施。

9.4.2　做好气动故障诊断及排除应具备的条件

气动系统的故障诊断是一项专业性及技术性极强的工作。它能否准确及时，往往依赖于用户及相关人员的知识水平高低与经验多寡。好的故障诊断及排除工作通常应具备以下条件。

(1) 必备的理论知识

欲有效地排除气动系统的故障，首先要掌握气动元件及系统的基本知识（如气动工作介质及流体力学基础知识，各类气动元件的构造与工作特性，常用气动基本回路及系统的组成及工作原理等）和常见气动故障诊断排除方法。因为分析气动系统故障时，必须从其基本工作原理出发。当分析其丧失工作能力或出现某种故障的原因是由于设计与制造缺陷带来的问题，还是因为安装与使用不当带来的问题时，只有懂得基本工作原理才有可能做出正确的判断。切忌在不明主机及系统结构原理时就凭主观想象判断故障所在或拆解气动系统及元件。否则故障排除就带有一定的盲目性。对于大型精密、昂贵及机电一体化的气动设备来说，错误的诊断往往会造成维修费用高、停工时间长，导致降低生产率等经济损失。

(2) 丰富的实践经验

很多机械设备的气动系统故障属于突发性故障和磨损性故障，这些故障在气动系统运行的不同时期表现形式与规律互不相同。因此诊断与排除这些故障，不仅要有专业理论知识，还要有较为丰富的设计研发、制造安装、调试使用、维修保养方面的实践经验。如同医生看病一样，临床经验必不可少。而气动故障实践经验的取得，来自于气动系统使用、维修及故障排除工作的日积月累及学习总结。

(3) 了解和掌握主机结构功能及气动系统的工作原理

检查和排除气动系统故障最重要的一点是在了解和明确主机的工艺目的、功能布局（固定还是行走，卧式还是立式等），工作机构（运动机构）的数量，这些机构是全气动还是部分气动，气动系统中各执行元件与主机工作机构的连接关系（例如气缸是缸筒还是活塞杆与工作机构连接）及其驱动方式（是直接驱动还是通过杠杆、链条、齿轮等间接驱动）等基础上，掌握气动系统的组成［气源形式、气路结构（串联、并联等）］及工作原理（压力控制、方向控制、流量控制、分流与合流、每种工况下的气动路线等）。系统中每一个元件都有其功用，同一元件置于不同系统或同一系统不同位置，其作用将有很大差别，因此应该熟悉每一个元件的结构及工作特性。

9.4.3 气动系统的常见故障类型

按故障发生时间，气动系统的故障可分为早期故障、中期故障和晚期故障等三类。

(1) 早期故障

早期故障是指调试阶段和运转初期（开始运转的几个月内）发生的故障，其产生的可能原因有 4 个方面：

① 设计方面。设计气动元件时对元件的材料选用不当，加工工艺要求不合理等。对元件的功能、性能了解不够，造成回路及系统设计时元件选择不当。设计的空气处理系统不能满足要求，回路设计出现错误。

② 制造方面。如元件内孔的研磨不合要求，零件毛刺未清除干净，不清洁安装，零件装反、装错，装配时对中不良，零件材质不符合要求，外购零件（如电磁铁、弹簧、密封圈）质量差等。

③ 装配方面。装配时，气动元件及管道内吹洗不干净，使灰尘、密封材料碎末等杂质混入，造成气动系统的故障；装配气缸时存在偏心；管道的固定、防振等未采取有效措施。

④ 维护保养方面。如未及时排除冷凝水，没及时给油雾器补油等。

(2) 中期故障

中期故障是指系统在稳定运行期间突然发生的故障。如空气或管路中，残留的杂质混入元件内部，突然使相对运动件卡死；弹簧突然折断、电磁阀线圈突然烧毁；软管突然破裂；气动三联件中的油杯和水杯都是用工程塑料（聚碳酸酯）制成，当它们接触了有机溶剂后强度会降低，使用时可能突然破裂；突然停电造成的回路误动作等。

突发故障有些是有先兆的。例如电磁阀线圈过热，预示电磁阀有烧毁的可能；换向阀排出的空气中出现水分和杂质，反映过滤器已失效，应及时查明原因，予以排除，不要酿成突发故障。但有些突发故障是无法预测的，例如管道突然爆裂等，只能准备一些易损件以备及时更换失效元件，或采取安全措施加以防范。

(3) 晚期故障

晚期故障是指个别或少数元件已达到使用寿命后发生的故障，故又称老化故障（寿命故障）。可通过参考各元件的生产日期、开始使用日期、使用的频率和已经出现的某些预兆（如泄漏越来越大、气缸运行不平稳、反常声音等），大致预测老化故障的发生期限。此类故障较易处理。

9.4.4 气动系统故障特点

众所周知，气动系统出现故障后，快速准确诊断较为困难，主要是因气动故障具有下述三个显著特点。

(1) 因果关系具有复合性、复杂性和交织性

① 气动设备往往是机械、气动、液压、电气及仪表等多种装置复合而成的统一体，机械、电气的问题与气动故障往往相互交织，出现故障后很难判断是哪一部分所致。

② 同一故障可能有多种原因，或是多种原因叠加而成。例如气缸速度变慢的可能原因有：负载过大、工作机构卡阻、空压机或流量阀故障、气缸磨损、系统泄漏等。

③ 一个故障源可能引起多处症状。

(2) 故障点具有隐蔽性

气动管路内气体的流动状态，孔系纵横交错的气路板的阻、通情况；气动元件内部的零件动作，密封件的损坏等情况一般看不见、摸不着，故系统的故障分析受到各方面因素的影响，所以查找故障难度较大。

(3) 故障相关因素具有随机性

气动系统运转中，受到多种多样随机性因素的影响：如电源电压的突变，负载的变化，外界污染物的侵入，环境温度的变化等，从而使得故障位置点和变化方向更不确定。

9.4.5 气动系统的故障诊断策略及一般步骤

(1) 气动系统故障诊断策略与常用方法

气动系统故障诊断策略是：a. 由此及彼，触类旁通；b. 积极假设，严格验证；c. 化整为零、层层深入；d. 聚零为整、综合评判；e. 抓住关键、顺藤摸瓜。总之，就是弄清整个气动系统的工作原理和结构特点；根据故障现象利用知识和经验进行判断；逐步深入、有目的、有方向地逐步缩小范围，确定区域、部位，以至某个气动元件。

(2) 故障诊断排除的一般步骤

① 做好故障诊断前的准备工作。通过阅读主机及气动系统机械设备的使用说明书和调用有关的档案资料，掌握以下情况：气动系统的结构组成、各组成元件的结构原理与性能、系统的工作原理、性能及机械设备对气动系统的要求；货源及信誉、制造日期，主要技术性能；气动元件状况、原始记录、使用期间出现过的故障及处理方法等。由于同一故障可能是由多种不同的原因引起的，而这些不同原因所引起的同一故障有一定的区别，因此在处理故障时，首先要查清故障现象，认真仔细地进行观察，充分掌握其特点，了解故障产生前后机械设备的运转状况，查清故障是在什么条件下产生的，弄清与故障有关的一切因素。

② 分析判断。在现场检查的基础上，对可能引起故障的原因做初步分析判断，初步列出可能引起故障的原因。分析判断的注意事项如下。

a. 充分考虑外界因素对系统的影响，在查明确实不是该原因引起故障的情况下，再将注意力集中在系统内部来查找原因。

b. 要把机械、电气、气动、液压几个方面联系在一起考虑，切不可孤立地单纯考虑气动系统。

c. 分清故障是偶然发生的还是必然发生的。对必然发生的故障，要认真分析故障原因，并彻底排除；对偶然发生的故障，只要查出故障原因并做出相应的处理即可。

③ 调整试验。对仍能运转的气动机械经过上述分析判断后所列出的故障原因进行压力、流量和动作循环的调整及试验，以便去伪存真，进一步证实并找出更可能引起故障的原因。调整试验可按照已列出的故障原因，依照先易后难的顺序一一进行；如果把握不大，也可首先对怀疑较大的部位直接进行试验，有时通过调整即可排除故障。

④ 拆解检查。即对经过调整试验后被进一步认定的故障部位进行打开检查。拆解时应注意：记录拆解顺序并画草图，要注意保持该部位的原始状态，仔细检查有关部位，力戒用脏手、脏布乱摸或擦拭有关部位，以免污物粘到该部位上。

⑤ 处理故障。对检查出的故障部位进行调整、修复或更换，勿草率处理。

⑥ 重试与效果测试。按照技术规程的要求，仔细认真地处理故障。在故障处理完毕后，重新进行试验与测试。注意观察其效果，并与原来故障现象对比。若故障已经消除，就证实了对故障的分析判断与处理是正确的；若故障还未排除，就要对其他怀疑部位进行同样处理，直至故障消失。

⑦ 分析总结。故障排除后，要对故障认真地进行定性、定量分析总结，以便对故障的原因、规律得出正确的结论，从而提高处理故障的能力，也可防止同类故障的再次发生。

9.4.6 气动系统故障诊断常用方法

在气动系统故障分析诊断中，常用方法有经验法和逻辑推理分析法等。

(1) 经验法

经验法又称观察诊断法，主要依靠实际经验，借助简单的仪表，诊断故障发生的部位，找出故障产生原因。与液压系统故障诊断排除方法类同，经验法可客观地按所谓“望→闻→问→切”的流程来进行。

① 望（眼看）：看执行元件运动速度有无异常变化；各压力表的显示的压力是否符合要求，有无大的波动；润滑油的质量和滴油量是否符合要求，冷凝水能否正常排出；换向阀排气口排出空气是否干净，电磁阀的指示灯显示是否正常；管接头、紧固螺钉有无松动；管道有无扭曲和压扁；有无明显振动现象等。通过查阅气动系统的技术档案，了解系统的工作程序、动作要求；查阅产品样本，了解各元件的作用、结构、性能，查阅日常维护记录。

② 闻（耳听和鼻闻）：耳听气缸、换向阀换向时有无异常声音；系统停止工作但尚未泄压时，各处有无漏气声音等；闻一闻电磁线圈和密封圈有无因过热发出特殊的气味等。

③ 问：访问现场操作人员，了解故障发生前和发生时的状况，了解曾出现过的故障及其排除方法。

④ 切（手摸）：如手摸相对运动件外部的温度、电磁线圈处的温升等，手摸 2s 感到烫手，应查明原因；气缸、管道等处有无振动，活塞杆有无爬行感，各接头及元件处有无漏气等。

上述经验法简单易行，但因每个排障人员的实际经验多寡及感觉和判断能力的差别，诊断故障具有一定的局限性。

(2) 逻辑推理分析法

此法指利用逻辑推理，一步步地查找出故障的真实原因。推理的原理是：由易到难、由表及里地逐一分析，排除掉不可能的和次要的故障原因，优先查故障概率高的常见原因，故障发生前曾调整或更换过的元件也应先查。在工程实际中，具体又有以下几种做法。

① 仪表分析法。使用监测仪器仪表，如压力表、差压计、真空表、电压表、温度计、电秒表、声级计及其他电子仪器等，检查系统中元件的参数是否符合要求。

② 试探反证法。试探性地改变气动系统中的部分工作条件，观察对故障的影响。如阀控气缸不动作时，除去气缸的外负载，察看气缸能否动作，便可反证出是否由于负载过大造成气缸不动作。

③ 部分停止法（截堵法）。暂时停止气动系统某部分的工作，观察其对故障的影响。

④ 比较替换法。用标准或合格的元件代替系统中相同的元件，通过比较，判断被更换的元件是否失效。

9.4.7 气动系统共性故障诊断排除方法

气动执行元件在带动其工作机构的工作中动作失常是气动系统最常见且最容易直接观察到的共性故障，例如以气缸、气爪和气马达作为执行元件的气动系统在正常工作中，突然动作变慢（快）、爬行或不动作等，其诊断排除方法可参见第 4 章相关内容。真空吸附系统共性故障及其诊断排除方法见表 9-6。

表 9-6　真空吸附系统共性故障及其诊断排除方法

故障现象	原因分析	排除办法
1. 初期吸附不良（试运转时）	吸附面积小（与工件的重量相比，吸附力小）	要确认工件的重量与吸附力的关系： ①使用吸附面积大的真空吸盘 ②增加真空吸盘的个数
	真空压力低（从吸附面泄漏）（有透气性的工件）	使吸附面无泄漏（减少）： ①重新评估真空吸盘的形状，确认真空发生器的吸入流量与到达压力的关系 ②使用吸入流量大的真空发生器 ③增加吸附面积
	真空压力低（从真空配管泄漏）	检查、修理泄漏处
	真空回路的内容积大	确认真空回路的内容积和真空发生器吸入流量的关系： ①减小真空回路的内容积 ②使用吸入流量大的真空发生器
	真空配管的压力降大	重新评估真空配管：管子变短、变粗（适合管径），减小流动阻力
	真空发生器的供给压力不足	测量真空发生状态时的供给压力： ①使用标准供给压力 ②重新评估压缩空气回路（管路）
	真空发生器喷嘴、扩压段孔口堵塞（配管时有异物混入）	除去异物
	电磁供给阀（电磁切换阀）不动作	用万用表测量电磁阀的电气回路，用压力表观测电磁阀的供给压力： ①检查电气回路、线缆及插头情况 ②在额定电压范围内使用
	吸附时工件变形	由于工件薄，变形而泄漏：使用薄物吸附用吸盘
2. 真空到达时间慢（响应时间缩短）	真空回路的内容积大	确认真空回路的内容积和真空发生器吸入流量的关系： ①减小真空回路的内容积 ②使用吸入流量大的真空发生器
	真空配管的压力降大	重新评估真空配管：管子变得短而粗（适合管径）
2. 真空到达时间慢（响应时间缩短）	需要的真空压力过高	根据吸盘直径的最适化，将真空压力降至所需的最低限。因真空发生器等真空压力越低，吸入量越多。吸盘直径增大一档，可降低所需真空压力、增大吸入流量
	真空压力开关的设定值过高	调至适合的设定压力
3. 真空压力变动	供给压力变动	重新评估压缩空气回路（追加气容）
	真空发生器特性在一定条件下，真空压力会变动	一点一点地使供气压力上升或下降，在使真空压力不变动的范围内使用
4. 真空发生器的排气有异声（间歇声）	真空发生器特性在一定条件下，会发生间歇声	一点一点地使供气压力上升或下降，在使其不发生间歇声的供给压力范围内使用
5. 集成式真空发生器，从真空口漏气	真空发生器的排除空气，流入停止中的其他真空发生器的真空通口	使用单向阀规格的真空发生器
6. 平时吸附不良（试运转正常）	真空过滤器阻塞	①更换真空过滤器 ②改善设置环境
	吸声材料阻塞	①更换吸声材料 ②在供给（压缩）空气回路上追加安装过滤器
	喷嘴、扩压段阻塞	①除去异物 ②在供给（压缩）空气回路上追加安装过滤器 ③追加设置真空过滤器
	真空吸盘（橡胶）劣化、磨耗	①更换真空吸盘 ②检查确认真空吸盘材质和工件的适合性
7. 工件不能脱离	破坏流量不足	开启破坏流量节流阀
	根据真空吸盘（橡胶）的磨耗，黏着性增大	①更换真空吸盘 ②检查确认真空吸盘材质和工件的适合性
	真空压力过高	使真空压力在所需的最低限
	静电的影响	使用导电性材质的吸盘

9.5 气动系统故障诊断排除典型案例

9.5.1 HT6350 卧式加工中心主轴换刀慢及空气污染故障诊断排除

(1) 功能原理

气动装置在数控机床上通常用来完成频繁启动的辅助工作，如机床防护门的自动开关，主轴锥孔的吹气，自动吹屑清理，定位基准面等，部分小型加工中心依靠气液转换装置实现机械手的动作和主轴松刀。

图 9-1 所示为 HT6350 卧式加工中心的气动系统原理图，该气动系统主要用于刀具或工件的夹紧、安全防护门的开关以及主轴锥孔的吹屑。

(2) 故障现象

上述系统在运转中出现了两个故障：一是换刀时，主轴松刀动作缓慢；二是换刀时，主轴锥孔吹气，把含有铁锈的水分子吹出，并附着在主轴锥孔和刀柄上，刀柄和主轴接触不良。

(3) 诊断排除

根据图 9-1 进行分析，主轴松刀动作缓慢的可能原因有：气动系统压力太低或流量不足；机床主轴拉刀系统有故障，如碟型弹簧破损等；主轴松刀气缸有故障。

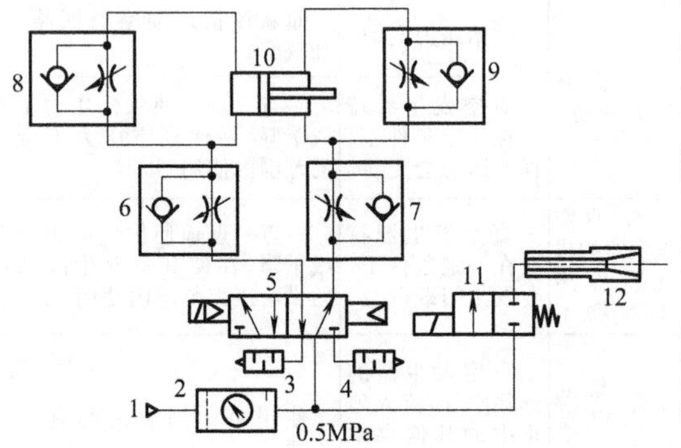

图 9-1 HT6350 卧式加工中心气动系统原理图

1—气源；2—气动三联件；3,4—消声器；5—二位五通电磁阀；6～9—单向节流阀；10—气缸；11—二位二通电磁阀；12—主轴气缸

对于第一个故障，首先检查气动系统的压力，压力表显示气压为 0.5MPa，压力正常。接下来，将机床操作转为手动，手动控制主轴松刀，发现系统压力明显下降，气缸活塞杆缓慢伸出，故判定气缸内部漏气。拆下气缸，打开端盖，压出活塞和活塞环，发现密封环破损，气缸内壁拉毛。因此，更换了新气缸，故障得到排除。

对于第二个故障，检查发现压缩空气中含有水分。通过空气干燥机，使用干燥后的压缩空气，问题即可解决。若受条件限制，无空气干燥机，也可在主轴锥孔吹气的管路上进行两次分水过滤，设置自动放水装置，并对气路中相关零件进行防锈处理，故障即可排除。

9.5.2 挤压机接料小车气动系统换向故障诊断排除

(1) 气动系统原理

接料小车为某公司大型关键设备 35MN 挤压机的辅助装置，用于机器挤出物料的接送。图 9-2 为接料小车气动系统原理图，其动作状态见表 9-7。当电磁铁 1YA 通电小车进至接料位置后，1YA 断电，小车停下等待接挤出的物料，物料到定尺后，小车上的液压剪刀开始剪料。此时设计者的原意是让电磁铁 3YA 和 4YA 均通电，使阀 2、阀 3 换向后处于自由进排气状态，这样，可使小车在剪切物料的同时，挤压物料的程序不中断，对提高该挤压工序产品成品率以及最终成品率均有积极的作用，这是该挤压

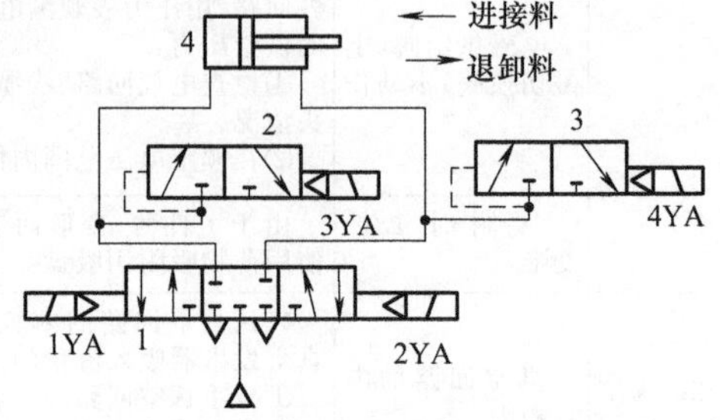

图 9-2 接料小车气动系统原理图

1—三位五通电磁阀；2,3—二位三通电磁阀；4—气缸

机接料小车气动系统设计的一大特点："随动"剪切。

表 9-7　接料小车动作状态表

小车动作	电磁铁状态			
	1YA	2YA	3YA	4YA
进接料	+	−	−	−
随动随切	−	−	+	+
退卸料	−	+	−	−

(2) 故障现象（图 9-2）

在调试中发现，小车在"随动"剪切过程中未按预计的程序运行。故障现象之一为阀 2 在随动剪切时通电后不换向；故障现象之二是阀 3 在随动剪切时通电虽换向，但动作不可靠。

(3) 故障分析（图 9-2）

由于该系统看起来很简单，故在一开始的调试中并未重视，只是按常规去处理，认为是新系统元件不洁所致。虽拆下多次检查清理，但故障仍未解决。后来对阀 2、阀 3 进行了简单的试验，结果阀 2、阀 3 本身无问题，重新安装后故障依旧。针对小车动作程序各过程以及阀 2、阀 3 的工作原理进行了深入分析，认为这是一个由系统设计中元件选型不合理引起的故障。

① 阀 2、阀 3 的工作原理分析。该系统所用的阀 2 和阀 3 为 80200 系列二位三通电磁阀（德国海隆公司基本型），它是一个两级阀，即一个微型二位三通直动电磁阀和气控式的主阀，该阀对工作压力的要求为 0.2～1.0MPa，若工作中低于该阀的最低工作压力 0.2MPa，其主阀芯就无法保证可靠的换向及复位。

② 小车气缸两腔中的压力分析。电磁铁 1YA 通电时，阀 1 切换至左位，气缸有杆腔进气，无杆腔排气，小车进到接料位置后，1YA 断电，阀 1 复位。这时，有杆腔中因阀 1 复位前处于进气状态，故有一定的余压（压力大小不定），无杆腔中因阀 1 复位前处于排气状态，故几乎无余压。

通过上述分析可知，在随动剪切时，阀 2 虽通电，却因所在的无杆腔中无足以使阀 2 换向的余压而无法实现其主阀芯换向，阀 3 因有杆腔中有一定的余压而可能实现换向，但由于其压力值不定，所以阀 3 虽得电可能换向，但却不可靠。

(4) 故障排除

从以上分析看出，在该小车气动系统中选用这种主阀为气控的两级式的元件并非合适。解决方法有两种：其一是换用直动式的元件，即将图 9-2 中的阀 2 和阀 3 改换为 23ZVD-L15（常闭型）即可。但因原阀 2、阀 3 的工作电压为直流 DC24V，该阀的工作电压为交流 220V，故需增加中间继电器来解决。

其二是改进小车气动系统。由改进后的原理图（图 9-3）可看出，选用一只 $K35K_2$-15 型三位五通气控滑阀 3 代替了图 9-2 中的阀 2 或阀 3（例如阀 2），利用图 9-3 中阀 2 作为其先导控制阀（需把原来的常闭型改装成常通型），具体工作原理见前述章节，虽然此法管路更改稍烦琐，但从"随动"剪切的效果及可靠性方面来分析优于方法一，另增加两只单向节流阀 5 和 6 来调整小车速度。

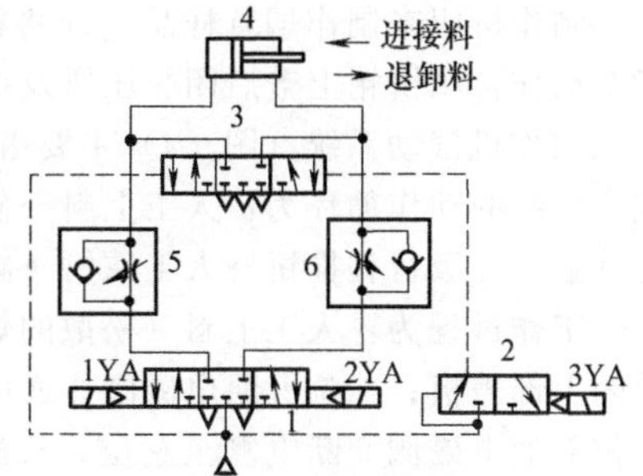

图 9-3　改进后的接料小车气动系统原理图

1—三位五通电磁阀；2—二位三通电磁阀；3—三位五通气控滑阀；4—气缸；5,6—单向节流阀

(5) 启示

目前国内外气动元件生产商提供的电磁换向阀多数为先导级加主级两级式的元件，为保证其正常工作，一般都有一个最低、最高的工作压力范围，设计选用或现场处理问题时，应结合生产工艺特点，结合元件性能进行综合分析。

9.5.3 膨化硝铵炸药膨化过程气动系统气源故障诊断排除

(1) 故障现象

膨化硝铵（硝酸铵）炸药是一种环保新型炸药，近年来在硝酸铵膨化过程通过采用气动技术，改善了作业环境，减轻了劳动强度，保证了作业安全。但在实际生产过程中，有时产品质量不稳定。究其原因，除了气动元件本身外，主要是气源不够纯净和干燥，引起一些气动元件失灵而影响膨化效果。

(2) 原因分析

① 空压机进气不合标准。膨化工序使用两台 Z0.8/9 型空压机，基本能满足气动装置工作时对压力和流量的要求。机房内还安放了 4 台 W5-1 型真空泵，由于真空泵排出的气体中含有悬浮物，其排气管就在机房内，故真空泵排出的空气很容易被空压机吸入。

② 空压机吸入硝铵微粒。空压机房与出料系统仅一墙之隔，膨化后的硝铵极易随风飘落到机房内，当硝铵微粒被空压机吸入后，易与空压机内空气中的油、水混在一起，形成腐蚀性很强的有机酸，对气动系统管道、气缸、控制阀产生腐蚀，使气缸橡胶密封件失去弹性，影响气动装置正常使用。

③ 气动系统管路析出大量的冷凝水。由于膨化硝铵采用立式干燥罐生产，故气控阀要装在高层楼，而空压机放置底楼，输送管短的约 30m，长的约 80m。在输送过程中由于温度、压力的下降，析出大量的冷凝水，这些冷凝水进入阀芯、气缸，容易造成气动元件误动作而带来安全和质量问题。

(3) 解决方案及效果

① 将所有气缸杆改用不锈钢材料；密封件材料由普通橡胶改用硅橡胶材料；一些靠近热源的气缸密封件采用聚四氟乙烯材料替代。

② 对气动元件定期进行清洗、检查，及时更换失去弹性和磨损的密封件；每日班前，坚持将储气罐、过滤器内冷凝水放掉再送气。

③ 自制简易过滤器，将空压机与真空泵分开，移入一通风较好的小房间内，保证空压机进气和输出压缩气的质量。

采取上述措施后，膨化工序气动元件获得干燥纯净的压缩空气，基本消除了因气源质量问题引起的气动元件故障。

9.5.4 烟草样品制作机气动系统压力故障诊断排除

(1) 功能原理

制作机用来制作烟草样品［即将松散烟丝压制为烟饼（100mm×30mm×70mm)］。机器有三个动作：压饼箱上盖启闭、压饼及推饼。

制作机气动系统（图 9-4）主要由气源 1、三联件 2、气缸 6 和气缸 7、电磁阀 3、4 和 5 等组成。系统的动作循环为：人工上料→缸 7 活塞杆伸出合盖→缸 6 一级行程压饼→缸 7 退回，开盖→缸 6 二级行程推饼→人工取饼→缸 6 退回。

工作过程为：人工上料（松散的烟丝）；使二位五通电磁阀 5 通电切换至右位，气缸 7 伸出关闭上部盖板；二位五通电磁阀 3 通电切换至右位，双行程气缸 6 进行第一行程动作，压饼；使二位五通电磁阀 5 断电复至左位，气缸 7 退回打开上部盖板；二位三通电磁阀 4 通电切换至右位，缸 6 进行第二行程动作，把烟饼完全推出压饼箱；人工取走烟饼。

(2) 故障现象

电磁阀 5 通电后，气缸 7 不能合盖。

(3) 原因分析与排除

检查电路，电磁阀 5 已通电换向；检查气动介质污染情况，发现阀 5 气口排气洁净。检查三联件 2 中的减压阀压力，发现仅有 0.3MPa，不足以推动气缸实现合盖动作。故重新调整减压阀，将压力调至 0.6MPa，故障消失，合盖正常。

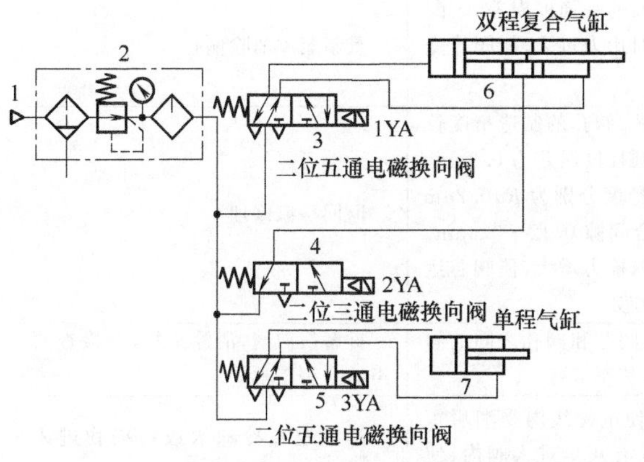

图 9-4　烟草样品制作机气动系统原理图

1—气源；2—气动三联件；3～5—电磁阀；6,7—气缸

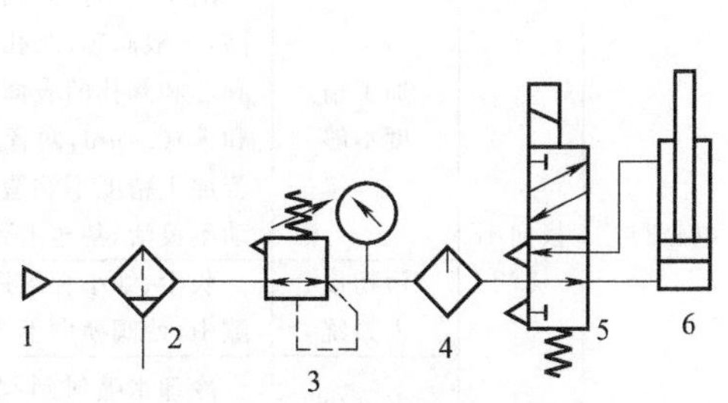

图 9-5　连铸机气动系统原理图

1—气源；2—分水滤气器；3—减压阀；4—油雾器；5—二位五通电磁阀；6—气缸

9.5.5　连铸连轧设备气动系统故障排除

(1) 连铸机气动系统

① 气动系统原理。某钢铁企业的转炉厂连铸机的气动系统用于大包转台定位销、拉矫机引定杆安全插销、火焰切割机夹臂、冷床翻钢机、移钢机拨爪提升、连铸坯挡头等机构的传动及控制。图 9-5 所示为典型气动系统原理图，它由气源 1、分水滤气器 2、减压阀 3、油雾器 4、二位五通电磁阀 5 和气缸 6 等气动元件组成。

② 气动辅件与控制元件故障及其排除方法（表 9-8）。

表 9-8　气动辅件与控制元件故障及其排除方法

元件(图 9-5)	故障现象		故障原因	排除方法
分水滤气器 2	从排放阀中漏气		可能是放水阀发生松动，杂物卡住不能关闭，或阀座受到损伤	紧固，并清除杂物或更新放水阀
	放水阀打开而不出水		尘埃堵塞放水通道	清洗旋塞除去杂物，并定期打开放水阀将积存在杯子中的污水放掉
减压阀 3	平衡状态下溢流口漏气		进气阀和溢流阀有尘埃	取下清洗；如果膜片破损，则应更换
	调压时压力升不上去		弹簧断裂	取下更换
			进气出气口装反	重新安装
	输出压力发生激烈波动或不均匀变化		阀内 O 形圈损坏所致	取下更换，还应查看膜片，如果损坏，则更换
油雾器 4	漏气或不滴油		油针被垃圾堵塞	旋出油针吹净
			进口流量减少	查出原因后及时排除
			油面超过限定	去掉多余部分
			弹簧失灵或密封件损坏	更换弹簧或密封件
电磁阀 5	泄漏	内泄漏大	因需要换向阀与气缸连接的管路短，以便气缸动作反应快来保证切割尺寸的准确，把换向阀直接装配在气缸上。但是，这样就使得换向阀长期处于高温、多灰尘的切割小车中频繁动作，阀芯与阀孔之间的磨损严重，配合间隙增大，从而使内泄漏增大，系统能量损耗增大	接入风管并向切割小车吹冷却空气，可降低阀的温度及积灰量
		外泄漏严重	由于密封圈老化或受力变形而引起的外泄，严重时造成系统压力下降多，夹臂夹持力不足	通过及时更换密封件解决

续表

元件(图 9-5)	故障现象		故障原因	排除方法
电磁阀5	换向不灵活	装配上有偏心	因气动换向阀结合面的平面度误差,装配人员在安装紧固螺钉时用力过大,使阀体变形,引起阀芯偏心	重新装配消除偏心
		加工精度不够	由于气动换向阀阀芯、阀孔的制造精度较高,一般阀芯、阀孔的圆柱度误差为 0.3μm,阀芯和阀孔的表面粗糙度分别为 Ra0.2μm 和 Ra0.4μm,两者配合间隙 0.12～0.6μm。若加工精度不够造成摩擦力增大,使阀芯运动不灵活,甚至卡死阀芯	退回厂家修理
		污物侵入系统	灰尘、细小颗粒进入阀芯和阀孔之间的间隙中,使阀换向不灵活甚至卡死	拆解换向阀,清除杂物,并检查消声器是否正常
		电磁线圈烧坏	冷却水喷射到阀上使电磁线圈受潮后短路而烧坏;阀芯受潮或有灰尘进入阀内,使阀芯运动阻力过大,引起电磁线圈烧坏	尽量避免冷却水或污染物进入阀内
		操纵力不足	换向阀两端的控制小孔堵塞,因控制气压不足而换向乏力,甚至不能换向;复位弹簧在长期频繁使用下会出现疲劳变形,引起阀芯复位滞后,甚至不能复位	经常检查清理,保证阀正常工作

③ 气缸故障及其处理方法（表 9-9）。

表 9-9 气缸故障及其排除方法

故障现象	故障原因	排除方法
泄漏	由于气缸环境温度长期偏高,使得气缸密封件老化,加上每周检修时冷却水喷射到气缸活塞杆上引起锈蚀,使得气缸密封件磨损等原因而引起泄漏(内泄漏与外泄漏)。内泄是因活塞密封件老化、磨损所导致,外泄是因导向套密封件老化、磨损所致	采用耐磨耐高温的密封件,并避免冷却水喷射到气缸上
爬行	气源处理不符合要求:由于气源不够干燥或气缸在高温潮湿的条件下工作,水分集积于气缸工作腔内导致活塞或活塞杆工作表面锈蚀,加大了缸筒与活塞密封件、活塞杆与组合密封件之间的摩擦力而引起爬行;气源中的杂质也会引起爬行	加强气源的过滤和干燥,定期排放分水滤气器和油水分离器中的污水,并检查其是否正常工作
	维修后二次装配不符合要求:气缸更换密封件重新装配后,若装配不符合要求也会引起活塞杆出现爬行。主要是因气缸端盖密封圈压得太死或活塞密封圈的预紧力过大;或是活塞或活塞杆在装配中出现偏心	装配时适当减少密封圈的预紧力并消除偏心
	润滑不良:气缸相对滑动面的润滑好坏直接影响气缸的正常工作	在装配时,所有气动元件的相对运动表面都应涂以润滑脂。油雾器应保持正常工作状态

(2) 连轧机组活套气动系统

① 活套功用及其气动系统原理。在小型连轧生产中，通常在精轧机组中设置若干个活套，使相邻机架间的轧件在无张力状态下储存一定的活套量，作为机架间速度不协调时的缓冲环节，以消除轧制过程中因轧机速度动态变化引起的轧件尺寸精度的波动。活套工作状况的好坏，直接影响生产线的产量和产品质量。某小型连轧线采用了由意大利 POMINI 公司设计的立式活套，因投产以来故障频发，严重制约了产品的产量和质量。

活套系统主要由起套辊、气动系统、活套扫描器和活套调节系统等组成（图 9-6）。活套的起套辊由气缸驱动，当轧件被轧机 2 咬入后，起套辊起套；当轧件尾部从轧机 1 即将轧出时，起套辊下落。起套辊的起、落过程由气缸来执行，而这个执行过程由计算机自动控制。

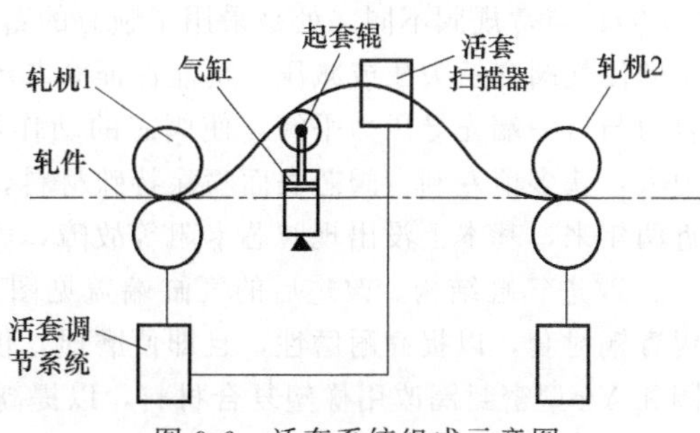

图 9-6 活套系统组成示意图

图 9-7 所示为起、落套气动系统原理图，当计算机接到起套指令后，二位三通电磁阀 8～10 通电，气源 1 分别经换向阀 8、9 及梭阀 11 和阀 12 中的节流阀进入气缸 13 的无杆腔，有杆腔的气体经阀换向 10 排空，活塞杆伸出，起套辊 14 起套。随后，阀 9 断电，通过减压阀 6 和阀 8 的减压气体继续维持活塞杆处于伸出状态，此时的压力较低，仅需维持轧件在无张力下储存一定量的活套量，通过调节减压阀 6 的压力，可使不同规格下的轧件保持无张力状态。计算机接到落套信号后，阀 8、10 断电，压缩空气经阀 10 进入气缸有杆腔，无杆腔气体经阀 8 与 9 排空，起套辊落套。这样就完成了两个起、落套过程。

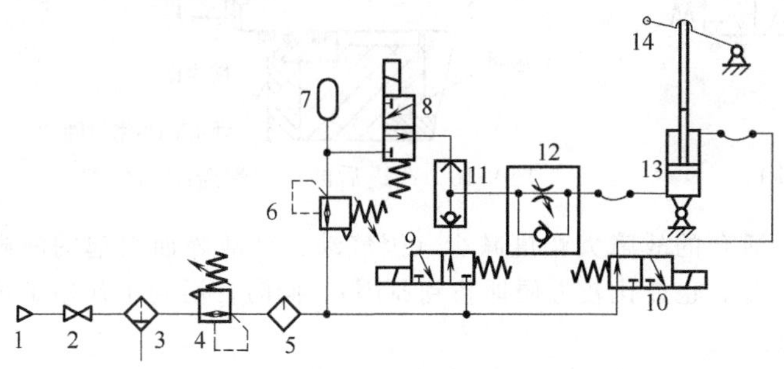

图 9-7 起、落套气动系统原理图

1—气源；2—截止阀；3—分水滤气器；4,6—减压阀；5—油雾器；7—蓄能器；8～10—二位三通电磁阀；11—梭阀；12—单向节流阀；13—气缸；14—起套辊

② 活套主要故障及其原因。

a. 起套辊不动作。故障的直接原因是气缸无动作，有两种可能：一是电气控制系统故障，起、落套指令没有发出或没有发送到相应换向阀的电磁铁上；二是气动元件故障，气动回路中某一气动阀不动作或气缸失效。为了确诊是电气原因还是气动原因，有时只得逐一检查电气元件和气动元件，这将花费大量的时间和精力。

b. 电磁换向阀卡阻。原设计中选用的是国产 K23JD 型二位三通电磁阀，其主阀为活塞式结构，有锥形端面截止式软密封，活塞上带 O 形圈。阀芯移动需较大推力，有时会产生卡阻现象。阀卡阻时，曾多次拆检阀体，未发现脏物和异物，认为该阀因自身缺陷导致工作稳定性不高，不适用于响应快、频率高的活套气动系统。

c. 气缸失效。气缸原端盖结构见图 9-8，气缸端盖上未设置导向套，造成气缸端盖内孔易磨损变大。因气缸长期处于冷却水冲刷的工作环境之中，水极易从磨大了的端盖内孔和活塞杆的间隙进入气缸内，不仅导致气阀工作极不稳定，而且加剧了气缸密封圈老化(密封圈材料为聚氨酯橡胶，在水中很容易脆化)，使气缸频繁失效，气缸密封圈基本上是两三天更换一次，有时甚至天天更换。

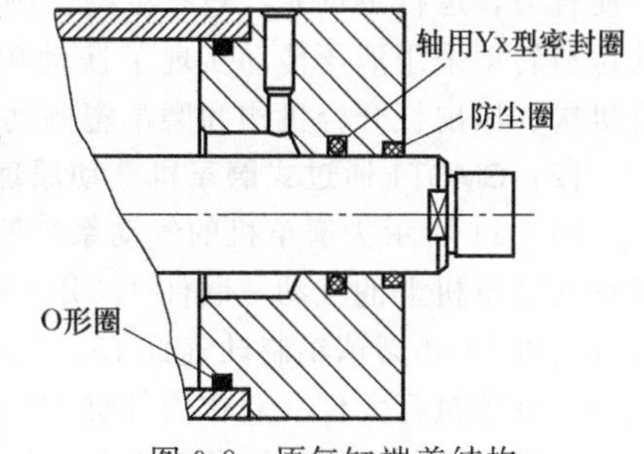

图 9-8 原气缸端盖结构

③ 解决方案。

a. 增设换向阀信号指示屏。为便于故障判别，换向阀选用带指示灯的电磁铁接头，并在阀板上方专门设计了电控信号指示屏。发生故障时，如各换向阀的指示灯都亮，表明计算机已发出指令，电控元件故障的可能性较小，气动元件故障可能性较大；如果某一指示灯不亮，则表明相应回路的电控元件存在故障。

b. 电磁阀改型。改用美国 MAC 公司生产的 56 系列的二位三通电磁阀。该阀为滑阀式结构

（图 9-9），与常规阀不同之处是采用了独有的蓄压腔结构，腔内贮藏了可使阀动作多次的压缩空气，即使气阀突然失压或减压，也能保证阀芯动作到位。作用于阀芯一端的弹簧力和蓄压腔压力之合力与另一端先导压力平衡，使阀芯的动作不受气压变化的影响。该阀的电磁线圈产生的电磁力大，获多项专利。阀芯表面喷涂特殊材料，不需要其他密封件，摩擦力小无须润滑。该阀使用近两年来，基本上没出现阀芯卡阻等故障，可靠性和灵敏度均满足要求。

c. 改进气缸结构。改进后的气缸端盖见图 9-10，便于密封件的安装和维修；端盖中间增设铸锡青铜衬套，以提高耐磨性，且即便磨损，仅更换衬套即可修复，不至于整个气缸报废。将防尘圈和 Yx 型密封圈改用橡塑复合材料，以提高耐水性能。为进一步提高密封性能，在气缸端盖上增加一道密封，选用密封性和耐磨性都较好的格莱圈，耐磨环材料为聚四氟乙烯，O 形圈用丁腈橡胶。

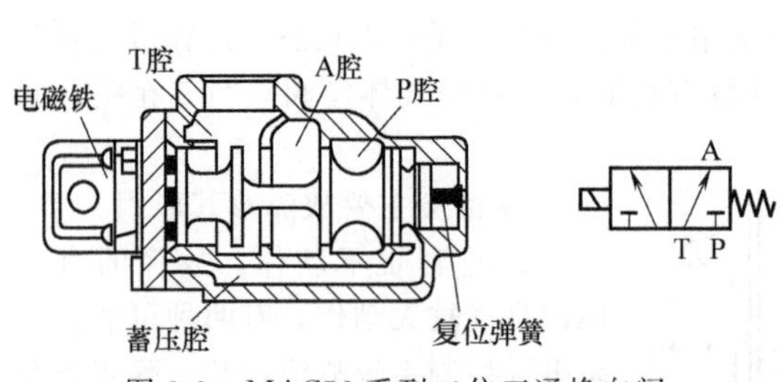

图 9-9　MAC56 系列二位三通换向阀

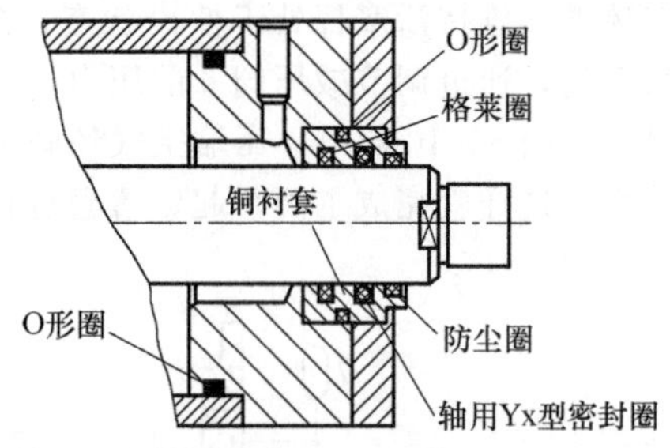

图 9-10　改进后的气缸端盖结构简图

通过对活套气动元件的上述改进，活套的故障大幅度减少（因气动元件故障而引起的故障比改进前减少 36%，而且即使发生了故障，也能比较方便地找到原因）。同时，活套工作稳定可靠，保证了棒材的尺寸公差和表面质量。

④ 启示。为了使气动系统能够正常工作，首先应在系统设计之初，合理进行控制阀等元件选型和气缸的结构设计，其次注意正确使用维护。

9.5.6　通过式磨革机气动系统漏气故障诊断排除

（1）主机功能结构

国产皮革机械在 20 世纪 80 年代末和 90 年代初，大多采用传统的机械传动，以对皮革进行磨削加工的磨革机为例，磨革辊的轴向摆动采用的是偏心蜗轮结构，其偏心量和摆动频率均不能调整；皮革进给要操作人员用力踩踏板通过杠杆机构实现，操作人员劳动强度很大，效率很低。到 90 年代中、后期，部分皮革机械产品采用了先进的液压传动和气动控制技术，使操作更方便省力，运行更可靠，效率更高。例如国产 GMGT1 通过式磨革机的磨革辊轴向摆动和供料辊的送料转动采用液压传动实现了摆动频率和送料速度无级可调；该机的料辊进退机构、罩盖开合机构、压皮板开合机构和磨革辊制动机构等 4 个机构则采用了气压传动。

（2）GMGT1 通过式磨革机气动原理

图 9-11 所示为磨革机的气动系统原理图。工作时，气源的压缩空气（压力为 0.6～0.7MPa）经设在磨革机上的气动三联件 2，分 4 路独立控制罩盖开合气缸 12、供料辊进退气缸 13、压皮板开合气缸 14 和磨革辊制动气缸 15。气动三联件的作用是将压缩空气进行水气分离、调压和加油润滑气缸等执行元件。双作用气缸 12、13、14 的换向分别由阀 6、7、8 控制，单作用气缸 15 的换向由阀 9 控制，控制罩盖开合的气缸 12 的动作须平稳无冲击，故其出气口处设有调节平缓程度的节流阀 4 和 5；供料辊进退气缸 13 要求皮革送进时动作较慢，退出时动作较快，故设两只单向节流阀 10 和 11 分别控制供料辊进、退速度。

（3）常见故障及排除

该气动系统应用优质耐压塑料管和优质插入式接头，拆装快速可靠，不易漏气，主要故障是

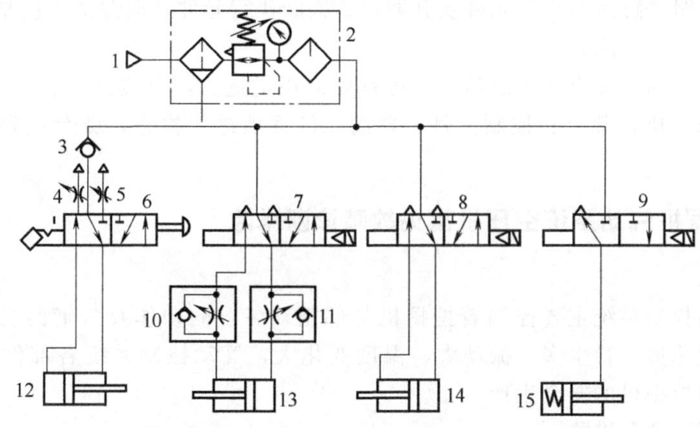

图 9-11　磨革机气动系统原理图

1—气源；2—气动三联件；3—单向阀；4,5—节流阀；6—二位五通推拉换向阀；7,8—二位五通电磁阀；9—二位三通电磁阀；10，11—单向节流阀；12—罩盖开合气缸；13—供料辊进退气缸；14—压皮板开合气缸；15—制动气缸

气缸在长时间使用后出现漏气现象，更换气缸密封圈即可。

9.5.7　祖克浆纱机气动系统泄漏故障排除

(1) 气动系统故障现象

祖克浆纱机是一种主要用于织物上浆作业的纺织机械，其车头传动装置采用气动控制。在生产实践过程中，由于气动系统的接口和元件较多，容易发生内、外泄漏现象，直接影响浆纱质量和生产进度。

(2) 泄漏问题分析与判断

① 气源。查找气路故障时，首先应检查气源是否存在问题，检查项目有：压力是否符合要求；含水是否过多；调压阀过滤器作用是否良好，并且应按要求调整调压阀压力和清除过滤器积水；从气源到控制部分用压力表进行测量，观察压力是否相同（如果控制部分没有安装压力表，可临时安装一压力表）。若压力表读数有差异，则可断定管道发生泄漏。

② 控制元件。电磁阀产生漏气的原因之一是执行气缸密封不严，使气缸的上下进气串通，串回电磁阀的压力阻挡电磁阀阀芯复位，造成电磁阀泄漏；其二是电磁阀失灵，大多是阀芯密封圈受到磨损，或者有异物堵塞气路，阻挡阀芯复位。判断办法是，断开电磁阀出气口，操纵电磁阀开关，用手感受出气口气流切换。如果控制部分与执行部分很难判断清楚时，应采用交换法，即交叉互换电磁阀或气缸。若出现差异则很快就能判断出泄漏部位或失效元件；电磁阀通电后，用手感受电磁线圈有无振动和发热，如果无反应要及时检查线圈及线路。

对于手动阀，可从以下两个方面对是否漏气进行检查判断：一是断开阀的气路、手动阀钮，用手感受气路是否有气压。如果有气压，说明阀钮及指令气路正常，阀体本身不动作；如果无气压，则要检查阀钮是否脱落，阀钮扭动是否能将阀芯顶到位；二是使用压力表测量进出口气压是否相同，从而检查气路有无泄漏；最后检查阀体，首先清洗阀体，注意拆卸时不要损坏和丢失密封圈，然后检查阀体各部气路和密封元件或更换阀体。

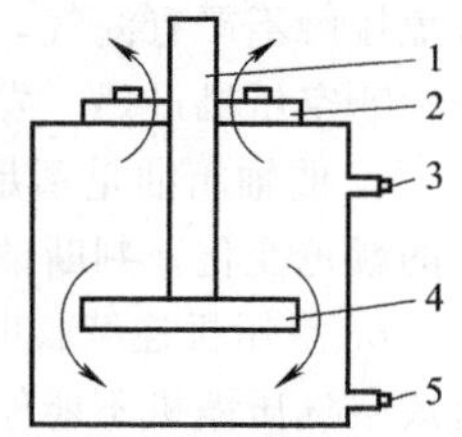

图 9-12　浆纱机气动系统气缸工作示意图

1—活塞杆；2—缸盖；3—有杆腔进气口；4—密封件；5—无杆腔气口

③ 执行元件。常用执行元件有气缸、薄膜阀等。图 9-12 为气缸工作示意图。判断发生内泄漏的方法是，断开气缸上、下任一腔管路，操纵控制元件，使未断开的管路进气，用手感受断开管路的气缸口是否有气

压，若有气压，说明气缸内的密封元件受到磨损。判断执行元件外泄漏的方法是：目视或用手感受出气杆口压盖处是否泄漏。

总之，在分析气动系统出现的故障时，可首先采用优选法，分段逐步检查，再采用排除法，从气动系统的气源、执行部分、控制元件、辅助元件逐项进行检查，就会找到漏气环节，将之排除。

9.5.8 挖掘机气动系统空压机常见故障诊断排除

(1) 基本情况

挖掘机的气动控制系统主要控制着挖掘机各部制动装置的动作及为辅助机构提供动力。由于挖掘机工作环境恶劣，粉尘多、振动大，温度变化大，气动控制系统各部件经常发生各种故障，从而直接影响挖掘机的安全生产。

(2) 常见故障现象及排除

① 空压机不能启动。

a. 空压机传动带过松打滑。空压机在长期工作中，传动带由于受到拉力和磨损造成破裂、变形，使传动带过长、过松而失效，必须进行调整。传动带松紧程度要适当，不宜过松或过紧。在正常情况下，V形带安装后用拇指按压其中部，如可按下15mm左右则松紧合适。若传动带过紧，张紧力过大，磨损加剧，使用寿命缩短；过松则不能保证足够张紧力，容易打滑。

b. 冬季气缸内进水，活塞冻结。挖掘机在高寒地区作业时，因冬季气候寒冷，气缸内或曲轴箱内水分冻结容易导致气缸不能转动。解决方法是，在空气压缩机附近安装加热风机，以提高空压机周围温度；冬季及时更换空压机油，也可每隔1h启动一次。

c. 曲轴箱缺油。润滑油不足，会造成活塞杆与曲轴、活塞与气缸等零部件润滑不良而损坏，应及时检查补充润滑油。

d. 电气方面，如果电路发生故障也可造成空压机不能启动。解决方法是，检查空压机驱动电机是否烧坏，有无异味，接线盒是否松动，线头有无脱落；检查主电路是否有断线或接触不良；检查热继电器是否动作；检查接触器线圈是否烧损；检查压力继电器触点是否吸合。

② 空压机不上压或压力不够。

a. 空气过滤器堵塞。由于挖掘机在矿区作业，粉尘大，空气中水分多，滤芯易堵塞，使空气阻力增大，进气不畅。解决方法是，在空气压缩机进气口增加1个粗过滤器；将原过滤器改造为双层过滤器，即增加1个粗过滤器，提高过滤效果；每天清洗过滤器。

b. 气压有泄漏。认真检查油水分离器、管路、气缸、电磁配气阀等有无漏气，储气罐安全阀是否漏气，尤其要注重电磁配气阀的检查，其内部零件损坏或弹簧失效，阀杆不能复位，都会造成漏气，发现漏气点应及时处理。

c. 空压机内部无压缩。活塞环过度磨损，吸、排气阀漏气或阀片弹簧损坏、卡死，气缸与缸盖接触不严有漏气，均会发生空压机内部无压缩，更换相应零件即可。

③空压机过热。发现过热现象后，应立即停止工作，否则会导致空压机严重损坏。

a. 曲轴箱油量不足或油质差。按规定使用润滑油，确保油位符合使用要求，通过观察润滑油的颜色变化，判断油质好坏，颜色发黑时要及时更换。

b. 空压机连续长时间工作。压缩空气有泄漏，气压不能达到压力继电器设定的停机压力，造成空气压缩机不能停机；过滤器堵塞，能耗增加。解决方法是，立即关闭空压机电机开关，使空压机停止工作，进行散热，及时排除各处漏气；加强空气过滤器清洗次数。

c. 压力继电器失灵。系统压力达到继电器设定值时，压力继电器不动作，空压机长时间工作，造成空气压缩机过热。处理方法是，及时调整压力继电器设定值或更换压力继电器。

④ 空压机发出敲击声或声音异常。空压机发出敲击声原因有很多，为防止故障扩大要立即停机详细检查。

a. 阀室中有异响。吸排气阀的紧定螺钉未顶紧，阀片或弹簧损坏，活塞在上死点时其顶面与缸盖发生碰撞均会使阀室产生异响。解决方法：拧紧外部螺钉；检查内部弹簧或阀片并及时更换；如果发现顶盖有冲击振动，可卸下缸盖，增加盖垫的厚度，保持正常间隙。

b. 气缸中有异响。活塞环过分磨损，工作时环在活塞沟槽内上下冲击；气缸内有异物或破碎阀片掉入气缸内，工作时发生顶碰；连杆小铜套过度磨损，工作时产生冲击。解决方法：分解、检查气缸，更换活塞环；排除异物，更换阀片；检修并更换小铜套。

c. 曲轴箱内有响声。连杆瓦过度磨损，间隙大；连杆螺钉松动；主轴瓦磨损间隙大；轴承损坏。解决方法：更换连杆瓦，拧紧连杆螺钉；更换主轴瓦；更换损坏的零件。

(3) 启示

多尘、低温、振动等恶劣环境下工作的气动系统，用户和操作者应熟悉并掌握气动控制系统的结构及基本工作原理，对其加强日常维护检修工作，才能迅速准确地排除故障，降低设备故障率。

9.5.9 FCC7KCi-C 型 ^{60}Co 治疗机气动系统常见故障诊断排除

(1) 气动系统原理

远距离 ^{60}Co 治疗机是一种肿瘤放射治疗器械。它一般都采用气压传动，利用压缩空气将放射性钴源送到照射位置和缩回安全储藏位置。

图 9-13 所示为该治疗机的气动系统原理示意图。工作时，合上 AC220V 电源，空压机 1 产生的压缩空气经二位三通电磁阀 2、单向阀 4 进入贮气罐 6。当气压升至 0.7MPa 时，自动压力敏感开关 5 切断空压机电源，当贮气罐内压力下降至 0.4MPa 时，自动压力敏感开关又接通空压电源，如此往复打气，保证罐内有 0.4MPa 以上压缩空气。

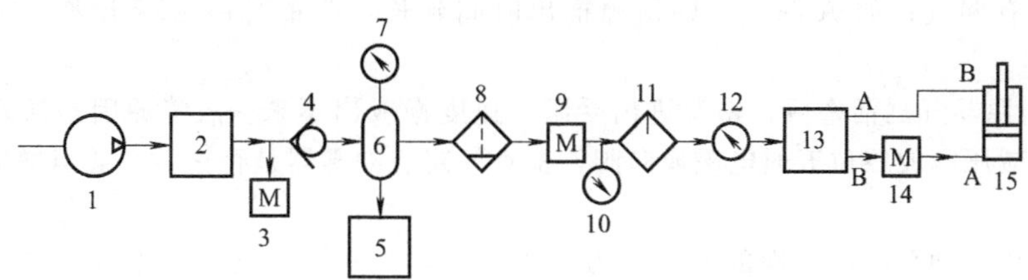

图 9-13　^{60}Co 治疗机气动系统图

1—空压机；2—二位三通常闭型电磁阀；3—安全阀有杆腔进气口；4—单向阀；5—自动压力敏感开关；6—贮气罐；7—压力表；8—空气过滤器；9—减压阀；10—压力表；11—油雾器；12—低气压表（电接点压力表）；13—二位五通电磁阀（源斗控制阀）；14—二位三通常开型电磁阀；15—源斗气缸

放射源开关动作原理见图 9-14，二位五通电磁阀 1 作为放射源开关控制信号源，当阀 1 通电切换至右位时，压缩空气通过阀 1 和二位三通常开型电磁阀 2 进入气缸 3 的无杆腔，活塞推出，源处于开位，相反当阀 1 断电复至图示左位时，压缩空气经阀 1 直接进入气缸有杆腔，活塞收回，源关闭。阀 2 是为卡源设计的，当卡源时可启动强回源，同时该阀通电切换至右位，排出气缸无杆腔的压缩空气，减轻电机负荷。

(2) 常见故障现象及其排除（按图 9-13）

① 空压机频繁启停打气。故障原因可能是系统中有漏气现象：首先关闭减压阀 9，然后观察减压阀之后压力表 10 的读数变化情况，借此判断漏气点在减压阀之前还是之后。如在前面，最容易出故障的是单向阀 4，二位三通常闭型电磁阀 2；若在后面，则可能是气缸的橡胶活塞老化脆裂和源卡在控制阀。当然系统管道本身老化以及接头处也会出现漏气现象，以上这些很容易用肥皂水检查出来。

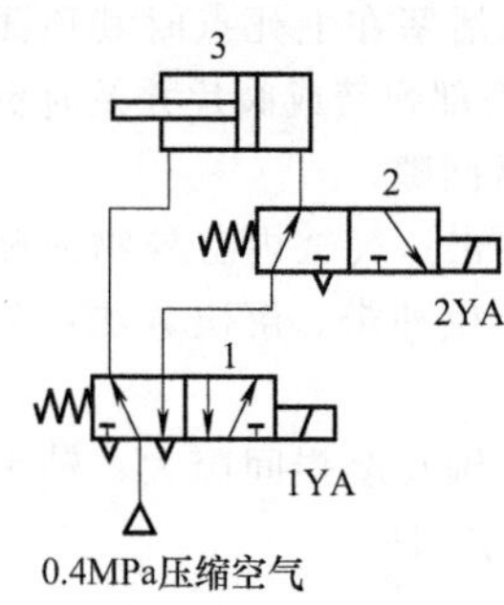

图 9-14 放射源开关动作原理图

1—二位五通电磁阀；2—二位三通常开型电磁阀；3—源斗气缸

② 钴源不能送到照射位置。故障原因有两种。一种是自动压力敏感开关 5 失灵，不能保持贮气罐 6 中的正常工作压力，以使低气压力动作，对此可通过压力表 7 的读数加以判断；另一种是减压阀 9 失灵，低气压表 12 指示偏低或为零，导致源斗气缸 15 不能动作。

③ 空压机驱动电机通电而不启动。二位三通常闭型电磁气阀 2 发生异常声音，电机发热过载导致保险丝熔断。故障原因是单向阀 4 漏气，使贮气罐 6 中的空气压力与空压机活塞上的压力相同，增大启动力矩，特别在电源电压过低时，电机就更不能启动了。根据经验得出，对于使用多年的^{60}Co 治疗机单向阀是比较容易出故障的。解决方法有两种：一种是彻底维修或更换空压机；另一种是经常清理保持贮气罐清洁干燥，排除锈渣，根据单向阀漏气情况检修或更换单向阀，应考虑空压机电机损坏或者负载情况。

④ 在工作中钴源时出时不出。故障原因：如果减压阀 9 后的压力表 10 表指示正常，则低气压表 12 的指数不能自动恢复到 0.4MPa 所致，结论是减压阀有毛病，或者将低气压表管路脱开。解决方法是更换或取下进行检修。还应排除门联锁、门灯断路或以防施工装修因素被人为造成线路短路现象。

⑤ 钴源在安全位置，源斗控制阀 13 排气孔 A 端有漏气。故障原因是源斗气缸中的橡胶活塞漏气，应更换或取下检修。判断方法：拆下源斗气缸的 A 端橡胶管道，如 A 端有漏气，则橡胶活塞坏了；如无漏气现象，则源斗控制阀 A 端有毛病，应拆下清洗或更换新的橡胶活塞。

⑥ 钴源在照射位置时有漏气声。故障原因是 AC220V 电源电压过低，源斗控制阀 A 和 B 端处于低电压工作状态，阀门未完全开启。如果 AC220V 电源电正常，则是源斗控制阀 B 或 A 端在工作状态时有漏气；如 A 漏气，则钴源推出时间延长，严重时钴源不出来，应取下检修或更换。

⑦ 更换新源斗气缸活塞后，钴源进出受阻，速度慢或出不来。故障原因是活塞过紧，阻力较大，应调节减压阀或二位五通电磁换向阀，检查气路、油雾器是否正常，适当增加源斗气缸的工作力。

总的来说该气动系统所出现的故障分为三步检修：首先检查空气压缩机、二位三通常闭型电磁阀、电容器、单向阀和自动压力敏感开关；其次检查减压阀及其之后的压力表、过滤器和油雾器；最后检查源斗阀门（二位五通电磁换向阀和二位三通常开型电磁阀）和气缸橡胶活塞，如发现问题应拆下检修或更换。除此之外，还应考虑排除门联锁、门灯断路或线路短路等因素。

常用气动图形符号（GB/T 786.1—2009摘录）

附表1　图形符号基本要素

名称及注册号	符号	用途或符号描述	名称及注册号	符号	用途或符号描述
实线 401V1	0.1M	供油管路，回油管路，元件外壳和外壳符号	垂直箭头 F026V1	4M	流体流过阀的路径和方向
虚线 422V1	0.1M	内部和外部先导（控制）管路，泄油管路，冲洗管路，放气管路	倾斜箭头 F027V1	4M 2M	流体流过阀的路径和方向
点画线 F001V1	0.1M	组合元件框线	正方形 101V21	□2M	控制方法框线（简略表示），蓄能器重锤
双线 402V1	0.5M 3M	机械连接、轴、杆、机械反馈	正方形 101V12	□6M	马达驱动部分框线（内燃机）
圆点 501V1	0.75M	两个流体管路的连接	正方形 101V15	□4M	流体处理装置框线（过滤器，分离器，油雾器和热交换器）
小圆 2163V1	1M	单向阀运动部分，大规格	正方形 101V7	□4M	最多四个主油口阀的功能单元
中圆 F002V1	4M	测量仪表框线（控制元件，步进电机）	长方形 101V2	3M 2M	控制方法框线（标准图）
大圆 2065V1	6M	能量转换元件框线（泵，压缩机，马达）	长方形 101V13	9M 4M	缸
半圆 F003V1	3M 6M	摆动泵或马达框线（旋转驱动）	不封闭长方形 F004V1	9M 1M	活塞杆

续表

名称及注册号	符号	用途或符号描述	名称及注册号	符号	用途或符号描述
圆弧 452V1	2.5M 4M	软管管路	长方形 101V1	nM mM	功能单元
连接管路 RF050	0.75M	两条管路的连接标出连接点	敞口矩形 F068V1	0.2M 1M 6M+nM	有盖油箱
交叉管路 RF051		两条管路交叉没有节点，表明它们之间没有连接	半矩形 2061V1	1M 2M	回到油箱
垂直箭头 F026V1	4M	流体流过阀的路径和方向	囊形 F069V1	8M 4M	元件：压力容器，压缩空气储气罐、蓄能器，气瓶、波纹管执行器、软管气缸

附表 2　空气压缩机和马达、缸、增压器及转换器

名称及注册号	符号	名称及注册号	符号	名称及注册号	符号
摆动气缸或摆动马达(限制摆动角度，双向摆动) X11280		单作用单杆缸，靠弹簧力返回行程，弹簧腔室有连接口 X11440		行程两端定位的双作用缸 X11500	
单作用的半摆动气缸或摆动马达 X11290		双作用单杆缸 X11450		双杆双作用缸，左终点带内部限位开关，内部机械控制，右终点有外部限位开关，由活塞杆触发 X11560	G G
马达 X11390		双作用双杆缸(活塞杆直径不同，双侧缓冲，右侧带调节) X11460		单作用压力介质转换器(将气体压力转换为等值的液体压力，反之亦然) X11580	
空气压缩机 X11400		带行程限制器的双作用膜片缸 X11470		单作用增压器，将气体压力 p_1 转换为更高的液体压力 p_2 X11590	p_1 p_2

续表

名称及注册号	符号	名称及注册号	符号	名称及注册号	符号
变方向定流量双向摆动马达 X11410	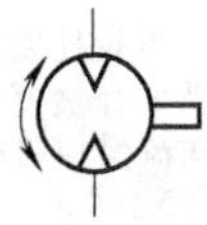	活塞杆终端带缓冲的膜片缸，不能连接的通气孔 X11480	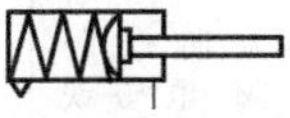	波纹管缸 X11600	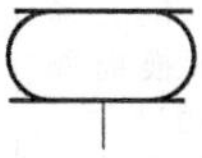
真空泵 X11420	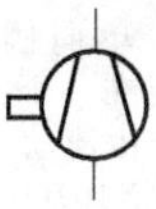	双作用缆索式无杆缸，活塞两端带可调节终点位置缓冲 X11530	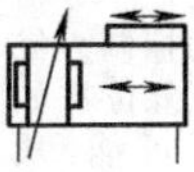	软管缸 X11610	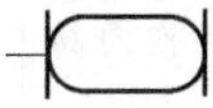
连续增压器，将气体压力 p_1 转换为较高的液体压力 p_2 X11430	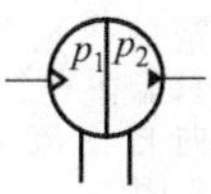	双作用磁性无杆缸，仅右手终端位置切换 X11540	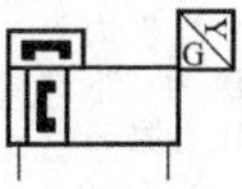	永磁活塞装作用夹具 X11640	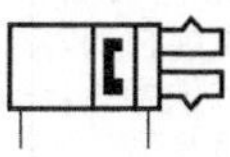

附录3　控制机构

名称及注册号	符号	名称及注册号	符号	名称及注册号	符号
具有可调行程限制装置的柱塞 X10020	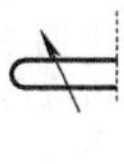	单作用电磁铁，动作背离阀芯 X10120	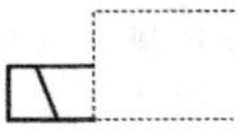	机械反馈 X10190	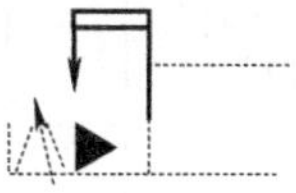
手动锁定控制机构 X10040	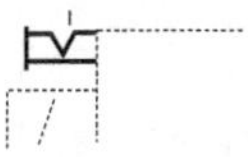	双作用电气控制机构，动作指向或背离阀芯 X10130	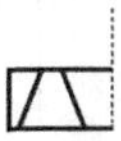	电气操纵的气动先导控制机构 X10170	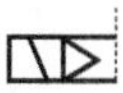
单方向行程操纵的滚轮手柄 X10060	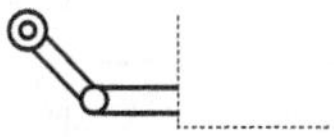	单作用电磁铁，动作指向阀芯，连续控制 X10140	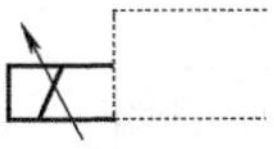	气压复位，从阀进气口提供内部压力 X10080	
用步进电机的控制机构 X10070	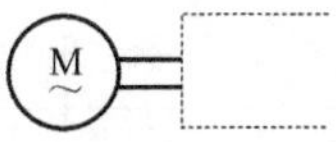	单作用电磁铁，动作背离阀芯，连续控制 X10150	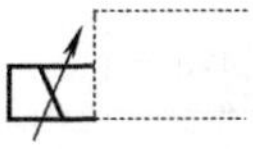	气压复位，从先导口提供内部压力 X10090 注：为更易理解，图中标示出外部先导线	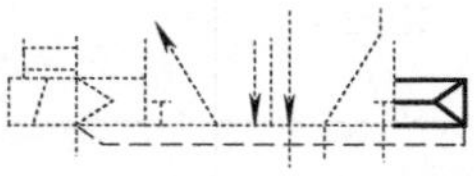
单作用电磁铁，动作指向阀芯 X10110	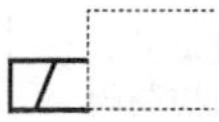	双作用电气控制机构，动作指向或背离阀芯，连续控制 X10160	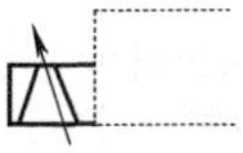	气压复位，外部压力源 X10100	

附表 4　控制元件

名称及注册号	符号	名称及注册号	符号	名称及注册号	符号
二位二通推压换向阀(常闭) X10210	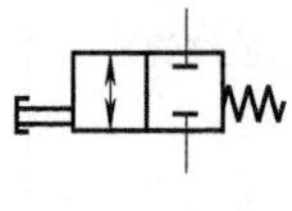	二位五通方向控制阀，电磁铁先导控制，外部先导供气，气压复位，手动辅助控制。气压复位有如下可能：从阀进气口提供内部压力；从先导口提供内部压力；外部压力源 X10440	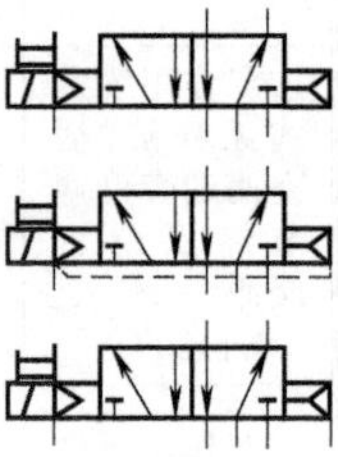	滚轮柱塞操纵的弹簧复位式流量控制阀 X10650	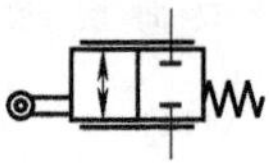
二位二通电磁换向阀(常开) X10220	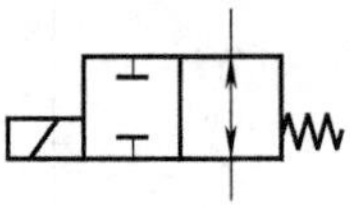			单向阀，只能在一个方向自由流动 X10700	
二位四通电磁换向阀，电磁铁操纵，弹簧复位 X10230	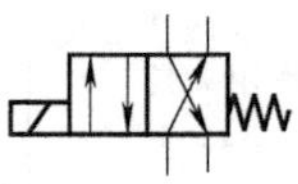			带有复位弹簧的单向阀，只能在一个方向自由流动，常闭 X10710	
二位二通延时控制气动换向阀 X10250	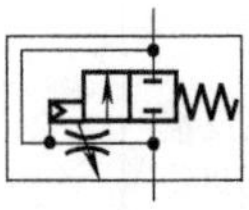	不同中位流路的三位五通方向控制阀，两侧电磁铁与内部先导控制和手动操纵控制，弹簧复位至中位 X10450	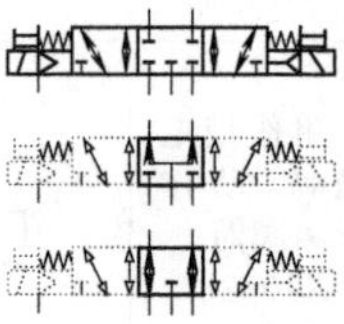	带有复位弹簧的先导式单向阀，先导压力允许在两个方向自由流动 X10720	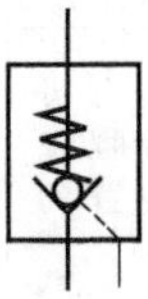
二位三通机动换向阀 X10270	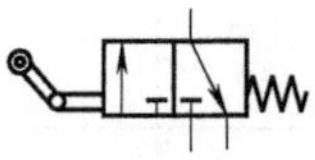	二位五通直动式气动方向控制阀，机械弹簧与气压复位 X10460	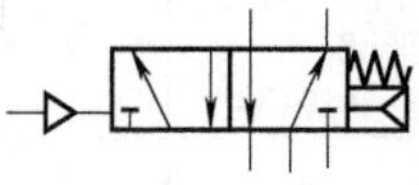	双单向阀，先导式 X10730	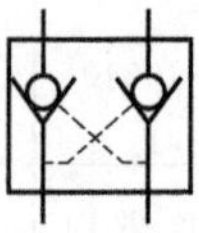
二位三通电磁换向阀，电磁铁操纵，弹簧复位，常闭 X10280	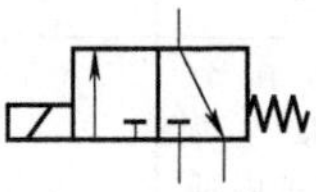	三位五通直动式气动方向控制阀，弹簧对中，中位时两出口都排气 X10470	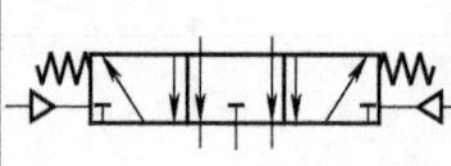	梭阀("或"逻辑)，压力高的入口自动与出口接通 X10740	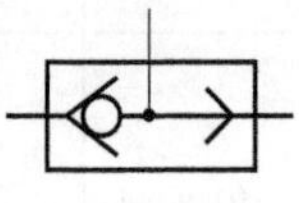
带气动输出信号的脉冲计数器 X10300	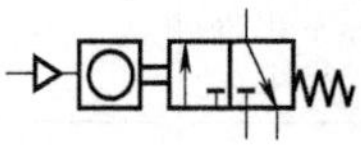	弹簧调节开启压力的直动式溢流阀 X10500	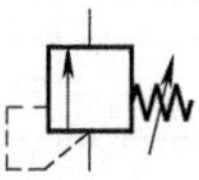	快速排气阀 X10750	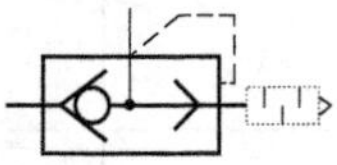
二位三通方向控制阀，差动先导控制 X10310	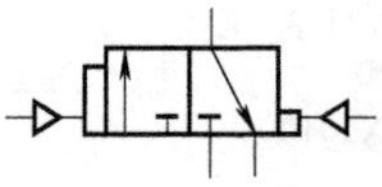	外部控制的顺序阀 X10530	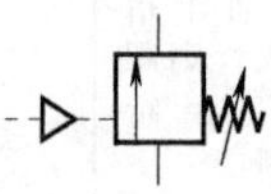	直动式比例方向控制阀 X10760	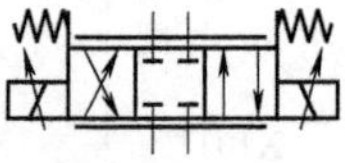

续表

名称及注册号	符号	名称及注册号	符号	名称及注册号	符号
三位四通方向控制阀，踏板控制 X10370	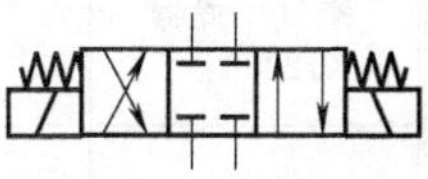	内部流向可逆调压阀 X10540	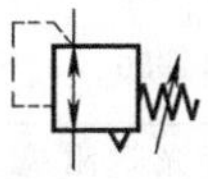	直控式比例溢流阀，通过电磁铁控制弹簧工作长度来控制电磁换向座阀 X10830	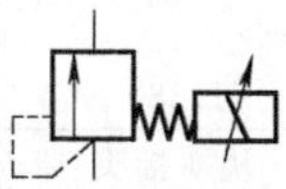
二位五通方向控制阀，踏板控制 X10400	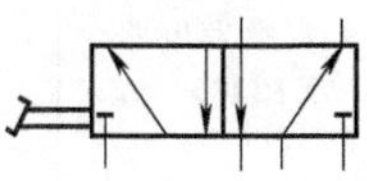	调压阀，远程先导可调，只能向前流动 X10570	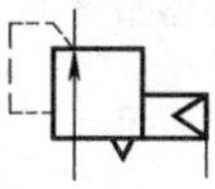	直控式比例溢流阀，电磁力直接作用在阀芯上，集成电子器件 X10840	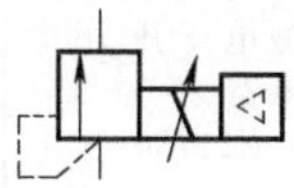
二位五通气动换向阀，先导电压控制，气压复位 X10410	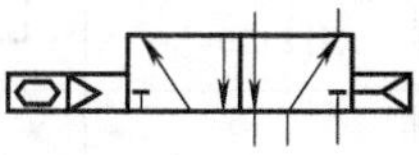	双压阀（“与”逻辑），并且仅当两进气口有压力时才会有信号输出，较弱的信号从出口输出 X10620	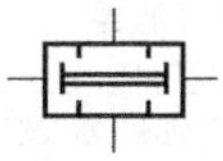	直控式比例溢流阀，带电磁铁位置闭环控制，集成电子器件 X10850	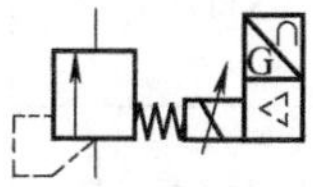
三位五通方向控制阀，手动拉杆控制，位置锁定 X10420	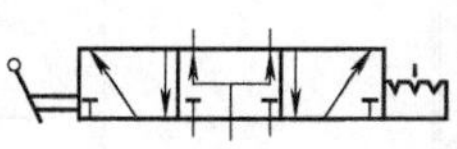	流量控制阀，流量可调 X10630		直控式比例流量控制阀 X10890	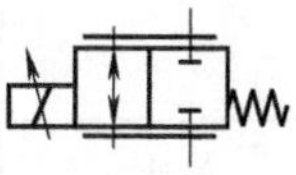
二位五通气动方向控制阀，单作用电磁铁，外部先导供气，手动操纵，弹簧复位 X10430	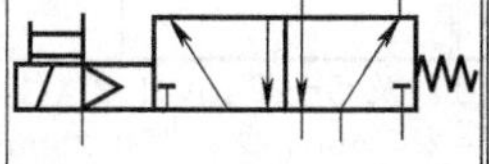	带单向阀的流量控制阀，流量可调 X10640		带电磁铁闭环位置控制的直控式比例流量控制阀 X10900	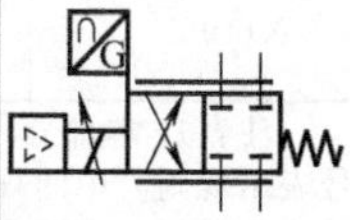

附表 5 辅件和动力源

名称及注册号	符号	名称及注册号	符号	名称及注册号	符号
软管总成 X11670		计数器 X11960		油雾分离器 X12220	
三通旋转接头 X11680		过滤器 X11980		空气干燥器 X12230	
快换接头(带两个单向阀,断开状态) X11710		带光学阻塞指示器的过滤器 X12010		油雾器 X12240	
快换接头(带两个单向阀,连接状态) X11740		带压力表的过滤器 X12020		气罐 X12370	
可调节的机械电子压力继电器 X11750		旁路节流过滤器 X12030		真空发生器 X12380	
模拟信号输出压力传感器 X11770		带旁路单向阀的过滤器 X12040		带集成单向阀的真空发生器 X12390	
光学指示器 X11790		带旁路单向阀、光学阻塞指示器与电气触点的过滤器 X12060		带集成单向阀的三级真空发生器 X12400	
声音指示器 X11810		手动排水过滤器,手动排水,无溢流 X12150		吸盘 X12420	
压力测量单元(压力表) X11820		气源处理装置(包括手动排水过滤器、溢流调压阀、压力表和油雾器)(上图为详图,下图为简化图) X12160		真空吸盘 X12430	
压差计 X11830		手动排水流体分离器 X12180		气压源 RF059	
带选择功能的压力表 X11840		带手动排水分离器的过滤器 X12190			
开关定时器 X11950		油雾分离器 X12220			

注：1. 本部分（附表 1～附表 5）图形符号按 GB/T 20063《简图用图形符号》及 GB/T 16901.2《技术文件用图形符号表示规则》中的规则来绘制。与 GB/T 20063 一致的图形符号按模数尺寸 $M=2.5$mm，线宽为 0.25mm 来绘制。为了缩小符号尺寸，图形符号按模数 $M=2.0$mm，线宽为 0.25mm 来绘制。但是对这两种模数尺寸，字符大小都应为高 2.5mm，线宽 0.25mm。可以根据需要来改变图形符号的大小以用于元件标识或样本。

2. 本部分（附表 1～附表 5）每个图形符号按照 GB/T 20063 赋有唯一的注册号。变量位于注册号之后，用 V1、V2、V3 等标识。对于 GB/T 20063 仍未规定的注册号，使用基本的注册号。在流体传动领域，基本形态符号的注册号数字前用“F”来标识，应用规则的注册号数字前则由“RF”来标识。符号的样品用“X”标识，流体传动技术领域的范围为 X10000～X39999。

参考文献

[1] 张利平．液压气动元件与系统使用及故障维修．北京：机械工业出版社，2013.
[2] 张利平．现代气动系统使用维护及故障诊断．北京：化学工业出版社，2016.
[3] 张利平．液压气动技术速查手册．2版．北京：化学工业出版社，2015.
[4] 张利平．液压气压传动与控制．西安：西北工业大学出版社，2012.
[5] 刘新德．袖珍液压气动手册．北京：机械工业出版社，2004.
[6] 路甬祥．液压气动技术手册．北京：机械工业出版社，2002.
[7] 张利平．液压气动系统设计手册．北京：机械工业出版社，1997.
[8] 成大先．机械设计手册．单行本．气压传动．北京：化学工业出版社，2004.
[9] 王孝华，赵中林．气动元件及系统的使用维修．北京：机械工业出版社，1996.
[10] James E Anders，Sr. Industrial Hydraulics Troubleshooting. McGraw-Hill，Inc.，1983.
[11] 徐文灿．气动元件及系统设计．北京：机械工业出版社，1995.
[12] 许福玲．液压与气压传动．北京：机械工业出版社，2013.
[13] 盛敬超．工程流体力学．北京：机械工业出版社，1988.
[14] 路甬祥．流体传动与控制技术的历史进展与展望．机械工程学报，2001（10）：1.
[15] 葛耀峥．家具力学性能试验机电-气控制系统．液压与气动，2003（3）：35.
[16] 宗升发．新型颈椎治疗仪气动控制系统设计．液压与气动，2002（4）：10.
[17] 张绍裘．高速芯片焊接机的气动及真空系统设计．液压与气动，2002（9）：11.
[18] 王占勇．歼强飞机气动元件综合测试台的设计．2001（10）：11.
[19] 潘瑞芳．水液压与气动联动元件在气液纠偏器中的应用．液压与气动，2003（2）：26.
[20] 张利平．石材连续磨机的流体传动进给系统．工程机械，2003（9）：37.
[21] 张利平．气动胀管机的设计．制造技术与机床，1996（2）：32.
[22] Russell W. Henke. Fluid Power System and Circuits. Penton/IPC，1983.
[23] 张利平．美国推出新型摆动液压、气动马达．机床与液压，2002（6）：109.
[24] M. R. Horgan．真空吸附技术．张利平，译．轻工机械，1998（4）：41.
[25] Zhang Liping，Li Yingbo，Zhang Xiumin. Proceedings of the 2nd International Symposium on Fluid Power Transmission and Control（ISFP'95），186～189. Shanghai：Shanghai Science & Technological Literature Publishing House，1995.
[26] 韩建海．真空吸附系统的设计．机床与液压，1993（1）：19.
[27] 张利平．液压气动系统原理图CAD软件HP-CAD的开发研究．河北科技大学学报，2001（1）：27.
[28] 张利平．往复直线运动机构的新选择—无杆气缸．轻工机械，1997（6）：43～45.
[29] 张利平．气-液传动传动系统的设计计算．河北机电学院学报，1993（3）：32～39.
[30] 张利平．气动胀管机．机床与液压，1993（5）：279～281.
[31] 张利平．气-液传动．机械与电子，1993（3）：35.
[32] 张利平．关于设计和使用电液比例控制阀的几个问题．液压气动与密封，1996（2）：48～49.
[33] 徐申林．阀岛在钻机气控系统中的应用．液压与气动，2011（7）：88～89.
[34] 高军霞．电缆剥皮机气动系统设计．液压气动与密封，2014（6）：64～65.
[35] 陈波．矿用连接器双工位自动注胶专机设计．煤矿机电，2015（4）：17～19.
[36] 李龙飞．触摸屏和PLC控制的烧结矿自动打散与卸料装置的设计．制造业自动化，2011（11下）：94～97.
[37] 陈辉．折弯机气动系统设计．液压气动与密封，2016（10）：45～47.
[38] 李颖．水平分型覆膜砂制芯机气动系统设计．机床与液压，2018（10）：88～92.
[39] 李渊．气动浇注系统的设计与应用．液压与气动，2013（4）：69～72.
[40] 刘晖．膏体产品气动连续灌装机设计．液压与气动，2011（1）：62～63.
[41] 王林．丁腈橡胶目标靶控制系统的技术改造．化工自动化及仪表，2016（8）：875～877.
[42] 陈辉．钻床气压传动系统设计．液压气动与密封，2013（3）：66～67.
[43] 范芳洪．VMC1000加工中心气动系统应用及故障排除．液压气动与密封，2014（6）：71～73.
[44] 陈凡．数控车床用真空夹具系统设计．液压与气动，2010（7）：40～41.
[45] 秦培亮．可重构：基于杆件长度与角度效应气动肌腱驱动的夹具系统．液压与气动，2012（9）：99～101.
[46] 吴冬敏．气动肌腱驱动的形封闭偏心轮机构和杠杆式压板的绿色夹具．制造技术与机床，2012（12）：92～93.
[47] 胡家冀．车内行李架辅助安装气动举升装置的设计与应用．客车技术与研究，2013（4）：50～52.
[48] 刘俊．基于PLC的气动贴标机系统设计．液压与气动，2011（11）：85～87.

[49] 段纯. 胶印机全自动换版装置的气动控制系统设计. 液压与气动，2012（12）：103～106.
[50] 张帆. 基于PLC控制的雨伞试验机气动系统设计. 液压气动与密封，2016（5）：53～55.
[51] 赵汉雨. 纸箱包装机气动系统的设计. 液压与气动，2006（10）：12～14.
[52] 吴吉平. 彩珠筒包装机控制系统设计. 湖南工业大学学报，2016（4）：1～4.
[53] 徐晓峰. 基于气动技术的光纤插芯压接机的研制. 机械工程自动化，2016（5）：123～124.
[54] 许宝文. 超大超薄柔性面板测量机气动系统设计. 液压气动与密封，2015：（1）：31～33.
[55] 齐继阳. 基于PLC和触摸屏的气动机械手控制系统的设计. 液压与气动，2013（4）：19～22.
[56] 李建永. 连续行进式气动缆索维护机器人的研究. 液压与气动，2012（12）：77～81.
[57] 赵汉雨. 禽蛋卸托机气动系统的设计. 液压与气动，2016（4）：97～100.
[58] 刘建军. 城市客车气动内摆门防夹方式及应用. 客车技术与研究，2018（6）：37～39.
[59] 欧阳国强. 基于PLC控制的机车整体卫生间气动冲洗系统的设计. 液压与气动，2011（2）：30～31.
[60] 孙旭光. 气控式水下滑翔机及其气动系统的仿真研究. 机床与液压，2018（14）：76～79.
[61] 肖杰. 新型垂直起降运载器着陆支架收放系统设计与分析. 机械设计与制造工程，2017（3）：30～35.
[62] 韩建海. 新型气动人工肌肉驱动踝关节矫正器设计. 液压与气动，2013（5）：111～114.
[63] 杨涛. 反应式腹部触诊模拟装置气动系统的研究. 机床与液压，2014（10）：95～97.
[64] 关天民. 基于AT89C51的场地自行车起跑器控制系统设计. 大连交通大学学报，2016（3）：36～39.
[65] 王雄耀. 从"微气动技术"到"微系统技术". 液压气动与密封，2011（2）：34～37.
[66] 吴央芳，等. 采用硅流体芯片的气动位置控制系统特性研究. 液压与气动，2020（6）：152～159.
[67] Williams K R，Maluf N I，Fuller E N，et al. A silicon microvalve for the proportional control of fluids. The 10th International Conference on Solid-StateSensors and Actuators，Transducers′99 Digest of Technical Papers，Sendai，Japan，1999：1804～1807.
[68] 杨韶华. 微流控中气动微阀的工作机理研究及设计制造. 昆明理工大学，2018：1～83.
[69] 刘旭玲. 气动微流控芯片PDMS电磁微阀设计与性能研究. 轻工学报，2018，4：57～65.
[70] 刘洁等. 基于气动微流控芯片的新型智能痕量灌溉系统动态流量特性研究. 液压与气动，2019（9）：8～15.
[71] 朱鋆峰. 采用步进电机的微流控芯片气压驱动系统压力特性研究. 机电工程，2017（2）：110～114.
[72] 吴海成. 基于步进电机微阀的液滴微流控系统研究. 哈尔滨工业大学硕士学位论文，2018：1～77.
[73] 黄山石. 高聚物微流控芯片上集成化气动微阀的研制. 传感器与微系统，2012（8）：137～140.
[74] 唐翠. 转板式气动数字流量阀间隙泄漏研究. 浙江工业大学学报，2011（6）：648～652.
[75] 王雄耀. 对我国气动行业发展的思考. 流体传动与控制，2012（4）：1～10.
[76] 章文俊. 智能阀岛在PROFINET分散式控制系统中的应用. 中国仪器仪表，2013：97～101.
[77] 张利平. 增量式电液数字控制阀开发中的若干问题. 工程机械，2003（5）：36～39.
[78] 许有熊. 压电开关调压型气动数字阀控制方法的研究. 中国机械工程2013（11）：1436～1441.
[79] 郭祥. 集成式数字阀控气缸位置伺服控制研究. 机床与液压，2020（2）：1～6.
[80] 韩向可. 一种气动比例调压阀的设计与性能分析. 液压与气动，2010（10）：81～82.
[81] 程雅楠. 高压气动压力流量复合控制数字阀压力特性研究. 液压与气动，2016（1）：51～54.
[82] 周强. 高速动车组智能气动门控系统研究. 机车电传动，2020（1）：67～70.
[83] 冯文婷. 气动人工肌肉智能控制系统研究. 机械工程师，2016（4）：45～46.
[84] 华钦. 碾米机精度智能控制系统的研制与应用. 粮食与食品工业，2020（3）：13～17.
[85] 阮学云. 一种气动内墙智能抹灰机设计与研究. 机床与液压，2017（9）：29～31.